国外计算机科学经典教材

Web 程序设计

(第 8 版)

[美] Robert W. Sebesta 著

陶永才 曹仰杰 高宇飞 译

清华大学出版社

北 京

北京市版权局著作权合同登记号 图字：01-2014-7592

图书在版编目(CIP)数据

Web 程序设计(第 8 版)/(美)塞巴斯塔(Sebesta, R. W.) 著；陶永才，曹仰杰，高宇飞 译. —北京：清华大学出版社，2015 (2019.9重印)

(国外计算机科学经典教材)

书名原文：Programming The World Wide Web, Eigth Edition

ISBN 978-7-302-38424-3

I. ①W… II. ①塞… ②陶… ③曹… ④高… III. ①网页制作工具—程序设计—教材 IV. ①TP393.092

中国版本图书馆 CIP 数据核字(2014)第 252852 号

责任编辑：王　军　于　平
装帧设计：牛静敏
责任校对：成凤进
责任印制：杨　艳

出版发行：清华大学出版社
网　　址：http://www.tup.com.cn，http://www.wqbook.com
地　　址：北京清华大学学研大厦 A 座　　邮　　编：100084
社 总 机：010-62770175　　邮　　购：010-62786544
投稿与读者服务：010-62776969，c-service@tup.tsinghua.edu.cn
质 量 反 馈：010-62772015，zhiliang@tup.tsinghua.edu.cn
印 装 者：清华大学印刷厂
经　　销：全国新华书店
开　　本：185mm×260mm　　印　　张：41　　字　　数：998 千字
版　　次：2015 年 1 月第 1 版　　印　　次：2019 年 9 月第 5 次印刷
定　　价：128.00 元

产品编号：059630-03

出版说明

近年来，我国的高等教育特别是计算机学科教育，进行了一系列大的调整和改革，亟需一批门类齐全、具有国际先进水平的计算机经典教材，以适应我国当前计算机科学的教学需要。通过使用国外优秀的计算机科学经典教材，可以了解并吸收国际先进的教学思想和教学方法，使我国的计算机科学教育能够跟上国际计算机教育发展的步伐，从而培养出更多具有国际水准的计算机专业人才，增强我国计算机产业的核心竞争力。为此，我们从国外多家知名的出版机构 Pearson、McGraw-Hill、John Wiley & Sons、Springer、Cengage Learning 等精选、引进了这套“国外计算机科学经典教材”。

作为世界级的图书出版机构，Pearson、McGraw-Hill、John Wiley & Sons、Springer、Cengage Learning 通过与世界级的计算机教育大师携手，每年都为全球的计算机高等教育奉献大量的优秀教材。清华大学出版社和这些世界知名的出版机构长期保持着紧密友好的合作关系，这次引进的“国外计算机科学经典教材”便全是出自上述这些出版机构。同时，为了组织该套教材的出版，我们在国内聘请了一批知名的专家和教授，成立了专门的教材编审委员会。

教材编审委员会的运作从教材的选题阶段即开始启动，各位委员根据国内外高等院校计算机科学及相关专业的现有课程体系，并结合各个专业的培养方向，从上述这些出版机构出版的计算机系列教材中精心挑选针对性强的题材，以保证该套教材的优秀性和领先性，避免出现“低质重复引进”或“高质消化不良”的现象。

为了保证出版质量，我们为该套教材配备了一批经验丰富的编辑、排版、校对人员，制定了更加严格的出版流程。本套教材的译者，全部由对应专业的高校教师或拥有相关经验的 IT 专家担任。每本教材的责编在翻译伊始，就定期不间断地与该书的译者进行交流与反馈。为了尽可能地保留与发扬教材原著的精华，在经过翻译、排版和传统的三审三校之后，我们还请编审委员或相关的专家教授对文稿进行审读，以最大程度地弥补和修正在前面一系列加工过程中对教材造成的误差和瑕疵。

由于时间紧迫和受全体制作人员自身能力所限，该套教材在出版过程中很可能还存在一些遗憾，欢迎广大师生来电来信批评指正。同时，也欢迎读者朋友积极向我们推荐各类优秀的国外计算机教材，共同为我国高等院校计算机教育事业贡献力量。

清华大学出版社

国外计算机科学经典教材

译 者 序

互联网从诞生到现在，不过短短几十年的时间，但是其影响已触及我们生活的方方面面。试想一下，我们都使用互联网来做些什么呢？有人是为了完成工作，例如日常的邮件往来，或者举行电话会议；有人是为了娱乐，如观看视频，或者与朋友聊天；有人则把互联网当作了一种工具，用来了解天气、票务等信息，甚至用来交水电费。我相信，每个体验到互联网强大功能的人，都不甘于只是使用别人提供的服务，而是也想利用互联网的基础设施，创建自己的服务。当然，这是学习互联网编程的个人原因。你选择这本书，固然是想满足自己的好奇心和创造欲，想要了解互联网，利用互联网，还有一个原因，就是由于工作需要，你想尽快掌握互联网编程。

互联网涉及庞杂的技术，而市面上有非常多的图书来介绍各种技术，如 HTML、JavaScript 等。但这些图书往往只是专门介绍一种技术，而互联网编程则要求综合运用各种技术，所以想要通过这类图书学习互联网编程，阅读量会很大。显然，对于想要快速了解互联网编程的初学者，这并不是一个好方法。

《Web 程序设计(第 8 版)》就充分考虑了初学者的要求，将互联网编程中最常用的技术放到一起，让读者能够在了解每种技术的基础知识的同时，从全局了解各种技术如何搭配使用。本书的前几版一直作为大学教材，经久不衰，所以可以想见，本书的结构组织以及探讨的技术，对于需要为 Web 编程打下坚实基础的学生，进而也可推广到初学者，是极为有益的。

本书其实就像一本“一站式”图书，你在实际编程时最可能碰到的技术，书中都进行了阐述，包括 HTML、CSS、PHP、JavaScript、Ajax 等。所以，将本书作为学习 Web 程序设计的起点再合适不过。另一方面，即便你已经有过 Web 程序设计经验，也可以通过本书了解各种技术的新增特性和功能，本版本针对新技术做了彻底更新。

本书内容更新的一个体现，就是专门用一章的篇幅介绍了 Android 软件的开发。Android 是现在最流行的智能手机及相关设备的操作系统之一。其强大的功能，让手机不再只能用来接打电话和收发短信，还可以实现诸多类似于电脑的功能，如浏览网页、观看视频、玩游戏等。智能手机不是昙花一现，而将是未来的趋势，所以掌握智能手机编程对程序员来说十分必要。通过本书这一章的介绍，读者将对 Android 编程有基本了解，并能够进行基本的 Android 编程。

要真正掌握 Web 编程，除了阅读理论，认真思考和大量的编程练习必不可少。因此，本书大部分章节的最后列出了一些复习题和编程练习题。这样，你可以了解自己是否掌握了该章的内容。很多时候，我们以为自己掌握了某个知识点，所以一览而过，而到实际运用时，才发现自己并没有真正掌握那个知识点，从而让自己陷入被动。因此，一定要认真完成这些习题。

本书全部章节由陶永才、曹仰杰、高宇飞翻译，参与翻译活动的还有孔祥亮、陈跃华、杜思明、熊晓磊、曹汉鸣、陶晓云、王通、方峻、李小凤、曹晓松、蒋晓冬、邱培强、洪妍、李亮辉、高娟妮、曹小震、陈笑。对于这本经典之作，译者本着“诚惶诚恐”的态度，在翻译过程中力求“信、达、雅”，但是鉴于译者水平有限，错误和失误在所难免，如有任何意见和建议，请不吝指正。感激不尽！

希望通过学习本书，你能够顺利踏进 Web 程序设计的世界！

译　者

前　言

万维网(World Wide Web，WWW)使我们的日常生活发生了翻天覆地的变化。在短短 20 年中，我们已经学会了利用 Web 完成各种日常事情——从平常购买机票到一大早起来收集与高风险的短线交易相关的商业信息。

在过去 20 年中，全球已经出现了数百万个 Web 站点，这些站点的发展速度可能会使人们误认为网站的开发技术已经达到极限，甚至有人认为在 Web 出现之前，这些网站开发技术就已经出现并随时可供使用。此外，还有一些人可能认为数以万计的网站开发人员已经处于失业状态，他们正在等待新的就业机会，而且这些人在网站开发技术出现之初就已经拥有了完成此项庞大构建任务所需的知识和能力。实际上，这两种想法都是错误的。不管是当前企业中的企业家，还是正准备创业的创业者，都非常需要新技术。而且，在这个领域中不断有程序员加入，至少在某种程度上，对程序员的需求缺口有很大一部分被刚从高校毕业的新程序员填满了。其中也有很多人拥有软件开发行业的工作经验。无论如何，所有这些程序员都必须学习使用新的语言和技术。

无论是传统书店还是网上书店，都有很多针对 Web 开发技术的书籍，它们一般都是面向具有实践经验的专业人员。但在大学的 Web 编程技术的教学过程中遇到的一个困难是没有一本恰当的教科书能够满足教学需求。这方面的绝大多数书籍都是针对专业人员而不是针对大学生来讨论 Web 编程。这样的书籍一般都是以专业人员为读者对象，而针对专业人员和针对学生的书籍有很大的区别，主要区别在于作者假设读者已有一定的知识和经验。专业人员的知识背景差别很大，很难做出准确的假设。但在面向计算机科学专业的低年级学生撰写书籍时，却可以对读者的知识背景做出准确假设。

本书面向高校学生(不仅是计算机科学专业的学生，也包括学习过至少两门相关编程课程的学生)。尽管本书主要面向学生，但对于那些希望学习 Web 编程的专业人员也很有帮助。

本书旨在向读者全面介绍建立和维护 Web 服务器站点所必需的工具和技术，其中大部分技术是用于构建 Web 站点的。针对这些技术，已经有很多面向专业人员的书籍进行了介绍。比如，现在有很多专门讨论 HTML 的书籍。实际上，对于其他 Web 技术来说也是一样的。本书简单介绍了 Web 的工作原理，并讨论了一些应用最广泛的 Web 技术。

本书的前 7 版作为科罗拉多大学科罗拉多斯普林司分校(University of Colorado at Colorado Springs)的低年级 Web 编程课程教材。这门课程的目标是让学生在一个学期内集中掌握不同的编程语言和技术。为了达到这个目标，就必须进行大量的编程练习。首先，在开始阶段，学生必须仅利用 HTML 来建立一个基本的静态 Web 站点。在后期可以利用课程中讨论的新技术为这个静态站点添加功能。在学习本书前，学生最好已经学习过 Java 编程、数据结构、C 语言和汇编语言，因为这些知识对于本课程的学习很有帮助。事实上，有很多学生在学习这门课程之前就已经自学了 HTML 的一些相关知识。

学习本书之前，最重要的预备知识是要掌握某种语言的编程技术，而这种语言必须能够支持面向对象编程。对其他编程语言和 UNIX 有所了解也会对本书的学习有益，如果学习中使用了基于 UNIX 的 Web 服务器，情况尤为如此。熟悉其他编程语言也能够使新语言的学习变得更加轻松。

第 8 版中的新增内容

- 第 2 章　新增了对 input 元素的新类型特性值的讨论，即 url、email 和 range 特性，见 2.9.2 节。
- 第 3 章　讨论了新增的 4 个选择器：first-child、last-child、only-child 和 empty，见 3.4.5 节。
- 第 5 章　扩展了第 5.9 节“canvas 元素”，对该元素的讨论篇幅从原来的 13 行增加到三页半，并且还新增了 3 个图。
- 第 7 章新增了 7.2 节“XML 的用途”，该节简要讨论了 XML 的一些应用领域。该章删掉了原来的第 7.4 节“文档类型定义”。
- 第 12 章新增了 12.2.7 节“特性”。
- 第 14 章“Android 软件开发”是全新的一章。

本书内容

第 1 章是本书的基础。主要介绍一些基础知识，包括 Internet 的历史和本质、World Wide Web、浏览器、服务器、URL、MIME 类型和 HTTP。该章还简要介绍了本书其余章节中的一些重要主题。

第 2 章介绍 HTML，包括图片、链接、列表、表格、表单、音频和视频元素，有组织的元素，以及时间元素。其中列举了一些小示例来说明本章中的这些 HTML 元素。

第 3 章介绍层叠样式表，CSS 是对 HTML 标签中指定的内容应用样式的标准方式。考虑 CSS 的内容和复杂程度，该章并没有涵盖样式表的所有方面，只介绍了样式表的层次、样式说明格式、选择器格式、属性值和颜色。属性值可以设置字体、列表以及元素边距。该章也列举了一些简短示例来解释这些内容。

第 4 章介绍 JavaScript 的核心概念，JavaScript 是一种功能非常强大的语言，可用于多种不同的应用程序中。当然，本书只探讨它在 Web 编程中的应用。虽然 JavaScript 已经变得非常庞大和复杂，但是，我们将通过学生掌握的其他编程语言知识来促进对 JavaScript 的学习。因此，该章将用较短的篇幅来介绍这种编程语言。该章涵盖的主题包括 JavaScript 的对象模型、控制语句、对象、数组、函数、构造函数以及模式匹配。

第 5 章讨论 JavaScript 中与 HTML 文档相关的一些特性。这些特性包括基础知识、DOM 2 事件以及事件处理模型，它们可以与 HTML 文档的一些元素结合使用。该章还介绍了 HTML 的 canvas 元素。

JavaScript 在 Web 编程中最有趣的应用，可能就是利用文档对象模型来建立动态的 HTML 文档。第 6 章将描述如何利用 JavaScript 和 DOM 实现各种文档的修改。其中包括元素定位；

元素移动；修改元素的可见性；修改文本的颜色、样式与大小；修改标记的内容；修改重叠元素的顺序；缓慢移动元素以及拖放元素。

第 7 章介绍 XML，XML 可用于设计与主题相关的标记语言，这些语言可以在一些有着共同爱好的用户中共享。该章涵盖的主题包括 XML 的语法和文档结构、数据类型定义、名称空间和 XML 模式。接着将介绍如何显示那些同时利用 CSS 和 XML 转换方式来控制格式的 XML 文档。该章还介绍了 Web 服务和 XML 处理器。

第 8 章介绍 Flash 开发环境，该环境用于创建各种视频和音频演示文件，特别是包括动画的演示文件。该章用一系列示例演示了开发过程，包括绘制图形、创建文本、使用颜色、创建动作和形状动画、添加音轨到演示文件中，以及设计供用户控制 Flash 影片的组件。

第 9 章介绍 PHP。PHP 是目前广泛流行的一种服务器端脚本语言，尤其是作为 Web 应用程序的数据库访问语言。该章讨论 PHP 的基础知识，以及 cookie 和会话跟踪的用法。PHP 作为 Web 数据库访问语言的应用将在第 13 章中介绍。

第 10 章介绍 Ajax，这是一种较新的技术，它可以更高效地构建具有大量用户交互的 Web 应用。除了详细介绍 Ajax 交互的概念和实现外，该章还讨论了返回文档的格式、Ajax 工具包和 Ajax 安全性，并且通过一些示例演示了 Ajax 的用法。

第 11 章讨论 Java Web 软件。该章介绍构建 Java Servlet 的原理，并利用几个示例来说明 Servlet 如何应用于交互式 Web 文档。同时介绍并在整个章节中使用了 NetBeans 框架。之后在示例的引导下讲解使用 Servlet 在客户端中保存信息的方法—— 即 cookie，并利用示例加以说明。然后，利用一系列示例来介绍 JSP，包括代码隐藏文件的使用。最后讨论了 JavaBeans 和 JavaServer Faces，并通过示例说明它们的用法。

第 12 章介绍 ASP.NET。该章首先简单介绍.NET Framework 和 C#语言。接着介绍 ASP.NET Web 控件和许多 ASP.NET 事件以及如何处理它们，还讨论了 ASP.NET AJAX。最后将介绍利用 ASP.NET 构建 Web 服务。还介绍了 Visual Studio，并使用它们开发所有 ASP.NET 示例。

第 13 章介绍基于 Web 的数据库访问技术。该章首先将介绍关系数据库的本质、数据库访问的体系结构、结构化查询语言(SQL)以及免费的数据库系统 MySQL。然后将讨论三种基于 Web 的数据库访问技术，即利用 PHP、Java JDBC 和 ASP.NET 的数据库访问技术。这三种方法都通过完整示例加以演示。本章所有示例程序都使用了 MySQL。

第 14 章介绍 Android 应用程序的开发。其中介绍了视图文档的基础知识与活动(activity)，前者采用基于 XML 的标记语言编写，后者采用 Java 编写。该章通过几个相对简单的示例来说明这种为移动设备构建 Web 应用程序的新方法。

第 15 章介绍 Ruby 编程语言。该章的内容包括标量类型及其操作、控制语句、数组、散列、方法、类、代码块、迭代器以及模式匹配。当然，Ruby 的内容不止这些。但是，该章涵盖的内容足以帮助学生使用 Ruby 构建简单程序和 Rails 应用程序。

第 16 章介绍 Rails 框架，通过此框架可以较为便捷地构建 Web 应用程序。该章的内容包括简单文档请求(包括静态和动态)和使用数据库的应用程序(包括使用 scaffolding)。

附录 A 针对熟悉 C++语言和面向对象编程的读者介绍了 Java 语言。不懂 Java 的学生可以从该附录中学到一些 Java 方面的知识，这些知识已经足以帮助学生理解本书中的 Java applet、Servlet、JSP 和 JDBC。

附录 B 列出了 140 多种命名颜色及其十六进制编码。

可用资源

Pearson 的网站 www.pearsonhighered.com/sebesta 中提供了本书的一些附加材料。本书所有读者都可以使用的资源包括：

- PowerPoint 文件格式的一系列讲稿，这一系列讲稿是根据本书内容针对课堂教学而开发的。
- 示例程序的源代码。

其他一些可用资源，包括本书部分习题的答案和书中的图，只对教师们是可用的。

可用软件

本书介绍的绝大部分软件系统都可供学生们免费使用。如浏览器，实际上它是 JavaScript 解释器和 XML 解析器。同样，PHP、Ruby 和 Java 语言处理器，以及 Rails 框架、支持 Servlet 的 Java 类库、Java JDBC 和 Android Development 系统都是免费可得的。ASP.NET 所需的.NET 框架支持也可从 Microsoft 中获取。Visual Studio 的非商用版本 Visual Web Developer 2013 可以从 Microsoft 免费获取。Flash 开发环境可以从 Adobe 获得并可以免费试用 30 天。

第 8 版和第 7 版的区别

本书的第 8 版与第 7 版存在以下显著区别。

第 2 章新增了对 input 元素的 url、email 和 range 特性的讨论。

第 3 章讨论了新增的 4 个选择器：first-child、last-child、only-child 和 empty。

第 5 章新增了对 canvas 元素的讨论，对该元素的讨论篇幅从原来的一段增加到三页半，并且还新增了 3 个图。

第 7 章新增了“XML 的用途”一节，该节简要讨论了 XML 的一些应用领域。该章删掉了原来的第 7.4 节“文档类型定义”。

第 12 章新增了“特性”一节，讨论了 C#中的特性。

第 14 章“Android 软件开发”是本书新增的全新章节，介绍了 Android 应用程序的结构以及开发过程。该章也讨论了调用其他活动和数据持久性的用途。

全书对第 7 版的内容做了大量细致入微的修改，增加和删除了小部分内容，以便提高内容的准确性和清晰度。

致谢

本书的审阅者们提出了大量的建议和修改意见，从而进一步提高了本书的质量。具体审阅者有：

Lynn Beighley

R. Blank
CTO, Almer/Blank; Training Director, The Rich Media Institute; Faculty, USC Viterbi School of Engineering

Stephen Brinton
Gordon College

David Brown
Pellissippi State Technical Community College

Barry Burd
Drew University

William Cantor
Pennsylvania State University

Dunren Che
Southern Illinois University Carbondale

Brian Chess
Fortify Software

Randy Connolly
Mount Royal University

Mark DeLuca
Pennsylvania State University

Peter S. Kimble
University of Illinois

Mark Llewellyn
University of Central Florida

Chris Love
ProfessionalASPNET.com

Gabriele Meiselwitz
Towson University

Eugene A. "Mojo" Modjeski
Rose State College

Najib Nadi
Villanova University

Russ Olsen

Jamel Schiller
University of Wisconsin—Green Bay

Stephanie Smullen
University of Tennessee at Chattanooga

Marjan Trutschl
Louisiana State University—Shreveport

Sanjay Dhamankar
President, OMNIMA Systems, Inc.

Marty Hall

J. Reuben Wetherbee
University of Pennsylvania

Christopher C. Whitehead
Columbus State University

衷心感谢执行编辑 Matt Goldstein、编辑助理 Kelsey Loanes、产品项目经理 Kayla Smith-Tarbox 给予我的鼓励，感谢他们帮助我完成本书。

目 录

第 1 章

基础知识

随着万维网的出现，工业化国家的绝大部分居民和非工业化国家的一部分居民的生活已经发生了永久性的变化。虽然万维网也带来了一些负面影响——例如，访问色情信息和参与赌博变得更容易了，有害思想的传播也有了更便捷的通道——但是，万维网带来的巨大影响总体上是正面的。很多人都在日常生活中使用 Internet 和万维网，包括通过 E-mail 和社交网站来联系亲朋好友和商业伙伴，在任何地方都几乎可以购买任何商品，搜索取之不竭的各类信息，这些信息包括从电影院的放映时间表到几乎全球所有城市宾馆的住宿价格，甚至还包含一些生活在偏远地区的少数民族的历史文化特色。近年来，社交网络已被有效地用来组织社会和政治游行，甚至于组织革命。创建用于提供所有这些信息的软件和数据需要用到几种不同的技术，如标记语言和元标记语言，以及利用多种不同编程语言的编程技术，其中有一些是专门针对万维网的，另一些则是为通用计算而设计的。为了能够获取构建万维网站点所需的知识和技术，本书提供了必要的背景和基础知识，使构建的万维网站点不仅可以呈现用户所需的信息，还能发布商业广告。

本章是本书其余章节的基础。首先介绍 Internet 和万维网的部分发展历史。接下来讨论 Web 浏览器和服务器的作用和一些特征。然后将描述统一资源定位符(Uniform Resource Locator，URL)，URL 为 Web 中的可用资源指定了地址。接下来将介绍多用途网际邮件扩充协议(Multipurpose Internet Mail Extension，MIME)，它定义具有不同类型内容的文件的文件类型和文件扩展名。此后将讨论超文本传输协议(Hypertext Transfer Protocol，HTTP)，它提供了浏览器和 Web 服务器之间连接的通信接口。本章最后将简单介绍 Web 程序员常用的一些工具，包括 HTML、XML、JavaScript、Flash、Servlet、JSP、JSF、ASP.NET、PHP、Ruby、Rails 以及 Ajax。所有这些工具都将在本书的后续章节中详细介绍(第 2 章和第 3 章将讨论 HTML；第 4 章、第 5 章和第 6 章将讨论 JavaScript；第 7 章将讨论 XML；第 8 章将讨论 Flash；第 9 章将讨论 PHP；第 10 章将讨论 Ajax；第 11 章将讨论 Servlet、JSP 和 JSF；第 14 章和第 15 章将讨论 Ruby；第 15 章将讨论 Rails)。

1.1 Internet 简介

本书讨论的所有主题都与 Internet 有关。因此，首先简单讨论一下 Internet 本身。

1.1.1 起源

20 世纪 60 年代，美国国防部(Department of Defense，DoD)开始对开发一种新的大规模计算机网络产生兴趣。开发这样的一个网络，其目的在于为从事与国防相关合同项目的研究人员提供通信、程序共享和远程计算机访问等功能。这种网络的一个基本要求是必须足够可靠，即使当其中的某些节点由于敌方破坏、战争和其他原因而失去作用后，整个网络还可以继续运行。DoD 的 ARPA(Advanced Research Projects Agency)[1]提供经费支持了第一个这种网络的构建，这个网络将 ARPA 支持的大约 12 个实验室和大学连接在一起。该网络中的第一个节点是 1969 年在 UCLA 建立的。

由于这个网络是由 ARPA 提供经费支持的，因此被命名为 ARPAnet。尽管最初的设计目标很多，但是这个网络一开始主要是通过 E-mail 进行基于文本的简单通信。由于 ARPAnet 只是在 ARPA 资助的实验室和大学中可用，因此绝大部分教育机构并没有连接进来。所以，20 世纪 70 年代后期和 80 年代早期又开发了很多其他网络，其中包括 BITNET 和 CSNET。BITNET 是 Because It's Time Network 的缩写，是由纽约城市大学(City University of New York)首创。该网络的初衷是提供电子邮件和文件传输功能。CSNET 是 Computer Science Network 的缩写，它将特拉华大学(University of Delaware)、普渡大学(Purdue University)、威斯康星大学(University of Wisconsin)、兰德公司(RAND Corporation)、Bolt、Beranek 以及 Newman(马萨诸塞州坎布里奇市的一家研究公司)连接在一起。该网络最初的设计目标是提供电子邮件功能。由于各种原因，BITNET 和 CSNET 都没有发展成为占有绝对优势的全国性网络。

1986 年出现了一个新的全国性的网络 NSFnet，顾名思义，这是由美国国家科学基金会(National Science Foundation，NSF)出资赞助的。NSFnet 最初连接了 NSF 赞助下的位于 5 个大学中的超级计算机中心。但是，在该网络建立后不久，其他学术机构和实验室也开始使用该网络。到 1990 年，NSFnet 在绝大部分非军事领域应用中已经取代了 ARPAnet，大量组织成为 NSFnet 中的节点——到 1992 年，NSFnet 已经连接了全球中一百万台以上的计算机。1995 年，NSFnet 中的一小部分网络重新成为学术网络。其余部分就成为著名的 Internet，虽然这一术语很早就已经在 ARPAnet 和 NSFnet 中使用过了。

1.1.2 Internet 的含义

Internet 是在一个通信网络中连接的计算机的大规模集合。这些计算机的大小、配置和制造商都是我们熟知的。实际上，连接到 Internet 中的一些设备——如绘图机和打印机——根本就不是计算机。能够使所有这些不同的设备通过 Internet 进行通信的创新之举是一个单独的、低层的协议，即传输控制协议/Internet 协议(Transmission Control Protocol/Internet Protocol，TCP/IP)。TCP/IP 在 1982 年成为计算机网络连接的标准协议，它允许某台计算机

1 ARPA 在 1972 年更名为美国国防高级研究计划局(Defense Advanced Research Projects Agency，DARPA)。

中的程序通过 Internet 直接和另一台计算机中的程序进行通信。但在绝大多数情况下，在 TCP/IP 之上还要运行一个较高层的协议。即便如此，TCP/IP 为连接到 Internet 的计算机(及其他设备)提供了低层的通信接口也是非常重要的[2]。

一般情况下，同一个组织中的多台计算机并不是直接连接到 Internet 中的每台计算机上的，而是相互连接构成了一个局域网，然后这个局域网中的一个节点物理连接到 Internet 中。因此，Internet 实际上并不是计算机的网络，而是网络的网络。

很明显，必须可以唯一地标识出所有连接到 Internet 的设备。

1.1.3　IP 地址

对于我们来说，Internet 节点是通过名称进行标识的；而对于计算机来说，它们是通过数字地址进行标识的。这种机制类似于程序中的变量名和变量的数字内存地址之间的关系。我们是通过变量名来标识变量，计算机则是通过变量的数字形式的内存地址来标识变量。

计算机接入到 Internet 的 IP 地址是一个唯一的 32 位数字。通常 IP 地址会写为(并认为)是由 4 个 8 位数字，中间用西文句点分隔而成的。IP 地址中的这 4 个部分则分别由不同的 Internet 路由计算机解析，然后确定某个消息下一步只有去往何处才能最终到达目的地。

不同的组织分配了不同的 IP 块，然后再细分给所有需要接入到 Internet 的计算机——现在几乎所有的计算机都连接到了 Internet。例如，一个较小的组织可能被分配了 256 个 IP 地址，可能是 191.57.126.0~191.57.126.255。一些大型组织，如美国国防部，可能被分配了 1600 万个 IP 地址，这些 IP 地址的第一个 8 位数是特殊的，如 12.0.0.0~12.255.255.255。

虽然人们几乎总是在浏览器中输入域名，但并不影响 IP 的正常工作。例如，美国联合航空公司(United Airlines，其网址是 www.ual.com)的 IP 地址是 209.87.113.93。因此，如果在浏览器中输入 http:// 209.87.113.93，就能连接到美国联合航空公司的网站。

1998 年底，一个新的 IP 标准 IPv6 获得批准，但它尚未广泛实现。IPv6 最重要的变化是将 IP 地址从 32 位扩展为 128 位。这个变化是非常必要的，因为剩余的尚未启用的 IP 地址数量正在快速减少。

1.1.4　域名

由于我们很难直接处理和记住数字，因此 Internet 中的机器必须要有一个文本格式的名称。名称中首先是一个主机的名称，接下来是范围越来越大的机器集合的名称，称之为域(domain)。一般可能有两个、三个甚至多个域名。第一个域名紧靠主机名称的右侧，表明主机是这个域的一部分。第二个域名给出了第一个域所在的域。最后的域名表示主机所属的组织类型，这是站点名称中最大的域。对于美国的组织来说，edu 表示教育机构，com 表示公司，gov 表示美国政府机构，org 表示其他类型的组织。对于其他国家，最大的域一般是国家的缩写——例如，瑞典(Sweden)的缩写为 se，哈萨克斯坦(Kazakhstan)的缩写为 kz。

请分析下面这个简单的地址示例：

2　TCP/IP 并非 Internet 所采用的唯一通信协议——有时也选用 UDP/IP。

```
movies.marxbros.comedy.com
```

其中，movies 指的是主机名称， marxbros 是 movies 所在的本地域，而它又是 comedy 域的一部分，同样，comedy 域是 com 域的一部分。主机名称和所有的域名合称为完全限定域名。

由于 IP 地址是 Internet 内部使用的地址，因此，由浏览器用户为消息指定的目的地的完全限定域名必须在通过 Internet 将消息传递给目的地之前转换为一个 IP 地址。此转换操作由一个名为“域名服务器”的软件系统来完成，该域名服务器实现了域名系统(Domain Name System，DNS)。域名服务器为 Internet 上的一组机器提供服务，并由负责这些机器所连接到的 Internet 部分的组织机构来运行。所有来自浏览器的文档请求都被发送到最近的域名服务器。该域名服务器将尝试将完全限定域名转换为 IP 地址。如果可以，则进行转换；否则，该服务器将这个完全限定域名发送给另外的域名服务器以实现转换操作。与 IP 地址一样，完全限定域名也必须是唯一的。图 1-1 演示了浏览器请求的一个完全限定域名在发送到一个适当的 Web 服务器之前是如何转换为 IP 地址的。

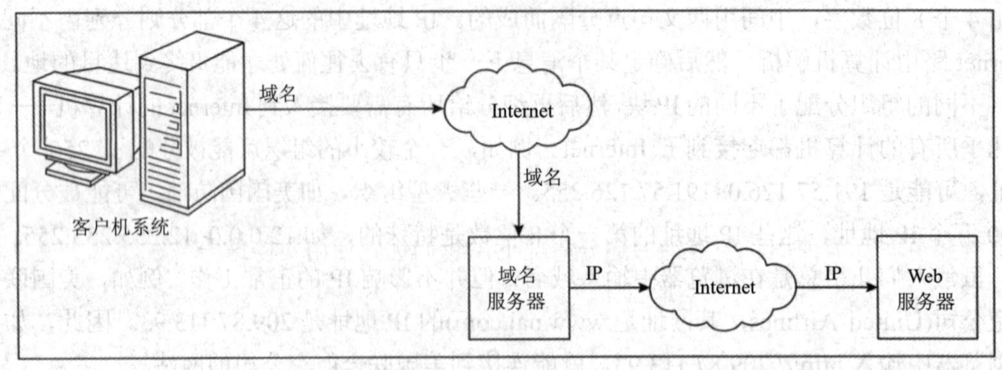

图 1-1　域名转换

确定某个 Web 站点 IP 地址的一种方式是在完全限定域名之前使用 telnet 命令。参见 1.7.1 节。

到 20 世纪 80 年代中期，已经出现了很多种基于 TCP/IP 运行的协议，以支持基于 Internet 的各种不同应用。其中最常见的是 telnet，它使得 Internet 上某台计算机的用户可以登录并使用 Internet 上的另一台计算机；文件传输协议(File Transfer Protocol，FTP)用于 Internet 上各个计算机之间的文件传输；Usenet 用于实现电子公告板；mailto 允许 Internet 上某台计算机的用户将消息发送给 Internet 上其他计算机的用户。

这些不同的协议有着各自不同的用户接口，并且只能用于实现本身的设计目标，所以限制了 Internet 的发展。用户只有学习所有这些不同的用户接口才能体验 Internet 的优势。但不久后，一个更好的方法出现了，那就是万维网。

1.2　万维网

本节将简单介绍万维网的演变。

1.2.1　起源

1989 年，CERN(Conseil Européen pour la Recherche Nucléaire 或 European Organization for Particle Physics 的简称)中由 Tim Berners-Lee 领导的小组提交了一个针对 Internet 的新协议和一个使用该协议的文档访问系统[3]。该小组将这个新系统命名为 World Wide Web(万维网)，它的目的在于使全球的科学家能够利用 Internet 交换自己的工作文档。

这个新系统被设计为允许 Internet 上任意一个用户都可以从连接到 Internet 的众多文档服务计算机的数据库中搜索和获取文档。到 1990 年末，一个新系统的基本框架已经在 CERN 中的一台 NeXT 计算机中开发出来并实现了。1991 年，该系统移植到了其他计算机平台并正式发布。

该系统的文档使用超文本的形式，超文本是一组包含了嵌入式链接的文本，可以链接到相同文档或其他文档中的文本，以支持不按顺序浏览文本格式的材料。超文本的概念出现得更早一些，在 20 世纪 80 年代中期，它就已经在 Xerox 公司的 NoteCards 和 Apple 公司的 HyperCard 中使用了。

从现在开始，本书将 World Wide Web 简称为 Web。Web 中的信息单元有几个不同的名称，其中，最常用的是页面(Page)、文档(Document)和资源(Resource)。这三个名称中最常用的是文档，不过它看起来好像只表示文本。页面的应用范围也比较广泛，但经常会引起误解，因为 Web 信息单元通常包含构成印刷媒体的多种页面类型。此处将这些单元称为资源是比较合适的，因为这可以涵盖可能包含的非文本信息。虽然本书有的地方或多或少地将文档和页面互换使用，但在绝大部分情况下，我们优先使用文档这一名称。

有时候文档只表示文本，通常包含一些指向其他文档的嵌入式链接。但是，文档也可能包含图片、音频或者其他类型的媒体。如果一个文档包含了非文本信息，就称为超媒体。

从抽象意义上讲，Web 仅是一个由文档组成的超大规模集合，其中一些文档通过链接相互连接起来。这些文档是由 Web 服务器提供，可以通过浏览器进行访问。有关 Web 浏览器的信息请参见 1.3 节，Web 服务器的信息请参见 1.4 节。

1.2.2　Web 还是 Internet

需要指出的是，Web 和 Internet 并不是一回事。Internet 是计算机和其他设备的集合，它们通过装置连接起来，相互之间可以通信。Web 则是一组软件和协议的集合，Internet 中的绝大部分(甚至可能全部)计算机都安装了这些软件和协议。其中有些计算机运行 Web 服务器，用来提供文档，但大多数计算机运行 Web 客户机或浏览器，用来从服务器请求文档，并将文档显示给用户。在 Web 问世之前，Internet 就非常有用；即使没有 Web，Internet 也仍然非常有用。但目前的情况是绝大部分用户都通过 Web 来使用 Internet。

3　虽然 Berners-Lee 从牛津大学获得的是物理学学位，但他在 CERN 的第一份工作却是一个软件咨询工程师。Berners-Lee 在伦敦出生并长大。

1.3 Web 浏览器

当两台计算机经由网络进行通信时，很多情况下是一台计算机作为客户机，另一台计算机作为服务器。客户机启动通信，一般是请求服务器中存储的信息，然后服务器将该信息发送给客户机。与许多其他系统一样，Web 也是基于客户机/服务器的配置而运行的。

Web 服务器中的文档由浏览器请求，浏览器是运行在客户机上的程序。由于用户可以利用它来浏览服务器中的可用资源，因此称为浏览器。最初的浏览器是基于文本的——它们不能显示图形信息，也没有图形用户界面(Graphical User Interface，GUI)。这在很大程度上限制了 Web 应用的增长速度。在 1993 年早期，随着 Mosaic 的出现，这一情况发生了变化，Mosaic 是第一个具有图形用户界面的浏览器。它是由美国伊利诺斯大学(University of Illinois)的超级计算机应用程序国家中心(National Center for Supercomputer Applications，NCSA)开发的。那些既不是科学家也不是软件开发人员的人能够借助于这个图形用户界面很方便地访问 Web。Mosaic 的第一个发布版本是利用 X Window 系统运行在 UNIX 系统上。到 1993 年晚期，又发布了可以运行在 Apple Macintosh 和 Microsoft Windows 系统上的 Mosaic 版本。这样，接入到 Internet 的计算机用户拥有了一件非常强大的工具，能够在地球的任何地方访问 Web 中的任何资源。Mosaic 带来的这种强大功能和便利，直接导致了 Web 使用的爆炸性增长。

浏览器是 Web 中的客户机，这是因为它启动了与服务器的通信，服务器在收到浏览器的请求之前不会做任何事情。一种最简单的情况就是浏览器向服务器请求一个静态文档。服务器接到请求后定位这个文档，然后发送给浏览器，浏览器将文档显示给用户。但是，较复杂的情况更为常见。例如，服务器可能会提供一个文档，请求用户通过浏览器输入信息。在用户完成输入后，浏览器将输入的信息传递给服务器，服务器可能利用这一输入信息进行计算，然后向浏览器返回一个新的文档，以便将计算结果通知给用户。有时候浏览器可能还会直接请求执行服务器中存储的某个程序。程序执行的结果将返回给浏览器。

虽然 Web 支持很多不同的协议，但最常用的还是超文本传输协议(Hypertext Transfer Protocol，HTTP)。HTTP 提供了一种标准的浏览器和 Web 服务器之间的通信格式。1.7 节将简单介绍 HTTP。

最常用的浏览器是 Microsoft Internet Explorer(IE)、Firefox 和 Chrome 浏览器，其中，IE 只能运行在安装了 Microsoft Windows 操作系统的 PC 机上[4]，后两种浏览器则可用于几种不同的计算平台，包括 Windows、Mac OS 和 Linux。还有其他一些可用的浏览器，如 Opera 浏览器和 Apple 的 Safari 浏览器。但因为当前使用的绝大部分浏览器是 IE、Firefox 或 Chrome，因此本书将重点讨论这三种浏览器。

---

4 实际上，IE4 和 IE5 还能够在 Macintosh 计算机中使用，IE4 还能够在 UNIX 系统中使用。但后来的 IE 版本只适用于 Windows 平台。

1.4 Web服务器

Web 服务器是可以向发出请求的浏览器提供文档的程序。服务器是一种被动程序：只有当 Internet 上运行在其他计算机中的浏览器发出请求时，服务器才会响应。

最常用的 Web 服务器是 Apache 和 Microsoft 的 Internet 信息服务器(Internet Information Server，IIS)。其中，Apache 有针对多种计算机平台的多个版本，而 IIS 只能运行在 Windows 操作系统下。到 2013 年 10 月，处于运行状态的超过 1.5 亿个 Web 站点中[5]，大约 65%的站点使用的是 Apache，大约 16%的站点使用的是 IIS，大约 14%的站点使用的是 nginx(读作“engine- x”)，这是来自俄国公司的一种产品[6]。

1.4.1 Web服务器操作

虽然客户机和服务器是信息分发导致产生的一种自然的配置模式，但这种配置模式还是为 Web 带来了其他一些好处。服务器提供信息并不需要耗费太长时间，但是在客户机屏幕上显示信息却非常花费时间。由于 Web 服务器不参与信息的显示过程，因此可以同时处理很多个客户机的请求。这样，利用少量的服务器为大量的客户机提供文档就是一种既合乎自然规律又有效的资源配置方式。

Web 浏览器通过向服务器发送 URL(参见 1.5 节)来启动与服务器之间的网络通信。一个 URL 可以指定以下两种不同资源的某一种：存储在服务器中某个数据文件的地址，该文件将发送到客户机；或者客户机要求执行的位于服务器中的某个程序，程序执行的结果将返回到客户机。

Web 客户机和 Web 服务器之间的所有通信都使用标准的 Web 协议 HTTP，1.7 节中将讨论该协议[7]。

当 Web 服务器开始运行时，会通知操作系统它已经做好了准备，可以接受通过主机中某个端口接入的网络连接。当处于这种运行状态时，服务器将作为操作系统环境中的后台进程运行。Web 客户机或者浏览器打开一个与 Web 服务器的网络连接，向服务器发送请求信息，可能还会发送数据，并接收服务器返回的信息，最后关闭连接。当然，网络连接中浏览器和服务器之间还存在其他机器——特别是网络路由器和域名服务器。但本节只关心 Web 通信中的一个部分：服务器。

简单地讲，Web 服务器的主要任务就是监控主机的通信端口，通过该端口接受 HTTP 命令，并运行这些命令指定的操作。所有 HTTP 命令都包含一个 URL，其中包含主机名称。当接收到这个 URL 之后，Web 服务器就将其转换为一个文件名称(向客户机返回一个文件)或者程序名称(执行该程序，并将运行结果返回给客户机)。这听起来非常简单，但和其他听起来非常简单的很多过程一样，其中包含了大量复杂的细节。

目前的所有这些 Web 服务器都有一个共同起源：最早出现的两种服务器，其中一种是

---

5 在线站点总量超过 5 亿。

6 这些统计数据来自于 http://www.netcraft.com 和 W3techs.com。

7 实际上，有些通信使用的是 HTTP 的安全版本 HTTPS。

欧洲的 CERN 开发的，另一种是美国伊利诺斯大学的 NCSA 开发的。目前，最常用的两种服务器配置是运行在 Linux 操作系统上的 Apache 和运行在 Windows 操作系统上的 Microsoft IIS。

1.4.2 服务器的一般特性

不管起源是什么和运行于何种平台，绝大部分 Web 服务器都有一些共同的特性。本节将简单介绍其中的一些特性。

Web 服务器的文件结构中有两种目录。其中一种目录的根目录称为文档根目录。文件层次结构以文档根目录为起点来存储服务器能够直接访问到、并且通常会提供给客户机的 Web 文档。另一种目录的根目录称为服务器根目录。此目录与其派生的目录一起用来存储服务器及其支持软件。

客户机能够直接通过顶层 URL 来访问存储在文档根目录中的文件。通常，客户机不直接在 URL 中访问文档根目录；相反，服务器将请求的 URL 映射为文档根目录，而客户机并不知道文档根目录所在的位置。例如，假定有一个基于 UNIX 系统的名为 www.tunias.com 的站点(这不是一个真实的站点，至少目前还不是)。进一步假设其文档根目录为 topdocs，存储在 /admin/web 目录下，因此，地址为 /admin/web/topdocs。来自客户机的 http://www.tunias.com/petunias.html 形式的 URL 请求将导致服务器按照文件路径/admin/web/topdocs/petunias.html 搜索文件 petunias.html。类似地，http://www.tunias.com/bulbs/tulips.html 形式的 URL 请求将导致服务器按照地址/admin/web/topdocs/bulbs/tulips.html 来搜索文件 tulips.html。

许多服务器允许一部分文档集合存储到文档根目录之外的路径中。这种提供文档的辅助性区域称为虚拟文档树。例如，服务器的初始配置可能是在服务器主机的主系统磁盘中存储所有文档。随着时间推移，文档集合的大小可能会超过磁盘空间。这种情况下，一部分文档可能需要存储到辅助磁盘中。辅助磁盘可能位于服务器主机中，也可能位于局域网的其他机器中。为了支持这种布局，可以将服务器配置为把带有特殊文件路径的 URL 定向到文档根目录之外的存储区域。有时，一些包含不同内容类型的文件(如图片)会存储在文档根目录之外。

早期服务器的功能一般只限于返回请求的文件，或者执行请求的程序并返回执行结果。随着时间推移，服务器提供的功能一直在稳定增加。现代的服务器是既庞大又复杂的系统，能够提供很广泛的客户机服务。许多服务器能够支持在一台计算机上建立多个站点，这样可以降低每个站点的成本，并使站点更便于维护。这样的辅助主机称为虚拟主机。

有些服务器可以提供 Web 上其他主机的文档根目录中的文档，这种服务器称为代理服务器。

虽然 Web 服务器的最初设计目标只是支持 HTTP 协议，但是，目前有许多服务器可以支持 ftp、gopher、news 以及 mailto 协议。此外，几乎所有 Web 服务器都支持通过服务器端脚本与数据库系统进行交互。

1.4.3 Apache

Apache 源自于 NCSA 服务器 httpd，后来添加了一些功能。美国有一个名为 Apache 的土著部落，但是，服务器 Apache 与该部落没有任何关系。它来自于其第一个版本的特征，该版本是服务器 httpd 的一个修订版本(*a patchy* version)。Apache 广为流行的主要原因是它很快，很可靠。而且，还是开放源代码软件，这就意味着它是免费的，有一个庞大的志愿者团队对其提供支持，系统维护过程既有效又有力。最后，它是 Linux 系统最好用的服务器之一，而 Linux 是最流行的 Web 服务器操作系统。

除了为客户机提供文档这一基本服务之外，Apache 还提供了大量的其他服务。当 Apache 开始执行时，首先从一个文件中读取配置信息并根据其中的参数启动。一个新的 Apache 副本包含了针对“典型”操作的默认配置信息。站点管理员通过修改默认的配置信息来满足自己的特殊要求和习惯。

由于历史的原因，一个 Apache 服务器中包含了以下三个配置文件：httpd.conf、srm.conf 以及 access.conf。只有文件 httpd.conf 中包含了真正用来控制 Apache 服务器行为的指令。其他两个文件指向文件 httpd.conf。文件 httpd.conf 中包含了一个指令列表，用于指定服务器的操作。http://httpd.apache.org/docs/2.2/mod/quickreference.html 对这些指令做了描述。

1.4.4 IIS

虽然 Apache 已经被移植到 Windows 平台，但它并不是各种 Windows 操作系统中最流行的服务器。由于 Microsoft IIS 服务器是作为 Windows 系统的一部分而一起提供的，而且由于它本身也是一个很好的服务器，因此，绝大部分基于 Windows 的 Web 服务器使用的是 IIS。Apache 和 IIS 提供的各种服务十分类似。

从站点管理员的观点看，Apache 与 IIS 最大的区别在于，Apache 是通过一个配置文件进行控制，管理员可以通过编辑这个文件来修改 Apache 的行为。对于 IIS 而言，服务器行为的修改通过一个基于窗口的管理程序来完成，该程序称为 IIS 管理单元，它可以同时控制 IIS 和 ftp。站点管理员可以通过该程序来设置服务器的参数。

1.5 统一资源定位符

统一资源标识符(Uniform/Universal[8] Resource Identifier，URI)用于标识 Internet 中的资源(通常是文档)。URI 主要用于两种目的，其一是命名资源，尽管此时把它们叫做统一资源名称（Uniform Resource Name，URN）可能更加精确。其二，也是 URI 更常用的形式，是提供资源的路径或位置，此时它们叫做统一资源定位符（Uniform Resource Locator，URL)。URI 和 URL 的一般形式很相似，它们也常常被混淆。我们将在第 8 章使用 URI 来为 XML 模式中使用的名称空间进行命名。本章主要介绍 URL。

8 资源地址通常也称为 URI，因此，究竟是 uniform 还是 universal 无关紧要。

1.5.1 URL 的格式

所有 URL 都遵循以下通用格式：

```
scheme:object-address
```

其中，scheme 一般指的是通信协议。常用的通信协议包括 http、ftp、gopher、telnet、file、mailto 以及 news。不同的通信协议对应的 object-address 格式也不同。本书主要介绍 HTTP 协议，该协议支持 Web。它用于请求和发送超文本标记语言(Hypertext Markup Language，HTML)文档。当 URL 中的 scheme 为 HTTP 时，object-address 应该为如下格式：

```
//完全限定域名/文档路径
```

我们感兴趣的另一个协议是 file 协议。file 协议用于表示正运行浏览器的计算机中的文档。这种方法可以测试要放到 Web 上的文档，而不会让其他所有的浏览器看到该文档，因此，该协议是非常有用的。当 URL 中的 scheme 为 file 时，完全限定域名就可以省略了，整个 URL 应该为如下格式：

```
file://文档路径
```

由于本书只讨论 HTML 文档，因此接下来对 URL 的讨论将仅限于 HTTP 协议。

服务器计算机的名称就是该计算机的主机名称，文档就存储在服务器计算机中(或者存储在其他计算机中，但可以通过服务器计算机访问)。对于传递给主机的消息，必须指定主机中的一个合适的进程进行处理。这样的进程是通过对应的端口号进行标识的。Web 服务器默认的端口号为 80。如果某个服务器配置为使用其他端口号，就必须在 URL 中将这个端口号附加到主机名称之后。例如，如果一个 Web 服务器配置为使用端口 800，那么必须将“:800”附加到主机名称之后。

URL 中不得包含空格[9]。此外，还有很多特殊的字符也不能用在 URL 中，包括分号、冒号和&符号。如果要在 URL 中嵌入空格或者这些特殊字符，必须将其写为百分号%加 ASCII 码的形式，其中 ASCII 码是一个十六进制的两位数。例如，如果域名为 San Jose，那么必须写为 San%20Jose 的形式(20 是空格符对应的十六进制 ASCII 码)。http://www.w3.org/Addressing/URL/URI_Overview.html 给出了有关 URL 的详细介绍。

1.5.2 URL 路径

HTTP 协议指定文档路径的方式与操作系统中文件系统指定文件或目录路径的方式类似：都是由目录名称和文件名称组成的一组序列，名称之间通过分隔符进行分隔，不同的操作系统对应的分隔符也是不一样的。对于 UNIX 服务器而言，路径是通过“/”隔开的；对于 Windows 服务器而言，路径是通过“\”隔开的。绝大多数浏览器都能够接受用户输入不正确的分隔符——例如，在 Windows 服务器中采用“/”作为文档文件路径的分隔符，如下所示。

---

9 实际上，某些浏览器会错误地接受 URL 中的空格，但这并不是一种合乎标准的行为。

```
http://www.gumboco.com/files/f99/storefront.html
```

URL 指定的路径可能与文件路径有所不同，因为 URL 并不需要包含文件路径中的所有目录。按照顺序包含了所有目录的路径称为完整路径。绝大部分情况下，服务器配置文件中指定了某个基础路径，URL 中的文档路径是相对于该基础路径而指定的。这样的路径称为部分路径。例如，如果服务器的配置文件将存储文件的根目录指定为 files/f99，那么上面的 URL 可以修改为：

```
http://www.gumboco.com/storefront.html
```

如果指定的文档并不是一个真正的文档，而是一个目录，那么只需要在该目录名的后面添加一个“/”即可，如下所示：

```
http://www.gumboco.com/departments/
```

有时可能指定了一个目录(通过在后面附加一个“/”)，但并未给出名称，例如：

```
http://www.gumboco.com/
```

此时，服务器将在存储文档的顶层目录中进行搜索，直到搜索到一个服务器认为是主页的文件。按照惯例，主页文件名称一般为 index.html。主页中通常包含了一些链接，用户可以通过链接来请求服务器中的其他相关文件。

如果服务器未在根目录中找到一个合适的主页文件，它将构造出目录列表并将其返回给浏览器。

1.6 多用途网际邮件扩充协议

浏览器需要一些方法来确定从 Web 服务器中接收的文档是哪种格式。如果不了解文档的格式，浏览器将无法正确显示该文档，因为不同的文档格式要求使用不同的显示工具。这些文档的格式是通过多用途网际邮件扩充协议(MIME)指定的。

1.6.1 类型说明

MIME 用来指定通过 Internet 邮件发送的不同文档类型的格式。这些文档可能包含各种类型的文本、视频数据或者音频数据。由于 Web 也存在这方面的需求，因此，Web 中也采用了 MIME 来指定所传递的文档类型。Web 服务器在一个将要发送到浏览器的文档头部附加了 MIME 的格式说明。当浏览器从 Web 服务器中接收到这个文档时，就根据其中包含的 MIME 格式说明来确定下一步的操作。例如，如果文档内容为文本，则 MIME 格式说明将告知浏览器文档的内容是文本，并指明具体的文本类型。如果文档内容为音频，那么 MIME 格式说明将告知浏览器文档的内容是音频，并给出音频格式的具体说明信息，以便浏览器选用合适的播放程序来正确播放收到的音频文件。

MIME 说明的格式如下所示：

```
类型/子类型
```

最常见的 MIME 类型为 text(文本)、image(图片)和 video(视频)。其中，最常用的文本子类型为 plain 和 html。常用的图片子类型包括 gif 和 jpeg 等。常用的视频子类型包括 mpeg 和 quicktime 等。每个 Web 服务器中的配置文件中都包含了一个 MIME 说明列表。在本书剩余的内容中，只要提到文档类型，指的就是文档类型及其子类型。

服务器通过将文件的扩展名作为类型表中的键值来确定文档的类型。例如，扩展名.html 意味着服务器应该在将文档发送给浏览器之前为文档附加 text/html[10]。

浏览器中还有一个相应的转换表，用于通过文档的扩展名来查找文档类型。但是，这个转换表只有当服务器没有指定文档的 MIME 类型时才使用，可能只有一些较老的服务器才会出现这种情况。在其他情况下，浏览器都可以从服务器提供的 MIME 头获取文档类型信息。

1.6.2 实验性文档类型

有时候还会使用一些实验性的子类型。实验性的子类型名称以 x-开头，例如 video/x-msvideo。任何 Web 提供商如果想要添加一个实验性子类型，只需要在服务器的 MIME 说明列表中添加一个该子类型的名称即可。例如，某个 Web 提供商可能有一个自定义的数据库，并希望通过 Web 与其他人共享该数据库中的内容。这样就涉及浏览器如何显示该数据库的内容的问题。可以想见，Web 提供商必须提供一个程序，浏览器可以调用该程序来显示数据库中的内容。这种程序可以位于浏览器的外部，此时称为辅助应用程序；也可以以代码模块的形式嵌入到浏览器中，此时称为插件。

每个浏览器都有一系列能够处理的 MIME 说明(文件类型)。所有的浏览器都可以处理 text/plain(纯文本)和 text/html(HTML 文件)。一些特殊的浏览器有时无法处理某些文档类型，即使这些文档类型的应用比较广泛也是如此。此时，浏览器按照前面讨论的实验性类型的处理方式来处理这些类型。浏览器通过检查自身的配置文件来确定所需的辅助应用程序或者插件，这个配置文件中规定了文件类型和辅助应用程序或插件之间的对应关系。如果浏览器找不到显示文档所需要的应用程序或插件，则给出错误消息。

浏览器还可以向服务器指定它适合接收的文档类型，参见 1.7 节。

1.7 超文本传输协议

所有 Web 通信事务使用的都是同一个协议，即超文本传输协议(Hypertext Transfer Protocol, HTTP)。HTTP 当前的最新版本是 1.1，被正式定义为 RFC 2616，在 1999 年 6 月获得通过。在万维网联盟(World Wide Web Consortium，W3C)的 Web 站点 http://www.w3.org 中可以找到 RFC 2616。本节将简要介绍 HTTP。

HTTP 包含两个阶段：请求阶段和响应阶段。浏览器和 Web 服务器之间的每次 HTTP 通信(请求或者响应)都包含两部分：头部和主体。头部包含了与通信有关的信息；主体则包含了通信的数据，当然，前提是存在这样的数据。

---

10 这种说法并不完全准确。HTML 文档也使用.html 文件扩展名，但是严格来说，它应该使用不同的 MIME 类型。

1.7.1　请求阶段

HTTP 请求的通用格式如下所示：

(1) HTTP 方法　URL 中的域名部分　HTTP 版本

(2) 头部字段

(3) 空行

(4) 消息主体

以下是一个 HTTP 请求的首行的示例：

```
GET /storefront.html HTTP/1.1
```

HTTP 中只定义了为数不多的几种请求方法，而且一般只使用其中的一小部分。表 1-1 中列出了几种最常用的方法。

表 1-1　HTTP 请求方法

方　法	说　明
GET	返回指定文档的内容
HEAD	返回指定文档的头部信息
POST	利用随附的数据来执行指定的文档
PUT	利用随附的数据来替换指定文档
DELETE	删除指定文档

在表 1-1 给出的这些方法中，GET 和 POST 是最常用的两个方法。POST 方法最初的设计目标是完成诸如向新闻组发送新闻等任务。现在，POST 最常见的应用是从浏览器向服务器发送表单数据，同时还发送一个请求来执行服务器中的某个程序，该程序可以处理这些表单数据。

HTTP 通信的首行之后是任意数目的头部字段，其中绝大部分是可选的。头部字段的格式是由字段名称和字段值构成的，字段名称和字段值之间使用冒号隔开。共有以下 4 类头部字段：

(1) General：针对普通信息，如日期等

(2) Request：包含在请求头部中

(3) Response：针对响应头部

(4) Entity：请求头部和响应头部中都使用该字段

一个常用的请求字段为 Accept 字段，它指定了浏览器针对被请求文档的 MIME 类型的首选项。如果浏览器可以接受多种格式的文档，那么可以指定多个 Accept 字段。例如：

```
Accept: text/plain
Accept: text/html
Accept: image/gif
```

可使用通配符“*”来指定任何形式的 MIME 子类型。例如，如果可以接受所有类型

的文本，字段 Accept 可以写为：

```
Accept: text/*
```

Host: *host name* 请求字段用于指定主机名称。Host 字段对于 HTTP 1.1 来说是必需的。If-Modified-Since: date 请求字段指定了一个日期，只有当请求的文件在该日期后被修改时，才应该发送该文件。

如果请求包含一个主体，那么必须通过 Content-length 字段指定该主体的长度，该字段以字节为单位来表示响应主体的长度。由于 POST 方法请求需要向服务器发送数据，因此必须使用该字段。

请求的头部之后必须有一个空行，该空行用于将请求的主体和头部分隔开来。使用了 GET、HEAD 和 DELETE 方法的请求没有请求主体。因此，这种情况下，空行是请求结束的标记。

与 Web 服务器进行通信并不一定要使用浏览器，使用 telnet 协议也是可以的。例如，在任何广泛使用的操作系统的命令行中输入以下命令行：

```
>telnet blanca.uccs.edu http
```

该命令创建了与 blanca.uccs.edu 服务器的 http 端口之间的一个连接。服务器对此作出以下响应[11]：

```
Trying 128.198.162.60 ...
Connected to blanca
Escape character is '^]'.
```

此时，与服务器 blanca.uccs.edu 之间的连接已经完成，服务器可以接收如下的 HTTP 命令。例如：

```
GET /~user1/respond.html HTTP/1.1
Host: blanca.uccs.edu
```

1.7.2 节中将介绍该请求对应的响应的头部。

1.7.2 响应阶段

HTTP 响应的通用格式如下：

(1) 状态行

(2) 响应头部字段

(3) 空行

(4) 响应主体

状态行中包含了所用 HTTP 的版本号，此外还包括一个三位数表示的响应状态码和针对状态码的一个简短的文本解释。例如，大部分响应都是以下面的状态行开头的：

---

11 需要注意的是，这个 telnet 请求返回服务器的 IP 地址。

```
HTTP/1.1 200 OK
```

状态码是以 1、2、3、4 或 5 开头的。分别以这 5 个数字作为开头的状态码的一般意义如表 1-2 所示。

表 1-2 HTTP 状态码的开头数字

开 头 数 字	类 别
1	信息
2	成功
3	重定向
4	客户端错误
5	服务器错误

404 Not Found 是一个最常见的状态码，同时也是用户最不希望看到的，它意味着无法找到请求的文件。当然，200 OK 是用户想要看到的，因为它意味着请求得到处理，没有发生任何错误。500 码则意味着服务器遇到了问题，且不能完成请求。

服务器在发送状态行后，接下来发送响应头部，响应头部可能包含多行有关响应的信息，每条信息都对应一个字段。响应头部中必须使用的字段只有一个，即 Content-type。

与 1.7.1 节最后那个示例所发出的请求对应的响应头部如下所示：

```
HTTP/1.1 200 OK
Date: Sat, 25 July 2009 22:15:11 GMT
Server: Apache/2.2.3 (CentOS)
Last-modified: Tues, 18 May 2004 16:38:38 GMT
ETag: "1b48098-16c-3dab592dc9f80"
Accept-ranges: bytes
Content-length: 364
Connection: close
Content-type: text/html, charset=UTF-8
```

响应头部之后必须有一个空行，这与请求头部是一致的。空行之后才是响应数据。在上例中，响应主体是一个 HTML 文件 respond.html。

HTTP 1.1 中的默认操作是当发送动作结束后，服务器和浏览器之间在很短暂的一段时间内仍然保持连接状态。这样，客户端就可以连续发送多个请求而不必重新建立与服务器的连接。

1.8 安全性

Internet 和 Web 是滋生安全问题的沃土。在 Web 服务器端，拥有计算机和浏览器并连接到 Internet 的任何人都能够请求在服务器计算机上执行软件，也能访问服务器计算机上存储的数据和数据库。在浏览器端，问题是相似的：浏览器指向的任何服务器都能够下载要在浏览器主机上执行的软件。这样的软件有可能访问此机器的部分内存和存储设备，而原始的浏览器请求并不需要访问这些内存和存储设备。实际上，无论在客户机还是服务器端，都如同允许大量陌生人涌入您的房间，但要防止他们将任何东西留在房间里、带走任何东西或改变房间里的任何东西。房间设计得越大越复杂，要阻止这些活动就越困难。Web 服务器和浏览器也是这样：它们越复杂，要阻止破坏安全的行为就越难。当今的浏览器和 Web 服务器确实是庞大而复杂的软件系统，因此在 Web 应用程序中安全是一个很大的问题。

Internet 和 Web 安全的主题既广泛又复杂，讨论这一问题的书籍很多。本书只用一小节篇幅来讨论，因此只能简单讨论一些安全子主题。

Web 安全的一个方面是在得到某人从浏览器发送到服务器的数据，并使服务器将数据交付回浏览器的过程中，任何人或任何设备都不会沿途截获或破坏数据。只考虑最简单的情形，将一个信用卡号传送到从那里购买过东西的公司。这一事务的安全问题如下所示：

(1) **私密性**(Privacy)——信用卡号在传送到公司服务器的途中不能被窃取。

(2) **完整性**(Integrity)——信用卡号在传送到公司服务器的途中不能被修改。

(3) **可验证性**(Authentication)——买卖双方必须能够确定对方的身份。

(4) **不可否认性**(Nonrepudiation)——必须能够合法地证明确实发送和接收了消息。

支持私密性和完整性的基本工具是加密。要传送的数据被转换或加密成一种不同的格式，这种格式对于无权访问数据的人或计算机来说实际上是不可能解密的。因此，即使在 Internet 节点间传输途中截获数据，截获者也不可能使用该数据，因为他无法解密数据。加密和解密都是用一个密钥和一个过程(将密钥应用于数据)来完成的。加密最开始并不是为 Internet 开发的一个过程。凯撒将军在战争期间对他传达给战地将领的消息采用原始的加密过程。直到 20 世纪 70 年代中期，加密和解密都使用相同的密钥，所以最初的问题是如何将密钥从发送者传送到接收者。

这一问题于 1976 年由斯坦福大学的 Whitfield Diffie 和 Martin Hellman 解决，他们研制出了公钥加密。在公钥加密中使用公钥和私钥，公钥用来加密消息，私钥用来解密消息。通信者，比方说 Joe，拥有一对反向相关密钥，即一个公钥和一个私钥。公钥可以分发到有可能发送消息给 Joe 的所有组织。他们都可以使用这一公钥来加密发送给 Joe 的消息，而 Joe 能够用自己匹配的私钥来解密消息。这是可行的，因为绝不需要传送私钥，且根据公钥计算私钥实际上是不可能实现的。用技术术语来表达就是要根据公钥确定私钥“从计算上来说是不可行的”。

应用最广的公钥算法名为 RSA，它是 1977 年由麻省理工学院(MIT)的 3 名教授 Ron Rivest、Adi Shamir 和 Leonard Adleman 开发的，这一算法是用他们姓的首字母来命名的。大多数大型公司目前都使用 RSA 来从事电子商务活动。

另一个完全不同的 Web 安全问题是对连接到 Internet 的计算机上的数据进行有意或恶意破坏。自 Web 问世以来，破坏数据的手段种类一直在持续增加，绝对数量也在急速增加。一系列新的和越来越狡猾的拒绝服务攻击(DoS)、病毒和蠕虫不断被发现，它们造成了数十亿美元的损失，其破坏主要是针对严重依赖 Web 的公司。当然，通过 Web 入侵，对家用计算机系统也会造成巨大破坏。

只需向 Web 服务器注入过量的请求，超过服务器的正常运作能力，就可以产生 DoS

攻击。大多数DoS攻击都是使用由病毒感染而引起的“僵尸”计算机组成的网络来操纵的，这些计算机的所有者并没有意识到他们被别有用心地利用了。因此，DoS和病毒常常是联系在一起的。

病毒是一种程序，常作为电子邮件的附件或者是附加到免费下载程序中进入系统。然后它们连接到其他程序。当执行时，它们复制自己，且自己能够重写内存和连接着的存储设备，以相似的方式破坏程序和数据。

蠕虫与病毒一样会破坏内存，但它们独自传播，而不会牵扯到其他文件。也许迄今为止最有名的蠕虫是出现于2003年的Blaster(冲击波)蠕虫。

DoS、病毒和蠕虫等攻击是由心怀恶意的人创建的，这些人称为黑客。这些人的动机显然是通过巨大的破坏行为来表明自己比Web软件系统的设计者技高一筹，并以此为荣和获取成就感。

防病毒软件可以提供保护，使计算机系统免遭病毒和蠕虫的破坏。防病毒软件必须经常更新，以便能够检测出不断出现的新病毒和蠕虫，并使系统免遭破坏。

1.9 Web编程工具箱

本节概要介绍Web编程中最为常用的一些工具，其中一部分工具指的是编程语言。本节讨论了以下工具：标记语言HTML以及一些高级的标记文档编辑系统；元标记语言XML；编程语言JavaScript、PHP和Ruby；基于Web的系统的开发框架JSF、ASP.NET和Rails；在HTML文档中创建/显示图形和动画的技术Flash；使用JavaScript和XML的Web技术Ajax。

根据解释或者执行Web程序和脚本的地点，可以将它们分为两类：客户端和服务器端。其中，HTML和XML是客户端语言，PHP和Ruby是服务器端语言；虽然JavaScript可同时作为服务器端语言和客户端语言，但它更为常见的是作为客户端语言出现。

首先讨论最基本的工具HTML。

1.9.1 HTML概述

首先，认识到HTML并不是一种编程语言是比较重要的。它不能用于描述计算。HTML的用途是描述文档的一般格式和布局，这种文档可以通过浏览器显示。

标记(markup)一词来自出版业。在出版业中，采用标记勾画稿件，以此向排版人员说明其中的文本、图片和其他元素应该以何种格式印刷。HTML并不是计算机使用的第一种标记语言。TeX和LaTeX是更早的标记语言，用于处理文本；目前它们主要用于指定数学表达式和公式在出版物中的格式。

HTML文档实际上是内容和控件混合而成的。控件是通过HTML的标签来指定的。标签的名称指定其内容的类别。大部分HTML标签都包含一对句法标签，这对标签用于限定特定类型的内容。标签对及其包含的内容合称为元素。例如，一个段落元素的段落内容位于开始标签<p>和结束标签</p>之间。浏览器会为段落应用默认的样式(如字体、字体样式和字体大小等)，这个默认样式用于控制段落元素内容的显示效果。

有一部分标签还包括特性说明，这些特性说明为浏览器提供了一些其他方面的信息。例如，在下面的示例中，特性 src 就指定了 img 标签的图片内容所在的路径：

```
<img src="redhead.jpg"/>
```

在这种情况下，redhead.jpg 中存储的图片文档将显示在文档中此标签出现的位置。

第 2 章中将介绍 HTML 的历史。

1.9.2 创建 HTML 文档的工具

可以利用通用的文本编辑器来创建 HTML 文档。有两种编辑工具可以简化 HTML 文档的创建过程：HTML 编辑器和所见即所得(What-You-See-Is-What-You-Get，WYSIWYG，发音为 wizzy-wig)HTML 编辑器。

HTML 编辑器提供了一种产生重复标签的捷径，例如在创建表格行的时候就需要产生大量的重复标签。此外，HTML 编辑器还提供了拼写检查和语法检查的功能，它们可以利用多种颜色来显示 HTML 文档，使 HTML 文档更便于阅读和编辑。

创建 HTML 文档的一种更强大的工具是 WYSIWYG 的 HTML 编辑器。通过使用 WYSIWYG 的 HTML 编辑器来输入 HTML 代码，可以直接看到这些 HTML 描述的文档效果。一方面，对于想不通过学习 HTML 就能创建简单的 HTML 文档的新手来说，以对于那些想马上看到文档的实际效果的用户来说，WYSIWYG 的 HTML 编辑器是非常有用的。但是，这种编辑器产生的 HTML 代码质量有时候非常差。而且在某些情况下可能会产生一些专有的标签，某些浏览器可能无法识别。

Microsoft Expression Web 和 Adobe Dreamweaver 是两款 WYSIWYG 的 HTML 编辑器。它们允许用户创建用 HTML 描述的文档，而不要求用户了解 HTML。它们不能处理 HTML 的所有标签，但可用于创建许多常见的文档特征。有关 Dreamweaver 的详细信息可从 http://www.adobe.com/获得，而有关 Expression Web 的信息可从 http://www.microsoft.com/获得。

1.9.3 插件和过滤器

可使用两种不同类型的转换器来创建 HTML 文档。其中一种是插件[12]，它是一种可以集成到文字处理器中的程序。插件为文字处理器添加了新的功能，如工具栏按钮和菜单元素可以很方便地将 HTML 插入到正在创建或编辑的文档中。插件可以使文字处理器成为一个能够以所见即所得的方式进行 HTML 文档开发的 HTML 编辑器。这一过程的最终结果就是创建一个 HTML 文档。此外，在创建 HTML 文档的过程中，插件的存在并不影响文字处理器自身工具的使用，如拼写检查器和辞典功能。

12 插件(Plug-in)一词指可添加或嵌入到其他软件系统的许多不同的软件系统。例如，可以在 Web 浏览器中添加许多不同的插件。

另一种转换器是过滤器，它可以将一个某种类型的现有文档(如 LaTeX 或者 Microsoft Word)转换为 HTML 格式。过滤器不是用于创建文档的编辑器或者文字处理器的一个组件。这是一个优点，因为这样过滤器就是与平台无关的。例如，某个用户可能在 Macintosh 计算机平台上使用 WordPerfect，该用户提交的文档将来可以通过一个运行在 UNIX 平台中的过滤器转换为 HTML 格式。过滤器的缺点在于使用过滤器创建 HTML 文档需要两个步骤：首先创建文档，然后利用过滤器将文档转换为 HTML 格式。

无论是通过插件还是通过过滤器创建的 HTML 文档，当利用浏览器进行显示时，其显示效果同文字处理器创建的 HTML 文档的显示效果都是不一致的。

不过，插件和过滤器有两个优点：一个是通过文字处理器创建的文档可以很容易地转换为 HTML 格式，另一个是用户可以使用他们自己熟悉的文字处理器来创建 HTML 文档。这就不用学习如何利用 HTML 直接格式化文本。例如，一旦我们了解到如何利用文字处理器来创建表格，那么这种方式比学习利用 HTML 来创建表格要容易得多。

通过插件和过滤器创建的 HTML 输出一般都必须经过修改，以完善文档在浏览器中的显示效果，这一修正过程通常利用一个简单的文本编辑器完成。由于修正后的 HTML 文件无法逆转换到原来的格式(不管它是如何创建的)，因此，同一个文档就将对应着两个不同的源文件。这难免为文档维护带来版本问题。很明显，这是转换器的一个缺点。

1.9.4 XML 概述

HTML 是利用标准通用标记语言(Standard Generalized Markup Language，SGML)定义的，SGML 是一种定义标记语言的语言(这种语言也称为元标记语言)。可扩展标记语言(eXtensible Markup Language，XML)是 SGML 的简化版本，用户可以通过 XML 很容易地根据需要创建标记语言。虽然 HTML 用户必须使用预定义的标签和特性集合，但是在使用 XML 来创建定制的标记语言时，必须根据将来的应用设计标签和特性。例如，如果某个用户组需要一种标记语言来描述天气现象，那么该标记语言应该有分别表示云状、雷暴和低气压中心的标签。这些标签的内容应该限定为相关的数据。如果利用 HTML 描述这样的数据，则云状数据可能被放入普通标签中，但接下来就无法将它们同雷暴元素相区分了，因为雷暴元素也是在普通标签中。

HTML 描述了一般信息的总体布局和某些表现细节，而基于 XML 的标记语言通过自己特有的标签和特性描述了数据及其含义。XML 不指定任何表现细节。

XML 的一个巨大优势是在应用程序中，我们可以将某种给定标记语言的标签赋予适合的内容，然后根据标签的含义就能够找到对应类型的数据并加以处理。XML 的语法规则和某种特定的基于 XML 的标记语言的语法规则，都可用于在任何应用程序处理文档数据之前对文档进行验证。这就意味着可以检验所有使用了某种特定标记语言的文档是否遵循这种文档的标准格式。这在很大程度上简化了用于处理 XML 文档数据的应用程序的开发过程。

1.9.5 JavaScript 概述

JavaScript 是一种客户端脚本语言，在 Web 编程中，主要应用是验证表单数据、构建支持 Ajax 的 HTML 文档和创建动态 HTML 文档。

由于 JavaScript 和 Java 除了在语法上有一些相似之处外，其他方面几乎没有什么关系，因此，JavaScript 这个名称可能会造成误导。JavaScript 与其他常见的编程语言相比，一个最大区别是 JavaScript 的类型是动态的。这种类型设计与 C++和 Java 等强类型的编程语言几乎是对立的。

JavaScript“程序”通常嵌入到 HTML 文档中[13]。当浏览器请求这些 HTML 文档时，它们就从服务器下载到客户端。因此，HTML 文档中的 JavaScript 代码是由浏览器中嵌入的解释器在客户端解释的。

JavaScript 的一个最重要的应用是可以动态创建和修改文档。JavaScript 中定义的对象层次结构正好与 HTML 文档的层次结构模型相匹配。通过这些对象可以访问到 HTML 文档中的元素，而这正是创建动态文档的基础。

第 4 章将详细介绍 JavaScript 的基础知识。第 5 章和第 6 章将讨论如何利用 JavaScript 来访问和动态修改 HTML 文档。

1.9.6 Flash 概述

Flash 有两个组件，分别是创作环境(开发框架)和播放器。开发人员使用创作环境创建静态图形、动画图形、文本、声音以及交互性作为独立 HTML 文档的一部分，或是其他 HTML 文档的一部分。这些文档由 Web 服务器提供给浏览器，浏览器使用 Flash 播放器插件显示文档。大部分开发操作就是单击按钮、选择菜单项以及拖放图形元素。

Flash 使得创建动画变得非常容易。例如，对于动作动画，开发人员只需提供要具有动画效果的图形的起始位置和结束位置——Flash 会构建中间的帧。Flash 应用程序的交互性用 ActionScript (JavaScript 的变体)实现。

目前，Flash 是在 Web 上呈现图形和动画的主要技术。据估计，世界上约有 99%用于访问 Internet 的计算机都安装了某种版本的 Flash 播放器作为其浏览器的插件。

第 8 章将介绍 Flash。

1.9.7 PHP 概述

PHP 是专门为 Web 应用程序开发而设计的一种服务器端脚本语言。与 JavaScript 一样，PHP 代码也是嵌入到 HTML 文档中。但是，PHP 代码是在把 HTML 文档返回到请求的客户端之前就在服务器中进行解释。被请求的包含了 PHP 代码的文档被预处理以解释其中的 PHP 代码，并把其输出插入到 HTML 文档中。浏览器无法看到嵌入的 PHP 代码，所以无法知道被请求的文档原来包含了 PHP 代码。

---

13 此处将“程序”加注双引号是因为我们将那些自包含的 C++或者 C 语言代码的集合称作程序，从这个意义上讲，此处的代码并不是程序。

无论是从语法形式的角度还是从字符串和数组的动态特性的角度来说，PHP 和 JavaScript 都很相似。JavaScript 和 PHP 都是动态地定义数据类型，这就意味着变量的类型在最后为其赋值后才能确定。PHP 的数组是动态数组和散列(是一种关联数组)的混合物。PHP 中包含了大量用于处理数组的预定义函数。

PHP 能够很简单地访问 HTML 表单数据，因此，利用 PHP 处理表单是非常容易的。PHP 支持很多种不同的数据库管理系统。所以，在创建需要 Web 访问数据库的程序方面，PHP 是一种非常优秀的语言。

第 9 章将讨论 PHP 的一个子集。

1.9.8 Ajax 概述

Ajax 是 Asynchronous JavaScript＋XML 的简写形式，这一技术已出现数年，但直到 2005 年才有了这个引人注意的名字[14]。Ajax 的思想较为简单，但它导致了以不同的方式来观察和构建 Web 交互。对于使用某种 Web 交互的人来说，这种新方法丰富了他们的 Web 体验。

在传统的(相对于 Ajax 来说)Web 交互中，用户向服务器发送消息的方式是通过单击相应的链接，或者是单击表单的提交按钮。单击链接或提交表单之后，客户机必须等待，直到服务器用新文档作出响应。然后用新文档取代整个浏览器的显示画面。对于复杂的文档，从服务器传送到客户端，需要花大量时间，而浏览器呈现它们则需要花费更多的时间。对于要频繁与客户机交互、且需要长时间保持活动状态的 Web 应用程序，接收和呈现完整的响应文档所需的延迟会影响用户的情绪。

Ajax Web 应用程序与传统的 Web 交互相比发生了两点变化。首先，从浏览器到服务器之间的通信是异步的，也就是说，浏览器不需要等待服务器响应。当服务器查找并传送请求文档以及浏览器呈现新文档时，浏览器用户可以继续做正在做的事情。第二，服务器提供的文档通常只是被显示文档的相对较小的一部分，因此传送和呈现所用的时间都较少。这两种变化使浏览器和服务器之间的交互速度快了很多。

Ajax 中的 x 表示 XML，这是因为在很多情况下，服务器是以 XML 文档的形式来提供数据的，XML 文档提供了要放置在显示文档中的新数据。但是，有时数据只是纯文本，甚至可能是 JavaScript 代码。另外，也可能是 HTML。

Ajax 的目的是使基于 Web 的应用程序在交互速度和用户体验质量方面更接近于客户端的桌面应用程序。难道我们不愿意自己基于 Web 的应用程序具有文字处理程序那么快的响应速度吗？

第 10 章将深入讨论 Ajax。

1.9.9 Servlet、JavaServer Pages 和 JavaServer Faces 概述

Web 交互中的许多计算任务必须在服务器上完成，如处理订单和访问服务器驻留的数据库。名为 Servlet 的 Java 类可用到这些应用中。Servlet 是一个编译过的 Java 类，当浏览

---

14 Ajax 是由 Jesse James Garrett 命名的，他在很多场合下都提到 Ajax 是简写，而不是首字母缩写词。因此拼写为 Ajax，而不是 AJAX。

器显示的 HTML 文档请求它时，将在服务器系统上执行其对象。Servlet 生成一个 HTML 文档响应，其中一部分是静态的，由简单的输出语句生成，而其他部分是在调用 Servlet 时动态创建的。

当 Web 服务器接收到一个 HTTP 请求时，会检查该请求。如果必须调用 Servlet，则 Web 服务器会将该请求传递给名为 Servlet 容器的 Servlet 处理器。该 Servlet 容器确定必须执行哪个 Servlet，确保加载并调用它。当 Servlet 处理该请求时，生成一个 HTML 文档作为响应，通过响应对象参数将它返回给 Servlet。

Java 也可用作服务器端脚本语言。带有嵌入的 Java 代码的 HTML 文档是一种 JavaServer Pages(JSP)。构建于 Servlet 上的 JSP 提供了构造动态 Web 文档的替代方法。JSP 采用与 Servlet 相反的方法。它不是在提供动态文档的 Java 文档中嵌入 HTML，而是将某种形式的代码嵌在 HTML 文档中以提供文档的动态部分。这些不同形式的代码构成了 JSP 所使用的不同方法。Servlet 和 JSP 的基本功能是一样的。

当浏览器请求时，名为 JSP 容器的软件系统处理 JSP 文档。一些 JSP 容器当文档在服务器上加载时对其进行编译；其他一些则在文档被请求时编译。编译过程将 JSP 文档转换为 Servlet 并编译该 Servlet。因此，JSP 实际是编写 Servlet 的简化方法。

JavaServer Faces(JSF)为 JSP 技术添加了另一层功能。JSF 最重要的贡献就是针对 Web 应用程序的事件驱动的用户界面模型。通过 JSF，客户端生成的事件可由服务器端代码处理。

第 11 章将讨论 Servlet、JSP 和 JSF。

1.9.10 ASP.NET 概述

Active Server Pages .NET(ASP.NET)是 Microsoft 用于构建服务器端动态文档的框架。ASP.NET 文档由在 Web 服务器上执行的编程代码提供支持。正如在 1.9.9 节所看到的，JSF 使用 Java 描述 HTML 文档的动态生成，以及与用户和文档交互相关的计算。ASP.NET 可替代 JSF，但有两个主要不同点：首先，ASP.NET 允许服务器端编程代码用任意.NET 语言编写[15]；其次，在 ASP.NET 中，所有编程代码是经过编译的，这使得它比解释代码的执行速度快得多。

每个 ASP.NET 文档都被编译为一个类。从程序员的角度看，用 ASP.NET 开发动态 Web 文档(及支持代码)和开发非 Web 应用程序类似。两者都涉及基于库类定义类，通过库实现接口，以及调用库类中定义的方法。应用程序类使用现有类并与其交互。在 ASP.NET 中，这对于 Web 应用程序来说是相同的。Web 文档通过设计类进行设计。

第 12 章将讨论 ASP.NET。

1.9.11 Ruby 概述

Ruby 是一种面向对象的解释性脚本语言，它是 20 世纪 90 年代早期由 Yukihiro Matsumoto(又名 Matz)设计的，并于 1996 年发布。此后经过不断演化，它的使用快速增长。Ruby 的产生

15 大多数情况下，用 VB.NET 或 C#编写。

是由于其设计者对早期语言 Perl 和 Python 感到不满意。

与 Smalltalk 一样，Ruby 是一种纯面向对象的语言，这是 Ruby 的主要特征。每个数据值都是一个对象，所有操作都要通过方法调用来完成。Ruby 中的运算符只是为相应操作指定方法调用的语法机制。因为它们是方法，所以很多运算符可以由用户程序重新定义。所有类——无论是预定义的还是用户自定义的，都可以拥有子类。

由于可以动态修改方法，从这个意义上来说，Ruby 中的类和对象是动态的。这就意味着类和对象在不同的执行时期可以有不同的方法集。因此，相同类的不同实例其行为可以有所不同。

Ruby 的语法与 Eiffel 和 Ada 有关。因为使用的是动态类型，所以不需要声明变量。事实上，所有变量都是引用，且没有类型，不过它们引用的对象是有类型的。

我们对 Ruby 的兴趣基于 Ruby 在 Web 开发框架 Rails(参见 1.9.12 节)中的应用。设计 Rails 是为了与 Ruby 一同使用，它是 Ruby 在 Web 程序设计方面的主要应用。第 15 章将介绍 Ruby 编程。

从文化上来说，Ruby 是很有意思的，因为它是第一种在日本设计、并在日本以外取得较广泛应用的编程语言。

1.9.12 Rails 概述

Rails 是针对基于 Web 的、需要访问数据库的应用程序的开发框架。框架是一个系统，在此系统中框架会提供很多近似标准的软件部件，因此应用程序开发人员不需要再编写它们。ASP.NET 和 JSF 也是基于 Web 的应用程序的开发框架。Rails(其更正式的名称是 Ruby on Rails)是由 David Heinemeier Hansson 于本世纪初开发的，并于 2004 年 7 月公开发布。此后，它很快得到了广泛的关注和应用。Rails 基于应用程序的模型-视图-控制器(Model-View-Controller，MVC)体系结构，此体系结构可以将应用程序分成明显的三部分：表示、数据模型与程序逻辑。

Rails 应用程序与关系数据库紧密联系在一起。很多 Web 应用程序与数据库访问紧密整合，因此 Rails 关系数据库框架是一种广泛适用的体系结构。

Rails 可以与 Ajax 结合使用，且经常是这么做的。Rails 使用名为 Prototype 的 JavaScript 框架来支持 Ajax，以及与浏览器显示的 JavaScript 文档模型的交互。Rails 也提供了开发 Ajax 的其他支持，包括生成视觉效果。

Rails 被设计为与 Ruby 一同使用，且利用了 Ruby 语言的优点。而且，Rails 是用 Ruby 编写的。第 16 章将介绍如何使用 Rails。

1.10 本章小结

Internet 始于 20 世纪 60 年代后期的 ARPAnet，ARPAnet 最终被非军事用途的 NSFnet 替代。NSFnet 后来就成为了众所周知的 Internet。现在，全球有数以百万计的计算机连接在 Internet 上。虽然 Internet 中的网络控制设备之间差别很大，计算机也有很多种类型，但是，它们都通过 TCP/IP 协议连接，所以至少在最底层，对于网络来讲它们是一致的。

Internet 中用到了两种不同类型的地址：IP 地址和完全限定域名。IP 地址是为计算机准备的数字，它分为 4 个部分；完全限定域名是为人准备的，它是通过句点分隔的单词。完全限定域名通过运行 DNS 的域名服务器转换为 IP 地址。目前已经创建了很多不同的信息交换协议，例如 telnet、ftp 和 mailto。

Web 始于 20 世纪 80 年代后期的 CERN 实验室，最初目的是为了使物理学家们能够与其他地方的同事们有效地共享工作成果。Web 的基本思想是在 Internet 中利用 HTTP 协议在计算机间传输超文本文档。

浏览器从 Web 服务器中请求 HTML 文档，并为用户进行显示。Web 服务器搜索并将请求的文档发送给浏览器。所有 Internet 中的文档都利用 URL 进行定位；URL 中的第一个字段是使用的特定协议。URL 还包括完全限定域名和服务器中某个文档的文件路径。Web 服务器所传递文档的类型出现在文档中的首行，称为 MIME 说明。Web 站点还可以创建一些属于自己的实验性的 MIME 类型，前提是站点服务器中提供某个程序，浏览器可以调用这个程序为用户显示文档的内容。

HTTP 是标准的 Web 通信协议。HTTP 请求通过 Internet 从浏览器发送到 Web 服务器；HTTP 响应从 Web 服务器发送到浏览器，以满足这些请求。最常用的 HTTP 请求是 GET 和 POST。

Web 程序员可以利用多种语言来创建文档，服务器将这些文档发送给浏览器。其中，最基本的语言是 HTML，它是一种标准的标记语言，用于描述 Web 文档应该如何显示在浏览器中。我们不必学习专门的 HTML 知识，只利用某些工具就可以创建 HTML 文档。插件是一种可以集成到文字处理器中的程序，集成了插件的文字处理器可以用于创建 HTML 文档。过滤器可以将某种格式的文档转换为 HTML。XML 是一种元标记语言，它为定义新的标记语言提供了一种标准方式。

JavaScript 是一门客户端脚本语言，它可以嵌入到 HTML 文档中来描述简单的计算。JavaScript 代码是通过客户机中的浏览器解释的；它能够访问 HTML 文档中的元素，也可以动态修改这些元素。

Flash 是将图形、音频和动画嵌入到 HTML 文档中的框架。

Ajax 是构建 Web 应用程序的方法，其中部分文档请求会异步处理。Ajax 可以极大地提升用户交互的速度，因此对于构建交互频繁的系统特别有用。

PHP 是 JavaScript 的服务器端对等物。它是一种其代码可嵌入到 HTML 文档中的解释型语言。PHP 主要用于表单处理和从浏览器进行数据库访问。

Servlet 是服务器端 Java 程序，可用于表单处理、数据库访问或者构建动态文档。JSP 文档是构建这些应用程序的另一种方法。JSP 文档可转换为 Servlet。JSF 是一种用于 JSP 文档的开发框架，用于指定表单及其处理。

ASP.NET 是 Web 开发框架。在服务器上执行的 ASP.NET 文档中使用的代码可用任意.NET 编程语言编写。

Ruby 是一种面向对象的脚本语言，这里介绍它主要是因为在 Web 应用框架 Rails 中的应用。Rails 提供了构建访问数据库的 Web 应用程序所需要的很大一部分代码，使开发人员可以集中精力处理应用程序细节，而不耗费时间去处理所有琐碎工作。

1.11 复习题

1. 20 世纪 60 年代美国国防部(DoD)提出的新的国家计算机网络的一个最基本的需求是什么？
2. 所有连接到 Internet 的计算机都使用什么协议？
3. IP 地址的格式是什么？
4. 描述一下完全限定域名。
5. DNS 域名服务器的作用是什么？
6. telnet 的作用是什么？
7. 首次提出 Web 时，它可以交换何种形式的信息？
8. 什么是超文本？
9. 1993 年引入的何种浏览器导致了 Web 应用的爆炸性增长？
10. 在哪些常见的情形下，Web 服务器接收了请求之后，才创建需要返回的文档？
11. Web 服务器的文档根目录是什么？
12. 什么是虚拟文档树？
13. 什么是 Web 服务器的服务器根目录？
14. 什么是虚拟主机？
15. 什么是代理服务器？
16. file 协议的含义是什么？
17. Web 服务器的文档的部分路径是如何工作的？
18. 当浏览器在不给定名称的情况下请求一个目录时，Web 服务器通常将返回的文件的名称是什么？
19. 在浏览器和服务器之间的请求/响应事务中，MIME 类型说明的作用是什么？
20. 当 Web 服务器返回一个带有实验性的 MIME 类型的文档时，它应该给浏览器提供什么？
21. 描述最常用的 5 种 HTTP 方法的用途。
22. HTTP 请求中的 Accept 字段有什么作用？
23. 哪个响应头部字段最常用？
24. 标记语言中缺少的一项重要的功能是什么？
25. 通过使用公钥进行加密可以解决什么问题？
26. 计算与给定公钥相关的私钥实际上可能吗？
27. 病毒和蠕虫有什么区别？
28. 激发黑客创建并散布病毒的动机是什么？
29. 什么是插件？

30. 什么是过滤 HTML 转换器？
31. 为什么通过过滤器生成的代码常常必须通过手工修改以后才可以使用？
32. 在描述数据方面，XML 相对于 HTML 的一个巨大优势是什么？
33. 在基于 XML 的标记语言中，有多少不同的预定义标签？
34. Java 和 JavaScript 之间有什么关系？
35. JavaScript 最常见的应用是什么？
36. JavaScript 代码一般是在哪里进行解释的，服务器上还是浏览器上？
37. Flash 的主要用途是什么？
38. Flash 电影是在哪里进行解释的，服务器上还是浏览器上？
39. Servlet 是在哪里执行的，服务器上还是浏览器上？
40. Servlet 用何种语言编写？
41. JSP 文档与 Servlet 在哪些方面是相对的？
42. JSF 的用途是什么？
43. ASP.NET 的用途是什么？
44 ASP.NET 文档中的代码一般用什么语言编写？
45. PHP 代码是在哪里进行解释的，服务器上还是浏览器上？
46. PHP 在哪些方面类似于 JavaScript？
47. Ruby 的面向对象程度高于 Java 体现在哪些方面？
48. Ruby 是由哪个国家开发的？
49. Rails 的用途是什么？
50. Rails 是为哪种 Web 应用程序而设计的？
51. 在 Ajax 应用程序中使用何种编程语言？
52. Ajax Web 应用程序与传统的 Web 应用程序的不同体现在哪些基本方面？

1.12 练习题

1. 以下这几种产品，您接触过哪几种？其版本号是多少？最新的可用版本是哪个版本?
   a. 浏览器
   b. Web 服务器
   c. JavaScript
   d. PHP
   e. Servlet
   f. ASP.NET
   g. Ruby
   h. Rails
2. 在 Web 上搜索以下技术发展历史的有关信息，并书面概述它们的历史。
   a. TCP/IP
   b. SGML

c. HTML
d. ARPAnet
e. BITNET
f. XML
g. JavaScript
h. Flash
i. Servlet
j. JSP
k. JSF
l. Rails
m. Ajax

第 2 章

HTML/XHTML 简介

本章将介绍超文本标记语言(Hypertext Markup Language，HTML)中最常用的部分。由于 HTML 比较简单，因此介绍的进度将会很快。虽然 XHTML 已经不在 HTML 的发展路线中，但是其严格的语法规则极具价值，而且在 HTML 文档中仍然可以使用它们，所以我们将介绍和使用 HTML 的 XHTML 形式。本章首先简要介绍 HTML 和 XHTML 的发展历史，接下来描述一个 HTML 文档的结构和标签的格式。然后讨论如何利用这些标签来控制文本的显示效果，包括换行、段落、标题以及块引用。此外还将介绍如何利用标签来指定字体样式和相对大小。接下来描述 Web 文档中图片的格式和用法。然后介绍超链接。还将介绍三种不同的列表——有序列表、无序列表以及定义列表。之后，讨论如何利用 HTML 标签及其特性来建立表格。接下来介绍表单，表单用于收集 Web 客户端的信息。之后用简单的小节来介绍和演示 audio 元素、video 元素、组织元素和 time 元素。最后讨论 HTML 和 XHTML 的语法差异。

在以下网址可以找到关于 HTML 和 XHTML 的很有帮助的参考信息：http://www.w3schools.com。

2.1 HTML 和 XHTML 的起源和演变

HTML 是一种标记语言，这意味着它用来标记文档中的各个部分，以指定文档在打印件或者显示器上的显示方式[1]。HTML 是用元标记语言[2]SGML(Standard Generalized Markup Language，标准通用标记语言)定义的，后者是一种由国际标准组织(International Standards

1 “标记”这个术语源自出版业。在过去的出版业中，文档会被手工加上一些标记，以告知排字工人文档的印刷效果应该是什么样子的。

2 元标记语言是用于定义标记语言的语言。

Organization，ISO)提供的标准，用于描述文本格式化的语言[3]。HTML 最初的目标与其他文本格式化的语言不同，这些格式化语言致力于指定文本所有的显示细节，包括字体样式、大小和颜色等。而 HTML 用于在更高和更为抽象的层次上指定文档的结构，由于利用 HTML 指定的文档必须能够在使用不同浏览器的不同计算机系统中显示，因此 HTML 这种最初的设计目标是完全合乎情理的。

20 世纪 90 年代后期，样式表作为 HTML 的补充出现了。由于样式表可以指定文本显示的细节信息，因此，样式表扩展了 HTML 的功能，使它更接近那些文本格式化语言。第 3 章将介绍样式表。

2.1.1 HTML 和 XHTML 的版本

最初的 HTML 与 Web 结构和第一个浏览器都是由欧洲粒子物理研究所(CERN)设计的。Web 使用的快速增长始于 1993 年 MOSAIC 的发布，MOSAIC 是第一个图形 Web 浏览器。Netscape(MOSAIC 的设计师们建立的公司)将 MOSAIC 推向市场并商业化之后不久，Microsoft 开始开发它的浏览器 Internet Explorer(IE)。1995 年 IE 的发布标志着 Netscape 和 Microsoft 之间 4 年市场竞争的开始。在此期间，两家公司都拼命开发自己的扩展 HTML，努力占据市场优势。这自然就导致了不兼容的 HTML 版本，包括这两家公司之间以及同一公司内旧版和新版 HTML 的不兼容。所有这些差异使得设计 HTML 文档的 Web 内容提供商面临着严峻的挑战，这些 HTML 文档需要在不同的浏览器中查看。

1994 年末，Tim Berners-Lee 创立万维网联盟(W3C)，他曾开发了最初的 HTML 版本，W3C 的一个主要目标是从 HTML 开始，开发和推广 Web 技术标准。第一个 HTML 标准 HTML 2.0 发布于 1995 年末。随后于 1997 年早期发布了 HTML 3.2。直到当时，W3C 仍在努力迎合浏览器开发商，HTML 3.2 实际上只反映了当时由 Netscape 和 Microsoft 开发的功能。但幸运的是，从 1998 年开始 HTML 的发展由 W3C 掌控，这在部分程度上是由于 Netscape 已经败于其浏览器竞争对手 Microsoft。现在有几家不同的组织在开发和发布浏览器，除了 Microsoft，它们都比较忠实地遵循了 W3C 制定的 HTML 标准，至少直到最近都是这样的。HTML 4.0 规范在 1997 年年底发布。已经完善的最新 HTML 标准版本是 4.01，W3C 在 1999 年年底批准了该版本的规范。

可在 HTML 中使用的样式表的出现(1997 年)使得较早的 HTML 版本中的一些特性失去了意义。这些特性和其他某些特性已经“不建议使用”，这意味着将来有一天可能会将它们从 HTML 中移除。所谓不建议使用某个特性就是警告用户不要继续使用这个特性，因为将来可能不再支持这一特性。虽然最新版本的浏览器仍然支持这些“不建议使用”的 HTML 特性，但本书将不会对它们进行讨论。

HTML 4.01 存在两个根本性的问题。首先，它的语法规则不够严谨。所以 HTML 文档可能存在各种各样的形式，不同的浏览器会以不同方式解释它们。这导致 HTML 文档的编写十分随意。据估计，Web 中大约 99%的 HTML 文档中都存在错误。HTML 4.01 的第二个

---

3 并非所有的文本格式化语言都是基于 SGML 的；例如，PostScript 和 LaTeX 就不是。

问题是没有定义在遇到错误代码时，用户代理(HTML 处理器，通常是一个浏览器)如何恢复。因此，每个浏览器都使用了各自的错误恢复机制。

XML[4] 是 SGML 的替代品。它用于描述数据，并具有严格的语法规则。XML 规范要求 XML 处理器不接受有任何错误的 XML 文档。

2000 年早期制定的 XHTML 1.0 标准其实是使用 XML 重新定义了 HTML 4.01。XHTML 1.0 实际是 3 个标准：严格性(Strict)、过渡性(Transitional)和框架集(Frameset)。严格性标准要求遵循所有 XHTML 1.0 语法规则。过渡性标准允许包括 XHTML 1.0 中那些不建议使用的功能。框架集标准允许包括框架元素和特性的集合(尽管不建议使用它们)。万维网联盟(W3C)于 2001 年 5 月推出了 XHTML 1.1 标准，该标准主要是对 XHTML 1.0 进行模块化处理的结果，它丢弃 XHTML 1.0 的一些功能，最显著的是丢弃了框架。

XHTML 1.0 规范解决了 HTML 4.01 的一个问题。它针对在语法上什么可以接受，什么不可以接受，定义了一套完善的规则。而且，它要求 XHTML 文档必须使用 MIME 类型 application/xhtml+xml。这意味着用户代理在遇到第一个语法错误时就必须停止解释 XHTML 文档，正如 XML 文档那样。因为与 HTML 4.01 对错误的容忍程度相比，这是一个重要的改变，XHTML 1.0 规范还包含了一个 Appendix C，允许把 XHTML 文档作为 HTML 文档，即使用 text/html MIME 类型，这样就可以继续让用户代理忽略语法错误。

2001 年发布的 XHTML 1.1 规范对 XHTML 1.0 做了相对较小的改进，不过删除了 Appendix C。这意味着 W3C 正式规定了 XHTML 1.1 文档必须是 application/xhtml+xml MIME 类型，而用户代理必须拒绝所有在语法上存在错误的文档。这常被称作“draconian error handling(严厉的错误处理)”。

XHTML 制定的规则由于具有一致性，其价值得到了广泛的认可，但是 XHTML 严厉的错误处理则不然。标记文档的开发人员和提供者一致认为，不应该因为浏览器用户试图浏览的文档中存在语法错误，就给他们显示错误消息。结果，XHTML 1.1 文档仍然使用 text/html MIME 类型，而浏览器也仍然使用要求较宽松的 HTML 解析器。

W3C 显然忽视了这些问题，继续开发出了 XHTML 2.0。其设计不要求与 HTML 4.01 或 XHTML 1.1 兼容，这进一步加速了它的衰落。

针对 XHTML 1.1 规范的问题和 XHTML 2.0 的开发，在 2004 年，浏览器供应商、Web 开发公司和一些 W3C 的成员成立了一个组织，即后来的 Web Hypertext Application Technology(WHAT)Working Group，该组织开始以 HTML 4.01 而不是 XHTML 1.1 为基础开发下一个版本的 HTML。新版本 HTML 的目标包括：与 HTML 4.01 向后兼容，在规范中明确定义错误处理方式，用户不会看到文档语法错误。一开始，W3C 没有参与这个新项目的意思，因为它会与 XHTML 2.0 展开竞争。

WHAT Working Group 的第一批成果是 WebForm 2.0、Web Applications 1.0 和一个供用户代理进行错误处理的算法。WebForm 2.0 扩展了 HTML 表单，而 Web Applications 1.0 则是 HTML 的新版本。

4　XML(eXtensible Markup Language，可扩展标记语言)将在第 7 章中进行讨论。

这两个组织各自单独工作了数年，W3C 继续开发 XHTML 2.0，WHAT Working Group 继续开发 HTML 的新版本。之后，W3C 的主管 Berners-Lee 在 2006 年做了一个重要的决定：W3C 将和 WHAT Working Group 合作。在 2009 年，W3C 决定采纳 HTML 的发展，而放弃开发 XHTML 2.0。W3C 所采取的第一个举措就是将 Web Applications 1.0 重命名为 HTML5。

2.1.2 HTML 与 XHTML

直到 2010 年，许多 Web 开发人员使用 XHTML 来编写文档，以便利用更严格的语法规则、标准的格式和验证工具，但是文档仍然使用 text/html，并且浏览器仍然使用 HTML 解析器。其他开发人员仍然固执地使用 HTML，现在他们积极地选择了 HTML5。同时，使用 XHTML 的开发人员则感到失望，并且不明白为什么 W3C 放弃了强制开发人员使用 XHTML 更严格的语法规则来编写不易出错的文档的努力。显然，W3C 已经接受了这个世界中满是语法上不够严格的文档这一事实。

在本书之前的版本中，我们遵照 W3C 的指导，力求文档的清晰性和在语法上的正确性，所以给出的示例都是 XHTML 1.0 Strict 文档，并鼓励使用验证来确保文档遵循标准。现在，主流浏览器供应商都至少实现了 HTML5 的一些比较重要的新功能。这就决定了无法再使用 W3C XHTML 1.0 Strict 验证器。

有非常充分的理由支持应该使用 XHTML。其中最具说服力的一个原因是任何工作的质量和一致性都需要依赖于标准，如电路连线、软件开发或者 Web 文档开发。HTML 的语法规则很少，而 HTML 处理器(如浏览器)也不强制执行规定的规则。因此，HTML 的作者在按照自己的语法喜好来创建 HTML 文档方面有着非常高的自由度。正因为这一点，HTML 文档缺少一致性，不管是在底层的语法上，还是在总体的结构上都存在这个问题。相反，XHTML 的语法规则十分严格，即强制所有的 XHTML 文档都具有一致的结构。此外，Web 上存在大量结构差的 HTML 文档，我们不应再继续制造这种文档了。

在 HTML 和 XHTML 之间做出选择时，存在两个问题：首先，必须权衡使用 XHTML 时必须遵守的纪律性和文档在各种浏览器中显示时的清晰度和一致程度相比是否是值得的；其次，必须确定编写 XHTML 文档获得的验证功能与付出的努力相比是否是值得的。

在本书的这一版中，我们采取了一种折中的方法。我们当然必须讨论 HTML5 中的一些令人兴奋的新功能，因为在将来的某个时刻它们会被广泛地使用。但是，我们又是标准和严格语法规则的坚定支持者。所以，我们采取的折中方法就是介绍并宣传 HTML5，同时也讲解 XHTML 1.0 Strict 的语法规则——所有这些规则在 HTML5 中都是可以使用的。2.5.3 节将介绍如何验证遵守 XHTML 1.0 Strict 语法规则的文档。

本章其余部分将介绍 HTML 中最常用的一些标签和特性，以及 HTML 5 中新增的一些标签和特性。我们使用 XHTML 1.0 Strict 语法讲解这些内容，但是在存在区别时也会指出 HTML 形式。

2.2 基本语法

HTML 中基本的语法单位称为标签。一般来说，标签用于指定内容的类别。对于每个类别中的内容，浏览器都有默认的显示方式。标签的语法是利用一对尖括号“<>”将标签名称包围起来。标签名称都必须采用小写字母的形式[5]。大部分标签都是成对出现的：包括开始标签和结束标签。结束标签的名称就是在对应的开始标签名称前面添加一个斜杠“/”组成的。例如，如果标签的名称为 p，那么对应的结束标签名称就为</p>。开始标签和结束标签之间包含的信息称为标签的内容。浏览器显示的 HTML 文档实际上就是显示了文档中所有标签的内容；它是文档描述的信息。需要指出的是，标签未必都包含内容。

开始标签及其结束标签就是为它们所包含的内容指定了一个容器。容器及其内容一起称为元素。例如，参见如下元素：

```
<p> This is simple stuff. </p>
```

特性用于指定标签的含义，可以在开始标签名称及其右半边尖括号之间指定。它们是以键值的形式进行指定的，即首先是特性的名称，接下来是一个等号，最后是特性值。与标签名称一样，特性名称也是必须采用小写字母的形式[6]。特性值必须以双引号进行界定。在本章剩余部分会看到许多特性的例子。

程序中的注释可以提高程序的可读性。HTML 中的注释同样具有这样的功能。它们是以如下形式出现在 HTML 文档中的：

```
<!-- anything except two adjacent dashes -->
```

浏览器会忽略 HTML 注释——这些注释只对人有用。注释的内容可以根据需要分布在多个代码行上。例如，可以使用以下形式的注释：

```
<!-- PetesHome.html
     This document describes the home document of
     Pete's Pickles
     -->
```

HTML 文档中的注释与程序中的注释一样重要。文档中有时候会有很长的标记行序列，用于生成显示结果的某个部分。如果不在这种标记行序列的前面加上注释来解释其用途，阅读文档的人可能很难明白为什么会有这样一段标记行序列。和在程序中一样，注释每行不仅繁琐，而且还会降低效率。但是在标记行的逻辑集合前面加上注释对于提高文档(或程序)的清晰程度十分关键。

除注释外，还有一些其他类型的文本可以出现在 HTML 文档中，但却会被浏览器忽略。浏览器会忽略所有无法识别的标签。此外还忽略空行。如果要在显示结果中显示空行，则只能通过专门的标签实现。对于多个空格和制表符也是如此。

5 HTML 中的标签名和属性名可以是大小写混合的形式。

6 在 HTML 中，一些属性值(例如数字)不需要放到双引号中。

学习 HTML 的程序员发现 HTML 有一点不足之处。在一个程序中，语句明确指定了计算机必须执行的操作。对于浏览器来说，HTML 标签更像是建议浏览器如何处理其中的内容。如果程序中误拼写了一个保留字，那么这一错误可以通过语言实现系统检查出来，程序也将无法执行下去。但是，对于浏览器而言，它们将忽略掉那些拼写错误的标签名称，且不针对这一问题向用户提供任何指示信息。浏览器甚至可以忽略掉那些它们能够识别的标签。而且，浏览器用户可以配置自己的浏览器，以便按照不同的方式对特定的标签进行处理。

2.3 HTML 文档的标准结构

每个 HTML 文档的第一行都是一个 DOCTYPE 命令，它指定了该文档所遵循的特定 SGML 文档类型定义(Document-Type Definition，DTD)。对于 HTML，此声明如下所示：

```
<!DOCTYPE html>
```

HTML 文档必须包含以下 4 组标签：<html>、<head>、<title>以及<body>[7]。标签<html>标识文档的根元素。因此，在 DOCTYPE 命令之后，HTML 文档中总是紧接着一个<html>标签，该标签的结束标签是</html>。html 元素包含一个特性 lang，用于指定编写文档所用的语言，如下所示：

```
<html lang="en">
```

这里的语言被指定为“en”，即英语。

一个 HTML 文档包含两部分，头(head)部分和主体(body)部分。<head>元素包含了文档的头部分，该部分提供了文档的相关信息，而没有提供文档内容。它总是包含两个简单元素：一个标题元素和一个 meta 元素。meta 元素用来提供关于文档的额外信息。它不包含任何内容，而是通过特性指定信息。meta 标签至少要指定编写文档所用的字符集。在 Web 上最常用的国际字符集是 8 位的 Unicode Transformation Format(UTF-8)。这种字符集使用 1~6 个字节来表示字符，其中用 1 个字节表示的字符与 ASCII 字符对应，所以 UTF-8 与 ASCII 字符集向后兼容。下面就是一个必须有的 meta 元素[8]：

```
<meta charset = "utf-8" />
```

这个元素末尾的斜杠表示它没有结束标签——开始标签和结束标签结合为一个标签。

标题(title)元素的内容显示在浏览器的顶部，通常是浏览器窗口的标题栏中显示的。

文档的主体部分提供了文档的内容。

下面的文档框架说明了 HTML 文档的基本结构：

```
<!DOCTYPE html>
<!-- File name and document purpose -->
```

---

7 这又是一条 XHTML 规则。没有全部包含这些标签的文档在 HTML 中是可以接受的。

8 在 HTML 中，必须有这个 meta 元素，但在 XHTML 中该元素并不是必需的。

```
<html lang = "en">
  <head>
    <title> A title for the document </title>
    <meta charset = "utf-8" />
    ...
  </head>
  <body>
  ...
  </body>
</html>
```

注意，我们在文档中采用了与程序类似的简单格式。每当一个元素嵌套在前一个元素内时，我们就缩进嵌套的元素。本书中将嵌套的元素缩进两个空格，不过这个数字并没有特殊的意义。与程序中的情形类似，使用缩进是为了方便阅读。

2.4　基本的文本标记

本节将讨论如何利用 HTML 标签对 HTML 文档主体的文本内容进行格式化处理。所谓格式化，此处指的是布局和某些显示细节。本节不讨论 HTML 文档中除了文本之外的其他类型的内容。

2.4.1　段落

一般情况下，文档主体中的文本采用多个段落的形式进行显示 [9]。XHTML 标准不允许直接将文本放置到文档主体中 [10]。文本段落是作为段落元素的内容进行显示的，段落元素是通过标签<p>指定的。在显示段落内容时，浏览器将适量文本放置到浏览器窗口中以填充文本段落中的每一行。在每一行的末尾，浏览器将自动进行换行。正如 2.2 节描述的那样，嵌入在文本中的换行符将被浏览器忽略。例如，以下段落在浏览器中的显示效果可能 [11] 如图 2-1 所示。

```
<p>
   Mary had
a
   little lamb, its fleece was white as snow. And
 everywhere that
  Mary went, the lamb
 was sure to go.
</p>
```

9　2.12 节介绍的几个元素可以更加细致地在文档中组织文本(和其他信息)。

10　HTML 允许将文本显示在文档的几乎任意位置。

11　此处说“可能”是因为每一行的字数因浏览器显示窗口宽度而异。

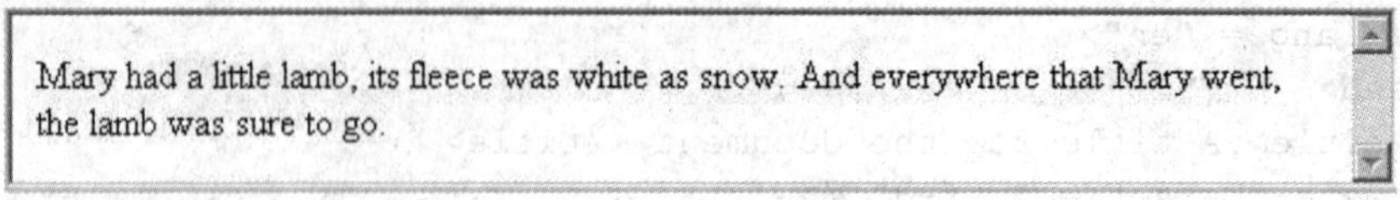

Mary had a little lamb, its fleece was white as snow. And everywhere that Mary went, the lamb was sure to go.

图 2-1 填充段落行

需要注意的是，段落元素源代码中的多个空格在图 2-1 中被一个空格所替换。

接下来是本书的第一个完整的 HTML 文档的示例：

```
<!DOCTYPE html>
<!-- greet.html
     A trivial document
     -->
<html lang = "en">
  <head>
    <title> Our first document </title>
    <meta charset = "utf-8" />
  </head>
  <body>
    <p>
     Greetings from your Webmaster!
    </p>
  </body>
</html>
```

该示例文档(文件名为 greet.html)的显示结果如图 2-2 所示。

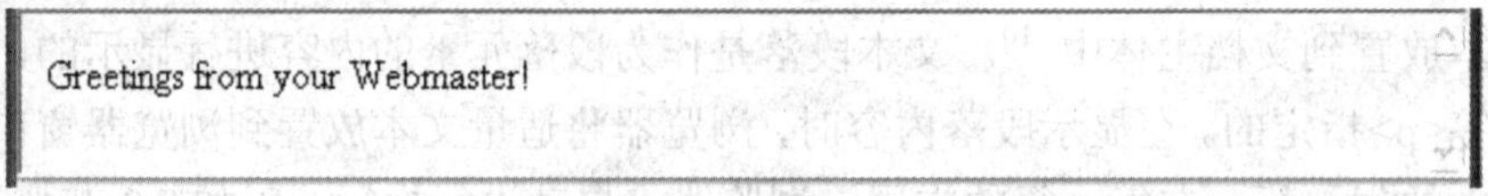

Greetings from your Webmaster!

图 2-2 文档 greet.html 的显示结果

如果段落标签并未出现在行首位置，那么浏览器将中断当前的行，并插入一个空白行。例如，以下的代码行将插入一个空白行，如图 2-3 所示。

```
<p> Mary had a little lamb, </p> <p> its fleece was white
    as snow. </p>
```

Mary had a little lamb,

its fleece was white as snow.

图 2-3 段落元素

2.4.2 换行

有时候文本需要换行，但是前面不能有一个空行，这就需要用到换行标签。换行标签的语法不同于段落标签，主要在于换行标签没有内容，因此，也就没有结束标签(因为结束标签没有存在的意义)。在 XHTML 中，换行标签的格式为
。斜杠“/”表示该标签既是一个开始标签又是一个结束标签。斜杠之前的空格表示并不存在的内容[12]。

考虑如下标签：

```
<p>
Mary had a little lamb, <br />
   its fleece was white as snow.
</p>
```

其显示效果如图 2-4 所示。

```
Mary had a little lamb,
its fleece was white as snow.
```

图 2-4　换行标签

2.4.3　保留空白字符

有时可能希望在文本中保留空白字符，也就是阻止浏览器取消多个空格和忽略嵌入的换行符。这可以用 pre 标签来指定。例如：

```
<pre>
Mary
    had a
        little
             lamb
</pre>
```

其显示效果如图 2-5 所示。注意 pre 元素的内容显示为等宽字体，而不是默认字体。pre 元素不仅保留源文档中的换行，也保留字符间距和行间距。

```
Mary
    had a
        little
            lamb
```

图 2-5　pre 元素

pre 元素几乎可以包含其他任何标签，引起段落中断的那些标签除外，如段落元素。因为 pre 元素内可以出现其他标记，所以应该避免文本内容中出现特殊字符，如<。2.4.7 节将介绍如何以字符实体的形式安全地包含这些字符。

12　某些较早版本的浏览器不能处理标签
，但可以处理
。在 HTML 中，换行标签可以省略掉结束标签或斜杠，写作
。

2.4.4 标题

文档中的文本经常被分为多个节，每节都有一个标题。较大的节中可能又会包含一些较小的节，大节的标题字体要比小节的标题字体大。在 HTML 中，一共有六级标题，分别为<h1>、<h2>、<h3>、<h4>、<h5>以及<h6>，其中<h1>指定的标题字体最大。标题以加粗的字体进行显示，其字体的默认大小取决于标题标签的序号。在绝大部分浏览器中，<h1>、<h2>和<h3>使用的字体要比默认的文本字体大，<h4>使用默认的文本字体大小，<h5>和<h6>使用的字体比默认的文本字体要小。标题标签总会导致换行，所以它们的内容总是显示在新行中。通常情况下，浏览器会在所有标题标签的前后插入一些垂直方向上的空白。

下面的示例示范了标题的使用方式：

```
<!DOCTYPE html>
<!-- headings.html
     An example to illustrate headings
     -->
<html lang = "en">
  <head>
    <title> Headings </title>
    <meta charset = "utf-8" />
  </head>
  <body>
    <h1> Aidan's Airplanes (h1) </h1>
    <h2> The best in used airplanes (h2) </h2>
    <h3> "We've got them by the hangarful" (h3) </h3>
    <h4> We're the guys to see for a good used airplane (h4) </h4>
    <h5> We offer great prices on great planes (h5) </h5>
    <h6> No returns, no guarantees, no refunds,
         all sales are final! (h6) </h6>
  </body>
</html>
```

在图 2-6 中可以看到文件 headings.html 在浏览器中的显示效果。

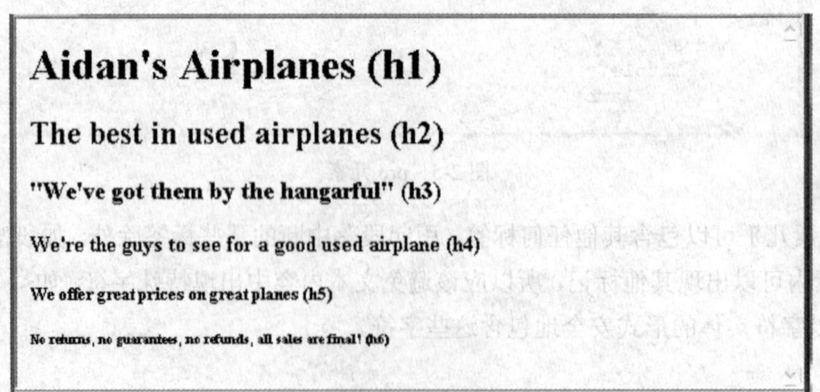

图 2-6 headings.html 的显示效果

2.4.5　文本块引用

有时可能会在文档中将某个文本块以不同于正常文本流的外观进行显示。很多情况下，这样的文本块是一个很长的引用文本。<blockquote>是专门为这种用途设计的标签。浏览器设计者负责确定<blockquote>的内容和周边的文本显示效果之间的差异方式。大部分情况下，这种文本块只是简单地双向缩进。参见如下的示例文档：

```
<!DOCTYPE html>
<!-- blockquote.html
     An example to illustrate a blockquote
     -->
<html lang = "en">
  <head>
    <title> Blockquotes </title>
    <meta charset = "utf-8" />
  </head>
  <body>
    <p>
      Abraham Lincoln is generally regarded as one of the greatest
      presidents of the United States. His most famous speech was
      delivered in Gettysburg, Pennsylvania, during the Civil War.
      This speech began with
    </p>
    <blockquote>
      <p>
        "Fourscore and seven years ago our fathers brought forth on
        this continent, a new nation, conceived in Liberty, and
        dedicated to the proposition that all men are created equal.
      </p>
      <p>
        Now we are engaged in a great civil war, testing whether
        that nation or any nation so conceived and so dedicated,
        can long endure."
      </p>
    </blockquote>
    <p>
      Whatever one's opinion of Lincoln, no one can deny the
      enormous and lasting effect he had on the United States.
    </p>
  </body>
</html>
```

从图 2-7 可以看到文件 blockquote.html 在浏览器中的显示效果。

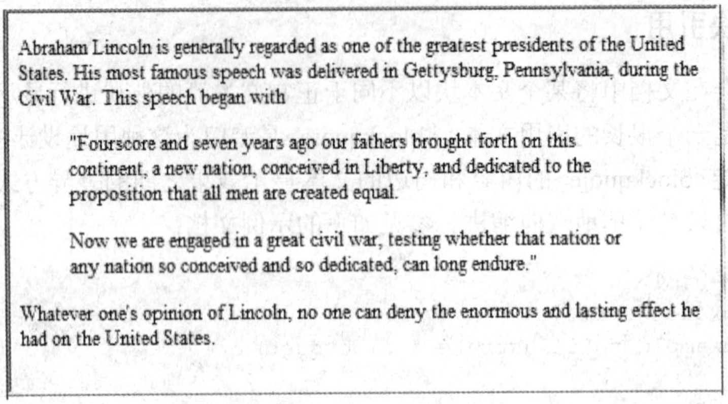

Abraham Lincoln is generally regarded as one of the greatest presidents of the United States. His most famous speech was delivered in Gettysburg, Pennsylvania, during the Civil War. This speech began with

> "Fourscore and seven years ago our fathers brought forth on this continent, a new nation, conceived in Liberty, and dedicated to the proposition that all men are created equal.
>
> Now we are engaged in a great civil war, testing whether that nation or any nation so conceived and so dedicated, can long endure."

Whatever one's opinion of Lincoln, no one can deny the enormous and lasting effect he had on the United States.

图 2-7 blockquote.html 的显示效果

2.4.6 字体样式与大小

Web 设计人员早先使用标签集来设置字体样式和大小。例如，<i>指定斜体，<b>指定粗体。自从出现了层叠样式表(参见第 3 章)以来，使用这些标签就变得过时了。有几个仍在广泛使用的字体标签称为基于内容的样式标签。之所以说基于内容，是因为标签指出了其内容中出现的文本的特定类型。下面描述 3 种最常使用的基于内容的标签，即强调标签<em>、强调标签<strong>和代码标签<code>。

强调标签<em>指定它的文本内容是特殊的，应该以能够表明这一点的某种方式来显示。大多数浏览器对这样的内容使用斜体。

强调标签<strong>类似于强调标签<em>，但强调程度更强一些。浏览器经常将这种强调元素的内容设置为粗体。

代码标签<code>用来指定等宽字体，通常用于程序代码。例如：

```
<code> cost = quantity * price </code>
```

的显示效果如图 2-8 所示。

```
cost = quantity * price
```

图 2-8 <code>元素

可以用<sub>和<sup>标签来指定下标和上标字符。这些标签不是基于内容的标签。例如：

```
X<sub>2</sub><sup>3</sup> + y<sub>1</sub><sup>2</sup>
```

的显示效果如图 2-9 所示。

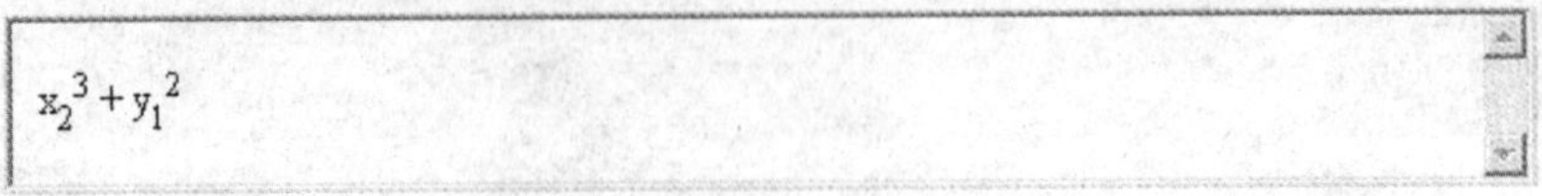

$x_2^3 + y_1^2$

图 2-9 <sub>和<sup>元素

除非存在冲突，否则基于内容的样式标签不受<blockquote>标签的影响。例如，如果浏览器通常把<blockquote>的文本内容设置为斜体，而其中的一部分内容又使用了<em>标签，那么此时<em>标签将不起任何作用。

标签可以分为块标签和行内标签两类。行内标签的内容(如果能够放到当前行中)在当前行中进行显示。因此，行内标签并不隐式包含一个换行。一个例外是 br，它是一个行内标签，但它专门用于在内容中插入一个换行。块标签能够结束当前行，其内容显示在新行中。标题标签和文本块引用标签都属于块标签，而<em>和<strong>都属于行内标签。在 XHTML 中，块标签不能出现在行内标签的内容中。因此，块标签从来都不应该直接嵌入到某个行内标签中。同样，行内标签和文本也不能直接嵌入到文档主体或者表单元素中。只有块标签可以直接嵌入到文档主体或者表单元素中。这就是为什么示例文件 greet.html 中将主体的文本内容嵌入到一个段落元素中的原因。

2.4.7　字符实体

HTML 提供了一组特殊字符，这些字符有时会出现在文档中，但不能以本身的样式进行拼写。在某些情况下，这些字符在 HTML 中具有特殊含义，例如>和<用来包含标签名。其他一些情况是某些字符在键盘上没有对应的按键，如用于描述温度的类似于上标的小圆圈。此外，还包括一些非换行空格，浏览器将它们识别为硬空格——浏览器不能像处理其他多个空格那样，排除这种空格。这些特殊字符称为实体，是字符的代码。文档中的实体可以在浏览器中通过对应的字符来替换。表 2-1 列出了一些最常用的字符实体。

表 2-1　一些最常用的字符实体

字　符	实　体	含　义
&	amp;	and 的记号
<	<	小于号
>	>	大于号
"	"	双引号
'	'	单引号
1/4	¼	四分之一
1/2	½	二分之一
3/4	¾	四分之三
°	°	度
(space)		非换行空格
©	©	版权符号
€	€	欧元符号

例如，下面的文本：

```
The price is < 10 Euros
```

在文档中的写法如下：

```
The price is &lt; 10 &euro;
```

2.4.8 水平线

通过在文档中的各个部分之间绘制一条水平的线条，可以分开显示它们，这样，文档更便于阅读。这样一条线称为水平线，是利用标签<hr />创建的，这个标签是一个块标签。标签<hr />的作用在于引起换行(结束当前行)，并在屏幕上绘制一条水平线。该水平线的粗细、长度和水平位置是由具体的浏览器指定的。一般情况下，浏览器设定该水平线的粗细为 3 像素。

需要注意标签<hr />中的斜杠，它意味着该标签中没有内容，也没有结束标签[13]。

2.4.9 meta 元素的其他用法

meta 元素用于提供文档的一些附加信息，主要供搜索引擎使用。meta 标签的两个特性用于提供相关信息，分别为 name 和 content。用户可以通过 name 特性指定一个名称，通过 content 特性指定相关信息。一个最常用的名称是 keywords；与 keywords 相关的 content 特性的值被文档作者用来表示文档的特征。例如：

```
<meta name = "keywords" content = "binary trees,
linked lists, stacks" />
```

Web 搜索引擎利用 meta 元素提供的信息对索引中的所有 Web 文档进行分类。这样，如果文档的作者希望广泛传播自己的文档，就必须设定一个或者多个 meta 元素，以保证该文档至少能被某些 Web 搜索引擎搜索到。例如，如果将整本书发布为 Web 文档，则可能会有如下 meta 元素：

```
<meta name = "Title" content = "Don Quixote" />
<meta name = "Author" content = "Miguel Cervantes" />
<meta name = "keywords" content = "novel,
 Spanish literature, groundbreaking work" />
```

2.5 图片

文档中包含的图片可以显著增强文档外观的显示效果，不过会降低文档的下载速度。存储图片的文件在一个标签中指定，浏览器负责在显示文档时插入图片。

---

13 水平线标签在 HTML 中可以写成<hr>。

2.5.1 图片格式

最常用的两种图片表示格式分别为可交换的图像格式(Graphic Interchange Format，GIF，发音类似于 jiffy 的第一个音节)和联合图像专家组格式(Joint Photographic Experts Group，JPEG，发音为 jay-peg)。当前绝大部分浏览器都可以显示这两种格式的图片。这两种格式的图片文件都是压缩的，能够节约存储空间，通过 Internet 的文件传输速度也比较快。

GIF 格式是由 CompuServe 网络服务提供商开发的，专门用来传送图片。它采用 8 位像素的颜色表示格式，这样每个像素就拥有 256 种不同的颜色。如果不是很熟悉颜色表示方面的相关知识，可能会认为这么多的颜色已经足够用了。但实际上，目前绝大多数计算机能够显示的颜色数目是巨大的。GIF 图片文件的扩展名为.gif(或者为.GIF)。GIF 图片可以呈现透明色。

JPEG 格式图片的每个像素对应着 24 位颜色，这样 JPEG 格式的图片就可以包含超过 1600 万种不同的颜色。JPEG 图片文件的扩展名为.jpg(或为.JPG，或为.jpeg)。JPEG 格式使用的压缩算法在减少图片大小方面优于 GIF 格式使用的压缩算法。实际上，虽然压缩过程中会丢失图片中的某些颜色，但由于图片原来拥有的颜色非常多，因此，用户很难发现这一点。正是因为有了这个强大的压缩过程，对于同一个主题而言，虽然 JPEG 图片中包含的颜色信息远超过 GIF 图片，但 JPEG 图片的大小仍然有可能小于 GIF 图片。因此，JPEG 图片常胜过 GIF 图片，更为人们所青睐。JPEG 图片的一个缺陷在于不支持透明显示。

目前还有一种日趋流行的图片格式，即可移植的网络图像文件格式(Portable Network Graphic，PNG，发音是 ping)。在 Unisys 取得 GIF 的专利权之后，声称要对那些包含了 GIF 图片的文档收取专利使用许可费，于是，PNG 作为一种免费的格式于 1996 年被设计出来，用于取代 GIF 格式[14]。实际上，由于 PNG 拥有 JPEG 和 GIF 的所有优点(拥有 GIF 的透明显示特性，以及与 JPEG 一样能够显示大量颜色)，因此，利用 PNG 来取代 JPEG 和 GIF 是合理的。PNG 的一个缺点是由于它的压缩算法并没有降低图片的清晰度，因此，相对于 JPEG 图片来说，需要的存储空间要大一些[15]。PNG 在早期 IE 浏览器中得到的支持差得令人难以接受，因此很多开发人员都不愿意使用 PNG。但是，IE9+对 PNG 图片提供了不错的支持。可以在站点 www.w3.org/Graphics/ PNG 中找到有关 PNG 的信息。

2.5.2 <img />元素

<img />是一个行内元素，用于指定将要显示在文档中的图片。这个元素没有内容，所以在开始标签中带有一个斜杠，并且没有结束标签。在最简单的情况下，该标签只包含两个特性：src 和 alt。其中，通过 src 可以指定包含图片的文件；通过 alt 可以指定当图片无法显示时，在本应显示图片的位置出现的文本。如果图片文件和对应的 HTML 文档位于同一目录，那么 src 的值只需是图片的文件名称。在很多情况下，图片文件存储在 HTML 所

14　该专利在美国于 2003 年到期。

15　占用的空间还不是直接问题，下载时间(取决于文件大小)才是实质性问题。

在目录的子目录中。例如，图片文件可能存储在一个名为 images 的子目录中。如果图片文件的名称是 stars.jpg，并且存储在 images 子目录中，则 src 的值应该为：

```
"images/stars.jpg"
```

一些较早版本的浏览器无法显示图片。当这种浏览器遇到一个<img />标签时，它只是简单地忽略其中的内容，这可能会让用户对图片周围的文本感到困惑。此外，对于那些能够显示图片的图形浏览器来说，览器用户可能会取消图片下载。这可能是由于 Internet 连接比较慢，而用户又没有耐心等待整个图片完全下载造成的。对于一些有视觉障碍的人来说，也有可能这么做。因此，在任何情况下，如果无法显示图片，则在原本是图片的位置上显示一些相关文本是非常有帮助的。出于这些原因，XHTML 中给出了 alt 特性。每当浏览器不能显示图片或者是得到指示不显示图片时，则显示 alt 的值。

img 中还有两个可选特性，分别为 width 和 height，可以用来指定矩形图片的宽度和高度(以像素为单位)。这可以用于限定图片的大小(即缩放图片)。在这一过程中，必须非常小心，以免图片失真。例如，如果图片是正方形的，改变特性 width 和 height 的值时就必须使它们保持相等。例如，如果文件 C210.jpg 中的图片是正方形的，我们想让它在一个边长为 200 像素的正方形中显示，则可以使用下面的代码：

```
<img src = "c210.jpg" height = "200" width = "200"
     alt = "Picture of a Cessna 210" />
```

可为图片的宽度指定一个百分比值，表示图片将占据显示屏宽度的百分之多少。例如，使用 width = "50%"将导致图片占据显示屏的一半宽度。如果没有指定高度值，但为宽度指定了一个百分比值，那么浏览器将根据宽度缩放高度，以保持图片原来的形状。

以下示例是一个有关飞机广告的文档，该文档中包含某架飞机的信息，并呈现了该飞机的图片。

```
<!DOCTYPE html>
<!-- image.html
     An example to illustrate an image
     -->
<html lang = "en">
  <head>
    <title> Images </title>
    <meta charset = "utf-8" />
  </head>
  <body>
    <h1> Aidan's Airplanes </h1>
    <h2> The best in used airplanes </h2>
    <h3> "We've got them by the hangarful" </h3>
    <h2> Special of the month </h2>
    <p>
      1960 Cessna 210 <br />
      577 hours since major engine overhaul<br />
      1022 hours since prop overhaul <br /><br />
```

```
      <img src = "c210new.jpg" alt = "Picture of a Cessna 210" />
      <br />
      Buy this fine airplane today at a remarkably low price
      <br />
      Call 999-555-1111 today!
    </p>
  </body>
</html>
```

从图 2-10 可以看到文件 image.html 在浏览器中的显示效果。

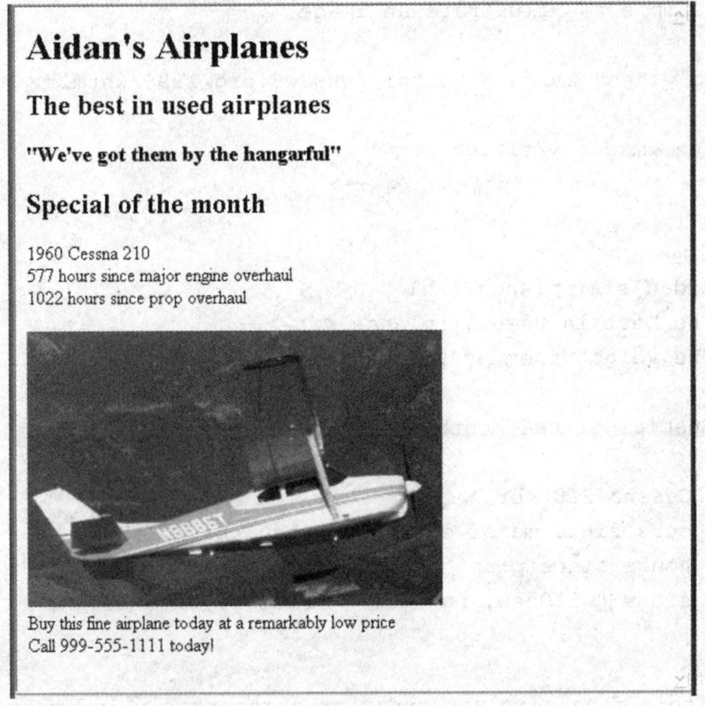

图 2-10　image.html 的显示效果

2.5.3　XHTML 文档的验证

为了验证文档的 XHTML 语法，需要对文档进行 3 个临时性的修改。首先，使用下面的 XHTML 1.0 Strict 标准文档类型替换 HTML 文档类型：

```
<!DOCTYPE html PUBLIC "-//W3C//DTD XHTML 1.0 Strict//EN"
  "http://www.w3.org/TR/xhtml11/DTD/xhtml1-strict.dtd">
```

如果要对这个 DOCTYPE 命令进行全面解释，需要占用相当大的篇幅；就我们目前学到的 HTML 而言，还没有必要这么做。

其次，必须向 html 元素添加以下特性：

```
xmlns = "http://www.w3.org/1999/xhtml"
```

这指定了文档的名称空间为 XHTML。

最后，必须像下面这样注释掉 meta 元素：

```
<!-- <meta charset = "utf-8" /> -->
```

修改后的 image.html 如下所示：

```
<!DOCTYPE html PUBLIC "-//W3C//DTD XHTML 1.0 Strict//EN"
  "http://www.w3.org/TR/xhtml1/DTD/xhtml1-strict.dtd">
<!-- image.html
      An example to illustrate an image
      -->
<html lang = "en" xmlns = "http://www.w3.org/1999/xhtml">
   <head>
     <title> Images </title>
 <!-- <meta charset = "utf-8" /> -->
  </head>
  <body>
    <h1> Aidan's Airplanes </h1>
    <h2> The best in used airplanes </h2>
    <h3> "We've got them by the hangarful" </h3>
    <hr />
    <h2> Special of the month </h2>
    <p>
      1960 Cessna 210 <br />
      577 hours since major engine overhaul<br />
      1022 hours since prop overhaul <br /><br />
      <img src = "c210new.jpg" alt = "Picture of a Cessna
                 210" />
      <br />
       Buy this fine airplane today at a remarkably low price
      <br />
      Call 999-555-1111 today!
    </p>
  </body>
</html>
```

完成这些临时性的修改之后，可使用 Total Validator Tool 验证文档。该工具为验证文档是否符合 XHTML 1.0 Strict 标准提供了一种简便方法[16]。从 http://totalvalidator.com 上可以找到该验证器程序。图 2-11 显示了在下载并安装后，在浏览器中显示的 Total Validator Tool。

16 W3C 也有一个 XHTML 验证器，可从 http://validator.w3.org 获取。对于所有在 XHTML 1.0 中无效的所有 HTML5 标记，该验证器将生成错误。

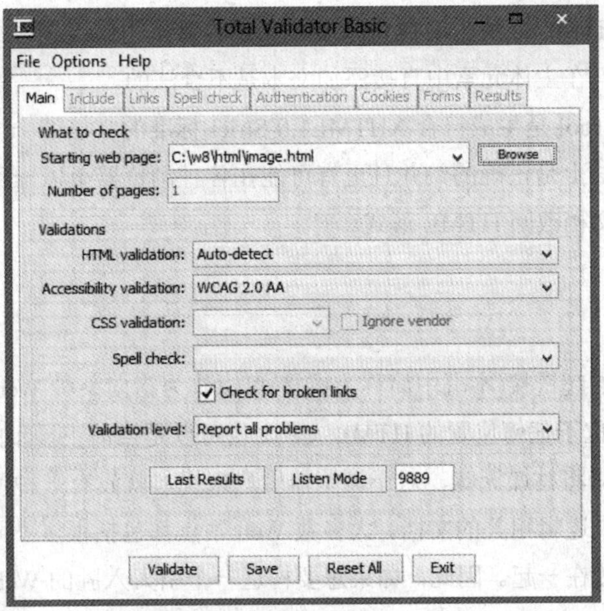

图 2-11　Total Validator Tool 的显示界面

要验证文档，需要在 Starting web page 文本框中输入该文档的文件名(包括路径名)，或者单击 Browse 按钮找到该文件。单击 Validate 按钮将对指定的文件运行验证系统。

图 2-12 显示了验证系统为 image.html 返回的文档。

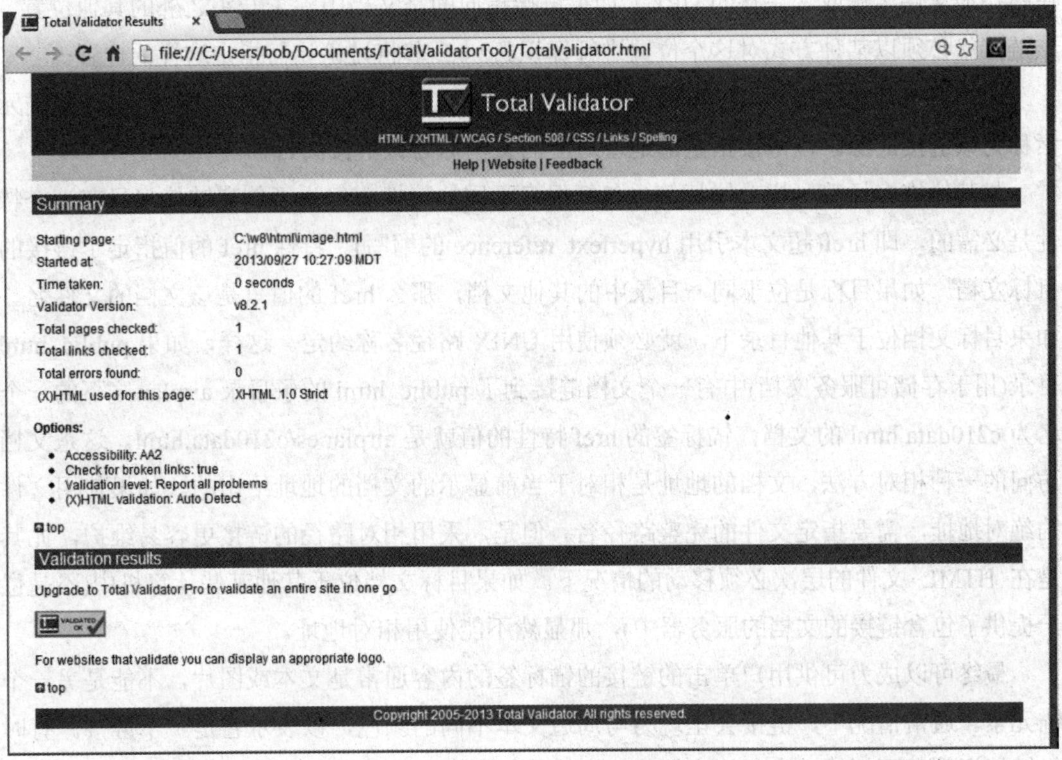

图 2-12　使用 Total Validation Tool 验证 image.html 得到的输出

在编写使用 XHTML 语法的 HTML 文档时，最容易犯的错误之一是在错误的位置添加文本或元素。例如，在主体元素中直接添加文本是不合法的。

Total Validator Tool 是生成符合 XHTML1.0 Strict 标准的文档的一个宝贵工具。验证过程保证了文档在语法上是正确的，并且更有可能在各种浏览器上以一致的方式显示。验证完毕后，很容易把文档改回 HTML 形式。

2.6 超链接

HTML 文档中的超链接(本书中简称为链接)可以作为指向某种 Web 资源的指针。这种资源可以是 Web 中位于任何位置的 HTML 文档，也可以是当前正显示的文档。如果没有链接，Web 文档读起来将枯燥无味，对于浏览器用户来说，就没有一种便捷的方式能够从某个文档链接到另一个逻辑相关的文档。大多数 Web 站点都包括很多不同的文档，所有这些文档都从逻辑上链接在一起。因此，如果想要构造一个引人入胜的 Web 站点，链接就是必不可少的。

2.6.1 链接

一个指向不同资源的链接指定的是该资源的地址。这种地址可能是文件名称、文件所在路径加文件名称或者完整的 URL。如果链接指向的是文档中除了开头之外的其他位置，该链接就必须以某种方式对这个位置进行标识。2.6.2 节将讨论如何指定这样的位置。

所有链接都通过锚元素(<a>)中的特性指定，这也是一个行内元素。指定了链接的锚元素称为该链接的源。该链接指定的地址对应的文档称为该链接的目标。

与其他许多标签一样，锚标签也包括很多不同的特性。但为了创建链接，只有一个特性是必需的，即 href(超文本引用 hypertext reference 的缩写)。特性 href 的值指定了链接的目标文档。如果目标是位于同一目录中的其他文档，那么 href 的值只是该文档的文件名。如果目标文档位于其他目录下，就必须使用 UNIX 路径名称约定。这样，如果 public_html 目录(用于存储可服务文档)中有一个文档链接到了 public_html 的子目录 airplanes 下的一个名为 c210data.html 的文档，锚标签的 href 特性的值就是 airplanes/c210data.html。这是文档访问的一种相对方法，文档的地址是相对于当前显示的文档的地址给出的。如果使用文件的绝对地址，需要指定文件的完整路径名。但是，采用相对路径的链接更容易维护，尤其是在 HTML 文件的层次必须移动的情况下。如果目标文档位于其他某些计算机中(不是位于提供了包含链接的文档的服务器中)，那显然不能使用相对地址。

最终可以成为可供用户单击的链接的锚标签的内容通常是文本或图片，不能是另一个锚元素。通常情况下，链接会呈现为与周边文本不同的颜色，以表示它是一个链接。有时候链接还带有下划线。当鼠标光标悬停在锚标签内容上方并单击鼠标左键时，浏览器将启动这个链接。如果目标是一个不同的文档，就加载并显示该文档，使其成为当前的显示文档。如果目标是当前文档中的其他位置，那么浏览器将滚动该文档以便显示这个目标位置。

作为链接到另一个文档顶部的例子，参见下面的文档示例，这组代码包含了一个指向图 2-10 所示文档的超链接。

```
<!DOCTYPE html>
<!-- link.html
     An example to illustrate a link
     -->
<html lang = "en">
  <head>
    <title> A link </title>
    <meta charset = "utf-8" />
  </head>
  <body>
    <h1> Aidan's Airplanes </h1>
    <h2> The best in used airplanes </h2>
    <h3> "We've got them by the hangarful" </h3>
    <h2> Special of the month </h2>
    <p>
      1960 Cessna 210 <br />
      <a href = "C210data.html"> Information on the Cessna 210 </a>
    </p>
  </body>
</html>
```

在这个示例中，链接的目标是一个完整的文档，它与当前的 HTML 文档存储在同一目录中。当前文档(文件名为 link.html)在浏览器中的显示效果如图 2-13 所示。当单击了其中的链接后，将链接到目标文档，显示效果如图 2-14 所示。

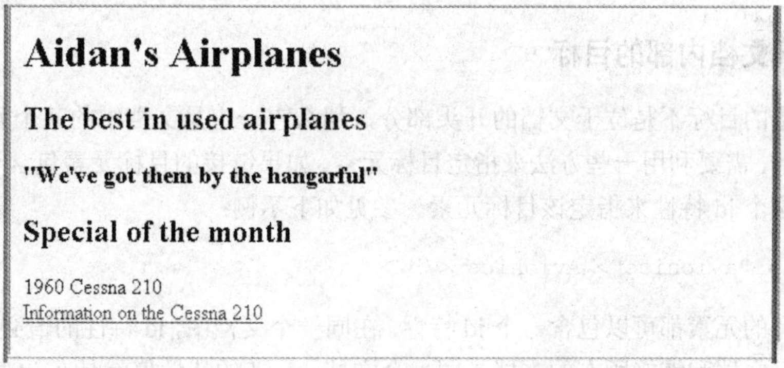

Aidan's Airplanes

The best in used airplanes

"We've got them by the hangarful"

Special of the month

1960 Cessna 210
Information on the Cessna 210

图 2-13　link.html 的显示效果

图 2-14 单击 link.html 中的链接打开的目标文档

链接的内容中可以包含图片，这种情况下，浏览器将显示带有文本链接的图片：

```
<a href = "c210data.html" >
  <img src = "small-airplane.jpg"
       alt = "An image of a small airplane" />
    Information on the Cessna 210
</a>
```

图片本身就可以是一个有效链接(锚元素的内容)。例如，一个小房子图片可以作为返回站点主页的链接。对于这样的链接，锚元素的内容仅是图片元素。

2.6.2 位于文档内部的目标

如果链接的目标不是位于文档的开头部分，那么它一定是文档中的某个元素。因此，在这种情况下，需要利用一些方法来指定目标元素。如果链接的目标元素包含一个 id 特性，就可以使用这个 id 特性来指定该目标元素。参见如下示例：

```
<h2 id = "avionics"> Avionics </h2>
```

几乎所有的元素都可以包含一个 id 特性。在同一个文档中，id 特性的值必须是唯一的。

如果目标文档和链接所在的文档是同一个文档，href 的特性值就是在 id 特性值的前面添加一个磅符号(#)，如下所示：

```
<a href = "#avionics"> What about avionics? </a>
```

当单击链接 What about avionics?后，浏览器将滚动页面，以使 id 为 avionics 的元素显示在浏览器窗口顶部。

如果目标是其他文档的一个元素，那么要在 URL 末端指定该元素的 id 值，其中通过磅符号(#)分隔，如下所示：

```
<a href = "aidan1.html#avionics"> Avionics </a>
```

2.6.3　使用链接

链接到同一文档中的其他部分这一方式最常用于提供一个目录，目录的每一个条目都是一个链接。这就为用户能够简单快速地访问文档中的各个部分提供了一种非常便捷的方式。这样的一种目录是作为格式化的链接列表实现的，它利用了 HTML 的列表说明功能，这将在 2.7 节中进行讨论。

链接是超文本本质的一个例证。用户可以单击链接来了解某个感兴趣的子主题，然后返回到链接所在的文档。设计链接时需要非常谨慎，这是因为如果设计者不能为用户使用这些链接提供方便，这些链接就是令人厌烦的。例如，如果链接和周边的文本相比过于突出，用户就可能分神。链接应该尽可能地和周边文本融合在一起，这样，用户可以在不刻意单击任何链接的情况下，简单自然地浏览文档。

2.7　列表

在日常生活中，我们经常编制和使用列表——例如，待办事项清单和食品清单。同样地，所有印刷和显示的信息都充斥着大量的列表。HTML 为在文档中指定列表提供了一种简单有效的途径。HTML 中主要支持的列表类型是我们都非常熟悉的——无序列表和有序列表，如食品清单就是一种无序列表，而一个新台式机的装配说明就是一种有序列表。HTML 还给出了一种定义列表。本节介绍用于指定无序列表、有序列表以及定义列表的标签。

2.7.1　无序列表

标签<ul>是一种块标签，用于创建无序列表。列表中的每个项目都是通过标签<li>指定的(li 是 list item 的首字母缩写)。所有标签都可以出现在列表项目中，包括嵌套的列表。在显示时，每个列表项目之前都对应着一个项目符号。例如，参见如下示例文档 unordered. html：

```
<!DOCTYPE html>
<!-- unordered.html
     An example to illustrate an unordered list
     -->
<html lang = "en">
  <head>
    <title> Unordered list </title>
    <meta charset = "utf-8" />
  </head>
  <body>
```

```
    <h3> Some Common Single-Engine Aircraft </h3>
    <ul>
      <li> Cessna Skyhawk </li>
      <li> Beechcraft Bonanza </li>
      <li> Piper Cherokee </li>
    </ul>
  </body>
</html>
```

图 2-15 展示了 unordered.html 在浏览器中的显示效果。

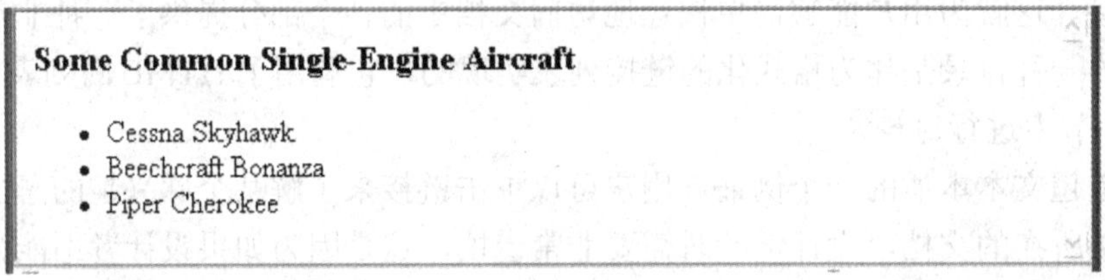

Some Common Single-Engine Aircraft

- Cessna Skyhawk
- Beechcraft Bonanza
- Piper Cherokee

图 2-15 unordered.html 的显示效果

2.7.2 有序列表

有序列表是指那些必须考虑项目顺序的列表。有序列表的这种有序性体现在当文档显示时，每一个项目的前面都对应着一个表示顺序的值。默认的顺序值是阿拉伯数字，第一个值是 1。

有序列表是通过块标签<ol>创建的。列表项目的指定和显示与无序列表类似，只不过有序列表的项目前面是一个顺序值，而不是项目符号。参见如下有序列表的示例：

```
<!DOCTYPE html>
<!-- ordered.html
     An example to illustrate an ordered list
     -->
<html lang = "en">
  <head>
    <title> Ordered list </title>
    <meta charset = "utf-8" />
  </head>
  <body>
    <h3> Cessna 210 Engine Starting Instructions </h3>
    <ol>
      <li> Set mixture to rich </li>
      <li> Set propeller to high RPM </li>
      <li> Set ignition switch to "BOTH" </li>
      <li> Set auxiliary fuel pump switch to "LOW PRIME" </li>
      <li> When fuel pressure reaches 2 to 2.5 PSI, push
           starter button </li>
    </ol>
  </body>
</html>
```

图 2-16 展示了该示例文档(文件名为 ordered.html)在浏览器中的显示效果。

Cessna 210 Engine Starting Instructions

1. Set mixture to rich
2. Set propeller to high RPM
3. Set ignition switch to "BOTH"
4. Set auxiliary fuel pump switch to "LOW PRIME"
5. When fuel pressure reaches 2 to 2.5 PSI, push starter button

图 2-16　ordered.html 的显示效果

正如前面提到的，列表是可以嵌套的。但是，列表不能直接嵌套；也就是说，标签<ol>后不能直接是标签<ol>。实际上，嵌套列表必须是元素<li>的内容。下面的示例示范了嵌套的有序列表：

```
<!DOCTYPE html>
<!-- nested_lists.html
     An example to illustrate nested lists
     -->
<html lang = "en">
  <head>
    <title> Nested lists </title>
    <meta charset = "utf-8" />
  </head>
  <body>
    <h3> Aircraft Types </h3>
    <ol>
      <li> General Aviation (piston-driven engines)
        <ol>
          <li> Single-Engine Aircraft
            <ol>
              <li> Tail wheel </li>
              <li> Tricycle </li>
            </ol> <br />
          </li>
          <li> Dual-Engine Aircraft
            <ol>
              <li> Wing-mounted engines </li>
              <li> Push-pull fuselage-mounted engines </li>
            </ol>
          </li>
        </ol> <br />
      </li>
      <li> Commercial Aviation (jet engines)
        <ol>
          <li> Dual-Engine
            <ol>
              <li> Wing-mounted engines </li>
              <li> Fuselage-mounted engines </li>
```

```
      </ol> <br />
     </li>
     <li> Tri-Engine
      <ol>
       <li> Third engine in vertical stabilizer </li>
       <li> Third engine in fuselage </li>
      </ol>
     </li>
    </ol>
   </li>
  </ol>
 </body>
</html>
```

图 2-17 展示了文档 nested_lists.html 在浏览器中的显示效果。

图 2-17 所示的嵌套列表存在一个问题，就是所有三个级别的列表使用的都是同样的顺序值。第 3 章将介绍如何利用样式表来为不同级别的列表指定不同类型的顺序值。

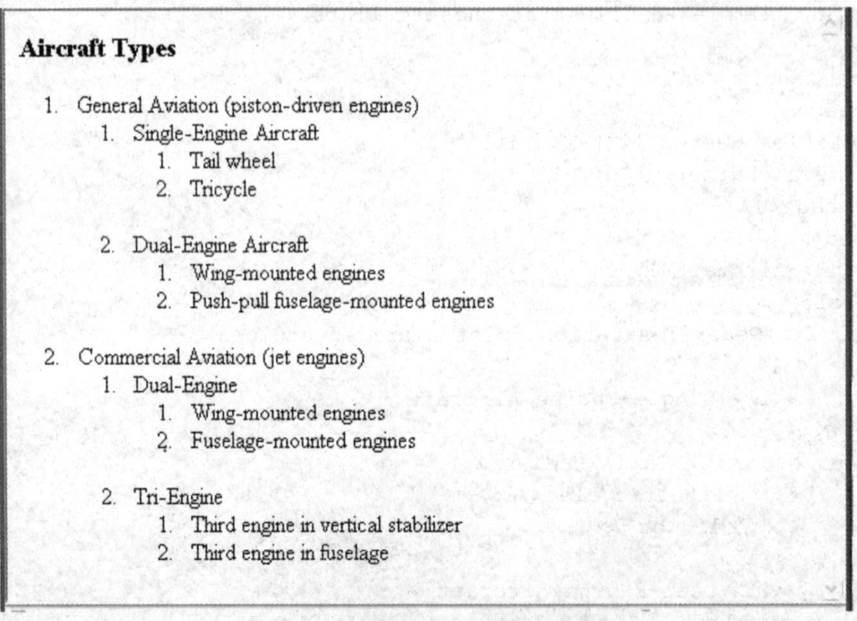

图 2-17 nested_lists.html 的显示效果

文档 nested_lists.html 使用了嵌套的有序列表。除了不能直接嵌套之外，在列表嵌套方面再没有其他的限制条件。例如，有序列表可以嵌套到无序列表中，反之亦然。

2.7.3 定义列表

顾名思义，定义列表是用于指定术语及其定义的列表，如词汇表。定义列表是通过块元素<dl>的内容指定的。定义列表中定义的每个术语是作为<dt>元素的内容指定的。而定义本身是作为<dd>元素的内容指定的。一般情况下，定义列表中定义的术语显示在左边缘；而定义通常成行地位于术语下方，并缩进显示。参见如下示例：

```
<!DOCTYPE html>
<!-- definition.html
     An example to illustrate definition lists
     -->
<html lang = "en">
  <head>
    <title> Definition lists </title>
    <meta charset = "utf-8" />
  </head>
  <body>
    <h3> Single-Engine Cessna Airplanes </h3>
    <dl>
      <dt> 152 </dt>
      <dd> Two-place trainer </dd>
      <dt> 172 </dt>
      <dd> Smaller four-place airplane </dd>
      <dt> 182 </dt>
      <dd> Larger four-place airplane </dd>
      <dt> 210 </dt>
      <dd> Six-place airplane - high performance </dd>
    </dl>
  </body>
</html>
```

图 2-18 展示了示例文件 definition.html 在浏览器中的显示效果。

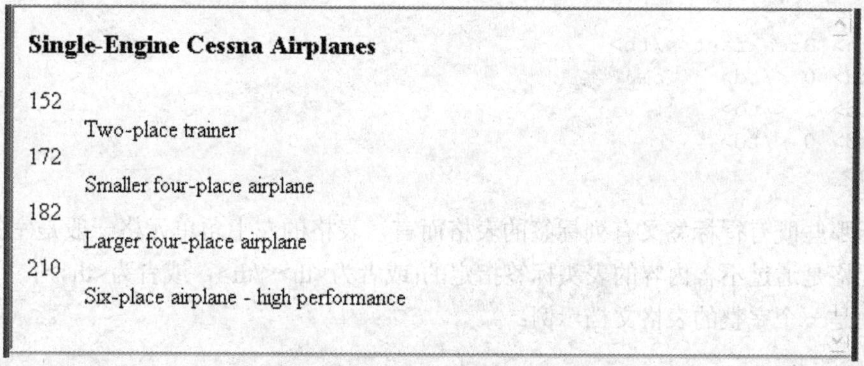

Single-Engine Cessna Airplanes

152
    Two-place trainer
172
    Smaller four-place airplane
182
    Larger four-place airplane
210
    Six-place airplane - high performance

图 2-18　definition.html 的显示效果

2.8　表格

表格常见于打印的文档和书籍中，当然也常见于 Web 文档中。表格能够表示多种类型的信息，并且非常便于阅读。

表格是单元格构成的矩阵。顶行单元格常常包含列标签，最左边列的单元格常常包含行标签，绝大部分其余的单元格包含表格数据。单元格中的信息几乎可以是任何形式的文档元素，如文本、标题、水平线、图片或嵌套的表格。

2.8.1 基本的表格标签

在 HTML4.01 和 XHTML 1.0 中，table 元素有一个特性 border，用于指定表格外边框和单元格分隔线的样式。HTML5 中没有包含这个特性。第 3 章将会介绍，在 HTML5 中，表格的边框和分隔线的样式是用样式表指定的。因此，本章的表格将不包含边框和分隔线。

绝大多数情况下，表格之前有标题，标题是在元素<caption>的内容中指定的，它可以紧跟在开始标签<table>之后。表格的单元格是一行一行指定的。表格中的每一行都是通过行标签<tr>指定的。在每一行中，行标签是通过表头标签<th>指定的。虽然标签<th>这一名称中隐含标题(heading)一词，但仍称其为标签(label)，以免与标签<hx>创建的标题相混淆。每一行的数据单元格是通过表格数据标签<td>指定的。表格的首行通常指定了表格的列标签。例如，如果一个表格具有三个数据列，列标题分别为 Apple、Orange 以及 Screwdriver，那么可按以下方式指定该表格的首行：

```
<tr>
  <th> Apple </th>
  <th> Orange </th>
  <th> Screwdriver </th>
</tr>
```

表格中的每一个数据行都是通过一个标题标签和针对每个数据列的数据标签指定的。例如，可按以下方式指定工作进度表的首个数据行：

```
<tr>
  <th> Breakfast </th>
  <td> 0 </td>
  <td> 1 </td>
  <td> 0 </td>
</tr>
```

对于那些既有行标签又有列标签的表格而言，表格的左上角单元格一般是空的。这个空的单元格是通过不含内容的表头标签指定的(或者为<th></th>，或者为<th />)。

下面是一个完整的表格文档示例：

```
<!DOCTYPE html>
<!-- table.html
     An example of a simple table
     -->
<html lang = "en">
  <head>
    <title> A simple table </title>
    <meta charset = "utf-8" />
  </head>
  <body>
    <table>
      <caption> Fruit Juice Drinks </caption>
      <tr>
        <th> </th>
```

```
      <th> Apple </th>
      <th> Orange </th>
      <th> Screwdriver </th>
    </tr>
    <tr>
      <th> Breakfast </th>
      <td> 0 </td>
      <td> 1 </td>
      <td> 0 </td>
    </tr>
    <tr>
      <th> Lunch </th>
      <td> 1 </td>
      <td> 0 </td>
      <td> 0 </td>
    </tr>
    <tr>
      <th> Dinner </th>
      <td> 0 </td>
      <td> 0 </td>
      <td> 1 </td>
    </tr>
  </table>
</body>
</html>
```

图 2-19 展示了该表格在浏览器中的显示效果。

	Fruit Juice Drinks		
	Apple	**Orange**	**Screwdriver**
Breakfast	0	1	0
Lunch	1	0	0
Dinner	0	0	1

图 2-19　table.html 的显示效果

2.8.2　rowspan 与 colspan 特性

很多情况下，表格具有多级行标签或者列标签，其中，一个标签覆盖了两个或者多个二级标签。例如，如图 2-20 中的表格片段所示。在这个表格中，较高层次的标签 Fruit Juice Drinks 横跨了三个较低层次的标签单元格。可通过 rowspan 与 colspan 特性指定多级标签。

Fruit Juice Drinks		
Apple	**Orange**	**Screwdriver**

图 2-20　两级列标签

colspan 特性是在表头或者表格数据标签中指定的，该特性命令浏览器将所在单元格的宽度扩展为等于下方行中指定数量的单元格宽度。因此，上面的示例文档就可以按照以下方式指定：

```
<tr>
  <th colspan = "3"> Fruit Juice Drinks </th>
</tr>
<tr>
  <th> Apple </th>
  <th> Orange </th>
  <th> Screwdriver </th>
</tr>
```

如果扩展单元格的上一行或者下一行的单元格数目小于特性 colspan 指定的值，那么浏览器将把这些单元格的数目扩展到指定的数目，并为表格增加相应的列[17]。表头标签和表格数据标签的特性 rowspan 表示跨越多行，其作用与特性 colspan 类似。

一个拥有两级列标签和行标签的表格，其左上角的单元格一定是空白，这个单元格既跨越了列中的多行标签，又跨越了多列。这种单元格是通过特性 colspan 和 rowspan 共同指定的。参见以下的表格说明，它是通过对前面的表格文档 table.html 进行了一些小的修改得到的。

```
<!DOCTYPE html>
<!-- cell_span.html
     An example to illustrate rowspan and colspan
     -->
<html lang = "en">
  <head>
    <title> Rowspan and colspan </title>
    <meta charset = "utf-8" />
  </head>
  <body>
    <table>
      <caption> Fruit Juice Drinks and Meals </caption>
      <tr>
        <td rowspan = "2"> </td>
        <th colspan = "3"> Fruit Juice Drinks </th>
      </tr>
      <tr>
        <th> Apple </th>
        <th> Orange </th>
        <th> Screwdriver </th>
      </tr>
      <tr>
        <th> Breakfast </th>
        <td> 0 </td>
```

17 某些浏览器会添加空行单元格来完成指定的扩展。

```
      <td> 1 </td>
      <td> 0 </td>
    </tr>
    <tr>
      <th> Lunch </th>
      <td> 1 </td>
      <td> 0 </td>
      <td> 0 </td>
    </tr>
    <tr>
      <th> Dinner </th>
      <td> 0 </td>
      <td> 0 </td>
      <td> 1 </td>
    </tr>
  </table>
 </body>
</html>
```

图 2-21 展示了示例文件 cell_span.html 在浏览器中的显示效果。

Fruit Juice Drinks and Meals

	Fruit Juice Drinks		
	Apple	**Orange**	**Screwdriver**
Breakfast	0	1	0
Lunch	1	0	0
Dinner	0	0	1

图 2-21　cell_span.html 的显示效果(多级列标签和多级行标签)

2.8.3　表格分块

可以很自然地将表格分成两部分，有时候也可能是三部分：表头、主体以及表尾(并不是所有的表格都有表尾)。在 HTML 中，这三个部分分别可用 thead、tbody 以及 tfoot 元素表示。表头包括列标签，而不管这些标签有多少级。主体部分包含了表格的数据部分，包含行标签。如果有表尾，那么表尾一般出现在主体之后，重复包含列标签。在某些表格中，表尾包含了主体中列数据的总和。一个表格可以具有多个主体分块，在这种情况下，浏览器将使用水平线来分隔它们，这些水平线比主体部分中对行进行定界的水平线要粗。

2.8.4　表格的使用

在 20 世纪 90 年代末，Web 开发人员间流行起使用表格进行文档的整体布局。其原因如下：当时，主流浏览器还没有统一支持 CSS；Web 文档的开发人员还不熟悉 CSS；开发人员还没有普遍认识到拆分文档设计，使用 HTML 设计语义，使用 CSS 进行呈现的优势；

20 世纪 90 年代末的网络繁荣期，对 Web 文档设计人员的需求急剧增长，导致许多没有 Web 设计背景的人员也进入了这个领域，他们中的许多人都觉得使用表格进行文档布局要比使用 CSS 简单得多；最后，当时的 Web 设计工具也鼓励使用表格进行一般性的布局(它们本身就使用了表格)。

到了 2001 年的网络泡沫期，许多在 20 世纪 90 年代末跟风进入 Web 文档设计领域的人们转投其他领域，其结果之一就是留在 Web 文档开发领域的人们的平均技能水平得以提高。与此同时，开发人员也越来越认识到 CSS 的优势。这种环境催生了一种使用表格的新趋势，即不再使用表格进行布局。大量使用表格进行一般性布局的缺点已经被意识到了，其缺点之一是导致文档中出现了大量没有意义的表格单元格标签。在很多情况中，表格单元格由具有明确宽度和高度的单像素透明 GIF 图片组成，用来对齐文档中的元素，这导致文档变得臃肿，需要很长的时间才能下载完毕，从而导致 Internet 的整体效率降低。文档的这种不必要的复杂性也增加了维护难度。

使用 CSS 而不是表格来设计文档布局时，得到的文档更小，并且复杂程度也会降低。这会加快文档的下载时间，提高 Internet 的整体效率。使用 CSS 还降低了维护文档的成本。

即使使用无表格的设计是推荐的做法，但是许多时候使用表格更加合理。例如，文档中必须包含表格式信息时，就应该使用一个 HTML 表格。但应该避免使用表格对文档元素进行一般性的布局设计。

2.9 表单

用户通过 Web 浏览器与服务器之间进行通信的最常用手段是使用表单。表单是以我们经常需要填写的纸质表单为基础而建立的。HTML 可以描述表单，表单可以通过浏览器显示。HTML 提供了一些标签以生成屏幕表单中最常用的对象。这些对象称为控件、小组件或者组件。HTML 中定义了很多种控件，包括单行和多行的文本框、复选框、单选按钮以及菜单等。所有控件标签都是行内标签。绝大部分控件都是以文本或者按钮选择的形式来收集用户的信息。每个控件都可以拥有一个值，通常是通过用户输入给定的。一个表单中所有(有值的)控件的值合起来称为表单数据。数据要交由服务器处理的每个表单都需要一个提交(Submit)按钮(参见 2.9.5 节)。当用户单击提交按钮时，表单数据将被编码并发送到 Web 服务器进行处理。第 9 章、第 11 章和第 12 章将讨论表单处理。

2.9.1 form 元素

一个表单中的所有控件都必须在 form 元素的内容中指定。<form>是一个块标签，它有多个不同的特性，但只有特性 action 是必需的[18]。特性 action 指定了 Web 服务器上一个应用程序的 URL，当用户单击提交按钮时，将调用这个应用程序。本章中所有有关表单元素的示例都没有对应的应用程序，因此，它们的 action 特性值就是一个空字符串("")。

18 实际上，在 HTML 中 action 特性并不是必需的，但在 XHTML 中却是，所以我们的例子中包含了这个特性。

<form>标签的 method 特性的取值为 get 和 post 两个方法中的一种，这两种方法用于将表单数据发送给服务器。默认情况下取值为 get，也就是说，如果<form>标签中没有指定 method 特性，就将采用 get 方法来传递数据。另一种方法是 post。无论使用哪种技术，当用户单击提交按钮时，表单数据会被编码为文本字符串的形式。这个文本字符串常称为查询字符串[19]。

若使用 get 方法，浏览器会把查询字符串附加到 HTTP 请求的 URL 中，所以表单数据是通过 URL 传送给服务器的。浏览器会在实际的 URL 之后(也就是查询字符串的第一个字符之前)插入一个问号(?)，这样服务器就能很容易找到查询字符串的起始位置。get 方法可以在不使用表单的情况下传送参数给服务器，而 post 方法无法做到这一点。get 方法的最后一个优点是，网站的书签中可以包含特定的表单值，这样会比只有 URL 的书签更加具体。get 方法的主要缺点是有些服务器会对 URL 字符串的长度进行限制，并把超过最大长度的字符截去。所以，如果表单有多个控件，则不宜采用 get 方法。因为浏览器会显示表单值，所以如果表单数据中包含一些敏感信息，例如密码或者信用卡号，就不应该使用 get 方法。

若使用 post 方法，会由其他方法将查询字符串传递给表单处理程序。post 方法中对查询字符串的长度没有限制，所以当表单有多个控件时，显然选择 post 方法比较好。get 方法中还有一些 post 方法所没有的安全问题。

2.9.2　input 元素

许多常用的控件都是利用行内标签<input>指定的，这种标签可以指定文本框、密码框、复选框、单选按钮、普通按钮、数字范围、URL、电子邮件地址、重置按钮、提交按钮和图片。另外还有一个隐藏的控件，第 12 章将会用到。本节讨论文本框、密码框、复选框以及单选按钮。2.9.5 节讨论动作按钮。

标签<input>中都必须使用的一个特性是 type，这个特性用于指定控件的类型。除了提交和重置按钮之外，前面列出的所有这些控件还需要 name 特性，其值将包含在表单数据中发送给服务器。服务器表单处理软件将使用这些值在表单数据中找到具体的组件值。复选框控件和单选按钮控件还需要指定特性 value，它用于初始化控件的值。当单击提交按钮时，这些控件的值作为表单数据发送给服务器。

因为表单是在服务器上处理的，所以我们总是在示例的控件中包含 name 特性。很多时候，客户端的代码中也会引用控件，主要是为了进行客户端验证。客户端代码通常通过控件的 id 特性值引用它们。因此，常见的做法是在表单控件元素中同时包含 name 和 id 特性。

通常称文本控件为文本框，该控件能够创建一个水平框，用户可以在框中输入文本。文本框常用于收集用户的信息，如用户的姓名或者地址。文本框的默认长度一般为 20 个字符。由于默认长度可能会因浏览器而异，因此，最好是在每个文本框中包含一个长度特性。

19　对于每个有数据值的控件，查询字符串都有一个赋值语句，其左侧为控件名，右侧为其数据值。这种赋值语句通过&分开。

这是通过标签<input>的 size 特性实现的。如果用户输入的字符长度超出了文本框的空间，则文本框将可以滚动。如果不想让文本框滚动，则可以在标签<input>中添加特性 maxlength，该特性指定了浏览器允许该文本框能够接受的最大字符数目。将忽略其余所有多余的字符。例如，参见如下的文本框示例：

```
<form action = "">
  <p>
    <input type = "text" name = "theName" size = "25" />
    ...
  </p>
</form>
```

如果用户输入如下一行字符：

```
Alfred Paul von Frickenburger
```

文本框将收集整个字符串，但整个字符串将向右滚动，文本框中显示的是：

```
ed Paul von Frickenburger
```

这行字符的最左端应该是特性值 theName 的一部分，但它并未出现在该文本框中。将光标移动到文本框的末端，就可以看到该行文本的末端。

需要注意的是，控件不能直接出现在表单内容中——必须放到某个块容器中，如段落中。这是因为文本和行内标签都不能直接出现在窗体元素内，而<input>就是一个行内标签[20]。

接下来考虑一个与上面类似的文本框，但它具有一个 maxlength 特性。

```
<form action = "">
  <p>
    <input type = "text" name = "theName" size = "25"
           maxlength = "25" />
    ...
  </p>
</form>
```

如果用户输入了与前面示例中相同的名称字符串，那么文本框 theName 的值将如下所示：

```
Alfred Paul von Frickenbu
```

不管我们在姓名中的姓的字母 u 之后输入任何字符，文本框 theName 的值都是这样的。

如果想让用户在为文本框输入内容时，隐藏输入的内容，就需要用到密码控件。例如：

```
<input type = "password" name = "myPassword"
       size = "10" maxlength = "10" />
```

不管在密码控件中输入了什么样的字符，浏览器都将只显示圆点或者星号。

文本框中输入的字符没有任何限制。例如，字符串“?!34,:”就可以输入到文本框中作

20 该限制适用于 XHTML，不适用于 HTML。

为名称。因此，文本框中输入的内容几乎总是需要进行验证，这种验证过程可以通过浏览器完成，也可以在表单数据传递给服务器后由服务器完成，或者也可以在浏览器和服务器上都进行验证。在客户端进行验证是为了避免将无效数据发送给服务器，导致时间浪费。而要在服务器端也进行验证，则是因为不道德的用户可以绕过客户端验证。

文本框以及其他大多数控件元素都应该有标签。只需将文本插入到表单中适当的位置，就可以完成添加标签任务。例如：

```
Phone: <input type = "text" name = "thePhone" />
```

这样就为文本框加上了标签，但可以通过几种方法更好地加上标签。首先，标签和控件之间没有联系。因此，在维护文档的变更时它们是独立的。通过将控件及其标签放置到标签元素的内容中，可将控件和它的标签联系起来。例如：

```
<label> Phone: <input type = "text" name = "thePhone" />
</label>
```

现在文本框和它的标签封装在了一起。采用这种方法为控件加标签还有其他几个好处。首先，浏览器常区别显示标签元素的文本内容，以起到醒目的效果。其次，如果选择标签元素的文本内容，则光标焦点会隐式移到标签内容中的控件上。这对新的 Web 用户有所帮助。第三，当选择标签元素的文本内容时，客户机上的语音合成器可以解释相应内容。这对有视觉障碍的用户很有帮助作用。

复选框和单选按钮控件用来收集用户的多重选择输入。复选框控件是一个按钮，表示开(on)或者关(off)，即选中与否。如果一个复选按钮处于选中状态，与该按钮名称相关的值就是指派给特性 value 的字符串。如果复选按钮处于未选中状态，表单数据中就没有它的相关信息。每个复选按钮对应的<input>标签中都必须具有特性 name 和 value。对于服务器中的表单处理来说，name 特性的值用于识别复选按钮，而 value 特性的值就是该按钮的值(如果被选中)。如果特性 checked 的值为 checked，那么表示这个复选按钮在初始条件下处于选中状态。在很多情况下，多个复选按钮以列表形式显示，而且，每个按钮的名称都是相同的，形成一个复选框组。复选框元素应该出现标签元素中，这与文本框一样。参见如下的示例：

```
<!DOCTYPE html>
<!-- checkbox.html
     An example to illustrate a checkbox
     -->
<html lang = "en">
  <head>
    <title> Checkboxes </title>
    <meta charset = "utf-8" />
  </head>
  <body>
    <p>
      Grocery Checklist
    </p>
```

```
      <form action = "">
        <p>
          <label> <input type = "checkbox" name = "groceries"
                 value = "milk" checked = "checked" /> Milk </label>
          <label> <input type = "checkbox" name = "groceries"
                 value = "bread" /> Bread </label>
          <label> <input type = "checkbox" name = "groceries"
                 value = "eggs" /> Eggs </label>
        </p>
      </form>
    </body>
  </html>
```

图 2-22 展示了示例文档 checkbox.html 在浏览器中的显示效果。

```
Grocery Checklist

☑ Milk ☐ Bread ☐ Eggs
```

图 2-22　checkbox.html 的显示效果

对于这个示例来说，如果用户没有选中其中任何一个复选按钮，那么在表单数据中，groceries 的值是 milk。如果复选按钮 milk 仍然处于选中状态，而用户又选中了复选框 eggs，那么表单数据中 groceries 的值将是 milk 和 eggs。

单选按钮与复选按钮类似。一组单选按钮和一组复选按钮之间的区别在于每次只能选中或者按下一个单选按钮。每次按下一个单选按钮时，这组单选按钮中原来处于选中状态的按钮就变成非选中状态。单选按钮(radio button)这个名称来自于 20 世纪 50 年代的车载收音机(radio)上的机械式按钮——当按下这种收音机的某个按钮时，原来处于按下状态的按钮便自动弹起。单选按钮对应的 type 特性值为 radio。同一组中所有的单选按钮都必须在标签<input>中设置 name 特性，并且一个组内所有的单选按钮应该具有相同的名称值。在定义单选按钮时，可以需要指定哪一个按钮在初始条件下处于选中状态或者已经按下。这是通过特性 checked 完成的，在按钮的定义中，在标签<input>中将 checked 的特性值指定为 checked 即可。参见如下的单选按钮示例：

```
<!DOCTYPE html>
<!-- radio.html
     An example to illustrate radio buttons
     -->
<html lang = "en">
  <head>
    <title> Radio </title>
    <meta charset = "utf-8" />
  </head>
  <body>
    <p>
      Age Category
```

```
    </p>
    <form action = "">
      <p>
        <label><input type = "radio" name = "age"
               value = "under20" checked = "checked" />
               0-19 </label>
        <label><input type = "radio" name = "age"
               value = "20-35" /> 20-35 </label>
        <label><input type = "radio" name = "age"
               value = "36-50" /> 36-50 </label>
        <label><input type = "radio" name = "age"
               value = "over50" /> Over 50 </label>
      </p>
    </form>
  </body>
</html>
```

图 2-23 展示了示例文档 radio.html 在浏览器中的显示效果。

Age Category

⊙ 0-19 ○ 20-35 ○ 36-50 ○ Over 50

图 2-23 radio.html 的显示效果

普通按钮的类型为 button，用于引发用 JavaScript 编写的动作，这些动作类似于事件处理程序，将在第 5 章进行介绍。

type 特性的取值可以是 url 或 email，它们与本书中介绍过的其他 HTML 特性不同，因为目前它们还没有得到三个最受欢迎的浏览器的完善支持。不过，使用它们也不会带来任何问题。

当输入的值是一个 URL 时，需要把<input>标签的 type 特性的值设为 url，如下所示：

```
<input type = "url" id = "myUrl" name = "myUrl" >
```

这个元素与文本类型元素的唯一区别是，浏览器会检查确定输入是否是有效的 URL。这种检查会确保输入中有一个冒号，并且冒号前后至少各有一个字符。

最新版本的 FX 浏览器要求冒号后有一个或更多个字符。否则，将把文本框的边框显示为红色。如果光标被放到了一个无效的 url 文本框上，它会显示："请输入一个 URL。"

当输入的值是一个电子邮件地址时，需要把<input>标签的 type 特性的值设为 email，如下所示：

```
<input type = "email" id = "myEmail" name = "myEmail" >
```

这个元素与文本类型元素的唯一区别是，浏览器会检查确定输入是否是有效的电子邮件地址。这种检查会确保输入中包含一个@符号，并且符号前后至少各有一字符。

最新版本的 FX 浏览器要求@符号的前后至少各有一个或更多个字符。如果认为输入无效，它会把文本框的边框显示为红色。当把光标放到无效的 email 文本框上时，它会显示：“请输入一个电子邮件地址。”

最新版本的 IE 浏览器和 Chrome 浏览器都不会检查 URL 文本框或电子邮件文本框的内容。

当输入的值是一个数字，并且对其可接受的值的范围存在约束时，需要把<input>标签的 type 特性的值设为 range。可接受的范围用 max 和 min 特性指定。min 和 max 的默认值分别为 0 和 100。下面是一个例子：

```
<input type = "range" id = "myAge" name = "myAge"
      min = "18" max = "110" >
```

最新版本的FX和Chrome浏览器都会为type值为range的<input>标签显示一个滑动条，但是这个滑动条的价值不大，因为它没有标注数字值，也不显示用户选中的值。最新版本的 IE 浏览器会显示一个滑动条，并且当用户移动滑块时，会显示选中的值。

在 text、url、email 和 password 输入类型中可以包含 placeholder 特性。它用于为这些元素提供初始值，以提示用户输入应该是什么样子的。下面是一个例子：

```
<input type = "text" id = "name" name = "name" size =
"30" placeholder = "Your name" >
```

2.9.3 select 元素

复选框和单选按钮是收集用户多重选择数据的有效方式。但如果可能的选择数目比较大，那么表单将变得非常长以至于难以显示。此类情况下，需要使用菜单。菜单是通过标签<select>指定的(而不是通过标签<input>指定的)。菜单有两种类型：一次只能选择一个菜单项的菜单(功能类似于单选按钮)和一次可以选择多个菜单项的菜单(功能类似于复选框)。默认情况采用前者，即类似于单选按钮的菜单。后者是通过在<select>标签中添加特性 multiple，并将特性值设置为"multiple"指定的[21]。当只选中一个菜单项时，发送到表单数据中的值为标签<select>中 name 特性的值和选择的菜单项。如果选中多个菜单项，那么表单数据中的菜单值将包含所有选中的菜单项。如果没有选中菜单项，那么表单数据中将不包含任何有关菜单的值。当然，标签<select>的 name 特性是必需的。

标签<select>中还可以包含 size 特性。该特性指定为用户显示的菜单项的数目。如果没有指定 size 特性，将使用值 1。如果 size 特性的值为 1 但未指定 multiple 特性，就显示一个带有向下滚动箭头的菜单项。单击滚动箭头，则菜单将作为弹出式菜单显示。如果指定了 multiple 特性，或者 size 特性的值设定为大于 1 的数，那么菜单通常作为一个滚动列表显示。

菜单中的每个条目都是通过标签<option>指定的，它嵌套在<select>元素中。标签<option>的内容就是菜单项的值，它只能是文本(不能包含其他标签)。标签<option>可以包

---

21 HTML 不要求 multiple 特性有一个值，但 XHTML 却有这个要求。

含特性 selected，如果将该特性的值设置为"selected"，就表明该条目已经预先选中了。用户可以修改 selected 的值。下面的文档示例示范了 size 特性值为默认值 1 时的菜单：

```
<!DOCTYPE html>
<!-- menu.html
     An example to illustrate menus
     -->
<html lang = "en">
  <head>
    <title> Menu </title>
    <meta charset = "utf-8" />
  </head>
  <body>
    <p>
      Grocery Menu - milk, bread, eggs, cheese
    </p>
    <form action = "">
      <p>
        With size = 1 (the default)
        <select name = "groceries">
          <option> milk </option>
          <option> bread </option>
          <option> eggs </option>
          <option> cheese </option>
        </select>
      </p>
    </form>
  </body>
</html>
```

图 2-24 展示了示例文档 menu.html 在浏览器中的显示效果。图 2-25 展示了单击滚动箭头之后 menu.html 的显示效果。图 2-26 展示了 size 的值为 2 时 menu.html 在浏览器中的显示效果。

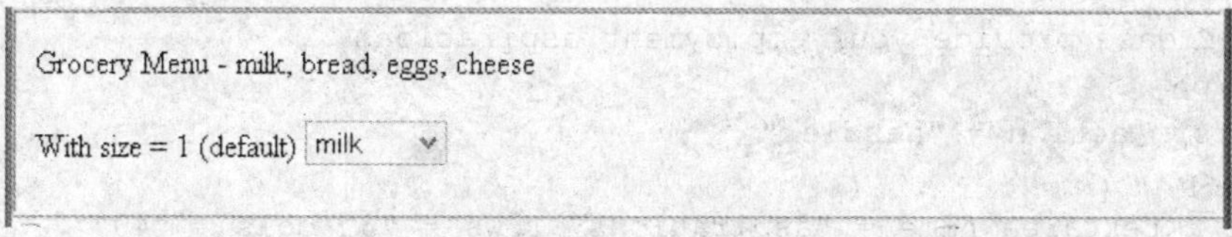

图 2-24　menu.html 的显示效果(size 为默认值 1)

图 2-25　menu.html 的显示效果(单击滚动箭头之后)

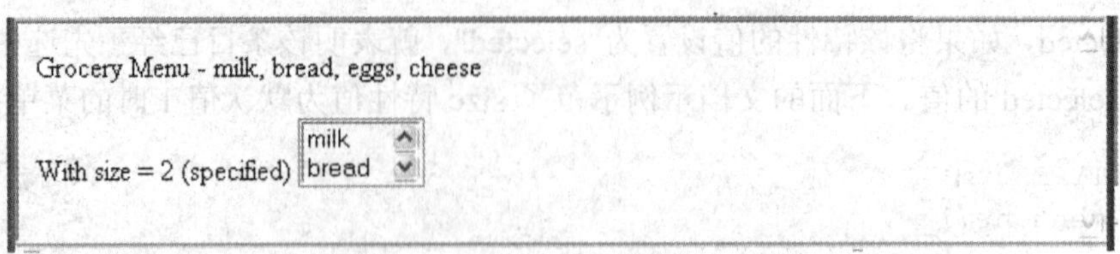

图 2-26　menu.html 的显示效果(size 值为 2 时)

如果设定了标签<select>中的 multiple 特性，那么若鼠标左键保持按下状态，并将鼠标光标在菜单上面拖动，则会选中相邻的多个选项。如果要选择多个非相邻的选项，可以保持按下键盘上的 Ctrl 键，然后逐一单击需要选中的选项即可。

2.9.4　textarea 元素

有时需要一个能够输入多行文本的区域。标签<textarea>就用于创建这样的控件。由<textarea>创建的区域对输入文本的长度未施加任何限制，该区域在垂直方向和水平方向上都隐含有滚动条。文本区域中可见文本部分的默认大小通常都比较小，因此通常需要包含特性 rows 和 cols，并为这两个特性赋予合适的值。如果文本区域中需要包含一些默认文本，则在 textarea 元素的内容中添加即可。下面的文档描述了一个文本区域，该区域的宽度为 40 列，高度为 3 行。

```
<!DOCTYPE html>
<!-- textarea.html
     An example to illustrate a textarea
     -->
<html lang = "en" >
  <head>
    <title> Textarea </title>
    <meta charset = "utf-8" />
  </head>
  <body>
    <p>
      Please provide your employment aspirations
    </p>
    <form action = "handler">
      <p>
        <textarea name = "aspirations" rows = "3" cols = "40">
          (Be brief and concise)
        </textarea>
      </p>
    </form>
  </body>
</html>
```

图 2-27 展示了已经在区域中输入了某些文本之后，示例文档 textarea.html 在浏览器中的显示效果。

Please provide your employment aspirations

(Be brief and concise)

图 2-27　输入一些文本后 textarea.html 的显示效果

2.9.5　动作按钮

重置(Reset)按钮的作用在于将表单中的所有控件都恢复到初始状态。提交(Submit)按钮的作用可以分为两步：首先对表单数据进行编码并发送到服务器中，然后请求服务器执行驻留在服务器中的通过标签<form>的 action 特性指定的程序。这样一个驻留在服务器中的程序的作用是处理表单数据并为用户返回一些响应信息。提交按钮和重置按钮都不需要 name 或 id 特性。提交按钮和重置按钮是通过标签<input>创建的，如下所示：

```
<form action = "">
  <p>
    <input type = "submit" value = "Submit Form" />
    <input type = "reset" value = "Reset Form" />
  </p>
</form>
```

图 2-28 展示了提交按钮和重置按钮在浏览器中的显示效果。

图 2-28　提交按钮和重置按钮

image 按钮可以看成另一种提交按钮。二者的区别在于，image 是一个可单击区域，而不是一个按钮。

2.9.6　一个完整的表单示例

下面的示例文档描述了一个用于销售爆米花的订货单。其中，表单顶部的三个文本框用于收集购买者的姓名和地址。文档中使用一个表格来收集实际的订单信息。该表格的每一行在一个标签<td>的内容中命名一个产品，在另一个<td>标签中显示这种产品的价格，并利用一个特性 size 为 2 的文本框来收集订购数量。支付方法由用户在 4 个单选按钮中选择一个来确定。

注意此订购表中没有任何输入控件嵌入在标签元素中。其原因在于表格元素不能加标签，但行标签和列标签除外。

对于有视觉障碍的人来说，表格有其特有的问题。最好的解决方案是用样式表(参见第 3 章)取代表格来布局表格式的信息。

```
<!DOCTYPE html>
<!-- popcorn.html
     This describes a popcorn sales form document>
     -->
<html lang = "en">
  <head>
    <title> Popcorn Sales Form </title>
    <meta charset = "utf-8" />
  </head>
  <body>
    <h2> Welcome to Millennium Gymnastics Booster Club Popcorn
         Sales
    </h2>
    <form action = "">
      <p>
<!-- Text boxes for name and address -->
        <label> Buyer's Name:
          <input type = "text" name = "name"
                 size = "30" /> </label>
        <br />
        <label> Street Address:
          <input type = "text" name = "street"
                 size = "30" /> </label>
          <br />
        <label> City, State, Zip:
          <input type = "text" name = "city"
                 size = "30" /> </label>
      <p />
<!-- A table for item orders -->
      <table>
<!-- First, the column headings -->
        <tr>
          <th> Product Name </th>
          <th> Price </th>
          <th> Quantity </th>
        </tr>
<!-- Now, the table data entries -->
        <tr>
          <td> Unpopped Popcorn (1 lb.) </td>
          <td> $3.00 </td>
          <td> <input type = "text" name = "unpop"
                      size = "2" />
          </td>
        </tr>
        <tr>
          <td> Caramel Popcorn (2 lb. canister) </td>
          <td> $3.50 </td>
          <td> <input type = "text" name = "caramel"
                      size = "2" />
          </td>
```

```
        </tr>
        <tr>
          <td> Caramel Nut Popcorn (2 lb. canister) </td>
          <td> $4.50 </td>
          <td> <input type = "text" name = "caramelnut"
                      size = "2" />
          </td>
        </tr>
        <tr>
          <td> Toffey Nut Popcorn (2 lb. canister) </td>
          <td> $5.00 </td>
          <td> <input type = "text" name = "toffeynut"
                      size = "2" />
          </td>
        </tr>
      </table>
      <p />
<!-- The radio buttons for the payment method -->
      <h3> Payment Method: </h3>
      <p>
        <label> <input type = "radio" name = "payment"
                       value = "visa" checked = "checked" />
                       Visa
        </label>
        <br />
        <label> <input type = "radio" name = "payment"
                       value = "mc" /> Master Card
        </label>
        <br />
        <label> <input type = "radio" name = "payment"
                       value = "discover" /> Discover
        </label>
        <br />
        <label> <input type = "radio" name = "payment"
                       value = "check" /> Check
        </label>
        <br />
      </p>

<!-- The submit and reset buttons -->
      <p>
        <input type = "submit" value = "Submit Order" />
        <input type = "reset" value = "Clear Order Form" />
      </p>
    </form>
  </body>
</html>
```

图 2-29 展示了示例文档 popcorn.html 在浏览器中的显示效果。

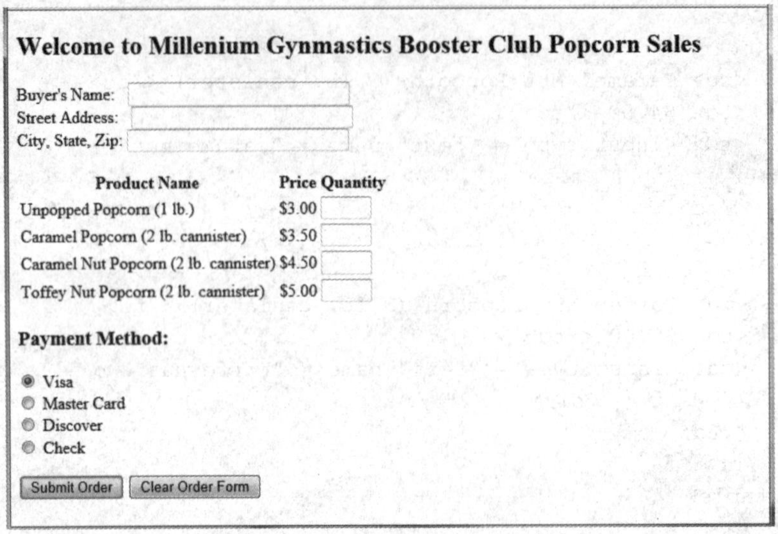

图 2-29 popcorn.html 的显示效果

第 9 章中针对处理这个表单的数据编写了一个 PHP 脚本。

2.10 audio 元素

虽然人们很早以前就已经认识到在显示 Web 文档的时候播放音效可以增强文档的效果，但在 HTML5 问世之前，还没有一种标准的方法可以不使用像 Flash 或 Microsoft 的 Media Player 这样的插件就做到这一点，而 HTML5 的 audio 元素为我们提供了这个方便。

音频信息通过称为 audio codecs 的编码算法添加到数字流中。音频编码的算法有很多，Web 上最常用的是 MPEG-3(MP3)、Vorbis 和 Wav。

编码后的音频数据被打包到容器中。可以把容器想象成一个 zip 文件，它是把数据打包到一个文件中的一种方法，但是文件中数据的编码方法与容器无关。正如 zip 文件中可以包含 ASCII 编码的文本数据，也可以包含二进制编码的浮点数据，音频容器中可以包含 MP3 编码的音频或 Vorbis 编码的音频。音频容器有 3 种类型：Ogg、MP3 和 Wav。文件的扩展名表明了所使用的容器类型。例如，Ogg 容器文件的扩展名为.ogg。Vorbis 编码的音频数据存储在 Ogg 容器中；MP3 编码的音频数据存储在 MP3 容器中；Wav 编码的音频数据存储在 Wav 容器中。

audio 元素唯一的常用特性是 controls，它总是被设为“controls”。该特性会显示一个开始/停止按钮、一个时钟、一个播放进度条、文件的总时长以及一个音量控制滑动条。audio 元素的一般语法如下所示：

```
<audio attributes>
  <source src = "filename1">
  ...
  <source src = "filenamen">
  Your browser does not support the audio element
</audio>
```

浏览器会选择第一个能够播放的音频文件，并跳过 audio 元素的内容。如果它不能播放 source 元素中指定的任何音频文件，就只是显示其内容。不过，不同的浏览器能够播放的音频容器/音频编解码并不相同。Firefox 3.5+浏览器支持 Ogg/Vorbis 和 Wav/Wav 容器/编解码音频文件；Chrome 3.0+支持 Ogg/Vorbis 和 MP3/MP3 容器/编解码音频文件；IE9+浏览器支持 MP3/MP3 容器/编解码音频文件；Safari 3.0+浏览器支持 Wav/Wav 容器/编码音频文件。

下面这个简单的文档演示了 audio 元素的应用：

```
<!DOCTYPE html>
<!-- audio.html
     test the audio element
     -->
<html lang = "en">
  <head>
    <title> test audio element </title>
    <meta charset = "utf-8" />
  </head>
  <body>
    This is a test of the audio element
    <audio controls = "controls" >
      <source src = "nineoneone.ogg" />
      <source src = "nineoneone.wav" />
      <source src = "nineoneone.mp3" />
      Your browser does not support the audio element
    </audio>
  </body>
</html>
```

注意，这个文档(audio.html)用 3 个元素指定了 3 种不同的音频容器文件，以允许 IE9+、Firefox 3.5+、Chrome 3.0+和 Safari 3.0+能够播放声音剪辑。在 Web 上可以找到一些软件将选定的音频文件转换为其他的音频容器/音频编解码组合。

2.11　video 元素

在 HTML5 之前，没有一种标准的方法可在 Web 文档中包含视频剪辑。最常用的方法是使用 Flash 插件。HTML5 中提供的 video 元素改变了这种情况。

与音频信息一样，视频信息也必须被数字化到数据文件中，然后浏览器才能播放它们，这一过程用到的算法叫做视频编解码。视频数据还有一点与音频数据相同，即也需要存储到容器中。视频容器和视频编解码算法有许多，它们各不相同。而由于并非所有的视频编解码文件都可以存储到所有的视频容器中，情况变得更加复杂。Web 上最常用的视频容器包括 MPEG-4(.mp4 文件)、Flash Video(.flv 文件)、Ogg(.ogv 文件)、WebM(.webm 文件)和 Audio Video Interleave(.avi 文件)。

Web 上最常用的视频编码算法是 H.264(也称为 MPEG-4 Advance Video Coding，或 MPEG-4 AVC)，它可以嵌入到 MP4 容器中；Theora，它可以嵌入到任何容器中；以及 VP8，它可以嵌入到 WebM 容器中。除了视频数据，视频容器还需要存储音频数据，因为大多数视频都伴有音频。Web 上最常用的 3 个容器/视频编解码/音频编解码组合是 Ogg 容器加 Theora 视频编解码和 Vorbis 音频编解码、MPEG-4 容器加 H.264 视频编解码和 AAC 音频编解码以及 WebM 容器加 VP8 视频编解码和 Vorbis 音频编解码。

IE9+浏览器支持 MPEG-4 视频容器，Firefox 3.5+浏览器支持 Ogg 视频容器，Firefox 4.0+浏览器支持 Ogg 和 WebM 视频容器，Chrome 6.0+浏览器支持所有这 3 种最常用的视频容器，Safari 3.0+浏览器支持 MPEG-4 视频容器。

video 元素有几个特性，并且与 audio 元素一样，可以包含多个嵌套的 source 元素。width 和 height 特性以像素为单位设置视频屏幕的大小；autoplay 特性指定视频在准备好后自动播放；preload 特性告诉浏览器一旦文档开始加载，就加载视频文件，但是如果不是所有的用户都会播放视频，这么做不是个好主意；controls 特性指定在播放视频时显示开始、暂停和音量控件；loops 特性指定视频将不断播放。

video 元素的语法与 audio 元素类似，其一般形式如下所示：

```
<video attributes>
  <source src = "filename1">
  ...
  <source src = "filenamen">
  Your browser does not support the video element
</video>
```

其语义也与 audio 元素类似。

下面这个示例文档包含一个 video 元素：

```
<!DOCTYPE html>
<!-- testvideo.html
      test the video element
      -->
<html lang = "en">
  <head>
    <meta charset = "utf-8" />
    <title> test video element </title>
  </head>
  <body>
    This is a test of the video element.....
    <video width = "600" height = "500" autoplay = "autoplay"
           controls = "controls" preload = "preload">
      <source src = "NorskTippingKebab.mp4" />
      <source src = "NorskTippingKebab.ogv" />
      <source src = "NorskTippingKebab.webm" />
      Your browser does not support the video element
    </video>
  </body>
</html>
```

较老的浏览器(可能其中最流行的是 IE8)不能识别 video 元素。要支持这些浏览器，一种方法是在 video 元素内嵌套一个 object 元素，让该 object 元素使用 Flash 播放视频。Pilgrim 的书中描述了这个过程[22]。

2.12 组织元素

HTML 4.01(和 XHTML1.0)的缺点之一是很难以有意义的方式组织显示的信息。这两种语言中用于此目的的元素主要是分区(div)和段落(p)元素。实现大纲的唯一方式是使用标题，但是符合逻辑的做法是在一个文档中只使用一个 h1 标题。而且，h2、h3 等标题元素必须按照编号进行嵌套(例如 h3 标题嵌套在 h2 标题中)。HTML 现在有一些新的元素来帮助组织文档和文档的大纲。

许多文档的第一个部分都是标题。如果标题只包含一个短语，那么可以是一个 h1 元素。但文档的标题经常包含更多的信息，很多时候还包含第二个短语，或者一个叫做标语(tagline)的句子。标题元素可以包含文档的整个标题，这样就更容易看出标题包含哪些部分。例如，下面是一个示例标题：

```
<header>
  <h1> The Podunk Press </h1>
  <h2> "All the news we can fit" </h2>
</header>
```

文档的开始部分还可能在主体的前面包含更多信息，如一个目录。对于此类情况，可以使用 hgroup 元素包含标题和主体前面的其他信息。下面是这样一个示例：

```
<hgroup>
  <header>
    <h1> The Podunk Press </h1>
    <h2> "All the news we can fit" </h2>
  </header>
  -- table of contents --
</hgroup>
```

footer 元素用于包含文档中的页脚内容，例如作者和版权数据。下面是一个 footer 元素的示例：

```
<footer>
  &copy; The Podunk Press, 2012
  <br />
  Editor in Chief: Squeak Martin
</footer>
```

下面的文档 organized.html 演示了 header、hgroup 和 footer 元素的用法：

```
<!DOCTYPE html>
```

22 参考 Mark Pilgrim 撰写的 *HTML5 Up and Running*(O'Reilly, 2010):pp.114-115。

```
<!-- organized.html
     An example to illustrate organization elements of HTML5
     -->
<html lang = "en">
  <head>
    <title> Organization elements </title>
    <meta charset = "utf-8" />
  </head>
  <body>
    <hgroup>
      <header>
        <h1> The Podunk Press </h1>
        <h3> "All the news we can fit" </h2>
      </header>
       <ol>
        <li> Local news </li>
        <li> National news </li>
        <li> Sports </li>
        <li> Entertainment </li>
      </ol>
    </hgroup>
    <p>
      -- Put the paper's content here --
    </p>
    <footer>
      &copy; The Podunk Press, 2012
      <br />
      Editor in Chief: Squeak Martin
    </footer>
   </body>
</html>
```

图 2-30 展示了 organized.html 的显示效果。

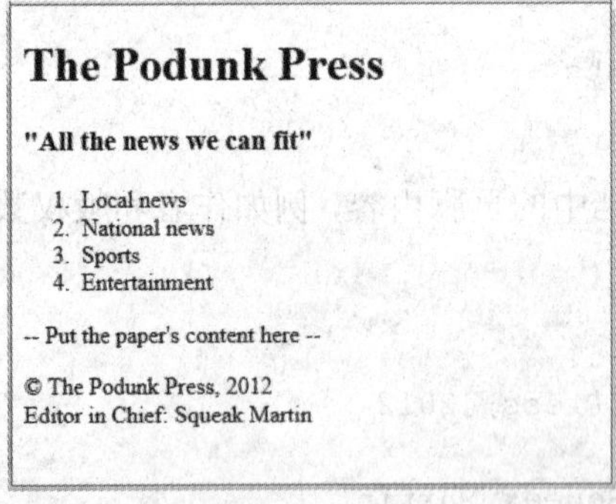

图 2-30　organized.html 的显示效果

section 元素用于包含文档的各节，例如一本书的各章或者一篇论文的单独部分。footer 元素中可以包含一节或多节。

article 元素用于容纳来自外部的某个文档的独立部分，例如一个论坛中的帖子或者一篇新闻报道。一个 article 元素可以包含一个 header、一个 footer 和多个 section。当文档由几个单独撰写的部分组成时，article 元素十分方便。

aside 元素用于与文档的主要信息关系不大的内容。在印刷中，这种类型的内容经常放到一个侧边栏中。

nav 元素用于包含导航部分，也就是可以导航到文档不同部分的链接列表。nav 元素明确地标明了文档中用于导航到其他文档的部分。对于使用文本到语音转换阅读器来“查看”文档的视觉有缺陷的用户来说，它们特别有用。

2.13　time 元素

time 元素用于给文章或文档添加时间戳。该元素包含一个文本部分和一个机器可读的部分。文本部分的时间和/或日期信息可以是任意格式的，但是机器可读部分则必须有严格的格式。机器可读的部分是 time 元素的可选特性 datetime 的值。datetime 的 date 部分的格式是：一个由 4 位数字表示的年份，横线，一个由两位数字表示的月份，横线，和一个由两位数字表示的天，例如“2011-02-14”。如果在机器可读的数据中包含时间，则要在日期的后面加上一个大写的 T，后面是小时、冒号、分钟、冒号和秒。如果秒数为 0，则可以省略。小时、分钟和秒必须以两位数字表示。例如，“2010-02-14T08:00”。time 元素还有另外一个可选的特性 pubdate。如果 time 元素没有嵌套在一个 article 元素内，那么 pubdate 特性指定的时间戳是文档的发布日期。如果嵌套在一个 article 元素内，则是文章的发布日期。下面是一个完整的 time 元素的示例：

```
<time datetime = "2011-02-14T08:00" pubdate = "pubdate">
  February 14, 2011 8:00am MDT
</time>
```

注意，time 元素的内容中包含的信息未必与 datetime 特性中包含的信息有关。

datetime 值的时间部分可以带上时差。时区值是-12:00 到+14:00 范围内的一个值(使用协调世界时)。时区值的符号将其与时间值分开。例如，下面是一个带有时差的 datetime 值的例子：

```
"2011-02-14T08:00-06:00"
```

time 元素有两个缺点。首先，它不能表示公元前的年份，因为它不能接受负数年份。其次，它不能表示约数——你不能指定“1900 年前后”。

2.14　HTML 与 XHTML 之间的语法差异

HTML 和 XHTML 之间的语法规则存在很大区别。本节将介绍这些区别。

区分大小写　在 HTML 中，标签和特性名称都是不区分大小写的，这意味着<FORM>、<form>和<Form>之间没有任何区别。但在 XHTML 中，所有的标签和特性名称都必须采用小写字母的形式。

结束标签　在 HTML 中，如果用于处理标签的代理(一般是浏览器)能够推断结束标签的存在，那么结束标签可以忽略。如在 HTML 中，段落元素经常没有结束标签。直到出现另一个段落的开始标签时，浏览器才可以推断出上一个段落标签已经结束了。例如：

```
<p>
During Spring, flowers are born. ...
<p>
During Fall, flowers die. ...
```

在 XHTML 中，所有元素都必须具有结束标签。对于本身不包含内容的元素来说，此时的结束标签看起来没有意义，因此要在开始标签的末尾添加一个斜杠“/”作为结束标签的缩写。例如，下面的两行代码在 XHTML 中是等价的：

```
<input type = "text" name = "address" > </input>
```

和

```
<input type = "text" name = "address" />
```

需要指出的是，对于这种缩写形式来说，如果斜杠之前不加一个空格的话，有些浏览器可能无法识别。

为特性值加引号 在 HTML 中，特性值只有在嵌入了特殊字符或者空格字符时，才必须加引号。在 HTML 中，数值类型的特性值几乎从来不用引号。在 XHTML 中，所有特性值都必须加双引号，不管特性值中包含了什么类型的字符。

显式定义特性值 在 HTML 中，某些特性值是隐式的；也就是说，这些特性值不需要显式声明。例如，如果没有为标签<select>中的特性 multiple 设定一个值，那么实际上它指定了可以选择多个项。例如，下面的代码在 HTML 中是合法的：

```
<select multiple>
```

但这在 XHTML 中是不合法的。在 XHTML 中遇到这种情况时是将特性的名称字符串赋予该特性。例如：

```
<select multiple = "multiple">
```

其他类似这样的特性还包括 checked 和 selected。

id 和 name 特性 HTML 标记通常为元素使用 name 特性。在 HTML 4.0 中，对于某些元素来说，已经不建议使用这一特性了。在 HTML 4.0 中，几乎为所有的元素都添加了 id 特性。在 XHTML 中，建议使用特性 id，不建议使用特性 name。但是，由于在服务器上处理表单数据需要使用表单的名称，因此 form 控件元素中仍然要使用特性 name。

元素嵌套 虽然 HTML 中具有一些规则，可以判断元素的嵌套是否正确，但它们不是强制实施的。一些嵌套的规则如下：(1)锚元素不能包含另一个锚元素，表单元素不能包含另一个表单元素；(2)如果某个元素出现在另一个元素中，那么内部元素的结束标签必须位于外部元素的结束标签之前；(3)块元素不能嵌入到行内元素中；(4)文本不能直接嵌入到主体(body)元素和表单元素中；(5)列表元素不能直接嵌入到列表元素中。在 XHTML 中，严格实施这些嵌套规则。

所有 XHTML 语法规则都可以通过 Total Validator Tool 软件进行验证。

2.15　本章小结

如果不考虑第 3 章即将讨论的样式表，HTML 的作用在于能够指定文档的整体布局，能够指定的显示细节很少。HTML 的当前版本是 4.01，不过 HTML5 规范已经在 Web 上流传开了。虽然 XHTML 已经停止开发，但是其严格的语法规则仍然很有价值，可以用在 HTML 4.01 和 HTML 5 中。

HTML 的标签指定了内容是如何在浏览器(或其他 HTML 处理器)显示窗口中进行布置的。大部分标签包括开始标签和结束标签，其中包含了受该标签影响的内容。HTML 文档可以分为两部分：文档头和文档主体。文档头中描述了一些有关文档的信息，但不包含文档中的任何内容。文档主体包含了文档内容以及用于描述内容布局的标签和特性。

浏览器会忽略文本中的换行符。浏览器在显示窗口中利用内容来填充行，直到必要时才换行。换行可以通过标签
指定。段落之间的换行是通过标签<p>指定的。标题可以利用标签<h1> ~ <h6>创建。标签<blockquote>用于突出一个文本块。标签<sub>和<sup>分别用于创建下标和上标。水平线可以通过标签<hr />创建。

通过标签<img />可以将 GIF 格式、JPEG 格式或 PNG 格式的图片插入到文档中。如果用户的浏览器不能(或者限制了)正常显示图片，那么浏览器将把标签<img />的 alt 特性值作为消息呈现给用户。

链接支持超文本，允许文档通过定义链接来引用当前文档的其他部分或者另一个文档。在浏览器中查看文档的用户可以使用这些链接。

HTML 支持无序列表和有序列表。无序列表对应的标签为<ul>，而有序列表对应的标签则为<ol>。这两种类型的列表都利用标签<li>来指定列表元素。标签<dl>用于描述定义列表。标签<dt>和<dd>分别用于指定术语及其定义。

利用 HTML 可以很容易地创建表格，HTML 为此定义了一系列相关的标签。标签<table>用于创建表格；标签<tr>用于创建表格行；标签<th>用于创建列标签单元格；标签<td>用于创建表格的数据单元格。特性 colspan 和 rowspan 可以用于标签<th>和<td>中，分别用于创建多级列标签和行标签。

HTML 表单属于文档的一部分，这部分中包含了一些用于收集用户输入的控件。表单中指定的数据可以利用两种方法发送到驻留在服务器中的程序，分别为 get 和 post。最常用的控件(文本框、复选框、密码框、单选按钮以及动作按钮提交、重置和普通按钮)是通过标签<input>指定的。用户可以利用提交按钮将表单数据发送到服务器中进行处理。重置按钮用于清除表单所有控件中用户已经输入的内容。文本框控件用于收集来自用户输入的单行文本。复选框包含一个或多个按钮，利用这些按钮，用户可以选择列表中的一个或多个元素。单选按钮与复选框类似，只是在一组单选按钮中，一次只能选择一个按钮。密码框实际上也是一种文本框，只是浏览器不会显示其中的内容。

当某个列表非常长，以至于复选框和单选按钮都无法进行表现时，可以利用菜单来显示该列表，通过菜单可以选择列表中的元素。菜单控件是通过标签<select>创建的。通过标签<textarea>可以创建一个文本区域控件，这个文本区域是一个多行的文本收集框，在垂直方向和水平方向上都隐含有滚动条。

audio 元素允许文档指定播放音频文件，video 元素允许文档指定播放视频文件，time 元素提供了一种以机器可读的形式在文档中指定日期和时间戳的方式。

2.16 复习题

1. HTML 中不建议使用某些标签或特性的用意是什么？
2. HTML 注释的格式是什么？
3. 浏览器如何处理显示文本中的换行符？
4. 段落标签和换行标签的作用有什么区别？
5. 哪一级标题标签所使用的字体大小小于正常的文本字体大小？
6. 通常情况下，浏览器如何设置大块引用文本以区别于正常的文本？
7. 标签<code>对其中的内容能够产生什么影响？
8. JPEG 和 GIF 两种图片格式之间有什么区别？
9. 标签<img />中必须使用的两个特性是什么？
10. 标签<img />中 alt 特性有什么作用？
11. 可以利用什么标签来定义一个链接？
12. 所有的锚标签都需要的特性是什么？
13. HTML 允许出现嵌套链接吗？
14. 如果链接的目标是当前正在显示的文档，但不是文档的顶部，通常应该如何标识作为目标的链接？
15. 如果链接的目标是其他文档(不是链接所在的文档)中的某一段，那么在锚标签中应该如何设置 href 特性的值？
16. 在一个无序列表中，其项目的默认项目符号是什么？
17. 在一个有序列表中，其项目的默认顺序值是什么？
18. 在定义列表中，使用哪种标签来定义术语及其解释？
19. 标签<th>中的特性 colspan 的作用是什么？
20. 标签<td>中的特性 rowspan 的作用是什么？
21. 什么是控件？
22. 本章讨论的哪些控件可以通过标签<input>创建？
23. 文本控件的文本框默认大小是多少？
24. 对于文本控件而言，标签<input>的特性 size 和 maxlength 之间的区别是什么？
25. 一组单选按钮和一组复选按钮的作用有什么区别？
26. 在什么情形下才用菜单来取代一组单选按钮？
27. 对于一个文本区域控件，应该如何指定滚动条？

28. 解释 url 类型的<input>标签的行为。
29. 解释 email 类型的<input>标签的行为。
30. <input>标签的 placeholder 特性的作用是什么？
31. 在 HTML5 之前，在浏览器显示 Web 文档的时候是如何播放音频剪辑的？
32. 什么是音频编解码？
33. 什么是音频容器？
34. 一个 audio 元素中为什么要包含多个 source 元素？
35. 在 HTML5 之前，在显示 Web 文档的时候播放视频剪辑的最常用的方法是什么？
36. video 元素的 autoplay 特性有什么作用？
37. 在 HTML5 之前，哪些 HTML 元素用来组织文档？
38. article 元素的作用是什么？
39. datetime 特性值的日期部分是什么格式？

2.17　练习题

1. 创建一个 HTML 文档，其内容为自己的姓名、地址和 e-mail 地址，并对其进行测试。如果是学生，文档内容中还应该包含主修课和年级。如果已经参加工作，文档内容中应该包含单位的名称、单位的地址和工作职位的名称。在这个文档中，必须用到一些标题和<em>、<strong>、<hr />、<p>以及
标签。
2. 在刚才创建的文档中添加一张自己的照片，并另外添加至少一张其他图片(朋友的照片、配偶的照片或者宠物的照片)。
3. 为练习 1 创建的文档添加第二个文档，介绍自己的部分经历，利用“经历”作为链接内容。该文档中应该包含自我介绍或者工作经历的多段文本。
4. 创建一个 HTML 文档，建立一个无序列表来描述自己典型的杂货店购物清单(如果从来都没有做过这样一个清单，那么可以编造其中的内容)。最后对文档进行测试。
5. 创建一个 HTML 文档，建立一个无序列表，至少具有 4 个省的名称。每个项目下还必须包含一个嵌套列表，该列表至少应该包含该项目(即对应的省)中的 3 个城市。最后对文档进行测试。
6. 创建一个 HTML 文档，建立一个有序列表，内容为自己最喜欢的 5 部影片。最后对文档进行测试。
7. 修改练习 6 创建的列表，并添加一个嵌套的无序列表，内容为至少两个在这些电影中出现的男演员和/或女演员。
8. 创建一个 HTML 文档，建立一个有序列表，其内容如下：最高层应该是自己父母的姓名，母亲的在前面。在父母的姓名下，分别有一个嵌套的有序列表，内容为父母的兄弟姐妹的姓名，按照年龄的大小进行排序，年龄大的排在前面。每个嵌套的列表还必须分别具有嵌套的列表，内容为自己叔叔和(姑)姨的孩子(自己的堂/表兄弟或者姐妹)的名字——每个人当然要位于自己的父母下。不管有多少(姑)姨、叔叔和堂

/表兄弟或者姐妹，在自己的父母或者叔叔、(姑)姨列表的子列表中必须至少有三个列表项目。最后对文档进行测试。

9. 创建一个 HTML 文档，建立一个表格，其内容如下：表格列的标题为 Pine、Maple、Oak 和 Fir。行标签必须为 Average Height、Average Width、Typical Life Span 以及 Leaf Type。数据单元格的值可以自己编造。最后对文档进行测试。
10. 对练习 9 中创建的 HTML 文档进行修改，添加一个二级的列标签 Tree 和一个二级的行标签 Characteristics。最后对文档进行测试。
11. 创建一个 HTML 文档，定义一个表格，表格列的内容分别为省、省鸟、省花和省树。表格行中必须至少列出 5 个省。最后对文档进行测试。
12. 创建一个 HTML 文档，定义一个具有两级列标签的表格：一个全局标签 Meals，3 个二级标签：Breakfast、Lunch 和 Dinner。还必须有两级行标签：一个全局标签 Foods，4 个二级标签 Bread、Main Course、Vegetable 以及 Dessert。表格的单元格必须包含数据，单位为克，表示每种食品的质量。最后对文档进行测试。
13. 创建一个 HTML 文档，作为 Tree Branches 有限公司的主页，该公司销售枝条。该文档中必须包含至少三种不同枝条的图片和说明文本。此外还必须至少有一个无序列表，一个有序列表和一个表格。不同枝条的详细说明文本应该放到单独的文档中，可以通过主文档中的链接进行访问。还必须想出枝条的几种实际应用，并包括卖点。最后对文档进行测试。
14. 创建一个 HTML 文档，带有一个表单，表单中共包含以下控件：
    a. 一个文本框，用于收集用户姓名
    b. 4 个复选框，具体的值如下：
        i. 4 个 25 瓦的灯泡，售价 2.39 美元
        ii. 8 个 25 瓦的灯泡，售价 4.29 美元
        iii. 4 个 25 瓦的长寿命灯泡，售价 3.95 美元
        iv. 8 个 25 瓦的长寿命灯泡，售价 7.49 美元
    c. 一组单选按钮，一共三个，其标签如下所示：
        i. Visa
        ii. Master Card
        iii. Discover

    最后对文档进行测试。
15. 修改前面练习中的一个文档，添加在文档的显示过程中不断播放的音频。必须使用全部 3 种常用的容器/编解码形式。
16. 修改前面练习中的一个文档，添加在文档的显示过程中不断播放的视频。视频应该与文档显示的信息相关。必须使用全部 3 种常用的容器/编解码形式。
17. 修改前面练习中的一个文档，添加页眉和页脚元素。还必须添加一个 article 元素，其中包含的信息与文档相关，但是来自某个外部源。

第 3 章

层叠样式表

本章将介绍样式表的概念，并解释样式表是如何覆盖 HTML 文档元素的默认样式的。首先介绍样式表的三个层次和样式说明的格式。接着介绍选择器的格式。之后介绍各种不同属性值的格式。然后介绍并示范针对字体和列表的属性。接下来讨论用于指定颜色、背景图片以及文本对齐方式的属性。然后讨论文档元素的盒模型，介绍与其相关的边框属性、边距属性以及边界属性。接下来介绍两个标签，分别为<span>和<div>，这两个标签用于限定样式表说明的作用范围。本章最后一节概述了样式说明冲突的解决方法。

有一些 CSS 属性用来指定元素在文档显示中的位置。由于它们用来构建动态的文档，所以等到第 6 章再讨论它们，本章不进行介绍。

3.1 简介

前面提到过，HTML 主要用于控制内容，而不是用于控制这些内容在浏览器中的呈现方式。实际上，这种说法并不完全准确，因为通过第 2 章中介绍的一些标签就可以推翻这种说法。HTML 中的某些标签——如<code>——就是用于指定呈现细节或样式的。但是，利用样式表可以更精确、更一致地对呈现细节进行控制。而且，很多用于描述呈现细节的标签和特性已经不建议使用了，在这种情况下应该优先使用样式表。

绝大部分 HTML 标签都有相关的属性，这些属性用于指定文档在浏览器中的呈现信息。如果文档中没有指定这些属性的值，浏览器将使用默认值。例如，标签<h2>具有 font-size 属性，浏览器会为该属性设置一个特定大小的默认值。如果样式表将属性 font-size 的值设定为更大的值，就覆盖了默认值。根据属性值的设置方式，这个新值可能会应用到文档中的一个<h2>元素、一部分<h2>元素或者所有<h2>元素。

样式表是用来指定样式信息的句法机制。样式表的创意并不新鲜——文字处理器和桌面发布系统利用样式表为文档添加一个特定的样式已经有很长时间了。第一个用于 HTML 文档的样式表规范，即层叠样式表 CSS1(Cascading Style Sheets，CSS)是由 W3C 于 1996 年开发的。在 1998 年中期，W3C 发布了 CSS2。CSS2 在 CSS1 的基础上添加了很多种属性和属性值。它还把显示控制扩展到了 Web 浏览器之外的其他媒体，如打印机等。由于浏览器开发商对 CSS2 的实现不够全面(可能也没什么兴趣)，W3C 决定开发一种新的标准，即 CSS 2.1，它反映浏览器开发商对 CSS 2 的接受程度。Internet Explorer 8 及更高版本(IE8+)、Chrome 5 及更高版本(C5+)和 Firefox 及更高版本(FX3+)完全支持 CSS2.1，而直到 2011 年春季，它仍然处于“工作草案”阶段。自从 20 世纪 90 年代后期以来，CSS3 一直在开发中。当前的浏览器版本已经实现了 CSS3 的部分特性。本章将介绍 CSS2.1 的大部分属性。

样式表的最大作用在于提高了 Web 文档样式的一致性。例如，可以利用样式表来指定文档中所有的段落都采用同一种呈现样式，从而具有相同的外观。

之所以将 CSS 样式表称为层叠样式表，是因为它们可以在三个层次上进行定义，以此来指定文档的样式。较低层的样式表能够覆盖较高层的样式表，也就是说一个元素内容的样式是通过样式表应用的层叠来确定的。

3.2 样式表的层次

样式表的三个层次，按照从底层到高层的顺序，分别为内联样式表、文档样式表以及外部样式表。内联样式表只能够作用于单个 HTML 元素的内容，文档样式表则能够对文档的整个主体起作用，而外部样式表可以应用到任意数目文档的主体中。从优先级顺序上讲，内联样式表优先于文档样式表，而文档样式表又优先于外部样式表。例如，如果一个外部样式表针对某个元素指定了一个属性值，而一个文档样式表或者一个内联样式表也针对该标签指定了同一个属性值，那么此时外部样式表中的这个属性值就不起作用了。类似地，文档样式表指定的属性值也可以被内联样式表中指定的属性值所覆盖。实际上，某个元素的属性是通过一组可用的样式表来共同指定的，在发生冲突的情况下，较低层的样式表优先。样式说明还会发生其他形式的冲突，3.13 节将讨论这些冲突及其解决方案。

如果样式表没有为特定的样式属性提供值，将使用浏览器的默认属性值。由于第 2 章的所有示例 HTML 文档都没有包含样式表，所以那些文档中的每个元素的属性都使用浏览器的默认值[1]。

与标签和标签特性一样，某种浏览器可能无法使用样式表中指定的属性值。例如，如果某个段落中的 font-size 的属性值设定为一个特定值，但该浏览器不能够显示那么大的字体，很明显，此时浏览器无法满足这个属性值指定的显示要求。在这种情况下，浏览器或者采用另外一个值替换掉这个值，或者忽略这个给定的属性值，而使用默认的字体大小。

内联样式说明位于开始标签中，只对该元素的内容起作用。内联样式这种应用方式比较琐碎，这与样式表的一个主要优势是相违背的——因为样式表的优势在于能够至少为一个完整文档的标签提供统一的样式。内联样式表的另一个缺点在于它们指定的样式信息是以与 HTML 标记完全不同的语言进行描述的，而且分布在文档中的不同位置。如果将样式说明和 HTML 标签分开，将会使得文档变得更加清晰。出于这个原因与其他一些原因，在

1 这种说法不完全准确。一些属性值可以由浏览器用户提供，它们会覆盖浏览器的默认值。

XHTML 1.1 中 W3C 不建议使用内联样式表[2]。因此，使用内联样式表应该非常谨慎。本章将讨论内联样式表，同时也将给出相关使用建议，并尽量避免在本书的示例中使用内联样式表。

文档样式表说明位于文档的头部区域，能够作用于文档的整个主体。很显然，这是一种为文档所有内容的呈现提供统一样式的有效方式。

很多情况下，可能需要一种样式表能够对多个文档起作用，而这正是外部样式表的功能。外部样式表不是它所作用的文档的一部分。它们是独立存储的，需要使用外部样式表的 HTML 文档必须在本文档中指定所需的外部样式表。外部样式表的另一个优势是可以清晰地区分 CSS 和 HTML。外部样式表可以独立创建为一个文本文件，文件的 MIME 类型为 text/css。这些文件可以存储在 Web 中的任何计算机上。浏览器能够像获取 HTML 文档那样来获取样式表文件。标签<link>用于指定外部样式表[3]。在标签<link>中，使用特性 rel 来指定链接到的外部样式表文件和链接所在的文档之间的关系。标签<link>的特性 href 可用于指定样式表文档的 URL，如下例所示：

```
<link rel = "stylesheet" type = "text/css"
      href = "http://www.cs.usc.edu/styles/wbook.css" />
```

外部样式表的链接必须位于文档开头。如果外部样式表驻留在 Web 服务器中，那么 href 的属性值只需要是路径地址即可。3.6 节中列举了一个外部样式表的示例。

因为分离 CSS 和标记是一种很好的做法，所以最好选择使用外部样式表。但是，因为本书中的示例文档都很小，而且我们想让 CSS 出现在使用它的地方以方便说明，所以本书的示例中几乎总是在使用文档样式表。

可通过 http://jigsaw.w3.org/css-validator/提供的服务来验证外部样式表。

3.3　样式说明格式

样式说明的格式因样式表的层次而异。内联样式说明是作为标签的 style 属性值出现的[4]，通用的格式如下所示：

```
style = "property_1 : value_1; property_2 : value_2;...;
         property_n : value_n ;"
```

虽然最后一个属性/值对后面的分号并不是必需的，但还是建议此处应该使用这样一个分号。

文档样式说明是作为一个<style>标签的内容出现的，它位于文档的头部，不过文档样式说明的格式与内联样式说明的格式有很大的不同。<style>标签内容的通用格式如下所示[5]：

2　将特性放在不建议使用的特性列表中是为了警告用户限制对它们的使用，因为将来可能不予支持。

3　有一种方法可以代替使用<link>标签，即使用@import。但是，@import 比<link>慢，所以没有理由使用它。

4　XHTML 1.1 中不建议使用特性 style，但是 HTML5 中仍然包含了它。

5　版本太低的浏览器可能无法识别标签<style>，因此可能将标签中的内容显示在文档顶部。这种浏览器当前已经很少使用，因此，此处我们忽略这个问题。如果对这一问题比较在意，那么可以将规则列表放到 HTML 注释中。

```
<style type = "text/css">
  rule_list
</style>
```

标签<style>中的特性 type 向浏览器指定了样式说明的类型，对于 CSS，它的值为 text/css。

规则列表中的每一条样式规则可分为两部分：一个选择器，用于指定受影响的标签；一组属性/值对。该列表的格式与内联样式表中用括号括住的列表是一致的，只不过此处是通过括号而不是双引号来引用的。所以，这种样式规则的格式如下所示：

```
selector {property_1 : value_1; property_2 : value_2;...;
          property_n:value_n;}
```

如果为一个属性指定了多个值，那么这些值通常是通过空格进行分隔的。但是，对于某些属性来说，它们是通过逗号分隔的。

与所有其他类型的代码一样，复杂的 CSS 规则列表应该用注释进行说明。当然，这里不能使用 HTML 注释，因为 CSS 不是 HTML。因此需要不同格式的注释。CSS 中的注释语句是以/*开始，以*/终止的[6]。例如：

```
<style type = "text/css">
  /* Styles for the initial paragraph */
  ...
  /* Styles for other paragraphs */
  ...
</style>
```

外部样式表的样式规则和文档样式表的样式规则类似，但不使用<style>标签。3.6 节列举了一个外部样式表的示例。

3.4 选择器格式

选择器指定了其后的样式信息应用于哪些元素，它可以有多种不同的格式。

3.4.1 简单的选择器格式

最简单的选择器格式就是单个元素名称，如 h1。在这种情况下，规则中的属性值应用于所有以此为名称的标签元素。选择器还可能是一组元素名称的集合，各元素之间用逗号隔开，在这种情况下，属性值可以应用于文档中以这组元素指定的所有标签。参见下面的示例：

```
h1 {property-value list}
h2, h3 {property-value list}
```

6 这种格式的注释源于 C 语言以及由 C 语言衍生而来的一系列语言。

第一个选择器格式指定了后面的属性值列表应用于所有的 h1 元素。第二个选择器格式指定了后面的属性值列表应用于所有的 h2 和 h3 元素。

3.4.2　类选择器

类选择器用于为同一个标签的不同实例指定不同的样式说明。样式类是通过一个样式元素指定的，首先给定一个样式类名称，然后将其附加到某个标签名称的后面即可，两者之间用句点隔开。例如，如果在同一个文档中需要两种段落样式——可分别命名为 normal 和 warning——就可按下面的方式在 style 元素的内容中定义这两个类：

```
p.normal {property-value list}
p.warning {property-value list}
```

在文档主体中，可以通过相应标签的 class 特性来指定相应的样式类——在上面的示例中，就是段落标签<p>。例如，参见下面的示例：

```
<p class = "normal">
A paragraph of text that we want to be presented in
'normal' presentation style
</p>
<p class = "warning">
A paragraph of text that is a warning to the reader, which
should be presented in an especially noticeable style
</p>
```

3.4.3　通用选择器

有时如果指定一个样式说明类能够作用于多种不同类型标签的内容会非常方便。这可以通过一个通用类完成，这种选择器中不包含标签名称。通用类中没有标签名称，其类名必须以句点开头。例如：

```
.sale {property-value list}
```

接下来，在文档主体中，可以按照如下形式来引用这个样式说明：

```
<h3 class = "sale"> Weekend Sale </h3>
...
<p class = "sale">
...
</p>
```

3.4.4　id 选择器

id 选择器能将样式的作用范围限定为某个特定的元素。id 选择器的通用格式如下所示[7]：

7　好奇的读者也许会问，#究竟是一个什么符号？Bell 实验室将该符号命名为 octothorpe，这是该符号第一次放到电话拨号盘中时所起的名字。由于该数字与其外切圆有 8 个交叉点而得名 octothorpe。

```
#specific-id {property-value list}
```

很明显，id 选择器中指定的样式只能应用于含有相应 id 的元素。例如下面这个选择器：

```
#section14 { property-value list }
```

下面是应用该样式的 h2 元素：

```
<h2 id = "section14"> 1.4 Calico Cats </h2>
```

3.4.5 上下文选择器

选择器可以通过几种不同的方式指定某个样式只应用于文档特定位置的元素。最简单的上下文选择器是后代选择器。如果元素 B 出现在元素 A 的内容中，那么元素 B 就是元素 A 的后代，而元素 A 就是元素 B 的祖先。通过列出一个元素的一个或者更多个祖先，并只用空格分隔元素名，可以选择该元素。例如，下面的规则只将样式应用于作为文档中无序列表元素后代的有序列表元素的内容：

```
ul ol {property-value list}
```

如果一个元素是另一个元素的后代，并且直接嵌套在该元素内，则称第一个元素是第二个元素的子元素。如果元素 A 的开始标签和元素 B 的开始标签之间或者没有其他开始标签，或者之间的开始标签都有结束标签，元素 B 就直接嵌套在元素 A 内。如果元素 B 是元素 A 的子元素，就称元素 A 是元素 B 的父元素。例如，在下面的代码中，第一个和第三个 li 元素是 ol 元素的子元素。第二个 li 元素是 ol 元素的后代，但不是其子元素，因为该 li 元素的父元素是 ul 元素。

```
<ol>
  <li> ... </li>
    <ul>
      <li> ... </li>
      ...
    </ul>
  <li> ... </li>
  ...
</ol>
```

CSS 包含一个子元素选择器。例如，只有当 li 元素是 ol 元素的子元素时，下面的选择器才对它们应用样式：

```
ol > li {property-value list}
```

子元素可以针对家族树中任意数量的元素指定(不是仅限于一代)。例如，下面的选择器选择了 h1 元素的子元素 em，而 h1 元素又是段落元素的子元素。

```
p > h1 > em {property-value list}
```

first-child 选择器指定应用到它所关联的元素的第一个子元素，例如：

```
p:first-child {property-value list}
```

列表中的属性被应用到每个 p 元素的第一个子元素。

last-child 选择器指定应用到它所关联的元素的最后一个子元素。例如：

```
p:last-child {property-value list}
```

列表中的属性被应用到每个 p 元素的最后一个子元素。

only-child 选择器指定应用到它所关联的元素的子元素，但是该元素必须只有这一个子元素。例如：

```
p:only-child {property-value list}
```

列表中的属性被应用到每个只有一个子元素的 p 元素的子元素上。

empty 选择器指定应用到它所关联到的元素，但是该元素不能有子元素。例如：

```
p:empty {property-value list}
```

列表中的属性被应用到每个没有子元素的 p 元素上。

3.4.6　伪类

伪类是一种当某种事件发生时才能够发挥作用的样式，它不针对已经存在的静态的目标元素。本节介绍并示范 4 个伪类，其中两个只用于设置超文本链接的格式，两个可用于设置任何元素的样式。

设置链接样式的两个伪类是 link 和 visited。link 设置未被选择过的链接的样式，visited 设置已选择过的链接的样式。

对于伪类 hover 来说，当鼠标光标移动到与之相关的元素上时，它才对这个元素发挥作用。对于伪类 focus 来说，当焦点位于与之相关的元素上时，它才开始对这个元素发挥作用[8]。

浏览器通常使用蓝色作为未访问链接的默认颜色，使用红色或紫色作为已访问链接的默认颜色。它们通常还会为链接加上下划线。如果背景色是白色的，那么没有问题。但是，如果背景色不是白色，那么最好把未访问链接的颜色设为能够与文档的背景色产生显著对比的一种明亮的颜色。对比色可在颜色球上找到，以下网址就提供了这样一个颜色球：http://www. colorjack.com/sphere。在颜色球中，两种对比色相隔 180°。然后，可以为已访问过的链接使用所选对比色的比较柔和的版本。

当使用 hover 伪类时，改变元素的原始大小(例如增加或者减小字体大小)可能会造成问题。例如，如果加大字体，元素可能会超出文档显示中为它保留的位置，导致整个文档中的元素进行重新排列。用户对此会感到恼火。

样式类和通用类的名称都是以句点开头，但伪类的名称却以冒号开头。例如，下面是一个应用到 h2 元素的 hover 伪类的选择器：

8　当用户将鼠标光标放到一个元素上面并单击鼠标左键时，该元素获得焦点。

```
h2:hover {property-value list}
```

任何时候将鼠标指针放到一个 h2 元素上时，指定属性-值列表中定义的样式就会被应用到该 h2 元素的内容上。

3.4.7 通配选择器

通配选择器用星号(*)表示，它的样式可应用于文档中的所有元素。例如，如果想让文档中的每个元素都具有特定的一组属性，可以包含下面的代码：

```
* {property-value list}
```

3.5 属性值的格式

CSS 中包含了大量不同属性，它们可以分为不同的类别。最常用的类别包括字体、列表、文本对齐、边距、颜色、背景以及边框。出于篇幅的原因，本章只讨论一部分属性。所有这些属性及其属性值的详细介绍可在以下网址找到：http://www.w3.org/TR/2011/REC-CSS2-20110607/propidx.html。

属性值可以有很多种不同的格式。如果属性只有几个可能的取值，并且这些值已经预定义了，就使用关键字属性值——例如，large、medium 和 small。关键字属性值不区分大小写，也就是说，Small、SmAlL、SMALL 与 small 都是一样的。

当属性值没有具体的单位来表示实际的物理意义时，就使用数字值作为属性值。数字值可以是一个整数值，也可以带有小数点，数字值前面可以带有符号(+或者 -)。

长度值是作为数字值指定的，数字值后面紧接的是一个由两个字符组成的单位名称的缩写。数字和单位名称缩写之间不能有空格。这些单位名称分别为像素(pixel)，其缩写为 px；英寸(inch)，缩写为 in；厘米(centimeter)，缩写为 cm；毫米(millimeter)，缩写为 mm；点(point)，缩写为 pt(1 点=1/72 英寸)；12 点活字(pica)，缩写为 pc。注意在显示时，in、cm、mm、pt 和 pc 都是近似尺寸，实际值取决于屏幕分辨率。还有两种相对长度值，分别为 em 和 ex。其中 em 指的是以像素表示的当前字体大小的值，而 ex 指字母 x 的高度。

百分比类型的值用于提供一个尺寸，该尺寸是相对于前面使用过的尺寸来说的。百分比类型的值由数值后面加一个百分号构成。例如，如果使用样式表将字体大小设定为 75%，就意味着新的字体大小将是此前字体大小的 75%。字体大小将一直保持为这种新值，直到再次被修改。可以为百分比类型的值添加符号。如果添加了一个正号，那么这个百分比将加到前面的值中；如果添加的是负号，则是前面的值减去这个百分比。

URL 属性值的格式与链接中 URL 的引用格式稍有不同。其具体的格式是将实际的 URL (不管是绝对的还是相对的)都放到一对括号中，然后在前面添加一个字符串“url”构成的，如下面的属性所示：

```
url(tetons.jpg)
```

字符串“url”和左括号之间不可以有空格，否则浏览器将忽略该属性及其值。

颜色属性值可以是颜色的名称，也可以是一个 6 位的十六进制数字，或者采用 RGB 的格式。所谓 RGB 格式就是在字符串"rgb"之后添加一个括号，然后在括号中填入 3 个 0~255 之间的十进制数字或者百分比值。这些数字或者百分比值分别表示红、绿和蓝三种颜色级别。例如，如果三个值中的第一个值为 0 或者 0%，那么颜色中将不包含红色。值为 255 或 100%则表示颜色中包含的红色达到了最大程度。十六进制的数字之前必须添加磅符号(#)，如#43AF00。举例来说，可按以下几种形式定义紫红色属性值。

```
fuchsia
```

或者

```
rgb(255, 0, 255)
```

或者

```
#FF00FF
```

与 url 一样，rgb 和左括号之间不能有空格，否则浏览器将忽略这个值。

CSS 也包含用于计数器和字符串的属性，但这里不予以讨论。

如前所述，许多属性值可以被后代元素继承。例如，因为 font-size 是一个可被继承的属性，所以在<body>标签上为它设置一个值实际上就使该属性值成为整个文档主体中所有元素的默认属性值(因为文档主体中的所有元素都是 body 元素的后代)。

并非所有属性都会被继承，不过那些情况是比较容易理解的。例如，background-color 和边距属性都不是会被继承的属性[9]。

使用以下网址的计算器可在十六进制数字表示的颜色值和 rgb 表示的颜色值之间相互转换：http://www.javascripter.net/faz/hextorgb.htm。

3.6　字体属性

字体属性是样式表属性中最常用的属性之一。几乎所有 HTML 文档中都包含了文本，文本经常用于各种不同情形之下。这样，文本就可能需要以多种不同字体、字体样式和大小进行显示。字体属性就是专门用于设定这些不同字体格式的。

3.6.1　字体族

属性 font-family 用于指定一系列字体名称。浏览器将利用字体列表中它能够支持的第一种字体进行显示[10]。例如，可以指定如下 font-family 属性：

```
font-family: Arial, Helvetica, Futura
```

9　inherit 是一个 CSS 关键字。默认情况下，大多数属性都被设为 inherit，表示它们的值会被继承。一些在默认情况下不是 inherit 的属性可被设为 inherit，例如 div {background-color: inherit;}。

10　通常，浏览器支持本地计算机上安装的所有字体。

在这种情况下，如果浏览器支持 Arial 字体，就将使用这种字体进行显示。如果不支持，那么使用 Helvetica 字体进行显示，前提当然是浏览器支持这种字体。如果这两种字体浏览器都不支持，只支持 Futura 字体的话，就采用 Futura 字体进行显示。如果浏览器不支持其中任何一种字体，那么将自己另外选择一种替代字体进行显示。

font-family 的值可以是一种通用字体。表 3-1 中展示了所有可能的通用字体及其示例。对于这些通用字体的名称来说，每个浏览器都定义了不同的字体。指定字体的一种好方法是将通用字体用作 font-family 属性值中的最后字体。例如，因为 Arial、Helvetica 和 Futura 是 sans-serif 字体[11]，所以上例写成下面格式更好一些：

```
font-family: Arial, Helvetica, Futura, sans-serif
```

现在，如果浏览器不支持指定名称的字体，就会从相同类别的字体(在这里是 sans-serif)中选择一种可用的字体。

如果一个字体名称超过一个单词，那么整个字体名称需要包含在单引号中[12]，如下面的示例所示：

```
font-family: 'Times New Roman'
```

表 3-1 通用字体

通用字体名称	对应字体示例
Serif	Times New Roman, Garamond
Sans-serif	Arial, Helvetica
cursive	Caflisch Script, Zapf-Chancery
fantasy	Critter, Cottonwood
monospace	Courier, Prestige

实际上，此处的单引号并不是必需的，但本书建议使用，因为将来可能会要求必须使用。

3.6.2 字体大小

顾名思义，属性 font-size 用于指定字体大小。但是，它没有我们希望的那样简单。

font-size 的值分为两类：绝对值和相对值。使用绝对值时，字体大小可以是以点、12 点活字或像素给出的长度值，也可以是以下某个关键字：xx-small、x-small、small、medium、large、x-large 和 xx-large。使用关键字的一个问题是，相邻两个关键字之间的大小关系并不是在所有浏览器中都完全相同。

相对值包括 smaller 和 larger，它们根据父元素的字体大小调整子元素的字体大小。同

11 Serifs(衬线)是非结构化修饰，它可以出现在字符笔画的结尾。sans-serif 字体没有衬线。

12 这里只使用单引号，因为在内联样式表中，整个属性列表是用双引号括住的。

样，调整程度在浏览器之间也各不相同。另外还可以使用百分比值来相对于父元素的字体大小调整子元素的字体大小，不过此时调整量在浏览器间是相同的。最后，还可以使用以 em 为单位的一个数字。例如：

```
font-size: 1.2em
```

这将字体大小设为父元素字体大小的 1.2 倍。因此，使用百分比和使用 em 的效果是相同的。1.2em 和 120%都是将字体大小设为父元素字体大小的 1.2 倍。

使用点和 12 点活字设置字体大小存在的一个问题是它们在不同的计算机上可能以不同的大小显示。点和 12 点活字是针对平面媒体设计的，应该用在那些地方。而且，如果用户修改了默认的字体大小，在一些浏览器上使用点和 12 点活字设置的字体大小是不会改变的。如果指定的是相对大小，那么字体大小会相对用户设置的新的默认字体大小进行调整。虽然这两个关键字归入绝对值类别，但是它们是相对于浏览器的默认字体大小设置的。

考虑到所有这些问题，百分比和 em 是设置字体大小的较佳选择。本书剩余部分的示例文档中使用 em 来设置字体大小。

3.6.3　字体变体

font-variant 属性的默认值是 normal，它指定通常使用的字体样式。此属性可设置为 small-caps，以指定小型大写字母字符。小型大写字母字符都是大写字母，但是，通常大写的字母比通常小写的字母稍微大些。

3.6.4　字体样式

font-style 属性最常用的一种用途是指定文本为斜体，如下所示。

```
font-style: italic
```

除 italic 外，该属性的另一个取值是 oblique，但这两个值的显示效果几乎相同[13]。因此，对于 font-style 来说，oblique 并不是一个特别有用的值。

font-style 另外一个可能的取值 normal，它指定了字体为标准样式。这告诉浏览器，除非另做指定，否则停止使用任何非标准样式。

3.6.5　字体粗细

属性 font-weight 用于指定字体的加粗程度。例如：

```
font-weight: bold
```

13　实际上，使用 italic 的字体的衬线稍微长一点，而使用 oblique 的字体则具有正常的衬线。两者都向右倾斜。

除了 bold，该属性还可以取值 normal(默认值)、bolder 和 lighter。其中，bolder 和 lighter 是相对于父元素的加粗等级而言的。此外，还可以取 100~900 之间 100 的倍数作为属性值，其中，400 与 normal 是一样大小的，而 700 与 bold 是一样大小的。因为许多字体只有 normal 和 bold 两种形式，所以使用这些数字通常只是让浏览器在 normal 或 bold 之间做出选择。

3.6.6 简写字体属性

如果必须同时指定多个字体属性，那么属性值可以写为一个列表作为属性 font 的值——浏览器根据属性值的类型来确定对应的属性。例如，参见如下的样式说明：

```
font: bold 1.1em 'Times New Roman' Palatino
```

此行代码指定了字体的粗细为 bold，字体大小为其父元素的 1.1 倍，以 Times New Roman 或者 Palatino 字体进行显示，优先使用 Times New Roman 字体。

font 属性值中各种属性值给定的顺序是很重要的。其中的顺序必须为：字体名称必须在最后，字体大小倒数第二位，当包含字体样式、字体变体和字体粗细时，它们可以是任何顺序，但必须在字体大小的前面。在 font 值列表中，只有字体大小和字体族是必需的。

接下来的示例文档 fonts.html 利用一个文档样式表示范了字体属性的样式说明在标题和段落中的应用：

```
<!DOCTYPE html>
<!-- fonts.html
     An example to illustrate font properties
     -->
<html lang = "en">
  <head>
    <title> Font properties </title>
    <meta charset = "utf-8" />
    <style type = "text/css">
      p.major {font-size: 1.1em;
               font-style: italic;
               font-family: 'Times New Roman';
               }
      p.minor {font: bold 0.9em 'Courier New';}
      h2 {font-family: 'Times New Roman';
          font-size: 2em; font-weight: bold;}
      h3 {font-family: 'Courier New'; font-size: 1.5em;}
    </style>
  </head>
  <body>
    <p class = "major">
      If a job is worth doing, it's worth doing right.
    </p>
    <p class = "minor">
      Two wrongs don't make a right, but they certainly
      can get you in a lot of trouble.
    </p>
```

```
    <h2> Chapter 1 Introduction </h2>
    <h3> 1.1 The Basics of Computer Networks </h3>
  </body>
</html>
```

图 3-1 显示了示例文档 fonts.html 在浏览器中的显示效果。

If a job is worth doing, it's worth doing right.

Two wrongs don't make a right, but they certainly can get you in a lot of trouble.

Chapter 1 Introduction

1.1 The Basics of Computer Networks

图 3-1　fonts.html 的显示效果

接下来的示例文档是对 fonts.html 进行修改得到的，其文件名为 fonts2.html，该文档用了一个外部样式表替换 fonts.html 中的文档样式表。外部样式表 styles.css 附在这个示例文档之后。

```
<!DOCTYPE html>
<!-- fonts2.html
     An example to test external style sheets
     -->
<html lang = "en">
  <head>
    <title> External style sheets </title>
    <meta charset = "utf-8" />
    <link rel = "stylesheet" type = "text/css"
          href = "styles.css" />
  </head>
  <body>
    <p class = "major">
      If a job is worth doing, it's worth doing right.
    </p>
    <p class = "minor">
      Two wrongs don't make a right, but they certainly
      can get you in a lot of trouble.
    </p>
    <h2> Chapter 1 Introduction </h2>
    <h3> 1.1 The Basics of Computer Networks </h3>
  </body>
</html>
/* styles.css - an external style sheet
     for use with fonts2.html
     */
  p.major {font-size: 1.1em;
           font-style: italic;
```

```
            font-family: 'Times New Roman';
        }
p.minor {font: bold 0.9em 'Courier New';}
h2 {font-family: 'Times New Roman';
    font-size: 2em; font-weight: bold;}
h3 {font-family: 'Courier New';
    font-size: 1.5em;}
```

3.6.7 文本修饰

属性 text-decoration 用于指定文本的某些特殊特征。该属性可能的取值为 line-through、overline、underline 和 none，默认值为 none。许多浏览器会隐式地为链接添加下划线。使用属性值 none 可以删除下划线[14]。注意 text-decoration 是不可继承的。下面的示例文档 decoration.html 展示了属性值 line-through、overline 和 underline 的用法。

```
<!DOCTYPE html>
<!-- decoration.html
     An example that illustrates several of the
     possible text decoration values
     -->
<html lang = "en">
  <head>
    <title> Text decoration </title>
    <meta charset = "utf-8" />
    <style type = "text/css">
      p.delete {text-decoration: line-through;}
      p.cap {text-decoration: overline;}
      p.attention {text-decoration: underline;}
    </style>
  </head>
  <body>
    <p class = "delete">
      This illustrates line-through
    </p>
    <p class= "cap">
      This illustrates overline
    </p>
    <p class = "attention">
      This illustrates underline
    </p>
  </body>
</html>
```

图 3-2 显示了示例文档 decoration.html 在浏览器中的显示效果。

14 将链接的 text-decoration 设为 none 会让用户很难注意到链接，所以并不是一个好主意。

This illustrates line-through

This illustrates overline

This illustrates underline

图 3-2　decoration.html 的显示效果

3.6.8　文本间距

letter-spacing 属性控制着单词中各个字母之间的间距，这个间距叫做 tracking。letter-spacing 的取值可以是 normal 或任意长度属性的值。正值将增加字母间距，负值将减小字母间距。例如，letter-spacing: 1px 将使字母更加分散，而 letter-spacing: -1px 将使字母更加紧凑。值 normal 将 letter-spacing 的字母间距重置为与父元素相同。

文本中单词之间的间距通过 word-spacing 属性来控制，其值可以是 normal 或任意长度值。正值增加单词间距，负值减小单词间距，normal 将单词间距重置为与父元素相同。

文本行之间的间距通过 line-height 属性控制，这个间距叫做 leading。line-height 的值可以是数字。如果是正数，则将行间距设为该数字与文本大小的乘积(2.0 表示两倍行距)。line-height 的值也可以是一个长度，例如 24px。如果字体大小是 12px，那么 line-height 的值为 24px 时也会指定两倍行距。line-height 的值也可以是一个百分比，表示行间距相对于父元素的行间距来设置。最后，line-height 的值也可以是 normal，它可以覆盖当前值，将行间距设为与父元素相同。

下面的示例文档 text_space.html 演示了文本间距属性：

```
<!DOCTYPE html>
<!-- text_space.html
     An example to illustrate text spacing properties
     -->
<html lang = "en">
  <head>
    <title> Text spacing properties </title>
    <meta charset = "utf-8" />
    <style type = "text/css">
      p.big_tracking {letter-spacing: 0.4em;}
      p.small_tracking {letter-spacing: -0.08em;}
      p.big_between_words {word-spacing: 0.4em;}
      p.small_between_words {word-spacing: -0.1em;}
      p.big_leading {line-height: 2.5;}
      p.small_leading {line-height: 1.0;}
    </style>
  </head>
  <body>
    <p class = "big_tracking">
      On the plains of hesitation [letter-spacing: 0.4em]
    </p> <p />
```

```
    <p class = "small_tracking">
      Bleach the bones of countless millions [letterspacing:
      -0.08em]
    </p> <br />
    <p class = "big_between_words">
      Who at the dawn of victory [word-spacing: 0.4em]
    </p> <p />
    <p class = "small_between_words">
      Sat down to wait and waiting died [word-spacing: -0.1em]
    </p> <br />
    <p class = "big_leading">
      If you think CSS is simple, [line-height: 2.5] <br />
      You are quite mistaken
    </p> <br />
    <p class = "small_leading">
       If you think HTML5 is all old stuff, [line-height: 1.0]
       <br />
      You are quite mistaken
    </p>
  </body>
</html>
```

图 3-3 显示了示例文档 text_space.html 的显示效果。

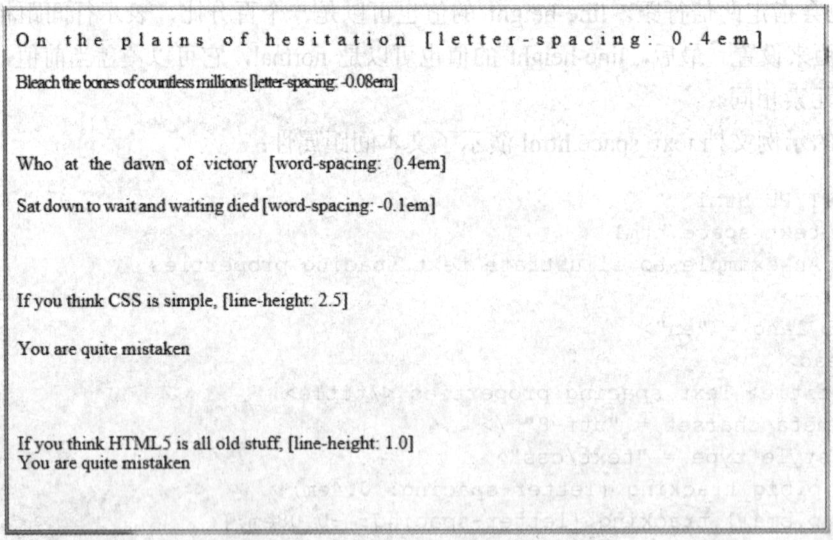

On the plains of hesitation [letter-spacing: 0.4em]

Bleach the bones of countless millions [letter-spacing: -0.08em]

Who at the dawn of victory [word-spacing: 0.4em]

Sat down to wait and waiting died [word-spacing: -0.1em]

If you think CSS is simple, [line-height: 2.5]

You are quite mistaken

If you think HTML5 is all old stuff, [line-height: 1.0]
You are quite mistaken

图 3-3　text_space.html 的显示效果

3.7　列表属性

HTML 文档中可以为列表指定两个呈现细节：无序列表项目之前的项目符号形状和有序列表项目之前序号的形式。属性 list-style-type 就是用来指定这两个呈现细节的。如果对 ul 或 ol 标签设置 list-style-type，它将应用于列表中的所有列表项。如果对 li 标签应用

list-style-type，它只应用于该列表项。

对于无序列表而言，属性 list-style-type 的取值可以为 disc(默认值)、circle、square 以及 none。disc 是小的实心圆圈，circle 是空心圆圈，square 是实心正方形。项目符号的默认值为 disc。例如，下面的示例示范了如何利用一个文档样式表将无序列表中的所有项的符号类型都设定为 square：

```
<!-- bullets1 -->
<style type = "text/css">
  ul {list-style-type: square;}
</style>
...
<h3> Some Common Single-Engine Aircraft </h3>
  <ul>
  <li> Cessna Skyhawk </li>
  <li> Beechcraft Bonanza </li>
  <li> Piper Cherokee </li>
</ul>
```

下面的示例说明了如何为单独的列表项设置样式：

```
<!-- bullets2 -->
<style type = "text/css">
  li.disc {list-style-type: disc;}
  li.square {list-style-type: square;}
  li.circle {list-style-type: circle;}
</style>
...
<h3> Some Common Single-Engine Aircraft </h3>
  <ul>
    <li class = "disc"> Cessna Skyhawk </li>
    <li class = "square"> Beechcraft Bonanza </li>
    <li class = "circle"> Piper Cherokee </li>
  </ul>
```

图 3-4 展示了这两个列表在浏览器中的显示效果。

Some Common Single-Engine Aircraft

- Cessna Skyhawk
- Beechcraft Bonanza
- Piper Cherokee

Some Common Single-Engine Aircraft

- Cessna Skyhawk
- Beechcraft Bonanza
- Piper Cherokee

图 3-4　无序列表示例

无序列表的项目符号并非仅限于 disc、square 和 circle 三种格式。还可以指定一幅图片作为无序列表的项目符号。这可以通过属性 list-style-image 来实现，其属性值为 url 的形式。例如，如果有一幅关于某种飞机的小图片 small_plane.gif 和 HTML 文档存储在同一目录中，那么可以按照如下的代码将其指定为某列表的项目符号：

```
<style type = "text/css">
  li.image {list-style-image: url(small_airplane.gif);}
</style>
  ...
  <li class = "image"> Beechcraft Bonanza </li>
```

当有序列表处于嵌套状态时，最好为处于不同嵌套层次的有序列表指定不同的序号。属性 list-style-type 可用于指定序号的类型。表 3-2 列出了 CSS2.1 定义的所有的序号类型。

表 3-2　CSS2.1 中有序列表的序号类型

属 性 值	序 号 类 型
decimal	阿拉伯数字，从 1 开始
decimal-leading-zero	阿拉伯数字，从 0 开始
lower-alpha	小写字母
upper-alpha	大写字母
lower-roman	小写罗马数字
upper-roman	大写罗马数字
lower-greek	小写希腊字母
lower-latin	与 lower-alpha 相同
upper-latin	与 upper-alpha 相同
armenian	传统的亚美尼亚编号
georgian	传统的格鲁吉亚编号
None	没有序号

下面的示例示范了如何为嵌套的有序列表指定不同类型的序号：

```
<!DOCTYPE html>
<!-- sequence_types.html
     An example to illustrate sequence type styles
     -->
<html lang = "en">
  <head>
    <title> Sequence types </title>
    <meta charset = "utf-8" />
    <style type = "text/css">
      ol {list-style-type: upper-roman;}
      ol ol {list-style-type: upper-alpha;}
      ol ol ol {list-style-type: decimal;}
```

```
    </style>
  </head>
  <body>
    <h3> Aircraft Types </h3>
    <ol>
      <li> General Aviation (piston-driven engines)
        <ol>
          <li> Single-Engine Aircraft
            <ol>
              <li> Tail wheel </li>
              <li> Tricycle </li>
            </ol>
          </li>
          <li> Dual-Engine Aircraft
            <ol>
              <li> Wing-mounted engines </li>
              <li> Push-pull fuselage-mounted engines </li>
            </ol>
          </li>
        </ol>
      </li>
      <li> Commercial Aviation (jet engines)
        <ol>
          <li> Dual-Engine
            <ol>
              <li> Wing-mounted engines </li>
              <li> Fuselage-mounted engines </li>
            </ol>
          </li>
          <li> Tri-Engine
            <ol>
              <li> Third engine in vertical stabilizer </li>
              <li> Third engine in fuselage </li>
            </ol>
          </li>
        </ol>
      </li>
    </ol>
  </body>
</html>
```

本例中的文档样式表看上去不够清晰。第一个选择器 ol 看似会应用到所有有序列表元素。但是实际上并非如此，因为较长的上下文选择器的优先级高于较短的选择器。所以选择器 ol ol ol 的优先级高于 ol ol，ol ol 的优先级高于 ol。

图 3-5 展示了示例文档 sequence_types.html 在浏览器中的显示效果。

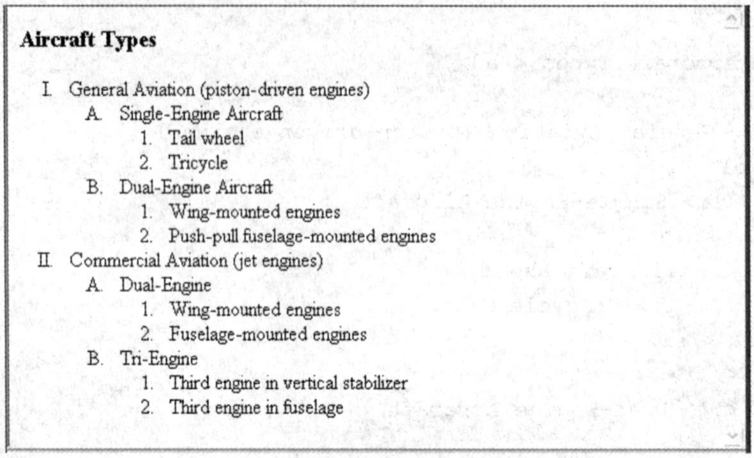

Aircraft Types

I. General Aviation (piston-driven engines)
  A. Single-Engine Aircraft
    1. Tail wheel
    2. Tricycle
  B. Dual-Engine Aircraft
    1. Wing-mounted engines
    2. Push-pull fuselage-mounted engines
II. Commercial Aviation (jet engines)
  A. Dual-Engine
    1. Wing-mounted engines
    2. Fuselage-mounted engines
  B. Tri-Engine
    1. Third engine in vertical stabilizer
    2. Third engine in fuselage

图 3-5 sequence_types.html 的显示效果

3.8 文本对齐

可以利用属性 text-indent 来指定段落首行的缩进格式。该属性的取值可以为长度值也可以为百分比值。例如：

```
<style type = "text/css">
  p.indent {text-indent: 2em}
</style>
...
<p class = "indent">
   Now is the time for all good Web developers to begin
   using cascading style sheets for all presentation
   details in their documents. No more deprecated tags
   and attributes, just nice, precise style sheets.
</p>
```

这段标记的显示格式如图 3-6 所示。

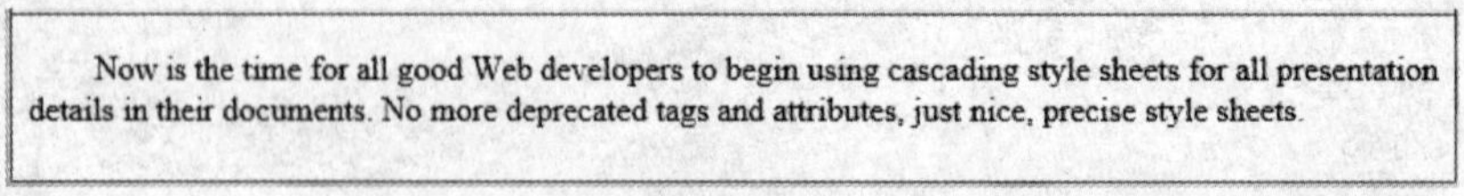

Now is the time for all good Web developers to begin using cascading style sheets for all presentation details in their documents. No more deprecated tags and attributes, just nice, precise style sheets.

图 3-6 缩进文本

属性 text-align 用于在水平方向上排列文本，其最常用的关键字值分别为 left、center、right 和 justify。例如，下面的文档样式表规则将导致段落内容靠右边缘对齐：

```
p {text-align: right}
```

属性 text-align 的默认值为 left。

属性 float 经常用于指定一些元素(通常是图片和表格)的周围是否围绕着文本。该属性可能的取值为 left、right 和 none，默认值为 none。例如，如果要让图片位于显示器的右侧，而文本围绕在图片左部，需要将图片的 float 属性值指定为 right。由于 text-align 的默认值为 left，因此不必为文本设置属性 text-align。在下面的示例中，指定段落文本在图片的左侧显示，一直到图片的底端，然后段落文本开始横跨整个窗口显示。

```
<!DOCTYPE html>
<!-- float.html
     An example to illustrate the float property
     -->
<html lang = "en">
  <head>
    <title> The float property </title>
    <meta charset = "utf-8" />
    <style type = "text/css">
      img {float: right;}
    </style>
  </head>
  <body>
    <p>
      <img src = "c210new.jpg" alt = "Picture of a Cessna 210" />
    </p>
    <p>
      This is a picture of a Cessna 210. The 210 is the flagship
      single-engine Cessna aircraft. Although the 210 began as a
      four-place aircraft, it soon acquired a third row of seats,
      stretching it to a six-place plane. The 210 is classified
      as a high-performance airplane, which means its landing
      gear is retractable and its engine has more than 200
      horsepower. In its first model year, which was 1960,
      the 210 was powered by a 260-horsepower fuel-injected
      six-cylinder engine that displaced 471 cubic inches.
      The 210 is the fastest single-engine airplane ever
      built by Cessna.
    </p>
  </body>
</html>
```

当浏览器呈现示例文档 float.html 时，其显示效果可能如图 3-7 所示，具体的显示效果根据浏览器窗口宽度会有所变化。

图 3-7　float.html 的显示效果

3.9　颜色

在过去十几年间，在 Web 文档中使用颜色所需考虑的问题基本上被解决了。在过去，开发人员必须考虑客户机的监视器所能显示的颜色范围，以及浏览器所能处理的颜色范围。但是，现在绝大多数客户端的监视器和浏览器对颜色处理几乎没什么限制。

3.9.1　颜色组

对于 Web 文档，有 3 组预定义的颜色可以使用：原始的组中包含 17 种命名颜色，但是颜色数太少，所以没有什么实用价值；另一个组中包含 147 种命名颜色，被浏览器广泛支持(见附录 B)；以及所谓的 Web 调色板(可访问 http://www.web-source.net/216-color-chart.htm)，它包含 216 种命名颜色，这些颜色一度是唯一被浏览器广泛支持的预定义颜色。现在的专业 Web 设计师更喜欢定义自己的颜色，而不是受预定义命名颜色的限制。

3.9.2　color 属性

color 属性用于指定 HTML 元素的前景色[15]。例如，参见下面给出的小型表格示例文档：

```
<style type = "text/css">
  th.red {color: red;}
  th.orange {color: orange;}
</style>
  ...
<table>
  <tr>
    <th class = "red"> Apple </th>
    <th class = "orange"> Orange </th>
    <th class = "orange"> Screwdriver </th>
  </tr>
```

15　元素的前景色是指该元素的显示颜色。

```
</table>
```

属性 background-color 可用于指定某种元素的背景色，这种元素可以是文档的整个主体。例如，参见如下的段落元素示例：

```
<style type = "text/css">
  p.standout {font-size: 2em; color: blue;
              background-color: magenta";}
</style>
...
  <p class = "standout">
  To really make it stand out, use a magenta background!
</p>
```

图 3-8 展示了属性 background-color 在浏览器中的显示效果。

To really make it stand out, use a red background!

图 3-8　background-color 属性

3.10　盒模型

几乎所有的文档元素都可以具有边框。这些边框有各种不同的样式，如颜色和宽度等。而且，可以指定元素内容与其边框之间的距离，即内边距(padding)；还可以指定元素边框与其相邻元素之间的距离，即外边距(margin)。包含这些属性的盒模型如图 3-9 所示。

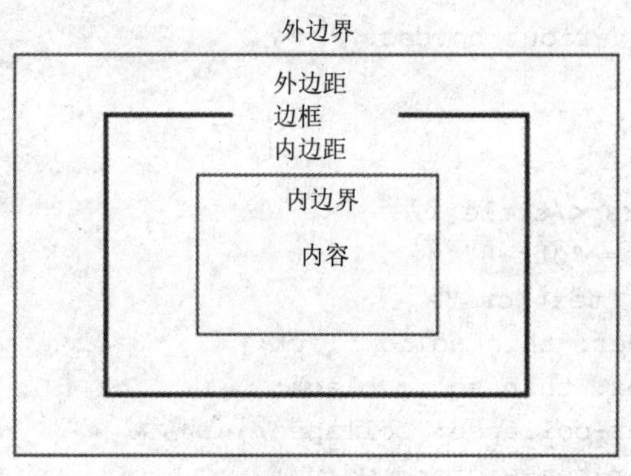

图 3-9　盒模型

3.10.1　边框

每个元素都有一个名为 border-style 的属性，该属性用于控制元素的内容是否有一个边框，并指定边框的样式。CSS 中提供了多种不同的边框样式，如 dotted、dashed、solid 以及 double。border-style 的默认值为 none，这也就是为什么很多元素的内容一般情况下都没有边框的原因。某个元素的特定边框的样式可分别用 border-top-style、border-bottom-style、 border-left-style 以及 border-right-style 来设置。

属性 border-width 用于指定边框宽度。该属性可能的取值为 thin、medium(默认值)和 thick，此外还可以取以像素为单位的长度值。border-width 设置一个元素的所有 4 个边框的宽度。可以分别通过属性 border-top-width、border-bottom-width、border-left-width 以及 border-right-width 来指定某个元素的特定边框的宽度。

边框的颜色通过属性 border-color 加以控制。与边框宽度一样，元素的每个边框的颜色也可以互不相同，可以分别通过属性 border-top-color、border- bottom-color、border-left-color 以及 border-right-color 来指定。

有一个简写属性 border 可以设置元素 4 个边框的样式属性，例如：

```
border: 5px solid blue;
```

这等同于编写如下代码：

```
border_width: 5px; border-style: solid; border-color: blue;
```

表格的单元格像其他元素一样也可以有边框。可以像下面这样指定单元格的边框：

```
td, th {border: thin solid black;}
```

默认情况下，这条语句将在表格单元格之间产生双边框(例如，一个单元格的右边框和它右侧相邻的单元格的左边框就构成了双边框)，但是很多时候我们想让表格单元格之间只有一个边框。此时，可将表格属性 border-collapse 设为 collapse(其默认值为 separate)。

下面的示例文档 borders.html 利用一个表格和一段较短的文本示范了边框属性的用法。

```
<!-- borders.html
     Examples of various borders
     -->
<html lang = "en">
  <head>
    <title> Borders </title>
    <meta charset = "utf-8" />
    <style type = "text/css">
      td, th {border: thin solid black;}
      table {border: thin solid black;
             border-collapse: collapse;
             border-top-width: medium;
             border-bottom-width: thick;
             border-top-color: red;
             border-bottom-color: blue;
             border-top-style: dotted;
             border-bottom-style: dashed;
            }
      p {border: thin dashed green;}
    </style>
```

```
  </head>
  <body>
    <table>
      <caption> Fruit Juice Drinks </caption>
      <tr>
        <th> </th>
        <th> Apple </th>
        <th> Orange </th>
        <th> Screwdriver </th>
      </tr>
      <tr>
        <th> Breakfast </th>
        <td> 0 </td>
        <td> 1 </td>
        <td> 0 </td>
      </tr>
      <tr>
        <th> Lunch </th>
        <td> 1 </td>
        <td> 0 </td>
        <td> 0 </td>
      </tr>
      <tr>
        <th> Dinner </th>
        <td> 0 </td>
        <td> 0 </td>
        <td> 1 </td>
      </tr>
    </table>
    <p>
      Now is the time for all good Web developers to
      learn to use style sheets.
    </p>
  </body>
</html>
```

需要注意的是，如果一个表格用 border 或 border-style 属性指定了边框，并为特定的一个边框专门指定了边框属性，就像在 borders.html 中那样，那么对于该特定边框，为它们专门指定的属性将覆盖用 border 或 border-style 设置的属性。在 borders.html 中，table 元素使用 border 属性将边框设置为 thin，但顶部和底部的边框则被 border-top 和 border-bottom 属性指定的值所替换。

文档 borders.html 的显示效果如图 3-10 所示。

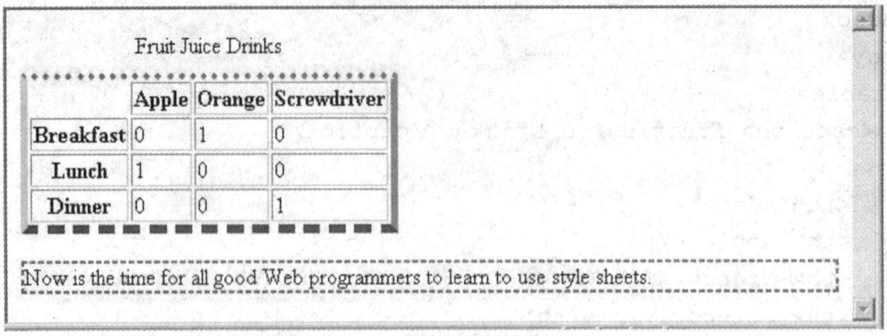

Fruit Juice Drinks

	Apple	Orange	Screwdriver
Breakfast	0	1	0
Lunch	1	0	0
Dinner	0	0	1

Now is the time for all good Web programmers to learn to use style sheets.

图 3-10　边框

3.10.2　内边距和外边距

在盒模型中，内边距(padding)指的是元素内容和其边框之间的距离。外边距(margin)指的是元素边框与相邻元素之间的距离。如果元素没有边框，内边距加上外边距就是某个元素的内容与其相邻元素之间的距离。在这种情况下，内边距和外边距之间看起来没什么区别。但是，如果元素具有背景，这两种距离之间就有区别了。在这种情况下，背景能够覆盖到内边距，但无法覆盖外边距。

外边距属性名为 margin，它能够应用于元素的四个边，而这四个边的外边距又分别可以通过属性 margin-left、margin-right、margin-top 以及 margin-bottom 指定。内边距属性名为 padding，它也能应用于元素的四个边，而这四个边的内边距也分别可以通过属性 padding-left、padding-right、padding-top 以及 padding-bottom 指定。

下面的示例文档 marpads.html 示范了在有边框和无边框的情况下，几种不同的内边距和外边距的组合用法。

```
<!DOCTYPE html>
<!-- marpads.html
     An example to illustrate margins and padding
     -->
<html lang = "en">
  <head>
    <title> Margins and Padding </title>
    <meta charset = "utf-8" />
    <style type = "text/css">
      p.one {margin: 15px;
             padding: 15px;
             background-color: #C0C0C0;
             border-style: solid;
            }
      p.two {margin: 5px;
             padding: 25px;
             background-color: #C0C0C0;
             border-style: solid;
            }
      p.three {margin: 25px;
               padding: 5px;
```

```
            background-color: #C0C0C0;
            border-style: solid;
           }
      p.four {margin: 25px;
              background-color: #C0C0C0;}
      p.five {padding: 25px;
              background-color: #C0C0C0;
             }
    </style>
  </head>
  <body>
    <p>
      Here is the first line.
    </p>
    <p class = "one">
      Now is the time for all good Web programmers to
      learn to use style sheets. <br /> [margin = 15px,
      padding = 15px]
    </p>
    <p class = "two">
      Now is the time for all good Web programmers to
      learn to use style sheets. <br /> [margin = 5px,
      padding = 25px]
    </p>
    <p class = "three">
      Now is the time for all good Web programmers to
      learn to use style sheets. <br /> [margin = 25px,
      padding = 5px]
    </p>
    <p class = "four">
      Now is the time for all good Web programmers to
      learn to use style sheets. <br /> [margin = 25px,
      no padding, no border]
    </p>
    <p class = "five">
      Now is the time for all good Web programmers to
      learn to use style sheets. <br /> [padding = 25px,
      no margin, no border]
    </p>
    <p>
      Here is the last line.
    </p>
  </body>
</html>
```

示例文档 marpads.html 在浏览器中的显示效果如图 3-11 所示。

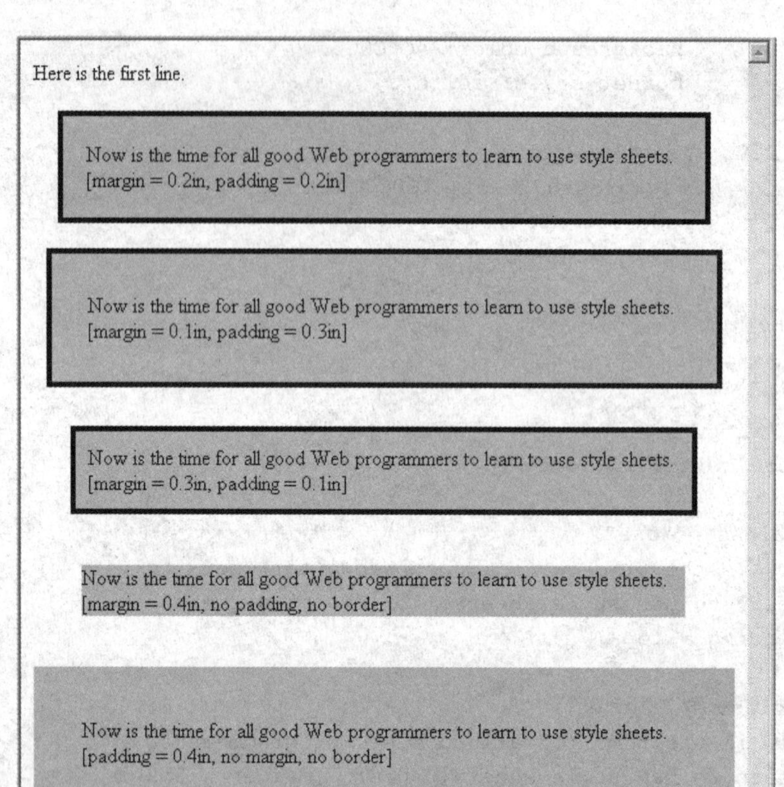

图 3-11 文档 marpads.html 的显示效果

3.11 背景图片

属性 background-image 用于将一张图片放置到某个元素的背景中。例如，对于那些用来描述飞机的文本来说，利用一个飞机图片作为背景是再合适不过了。以下的示例文档 back_image.html 演示了背景图片：

```
<!DOCTYPE html>
<!-- back_image.html
     An example to illustrate background images
     -->
<html lang = "en">
  <head>
    <title> Background images </title>
    <meta charset = "utf-8" />
    <style type = "text/css">
      body {background-image: url(../images/plane1.jpg);
            background-size: 375px 300px;}
      p {margin-left: 30px; margin-right: 30px;
         margin-top: 50px; font-size: 1.1em;}
```

```
    </style>
  </head>
  <body>
    <p>
      The Cessna 172 is the most common general aviation airplane
      in the world. It is an all-metal, single-engine piston,
      high-wing, four-place monoplane. It has fixed gear and is
      categorized as a non-high-performance aircraft. The current
      model is the 172R.
      The wingspan of the 172R is 36'1". Its fuel capacity is 56
      gallons in two tanks, one in each wing. The takeoff weight
      is 2,450 pounds. Its maximum useful load is 837 pounds.
      The maximum speed of the 172R at sea level is 142 mph.
      The plane is powered by a 360-cubic-inch gasoline engine
      that develops 160 horsepower. The climb rate of the 172R
      at sea level is 720 feet per minute.
    </p>
  </body>
</html>
```

图 3-12 展示了示例文档 back_image.html 在浏览器中的显示效果。

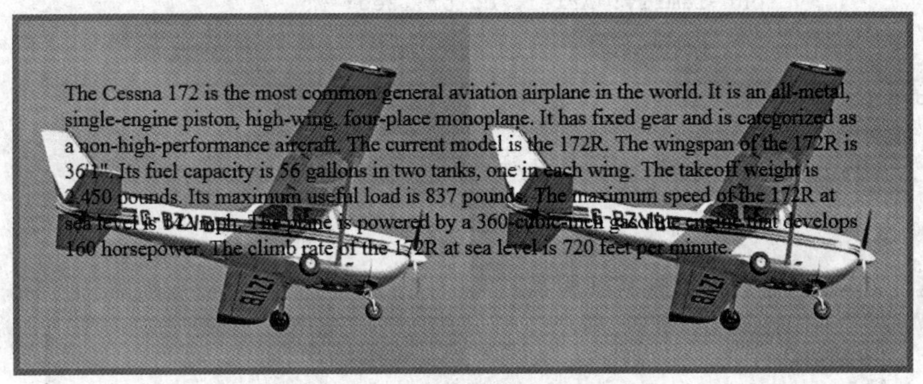

图 3-12 back_image.html 的显示效果

背景图片的颜色如果与上面的文本颜色相似的话，文本阅读起来将比较困难甚至无法分辨。因此，在选择背景图片的颜色时必须谨慎。在很多情况下，如果文本是黑色的，那么各种浅灰色的纹理图片是最合适的。

需要指出的是，在这个示例中，为了填充元素的整个区域，背景图片需要重复显示。这种重复称为平铺(tiling)。可以通过属性 background-repeat 控制平铺，该属性可能的取值分别为 repeat(默认值)、no-repeat、repeat-x 以及 repeat-y。属性值 no-repeat 表示只显示一张图片。属性值 repeat-x 表示图片在水平方向上重复显示；属性 repeat-y 则表示图片在垂直方向上重复显示。此外，对于不重复显示的背景图片来说，可以通过属性 background-position 来指定所在的位置，该属性可能的取值非常多。其中关键字值为 top、center、bottom、left 以及 right，也可以组合起来使用。最简单的用法是用一个关键字指定水平位置，另一个关键字指定垂直位置，如 top left、bottom right 以及 top center。如果只指定一个关键字，另一个关键字则假定为 center。因此，top 与 top center(或者 center top)是等价的，left 与 center left(或者 left center)是等价的。

3.12 <span>标签和<div>标签

在很多时候，可能需要为段落文本中的某一部分指定一种特殊的字体。例如，经常将某一行中的一个单词或者短语指定为不同的字体大小或者颜色。标签<span>就是专门为这个目的设计的。与其他绝大部分标签不同，标签<span>中的内容没有默认的布局样式。因此，在下面的示例中，单词 total 与段落中其他内容的显示结果并没有什么不同。

```
<p>
  It sure is fun to be in <span> total </span>
  control of text
</p>
```

标签<span>的作用是修改一行内容中部分内容的样式，例如：

```
<style type = "text/css" >
  .spanred {font-size: 2em;
            font-family: Ariel; color: red;}
</style>
...
<p>
  It sure is fun to be in
  <span class = "spanred"> total </span>
  control of text
</p>
```

这段文本的显示效果如图 3-13 所示。

It sure is fun to be in total control of text

图 3-13　<span>标签

我们常将一个文档分为几个部分，每一部分都包含了几个段落，而每一部分的显示样式都不同。利用针对段落的样式类，按照前面讨论过的方法可以实现这一点。但是，一种更简便的方式是将样式直接应用于每一部分而不是每一段中。这可以通过标签<div>实现。与标签<span>一样，标签<div>中的内容也没有默认的布局格式，因此其主要用途就是为文档的某个部分或者分块的内容指定显示细节。

参见如下的示例，该示例中文档的某个部分或分块使用了一种特殊的段落样式：

```
<div class = "primary">
  <p>
  ...
  </p>
  <p>
```

```
  ...
  </p>
  <p>
  ...
  </p>
</div>
```

第 6 章中将在示例的引导下进一步说明 span 和 div 元素的用法。

HTML5 中提供了一些新的元素，它们能够创建比 div 元素更复杂的文档分块方法。

3.13　冲突解决方案

当文档中同一个元素的同一个属性有两个不同的值时，显然会产生冲突，浏览器或其他 HTML 处理器必须解决这种冲突。到目前为止，只考虑了冲突发生的一种方式：两个或多个层次上的样式表为同一个元素的同一个属性指定不同的值。这种特定的冲突通过三种不同层次的样式表的优先顺序来解决。内联样式表优先于文档样式表和外部样式表，而文档样式表又优先于外部样式表。下面显示了一个外部样式表和一个有 3 个段落元素的 HTML 文档。第一个段落使用外部样式表确定字体大小，第二个段落使用文档样式表确定字体大小，而在第三个段落中，虽然文档样式表仍然适用，但是内联样式表指定的字体大小覆盖了文档样式表的设置。

```
/* cstyle.css - an external style sheet
      for use with cascade.html
   */
 p {font-size: 0.8em;}

<!DOCTYPE html>
<!-- cascade.html
     An example to illustrate the three levels
     of style sheets
     -->
<html lang = "en">
  <head>
    <title> Style sheet levels </title>
    <meta charset = "utf-8" />
    <link rel = "stylesheet" type = "text/css"
          href = "cstyle.css" />
    <style type = "text/css">
      p.docstyle {font-size: 1.2em;}
    </style>
  </head>
  <body>
    <p>
      Now is the time
    </p>
    <p class = "docstyle">
      for all good men
```

```
    </p>
    <p class = "docstyle" style = "font-size: 1.6em">
      to come to the aid
    </p>
  </body>
</html>
```

但属性值还会以其他几种方式发生冲突。例如，在单一的样式表内可能会发生冲突。考虑下面的样式说明，它们在相同的文档样式表中彼此相邻：

```
h3 {color: blue;}
body h3 {color: red;}
```

这两个样式说明都应用于文档主体的所有 h3 元素。

产生冲突的另一个原因在于属性值说明可能有几种不同的来源。例如，可能来自于由文档本身的设计者所写的样式表，但也可能来自浏览器用户和浏览器。例如，FX 用户可在“工具-选项-高级”窗口中设置最小字体大小。而且浏览器允许用户编写并使用他们自己的样式表。来源不同的属性值可能会有不同的优先级。

继承是可能会发生属性值冲突的另一个来源，不过我们已经知道，指定给后代元素的属性值总是会覆盖该可继承元素的值。

此外，每个属性值说明都有一个特定的针对性，这取决于用来设置它的特定选择器类型，这些针对性有不同的优先级。这些不同的优先级可用来解决不同说明之间的冲突。

最后，属性值说明可以标记上重要标识，方法是在说明中加上“!important”字样。例如：

```
p.special {font-style: italic !important; font-size: 1.2em}
```

在此说明中，font-style: italic 是重要的，而 font-size: 1.2em 是常规的。说明是否已被标识为重要称为说明的权重(weight)。权重可以是常规，也可以是重要。这显然是在解决冲突时指定说明的相对优先级的另一种方法。

属性值冲突解决方案的详细内容很复杂，这里就不再讨论了。下面简要介绍一下解决属性值冲突的过程。

冲突解决是一个多阶段的排序过程。在此过程中，第一步是从三种可能的样式表层次中收集样式说明。根据样式表层次的相对优先级对这些说明进行排序。然后根据来源和权重对收集到的所有这些说明(包括来自样式表、来自用户以及来自浏览器的说明)进行排序。这一任务是按照下面这些规则来完成的，其中第一条规则的优先级最高。

(1) 来自用户的重要声明

(2) 来自作者的重要声明

(3) 来自作者的常规声明

(4) 来自用户的常规声明

(5) 来自浏览器(或其他用户代理)的任何声明

需要注意，来自用户的声明被认为具有最高的优先级，理由是这样的说明常是因为用户缺少某种能力而声明的，如视觉缺陷。

如果按照上面的描述进行排序之后仍有冲突，则其解决方案的下一步是根据针对性进行排序。这种排序的依据是下面的规则，其中第一条规则的优先级最高：

(1) id 选择器

(2) 类和伪类选择器

(3) 上下文选择器(更多的元素类型名称意味着它们更有针对性)

(4) 通配选择器

如果仍有冲突，解决办法是最近看到的说明具有更高的优先级。对于这一过程，外部样式表中的说明被认为发生在文档中引用外部样式表的链接元素或@import 规则出现的地方。例如，如果一个样式表说明如下，且在显示元素之前没有进一步的冲突说明，则使用的值是后者(在此例中是 0.9em)：

```
p {font-size: 1em}
p {font-size: 0.9em}
```

用来解决样式说明冲突的整个排序过程称为层叠(cascade)。这个名称很合适，因为规则是从最低优先级的样式开始应用，一层层地，最终应用的是最高优先级的样式。

3.14　本章小结

层叠样式表的引入为指定 HTML 文档的呈现细节提供了一种一致的方式。为了支持样式表，HTML 中许多专门为指定样式而设计的样式标签和特性在 HTML 4.0 中已经不建议使用了。样式表共有三种层次：内联样式表、文档样式表以及外部样式表。其中，内联样式表只能作用于某个标签的内容；文档样式表可以应用于整个文档主体中的任一种标签的所有实例；外部样式表存储在样式表文件中，可应用于任何数目的文档中。内联样式表的属性值可通过 style 特性的值进行设定，style 属性值为字符串类型。文档样式表通常是在位于文档头部的 style 元素的内容中指定的。外部样式表是以独立文件的形式进行存储的。文档样式表和外部样式说明都以样式规则列表的形式存在。每个样式规则包含了一个选择器和一个属性/值对列表。属性/值对列表能应用于所有对应名称的标签。选择器有很多种类型，例如简单选择器、子元素选择器、后代选择器和 id 选择器。

样式类是在元素 style 的内容中定义的，它能够使同样的元素在不同的位置使用不同的属性值。通用样式类说明能够使得不同名称的元素使用相同的呈现样式。当某个特定的事件发生时伪类才起作用。CSS 中定义了很多种不同的属性值格式，包括长度值、百分比值、URL 以及颜色值。对于字体来说，CSS 中也定义了很多种不同的属性。属性 font-family 能够指定一种或多种字体的名称。由于不同的浏览器所支持的字体集有所不同，因此，CSS 中定义了 5 种通用的字体名称。每个浏览器至少支持每种通用字体中的一种字体。属性 font-size 用于指定字体大小，它的值可以为长度值，也可以是从多个关键字中进行选择。属性 font-style 的值可以为 italic 和 normal。属性 font-weight 可用于指定文本的粗细。属性 font 是所有字体相关属性的缩写形式。属性 text-decoration 可用于指定下划线、上划线以及删除线。

letter-spacing 属性用于设置单词中字母之间的间距。word-spacing 用于设置文本中单词之间的间距。line-height 用于设置文本的行间距。

list-style-type 属性用于指定无序列表中项目的项目符号形式。还可用于指定有序列表中项目的序号类型。

文档内容的前景色和背景色分别通过 color 和 background-color 属性指定。指定颜色的方法包括使用命名颜色、使用十六进制数字和使用 rgb。

利用属性 text-indent 可以控制段落首行的缩进格式。利用属性 text-align 可以控制文本的对齐方式，该属性可能的取值分别为 left、right、justify，justify 表示两端对齐。当某个元素的 float 属性值为 left 或者 right 时，文本将环绕该元素并分别位于窗口的右侧或者左侧进行显示。

可为任何元素设定边框。这些边框可以按任何颜色和任何样式进行显示，可用的样式包括点线、实线、虚线以及双线。外边距指的是元素边框(如果元素没有边框，就是元素的内容)与其邻近元素之间的距离，可以通过属性 margin 进行设定。内边距指的是元素内容与元素边框(如果没有边框，就是邻近元素)之间的距离，它可以通过属性 padding 进行设定。

当表格的单元格具有边框时，可使用 border-collapse 属性删除单元格之间的双边框。

属性 background-image 用于为某个元素的背景放置一张图片。

标签<span>中可以包含一个内联样式表，这个样式表可以为某一段或者某一行中的一部分文本应用样式。标签<div>可以将文档划分为多个部分，每个部分都可以设置自己的样式属性。

解决属性值的冲突是一个复杂的过程，需要用到说明的来源、它们的针对性、继承性以及说明的相对位置。

3.15 复习题

1. 相对于内联样式表，文档样式表具有什么优势？
2. 外部样式表的作用是什么？
3. 外部样式表链接中需要什么特性？
4. 内联样式表的格式是什么？
5. 文档样式表的格式是什么？它应该位于文档中的哪个位置？
6. 外部样式表的格式是什么？
7. 文档样式表的规则列表中的注释格式是什么？
8. 样式类选择器的作用是什么？
9. 通用类的作用是什么？
10. 选择器 ol ul 和 ol > ul 的区别是什么？
11. 描述两个只用于链接的伪类。
12. 关键字属性值是否区分大小写？
13. 属性 font-family 的值为什么是一组字体名称？

14. 5 种通用字体是什么？
15. 在指定字体大小时，为什么使用 em 比使用 pt 更好？
16. 在 font 属性列表中，属性值必须按什么样的顺序排列？
17. 利用属性 text-decoration 可以按照何种方式对文本进行修饰？
18. tracking 和 leading 分别表示什么？
19. 属性 list-style-type 是如何应用于无序列表的？
20. 当属性 list-style-type 应用于有序列表时，都有哪几种可能的取值？
21. 如果想在图片的右侧环绕一些文本，那么图片的 float 属性必须采用哪个值，right 还是 left？
22. 为什么在选择背景图片时必须非常谨慎？
23. 属性 text-align 可能的取值是什么？
24. 属性 text-indent 的作用是什么？
25. 哪些属性可用于设定元素周围的外边距？
26. 颜色属性值有哪三种指定方式？
27. 如果想让背景图片在垂直方向上而不是在水平方向上重复，则必须采用哪个属性？应该为该属性指定什么值？
28. 如果要为文本框指定一个点线格式的边框，而且左边框颜色为红色，宽度为细(thin)；右边框为蓝色，宽度为粗(thick)，必须使用什么样的属性及属性值？
29. 边框样式的简写属性是什么？
30. border-collapse 属性的作用是什么？
31. 标签<span>本身能为浏览器指定什么样的布局信息？
32. 标签<div>的作用是什么？
33. id 选择器和通配选择器(*)，哪个具有更高的优先级？
34. 来自用户的说明和来自浏览器的说明，哪个具有更高的优先级？
35. 如果在文档样式表中有两个冲突说明，哪个具有更高的优先级呢？

3.16　练习题

1. 为本书的所有章节创建一个外部样式表。
2. 创建一个 HTML 文档，其内容为一个表格，用于记录某个学院足球联赛的比赛比分。队名的颜色与所在学院的主颜色一致。取胜一方的比分字体应该比失利一方的比分字体大，字体样式也应该有所区别。队名必须采用手写字体。最后对该文档进行测试。
3. 创建一个 HTML 文档，该文档至少包含两张图片，并且还应该包含足够多的文字，这些文字出现在图片的上方，并包围着两张图片(一张图片居左，另一张图片居右)，在图片的下方还应该包含文字。最后对该文档进行测试。
4. 创建一个 HTML 文档，该文档的文本至少占半个页面，并有较小的一块文本嵌入页面的左边缘中，而且主要的文本能够环绕着左边这个文本块。文本块中的文本字体必须小于主文本的字体，而且以斜体显示。最后对该文档进行测试。

5. 创建一个 HTML 文档，其内容为 6 个较短的文本段落，用于描述你所居住的城市的不同方面。必须定义三个不同的段落样式，分别为 p1、p2 和 p3。样式 p1 必须将左外边距和右外边距设定为 20 个像素，将背景色设定为粉红色(pink)，将前景色设为蓝色(blue)。样式 p2 必须将左外边距和右外边距设定为 30 个像素，将背景色设为黑色(black)，将前景色设为黄色(yellow)。样式 p3 必须设定文本缩进 1cm，将背景色设定为绿色(green)，将前景色设定为白色(white)。其中，第一段和第四段使用样式 p1，第二段和第五段使用样式 p2，第三段和第六段使用样式 p3。最后对该文档进行测试。
6. 创建一个 HTML 文档，其内容为关于汽车的嵌套有序列表。外部列表必须有三条记录，分别为 compact、midsize 和 sports。这三个列表项目都各自对应有两个子列表，其内容为车体样式的列表。其中，compact 和 midsize 类型的汽车子列表对应的是 two door 和 four door；sports 类型的汽车子列表对应的是 coupe 和 convertible。每个子列表必须至少包含三条记录，记录内容为对应类别的某种汽车的制造商和型号。外部列表的序号必须是大写罗马数字，中间列表必须使用大写字母，内部列表必须使用阿拉伯数字。compact 汽车列表的背景色必须为粉红色(pink)；midsize 汽车列表的背景色必须为蓝色(blue)；sports 汽车列表的背景色必须为红色(red)。所有这些样式都必须在一个文档样式表中进行说明。最后对该文档进行测试。
7. 重写练习 6 中的文档，将所有样式表信息都移到一个外部样式表中，并利用 W3C 提供的 CSS 验证服务对这个外部样式表进行验证。
8. 重写练习 6 中的文档，以内联样式表的形式来指定这些样式信息。
9. 创建一个 HTML 文档，其内容为从某篇新闻报道中截取至少五行文本。其中的动词必须设定为绿色(green)，名词必须设定为蓝色(blue)，介词必须设定为黄色(yellow)。最后对该文档进行测试。
10. 创建一个 HTML 文档，其内容为一个无序列表，列表中至少包含了 5 本畅销书。每本书之前的项目符号必须采用该书封面的缩略图。这些图片可以从 Web 中获取。最后对该文档进行测试。
11. 修改 2.7.2 节中的 HTML 文档 nested_lists.html，使用文档样式表为不同层次的列表应用不同的颜色。
12. 使用文档样式表，修改 2.7.3 节中的 HTML 文档 definition.html，将 dt 元素中的字体设置为 Courier 1em，将 dd 元素中的字体设置为 Times Roman 1.1em italic。

第 4 章

JavaScript 基础知识

本章简单介绍 JavaScript 基础知识，主要包括 JavaScript 中最重要的一些概念和结构，但为简洁起见，未涉及 JavaScript 语言的许多细节。本章讨论如下主题：基本数据类型及其运算符与表达式、屏幕输出、键盘输入、控制语句、对象、构造函数、数组、函数以及模式匹配。虽然本章的内容比较简短，但对于经验丰富的程序员来说，通过本章、第 5 章和第 6 章的学习应该能够掌握如何高效地编写 JavaScript 程序。目前已经有很多专门介绍 JavaScript 的书籍，这些书籍对 JavaScript 的描述更加全面。

4.1 JavaScript 概述

本节将讨论 JavaScript 的起源以及一部分特征和应用。此外还将比较 JavaScript 和 Java，并简单介绍事件驱动的编程。

4.1.1 起源

JavaScript 刚面世时的名称为 Mocha，但很快就重新命名为 LiveScript，是由 Netscape 公司的 Brendan Eich 开发的。到 1995 年底时，Netscape 和 Sun Microsystems 联合推出了新的 LiveScript，并将其名称改为 JavaScript。20 世纪 90 年代末，欧洲计算机制造商协会(European Computer Manufacturers Association，ECMA)发布了 JavaScript 语言的标准 ECMA-262。这个标准已经被国际标准组织(International Standard Organization，ISO)接受，并命名为 ISO-16262。ECMA-262 标准目前的版本已经为 version 5，现在的大多数浏览器(至少)都实现了符合 ECMA-262 v3 的语言。ECMA-262 当前的最新版本可参见 http://www.ecma-international.org/publications/standards/Ecma-262.htm。这种标准语言的官方名称为 ECMAScript。由于在其他地方一直称为 JavaScript，因此本书只使用 JavaScript 这个名称。Microsoft 推出的 JavaScript 名为 JScript。

JavaScript 可以分为三部分：核心、客户端以及服务器端。核心是语言的内核，包含运算符、表达式、语句以及子程序。在客户端应用的 JavaScript 是一组对象的集合，利用这些对象可以对浏览器和用户交互进行控制。例如，通过 JavaScript，HTML 文档可以对单击鼠标和键盘操作等用户输入做出反应。应用于服务器端的 JavaScript 也是一组对象集合，这些对象可以应用于 Web 服务器编程，如支持与数据库管理系统之间的通信。JavaScript 在服务器端的应用远少于在客户端的应用。因此，本书将不介绍 JavaScript 在服务器端的应用。

本章从客户端的角度介绍核心 JavaScript。客户端 JavaScript 编程语言在第 5 章和第 6 章介绍。

客户端的 JavaScript 是一种嵌入 HTML 中的脚本语言。我们将 JavaScript 代码的每个集合称为脚本。一个 HTML 文档中可以嵌入任意数量的脚本。

4.1.2 JavaScript 与 Java

虽然从字面上看，JavaScript 和 Java 似乎关系密切。但实际上，JavaScript 和 Java 全然不同。其中一个最重要的区别在于对面向对象编程的支持。虽然有时也将 JavaScript 说成是一种面向对象的编程语言，但它的对象模型和 Java 与 C++中的对象模型完全不同，4.2 节中将对此进行介绍。实际上，JavaScript 并不支持面向对象的软件开发范型[1]。

Java 是一种强类型语言。编译时必须知道类型并检验操作对象的类型是否兼容。而 JavaScript 中的变量不必事先声明，其类型是动态定义的[2]，因此编译时无法进行类型检查。这两种语言之间另一个更为重要的区别是 Java 中的对象是静态的，也就是说，在编译时，对象的数据成员和方法的集合被固定下来。而 JavaScript 对象是动态的——执行时对象的数据成员和方法的数量是可变的。

JavaScript 和 Java 之间的主要相似之处体现在表达式的语法、赋值语句以及控制语句方面。

4.1.3 JavaScript 的用途

JavaScript 的初衷是为 Web 连接中的服务器和客户终端提供编程能力。之后，JavaScript 逐渐成为一种功能非常完善的编程语言，可以应用于多种不同的领域。本书将着重介绍 JavaScript 在客户端的应用。

客户端的 JavaScript 可以完成一些本来应该通过服务器端完成的编程任务，如以前是将计算功能驻留到服务器中，然后由客户端请求执行。另一方面，客户端的 JavaScript 嵌入到 HTML 文档中(物理嵌入或者逻辑嵌入)并通过浏览器进行解释。由于服务器经常过载运行，而浏览器一般情况下会处于负载不足的状态，很明显，如果将服务器的一部分负载转移到浏览器来执行，那么对其他客户端是非常有好处的。但是，客户端的 JavaScript 并不能完全取代所有的服务器端计算。尤其是服务器端软件支持的文件操作、数据库访问和网络连接等功能，客户端的 JavaScript 都不支持。

---

1 Microsoft 的 JScript .NET 是 JavaScript 的扩展版本，它是支持面向对象编程的。

2 动态定义类型的变量的类型在脚本执行前是不能确定的。

通过如按钮、菜单等表单元素与用户进行交互这一功能，利用 JavaScript 实现起来非常方便。这是因为 JavaScript 能够很方便地检测事件，如单击按钮和移动鼠标，这些事件可用于触发计算并为用户提供反馈信息。例如，当用户将鼠标光标从某个文本框移开时，JavaScript 能检测到鼠标移动这一事件，并检测文本框中值的正确性(假设用户已经输入了值)。即使没有表单，利用 JavaScript 也可以很方便地对用户交互进行编程。这些交互是通过对话框窗口实现的，如可以接收用户输入，并允许用户通过按钮进行选择。此外还可以很方便地为浏览器显示动态生成新内容。

JavaScript 的另一个广受关注的功能是建立在文档对象模型(Document Object Model，DOM)基础上的。通过 DOM，JavaScript 脚本可以访问并修改某个 HTML 文档中任何元素的样式属性和内容，能够使死板的静态文本具有高度的动态性。第 6 章中将讨论如何利用 JavaScript 开发动态 HTML 文档。

一般情况下，大部分 JavaScript 脚本是事件驱动的，也就是说经常是响应用户对文档的操作，如单击鼠标和提交表单，进而执行某些功能。这种形式的计算支持通过客户端显示的 HTML 表单元素进行用户交互。JavaScript 中事件驱动计算的机制将在第 5 章详细讨论。

4.1.4　浏览器和 HTML/JavaScript 文档

如果一个 HTML 文档中没有包含任何嵌入式脚本，那么浏览器将逐行读取这个文档，并根据发现的标签、特性以及内容呈现其窗口。如果文档中包含了 JavaScript 脚本，那么当浏览器遇到这些脚本时，将利用 JavaScript 解释器来“执行”脚本。脚本的输出成为要呈现的下一个标记。当到达脚本的末尾时，浏览器将从解释器中返回，再次开始读取 HTML 文档，并显示其中的内容。

有两种在 HTML 文档中嵌入 JavaScript 的方法，分别是隐式的或显式的。显式嵌入意味着 JavaScript 代码真正驻留在 HTML 文档中。该方法存在一些缺点。在相同文档中混合两种截然不同的代码使得文档难以阅读。而且创建、维护 HTML 的人有时与创建、维护 JavaScript 的人不是同一人。让两个做不同工作的人处理同一文档会引起许多问题。要避免这些问题，可将 JavaScript 放在其自己的文件中，与 HTML 文档分开。这称为隐式嵌入。隐式嵌入的一个优点是，对于浏览器用户来说，脚本是不可见的。它避免了针对较旧版本的浏览器隐藏脚本的问题，本节后面将加以讨论。除了第一个简单示例(演示了在 HTML 文档中显式嵌入 JavaScript)外，本章所有的 JavaScript 示例脚本都是隐式嵌入的。

根据用途，JavaScript 脚本在显式嵌入时可以出现在 HTML 文档的头部或者主体中。那些只在被请求或响应用户交互时产生内容的脚本应该放在文档头部。总的来说，这意味着函数定义和与按钮等表单元素相关的代码需要放在头部。另一方面，那些被解释器发现后只会解释一次的脚本，需要放到文档主体中。这样，虽然解释器能够发现位于文档头部的脚本，但不会在读取文档头时就对这些脚本进行解释。但是，当解释器发现了位于文档主体中的脚本时就会立即解释。如果使用的是隐式嵌入，那么这些原则同样适用于引用外部 JavaScript 文件的 HTML 代码。

4.2 面向对象和 JavaScript

如前所述，JavaScript 并不是一种面向对象的编程语言。实际上，它是一种基于对象的语言。JavaScript 中没有包含类。它的对象既可以作为对象又可以作为对象模型。由于没有类， JavaScript 中也就无法支持基于类的继承，而如 C++和 Java 等面向对象的编程语言都是支持继承的。JavaScript 却支持一种可以模拟继承的技术，这是由原型对象来完成的，因此这种形式的继承称为基于原型的继承(prototype-based inheritance)。本书将不会讨论基于原型的继承。

由于不支持基于类的继承，因此 JavaScript 也无法支持多态性。一个多态变量可以在同一个类层次下引用不同类对象的相关方法。通过这样一种多态变量进行的方法调用可以动态绑定到对象类的方法中[3]。

尽管 JavaScript 并不是一种面向对象的语言，但其中的大部分设计都是源自于面向对象编程中用到的概念和方法。确切地讲，客户端的 JavaScript 大部分是用于处理文档和文档元素的，而文档和文档元素都是基于对象建模的。

JavaScript 对象

在 JavaScript 中，对象是属性的集合，属性相当于 Java 和 C++中类的成员。每个属性或者是一个数据属性，或者是一个函数或方法属性。数据属性有两类：基本值和对其他对象的引用(在 JavaScript 中，引用其他对象的变量一般称为对象，而不是引用)。有时将数据属性简称为属性，而将方法属性简称为方法或函数。另外习惯上将通过对象调用的子程序称为方法，将不通过对象调用的子程序称为函数。

JavaScript 为某些最简单的数据类型使用非对象类型，这些类型称为基本数据类型。由于基本数据类型一般可以通过硬件直接实现，因此在对数据值的操作方面更快(比作为对象处理要快)。基本数据类型相当于如 C 语言等非面向对象语言中简单的标量变量。而 C++、Java、JavaScript 中都具有基本数据和对象，4.4 节中将讨论 JavaScript 中的基本数据类型。

JavaScript 程序中的所有对象都是通过变量间接访问的。这样的变量类似于 Java 中的引用。而 JavaScript 中所有的基本数据值都是直接访问的——它们类似于 Java 和 C++中的标量类型。一般将它们称为值类型。将需要引用的对象的属性的名称附加到引用了该对象的变量之后就可以实现对该属性的访问。例如，如果变量 myCar 引用了某个对象，而该对象中有一个属性 engine，那么通过 myCar.engine 可以引用属性 engine。

JavaScript 的根对象是 Object，它是通过原型继承的所有对象的祖先。Object 对象是所有对象中最为通用的。它只有一些方法，不包括数据属性。其他所有对象都是对该对象进行特殊处理的结果，也都继承了该对象中的方法(尽管一般是重写这些方法)[4]。

不管是从内部还是从外表看起来，JavaScript 对象都是一系列属性/值对。属性是名称，

---

3 这种技术常称为动态绑定。它是全面支持面向对象编程的语言中非常重要的一部分。

4 当我们说所有对象继承 Object 的方法时，似乎有些予盾，因为前面已说过 Object 没有属性。答案在于 JavaScript 中原型继承的设计。每个对象都有一个与其相关的原型对象。Object 的原型对象定义了其他所有对象继承的方法。

值则是数据值或者函数。所有函数都是对象，通过变量引用它们。一个 JavaScript 对象中属性的集合是动态的——可以在执行期间随时添加或者删除属性。

每个对象都有一组属性，虽然从正式意义上讲，对象没有任何类型。必须指出的是，对象 Object 中没有包含属性。4.7 节和 4.11 节将针对对象做深入讨论。

4.3　一般的语法特征

在本书中，所有 JavaScript 脚本都直接或者间接嵌入到 HTML 文档中。脚本可以直接作为标签<script>的内容出现。此时，标签<script>的 type 特性必须设定为"text/javascript"[5]。此外，JavaScript 脚本还可以间接嵌入到 HTML 文档中，这是通过标签<script>的 src 特性实现的，将该属性值设置为包含脚本的文件名即可。例如：

```
<script type = "text/javascript" src = "tst_number.js" >
</script>
```

需要注意，虽然 script 元素在包含 src 特性时并无内容，但该元素必须有结束标签。

有时，会有少量 JavaScript 代码嵌入到 HTML 文档中。此外，在有些文档中，嵌入 JavaScript 代码的地方可能会很多。因此，将所有 JavaScript 代码放在单独文件中有时是不方便和麻烦的。

JavaScript 中的标识符或者名称类似于其他常用编程语言的标识符或者名称。标识符或者名称必须以字母、下划线(_)或者美元符号($)[6]开头。接下来的字符可以是字母、下划线、美元符号或者数字。标识符没有长度限制。与大部分基于 C 的语言一样，变量名中的字母区分大小写，也就是说，FRIZZY、Frizzy、FrIzZy、frizzy 以及 friZZy 表示完全不同的变量。但按照惯例，程序开发人员在定义变量名称时一般不应该包含大写字母。

JavaScript 中包含了 25 个保留字，如表 4-1 所示。

表 4-1　JavaScript 的保留字

break	delete	function	return	typeof
case	do	if	switch	var
catch	else	in	this	void
continue	finally	instanceof	throw	while
default	for	new	try	with

除了表 4-1 中的这些保留字，JavaScript 还为将来可能的应用保留了另一组单词——可以在 ECMA 网站上找到它们。此外，JavaScript 中还包含了很多预定义单词，如 alert、open、java 以及 self。

5　在 HTML5 中，type 特性的默认值是"text/javascript"，所以没必要在<script>标签中进行设置。但是，我们的文档中选择了继续设置 type 特性，这是考虑到一些较老的浏览器可能需要它。

6　虽然美元符号$是合法的，但本书并不建议用户在编写脚本时使用该符号。

JavaScript 中的注释有两种形式，它们都是从其他语言中借用的。其一，如果两个相邻的斜线(//)出现在某一行中，该行中剩余的内容就被认为是注释。其二，可以利用/*来表示注释开头，利用*/表示注释结束，其中的内容就是注释，这种方式可以编写单行或者多行注释。

关于如何将 JavaScript 脚本嵌入到 HTML 文档中，有两个问题需要进一步讨论。首先，目前正在使用的一些浏览器可以识别标签<script>，但没有 JavaScript 解释器。这些浏览器只是将脚本元素的内容简单地忽略掉，并不会导致任何其他问题。其次，目前仍有一些正在使用的浏览器的版本非常旧，以至于无法识别标签<script>。这样的浏览器将把脚本元素的内容作为文本显示在窗口中。因此，为避免出现这样的问题，一种常用的方式是将所有脚本元素都作为 HTML 文档的注释内容。由于实际上无法识别<script>标签的浏览器的数量太少，因此我们相信这不再是什么问题。但是，HTML 验证器在处理嵌入式的 JavaScript 脚本时同样面临问题。当嵌入式 JavaScript 脚本中恰好包含了某些可识别标签时——例如 JavaScript 的输出中包含了标签
——这些标签一般会导致验证错误。因此，在显式嵌入 JavaScript 时，还是应该把它嵌入到 HTML 注释中。

如果 HTML 注释用于隐藏 JavaScript 代码，使用的开始符号为<!--。但是，用于结束注释的语法比较特殊。表面上看起来就是 HTML 的注释结束符号，但是实际上它必须单独成行，并且在前面添加两条斜线(这样就成为 JavaScript 注释了)。如下所示的 HTML 注释格式对那些没有 JavaScript 解释器的浏览器和验证器隐藏了内部的脚本，但这些脚本对那些支持 JavaScript 的浏览器却是可见的。

```
<!--
-- JavaScript script --
// -->
```

将嵌入的 JavaScript 脚本放到 HTML 文档的注释中还会导致其他一些问题。这将在第 6 章中进行讨论。针对这些问题，最好的解决方法是将所有比较大的 JavaScript 脚本存储到独立的文件中进行隐式嵌入。

分号在 JavaScript 中的用法有些与众不同。JavaScript 解释器会尽量使分号没必要使用，但并不总能如愿。如果某一行的结尾正好是某一个语句的末尾，那么解释器将在此处添加一个分号。但是这样也将导致一些问题。例如参见如下的代码示例：

```
return
x;
```

解释器将在 return 之后添加一个分号，因为 return 后面不需要跟一个表达式，这样将使 x 成为一个孤立的非法表达式。最安全的组织 JavaScript 语句的方式是，在可能的情况下将这些语句单独成行，并以分号结束每一条语句。如果一条语句超过一行，那么应该在合适的位置对语句进行换行，其原则是保证语句换行后的首行不应该有成为另一个完整语句的可能。

下面是一个简单但完整的 HTML 文档，可以问候请求它的客户端。文档中只有一行 JavaScript 脚本，通过 document 对象调用 write 来显示消息[7]。

```
<!DOCTYPE.html>
<!-- hello.html
     A trivial hello world example of HTML/JavaScript
     -->
<html lang = "en">
  <head>
    <title> Hello world </title>
    <meta charset = "utf-8" />
  </head>
  <body>
    <script type = "text/javascript">
      <!--
      document.write("Hello, fellow Web programmers!");
      // -->
    </script>
  </body>
</html>
```

4.4 基本数据类型、操作和表达式

JavaScript 的基本数据类型、操作和表达式与其他常用编程语言类似。因此，本节只进行简单介绍。

4.4.1 基本数据类型

JavaScript 中有 5 种基本数据类型：数值、字符串、布尔型、未定义的值以及空值[8]。所有的基本类型的值都属于其中的某种类型。JavaScript 预先定义了与数值、字符串以及布尔型类型密切相关的三种对象，分别为 Number、String 以及 Boolean。这三种对象统称为包装器对象。每个对象都包含了一个属性，该属性保存了对应基本类型的值。这些包装器对象的作用是提供一些属性和方法，利用这些属性和方法可以很方便地使用基本类型的值。对于 Number 对象来说，属性更有用；对于 String 对象来说，方法则更有用。由于 JavaScript 强制定义了数值类型和 Number 对象以及字符串类型和 String 对象之间的值，因此，Number 对象和 String 对象中的方法可以在对应的基本类型变量上使用。实际上，在绝大部分情况下，可以将数值类型和字符串类型看为简单对象。

图 4-1 展示了基本类型和对象之间的区别。假定 prim 是一个基本类型变量，值为 17，而 obj 是一个 Number 对象，其属性值为 17。图 4-1 演示了 prim 和 obj 的存储方式。

7　有关 document 对象及其 write 方法的信息，请参见第 4.5 节。

8　未定义的值和空值一般称为普通类型，原因可以从 4.4.3 节对类型的讨论中找到。

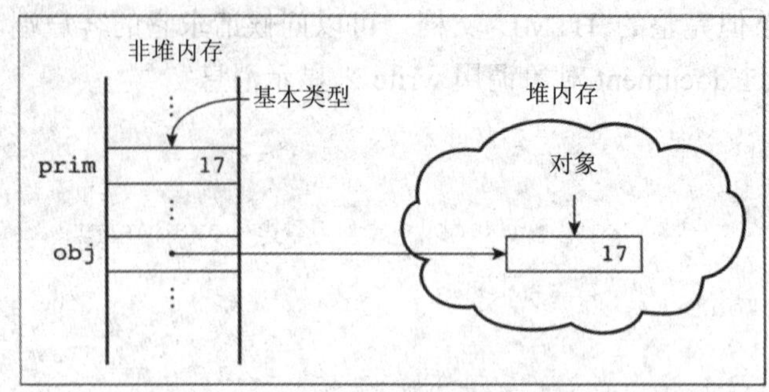

图 4-1　基本类型和对象

4.4.2　数值型和字符串字面量

所有数值型字面量都是数值类型的。JavaScript 中的数值在内部是通过双精度浮点型的形式表示的。由于只有一个单独的数值型数据类型，因此 JavaScript 中的数值一般称为数字。脚本中包含的字面量值可以是整型和浮点型的格式。整型字面量是数字串，而浮点型字面量中可能包含小数点或者指数，或者两者兼而有之。指数是通过一个大写 E 或者小写 e 加上一个有符号整型字面量构成的。下面都是一些合法的数值型字面量：

```
72 7.2 .72 72. 7E2 7e2 .7e2 7.e2 7.2E-2
```

字符串字面量是由零个或多个字符构成的序列，通过单引号(')或者双引号(")进行引用。字符串字面量中还可以包含转义序列，如\n 和\t。如果一个通过单引号进行分隔的字符串字面量中需要包含一个单引号，那么必须在字符串包含的单引号之前添加一条反斜杠\：

```
'You\'re the most freckly person I\'ve ever seen'
```

如果要在一个通过双引号引用的字符串字面量中包含双引号，则必须在字符串字面量中包含的双引号之前添加一条反斜杠。如果要在字符串字面量中包含反斜杠，则必须在反斜杠之前再添加一条反斜杠，如下面的示例所示：

```
"D:\\bookfiles"
```

通过单引号引用的和通过双引号引用的字符串字面量之间没有什么区别。空字符串(没有包含任何字符)可以通过'' 或者"" 来表示。所有字符串字面量都是基本类型的值。

4.4.3　其他基本数据类型

空类型(Null)只有一个值，就是保留字 null，它表示没有任何值。如果一个变量没有被显式声明或赋值，则此变量的值就是 null。如果试图使用值为 null 的变量值，就会导致运行时错误。

未定义类型(undefined)也只有一个值，即 undefined。与 null 不同的是，JavaScript 中没有保留字 undefined。如果一个变量已被显式声明，但并没有赋值，那么这种变量的值是 undefined。如果要显示未定义类型的变量值，则显示为 undefined。

布尔类型只包含两个值，分别为 true 和 false。通常情况下，这两个值是某个关系表达式或者布尔表达式的计算结果(参见 4.6.1 节)。布尔基本类型和 Boolean 对象的共同存在可能会导致混淆(这也将在 4.6.1 节中进行讨论)。

4.4.4　声明变量

将 JavaScript 与其他绝大部分常用非脚本编程语言区分开的一个特性就是 JavaScript 是动态确定类型的。这意味着变量可以应用于任何目的。变量是无类型的，但值是有类型的。变量可以具有任何基本类型的值，或者可以作为引用变量来引用任何对象。程序中出现的某个变量的值的类型是由解释器确定的。在很多情况下，解释器能够根据值所在的上下文将它转换为所需要的任何类型。

一种变量声明方式是为变量赋值，在这种情况下，解释器将其隐式声明为一个变量；另一种方式是利用保留字 var 来声明，将所声明的变量名称放到声明语句中。var 声明语句中可以包含变量的初值，参见如下变量声明示例：

```
var counter,
    index,
    pi = 3.14159265,
    quarterback = "Elway",
    stop_flag = true;
```

本书建议所有的变量都通过这种显式的方式进行声明。

如前所述，如果声明了某个变量但并没有对该变量进行赋值，那么该变量的值是 undefined。

4.4.5　数值运算符

JavaScript 中包含一组典型的数值运算符。其中包括以下二元运算符：相加运算+、相减运算 -、相乘运算*、相除运算/和求余运算%。还包括以下一元运算符：取正运算+、取负运算-、递减运算--和递加运算++。递加运算符和递减运算符既可以作为前缀也可以作为后缀[9]。与其他具有递减和递加这两种一元运算符的编程语言一样，这两种运算符作为前缀和作为后缀的作用并不总是一致。假设有一个表达式，其中包含了一个变量和这两种运算符中的一个运算符。如果运算符在变量之前，这个变量的值就发生修改，表达式将获取变量修改后的新值。如果运算符位于变量之后，那么表达式获取的是这个变量当前的值，然后变量的值才发生修改。例如，如果变量 a 的值为 7，那么下面表达式的值为 24：

```
(++a) * 3
```

但以下表达式的值却为 21：

```
(a++) * 3
```

9　前缀是指运算符在操作数之前；后缀指运算符在操作数之后。

在这两种情况下，a 的值最终都为 8。

所有的数值运算都是以双精度浮点型的格式进行的。

语言中的优先级规则规定了当一个表达式中有两个优先级不同的相邻运算符时，究竟首先对哪个运算符进行计算。相邻的运算符之间是通过一个操作数分隔的。例如，下面的示例中使用了*和+两个运算符：

```
a * b + 1
```

语言的结合规则(associativity rule)规定了当一个表达式中有两个优先级相同的相邻运算符时，究竟首先对哪一个运算符进行计算。JavaScript 中数值运算符的优先级和结合规则如表 4-2 所示。

表 4-2 数值运算符的优先级和结合规则

运 算 符	结 合 规 则
++、--、一元-、一元+	从右向左(不过其实不重要)
*、/、%	从左向右
二元+、二元-	从左向右

先列出的运算符优先级最高。

参见下面的代码，这组示例展示了运算符的优先级和结合规则。

```
var a = 2,
    b = 4,
    c,
    d;
c = 3 + a * b;
// * is first, so c is now 11 (not 24)
d = b / a / 2;
// / associates left, so d is now 1 (not 4)
```

利用括号可以强制指定优先级。例如，在下面的表达式中，加法将在乘法之前优先计算：

```
(a + b) * c
```

4.4.6 Math 对象

Math 对象提供了一组 Number 对象中的属性，并提供了一些方法，能够对 Number 对象进行运算。Math 对象中包含了用于计算三角函数的方法，如 sin(计算正弦)、cos(计算余弦)。此外还包含了其他一些常用的数学运算方法，如方法 floor，可以对数值进行截尾操作；方法 round，用于将一个数值舍入为一个整数；方法 max，用于返回两个给定数中的较大数。4.10 节中的示例脚本中将用到方法 floor 和 round。Math 对象中的所有方法都可以通过 Math 对象进行引用，如 Math.sin(x)。

4.4.7 Number 对象

Number 对象中包含了一组非常有用的属性，这组属性是常量。表 4-3 中列出了 Number 的属性。可以通过 Number 对象引用这些属性。例如：

```
Number.MIN_VALUE
```

引用所用的计算机上可表示的最小值。

表 4-3　Number 的属性

属　性	意　义
MAX_VALUE	所用的计算机上可表示的最大值
MIN_VALUE	所用的计算机上可表示的最小值
NaN	非数字
POSITIVE_INFINITY	特殊值，表示无穷大
NEGATIVE_INFINITY	特殊值，表示负无穷大
PI	圆周率 π 的值

任何将导致错误的数学运算(例如，除数为零)或者计算结果无法通过双精度浮点型数值来表示的数学运算，例如计算结果太大(溢出)，都将返回一个“非数字”值，显示为 NaN(Not a Number)。如果尝试将 NaN 与任何数值进行比较，比较操作都将失败。需要指出的是，在比较过程中，NaN 也并不等于自身。为了确定一个变量的值是否为 NaN，必须使用 JavaScript 中的预定义断言函数 isNaN()。例如，如果变量 a 的值为 NaN，那么 isNaN(a)的返回值为 true。

对象 Number 中含有一个方法 toString，该方法继承自对象 Object，但 Number 重写了这一方法，它能够将数字转换为字符串。由于数值基本类型和 Number 对象必要时总是互相进行强制转换，因此，toString 方法也可以通过数值基本类型进行调用。例如：

```
var price = 427,
    str_price;
...
str_price = price.toString();
```

4.4.8 字符串连接运算符

JavaScript 中的字符串并不是以字符数组的形式进行存储和处理的；实际上，它们是以单个标量值的形式进行存储和处理的。字符串连接的运算符是一个加号+。例如，如果 first 的值为 Freddie，如下表达式的值则为 Freddie Freeloader。

```
first + " Freeloader"
```

4.4.9 隐式类型转换

JavaScript 解释器可以执行多种不同的隐式类型转换操作。这样的类型转换称为强制转换。总的来说，如果某种类型的值所应用的场合中需要另一种类型的值，JavaScript 就会尝试将原有类型转换为需要的类型。这些转换操作最常见的示例就是基本类型的字符串和数值之间的转换。

如果运算符+两边的操作数中有一个是字符串，那么该运算符将被解释为一个字符串连接运算符。如果另一个操作数不是字符串，那将被强制转换为字符串。例如，参见如下表达式：

```
"August" + 1977
```

在这个表达式中，由于左边的操作数是字符串，因此运算符+将被解释为一个字符串连接运算符。由于右边操作数被强制位于字符串上下文中，因此，该操作数将被隐式转换为一个字符串。这样，对这个表达式求值的结果如下所示：

```
"August 1977"
```

下面表达式中的数值 1977 也被强制转换为字符串：

```
1977 + "August"
```

接下来参见下面的表达式：

```
7 * "3"
```

在这个表达式中，运算符*只能用于数值计算。这样，右边操作数就被强制位于数值上下文中。因此，JavaScript 会将右边的操作数强制转换为数值。在这个示例中，转换过程是成功的，表达式的计算结果是 21。但如果右边的操作数是一个无法转换为数值的字符串，如 August，那么转换后的计算结果将是 NaN。

当 null 作为一个数值使用时，就相当于 0。但与 C 和 C++不同，JavaScript 中的 null 和 0 并不是一回事。当 undefined 用作数值时，它会被解释为 NaN(参见第 4.4.7 节)。

4.4.10 显式类型转换

可以采用多种不同的方式强制进行类型转换，主要是字符串和数值之间的转换。利用 String 的构造函数，可将数值转换为数值对应的字符串，如下所示：

```
var str_value = String(value);
```

也可以通过 toString 方法完成这一转换过程，这种方法的优势是可以给定一个参数，用于指定所产生数值的基数(虽然要转换的数值的基数是 10)。例如：

```
var num = 6;
var str_value = num.toString();
var str_value_binary = num.toString(2);
```

第一个转换表达式返回结果“6”；第二个转换表达式返回结果“110”。

通过将数值与一个空字符串相连也可以将数值转换为字符串。

可以采用很多种方式将字符串显式转换为数值。首先，可以利用 Number 对象的构造函数进行转换，如下所示：

```
var number = Number(aString);
```

从字符串中减去数值 0 也可将字符串转换为数值，如下所示：

```
var number = aString - 0;
```

以上这两种转换方式都有如下缺陷：字符串中的数值之后不能有空格之外的任何字符。例如，如果字符串中的数值之后跟着一个逗号，那么这两种转换操作将不会成功。JavaScript 中预定义了两个字符串函数，利用这两个函数进行转换将不会出现这样的问题。这两个函数分别为 parseInt 和 parseFloat，由于这两个函数并不是 String 方法，因此，它们不能通过 String 对象进行调用。但是，它们是基于字符串参数进行操作的。函数 parseInt 对字符串参数进行搜索，看字符串中是否存在整型字面量。如果在字符串的开始部分发现了一个整型字面量，则该函数将该整型字面量转换为整数并返回。如果字符串并不是以有效的整型字面量开头的，那么该函数返回值为 NaN。函数 parseFloat 的工作原理类似于 parseInt，只不过该函数搜索的目标是浮点数字面量，看字符串中是否包含了带有小数点和/或指数符号的浮点数字面量。利用 parseInt 和 parseFloat 将字符串转换为数值时，数值字面量之后可以包含任意形式的非数值字符。

第 4.4.9 节曾讨论过，JavaScript 一般都会进行强制转换，所以通常不需要使用 parseInt 和 parseFloat。

4.4.11　String 属性和方法

由于 JavaScript 能在必要时将基本类型字符串值强制转换为 String 对象或将 String 对象强制转换为字符串值，因此，String 对象和字符串类型之间的区别对脚本基本上没有影响。通过字符串的基本数据值可以直接调用 String 对象的方法，就好像这些基本数据值是对象一样。String 对象包含一个属性 length，但包含很多方法。

字符串中包含字符的数目可以通过属性 length 获取：

```
var str = "George";
var len = str.length;
```

在以上代码中，变量 len 的值会被设置为 str 的字符数量 6。表达式 str.length 中的 str 是一个基本数据变量，但可以把它作为一个对象来使用(可以引用它的一个属性)。实际上，当 str 和属性 length 一起使用时，JavaScript 将隐式地以一个属性构造一个临时的 String 对象，这个属性的值就是相应的基本数据变量值。在第二个语句执行后，将释放临时的 String 对象。

表 4-4 中列出了一些最常用的 String 方法。

表 4-4 String 方法

方 法	参 数	返 回 值
charAt	一个数值	返回 String 对象中位于指定位置的字符
indexOf	字符串，只包含一个字符	返回参数在 String 对象中的位置
substring	两个数值	返回 String 对象中第一个参数指定的位置到第二个参数指定的位置之间的子字符串
toLowerCase	无	将字符串中所有的大写字母转换为小写字母
toUpperCase	无	将字符串中所有的小写字母转换为大写字母

需要注意的是，对于 String 方法，字符位置从 0 开始计算。例如，假定按照如下方式定义了 str:

```
var str = "George";
```

下面的表达式对表 4-4 中的方法进行了示范：

```
str.charAt(2)的结果是'o'
str.indexOf('r')的结果是 3
str.substring(2,4)的结果是'org'
str.toLowerCase()的结果是'george'
```

4.12 节将介绍一些与模式匹配相关的 String 方法。

4.4.12 typeof 运算符

运算符 typeof 的返回值为其操作数的类型，这在脚本的环境下非常有用。如果操作数为基本类型数值、字符串或者布尔型，那么该运算符的返回值分别为 number、string 或者 boolean。如果操作数是一个对象或者为 null，则该运算符将返回 object。这也正好验证了 JavaScript 的一个基本特征——对象没有类型。如果操作数是一个未赋值的变量，那么该运算符的返回值则为 undefined，这反映了变量本身无类型这一事实。需要指出，该运算符的返回值总是字符串。它的操作数可以放在括号中，所以看起来像是一个函数。因此，typeof x 和 typeof(x)是等价的。

4.4.13 赋值语句

JavaScript 的赋值语句类似于其他常用的基于 C 语言的编程语言的赋值语句。赋值运算符可以是一个简单的运算符“=”，也可以是一组复合赋值运算符，如“+=”和“/=”。例如，语句

```
a += 7;
```

和以下语句是等价的：

```
a = a + 7;
```

当考虑赋值语句时，有必要记住 JavaScript 有两种值——基本类型值和对象。变量可以引用基本类型值(如数字 17)或对象(如图 4-1 所示)。对象在堆内存中分配，引用它们的变量本质上是引用变量。当用来引用一个对象时，变量只存储一个地址。因此，将对象的地址赋值给一个变量与将一个基本类型值赋值给一个变量是根本不同的。

4.4.14　Date 对象

编程过程中经常需要用到当前的日期与时间。因此，如果能够创建一个表示特定日期与时间的对象并进行操作将非常方便。JavaScript 中利用 Date 对象实现了这一功能，该对象中包含大量方法。本节将对该对象及该对象的一些方法进行讨论。

利用运算符 new 和 Date 构造函数可以很容易地创建一个 Date 对象，构造函数又可以细分为很多种不同的形式。由于我们主要关注如何使用当前的日期与时间，因此，将使用形式最简单的 Date 构造函数，该构造函数不包含参数，能够为其属性构造一个带有当前日期和时间的对象。例如：

```
var today = new Date();
```

Date 对象的日期和时间属性有两种形式：本地时间和协调世界时间(Coordinated Universal Time，UTC)，UTC 的正式名称为格林尼治标准时间(Greenwich Mean Time)。本节将只讨论本地时间。

表 4-5 列出了 Date 对象的方法及返回值。

表 4-5　Date 对象的方法

方　　法	返　回　值
toLocaleString	一个包含了 Date 信息的字符串
getDate	当前月的日期
getMonth	当前年的月份，数值范围为 0~11
getDay	返回当前是星期几，数值范围为 0~6
getFullYear	返回年份
getTime	从 1970 年 1 月 1 日开始算起到当前的毫秒数
getHours	当前的小时数，数值范围为 0~23
getMinutes	当前的分钟数，数值范围为 0~59
getSeconds	当前的秒数，数值范围为 0~59
getMilliseconds	当前的毫秒数，数值范围为 0~999

4.6 节将介绍 Date 对象的用法。

4.5　屏幕输出和键盘输入

当浏览器在 HTML 文档主体中发现 JavaScript 脚本或对脚本文件的引用之后，将对这些脚本进行解释。因此，JavaScript 的正常屏幕输出与包含它的 HTML 文档的内容输出是在同一个屏幕窗口中显示的。JavaScript 可以利用 Document 对象对 HTML 文档进行建模。浏览器显示 HTML 文档所在的窗口是通过 Window 对象进行建模的。Window 对象包含两个属性，分别为 document 和 window。document 属性引用 Document 对象，window 属性是自引用的——也就是说，它引用的是 Window 对象。

Document 对象包含多个属性和方法。其中 write 方法是最有趣和最常用的方法，它用于创建输出，即动态创建的 HTML 文档内容。这些内容是作为 write 方法的参数出现的。例如，如果 result 变量的值是 42，则以下代码生成的输出如图 4-2 所示：

```
document.write("The result is: ", result, "<br />");
```

图 4-2　document.write 方法的输出示例

由于 write 方法用于创建 HTML 代码，因此其参数中唯一有用的符号就是 HTML 标签的形式。因此 write 方法的参数中经常包含
。方法 writeln 为其参数隐式地添加了一个转义符号"\n"，但由于浏览器在显示 HTML 时将忽略掉换行符，因此，这对输出结果没有任何影响[10]。

write 方法的参数中可以包含任意的 HTML 标签及内容。该参数被简单地发送到浏览器，浏览器将这些参数和 HTML 文档中的任何其他部分同等对待。实际上，方法 write 还可以包含任意数目的参数。最终将这些参数连接起来进行输出。

如前所述，JavaScript 利用 Window 对象对浏览器窗口进行建模。Window 对象中包含了三个用于创建对话框的方法，利用这些对话框可以完成相应的用户交互。JavaScript 的默认对象是当前正在显示的 Window 对象，因此，调用这些方法时不需要包含对象引用。下面介绍 alert、confirm 和 prompt 这三个方法，它们通常不作为文档的一部分，而主要是用来调试文档。

方法 alert 用于打开一个对话框窗口，并将参数显示在该窗口中。它还显示一个 OK 按钮。alert 方法的参数字符串不是 HTML 代码；只能是纯文本的形式。因此，该方法的参数字符串中可以包含\n，但绝不能包含
。下面列举了一个关于 alert 方法的示例，假定 sum 的值是 42，则它显示的对话框窗口如图 4-3 所示：

```
alert("The sum is:" + sum + "\n");
```

图 4-3　alert 方法的输出示例

方法 confirm 可以打开一个带有两个按钮的对话框窗口，参数字符串显示在对话框中，这两个按钮标签分别

10　只在浏览器用于查看非 HTML 文档时(这种情况极为罕见)writeln 方法的作用才能体现出来。

为 OK(确定)和 Cancel(取消)。confirm 方法的返回值为 Boolean 类型，用于判断用户究竟单击了哪一个按钮：当单击 OK 按钮时，返回值为 true；单击 Cancel 按钮时，返回值为 false。该方法经常用于为用户提供选择，用户自己可以确定是否继续执行某些过程。例如，如下语句的屏幕显示如图 4-4 所示：

```
var question =
    confirm("Do you want to continue this download?");
```

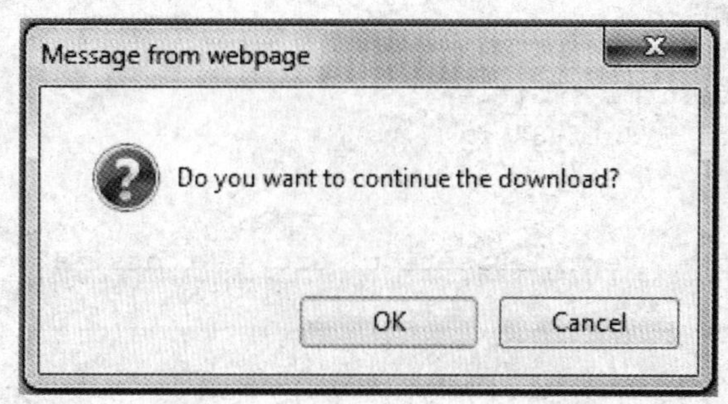

图 4-4　confirm 方法的输出示例

当用户单击了 confirm 方法产生的对话框中的某个按钮之后，JavaScript 脚本将对变量 question 的值进行测试，并做相应的反应。

方法 prompt 可用于创建一个包含文本框的对话框窗口。文本框用于收集来自用户输入的字符串，方法 prompt 会返回这个字符串。与 confirm 方法一样，该方法创建的对话框窗口中也包含了两个按钮：OK 和 Cancel。方法 prompt 有两个参数：提醒用户输入信息的字符串和一个默认字符串，初始状态下默认字符串显示在文本框中，以防止用户在按下其中某个按钮时没有在文本框中输入任何内容。但在很多情况下，为这个默认字符串参数使用空字符串。参见如下示例：

```
name = prompt("What is your name?", "");
```

图 4-5 展示了调用 prompt 时创建的屏幕。

图 4-5　prompt 方法的输出示例

alert、prompt 以及 confirm 这三个方法会导致浏览器等待用户响应后才继续执行。对于方法 alert 来说，必须按下 OK 按钮之后 JavaScript 解释器才能够继续执行。对于方法 prompt 和 confirm 来说，按下 OK 或 Cancel 任意一个按钮后，解释器都将继续执行。

下面的 HTML 示例文档以及 JavaScript 文件 roots.html 和 roots.js 示范了以上讨论的 JavaScript 的某些特性。此 JavaScript 脚本通过方法 prompt 从用户输入中获取一个二次方程的系数，然后计算并显示该方程的实数根。如果该方程的根不是实数，则显示 NaN 值。这是通过函数 sqrt 实现的，当为该函数的参数指定一个负数时，该函数即返回 NaN。从数学意义上讲，这就对应着方程没有实数根。

```
<!DOCTYPE html>
<!-- roots.html
     A document for roots.js
     -->
<html lang = "en">
  <head>
    <title> roots.html </title>
    <meta charset = "utf-8" />
  </head>
  <body>
    <script type = "text/javascript" src = "roots.js" >
    </script>
  </body>
</html>
// roots.js
//   Compute the real roots of a given quadratic
//   equation. If the roots are imaginary, this script
//   displays NaN, because that is what results from
//   taking the square root of a negative number

// Get the coefficients of the equation from the user
var a = prompt("What is the value of 'a'? \n", "");
var b = prompt("What is the value of 'b'? \n", "");
var c = prompt("What is the value of 'c'? \n", "");

// Compute the square root and denominator of the result
var root_part = Math.sqrt(b * b - 4.0 * a * c);
var denom = 2.0 * a;

// Compute and display the two roots
var root1 = (-b + root_part) / denom;
var root2 = (-b - root_part) / denom;
document.write("The first root is: ", root1, "<br />");
document.write("The second root is: ", root2, "<br />");
```

在本章剩余的示例中，将不显示使用相关的 JavaScript 文件的 HTML 文档。

4.6 控制语句

本节将介绍 JavaScript 中的流程控制语句。在讨论控制语句之前，首先必须介绍控制表达式，这是控制程序执行顺序的基础。由于 JavaScript 控制语句结构和 Java 与 C++的控制结构类似，因此，如果熟悉这两种语言，对 JavaScript 控制语句的学习将非常有帮助。

控制语句一般需要一些语法容器，用于包含需要控制执行的语句。在 JavaScript 中，容器就是一组复合语句。JavaScript 中的复合语句是包含在花括号中的语句。控制结构是由控制语句和被控制执行的语句或者复合语句构成的。

与其他一些相关的语言不同，JavaScript 并不允许复合语句创建局部变量。如果在复合语句中声明了一个变量，就不仅只有在复合语句中才能访问这个变量。这样的变量在整个 HTML 文档中都是可见的[11]。4.9.2 节中将讨论局部变量。

4.6.1　控制表达式

控制表达式是语句流程控制的基础，它包含基本类型的值、关系表达式以及复合表达式。控制表达式的结果是布尔类型的值，true 或者 false。如果控制表达式的值是字符串，那么当该字符串既不是空字符串(" ")也不是零字符串("0")时，它将被解释为 true。如果该值是一个数值，那么当该数值不为 0 时，它将被解释为 true。如果将 NaN 这一特殊值解释为布尔型，则它是 false。如果 undefined 用作布尔型，则它是 false。当 null 被解释为布尔型时，则它是 false。当解释为数值时，true 的值是 1，而 false 的值是 0。

关系表达式中包含了两个操作数和一个关系运算符。表 4-6 中列出了所有的关系运算符。

表 4-6　关系运算符

运　算	运 算 符
等于	= =
不等于	!=
小于	<
大于	>
小于等于	<=
大于等于	>=
严格等于	= = =
严格不等于	!= =

如果关系表达式中的两个操作数并不属于同一种类型，并且运算符既不是===也不是!==，那么 JavaScript 将会把这两个操作数转换为同一种类型。如果一个操作数是字符串，另一个是数值，那么 JavaScript 将把字符串转换为数值。如果一个操作数是布尔值，另一个不是布尔值，那么 JavaScript 将会把布尔值转换为数值(true 转换为 1，false 转换为 0)。

表 4-6 中的最后两个运算符不允许对操作数进行类型转换。因此，表达式"3"= = =3 的结果为 false，而"3"= =3 的结果则为 true。

很少对两个用于引用对象的变量进行比较。如果变量 a 和 b 分别引用了不同的对象，那么 a= =b 将返回 false，即使这两个对象包括相同的属性也同样如此。只有当 a 和 b 引用了同一个对象时，a= =b 才会返回 true。

JavaScript 中还定义了针对 AND、OR 以及 NOT 这三个布尔运算的运算符，分别是

11　变量在函数中声明是唯一的例外情形。

&&(AND)、||(OR)以及！(NOT)。其中，&&和||都是短路运算符，与 Java 和 C++中的对应运算符相同。这就意味着对于运算符&&和 || 来说，如果它们第一个操作数的值能够决定表达式的值，就不必对第二个操作数进行求值，即布尔运算符什么也不做。JavaScript 中还定义了按位运算符，但本书将不对此进行讨论。

对象 Boolean 的属性一定不能与基本类型值 true 和 false 混淆。如果一个 Boolean 对象用作一个条件表达式，只有当它有值，而且这个值不是 null 或者 undefined 时，该表达式的计算结果才是 true。Boolean 对象中还包含一个方法 toString，它是从对象 Object 中继承来的，该方法能够将调用它的对象的值转换为字符串 true 或 false。

到此为止，本章中讨论的所有运算符的优先级和结合性如表 4-7 所示。

表 4-7　运算符的优先级和结合性

运 算 符	结 合 性
++、--、-(一元运算)	从右到左
*, /, %	从左到右
+, -	从左到右
>, <, >= , <=	从左到右
==, !=	从左到右
===,!==	从左到右
&&	从左到右
||	从左到右
=, +=, -=, *=, /=, &&=, ||=, %=	从右到左

首先列出的运算符优先级最高。

4.6.2　选择语句

JavaScript 中的选择语句(if-then 和 if-then-else)类似于其他常用编程语言中的选择语句。选择的对象可以是单行语句也可以是多行语句。例如：

```
if (a > b)
    document.write("a is greater than b <br />");
else {
    a = b;
    document.write("a was not greater than b <br />",
                   "Now they are equal <br />");
}
```

4.6.3　switch 语句

JavaScript 中的 switch 语句与 Java 语言中的类似。switch 语句的结构如下所示：

```
switch (expression) {
    case value_1:
```

```
        // statement(s)
    case value_2:
        // statement(s)
    ...
    [default:
        // statement(s) ]
}
```

在任何 case 片段中，statement(s)可以是一个语句序列，也可以是一个复合语句。

switch 结构的具体语义如下：当 switch 语句开始执行时，首先计算括号中的表达式。然后将表达式的值与 case 中的值进行比较(这些值紧跟在保留字 case 之后)。如果有一个能够匹配，则立即执行这个 case 保留字后面的语句。接下来将执行该结构中的剩余部分。但在绝大多数情况下，在每次执行该结构时，一般只执行一个 case 语句块。为了实现这一点，需要在每个 case 语句块后面添加一个 break 语句。此处的 break 语句类似于 Java 和 C++中的 break 语句。该语句的作用是使得控制流从它所在的复合语句中跳出。

switch 语句中的控制表达式可以是一个数值、字符串或者布尔值。case 标签同样可以是数值、字符串或者布尔值，不同的 case 值可以属于不同类型。参见如下的示例脚本，其中包含了一个 switch 结构。

```
// borders2.js
//   An example of a switch statement for table border
//   size selection
var bordersize;
var err = 0;
bordersize = prompt("Select a table border size: " +
                    "0 (no border), " +
                    "1 (1 pixel border), " +
                    "4 (4 pixel border), " +
                    "8 (8 pixel border), ");

switch (bordersize) {
  case "0": document.write("<table>");
            break;
  case "1": document.write("<table border = '1'>");
            break;
  case "4": document.write("<table border = '4'>");
            break;
  case "8": document.write("<table border = '8'>");
            break;
  default: {
            document.write("Error - invalid choice: ",
                           bordersize, "<br />");
            err = 1;
           }
}

If (err == 0) {
```

```
    document.write("<caption> 2012 NFL Divisional",
                   " Winners </caption>");
    document.write("<tr>",
                   "<th />",
                   "<th> American Conference </th>",
                   "<th> National Conference </th>",
                   "</tr>",
                   "<tr>",
                   "<th> East </th>",
                   "<td> New England Patriots </td>",
                   "<td> Washington Redskins </td>",
                   "</tr>",
                   "<tr>",
                   "<th> North </th>",
                   "<td> Baltimore Ravens </td>",
                   "<td> Green Bay Packers </td>",
                   "</tr>",
                   "<tr>",
                   "<th> West </th>",
                   "<td> Denver Broncos </td>",
                   "<td> San Francisco 49ers </td>",
                   "</tr>",
                   "<tr>",
                   "<th> South </th>",
                   "<td> Houston Texans </td>",
                   "<td> Atlanta Falcons </td>",
                   "</tr>",
                   "</table>");
}
```

整个表格元素是通过调用 write 方法生成的。还有一种方法是，可以在 HTML 文档中按 HTML 形式为表格直接指定所有元素，但不包括标签<table>和</table>。因为<table>标签是位于脚本元素中的内容，所以验证器看不到该标签。为此，标签</table>也同样需要隐藏。

图 4-6 展示了示例文档 borders2.js 的提示对话框，图 4-7 展示了整个文档的显示结果。

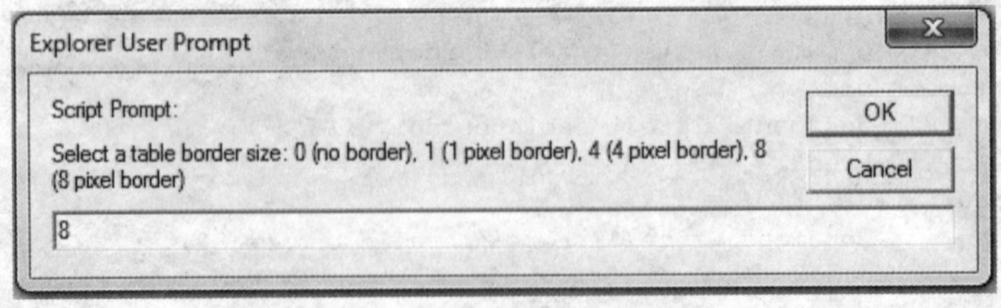

图 4-6 borders2.js 生成的对话框

	American Conference	National Conference
East	New England Patriots	Washington Redskins
North	Baltimore Ravens	Green Bay Packers
West	Denver Broncos	San Francisco 49ers
South	Houston Texans	Atlanta Falcons

2010 NFL Divisional Winners

图 4-7　borders2.js 生成的显示结果

4.6.4　循环语句

JavaScript 中的 while 和 for 语句与 Java 和 C++中的类似。while 语句的一般格式如下：

```
while (control expression)
  statement or compound statement
```

for 语句的一般格式如下所示：

```
for (initial expression; control expression; increment expression)
statement or compound statement
```

for 语句中的初始表达式和增量表达式都可以由多个表达式构成，并用逗号隔开。for 语句中的初始表达式中还可以包含变量声明。只要这样的 for 语句不是位于函数定义中，那么其中声明的变量对于整个脚本都是可见的。如果 for 语句位于函数定义中，那么该变量就只在该函数中是可见的。下面显示了一个简单的 for 结构：

```
var sum = 0,
    count;
for (count = 0; count <= 10; count++)
    sum += count;
```

下面的示例文档中示范了 Date 对象和一个简单的 for 循环结构：

```
// date.js
//   Illustrates the use of the Date object by
//   displaying the parts of a current date and
//   using two Date objects to time a calculation

// Get the current date
var today = new Date();

// Fetch the various parts of the date
var dateString = today.toLocaleString();
var day = today.getDay();
var month = today.getMonth();
var year = today.getFullYear();
```

```
var timeMilliseconds = today.getTime();
var hour = today.getHours();
var minute = today.getMinutes();
var second = today.getSeconds();
var millisecond = today.getMilliseconds();

// Display the parts
document.write(
  "Date: " + dateString + "<br />",
  "Day: " + day + "<br />",
  "Month: " + month + "<br />",
  "Year: " + year + "<br />",
  "Time in milliseconds: " + timeMilliseconds + "<br />",
  "Hour: " + hour + "<br />",
  "Minute: " + minute + "<br />",
  "Second: " + second + "<br />",
  "Millisecond: " + millisecond + "<br />");

// Time a loop
var dum1 = 1.00149265, product = 1;
var start = new Date();

for (var count = 0; count < 10000; count++)
  product = product + 1.000002 * dum1 / 1.00001;

var end = new Date();
var diff = end.getTime() - start.getTime();
document.write("<br />The loop took " + diff +
               " milliseconds <br />");
```

示例文档 date.js 的显示结果如图 4-8 所示。

Date: Tuesday, November 08, 2011 10:37:54 AM
Day: 2
Month: 10
Year: 2011
Time in milliseconds: 1320773874203
Hour: 10
Minute: 37
Second: 54
Millisecond: 203

图 4-8　date.js 生成的显示结果

除了 while 和 for 循环结构，JavaScript 中还包含 do-while 循环语句，其格式如下所示：

```
do statement or compound statement
while (control expression)
```

do-while 语句和 while 语句类似，但无论从逻辑上还是从实际位置来看，do-while 是在循环结构的末尾来测试循环是否结束，而 while 是在循环结构的开始进行测试的。因此，do-while 语句的主体部分至少会执行一次。下面显示了一个 do-while 循环结构的示例：

```
do {
    count++;
    sum = sum + (sum * count);
} while (count <= 50);
```

JavaScript 还包含另外一种循环语句，即 for-in 语句，该语句经常和对象一起使用。4.7 节将讨论该语句。

4.7　创建和修改对象

一般通过 new 表达式创建对象，该表达式必须包含对构造函数的调用。new 表达式中调用的构造函数会创建一个用于描述新对象的属性。在如 Java 等面向对象的语言中，new 运算符创建的是一个特殊的对象，其含义为该对象带有类型，并包含一组特定的成员。因此，在 Java 中，构造函数初始化了这些成员，并未创建它们。在 JavaScript 中，new 运算符只创建了一个空对象，或者说是一个没有包含属性的对象。而且，JavaScript 中的对象是没有类型的。构造函数负责创建并初始化相关属性。

下面的语句创建了一个对象，该对象没有包含任何属性：

```
var my_object = new Object();
```

在这个示例中，调用了 Object 的构造函数，它能够创建一个新对象，该对象中没有属性，但可以访问一些继承的方法。变量 my_object 用于引用这个新对象。即使构造函数没有参数，在调用时也必须添加括号。4.11 节中将对构造函数进行详细讨论。

利用点符号(.)可以访问对象的属性，点之前是对象名称，点之后则是需要访问的属性名称。实际上，属性并非变量——只是值的名称。它们和对象变量一起使用以访问属性值。由于属性并不是变量，因此，从来都不需要对它们进行声明。

在 Java 或 C++中，类成员数量在编译时是固定不变的。但是，在 JavaScript 中，其对象中属性的数目是动态的。在解释过程中的任何时刻，都可以为对象添加属性或者从对象中删除属性。通过为对象中的某个属性赋值，就可以为对象创建这个属性。参见以下示例：

```
// Create an Object object
var my_car = new Object();
// Create and initialize the make property
my_car.make = "Ford";
// Create and initialize model
my_car.model = "Fusion";
```

以上这段代码创建了一个新对象 my_car，该对象有两个属性，分别为 make 和 model。

可以通过一种简化方法创建对象及其属性。例如，使用下列语句可以创建上面使用 my_car 引用的对象：

```
var my_car = {make: "Ford", model: "Fusion"};
```

需要注意的是，此语句既不包含 new 运算符，也没有调用 Object 构造函数。

由于对象是可以嵌套的，因此可以创建一个作为 my_car 属性的新对象，该对象也拥有自己的属性：

```
my_car.engine = new Object();
my_car.engine.config = "V6";
my_car.engine.hp = 263;
```

可以通过两种方式访问属性。首先，任何属性都可以通过与为属性赋值的相同方式来访问，即使用“对象.属性”的格式进行访问。其次，可将某个对象的属性作为某个数组中的元素，然后以该属性名称(以字符串字面量的形式)作为下标进行访问。例如，参见如下两个语句：

```
var prop1 = my_car.make;
var prop2 = my_car["make"];
```

执行这两个语句后，变量 prop1 和 prop2 的值都为 Ford。

如果正在访问的对象中的某个属性并不存在，那么得到的值为 undefined。利用 delete 可以从对象中删除某个属性，如下面的示例所示：

```
delete my_car.model;
```

JavaScript 中的循环结构 for-in 特别适于列出某个对象中的属性。for-in 语句的格式如下所示：

```
for (identifier in object)
  statement or compound statement
```

参见如下示例：

```
for (var prop in my_car)
  document.write("Name: ", prop, "; Value: ",
                 my_car[prop], "<br />");
```

在本例中，变量 prop 用于保存对象 my_car 中的属性值，每次迭代都将一个新的属性值赋给该变量。因此，以上这段代码可以列出对象 my_car 中的所有属性值。

4.8 数组

JavaScript 中的数组是一个带有很多特殊功能的对象。数组元素可以是基本类型的值，也可以是对其他对象(包括其他数组)的引用。

4.8.1 创建 Array 对象

不同于其他大多数 JavaScript 对象，Array 对象的创建方式一共有两种。其中最常用的一种与其他对象的创建方式是一致的，即利用运算符 new 调用构造函数进行创建。对于数组来说，其构造函数名为 Array：

```
var my_list = new Array(1, 2, "three", "four");
var your_list = new Array(100);
```

在第一行声明语句中，创建并初始化了一个长度为 4 的 Array 对象。需要指出的是，同一个数组中的元素未必是同一种类型。在第二行声明语句中，创建了一个长度为 100 的 Array 对象，但没有真正创建任何元素。不管什么时候调用 Array 构造函数，如果该函数只有一个参数，那么该参数被认为是表示数组元素的个数，而不是一个单元素数组的初始值。

另一种方式是利用字面量数组值来创建一个 Array 对象，具体方式是将这些值放到方括号中：

```
var my_list_2 = [1, 2, "three", "four"];
```

数组 my_list_2 的值与前面利用运算符 new 创建的 Array 对象 my_list 的值是一致的。

4.8.2　Array 对象的特征

所有 JavaScript 数组的下标都从 0 开始。将数值下标表达式放到方括号中可以访问相应的数组元素。一个数组的长度等于已赋值的元素所在的最大下标加上 1。例如，如果数组 my_list 有 4 个元素，执行下面语句，那么数组 my_list 的新长度为 48：

```
my_list[47] = 2222;
```

数组长度既是可读的又是可写的，这是通过属性 length 实现的，Array 构造函数会为每个数组对象创建这样一个 length 属性。因此，通过为属性 length 赋值可以将数组长度设定为任意值，例如：

```
my_list.length = 1002;
```

这样，不管数组 my_list 以前的长度是多少，现在的长度就是 1002。利用这种方式来修改数组长度可能会增加、缩减或者根本不影响数组(如果赋给 length 属性的值恰好等于数组的原长度)的长度。

实际上只有已经赋值的数组元素才占用空间。例如，如果 100~150 这样的数组下标比 0~50 这样的下标用起来更方便，就可以创建一个长度为 151 的数组。但是，如果只为下标为 100~150 之间的数组元素赋值，那么该数组将只需要 51 个元素的空间，而不需要 151 个元素的空间。需要指出的是，数组的 length 属性的值未必是已经分配空间元素的数目。例如，下面的语句将数组 new_list 的 length 属性设定为 1002，但该数组中没有任何元素被赋值，当然也就不占任何空间：

```
new_list.length = 1002;
```

为了支持 JavaScript 的这种动态数组机制，所有数组元素都是从堆中动态分配空间的。将值赋给之前并不存在的数组元素时也就创建了该元素。

下面的示例文档 insert_names.js 示范了 JavaScript 数组的用法。文档中的脚本定义了一个数组，数组的内容为姓名，按字母顺序排序。它利用方法 prompt 每次获取一个新姓名，并将其插入到已有数组中，同时保持其字母顺序。我们的方法是每次下移一个元素，从数组的末尾元素开始，直到为这个新元素找到合适的位置。然后插入新姓名并显示这个新数组。需要指出的是，每次插入一个新的姓名，数组都将增加一个元素。实现方法是将值赋给紧随最后分配的元素之后的那个元素。

```
// insert_names.js
//   This script has an array of names, name_list,
//   whose values are in alphabetical order. New
//   names are input through a prompt. Each new
//   name is inserted into the name_list array,
//   after which the new list is displayed.

// The original list of names
var name_list = new Array("Al", "Betty", "Kasper",
                          "Michael", "Roberto", "Zimbo");
var new_name, index, last;

// Loop to get a new name and insert it
while (new_name =
        prompt("Please type a new name", "")) {
  last = name_list.length - 1;

// Loop to find the place for the new name
  while (last >= 0 && name_list[last] > new_name) {
    name_list[last + 1] = name_list[last];
    last--;
  }

// Insert the new name into its spot in the array
  name_list[last + 1] = new_name;

// Display the new array
  document.write("<p><strong>The new name list is:</strong> ",
                 "<br />");
  for (index = 0; index < name_list.length; index++)
    document.write(name_list[index], "<br />");
  document.write("</p>");
} //** end of the outer while loop
```

4.8.3 Array 方法

Array 对象包含一组非常有用的方法。本节将介绍其中的大部分方法。方法 join 可将某个数组中所有的元素都转换为字符串，然后将它们连接成为一个字符串。如果没有为方法 join 指定参数，那么返回的新字符串中的各个值之间是用逗号隔开的。如果提供了一个字符串类型的参数，就利用该字符串参数作为各元素的分隔符。考虑下面的示例：

```
var names = new Array["Mary", "Murray", "Murphy", "Max"];
...
var name_string = names.join(" : ");
```

name_string 的最终值为"Mary : Murray : Murphy : Max"。

顾名思义，通过调用 reverse 方法能够将 Array 对象元素的顺序颠倒过来。

如果数组中的某些元素不是字符串，那么方法 sort 能够将它们转换为字符串，并把所有元素按照字母顺序进行排序。例如，考虑以下语句：

```
names.sort();
```

现在，names 数组的值为["Mary", "Max", "Murphy","Murray"]。4.9.4 节中将讨论如何利用方法 sort 处理非字符串类型的元素，并对这些元素按照不同排序规则进行排序。

方法 concat 能够在调用它的 Array 对象的末尾添加实际参数。例如，参见如下代码：

```
var names = new Array["Mary", "Murray", "Murphy", "Max"];
...
var new_names = names.concat("Moo", "Meow");
```

现在，数组 new_names 的长度为 6，除了包含数组 names 中的元素之外，还包含了"Moo"和"Meow"分别作为第 5 个和第 6 个元素。

方法 slice 对于数组的作用就相当于方法 substring 对于字符串的作用。该方法的参数指定了数组的下标范围，返回值即为由参数指定的那部分 Array 对象。返回的数组元素内容是从调用 slice 方法的数组中按照参数指定的范围截取的，但并不包含第二个参数指定的元素。例如：

```
var list = [2, 4, 6, 8, 10];
...
var list2 = list.slice(1, 3);
```

现在，list2 的值为[4,6]。如果 slice 方法只指定了一个参数，其返回的数组则包含原数组中从指定下标开始的全部元素。例如：

```
var list = ["Bill", "Will", "Jill", "dill"];
...
var listette = list.slice(2);
```

此时，listette 的值为["Jill", "dill"]。

通过 Array 对象调用方法 toString 可以将该对象中的每个元素(如有必要)都转换为字符串类型。这些字符串相互连接并用逗号隔开。因此，对于 Array 对象来说，方法 toString 的作用类似于 join。

Array 对象中的 push、pop、unshift 以及 shift 方法能够在数组中实现栈和队列。方法 pop 可用于删除数组的最后一个元素，方法 push 则可向数组的最末端添加一个元素。以下面的语句为例：

```
var list = ["Dasher", "Dancer", "Donner", "Blitzen"];
```

```
var deer = list.pop(); // deer is now "Blitzen"
list.push("Blitzen");
  // This puts "Blitzen" back on list
```

方法 shift 可以删除数组中的第一个元素，而方法 unshift 可以向数组开头添加一个元素。例如，假设与以前一样创建 list，考虑如下代码：

```
var deer = list.shift(); // deer is now "Dasher"
list.unshift("Dasher"); // This puts "Dasher" back on list
```

JavaScript 中的二维数组是作为数组的数组来实现的。这可以利用 new 运算符或者嵌套的数组字面量的形式来定义，如 nested_arrays.js 脚本中的代码所示：

```
// nested_arrays.js
//   An example illustrating an array of arrays

// Create an array object with three arrays as its elements
var nested_array = [[2, 4, 6], [1, 3, 5], [10, 20, 30]];

// Display the elements of nested_list
for (var row = 0; row <= 2; row++) {
  document.write("Row ", row, ": ");

  for (var col = 0; col <=2; col++)
    document.write(nested_array[row][col], " ");

  document.write("<br />");
}
```

图 4-9 展示了 nested_arrays.js 在浏览器中的显示效果。

Row 0: 2 4 6
Row 1: 1 3 5
Row 2: 10 20 30

图 4-9　nested_arrays.js 在浏览器中的显示效果

4.9 函数

JavaScript 函数与其他基于 C 语言的编程语言(如 C 和 C++)中的函数类似。

4.9.1 基础知识

函数定义包含了函数头与一个复合语句(用于描述函数的操作)。这个复合语句称为函数的主体。函数头部包括保留字 function、函数名以及一对括号，括号中包含了函数的参数列表，当然，前提是函数有参数。即使没有参数，括号也是必不可少的。

return 语句的作用在于将控制从该语句所在的函数返回到函数的调用者中。该语句可以包含一个表达式，表达式的值就是函数返回的值。一个函数主体可以包含一个甚至多个 return 语句。如果函数中没有包含 return 语句，或者所执行的 return 语句没有包含表达式，那么函数的返回值为 undefined。如果程序执行到了函数体的最后却没有执行 return 语句(一个合法有效的动作)，函数最终也将返回 undefined。

从语句构成上讲，调用一个不包含参数的函数就是在函数名称后加上一对不包含任何内容的括号。调用返回值为 undefined 的函数需要一个单独的语句。调用返回值为正常值的函数时，该函数调用需要作为表达式中的操作数(一般来说，作为一个赋值语句的整个右半部分)。例如，如果 fun1 是一个没有参数的函数并且返回值为 undefined，而 fun2 也是一个没有参数的函数，但返回值为正常值，那么这两个函数可分别通过如下代码进行调用：

```
fun1();
result = fun2();
```

JavaScript 中的函数是对象，因此，引用了函数的变量可以像其他对象引用一样处理。它们可以作为参数进行传递，可以赋值给另外某些变量，也可以作为数组元素。参见如下示例：

```
function fun() { document.write(
                 "This surely is fun! <br/>");}
ref_fun = fun;   // Now, ref_fun refers to the fun object
fun();           // A call to fun
ref_fun();       // Also a call to fun
```

由于 JavaScript 中的函数是对象，因此，它们的引用可以是其他对象的属性，在这种情况下，它们就作为方法使用。

为了保证解释器能够在遇到函数调用之前首先看到该函数的定义(这是 JavaScript 的一个要求)，需要将函数定义显式或隐式地放到 HTML 文档头部。一般来说，对函数的调用是在文档主体中进行的(但并非总是如此)。

4.9.2　局部变量

变量的作用域指的就是能够访问该变量的语句范围。当 JavaScript 脚本嵌入到 HTML 文档中时，所谓变量的作用域指的就是在文档的哪些行中可以访问该变量。

当 JavaScript 解释器在脚本中第一次发现没有利用 var 语句进行声明的变量时，它将隐式地对这个变量进行声明。这些隐式声明的变量，即使是在函数定义中隐式声明的，它们的作用范围也是全局的，即全局作用域——也就是说，在整个 HTML 文档中都可访问这种变量(如果脚本在它自己的文件中，则对于整个文件都是可访问的)。在函数定义之外显式声明的变量的作用域也是全局的。前面已经提到过，建议利用显式声明方式来声明所有变量。

一般情况下，仅在函数中使用的变量最好具有局部作用域，具体含义为这些变量只在函数主体中才可以访问并使用。函数主体中所有利用 var 语句显式声明的变量都具有局部作用域。

如果在一个函数中，某个变量既作为局部变量出现，又作为全局变量出现，那么将优先作为局部变量进行处理，并隐藏这个同名的全局变量。这也正是局部变量的优势所在：当定义某个局部变量时，不必担心在整个 HTML 文档的所有脚本片段中的某个位置是否已经有了与此同名的全局变量。

虽然 JavaScript 函数定义是可以嵌套的，但客户端 JavaScript 对嵌套函数的需求非常少。而且，嵌套函数还可能导致脚本复杂化。因此，并不建议使用嵌套函数，此处也不对其进行讨论。

4.9.3 参数

函数调用过程中用到的参数值称为实参。出现在函数定义的头部并且与函数调用过程中的实参相对应的参数称为形参。与 C、C++和 Java 一样，JavaScript 中采用按值传递的参数传递方法。当调用一个函数时，调用命令中指定的实参值实际上将被复制到对应的形参中，形参的行为类似于局部变量。由于在传递对象时，实参中保存的是对象的引用，所以函数可以访问并修改对象，这也就是所谓的按引用传递参数的方式。如果将对象的引用传递给函数，且函数修改了相应的形参(而不是形参指向的对象)，则对实参没有影响。例如，假设将一个数组作为一个参数传递给一个函数，如下所示：

```
function fun1(my_list) {
  var list2 = new Array(1, 3, 5);
  my_list[3] = 14;
  ...
  my_list = list2;
  ...
  }
  ...
  var list = new Array(2, 4, 6, 8)
  fun1(list);
```

对 fun1 中的 my_list 的第一次赋值修改了 my_list 引用的对象，它是在调用代码中创建的。但对 my_list 的第二次赋值则将它改变为引用一个不同的数组对象。不过，这并不改变调用者中的实参。

由于 JavaScript 是动态定义类型的，因此不必对参数进行类型检查。被调用的函数能够利用运算符 typeof 自行检查参数的类型。但需要再次指出的是，运算符 typeof 无法区别不同的对象。而且，函数调用过程中也不会按照被调用函数中的形参个数来检查函数调用中的参数个数。在函数中，将忽略传递进来的超出数目的实参；超出的形参将设定为 undefined。

所有参数都通过属性数组 arguments 进行传递，该数组与其他的数组对象一样，包含一个名为 length 的属性。通过调用 arguments.length，函数可以确定传递的实参数目。由于数组 arguments 是可以直接访问的，因此，在调用过程中指定的所有实参都是可用的，包括那些没有任何形参可对应的实参(当实参的数目大于形参数目时)。下例中函数参数的数量是可变的：

```
// params.js
//  The params function and a test driver for it.
```

```
//   This example illustrates a variable number of
//   function parameters

// Function params
// Parameters: A variable number of parameters
// Returns: nothing
// Displays its parameters
function params(a, b) {
  document.write("Function params was passed ",
      arguments.length, " parameter(s) <br />");
  document.write("Parameter values are: <br />");

  for (var arg = 0; arg < arguments.length; arg++)
    document.write(arguments[arg], "<br />");

  document.write("<br />");
}

// A test driver for function params
params("Mozart");
params("Mozart", "Beethoven");
params("Mozart", "Beethoven", "Tchaikowsky");
```

图 4-10 展示了 params.js 在浏览器中的显示效果。

```
Function params was passed 1 parameter(s)
Parameter values are:
Mozart

Function params was passed 2 parameter(s)
Parameter values are:
Mozart
Beethoven

Function params was passed 3 parameter(s)
Parameter values are:
Mozart
Beethoven
Tchaikowsky
```

图 4-10　params.js 在浏览器中的显示效果

在 JavaScript 中，没有一种比较完美的方式能够通过引用来传递一个基本类型的值。一种不是很完美的方式是将值放到一个数组中，然后传递这个数组，如下面的脚本所示：

```
// Function by10
//    Parameter: a number, passed as the first element
//               of an array
// Returns: nothing
// Effect: multiplies the parameter by 10
```

```
function by10(a) {
   a[0] *= 10;
}
...
var x;
var listx = new Array(1);
...
listx[0] = x;
by10(listx);
x = listx[0];
```

由于数组是对象，所以此方法是可行的。

另一种方式是通过函数修改一个基本类型的实参的值，并让该函数返回修改后的值，如下所示：

```
function by10_2(a) {
   return 10 * a;
}
...
var x;
...
x = by10_2(x);
```

4.9.4 复习 sort 方法

再次指出，对于所有数组对象来说，sort 方法可以根据需要将数组元素转换为字符串，然后按照字母的顺序对这些字符串进行排序。如果要排序的对象并不是字符串，或者需要用除字母顺序外的另一种方式对字符串进行排序，那么调用者必须为 sort 方法指定这种比较操作方式。这样的比较操作方式是以比较函数的形式作为参数传递给 sort 方法的。如果被比较的两个元素正好处于所需要的顺序，那么比较函数必须返回一个负值；如果两个元素相等，则返回 0；如果两个元素需要交换顺序，则必须返回一个正值。对于数值来说，只需要简单地从第一个数值减去第二个数值就是函数的返回值。例如，如果要利用方法 sort 将数组 num_list 中的数值按照降序进行排序，就可以使用如下代码：

```
// Function num_order
// Parameter: Two numbers
// Returns: If the first parameter belongs before the
//            second in descending order, a negative number
//          If the two parameters are equal, 0
//          If the two parameters must be
//            interchanged, a positive number
function num_order(a, b) {return b - a;}
// Sort the array of numbers, list, into
// ascending order
  num_list.sort(num_order);
```

事实上，并不需要在其他位置定义一个比较函数并传递函数名称，而是可以在调用 sort

方法时直接将函数定义作为实参。这样的函数没有函数名，且只能用在函数定义所在之处。4.10 节中的示例脚本将对无名称函数进行示范。

4.10　示例 1

下面给出了一个 HTML 文档示例，其中包含了一个 JavaScript 函数，作用是计算某个数组中所有数值的中值。该函数首先利用方法 sort 对数组进行排序。如果数组的长度为奇数，那么中值就是处于中间位置的元素。中间元素的位置可以通过将数组长度除以 2 并利用方法 floor 对其进行截尾得到。如果数组长度是偶数，中值就是两个中间元素的平均值，注意使用 round 来计算平均值，如下面的代码所示：

```
// medians.js
//   A function and a function tester
//   Illustrates array operations

// Function median
//   Parameter: An array of numbers
//   Result: The median of the array
//   Return value: none
function median(list) {
  list.sort(function (a, b) {return a - b;});
  var list_len = list.length;

// Use the modulus operator to determine whether
//   the array's length is odd or even
// Use Math.floor to truncate numbers
// Use Math.round to round numbers
  if ((list_len % 2) == 1)
    return list[Math.floor(list_len / 2)];
  else
    return Math.round((list[list_len / 2 - 1] +
                       list[list_len / 2]) / 2);
} // end of function median

// Test driver
var my_list_1 = [8, 3, 9, 1, 4, 7];
var my_list_2 = [10, -2, 0, 5, 3, 1, 7];
var med = median(my_list_1);
document.write("Median of [", my_list_1, "] is: ",
                   med, "<br />");
med = median(my_list_2);
document.write("Median of [", my_list_2, "] is: ",
                   med, "<br />");
```

图 4-11 展示了 medians.js 在浏览器中的显示效果。

```
Median of [1,3,4,7,8,9] is: 6
Median of [-2,0,1,3,5,7,10] is: 3
```

图 4-11　medians.js 在浏览器中的显示效果

median 函数的一个较明显的副作用是数组中的数值最后的顺序是升序。这不见得能够满足用户的要求。如果不能接受这一点，那么函数 median 在对数组进行排序之前可以将该数组复制到一个局部数组中。

需要指出的是，在此脚本中，数组的下标是从 0 开始的。

4.11　构造函数

JavaScript 中的构造函数是一种特殊函数，它能为新创建的对象创建并初始化属性。每个 new 表达式中必须包含对构造函数的调用，构造函数和所创建的对象同名。例如，在 4.8 节中的示例中，数组的构造函数就是 Array。

很明显，构造函数必须能够引用它所操作的对象。为此，JavaScript 中事先定义了一个引用变量，即 this。当调用这个构造函数时，this 就引用这个新创建的对象。this 变量用于构造和初始化对象的属性。例如，参见如下构造函数示例：

```
function car(new_make, new_model, new_year) {
    this.make = new_make;
    this.model = new_model;
    this.year = new_year;
}
```

可以按照如下方式使用这个构造函数：

```
my_car = new car("Ford", "Fusion", "2012");
```

到目前为止，只考虑了数据属性。如果对象中需要包含一个方法，那么也是按照与数据属性同样的方式对方法进行初始化。例如，假定需要为对象 car 创建一个方法，列出该对象的属性值。如下所示的函数就可以满足这种要求：

```
function display_car() {
    document.write("Car make: ", this.make, "<br/>");
    document.write("Car model: ", this.model, "<br/>");
    document.write("Car year: ", this.year, "<br/>");
}
```

接下来必须在构造函数 car 中添加下面这行代码：

```
this.display = display_car;
```

现在，调用命令 my_car.display()将产生如下输出结果：

```
Car make: Ford
Car model: Fusion
```

```
Car year: 2012
```

利用相同的构造函数创建的一组对象，涉及面向对象编程语言中类的概念。所有这样创建的对象都拥有同一组属性和方法，至少在初始状态下是这样的。通过用户更改代码，这些对象会有所差异。但在脚本中，没有一种简单的途径能够确定两个对象是否拥有同一组属性和方法。

4.12　利用正则表达式进行模式匹配

JavaScript 具有强大的基于正则表达式进行模式匹配的能力。在 JavaScript 中，模式匹配共有两种方式：一种基于 RegExp 对象的方法，另一种基于 String 对象的方法。但这两种方式使用的正则表达式是一致的。它们都基于 Perl 编程语言的正则表达式。本书将只讨论使用 String 方法的模式匹配方式。

如前所述，模式是以基于正则表达式的格式来指定的，而正则表达式最初的目的是用于定义形式语言中的简单类成员。特殊的字符串或者字符串类别可采用比较详细和复杂的模式来描述。作为参数发送给模式匹配方法的模式用斜杠分隔。

最简单的模式匹配方法是 search，它将一个模式作为参数。search 方法返回 String 对象(search 方法通过此对象被调用)中模式匹配的位置。如果没有匹配，则 search 返回-1。大多数字符都是普通字符，这就意味着在一个模式中它们与自身相匹配。字符串中第一个字符的位置为 0。例如，考虑下面代码：

```
var str = "Rabbits are furry";
var position = str.search(/bits/);
if (position >= 0)
    document.write("'bits' appears in position", position,
                   "<br />");
else
    document.write("'bits' does not appear in str <br />");
```

这些语句的输出结果如下所示：

```
'bits' appears in position 3
```

4.12.1　字符和字符类模式

所谓普通字符，是指它们不是元字符。而元字符是指那些在模式的某些上下文中具有特殊意义的字符。下面列出了模式元字符：

```
\ | ( ) [ ] { } ^ $ * + ? .
```

元字符如果需要匹配自身的话，必须在字符前面添加一个反斜杠。

句点可以匹配任何字符(但换行符除外)。因此，下面这个模式可以匹配"snowy"、"snowe"以及"snowd"等。

```
/snow./
```

为了匹配字符串中的一个句点，必须在模式中的句点之前添加一条反斜杠。例如，模式/3\.4/只与 3.4 匹配。而模式/3.4/不仅可以匹配 3.4，还可以匹配 374 等。

一般情况下，对于模式匹配来说，指定一组字符类比指定单个字符更方便。这样的字符类是通过将需要的字符放到方括号中定义的。在类定义中可以使用短划线，以便更容易地指定字符序列。例如，可以指定如下字符类，它可以匹配"a"、"b "或者"c"：

```
[abc]
```

同样，还可以定义如下字符类，它能够匹配"a"到"h"之间的所有小写字母：

```
[a-h]
```

如果一个字符类中的第一个字符是抑扬符号^，其含义为反转指定的字符集。例如，下面的字符类可以匹配除字母"a"、"e"、"i"、"o"、"u"以外的所有字母：

```
[^aeiou]
```

由于经常使用字符类，因此，JavaScript 中预定义了一些字符类，可以通过名称加以引用。表 4-8 中列出了这些预定义字符类的名称、具体定义以及能够匹配的内容。

表 4-8 预定义的字符类

名 称	等 价 模 式	匹配的内容
\d	[0-9]	一个数字
\D	[^0-9]	一个非数字
\w	[A-Za-z_0-9]	一个单词字符(包括字母和数字)
\W	[^A-Za-z_0-9]	一个非单词字符
\s	[\r\t\n\f]	一个空格字符
\S	[^ \r\t\n\f]	一个非空格字符

下面列举了一组使用预定义字符类的模式示例：

```
/\d\.\d\d/    // Matches a digit, followed by a period,
              // followed by two digits
/\D\d\D/      // Matches a single digit
/\w\w\w/      // Matches three adjacent word characters
```

很多情况下，如果能够对模式中的某一部分(一般为一个字符或者字符类)进行重复处理将是非常方便的。为了重复一个模式，需要附加一个数字限定符，该数字限定符位于花括号中。例如，下面的模式能够匹配 xyyyyz：

```
/xy{4}z/
```

除数字限定符外，还有三种符号限定符，分别为星号*、加号+、问号?。星号表示零次或多次重复，加号表示一次或多次重复，而问号则表示重复一次或者不重复。例如，下面的模式能够匹配这样的字符串：开头字符为任意个数的 x(包括 0 个)，后跟一个或多个 y 字符，再后跟一个可选的字符 z：

```
/x*y+z?/
```

这些限定符经常与预先定义的字符类名一起使用。下面给出了这方面的示例，该模式能够匹配如下形式的字符串：开头为一个或多个数字，接下来是一个小数点，之后可能还有更多的数字：

```
/\d+\.\d*/
```

接下来参见另一个模式示例：

```
/[A-Za-z]\w*/
```

在某些编程语言中，该模式能够匹配标识符(首先是一个字母，接下来可能有更多的字母、数字或下划线，也可能没有)。

此外也经常使用另一个命名模式。该模式为\b(边界)，它能够匹配一个单词字符(\w)和非单词字符(\W)之间(这两者之间没有顺序之分)的边界位置。例如，下面的模式能够匹配"A tulip is a flower"，但无法匹配"A frog isn't"：

```
/\bis\b/
```

由于第二个字符串中的 is 之后为另一个单词字符 n，因此，该模式无法与其匹配。

边界模式和命名的字符类不同，因为匹配的不是字符，而是两个字符之间的位置。

4.12.2　锚

我们经常会遇到的一种情况是指定某种模式匹配字符串中的某个位置。其中最常见的一个例子就是需要一个模式来匹配字符串的某一端。可以通过锚在模式中指定字符串的位置。通过将锚^放到模式之前，就可以指定该模式只匹配字符串的开头。例如，下面的模式能够匹配"pearls are pretty"，却无法匹配"My pearls are pretty"：

```
/^pearl/
```

在模式之后添加一个美元符号$可以将该模式指定为只匹配字符串的末尾部分。例如，下面的模式能够匹配字符串"I like gold"，却无法匹配"golden"：

```
/gold$/
```

锚字符类似于边界命名模式。它们不匹配字符串中的某个字符，只匹配字符之前、之后或字符之间的位置。如果锚字符^出现在模式中的位置不是模式的开始位置或者字符类的开始位置，就没有特殊的含义(匹配自身)。同样，如果美元符号在模式中的位置不是模式的结尾，那么它也没有特殊含义。

4.12.3　模式修饰符

修饰符可以附加到模式之后，用于修改模式的应用方式，因此能够提高模式的灵活性。修饰符以字母形式出现在模式右侧定界符之后。修饰符 i 的作用在于能够使模式中的字母既可以匹配字符串中的小写字母又可以匹配大写字母。例如，模式/Apple/i 可以匹配

'APPLE'、'apple'、'APPle'等，简单地说，该模式可以匹配单词 apple 的任何大小写组合形式。

修饰符 x 允许在模式中出现空格符。由于注释被认为是空格，因此，该模式提供一种能够在模式中包含说明性注释的方式。例如：

```
/\d+          # The street number
\s            # The space before the street name
[A-Z][a-z]+   # The street name
/x
```

以上模式等价于如下模式：

```
/\d+\s[A-Z][a-z]+/
```

4.12.4 String 对象中的其他模式匹配方法

replace 方法用于替换 String 对象中与给定模式匹配的某个子字符串。该方法有两个参数：模式和替换字符串。如果替换在字符串中是全局性的，则需要将修饰符 g 附加在模式之后，在这种情况下，字符串中每个匹配的子字符串都将被替换。通过预先定义的变量$1、$2 等可以访问字符串中与模式匹配的子字符串。例如，参见如下语句：

```
var str = "Fred, Freddie, and Frederica were siblings";
str.replace(/Fre/g, "Boy");
```

在此示例中，str 的值为"Boyd, Boyddie, and Boyderica were siblings"，而$1、$2 以及$3 的值都设定为"Fre"。

方法 match 是 String 模式匹配方法中最常用的方法。该方法只有一个参数，即模式。它的返回值为一个数组，数组元素即模式匹配操作的结果。如果模式中带有修饰符 g，那么返回的数组为字符串中所有与模式匹配的子字符串。如果模式中没有包含修饰符 g，那么返回的数组是字符串中首个匹配的元素，数组中剩余的部分为与模式括号中的部分匹配的元素，前提是模式中带有括号。

```
var str =
  "Having 4 apples is better than having 3 oranges";
var matches = str.match(/\d/g);
```

在此示例中，matches 的值为[4, 3]。

接下来是一个带有括号子表达式的模式：

```
var str = "I have 428 dollars, but I need 500";
var matches = str.match(/(\d+)([^\d]+)(\d+)/);
document.write(matches, "<br />");
```

这段代码解释后，数组 matches 的值如下所示：

```
["428 dollars, but I need 500", "428",
" dollars, but I need ", "500"]
```

在这个结果数组中，第一个元素"428 dollars, but I need 500"是匹配结果；第二个、第三个、第四个元素都是与模式中括号部分(\d+)、([^\d]+)和(\d+)相匹配的字符串部分。

String 对象中的 split 方法可以根据给定的字符串或模式，将 String 对象分解为一些子字符串。返回结果为一个数组，数组内容就是分解之后返回的字符串。例如，参见如下代码：

```
var str = "grapes:apples:oranges";
var fruit = str.split(":");
```

在这个示例中，fruit 的值为[grapes, apples, oranges]。

4.13　示例 2

JavaScript 的一个常见用途是检查来自于 HTML 表单的输入数据的格式，这将在第 5 章中详细进行讨论。本节给出的这个示例展示了一个简单函数，该函数的作用是使用模式匹配来检查一个给定的字符串中包含的电话号码格式是否正确。

```
// forms_check.js
//  A function tst_phone_num is defined and tested.
//  This function checks the validity of phone
//  number input from a form
// Function tst_phone_num
//  Parameter: A string
//  Result: Returns true if the parameter has the form of a valid
//          seven-digit phone number (3 digits, a dash, 4 digits)

function tst_phone_num(num) {

// Use a simple pattern to check the number of digits and the dash
  var ok = num.search(/^\d{3}-\d{4}$/);

  if (ok == 0)
    return true;
  else
    return false;

} // end of function tst_phone_num

// A script to test tst_phone_num
var tst = tst_phone_num("444-5432");
if (tst)
  document.write("444-5432 is a valid phone number <br />");
else
  document.write("Error in tst_phone_num <br />");

tst = tst_phone_num("444-r432");
if (tst)
  document.write("Program error <br />");
else
```

```
  document.write(
              "444-r432 is not a valid phone number <br />");

tst = tst_phone_num("44-1234");
if (tst)
  document.write("Program error <br />");
else
  document.write("44-1234 is not a valid phone number <br /");
```

图 4-12 展示了 forms_check.js 在浏览器中的显示效果。

```
444-5432 is a valid phone number
444-r432 is not a valid phone number
44-1234 is not a valid phone number
```

图 4-12　forms_check.js 在浏览器中的显示效果

4.14　脚本中的错误

JavaScript 解释器能够检测到脚本中的各种错误。虽然使用了未定义的变量也将被检测出来，但主要是检测语法错误。对脚本的调试与那些常用编程语言中的程序调试稍微不同，主要是因为 JavaScript 解释器检测到的错误直到浏览器开始显示一个文档才会被发现。有些情况下，脚本错误将导致浏览器无法显示文档，并不会产生任何有关错误的消息。没有相关的诊断消息，就必须完全通过检查代码来发现问题。当然，只有针对那些非常小并且非常简单的脚本时，这样做才有可能行得通。但是，已经有一些途径可以用于辅助查找问题。

IE8 的默认设置中提供了对 JavaScript 的语法错误检测和调试功能，但是 IE9 及后来的版本中默认关闭了这些功能。要打开它们，选择 Tools | Internet Options，然后单击 Advanced 选项卡。在 Browsing 部分中，清除 Disable script debugging(Internet Explorer) 复选框，并选中 Display a notification about every script error 复选框。现在将可以使用语法错误检测功能，并看到显示的错误消息，以及产生错误的行和出错字符的位置。这些错误消息显示在一个小窗口中。例如，考虑下面的示例脚本：

```
// debugdemo.js
//   An example to illustrate debugging help

var row;
row = 0;

while(row != 4 {
  document.write("row is ", row, "<br />");
  row++;
}
```

注意该示例文档中的语法错误位于 while 语句中(缺少右括号)。当浏览器准备运行

debugdemo.js 时，将出现如图 4-13 所示的错误消息对话框。

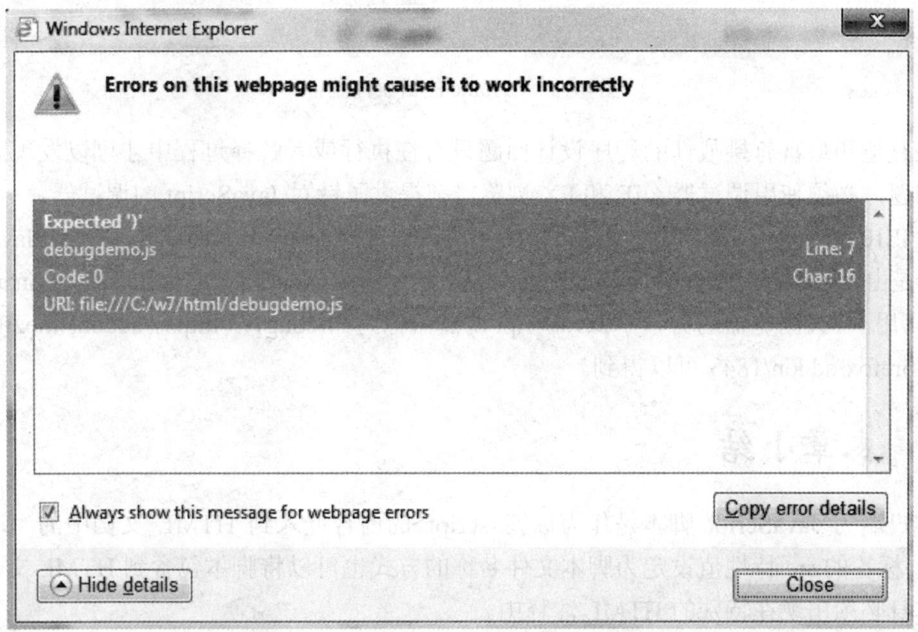

图 4-13　debugdemo.js 在 IE10 中的运行结果

浏览器 FX3+具有一个特殊的控制台窗口用于显示脚本错误。选择 Tools | Web Developer | Error Console，可以打开这个控制台窗口[12]。当使用此浏览器打开带有 JavaScript 脚本的文档时，该窗口应该一直保持打开状态。在出现了错误消息，并且对脚本进行了修改之后，需要单击控制台中的“清除”按钮。否则，旧的错误消息将一直保留在那里，这可能会导致与后续的错误信息相混淆。图 4-14 展示了 FX3 的 JavaScript 控制台窗口的一个示例。

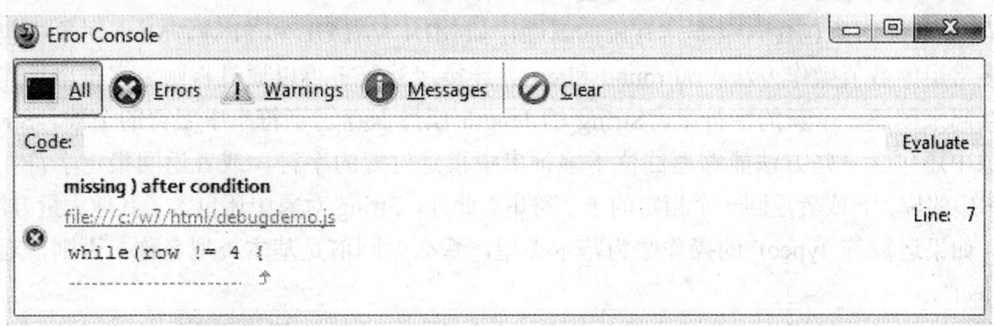

图 4-14　试图运行 debugdemo.js 之后 FX3 错误控制台的显示窗口

在 Chrome 浏览器中，通过选择右上角的图标(三个横条)，然后选择 Tools | JavaScript console，可以访问 JavaScript 错误控制台。图 4-15 是该控制台的一个示例。

12　如果菜单栏没有显示，导致 Tools 菜单项不可见，那么可以按 F10 键。

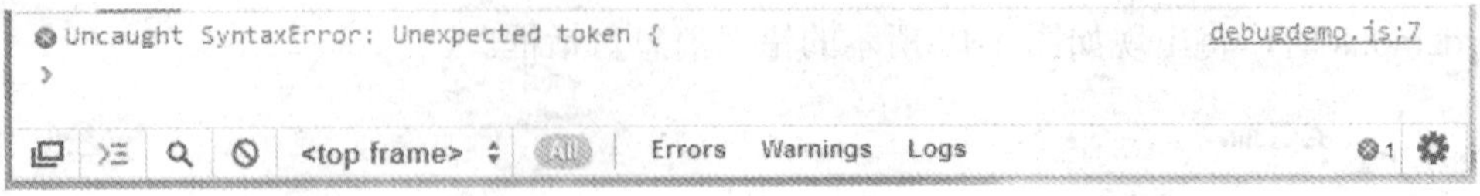

图 4-15　Chrome 的错误控制台

最有趣和最富有挑战性的程序设计问题只有在执行或者解释过程中才可以发现。针对这些问题，必须使用调试器。IE 和 FX 浏览器都提供了针对 JavaScript 的调试器。

在 IE10 中，单击 Tools | Developer Tools，进入内置的 JavaScript 调试器。FX 的 JavaScript 调试器是由 Mozilla 提供的，名为 Venkman，从 http://www.mozilla.org/ projects/venkman/可以得到。可用于 FX 浏览器的另一个 JavaScript 调试器称为 Firebug，从 https://addons.mozilla.org/en-US/firefox/addon/1843 可以得到。

4.15　本章小结

客户端的 JavaScript 脚本是作为标签<script>的内容嵌入到 HTML 文档中的。通过将<script>标签的 src 特性值设定为脚本文件名称的方式也可以将脚本包含到 HTML 文档中。脚本本身必须出现在特殊的 HTML 注释中。

JavaScript 中的值可以是基本类型或者对象。基本类型包括数值、字符串、布尔型、未定义以及空值。数值是以双精度浮点数的格式来表示的。数值、字符串以及布尔型分别对应对象 Number、String 以及 Boolean，它们都是包装器对象。字符串字面量可以利用双引号来引用，也可以采用单引号引用。

JavaScript 是动态定义类型的，这并不是说它是一个无类型的语言。变量是无类型的，但它们引用的值是有类型的。每次将新值赋给变量时，变量引用的值的类型都可能发生变化。在 JavaScript 脚本中，最好显式地声明所有变量。

Number 对象包含一组非常有用的属性，如 MIN_VALUE 和 PI 等。Math 对象中包含很多常用的数值操作方法，如 round 和 cos。连接运算符＋可以通过将两个字符串操作数连接起来创建一个新的字符串。String 的 length 属性保存了字符串中字符的个数。String 对象中还包含一些方法能够返回位于字符串中指定位置的字符，或者返回指定字符在字符串中的位置，或者返回一个指定的子字符串。此外，String 对象中还包含了其他大量方法。

如果运算符 typeof 的操作数为基本类型，那么返回值是基本类型名称；否则，返回"object"。

Date 对象能够提供当前的时间与日期。它包含很多方法，用于产生不同形式的时间与日期，如今天是星期几和现在是几点。

Window 对象的 alert 方法能够生成一个对话框，并可以在对话框中输出内容。Window 对象的 confirm 方法可以生成一个带有 OK 按钮和 Cancel 按钮的对话框，用户可以自行选择单击的按钮。Window 对象的 prompt 方法用于提示用户输入文本信息。document.write 方法能够动态生成 HTML 内容。JavaScript 中的控制语句与其他常用编程语言的控制语句极其类似。同样，JavaScript 中也包含了 switch 语句。

与 Java 中的数组一样，JavaScript 中的数组也是对象。它们的长度是动态的。一个 Array 对象可以通过 new 表达式调用构造函数 Array 来创建，也可以通过简单地为变量赋一个 Array 字面值来创建。Array 的一系列字面值是包含在方括号中的。每个 Array 对象都有一个 length 属性，该属性用于保存数组元素的数目，既是可读的又是可写的。Array 对象中还包含了很多有用的方法，如 join 方法，它能够将数组中所有的元素连接为一个字符串；reverse 方法能够对数组中的元素进行颠倒处理；sort 方法能够将数组元素转换为字符串，并将这些字符串按字母顺序进行排序；slice 方法能够返回数组中的某一指定部分。Array 方法 pop、push、shift 以及 unshift 可以在数组中实现栈和队列。

函数定义中声明了形参，但并没有为这些参数指定类型。所有函数都有返回值，但在函数定义中并没有指定返回值的类型。在函数定义中利用 var 声明的变量都是局部变量。参数是按值传递的，因此，对于基本类型来说，是按值传递的；而对于对象来说，是按照引用传递的。属性 arguments 保存了所传递参数的值。JavaScript 解释器既不能检查参数的类型，也不能检查参数的数目。

JavaScript 进行模式匹配时使用的正则表达式与 Perl 语言中的正则表达式类似。模式匹配可以通过 String 对象中的以下三个方法中的某一个方法来指定——search、replace 和 match。正则表达式(或者模式)是由特殊字符、普通字符、字符类以及运算符组成的。模式内容位于两条斜杠中。字符类位于方括号中。如果一个^符号位于字符类的开头，那么其意思是对类中字符的含义进行反转。JavaScript 中预先定义了一些特别常用的字符类。子模式后可以是数字的或符号的限定符。模式针对要匹配的情形可以锚定在字符串的左侧或右侧。方法 search 的参数为模式，它用于搜索与参数相匹配的目标字符串。方法 replace 能够利用第二个参数的内容替换掉与指定模式相匹配的子字符串。方法 match 能够搜索那些与指定模式相匹配的目标字符串，并以数组的形式返回所有匹配的字符串。

IE9 和 FX3 能够生成 JavaScript 语法错误消息。IE9 和 FX3 都提供了 JavaScript 调试器，但对 FX3，必须下载并安装 JavaScript 调试器。

4.16 复习题

1. 简单描述 Java 和 JavaScript 之间的三个主要差别。
2. 简单描述 JavaScript 在客户端的三个主要应用。
3. 简单描述事件驱动计算的基本过程。
4. JavaScript 中的属性分为哪两类？
5. 为什么 JavaScript 具有两种不同类别的数据变量，即基本类型和对象？
6. 介绍两种将 JavaScript 脚本嵌入到 HTML 文档中的方式。
7. JavaScript 注释有哪两种格式？
8. 为什么有时需要将 HTML 文档中的 JavaScript 脚本放到 HTML 注释中隐藏起来？
9. JavaScript 中的 5 种基本数据类型是什么？
10. 通过单引号引用的字符串字面量与通过双引号引用的字符串字面量有区别吗？

11. 在什么情况下，变量的值才可能是未定义(undefined)的？
12. 如果将 undefined 作为布尔表达式，那么它将被解释为 true 还是 false？
13. 在编程语言中，运算符优先级规则的作用是什么？
14. 在编程语言中，运算符结合性规则的作用是什么？
15. 描述 NaN 的作用和特性。
16. 为什么 parseInt 不常用？
17. 如果 typeof 的操作数为对象，那么它的返回值是什么？
18. 如果 document.write 的操作数是字符串，那么一行中的最后一个符号通常是什么？
19. 如果传给方法 alert 的操作数是字符串，那么一行中的最后一个符号通常是什么？
20. 描述方法 prompt 的工作原理。
21. 什么是控制结构？
22. JavaScript 中三种可能的控制表达式的格式是什么？
23. ==和===之间有什么区别？
24. 解释一下表达式短路求值的含义。
25. break 语句的语义是什么？
26. while 语句和 do-while 语句之间的区别是什么？
27. 什么时候调用 JavaScript 的构造函数？
28. JavaScript 的构造函数与 Java 的构造函数有什么区别？
29. 利用 new 运算符和 Object 构造函数创建对象时，该对象中具有哪些属性？
30. 描述引用某个对象的属性的两种方式。
31. 如何为一个对象创建新属性？
32. 描述 for-in 语句的语义。
33. 描述创建 Array 对象的两种方式。
34. Array 对象的 length 属性值和该对象中已有元素的实际数目之间有什么联系？
35. 描述 Array 的 join 方法的含义。
36. 当为方法 slice 只指定一个参数时，该方法的含义是什么？
37. 嵌套的数组字面量的格式是什么？
38. 没有包含 return 语句的函数其返回值是什么？
39. 嵌入在 HTML 文档中的 JavaScript 脚本中的某个变量如果不是在函数中声明的，那么请描述它的作用域。
40. 在 JavaScript 函数中可以引用全局变量吗？
41. 在函数中使用局部变量的优势是什么？
42. JavaScript 采用何种参数传递方法？
43. JavaScript 是否检查实参的类型是不是能够与对应形参的类型相匹配？
44. 对于那些没有对应任何形参的实参来说，函数如何访问它们的值？
45. 如果要将基本类型值通过引用传递给某个函数，可以采用哪种方式？
46. JavaScript 中构造函数的作用是什么？

47. 模式中字符类指的是什么？
48. JavaScript 中预先定义了哪些字符类，它们的含义分别是什么？
49. 符号限定符指的是什么，其含义是什么？
50. 描述两个行末锚。
51. 模式修饰符 i 的作用是什么？
52. String 对象的 replace 方法的作用是什么？
53. String 对象的 match 方法的作用是什么？

4.17 练习题

针对以下问题编写 JavaScript 脚本，然后对文档进行测试与调试(如有必要)。如果需要编写函数，那么必须编写一个脚本至少利用两组不同的数据集对函数进行测试。测试时必须在所有情况下编写 HTML 文件来引用 JavaScript 文件。

1. 输出：一个数值表格，内容为从 5~15，以及它们对应的平方和立方，利用方法 alert 实现。
2. 输出：前 20 个斐波纳契数列值，该数列是按照如下方式进行定义的

```
1,1,2,3,...
```

其中，从第二个值开始，数列中的每个值都是它前面两个值的和。必须使用 document.write 方法向页面中输出这些值。

3. 输入：利用 prompt 逐个输入三个数值。
   输出：这三个数值中的最大值。
   提示：使用预定义函数 Math.max。
4. 将练习 2 的脚本修改为利用方法 prompt 输入一个数值 n，并解得序号 n 对应的斐波纳契值。
5. 输入：利用方法 prompt 输入一个文本字符串。
   输出：判断输入的字符串是否是如下格式，如果是，则输出 Valid name，否则输出 Invalid name。

   姓氏，名字，中间名缩写

   其中，所有的字符串都不能超过 15 个字符。
6. 输入：利用 prompt 输入一行文本。
   输出：将输入的文本分解为单词，并按照字母顺序进行排序。
7. 修改练习 6 的脚本，从用户获取第二个输入，该输入可以为“ascending”(升序)或者“descending”(降序)。根据该输入来确定如何对输入的单词排序。
8. 函数：no_zeros
   参数：一个数值数组。
   结果：必须修改给定的数组，删除其中的所有 0 值。
   返回值：如果给定的数组中包含 0 值，则返回 true；否则返回 false。

9. 函数：e_names
   参数：一个姓名数组，表现为字符串。
   返回值：以 ie 或者 y 结尾的姓名元素在给定数组中的个数。
10. 函数：first_vowel
    参数：一个字符串。
    返回值：给定字符串中位于最左边的元音字母的位置。
11. 函数：counter
    参数：一个数值数组。
    返回值：给定数组中的负值元素、零值元素以及正值元素的数目。
    注意：在函数中必须使用 switch 语句。
12. 函数：tst_name
    参数：一个字符串。
    返回值：如果给定字符串为如下格式，

    ```
    string1,string2 letter
    ```

    其中，除了句首字母和 letter 必须大写之外，这两个字符串的所有字母都是小写，则返回 true；否则返回 false。
13. 函数：row_averages
    参数：一个数值数组的数组。
    返回值：一个数组，其内容为给定矩阵每一行的平均值。
14. 函数：reverser
    参数：一个数值。
    返回值：解析该数值中的数字，并将它们按照逆序输出。

第 5 章

JavaScript 与 HTML 文档

客户端 JavaScript 的语言结构与 JavaScript 内核的语言结构是一致的。实际上，客户端 JavaScript 定义了一组对象、方法以及属性，脚本可以利用它们实现与浏览器上 HTML 文档的交互。本章将讨论 JavaScript 的这些特性，并通过示例展示它们的应用。

本章将首先讨论客户端 JavaScript 的执行环境。接下来将简单介绍文档对象模型(Document Object Model，DOM)，需要注意，使用客户端 JavaScript 并不一定必须了解此模型的这些细节知识。然后将介绍利用 JavaScript 访问 HTML 文档元素的相关技术。并利用 DOM 0 事件模型对事件和事件处理的基本概念进行介绍。虽然事件驱动的计算模型在编程领域已经不是一个新思想，但随着 Web 编程的出现，这一观点对于程序员来说却变得愈发重要。接下来本章将介绍事件对象、HTML 标签特性及其标签之间的联系，主要是利用两个 HTML 表格进行介绍的。

本章是通过一系列完整的 HTML/JavaScript 示例来介绍基本事件处理应用的。首先将展示如何处理主体元素的 load 事件。接下来将利用两个示例来展示当按下单选按钮时激活的 click 事件。然后利用一个示例展示如何利用 blur 事件来比较两次输入的密码。接下来通过一个示例来展示如何利用 change 事件来验证某个文本框的输入格式。最后一个示例展示了如何利用 blur 事件来阻止用户修改文本框元素的值。

此外，本章还介绍了事件模型 DOM 2，并修改了前面的一个示例来展示该模型的一些新功能。其后的一节介绍了 canvas 元素。接着，本章将讨论如何利用 navigator 对象来确定当前使用的浏览器类型。最后，将简单介绍一下用于遍历和修改 DOM 结构的一些方法和属性。

本章这些示例中几乎所有的 JavaScript 都是独立文件。因此，每个示例都包含一个 HTML 文档和一两个 JavaScript 文件。

5.1 JavaScript 的执行环境

浏览器能够在客户端屏幕窗口上显示 HTML 文档。显示 HTML 文档的窗口是与 JavaScript 的 Window 对象相对应的。

所有 JavaScript 变量都是某种对象的属性。对于隐式或显式出现在窗口的 HTML 文档中的所有 JavaScript 脚本来说，Window 对象的属性都是可见的，因此，该对象包含了所有全局变量。当在客户端脚本中创建了一个全局变量时，实际上就成为 Window 对象的一个新属性。Window 对象为所有的 JavaScript 脚本提供了一个最大的封闭引用环境。

虽然可能会有多个 Window 对象，但本书只讨论具有单一 Window 对象的脚本。

JavaScript 的 Document 对象用于描述所显示的 HTML 文档。每个 Window 对象都有一个名为 document 的属性，它是针对窗口显示的 Document 对象的引用。在客户端 JavaScript 中，Document 对象的使用要多于其他对象。第 4 章中大量使用了该对象的 write 方法。

每个 Document 对象都有一个 forms 数组，数组中的每个元素用于描述文档中的表单。forms 数组的每个元素都有一个 elements 属性数组，包含了描述 HTML 表单元素的对象，如按钮和菜单等。在脚本中可以采用多种不同方式将文档中的元素与 JavaScript 对象关联起来，这将在 5.3 节中进行讨论。

此外，Document 对象中还包含针对锚、链接、图片以及 applet 的属性数组。在对象层次结构中，Window 对象之下还有很多种其他对象，但本章将重点讨论文档、表单以及表单元素。

5.2 文档对象模型

DOM(Document Object Model，文档对象模型)是由 W3C 从 20 世纪 90 年代中期开始开发的。DOM Level 3(通常称为 DOM 3)是当前认可的版本。标准 DOM 最初的设计动机是提供一种规范，使 Java 程序和处理 HTML 文档的 JavaScript 脚本能够运行在各种不同的浏览器上。

虽然 W3C 从来没有发布 DOM 0 这样的规范，但 DOM 0 这一名称经常被用来描述早期那些支持 JavaScript 的浏览器使用的文档模型。确切地讲，DOM 0 是 Netscape 3.0 和 IE 3.0 这两种浏览器中实现的文档模型版本。HTML 4 规范中定义了 DOM 0 模型的一部分内容。

W3C 的第一个 DOM 规范 DOM 1 是于 1998 年 10 月发布的，它主要面对 HTML 和 XML(参见第 7 章)文档模型。DOM 2 是于 2000 年 11 月发布的，它指定了样式表对象模型，并说明了如何将样式信息附加到一个文档中。此外，DOM 2 中还包含了文档遍历方面的内容，提供了一个既完整又全面的事件模型。2004 发布的 DOM 3 添加了 XML(DTD 与模式)内容模型的处理、文档验证、文档视图以及格式化等方面的内容，并添加了一些重要的事件和事件组。前面已经提到，DOM 0 可以被所有支持 JavaScript 的浏览器所支持。FX3+、IE10 和 Chrome 几乎能够完整支持 DOM 2，但 DOM 2 中的一部分内容却没有得到 IE9 的支持。本书不涉及 DOM 3。

DOM 是一种应用程序编程接口(Application Programming Interface，API)，定义了 HTML

文档和应用程序之间的接口。由于 DOM 必须保证能够在多种编程语言环境中使用，因此，它只能是一种抽象模型。每种实现 DOM 的语言必须定义一个针对该接口的绑定。实际的 DOM 规范包含了一组接口，其中每个接口都对应着一个文档树节点类型。这些接口类似于 Java 接口或者 C++抽象类。它们定义了与对应节点类型相关联的对象、方法和属性。通过 DOM，用户可以通过编程语言编写代码来创建文档，遍历整个文档结构，以及修改、添加或者删除文档元素或者元素中的内容。

DOM 中的文档具有树状结构，但一个文档中可能有多个树(虽然这很少见)。由于 DOM 是一种抽象接口，因此，它并没有规定文档必须以多组树或者一组树的形式来实现。这样，在实现文档中，文档元素之间的关系可以通过任何方式表现。

如前所述，如果一种语言要支持 DOM，则必须具有对 DOM 结构的绑定。这个绑定实际上能够保持语言结构和 DOM 元素之间的一致。在 JavaScript 对 DOM 的绑定中，文档的元素是对象，包含数据和操作。数据称为属性，操作自然称为方法。例如，下面的 HTML 元素可以表示为一个包含两个属性的对象，这两个属性分别为 type 和 name，相应的属性值分别为 text 和 address。

```
<input type = "text" name = "address">
```

在绝大部分情况下，JavaScript 中的属性名称与 HTML 中对应的特性名称是一致的。

IE8+、FX3+和 C10+提供了一种查看被呈现文档的 DOM 结构的方式。用 IE10 显示文档之后，选择 Tools | Developer Tools。呈现结果的左下区域将显示 DOM 结构的折叠版[1]。通过单击所有折叠图标(其中有加号的方框)，将显示整个结构。分析下列这个简单的文档：

```
<!DOCTYPE html>
<!-- table2.html
     A simple table to demonstrate DOM trees
     -->
<html lang = "en">
  <head>
    <title> A simple table </title>
    <meta charset = "utf-8" />
  </head>
  <body>
    <table>
      <tr>
        <th> </th>
        <th> Apple </th>
        <th> Orange </th>
      </tr>
      <tr>
        <th> Breakfast </th>
        <td> 0 </td>
        <td> 1 </td>
```

1　折叠版提炼了结构的部分。可以恢复折叠部分的显示。

```
      </tr>
    </table>
  </body>
</html>
```

这一文档及其完整的 DOM 结构的显示结果如图 5-1 所示。

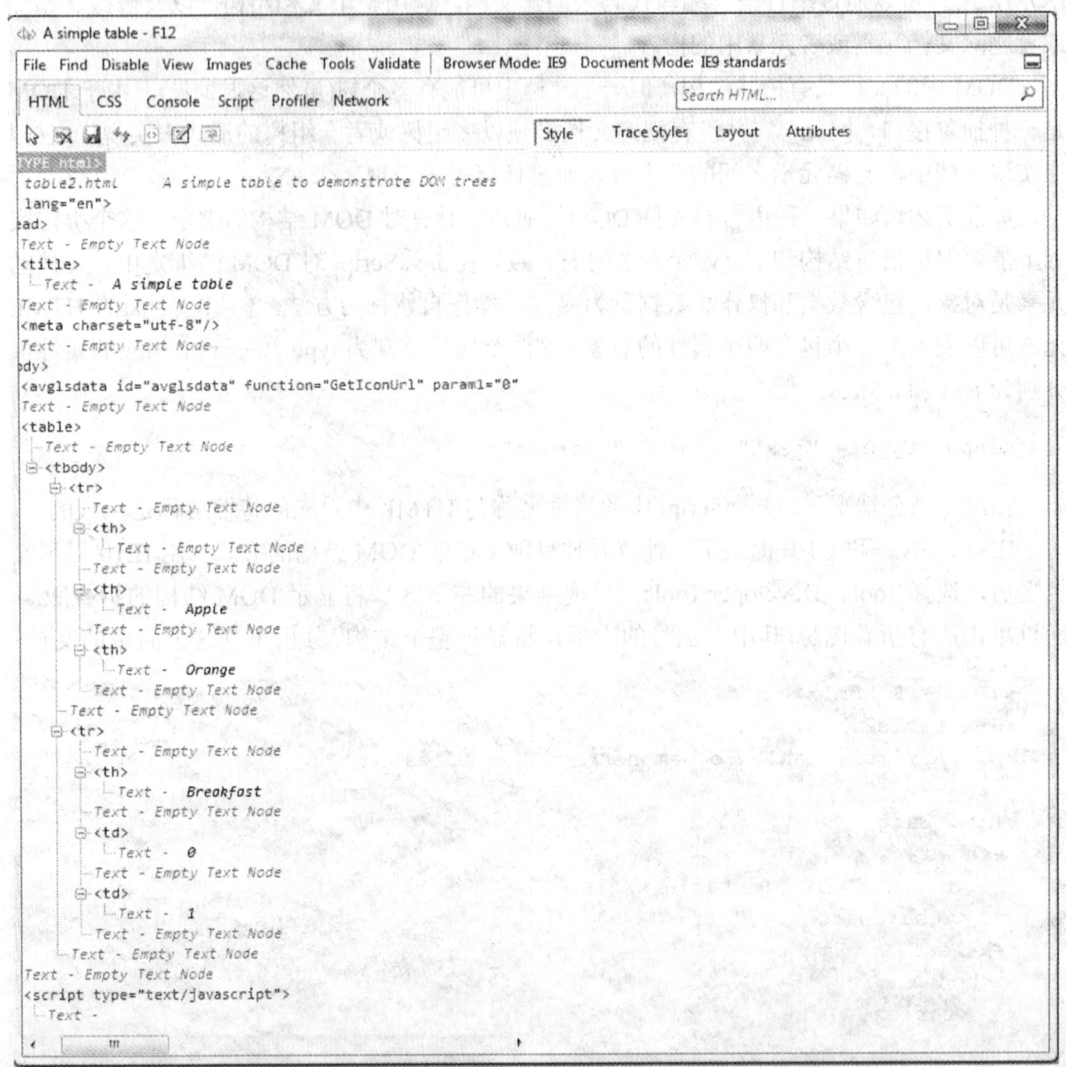

图 5-1　table2.html 的 DOM 结构在 IE10 中的显示结果

IE10 Developer Tools 用来协助开发和分析 HTML 文档。但这里只讨论它产生的 DOM 结构。

为了能用 FX3+显示一个文档的 DOM 结构，必须从 https://addons.mozilla.org/en-US/firefox/addon/6622 下载一个附加组件。下载并安装 DOM Inspector 附加组件后，选择 Tools | DOM Inspector 就可以显示文档的 DOM。如果在文档正被显示时选择 Tools | DOM Inspector，则 FX3+会打开一个新窗口，此新窗口类似于 IE10 用于查看 DOM 的窗口。与

IE10 一样，元素最初是折叠的。右上区域显示 DOM 结构信息。与 IE10 Developer Tools 一样，FX3+的 DOM Inspector 不仅仅可以查看文档的 DOM 结构，它还有很多其他功能，但这里并不讨论。table2.html 在 FX3+的 DOM Inspector 中的显示结果如图 5-2 所示。

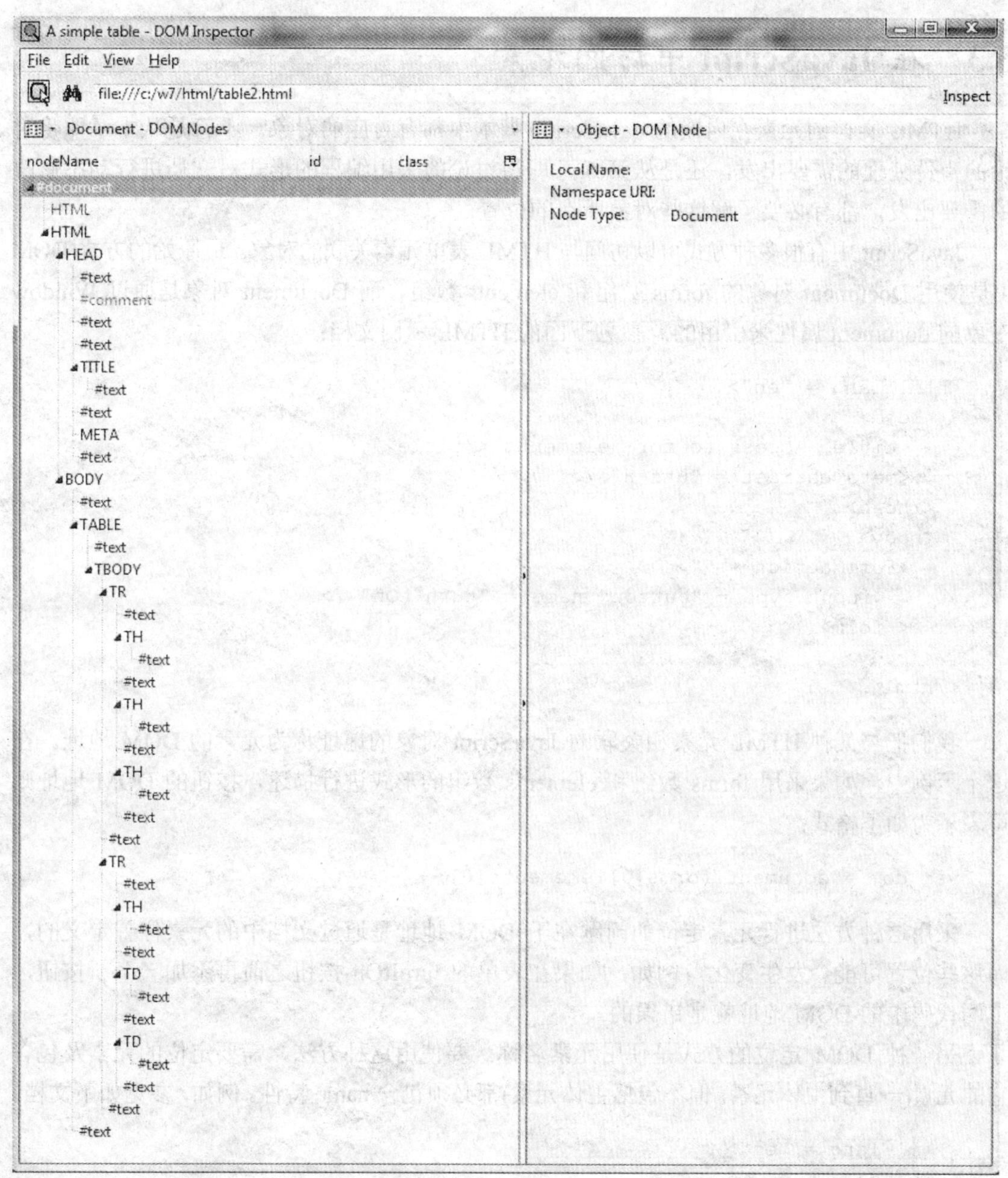

图 5-2　table2.html 在 FX3 的 DOM Inspector 中的显示结果

在 Chrome 中，要查看文档的 DOM 结构，需要选择扳钳图标，然后选择 Tools | Developer Tools。

如果要对 DOM 进行完整的解释，即使是一整本书的篇幅也是远不够。因此，此处对

DOM 的简单介绍，只能作为我们接下来讨论如何利用 JavaScript 来处理文档相关事件和动态地修改元素特性、样式、内容[2]的基础。在 W3C 的 Web 站点上可以找到对 DOM 的详细介绍。

5.3 在 JavaScript 中访问元素

HTML 文档的元素在内嵌的 JavaScript 脚本中都有对应的对象。不管是从本章即将讨论的事件处理的需要出发，还是从第 6 章即将讨论的采用编程的形式对文档进行动态修改的需要出发，都有必要了解这些对象所在的位置。

JavaScript 中有很多种方式可以访问与 HTML 表单元素关联的对象。最原始的方式(DOM 0)是使用 Document 对象的 forms 数组和 elements 数组，而 Document 对象是通过 Window 对象的 document 属性来引用的。参见下面的 HTML 示例文档：

```
<html lang = "en">
  <head>
    <title> Access to form elements </title>
    <meta charset = "utf-8" />
  </head>
  <body>
    <form action = "">
      <input type = "button" name = "turnItOn" />
    </form>
  </body>
</html>
```

我们把与某种 HTML 元素相关联的 JavaScript 对象的地址称为元素的 DOM 地址。在这个示例中，如果采用 forms 数组和 elements 数组的形式进行描述，按钮的 DOM 地址则可表示为如下格式：

```
var dom = document.forms[0].elements[0];
```

采用这种方法进行元素定位的问题在于 DOM 地址是通过文档中的元素位置定义的，而这些位置可能会发生变化。例如，如果在表单的 turnItOn 按钮之前再添加一个新按钮，上面代码中的 DOM 地址就是错误的。

另一种 DOM 定位的方式是使用元素名称。要使用这种方法，需要定位的元素及包含它的元素(一直到主体元素，但不包括主体元素)都必须包含 name 特性。例如，参见如下文档：

```
<html lang = "en">
  <head>
    <title> Access to form elements </title>
    <meta charset = "utf-8" />
  </head>
  <body>
```

2 第 6 章将讨论如何修改样式属性。

```
    <form name = "myForm" action = "">
      <input type = "button" name = "turnItOn" />
    </form>
  </body>
</html>
```

采用 name 特性表示的按钮的 DOM 地址格式如下所示：

```
var dom = document.myForm.turnItOn;
```

这种方法有一个缺陷：虽然目前表单元素中的 name 特性是合法的，但 XHTML 1.1 标准已经不允许在表单元素中出现 name 特性。这是一个有效性问题，但对于浏览器来说，这不会导致任何问题。而且，在 HTML5 的表单标签中，name 属性也是有效的。

还有一种定位元素的方式就是利用 JavaScript 方法 getElementById，这是在 DOM 1 中定义的。由于不管某个元素在文档中另一个元素中的嵌套层次有多深，该元素的标识符(id)在文档中都是独一无二的，因此，这种方式是可行的。例如，如果上例中按钮的 id 特性设定为 turnItOn，那么下面的代码可以表示这个按钮元素的 DOM 地址：

```
var dom = document.getElementById("turnItOn");
```

方法 getElementById 的参数可以为表达式的形式，前提是这个表达式的计算结果为字符串。在很多情况下，该方法的参数是一个字符串变量。

由于 DOM 定位时最常使用 id，而表单处理代码中必须使用 name 特性，因此，表单中的元素一般同时包含 id 和 name 特性，并且将这两个特性设定为同样的值。

一组复选框中的按钮经常使用同一个名称。一组单选按钮的所有按钮总是使用相同的名称。在这些情况下，很明显这些单个按钮的名称无法在它们的 DOM 地址中使用。当然，每个单选按钮和复选框都可以具有 id，这样一来，可以很容易地使用方法 getElementById 对它们进行定位。但采用这种方法不能很方便地对一组单选按钮或者复选框进行搜索，以确定选中哪一个。

name 和 id 特性的一个替代对象是与每组复选框或者单选按钮相关联的隐式数组。每一组都对应着一个数组，它的名称与该组的名称是一致的，数组保存了其中每个按钮的 DOM 地址。这些数组是按钮所在表单的属性。为了访问这些数组，首先必须获得表单对象的 DOM 地址。例如：

```
<form id = "vehicleGroup">
  <input type = "checkbox" name = "vehicles"
         value = "car" /> Car
  <input type = "checkbox" name = "vehicles"
         value = "truck" /> Truck
  <input type = "checkbox" name = "vehicles"
         value = "bike" /> Bike
</form>
```

上例中的隐式数组为 vehicles，该数组包含三个元素，分别引用了三个对象，这三个对象是与这组复选框中的三个复选框元素相关联的。这个数组为搜索该组中的复选框列表提供了一种非常简便的方式。如果选中按钮，那么该复选框对象的 checked 属性值将设定为 true。对于上面这个示例复选框组来说，下面的代码可以计算出处于选中状态的复选框数目：

```
var numChecked = 0;
var dom = document.getElementById("vehicleGroup");
for (index = 0; index < dom.vehicles.length; index++)
  if (dom.vehicles[index].checked)
    numChecked++;
```

采用与上面的复选框定位和处理的示例代码类似的方式，可以很容易地对单选按钮进行定位和处理。

5.4 事件与事件处理

HTML 4.0 标准为文档的事件模型提供了第一个规范。有时也将这个模型称为 DOM 0 事件模型。虽然 DOM 0 事件模型的作用范围有限，但目前也只有它得到了所有支持 JavaScript 的浏览器的支持。DOM 2 提供了一个全面完整的事件模型。DOM 2 模型得到了 FX3+、IE9+和 C6+浏览器的支持。本节对事件与事件处理的讨论将分为两部分，其中一部分是针对 DOM 0 模型的，另一部分则是针对 DOM 2 模型的。

5.4.1 事件处理的基本概念

JavaScript 在 Web 编程中有一个非常重要的应用：即检测浏览器和浏览器用户的活动并为这些活动提供相应的计算。这些计算是利用一种特殊形式的编程技术，即事件驱动编程来指定的。在传统的(非事件驱动)编程技术中，代码本身指定了执行顺序，不过执行顺序通常还受到程序输入数据的影响。但在事件驱动编程中，一部分程序的执行时间完全无法预测，一般是通过用户与执行程序的交互触发的。

事件是某些特殊情况发生时的通知，有的事件是与浏览器本身相关的，如加载完文档；而另一部分事件是由浏览器用户操作引发的，如在一个表单按钮上单击鼠标。严格来讲，事件是一个由浏览器和 JavaScript 系统为了响应某些正在发生的情况而隐式创建的对象。

事件处理程序是一个脚本，它是隐式执行的，以响应发生的相应事件。事件处理程序能够使一个 Web 文档响应浏览器和用户的活动。事件处理程序的最常见用途是当修改或者提交用户输入的表单元素时，检查元素中的简单错误或者遗漏。这避免了发送错误的表单数据到服务器，从而节省了时间。

如果对类似于 C++或者 Java 等编程语言的异常和异常处理功能比较熟悉，就应该能够理解事件与异常之间的密切联系。事件和异常发生的时间都是不可预知的，而发生时一般都需要执行某些特殊的程序操作。

由于事件是 JavaScript 对象，因此其名称也是区分大小写的。所有事件对象的名称都是由小写字母组成的。例如，click 是一个事件，但 Click 就不是一个事件。

事件是由与特定的 HTML 元素相关联的活动创建的。例如，浏览器用户单击一个单选按钮或者一个锚标签的链接等都将引发一个 click 事件。因此，事件的名称只是事件处理相关信息中的一部分。在绝大部分情况下，还需要包括引发事件的特定 HTML 元素。

将事件处理程序连接到事件的过程称为注册。对于事件处理程序注册，共有两种不同的方式，其中一种是为标签的属性赋值，另一种是将处理程序地址指派给对象属性。这两种方式将在 5.5 节和 5.6 节中进一步讨论。

document 的 write 方法从来都不应该应用于事件处理程序中。需要指出的是，文档是随着浏览器对 HTML 代码的解析而显示的。通常情况下，事件是在整个文档显示之后才发生的。如果 write 方法出现在一个事件处理程序中，由此产生的内容可能将出现在已显示文档顶部。

本节的剩余篇幅以及 5.5 节~5.7 节将描述 DOM 0 事件模型及其某些应用。

5.4.2 事件、特性和标签

HTML 4 定义了一组事件，浏览器已经实现了这些事件，利用 JavaScript 可以对这些事件进行处理。这些事件是与 HTML 标签特性相关联的，使用这些特性可以将事件和事件处理程序关联起来。这些特性的名称与关联的事件密切相关。表 5-1 列出了一些最常用的事件及其相关联的标签特性。

表 5-1 事件及其标签特性

事　件	标 签 特 性
blur	onblur
change	onchange
click	onclick
dblclick	ondblclick
focus	onfocus
keydown	onkeydown
keypress	onkeypress
keyup	onkeyup
load	onload
mousedown	onmousedown
mousemove	onmousemove
mouseout	onmouseout
mouseover	onmouseover
mouseup	onmouseup
reset	onreset
select	onselect
submit	onsubmit
unload	onunload

在很多情况下，同一个特性可能会出现在多个不同的标签中。因此，创建事件时的环

境与某个标签和某个特性相关，当该特性出现在另外一个标签时，创建事件时的情形可能会有所不同。

当用户将鼠标光标放到某个 HTML 元素上并单击鼠标左键时，该元素获得了焦点。当用户使用 Tab 键跳转到某个元素时，该元素也可以获得焦点。当一个文本元素获得焦点时，所有的键盘输入都将针对这个元素。很明显，同一时刻只能有一个文本元素获得焦点。当用户将鼠标光标从该元素移出并单击时，或者按 Tab 键离开这个元素时，元素将失去焦点。很明显，一个元素获得焦点时，另一个元素必定失去焦点。还有另外一些非文本元素可以获得焦点，但在那些情况下用处不大。

表 5-2 列出了一些最常用的与事件相关的特性、可以包含这些特性的标签以及发生关联事件的情形。本章只讨论表 5-2 中列出的一部分内容。

表 5-2　事件特性及其标签

特　性	标　签	说　明
onblur	<a>	链接失去焦点
	<button>	按钮失去焦点
	<input>	输入元素失去焦点
	<textarea>	文本区域失去焦点
	<select>	选择元素失去焦点
onchange	<input>	输入元素被修改并失去焦点
	<textarea>	文本区域被修改并失去焦点
	<select>	选择元素被修改并失去焦点
onclick	<a>	用户单击链接
	<input>	单击输入元素
ondblclick	绝大部分元素	用户双击
onfocus	<a>	链接获得焦点
	<input>	输入元素获得焦点
	<textarea>	文本区域获得焦点
	<select>	选择元素获得焦点
onkeydown	<body>，表单元素	按下键
onkeypress	<body>，表单元素	按下并释放键
onkeyup	<body>，表单元素	释放键
onload	<body>	文档加载完毕
onmousedown	绝大部分元素	用户单击鼠标左键
onmousemove	绝大部分元素	用户在元素中移动鼠标光标
onmouseout	绝大部分元素	鼠标光标从所在的元素中移出

(续表)

特　　性	标　　签	说　　明
onmouseover	绝大部分元素	鼠标光标悬浮于元素上方
onmouseup	绝大部分元素	释放鼠标左键
onreset	<form>	单击重置按钮
onselect	<input>	在元素内容中选择文本
	<textarea>	在元素内容中选择文本
onsubmit	<form>	单击提交按钮
onunload	<body>	用户退出文档

前面已经提到，在 DOM 0 事件模型中，可以采用两种方式来注册事件处理程序。其中一种是将事件处理程序脚本指派给事件标签特性，如下面的示例所示：

```
<input type = "button" id = "myButton"
       onclick = "alert('You clicked my button!');" />
```

在很多情况下，事件处理程序不止包含了一行语句。对于这些情况，一般采用函数的形式来定义事件处理程序，特性值的字面量字符串就是对函数的调用，分析下面的按钮元素示例：

```
<input type = "button" id = "myButton"
       onclick = "myButtonHandler();" />
```

对事件处理程序进行注册也可以通过将其名称赋值给按钮对象的相关事件属性来完成，如下所示：

```
document.getElementById("myButton").onclick =
                                    myButtonHandler;
```

这条语句必须位于处理程序函数和表单元素后，这样，JavaScript 才能在为属性赋值前看到该函数和表单元素。需要注意，只有处理程序函数的名称被赋值给属性——它既不是一个字符串，也不是对函数的调用。

5.5　处理主体元素的事件

由主体元素创建的事件绝大部分都是 load 和 unload。作为本书中事件处理的第一个示例，我们考虑一种最简单的情况，即当文档主体加载完毕时，弹出一个警告消息。在这个示例中，使用<body>标签的 onload 特性来指定事件处理程序。

```
<!DOCTYPE html>
<!-- load.html
     A document for load.js
     -->
```

```
<html lang = "en">
  <head>
    <title> load.html </title>
    <meta charset = "utf-8" />
    <script type = "text/javascript" src = "load.js" >
    </script>
  </head>
  <body onload="load_greeting();">
    <p />
  </body>
</html>
```

```
// load.js
//   An example to illustrate the load event
// The onload event handler
function load_greeting () {
  alert("You are visiting the home page of \n" +
        "Pete's Pickled Peppers \n" + "WELCOME!!!");
}
```

图 5-3 展示了 load.html 在浏览器中的显示效果。

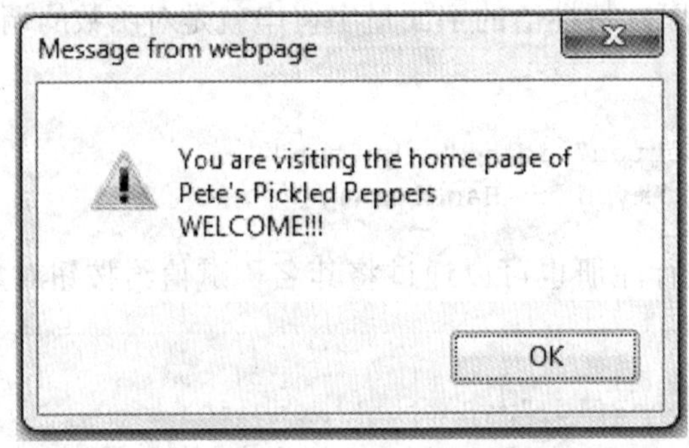

图 5-3 load.html 的显示效果

unload 事件可能比 load 事件更加有用。它用于在卸载文档之前(如当浏览器用户准备进入某个新文档时)进行一些清除操作。例如，当通过第二个浏览器窗口打开文档时，应该通过 unload 事件处理程序来关闭原有窗口。

5.6 处理按钮元素的事件

Web 文档中的按钮为搜集浏览器用户的简单输入提供了一种有效途径。通过按钮操作创建的最常用的事件为 click。5.4.2 节提供了一个普通按钮的示例。

下面的示例中包含了一组单选按钮，用户可以通过这些按钮选择某架飞机的信息。本示例用到的 click 事件用于触发对 alert 方法的调用，从而利用该方法显示所选飞机的简单描述信息。本例中对事件处理程序的调用会将所按下单选按钮的值发送给处理程序。这是处理程序确定按下了哪个单选按钮的另一种方式。下面是 HTML 文档和 JavaScript 文件：

```
<!DOCTYPE html>
<!-- radio_click.hmtl
     A document for radio_click.js
     Creates four radio buttons that call the planeChoice
     event handler to display descriptions
     -->
<html lang = "en">
  <head>
    <title> radio_click.html </title>
    <meta charset = "utf-8" />
    <script type = "text/javascript" src = "radio_click.js" >
    </script>
  </head>
  <body>
    <h4> Cessna single-engine airplane descriptions </h4>
    <form id = "myForm" action = "">
       <p>
       <label> <input type = "radio" name = "planeButton"
                      value = "152"
                      onclick = "planeChoice(152)" />
       Model 152 </label>
       <br />
       <label> <input type = "radio" name = "planeButton"
                      value = "172"
                      onclick = "planeChoice(172)" />
       Model 172 (Skyhawk) </label>
       <br />
       <label> <input type = "radio" name = "planeButton"
                      value = "182"
                      onclick = "planeChoice(182)" />
       Model 182 (Skylane) </label>
       <br />
       <label> <input type = "radio" name = "planeButton"
                      value = "210"
                      onclick = "planeChoice(210)" />
       Model 210 (Centurian) </label>
      </p>
    </form>
  </body>
</html>
```

```
// radio_click.js
//  An example of the use of the click event with radio buttons,
//  registering the event handler by assignment to the button
//  attributes

// The event handler for a radio button collection
function planeChoice (plane) {
```

```
  // Produce an alert message about the chosen airplane
    switch (plane) {
      case 152:
        alert("A small two-place airplane for flight training");
        break;
      case 172:
        alert("The smaller of two four-place airplanes");
        break;
      case 182:
        alert("The larger of two four-place airplanes");
        break;
      case 210:
        alert("A six-place high-performance airplane");
        break;
      default:
        alert("Error in JavaScript function planeChoice");
        break;
    }
  }
```

图 5-4 展示了 radio_click.html 在浏览器中的显示效果。图 5-5 展示了选中其中的 Model 182 单选按钮后引发的 alert 窗口的显示效果。

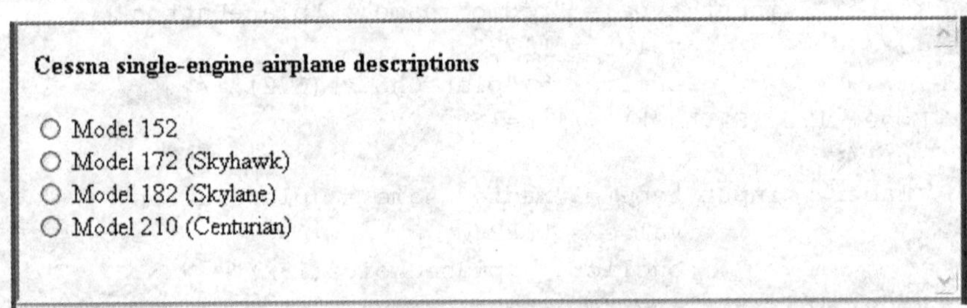

图 5-4　radio_click.html 的显示效果

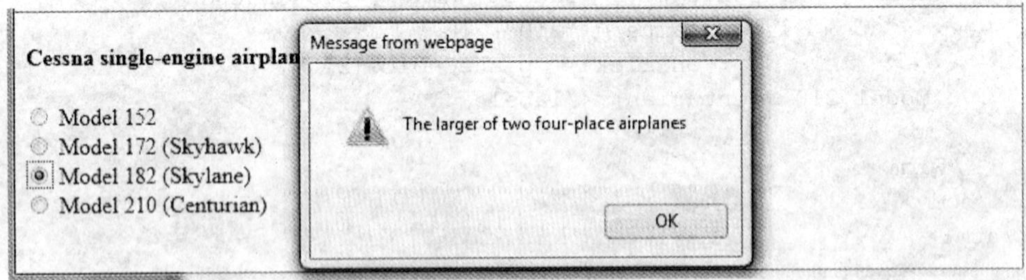

图 5-5　在 radio_click 示例文档中按下 Model 182 按钮后的显示效果

在示例文档 radio_click.html 中，通过将要调用的事件处理程序赋给单选按钮的 onclick 特性来完成注册。究竟单击哪一个按钮是通过按钮元素的处理程序调用过程中发送的参数来标识的。如果不使用参数来标识，就应该在事件处理程序中包含代码来确定哪一个单选按钮被按下。

下一个示例文档 radio_click2.html 的目的与上一个示例 radio_click.html 类似，但它是通过将事件处理程序的名称赋给单选按钮对象的事件属性来完成注册的。例如，下面的语句可以为第一个单选按钮注册处理程序：

```
document.getElementById("myForm").elements[0].onclick =
                planeChoice;
```

需要再次指出的是，该语句也必须出现在处理程序函数和 HTML 表单之后，这样，JavaScript 才能够在为属性赋值之前看到函数和表单元素。下例使用了三个文件，其中一个文件包含 HTML、一个文件包含事件处理程序脚本、一个文件包含注册处理程序的脚本。

```
<!DOCTYPE html>
<!-- radio_click2.hmtl
     A document for radio_click2.js
     -->
<html lang = "en">
  <head>
    <title> radio_click2.html </title>
    <meta charset = "utf-8" />
    <script type = "text/javascript" src = "radio_click2.js" >
    </script>

  </head>
  <body>
    <h4> Cessna single-engine airplane descriptions </h4>
    <form id = "myForm" action = "">
      <p>
        <label> <input type = "radio" name = "planeButton"
                       value = "152" />
        Model 152 </label>
        <br />
        <label> <input type = "radio" name = "planeButton"
                       value = "172" />
        Model 172 (Skyhawk) </label>
        <br />
        <label> <input type = "radio" name = "planeButton"
                       value = "182" />
        Model 182 (Skylane) </label>
        <br />
        <label> <input type = "radio" name = "planeButton"
                       value = "210" />
        Model 210 (Centurian) </label>
      </p>
    </form>

<!-- Script for registering the event handlers -->
    <script type = "text/javascript" src = "radio_click2r.js" >
    </script>
  </body>
</html>
```

```
// radio_click2.js
//   An example of the use of the click event with radio buttons,
//   registering the event handler by assigning an event property

// The event handler for a radio button collection
function planeChoice (plane) {

// Put the DOM address of the elements array in a local variable
  var dom = document.getElementById("myForm");

// Determine which button was pressed
  for (var index = 0; index < dom.planeButton.length;
        index++) {
    if (dom.planeButton[index].checked) {
      plane = dom.planeButton[index].value;
      break;
  }
}

// Produce an alert message about the chosen airplane
  switch (plane) {
    case "152":
      alert("A small two-place airplane for flight training");
      break;
    case "172":
      alert("The smaller of two four-place airplanes");
      break;
    case "182":
      alert("The larger of two four-place airplanes");
      break;
    case "210":
      alert("A six-place high-performance airplane");
      break;
    default:
      alert("Error in JavaScript function planeChoice");
      break;
  }
}

// radio_click2r.js
//   The event registering code for radio_click2
var dom = document.getElementById("myForm");
dom.elements[0].onclick = planeChoice;
dom.elements[1].onclick = planeChoice;
dom.elements[2].onclick = planeChoice;
dom.elements[3].onclick = planeChoice;
```

在 radio_click2r.js(注册事件处理程序的 JavaScript 文件)中，表单元素(此例中的单选按钮)是通过 elements 数组的元素进行定位的。另一种方法是为每个单选按钮分配一个 id 属性，并使用 id 注册处理程序。例如，第一个单选按钮可以定义如下：

```
<input type = "radio" name = "planeButton" value = "152"
    id = "152" />
```

那么，事件处理程序可以注册如下：

```
document.getElementById("152").onclick = planeChoice;
document.getElementById("172").onclick = planeChoice;
document.getElementById("182").onclick = planeChoice;
document.getElementById("210").onclick = planeChoice;
```

如果通过上面为事件属性赋值的方式来注册事件处理程序，就无法为事件处理程序指定参数。因此，按照这种方式进行注册的事件处理程序无法使用参数。很明显，这是该方式的一个缺陷。在示例 radio_click2.js 中，事件处理程序中包含了循环代码以确定究竟是哪个单选按钮引发了 click 事件。

但是，相对于通过 HTML 特性来注册事件处理程序，将事件处理程序作为属性进行注册有两个优点。首先，在文档中将 HTML 代码和 JavaScript 代码分离是一种比较合理的处理方式。这样，可以对 HTML 文档进行模块化处理，使设计工作更加清晰，维护也更加容易。其次，将事件处理函数作为属性值进行注册允许在使用过程中修改函数。这样，就可以在其他某个事件发生时，为该事件注册一个不同的事件处理程序。如果利用 HTML 特性注册事件处理程序，将无法实现这一点。

5.7　处理文本框和密码框元素的事件

文本框和密码框元素可以引发 4 种不同的事件：blur、focus、change 以及 select。

5.7.1　focus 事件

假定在将订货单提交到服务器进行处理之前，首先通过 JavaScript 预先计算该订货单的总价格并显示给客户。那么，个别爱贪便宜的用户可能会在提交订货单之前修改总价格，他们认为这种价格更改(降低)不会被服务器端注意到。为防止出现类似这样对文本框的修改，可在每次用户尝试将焦点(鼠标指针)放入该文本框时，通过事件处理程序取消焦点。利用方法 blur 可以强制某个元素失去焦点。下面的示例文档展示了这个过程：

```
<!DOCTYPE html>
<!-- nochange.html
     A document for nochange.js
     -->
<html lang = "en">
  <head>
    <title> nochange.html </title>
    <meta charset = "utf-8" />
    <script type = "text/javascript" src = "nochange.js" >
    </script>
    <style type = "text/css">
      td, th, table {border: thin solid black}
```

```
    </style>

  </head>
  <body>
    <form action = "">
      <h3> Coffee Order Form </h3>

<!-- A bordered table for item orders -->
      <table>

<!-- First, the column headings -->
        <tr>
          <th> Product Name </th>
          <th> Price </th>
          <th> Quantity </th>
        </tr>

<!-- Now, the table data entries -->
        <tr>
          <th> French Vanilla (1 lb.) </th>
          <td> $3.49 </td>
          <td> <input type = "text" id = "french"
                      size ="2" /> </td>
        </tr>
        <tr>
          <th> Hazlenut Cream (1 lb.) </th>
          <td> $3.95 </td>
          <td> <input type = "text" id = "hazlenut"
                 size = "2" /> </td>
        </tr>
        <tr>
          <th> Colombian (1 lb.) </th>
          <td> $4.59 </td>
          <td> <input type = "text" id = "colombian"
                size = "2" /></td>
        </tr>
      </table>

<!-- Button for precomputation of the total cost -->
      <p>
        <input type = "button" value = "Total Cost"
                onclick = "computeCost();" />
        <input type = "text" size = "5" id = "cost"
                onfocus = "this.blur();" />
      </p>

<!-- The submit and reset buttons -->
      <p>
        <input type = "submit" value = "Submit Order" />
        <input type = "reset" value = "Clear Order Form" />
```

```
    </p>
   </form>
  </body>
</html>
```

```
// nochange.js
//   This script illustrates using the focus event
//   to prevent the user from changing a text field

// The event handler function to compute the cost
function computeCost() {
  var french = document.getElementById("french").value;
  var hazlenut = document.getElementById("hazlenut").value;
  var colombian = document.getElementById("colombian").value;

// Compute the cost
  document.getElementById("cost").value =
  totalCost = french * 3.49 + hazlenut * 3.95 +
              colombian * 4.59;
} //* end of computeCost
```

在此示例中，标签为 Total Cost 的按钮允许用户在提交表单之前预先计算订货单的总价格。此按钮的事件处理程序会取得三种咖啡的值(输入数量)并计算总价，然后将这一价格放在文本框的 value 属性中以便显示给用户。而每当此文本框获得焦点时，blur 方法都会强制使它失去焦点，这样就可以防止用户改变总价格。

5.7.2 验证表单输入

JavaScript 的一种常见应用是检查用户所提交的表单中的值，判断这些值是否符合规范。如果在客户端不对这些值进行检查，就会在未经任何事先检验的情况下将表单值提交到服务器中进行处理。服务器中用于处理表单数据的程序或者脚本检查无效的输入数据。如果发现无效数据，服务器就将信息反馈到浏览器中，然后浏览器要求用户重新提交正确的输入信息。很明显，如果完全在客户端中进行输入数据检查并给用户反馈一个对话框将更为有效。这样能够将数据验证的任务从通常比较繁忙的服务器转移到客户端，在绝大部分情况下，客户端的任务都不饱满。同时，这也会减少网络流量，因为可以避免向服务器发送错误数据并在未经处理的情况下返回。此外，在客户端检测不正确的表单数据可以更快地对用户做响应。对表单数据的有效性检查经常也要通过服务器进行，其中的一部分原因在于客户端的有效性检查过程可能会被人居心不良地破坏。对于某些表单数据来说，是否合乎规范是非常重要的。一个示例是在将某些数据插入到数据库中时，如果数据不正确的话可能会损坏数据库，此时就必须进行数据有效性检查。尽管会在服务器上检查表单数据，但在客户端检测并纠正错误可节省服务器以及网络的时间。

当用户没有正确地填写某个表单输入元素，而 JavaScript 事件处理函数检测到错误时，该函数会产生一个 alert 消息，将错误信息显示给用户，并指定该输入的正确格式。接下来，比较好的处理方式是使该输入元素获得焦点，将鼠标光标定位到该元素中。这是通过方法 focus 完成的，但遗憾的是，当前版本的浏览器并没有以正确而一致的操作方式实现 focus 方法。因此，我们不使用它。

如果某个事件处理程序返回值为 false，那么其含义为通知浏览器不要执行该事件的任何默认操作。例如，如果某一个事件是单击提交按钮，其默认操作是将所有的表单数据提交到服务器进行处理。如果在 submit 事件发生时，调用的事件处理程序验证用户输入并检测到错误，这个事件处理程序应该返回 false，以免将错误数据发送给服务器。我们采用这种惯例，如果事件处理程序检查表单数据时发现错误，就返回 false；否则返回 true。

如果一个表单要求用户输入密码，而且该密码将应用到将来的会话中，通常将要求用户连续两次输入同一个密码，以便进行确认。利用 JavaScript 函数可以判断这两个密码是否一致。

下面示例中的表单包含两个密码输入元素、一个重置(Reset)按钮以及一个提交(Submit)按钮。在以下两种情况下都可以调用 JavaScript 函数来判断这两个密码是否一致。其一，当单击提交按钮时，onsubmit 事件可以触发这个函数调用；其二，当第二个文本框失去焦点时，blur 事件能够触发这个函数调用。该函数能够执行两种不同的检查。首先，通过判断第一个密码输入框元素的值是否为空字符串来确定用户是否输入了初始密码。如果此处没有输入密码，那么该函数将调用 alert 方法来产生一个错误消息，并返回 false。其次，该函数判断输入的两个密码是否一致。如果不一致，那么函数将再次调用 alert 方法生成一个错误消息，并返回 false。如果这两个密码一致，那么将返回 true。以下是创建了两个密码文本框、重置和提交按钮的 HTML 示例文档，以及针对事件处理程序和事件处理程序注册的两个脚本。

```
<!DOCTYPE html>
<!-- pswd_chk.html
     A document for pswd_chk.ps
     Creates two text boxes for passwords
     -->
<html lang = "en">
  <head>
    <title> Illustrate password checking> </title>
    <meta charset = "utf-8" />
    <script type = "text/javascript" src = "pswd_chk.js" >
    </script>
  </head>
  <body>
    <h3> Password Input </h3>
    <form id = "myForm" action = "" >
      <p>

      <label> Your password
        <input type = "password" id = "initial"
               size = "10" />
      </label>
```

```
      <br /><br />

      <label> Verify password
        <input type = "password" id = "second"
               size = "10" />
      </label>
      <br /><br />

      <input type = "reset" name = "reset" />
      <input type = "submit" name = "submit" />
      </p>
    </form>

<!-- Script for registering the event handlers -->
    <script type = "text/javascript" src = "pswd_chkr.js">
    </script>

  </body>
</html>
```

```
// pswd_chk.js
//   An example of input password checking using the submit
//   event
// The event handler function for password checking
function chkPasswords() {
  var init = document.getElementById("initial");
  var sec = document.getElementById("second");
  if (init.value == "") {
    alert("You did not enter a password \n" +
          "Please enter one now");
    return false;
  }
  if (init.value != sec.value) {
    alert("The two passwords you entered are not the same \n" +
          "Please re-enter both now");
    return false;
  } else
    return true;
}
```

```
// pswd_chkr.js
//   Register the event handlers for pswd_chk.html

document.getElementById("second").onblur = chkPasswords;
document.getElementById("myForm").onsubmit = chkPasswords;
```

图 5-6 展示了两个密码元素已经输入内容，但还没有单击 Submit Query 按钮时，pswd_

chk.html 在浏览器中的显示效果。

Password Input

Your password ••••

Verify password ••••

Reset Submit Query

图 5-6　填写内容后的 pswd_chk.html 的显示效果

图 5-7 展示了如果输入的两个密码不一致，而又单击了示例文档 pswd_chk.html 中的 Submit Query 按钮后浏览器的显示效果。

图 5-7　单击 Submit Query 按钮后 pswd_chk.html 的显示效果

接下来分析另一个示例，该示例能够检查从文本框中获取的姓名和电话号码这两个表单数据的有效性。当文本框中的值发生变化时，即引发一个 change 事件，从而可以调用一个函数来检查这两个输入值的格式是否准确。

对这两个输入框而言，如果检测到一个错误，都将产生一个 alert 消息，并提醒用户修改输入。alert 消息中则包含了正确格式的信息。对于姓名来说，正确的格式应该依次是姓、名和中间名首字母，其中名和姓都必须以大写字母开头，并至少包含一个小写字母。名和姓之后都必须有一个逗号，需要的话还可以添加空格。中间名必须是大写字母。它之后的句点可有可无。在整个姓名之前或者之后不能有任何字符。用于匹配这类姓名格式的模式如下所示。

```
/^[A-Z][a-z]+, ?[A-Z][a-z]+, ?[A-Z]\.?$/
```

需要注意模式末尾使用了锚符号^和$。它们能够阻止在姓名之前或者之后出现字符。此外，需要注意(在名和姓之后)空格之后和句点之后问号的应用。在这里再次指出，问号限定符指的是可以存在零个或者一个受限子模式。反斜杠之后的句点表明它只能匹配一个句点。

美国电话号码的正确格式是三个数字加一条短划线，接下来又是三个数字加一条短划线，最后是 4 个数字。与姓名一样，电话号码之前或者之后都没有字符。因此，电话号码的模式如下所示：

```
/^d{3}-\d{3}-\d{4}$/
```

下面是一个完整的 HTML 示例文档 validator.html，其中包含了两个文本框，用于顾客输入自己的姓名和电话号码。

```
<!DOCTYPE html>
<!-- validator.html
     A document for validator.js
     Creates text boxes for a name and a phone number
     -->
<html lang = "en">
  <head>
    <title> Illustrate form input validation> </title>
    <meta charset = "utf-8" />
    <script type = "text/javascript" src = "validator.js" >
    </script>
  </head>
  <body>
    <h3> Customer Information </h3>
    <form action = "">
      <p>
        <label>
          <input type = "text" id = "custName" />
          Name (last name, first name, middle initial)
        </label>
        <br /><br />

        <label>
          <input type = "text" id = "phone" />
          Phone number (ddd-ddd-dddd)
        </label>
        <br /><br />

        <input type = "reset" id = "reset" />
        <input type = "submit" id = "submit" />
      </p>
    </form>
    <script type = "text/javascript" src = "validatorr.js">
    </script>
  </body>
</html>
```

下面是 validator.html 的事件处理程序和事件处理程序注册的脚本。

```
// validator.js
//   An example of input validation using the change and submit
//   events

// The event handler function for the name text box
```

```
function chkName() {
  var myName = document.getElementById("custName");

// Test the format of the input name
//   Allow the spaces after the commas to be optional
//   Allow the period after the initial to be optional
  var pos = myName.value.search(
            /^[A-Z][a-z]+, ?[A-Z][a-z]+, ?[A-Z]\.?$/);
  if (pos != 0) {
    alert("The name you entered (" + myName.value +
          ") is not in the correct form. \n" +
          "The correct form is:" +
          "last-name, first-name, middle-initial \n" +
          "Please go back and fix your name");
    return false;
  } else
    return true;
}

// The event handler function for the phone number text box
function chkPhone() {
  var myPhone = document.getElementById("phone");

// Test the format of the input phone number
  var pos = myPhone.value.search(/^\d{3}-\d{3}-\d{4}$/);
  if (pos != 0) {
    alert("The phone number you entered (" + myPhone.value +
          ") is not in the correct form. \n" +
          "The correct form is: ddd-ddd-dddd \n" +
          "Please go back and fix your phone number");
    return false;
  } else
    return true;
}
```

```
// validatorr.js
//    Register the event handlers for validator.html

document.getElementById("custName").onchange = chkName;
document.getElementById("phone").onchange = chkPhone;
```

图 5-8 展示了输入内容后 validator.html 在浏览器中的显示效果。其中，姓名的格式是正确的，电话号码的格式却不正确。该图显示的时候，电话号码文本框并没有失去焦点，也就是说，用户尚未按下回车键或在电话号码文本框之外单击鼠标左键。

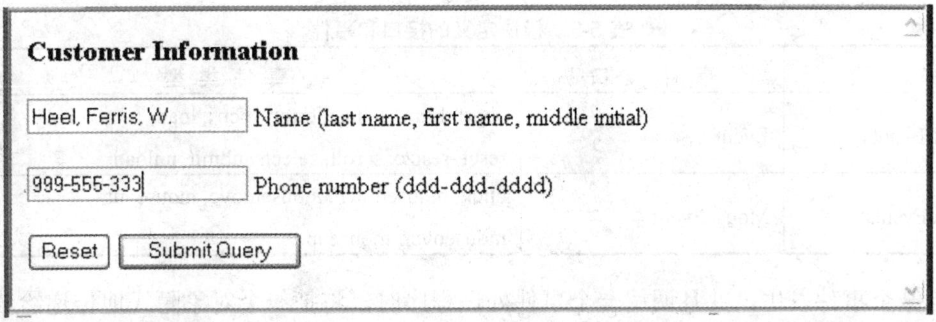

图 5-8 validator.html 的显示效果，其中电话号码的格式不正确，电话号码文本框具有焦点

图 5-9 展示了当焦点还在图 5-8 中的电话号码文本框时，按下回车键后生成的警告对话框。

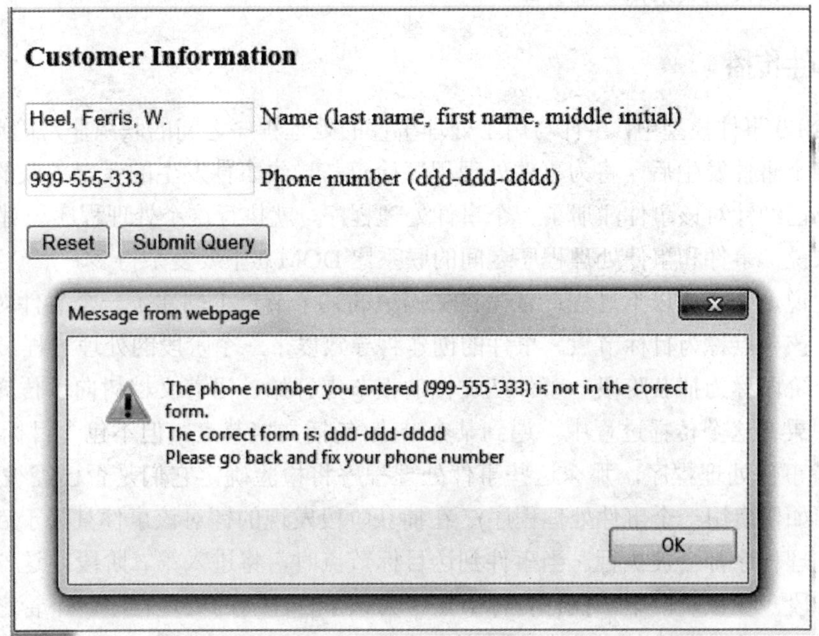

图 5-9 在 validator.html 中由于电话号码格式不正确而导致的错误消息

5.8 DOM 2 事件模型

一方面，DOM 2 事件模型没有包含 DOM 0 事件模型的特性。但可以预见，在未来很长一段时间内，浏览器都将支持 DOM 0 事件模型中的这些特性，因此 Web 开发人员在使用这些特性时不必犹豫不决。从另一方面讲，DOM 2 事件模型比 DOM 0 事件模型更为精密，功能也更强大。但是，使用 DOM 2 事件模型的一个劣势在于 IE9 之前的 IE 版本并不支持它。

DOM 2 事件模型是一个模块化接口。其中的一个 DOM 2 模块为 Events，该模块又包含了多个子模块，其中最常用的是 HTMLEvents 和 MouseEvents。通过这些模块定义的接口和事件如表 5-3 所示。

表 5-3 模块定义的接口和事件

模 块	事 件 接 口	事 件 类 型
HTMLEvents	Event	abort, blur, change, error, focus, load, reset, resize, scroll, select, submit, unload
MouseEvents	MouseEvent	click, mousedown, mousemove, mouseout, mouseover, mouseup

当某个事件发生，并且调用一个事件处理程序时，将把一个对象隐式地传递给该事件处理程序，该对象实现了与事件类型相关联的事件接口(5.8.1 节中将解释如何选择调用一个处理程序)。该对象的属性包含了与该事件相关的信息。

DOM 2 事件模型比较复杂。本节将只介绍该模型的基础知识。在 W3C 的 Web 站点上可以找到针对该模型其余部分的介绍。

5.8.1 事件传播

在 DOM 0 事件模型中，事件与用于处理事件的处理程序之间的联系非常简单。当浏览器检测到某个事件发生后，将为事件处理程序检查与导致事件发生的元素关联的对象。如果这个对象已经针对该事件注册了一个事件处理程序，就执行这个处理程序。对于 DOM 2 事件模型来说，事件和事件处理程序之间的联系比 DOM 0 中要复杂得多。

简单地说，会经历以下过程：首先在文档树的某个节点上创建了一个事件对象。对于这个事件，该节点称为目标节点。事件的创建将导致以下三个阶段的处理过程。

第一个阶段称为捕获阶段。事件从文档的根节点开始，沿着文档树向下传递，直到目标节点。如果在这个传播过程中，遇到某个节点(包括文档节点，但不包含目标节点)为该事件注册了事件处理程序，那么这些事件处理程序将检验确定它们是否已经被启用(5.8.2 节中会介绍如何启用一个事件处理程序)。在捕获阶段发现的针对该事件且处于启用状态的任何事件处理程序都会被执行。当事件到达目标节点时，将进入第二阶段，这一阶段称为目标节点阶段。在该阶段中，执行目标节点中为该事件注册的处理程序，不管它们是否已被启用。这一过程与 DOM 0 事件模型中的操作类似。目标节点中注册的处理程序执行结束后，将进入第三阶段，该阶段称为冒泡阶段。在冒泡阶段，事件会沿着文档树向上返回到文档节点。在这一过程中，将执行任一节点中为该事件注册的事件处理程序(无论它是否处于启用状态)。

并非所有事件都有冒泡阶段。例如，load 和 unload 事件就不会冒泡。另一方面，所有鼠标事件都有冒泡阶段。总的来说，如果有必要处理文档树中远在目标节点之上的事件，那么该事件是可以冒泡的；否则不会冒泡。

在任何处理程序中，通过调用事件对象的 stopPropagation 方法，都可以阻止事件进一步传播。

冒泡思想是从异常处理操作中借用过来的。对于一个复杂的大型文档来说，如果针对每个元素都注册相应的事件处理程序，那么将需要非常多的代码。但是，不管是从处理程序代码本身来说，还是从针对事件的处理程序注册代码来说，其中许多代码实际上都是多余的。

因此，如果能定义一种方式使一个处理程序可以处理来自多个相似或相关元素的事件将是非常有意义的。这一概念的中心思想是事件可以传递到某些中心位置进行处理，而不是总在局部进行处理。在 DOM 中，事件处理的中心位置自然是文档或者窗口层，它们也是冒泡终点。

许多事件将导致浏览器执行某些操作，例如，对链接进行单击将导致链接指向的文档替换当前文档。某些情况下，可能需要阻止此类操作的发生。例如，如果提交按钮的事件处理程序发现表单数据中有一个值是错误的，就不希望将表单数据提交到服务器。在 DOM 0 事件模型中，是通过使处理程序返回 false 来阻止这个操作的。DOM 2 的事件接口提供了一个方法 preventDefault，它也能够阻止默认操作的发生。每个事件对象都实现 preventDefault 方法。

5.8.2　事件处理程序的注册

DOM 0 事件模型可以利用两种不同方式来注册事件处理程序。第一种方式是将处理程序代码作为字符串字面量赋予元素的事件关联特性。第二种方式是将处理程序函数的名称赋予事件关联属性。在 DOM 2 事件模型中，处理程序注册是通过 addEventListener 方法执行的，该方法是在接口 EventTarget 中定义的，Document 对象的所有继承对象都实现了这个接口[3]。

方法 addEventListener 有三个参数，第一个参数是事件名称字符串字面量。例如，mouseup 和 submit 作为第一个参数都是合法的。第二个参数是事件处理函数。这可以是函数的代码本身(表现为匿名函数定义)或者是在其他位置定义的函数的名称。注意，这个参数不是字符串类型的，因此不需要用引号括起来。第三个参数是一个 Boolean 类型的值，该参数用于指定是否在捕获阶段启用调用的处理程序。如果该值为 true，那么在捕获阶段将启用事件处理程序。实际上，一个处于启用状态的处理程序只能在捕获阶段才能调用。如果该值为 false，那么这个处理程序不被启用，它可以在目标节点中调用，也可以在冒泡阶段到达的任何节点中调用。

当调用一个处理程序时，只为处理程序传递一个参数，即 event 对象。例如，假定需要为某个文本输入元素的 change 事件注册一个名为 chkName 的事件处理程序，该元素的 id 为 custName，那么采用下面的代码可以做到这一点：

```
document.custName.addEventListener(
                   "change", chkName, false);
```

在这个示例中，希望在目标节点(本例中就是 custName)中调用事件处理程序，因此将第三个参数设定为 false。

有时为了方便，可能需要创建一个临时的事件处理程序。具体实现方式为在使用处理程序时注册这个事件处理程序，使用后就删除这一注册。方法 removeEventListener 能够删除对某个事件处理程序的注册。该方法的参数与 addEventListener 的参数相同。

3　由于在 DOM 2 规范中，处理程序称为侦听器(listener)，因此，该方法的名称中包含的是 listener，而不是 handler。在 Java 中，窗口小组件事件处理程序也使用了这个词。

在 DOM 0 事件模型中，当把某个事件处理程序注册到某个文档节点时，该处理程序就成为了这个节点对象的一个方法。这样，在处理程序中使用 this 可以引用目标节点。FX3+浏览器按同样方式为 DOM 2 事件模型实现了事件处理程序。但对于 DOM 2 模型来说，这不是必要的，因此某些其他类型的浏览器可能没有使用这种方式。这样，在处理程序中使用 this 可能导致无法移植的问题。另一种较安全的方式是使用 Event 对象的 currentTarget 属性，它将总是引用正在执行的处理程序的对象。如果是通过目标节点的对象来调用处理程序，currentTarget 就是目标节点。但是，如果处理程序是在捕获阶段或者冒泡阶段调用的，currentTarget 就是调用处理程序的对象，而不是目标节点对象。Event 对象的另一个属性 target 保存着对目标节点的引用。

MouseEvent 接口是从 Event 接口继承而来的。它添加了一组与鼠标事件相关的属性。其中最有用的是 clientX 和 clientY，这两个属性分别用于指定鼠标光标的 x 坐标和 y 坐标，具体的坐标值是相对于浏览器窗口客户区域的左上角进行计算的。在坐标计算过程中考虑的是整个浏览器窗口，因此，如果用户上下滚动文档，那么 clientY 的值是从文档的顶部开始计算，而不是从当前显示窗口的顶部进行计算的。

5.8.3 DOM 2 事件模型示例

以下示例文档是对 5.7 节中的 validator.html 文档和 validator.js 脚本进行修改而来的，原示例使用的是 DOM 0 事件模型。修改后的版本使用的是 DOM 2 事件模型，因此无法在 IE8 中正确运行。需要指出的是，这个文档没有调用方法 preventDefault 的语句。这是因为文档中处理的唯一事件是 change，而该事件没有默认操作，所以没有操作需要阻止。下面是该文档和 JavaScript 文件：

```
<!DOCTYPE html>
<!-- validator2.html
     A document for validator2.js
     Creates text boxes for a name and a phone number
     Note: This document does not work with IE browsers before IE9
     -->
<html lang = "en">
  <head>
    <title> Illustrate form input validation with DOM 2> </title>
    <meta charset = "utf-8" />
    <script type = "text/javascript" src = "validator2.js" >
    </script>
  </head>
  <body>
    <h3> Customer Information </h3>
    <form action = "">
      <p>
        <label>
          <input type = "text" id = "custName" />
           Name (last name, first name, middle initial)
        </label>
```

```
        <br /><br />

        <label>
          <input type = "text" id = "phone" />
          Phone number (ddd-ddd-dddd)
        </label>
        <br /><br />

        <input type = "reset" />
        <input type = "submit" id = "submitButton" />
      </p>
    </form>
<!-- Script for registering event handlers -->
    <script type = "text/javascript" src = "validator2r.js" />
  </body>
</html>
```

```
// validator2.js
//   An example of input validation using the change and submit
//   events using the DOM 2 event model
//   Note: This document does not work with IE8

// ******************************************************* //
// The event handler function for the name text box
function chkName(event) {

// Get the target node of the event
  var myName = event.currentTarget;

// Test the format of the input name
//  Allow the spaces after the commas to be optional
//  Allow the period after the initial to be optional
  var pos = myName.value.search(
                 /^[A-Z][a-z]+, ?[A-Z][a-z]+, ?[A-Z]\.?$/);
  if (pos != 0) {
    alert("The name you entered (" + myName.value +
          ") is not in the correct form. \n" +
          "The correct form is: " +
          "last-name, first-name, middle-initial \n" +
          "Please go back and fix your name");
  }
}
// ******************************************************* //
// The event handler function for the phone number text box
function chkPhone(event) {

// Get the target node of the event
  var myPhone = event.currentTarget;

// Test the format of the input phone number
```

```
    var pos = myPhone.value.search(/^\d{3}-\d{3}-\d{4}$/);

    if (pos != 0) {
      alert("The phone number you entered (" + myPhone.value +
            ") is not in the correct form. \n" +
            "The correct form is: ddd-ddd-dddd \n" +
            "Please go back and fix your phone number");
    }
  }
```

```
// validator2r.js
//   The last part of validator2. Registers the
//   event handlers
//   Note: This script does not work with IE8

// Get the DOM addresses of the elements and register
//  the event handlers
     var customerNode = document.getElementById("custName");
     var phoneNode = document.getElementById("phone");
     customerNode.addEventListener("change", chkName, false);
     phoneNode.addEventListener("change", chkPhone, false);
```

需要指出的是，DOM 0 和 DOM 2 这两个事件模型可以在同一个文档中混合使用。如果某个 DOM 0 特性恰好比对应的 DOM 2 特性更方便，就没理由不使用 DOM 0 的特性。第 6 章中包含了一个示例，该示例中使用 DOM 2 事件模型来完成了一些难以通过 DOM 0 事件模型完成的任务。

5.9 canvas 元素

canvas 元素会创建一个矩形，使用 JavaScript 可在这个矩形中绘制位映射图形。canvas 元素通常包括 3 个特性，分别是 height、width 和 id，不过它们都是可选的。height 和 width 特性的值都是非负整数，用于指定画布矩形的尺寸(单位为像素)[4]。height 和 width 的默认值分别是 150 和 300。要在画布矩形上进行绘制，就必须使用 id 特性。当浏览器不支持 canvas 元素时，就会显示它的内容。下面是 canvas 元素的一个示例：

```
<canvas id = "myCanvas" height = "200" width = "400">
Your browser does not support the canvas element
</canvas>
```

如果浏览器不支持 canvas 元素，就会显示它们的内容。

与<image>标签一样，<canvas>标签需要有显式的结束标签。

要允许在 canvas 元素上进行绘制，首先需要为 canvas 元素获取一个绘制上下文。这是通过获取该元素的 DOM 地址，然后调用它的 getContext 方法实现的。调用该方法时使用

4 尺寸并不总是解释为像素。在高分辨率显示屏上，可能两个实际的像素只表示一个指定的像素。

的参数为‘2d’，表示要进行二维绘制。例如，如果像下面这样创建一个 canvas 元素：

```
<canvas id = "myCanvas" width = "400" height = "150" >
Your browser cannot display canvas drawings
</canvas>
```

就可以用下面的代码获得该 canvas 元素的绘制上下文：

```
var context = myCanvas.getContext('2d');
```

为了避免出现错误消息，通常把 getContext 调用和实际的绘制代码放到一个选择器中，只有当 getContext 方法存在时，选择器才选择它。下面的代码常用于此目的：

```
if (myCanvas.getContext) {
  var context = myCanvas.getContext('2d');
  // Drawing code
}
```

很多时候，当加载包含 canvas 元素的文档时，就会显示该元素中绘制的内容。为此，我们将绘制代码放到一个函数中，然后用主体元素的 onload 特性调用该函数。

canvas 元素创建的矩形绘制表面一开始是空的。该表面的原点就是左上角。

在 canvas 表面上能够绘制的基本形状只有一个，就是矩形。可以使用 strokeRect 仅绘制一个矩形边框，也可以使用 fillRect 将其绘制成一个实心矩形。这两个方法具有相同的 4 个参数，其中前两个参数表示矩形的水平和垂直像素位置，从画布的左上角开始计算。后两个参数以像素为单位指定了要绘制的矩形的宽高。还有另外一个矩形方法 clearRect，它的参数与以上两个方法相同，作用是清除它所定义的矩形的填充。下面的示例包括一个 HTML 文档和一个 JavaScript 文件，用于演示这三个方法的用法：

```
// rects.js
// This script illustrates the use of the rectangle methods of
//  the canvas element to draw two rectangles.

function draw() {
  var dom = document.getElementById("myCanvas");
  if (dom.getContext) {
    var context = dom.getContext('2d');

// Draw the outer filled rectangle
    context.fillRect(100, 100, 200, 200);

// Clear a rectangle inside the first rectangle
    context.clearRect(150, 150, 100, 100);

// Draw a stroke rectangle inside the others
    context.strokeRect(180, 180, 40, 40);
```

```
// Draw a small filled rectangle in the center of the others
      context.fillRect(195, 195, 10, 10);
    }
  }
```

图 5-10 显示了调用 rects.js 的 draw 方法在浏览器中的显示效果。

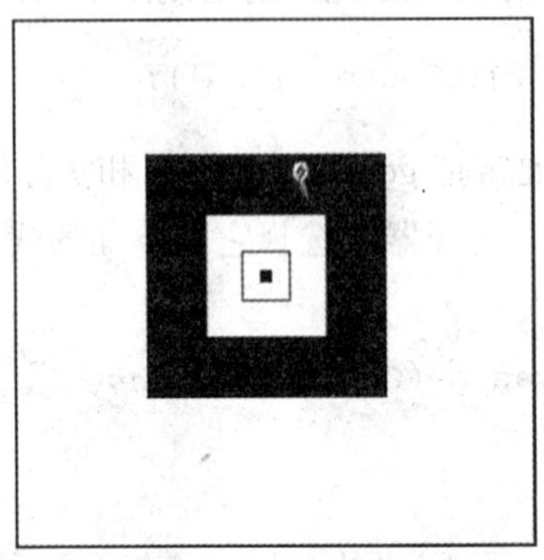

图 5-10　调用 rects.js 的 draw 方法的显示结果

绘制直线和曲线的方法是首先创建一个路径，然后根据想要绘制的图形指定路径的走向。调用 beginPath 可创建一条路径，该方法没有参数。路径的初始点通过调用 moveTo 指定，该方法以画布中的一个水平像素位置和一个垂直像素位置作为参数。其作用实质上相当于移动画笔的位置。lineTo 方法从当前位置绘制一条直线到其两个参数指定的位置。stroke 方法实际绘制线条。另外，也可以调用 fill 方法来填充绘制的图形。如果不调用这两个方法，则什么也不绘制。这两个方法都不接受参数。下面的 draw 方法使用 beginPath、moveTo、lineTo 和 stroke 方法来绘制一个平行四边形：

```
// parallel.js
// This script illustrates the use of the methods for
//  drawing lines by drawing a parallelogram.

function draw() {
  var dom = document.getElementById("myCanvas");
  if (dom.getContext) {
    var context = dom.getContext('2d');
    context.beginPath();
    context.moveTo(50, 150);
    context.lineTo(100, 100);
    context.lineTo(200, 100);
    context.lineTo(150, 150);
    context.lineTo(50, 150);
    context.stroke();
  }
}
```

图 5-11 显示了调用 parallel.js 的 draw 方法得到的显示结果。

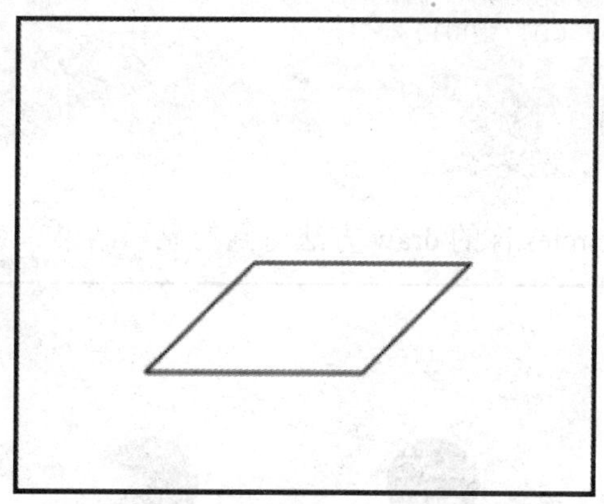

图 5-11　调用 parallel.js 的 draw 方法的显示结果

arc 方法用于绘制弧线和圆，它有 6 个参数。前两个提供了弧线或者圆的中心的位置。第三个参数指定了弧线或者圆的半径。第四个参数是开始绘制的角度。第五个参数是结束绘制的角度。这两个参数必须以弧度方式给出。使用下面的表达式可以把角度转换为弧度：

```
radians = (Math.PI / 180) * degrees
```

第六个参数是一个布尔值，指定了绘制是沿顺时针(false)还是逆时针(true)进行。

下面的 draw 方法绘制了两个图形。第一个图形包括两个同心圆，外边的圆仅显示边，内部的圆则被填充起来；第二个图形显示了一个填充的圆，但是右边有一块被切了下来：

```
// circles.js
// This script illustrates the use of the methods for
// drawing circles.

function draw() {
  var dom = document.getElementById("myCanvas");
  if (dom.getContext) {
    var context = dom.getContext('2d');

// Draw the outer stroke circle
    context.beginPath();
    context.arc(200, 200, 100, 0, 2 * Math.PI, false);
    context.stroke();

// Draw the inner filled circle
    context.beginPath();
    context.arc(200, 200, 50, 0, 2 * Math.PI, false);
    context.fill();

// Draw Pac-Man
```

```
    context.beginPath();
    context.arc(500, 200, 50, Math.PI/7, -Math.PI/7, false);
    context.lineTo(500, 200);
    context.fill();
  }
}
```

图 5-12 显示了调用 circles.js 的 draw 方法得到的显示结果。

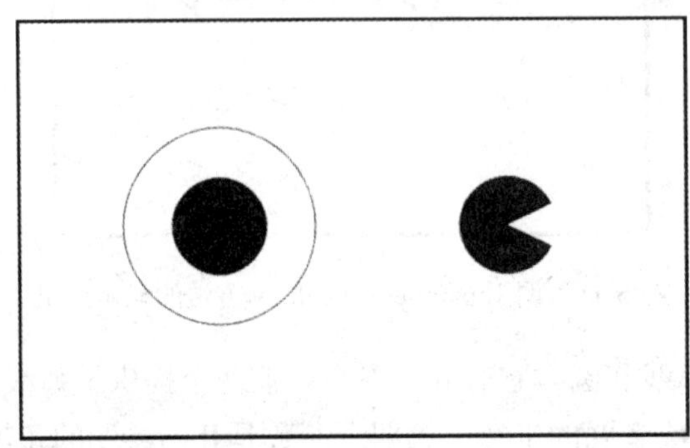

图 5-12　调用 circle.js 的 draw 方法得到的显示结果

注意第二个图形只需要一条线，这是因为填充图形将自己的边界封闭。

canvas 元素的功能要比这里示范的多很多。例如，除了绘制弧线和矩形，还可以绘制贝塞尔曲线和二次曲线。图片也可被融合到 canvas 元素的内容中。此外，canvas 元素的内容也可以是动画。

5.10　navigator 对象

navigator 对象表示正在用来查看 HTML 文档的浏览器。浏览器的名称存储在该对象的 appName 属性中。浏览器的版本存储在该对象的 appVersion 属性中。在脚本中使用这些属性可以确定当前正在使用的浏览器类型，并为该浏览器指定合适的程序。下面的示例示范了 navigator 对象的用法，这个示例只显示了浏览器的名称和版本号。

```
<!DOCTYPE html>
<!-- navigate.html
     A document for navigate.js
     Calls the event handler on load
     -->
<html lang = "en">
  <head>
    <title> navigate.html </title>
    <meta charset = "utf-8" />
    <script type = "text/javascript" src = "navigate.js" >
    </script>
```

```
  </head>
  <body onload = "navProperties()">
  </body>
</html>

// navigate.js
//   An example of using the navigator object

// The event handler function to display the browser name
//   and its version number
function navProperties() {
  alert("The browser is: " + navigator.appName + "\n" +
    "The version number is: " + navigator.appVersion + "\n");
}
```

图 5-13 展示了 navigate.html 在 FX3 中的显示结果。图 5-14 展示了该示例文档在 IE10 中的显示结果。需要指出的是，IE10 的版本号为 5。Microsoft 有意将 IE10 的版本号设定为 5，是出于与以前版本兼容的考虑。实际上，Firefox 在这个问题上也好不到哪里。使用 FX3，显示的版本号是 5.0。而与 FX3 一样，C12 浏览器也显示它是 Netscape 版本 5.0。

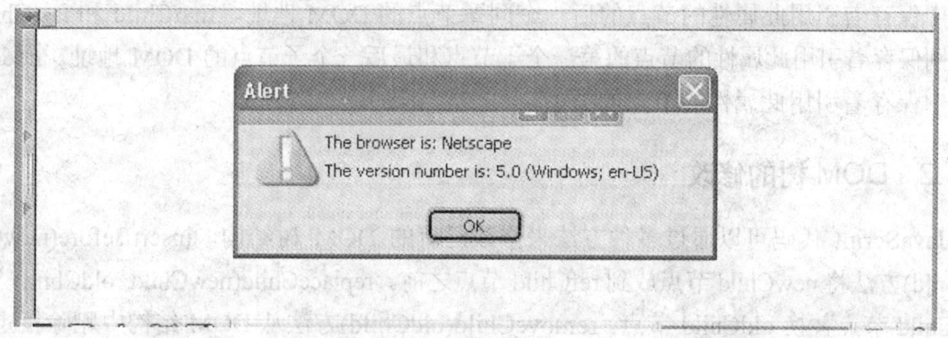

图 5-13　FX3 中显示的 navigator 对象的 appName 属性和 appVersion 属性

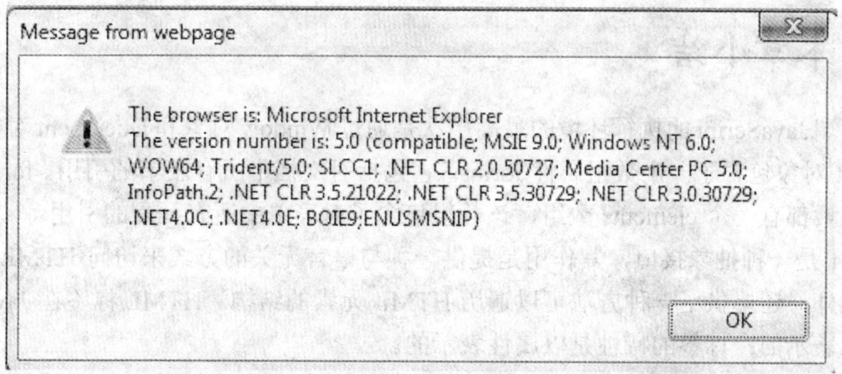

图 5-14　IE10 中显示的 navigator 对象的 appName 属性和 appVersion 属性

5.11 DOM 树的遍历和修改

有很多与 DOM 2 文档表示相关的对象、属性和方法还没有讨论。Node 接口中定义了其中一组这样的属性和方法，DOM 结构中的所有节点对象都实现了该接口。其中一些用来遍历和修改正在显示的文档的 DOM 树结构。本节简要描述几个最常用的属性和方法。这里提到的所有属性和方法都得到了 IE9+、C10+和 FX3+的支持。

5.11.1 DOM 树的遍历

parentNode 属性中保存着引用此属性的节点的父节点的 DOM 地址。childNodes 属性是引用此属性的节点的子节点的数组。例如，如果文档有一个 id 为 mylist 的无序列表，可使用下列代码显示该列表中的项数。

```
var nod = document.getElementById("mylist");
var listitems = nod.childNodes.length;
document.write("Number of list items is: " +
               listitems + "<br />");
```

previousSibling 属性中保存着引用此属性的节点的前一个同辈节点的 DOM 地址。nextSibling 属性中保存着引用此属性的节点的后一个同辈节点的 DOM 地址。firstChild 和 lastChild 属性分别保存着引用此属性的节点的第一个子节点和最后一个子节点的 DOM 地址。nodeType 属性中保存着引用此属性的节点的类型。

5.11.2 DOM 树的修改

JavaScript 代码可以通过多种方法来修改已有的 DOM 树结构。insertBefore(newChild, refChild)方法将 newChild 节点放到 refChild 节点之前。replaceChild(newChild, oldChild)方法用 newChild 节点替换 oldChild 节点。removeChild(oldChild)方法从 DOM 结构中删除指定的节点。appendChild(newChild)方法在调用此方法的节点的同辈节点列表的末尾添加给定节点。

5.12 本章小结

客户端 JavaScript 的执行环境的最高层次是通过 Window 对象和 Document 对象描述的。Document 对象包含了一个数组属性 forms，它包括对文档中所有表单的引用。forms 数组中的每个元素都有一个 elements 数组，该数组包含了对表单中所有元素的引用。

DOM 是一种抽象接口，其作用是提供一种与语言无关的方式来访问 HTML 文档中的元素。此外，还提供了一种方法可以遍历 HTML 元素的结构。HTML 标签在 JavaScript 中是以对象表示的；标签的特性是以属性表示的。

在 JavaScript 中，共有三种不同的方式可以访问 HTML 元素：通过 forms 数组和 elements 数组、通过元素及其包含元素的名称以及通过 getElementById 方法。

简单地说，事件就是某种情况发生时的通知，事件可能需要某些特殊的处理。事件处理代码就用于提供这些特殊的处理功能。目前，有两种事件模型可供使用。一个称为 DOM

0 事件模型，所有支持 JavaScript 的浏览器都实现了这个模型。另一个是 DOM 2 事件模型，它比 DOM 0 事件模型更精密，功能也更强大。

利用 DOM 0 模型，一共有两种注册事件处理程序的方式：一种是将处理程序代码赋予定义 HTML 元素的标签的特性。另一种是将实现了处理程序的函数名称赋予 HTML 元素对象的事件关联属性。在事件处理程序中不应该使用 document 对象的 write 方法。

在 DOM 0 模型中，每个事件都有一个关联的标签特性，同一个特性可能会出现在多个不同的标签中。此时发生的事件是相同的，但是具体的处理方式有区别。load 和 unload 事件经常和<body>标签一起使用，分别用于在加载或者退出文档时执行某些操作。click 事件可以用于所有不同的 HTML 按钮和锚标签的链接。利用 change 事件可以很方便地检查表单输入数据。submit 事件也可以在表单数据提交之前对表单数据进行检查。

DOM 2 事件模型定义了事件处理的三个不同阶段：捕获阶段、目标节点阶段和冒泡阶段。在捕获阶段，事件对象沿着文档树从文档根节点一直传播到目标节点，而事件正是在目标节点创建的。在冒泡阶段，事件对象从目标节点逆向传播回文档根节点，并触发遇到的为不同节点注册的相关事件处理程序。可将事件处理程序设定为能够在捕获阶段触发。通过方法 addEventListener 可以实现事件处理程序的注册，通过该方法可以设置在捕获阶段触发处理程序。利用方法 removeEventListener 可以注销事件。Event 对象的 currentTarget 属性是一个对象的引用，处理程序是通过这个对象调用的。target 属性是对目标节点对象的引用。mouseEvent 对象有两个属性，分别为 clientX 和 clientY，它们保存着当鼠标事件发生时鼠标光标在浏览器窗口中位置的坐标。

canvas 元素在文档显示中创建了一个矩形区域，可使用 JavaScript 方法在此区域中绘制线条、矩形和弧线。

navigator 对象包含了正在使用的浏览器的相关信息，包括浏览器的版本号和其他一些信息。

DOM2 定义了很多对象、方法和属性，可以用来遍历和修改文档的 DOM 树结构。

5.13 复习题

1. JavaScript 中的全局变量是什么对象的属性？
2. 在 JavaScript 对 DOM 的绑定中，如何表示 HTML 元素和特性？
3. 什么是事件？
4. 什么是事件处理程序？
5. DOM 0 事件模型的起源是什么？
6. 在 DOM 0 事件模型中，可以利用哪两种方式将事件处理程序关联到某个 HTML 元素的事件？
7. 为什么不应该在事件处理程序中使用 document.write？
8. HTML 元素可以以什么样的方式获得焦点？
9. 描述利用 forms 数组和 elements 数组对 HTML 元素进行定位的方法。
10. 描述利用 name 特性对 HTML 元素进行定位的方法。

11. 描述利用方法 getElementById 对 HTML 元素进行定位的方法。
12. 将事件处理程序赋予事件属性这种方式的缺点是什么？
13. 将事件处理程序赋予事件属性这种方式的优点是什么？
14. 为什么说在表单数据发送到服务器之前，利用 JavaScript 检查表单输入的有效性是比较合理的？
15. 当发现某个表单输入元素中的数据格式不正确时，应该执行哪三种操作？
16. 如果 onsubmit 事件的事件处理程序返回 false，其含义是什么？
17. 什么事件可以触发一个事件处理程序来检查表单中文本框输入的有效性？
18. 在 DOM 0 事件模型中会发生什么样的事件传播？
19. 解释 DOM 2 事件模型中事件处理的三个阶段。
20. 给出事件默认操作的两个示例。
21. 解释方法 addEventListener 的前两个参数的含义。
22. 如何注册一个事件处理程序，以使得它能够在捕获阶段被调用？
23. 如何注销一个事件处理程序？
24. clientX 和 clientY 属性保存的内容是什么？
25. canvas 元素的作用是什么？
26. moveTo 方法完成什么操作？
27. 解释 arc 方法的参数。
28. navigator 对象的作用是什么？

5.14 练习题

1. 修改示例文档 radio_click.html，使其包含 5 个按钮，标签分别为 red、blue、green、yellow 以及 orange。针对这些按钮的事件处理程序必须能够产生消息，消息的内容为选中的最喜爱的颜色。这个事件处理程序必须作为函数实现，其名称要赋给单选按钮元素的 onclick 特性。选中的颜色必须作为参数传递给事件处理程序。
2. 重写练习 1 得到的文档，将事件处理程序代码赋给按钮元素的事件属性。这要求选中的颜色从按钮元素的 value 属性获得，而不是通过参数获取。
3. 开发一个 HTML 文档，其中包含了一组复选框和一个提交按钮，复选框的内容为苹果(每个 59 美分)、桔子(每个 49 美分)和香蕉(每个 39 美分)。每个复选框都应该有自己的 onclick 事件处理程序。这些事件处理程序必须能够将对应的水果价格添加到总价格中。针对提交按钮的事件处理程序必须能够产生一个 alert 窗口，其中的消息格式为 Your total cost is $xxx，其中 xxx 是所选水果的总价格加上 5%的销售税。这个处理程序必须返回 false(以免真正传送表单数据)。最后对文档进行测试。
4. 开发一个类似于练习 3 的 HTML 文档。在这个示例中，使用文本框来替代复选框。这些文本框用于接收数值输入，其含义为购买水果的数目。其余部分与练习 3 的要求相同。最后对文档进行测试。
5. 为练习 4 得到的文档中的文本框添加真实性检查功能。对文本框输入的检查应该保证输入的数值在 0~99 之间。

6. 元素输入范围的检查可以表示为该元素对象的新属性。修改练习 5 得到的文档，添加一个 max 属性，其属性值为 99；添加一个 min 属性，其属性值为 0。事件处理程序必须利用这两个表示范围的属性来检查文本框的输入值。

7. 开发一个 HTML 文档，用于收集用户的以下信息：姓、名、中间名首字母、年龄(必须超过 17 岁)以及体重(限制范围为 80~300)。必须针对这些表单元素创建事件处理程序，来检查所收集的信息是否正确。当检测到错误时，使用 alert 窗口来显示错误消息。最后对文档进行测试。

8. 利用 DOM 2 事件模型来修改练习 1 得到的文档。

9. 利用 DOM 2 事件模型来修改练习 3 得到的文档。

10. 开发一个 HTML 文档和一个 JavaScript 脚本，绘制一个实心正方形，其中包含一个空圆。最后对文档进行测试。

11. 开发一个 HTML 文档和一个 JavaScript 脚本，绘制奥林匹克标志。最后对文档进行测试。

第 6 章

利用 JavaScript 开发动态文档

我们可将动态 HTML 文档通俗地定义为当通过浏览器进行显示时，还可以按照某种方式进行修改的文档。提供动态文档的最常用的客户端方法是使用 JavaScript 操纵显示文档的 DOM 对象。显式的用户交互请求可以触发对文档的修改，同样，也可以定期修改文档，或者当浏览器事件发生时修改文档。

HTML 元素初始时可能会位于浏览器中任意给定的位置。但是，如果按照某种特殊的方式对元素进行定位，那么可以动态地将元素移动到显示窗口中的其他位置。可以隐藏元素，也可以使元素重新出现。文档的背景色和前景(元素)色也都是可以改变的。显示文本的字体、字体大小和字体样式也可以改变。甚至元素的内容都可以改变。文档中的重叠元素可以按某种自上向下的堆叠顺序进行定位，堆叠顺序也是可以动态修改的。当在文档上单击鼠标时，可以确定光标在浏览器窗口中的位置。还可以使元素在浏览器窗口中四处移动。最后，可将元素定义为允许用户将它们拖放到浏览器窗口的任意位置。本章将对创建所有这些效果的 JavaScript 代码展开讨论。

6.1 简介

动态 HTML 并不是一种新的标记语言。它是一个技术集合，可供动态修改通过 HTML 描述的文档。确切地讲，所谓动态 HTML 文档，其含义是指可在文档已显示并仍在显示时通过用户交互或浏览器事件，对其标签特性、标签内容或者元素样式属性进行修改。可通过嵌入式的脚本来完成此类修改，脚本可以将文档元素作为相关文档对象模型(DOM)结构中的对象来访问。

各种不同浏览器对动态 HTML 的支持并不统一。与第 5 章一样，本章的讨论限定在 W3C 标准中的方法而不是某一种浏览器供应商所定义的特性。本章中的所有示例(除了 6.11 节之外)使用的都是 DOM 0 事件模型，因此都可以在 IE8 和 FX3 浏览器中正确显示。6.11 节中的示例使用的是 DOM 2 事件模型，这是因为如果采用 DOM 0 事件模型将无法按照标准方式进行设计。由于 IE8 及更早版本不支持 DOM 2 事件模型，因此，该节中的示例无法在 IE8 中正确显示。但是 IE9+是支持 DOM2 的，所以可以正确显示该示例。

本章将讨论如何利用客户端 JavaScript 来实现基于 HTML 文档的用户交互。第 8~10 章将讨论如何利用服务器端技术来实现基于 HTML 文档的用户交互。

6.2 元素定位

在能够实现 HTML 4.0 的浏览器问世之前，Web 站点的开发人员几乎无法控制 HTML 元素在文档中的布局。在很多情况下，HTML 文件中的元素就是简单地放到文档中，就像在使用文字处理器那样直接将文本放到文档中——填满一行，开始一个新行，再填满这一行，诸如此类一直持续下去。HTML 表格为元素布局提供了一种分栏框架，但不够灵活，而且所需的显示时间非常长[1]。不过，缺乏强大和快速的元素布局控制方式这一情况随着 1997 年 W3C 的层叠样式表定位(Cascading Style Sheets-Positioning，CSS-P)的发布而结束了。

CSS-P 完全得到了 IE8+、FX3+和 C12+的支持。CSS-P 不仅能够用于将任意元素定位到文档显示窗口的任意位置，能够动态地将某个元素移动到显示窗口的某个新位置，还能够利用 JavaScript 修改元素的定位样式属性。这些样式属性的名称为 left 和 top，分别表示位于左方和上方的某个参考点与元素所处位置之间的距离。将另一个样式属性 position 与属性 left 和 top 联合使用能够在更高层次上控制元素的布局和移动。position 属性有三个可能的取值，分别为 absolute、relative 以及 static。

6.2.1 绝对定位

将属性 position 的值设定为 absolute，其含义为元素在文档显示窗口中的位置与其他元素的位置无关。例如，如果需要设定某个文本段落的位置为距离显示窗口的左边缘 100 像素，离显示窗口顶部边缘 200 像素，可采用如下元素进行设定。

```
<p style = "position: absolute; left: 100px; top: 200px";>
    -- text --
</p>
```

绝对定位的一种应用是将某一组特殊的文本与一组普通的文本段落相叠加，以便产生类似于纸面上的水印效果。可以把一组字母之间留有间距的浅灰色较大斜体文本作为特殊文本，它能够使普通文本及其自身都比较清晰易读。记住，em 表示相对大小，所以嵌入元素的文本大小是根据其父元素计算的。下面的 HTML 示例文档实现了这种格式的特殊文本。这个示例显示了一组对苹果进行描述的正常文本段落。与该段落相叠加的是一个不太引人注意的消息文本 APPLES ARE GOOD FOR YOU。下面给出该示例文档：

```
<!DOCTYPE html>
<!-- absPos.html
     Illustrates absolute positioning of elements
```

1 框架技术为元素布局提供了另一种方式，但在 XHTML 1.0 中已经不建议使用框架，在 XHTML 1.1 和 HTML5 中已经将框架删除了。

```
    -->
<html lang = "en">
  <head>
    <title> Absolute positioning </title>
    <meta charset = "utf-8" />
    <style type = "text/css">

/* A style for a paragraph of text */
      .regtext {font-family: Times; font-size: 1.2em; width: 500px}
/* A style for the text to be absolutely positioned */
      .abstext {position: absolute; top: 25px; left: 25px;
                font-family: Times; font-size: 1.9em;
                font-style: italic; letter-spacing: 1em;
                color: rgb(160,160,160); width: 450px}
    </style>
  </head>
  <body>
    <p class = "regtext">
      Apple is the common name for any tree of the genus Malus,
      of the family Rosaceae. Apple trees grow in any of the
      temperate areas of the world. Some apple blossoms are white,
      but most have stripes or tints of rose. Some apple blossoms
      are bright red. Apples have a firm and fleshy structure that
      grows from the blossom. The colors of apples range from
      green to very dark red. The wood of apple trees is fine
      grained and hard. It is, therefore, good for furniture
      construction. Apple trees have been grown for many
      centuries. They are propagated by grafting because they
      do not reproduce themselves.
      <span class = "abstext">
        APPLES ARE GOOD FOR YOU
      </span>
    </p>
  </body>
</html>
```

图 6-1 展示了 absPos.html 的显示结果。

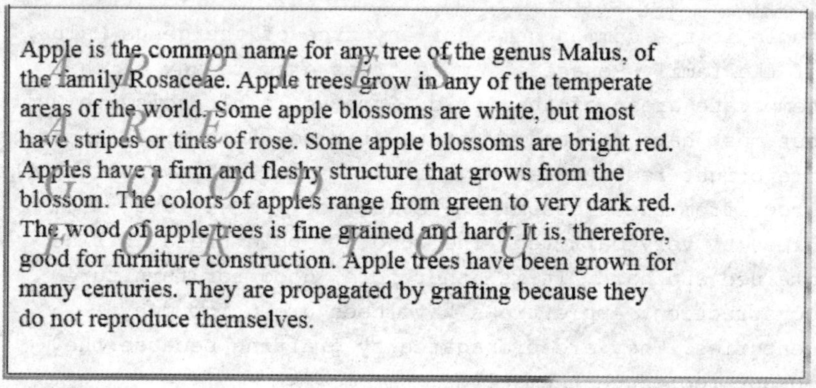

Apple is the common name for any tree of the genus Malus, of the family Rosaceae. Apple trees grow in any of the temperate areas of the world. Some apple blossoms are white, but most have stripes or tints of rose. Some apple blossoms are bright red. Apples have a firm and fleshy structure that grows from the blossom. The colors of apples range from green to very dark red. The wood of apple trees is fine grained and hard. It is, therefore, good for furniture construction. Apple trees have been grown for many centuries. They are propagated by grafting because they do not reproduce themselves.

A P P L E S A R E G O O D F O R Y O U

图 6-1　absPos.html 的显示结果

需要指出的是，普通文本和特殊文本样式中都包含了 width 属性。此处使用这一属性可以保证特殊文本能够均匀嵌入到普通文本中。如果没有这个属性，文本将超出浏览器显示窗口的右边框。当然，浏览器窗口的宽度因客户端而异，甚至对同一个客户端来说，每一分钟也都可能不相同，这是因为用户可能随时调整浏览器窗口的大小。

当一个元素在另一个定位元素(指定了 position 属性的元素)内部进行绝对定位时，那么 top 和 left 的属性值将从这个外部元素的左上角(而不是从浏览器窗口的左上角)开始测量。

为了演示这种嵌套元素的布局，此处对上一个示例文档 absPos.html 进行了修改，将普通文本的位置修改为距离顶部 100 像素、距离左边框 100 像素。并且利用标签<div>和<span>将特殊文本嵌入普通文本中。经修改得到的文档如下所示，文件名为 absPos2.html。

```
<!DOCTYPE html>
<!-- absPos2.html
     Illustrates nested absolute positioning of elements
     -->
<html lang = "en">
  <head>
    <title> Nested absolute positioning </title>
    <meta charset = "utf-8" />
    <style type = "text/css">

/* A style for a paragraph of text */
     .regtext {font-family: Times; font-size: 1.2em; width: 500px;
               position: absolute; top: 100px; left: 100px;}

/* A style for the text to be absolutely positioned */
     .abstext {position: absolute; top: 25px; left: 25px;
               font-family: Times; font-size: 1.9em;
               font-style: italic; letter-spacing: 1em;
               color: rgb(160,160,160); width: 450px;}
    </style>
  </head>
  <body>
    <p class = "regtext">
     Apple is the common name for any tree of the genus Malus,
     of the family Rosaceae. Apple trees grow in any of the
     temperate areas of the world. Some apple blossoms are white,
     but most have stripes or tints of rose. Some apple blossoms
     are bright red. Apples have a firm and fleshy structure that
     grows from the blossom. The colors of apples range from
     green to very dark red. The wood of apple trees is fine
     grained and hard. It is, therefore, good for furniture
     construction. Apple trees have been grown for many
     centuries. They are propagated by grafting because they
     do not reproduce themselves.
     <span class = "abstext">
```

```
    APPLES ARE GOOD FOR YOU
   </span>
  </p>
 </body>
</html>
```

图 6-2 展示了 absPos2.html 的显示结果。

Apple is the common name for any tree of the genus Malus, of the family Rosaceae. Apple trees grow in any of the temperate areas of the world. Some apple blossoms are white, but most have stripes or tints of rose. Some apple blossoms are bright red. Apples have a firm and fleshy structure that grows from the blossom. The colors of apples range from green to very dark red. The wood of apple trees is fine grained and hard. It is, therefore, good for furniture construction. Apple trees have been grown for many centuries. They are propagated by grafting because they do not reproduce themselves.

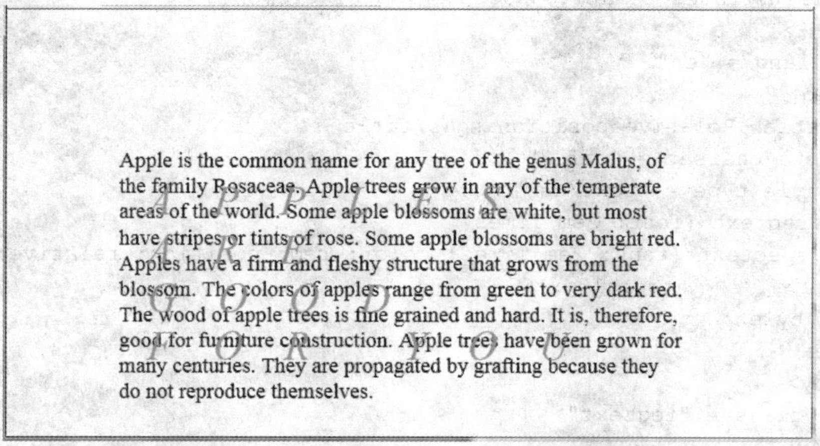

图 6-2　absPos2.html 的显示结果

6.2.2　相对定位

如果只将元素的 position 属性设定为 relative，而没有指定元素的 top 和 left 属性值，那么这样的元素在文档中的位置好像没有设定 position 属性一样。但是，这样的元素以后可以移动。如果为 top 和 left 属性指定了值，那么元素将会从原来的位置(即还没有设定 top 和 left 时的位置)移开，移动量是这两个属性指定的值。例如，假定文档中包含两个按钮，position 特性值为默认值 static。那么它们将紧靠着位于同一行中，当然前提是它们所在的行水平空间足够大。如果这两个按钮的 position 属性设定为 relative，并将第二个按钮的 left 属性设定为 50px，这样，第二个按钮将向右偏离它原来所处的位置 50 像素。

在某个元素绝对定位于另一个元素中的情况下，或者是在元素相对定位的情况下，属性 top 和 left 如果取负值，其作用为分别将元素向上和向左移动[2]。

相对定位可以实现元素定位中的很多特殊效果。例如，可通过将<span>标签的值增大或者减小，令其偏离原来的位置，从而创建上标和下标。在下例中，将一行文本的字体设定为普通字体、大小为 2em。一个单词嵌入在这行文本中，字体为斜体、大小为 2em、字体颜色为红色。它的大小也被设为 2em，但是因为它的父元素就是它所在的段落，所以 2em 意味着它的大小将是所在段落的文本大小的 2 倍。正常情况下，这个特殊单词的底部将与这

2　当然，对于绝对定位元素，如果 left 或 top 属性设置为负值，可能会导致只有元素的一部分是可见的，也可能整个元素都是不可见的。

个文本行剩余部分的底部对齐。在这个示例中，需要将这个特殊单词在这一行的垂直方向向上居中，因此 position 属性设定为 relative、top 属性设定为 15 像素，于是这个特殊单词的高度相对于环绕文本降低了 15 像素。由此得到的 HTML 文档如下所示，文件名为 relPos. html：

```
<!DOCTYPE html>
<!-- relPos.html
     Illustrates relative positioning of elements
     -->
<html lang = "en">
  <head>
    <title> Relative positioning </title>
    <meta charset = "utf-8" />
    <style type = "text/css">
      .regtext {font: 2em Times}
      .spectext {font: 2em Times; color: red; position: relative;
                 top: 15px;}
    </style>
  </head>
  <body>
    <p class = "regtext">
      Apples are
      <span class = "spectext"> GOOD </span> for you.
    </p>
  </body>
</html>
```

图 6-3 展示了 relPos.html 的显示结果。

Apples are GOOD for you.

图 6-3　relPos.html 的显示结果

6.2.3 静态定位

position 属性的默认值为 static。静态定位的元素在文档中的位置与 position 属性值为 relative 而没有指定 top 和 left 属性值的元素一样。它们之间的区别在于静态定位的元素初始条件下不能设定 top 和 left 属性，以后也不能修改它们。因此，不能将静态定位的元素从正常位置移开，以后也不能从这个位置移动该元素。

6.3 移动元素

前面已经提到，如果某 HTML 元素的 position 属性值为 absolute 或者 relative，那么该元素是可以移动的。元素的移动非常简单：修改 top 或者 left 属性值就将导致元素在显示窗口中移动。如果 position 属性值为 absolute，那么元素将移动到 top 和 left 属性值指定的位置；如果 position 属性值为 relative，那么元素将从原有位置开始移动，移动距离为 top 和 left 属性值的大小。

在下面的示例中，一张图片被绝对定位在显示窗口中。该文档中还包含了两个文本框，其标签分别为 x coordinate 和 y coordinate。在这两个文本框中，用户可以输入该图片的 left 和 top 属性的新值。当按下标签为 Move It 的按钮之后，图片的 left 和 top 属性将根据给定的值进行修改，元素将移动到这个新位置。

这个示例利用了一个 JavaScript 函数来修改 left 和 top 属性的值，此函数单独保存为一个文件。虽然将需要移动的元素的 id 发送给实现元素移动的函数这种方式并不是必需的，但这里为了证明该函数可以应用到任何数目的不同元素，还是将元素的 id 发送给了该函数。这两个文本框的值也作为参数发送给了函数。实际的参数值是文本框的 DOM 地址加上 value 特性值，这为文本框的值提供了完整的 DOM 地址。需要注意的是，由于 top 和 left 是样式属性，因此此处在需要移动的图片的 DOM 地址之后附加了 style 属性。因为从文本框输入的 top 和 left 值只是数字的字符串表示，但 top 和 left 属性的末尾必须是某种单位名称的缩写形式，所以事件处理程序在将属性值赋给 top 和 left 属性之前要先将 px 连接到每个属性值上。此文档名为 mover.html，下面给出此文档及相关的 JavaScript 文件 mover.js：

```
<!DOCTYPE html>
<!-- mover.html
     Uses mover.js to move an image within a document
     -->
<html lang = "en">
  <head>
    <title> Moving elements </title>
    <meta charset = "utf-8" />
    <script type = "text/javascript" src = "mover.js" >
    </script>
  </head>
  <body>
    <form action = "">
      <p>
        <label>
          x-coordinate:
          <input type = "text" id = "leftCoord" size = "3" />
        </label>
        <br />
        <label>
          y-coordinate:
          <input type = "text" id = "topCoord" size = "3" />
        </label>
        <br />
        <input type = "button" value = "Move it"
               onclick =
```

```
                    "moveIt('saturn',
                    document.getElementById('topCoord').value,
                    document.getElementById('leftCoord').value)" />
      </p>
    </form>
    <div id = "saturn" style = "position: absolute;
        top: 115px; left: 0;">
      <img src = "../images/saturn.png"
          alt = "(Picture of Saturn)" />
    </div>
  </body>
</html>
// mover.js
//   Illustrates moving an element within a document

// The event handler function to move an element
function moveIt(movee, newTop, newLeft) {
  dom = document.getElementById(movee).style;

// Change the top and left properties to perform the move
// Note the addition of units to the input values
  dom.top = newTop + "px";
  dom.left = newLeft + "px";
}
```

图 6-4 和图 6-5 分别展示了图片在 mover.html 中的初始位置和移动后的新位置。

图 6-4　mover.html 的显示效果(在按下 Move It 按钮之前)

图 6-5　mover.html 的显示效果(在按下 Move It 按钮之后)

6.4　元素可见性

利用文档元素的 visibility 属性可将它们指定为可见或者隐藏。因此，该元素两个可能的取值也自然应该是 visible(可见)和 hidden(隐藏)。通过一个窗口小部件，用户就可以控制某个元素是否可见。

下面的示例显示了一张图片，并且允许用户使用一个按钮来控制该图片的显示状态是可见还是不可见。事件处理程序仍然是一个独立文件。

```
<!DOCTYPE html>
<!-- showHide.html
     Uses showHide.js
     Illustrates visibility control of elements
    -->
<html lang = "en">
  <head>
    <title> Visibility control </title>
    <meta charset = "utf-8" />
    <script type = "text/javascript" src = "showHide.js" >
    </script>
  </head>
  <body>
    <form action = "">
      <div id = "saturn" style = "position: relative;
           visibility: visible;">
        <img src = "../images/saturn.png"
             alt = "(Picture of Saturn)" />
```

```
      </div>
      <p>
        <br />
        <input type = "button" value = "Toggle Saturn"
               onclick = "flipImag()" />
      </p>
    </form>
  </body>
</html>
```

```
// showHide.js
//   Illustrates visibility control of elements

// The event handler function to toggle the visibility
//   of the images of Saturn
function flipImag() {
  dom = document.getElementById("saturn").style;
// Flip the visibility adjective to whatever it is not now
  if (dom.visibility == "visible")
    dom.visibility = "hidden";
  else
    dom.visibility = "visible";
}
```

6.5 修改颜色和字体

可动态修改文档的背景色和前景色，同样也可以动态修改文本的字体属性。

6.5.1 修改颜色

颜色的动态修改比较简单。下面的示例文档为用户提供了两个文本框，可供用户输入颜色说明，其中一个是针对文档背景色，另一个是针对前景色。其中输入的颜色说明可以按照 CSS 中颜色属性设定的三种方式来指定。不管什么时候，当其中一个文本框的内容发生变化时，都将调用一个 JavaScript 函数来对文档的某个相应的颜色属性(backgroundColor 或者 color)进行修改。该函数一共有两个参数，其中第一个参数用于指定新设定的颜色是针对背景还是针对前景的；第二个参数用于指定新设定的颜色。新设定的颜色是文本框的 value 属性值，可以由用户进行修改。

在这个示例中，事件处理函数是在 HTML 文本框元素中调用的。这就为引用元素的 DOM 地址提供了一种非常简单的方式。在此情况下，JavaScript 中的 this 变量就是一个对该元素对象的引用。对这样一个对象的引用就是该对象的 DOM 地址。因此，在文本元素中，this 变量的值就是这个文本元素的 DOM 地址。所以，在下面的示例中，this.value 将作为事件处理函数的实参。由于是在一个输入元素中调用函数，因此，this.value 就是这个输入元素值的 DOM 地址。此文档名为 dynColors.html，下面给出此文档及相关的 JavaScript 文件：

```
<!DOCTYPE html>
<!-- dynColors.html
     Uses dynColors.js
     Illustrates dynamic foreground and background colors
     -->
<html lang = "en">
  <head>
    <title> Dynamic colors </title>
    <meta charset = "utf-8" />
    <script type = "text/javascript" src = "dynColors.js" >
    </script>
  </head>
  <body>
    <p style = "font-family: Times; font-style: italic;
              font-size: 2em;" >
      This small page illustrates dynamic setting of the
      foreground and background colors for a document
    </p>
    <form action = "">
      <p>
        <label>
          Background color:
          <input type = "text" name = "background" size = "10"
                 onchange = "setColor('background', this.value)" />
        </label>
        <br />
        <label>
          Foreground color:
          <input type = "text" name = "foreground" size = "10"
                 onchange = "setColor('foreground', this.value)" />
        </label>
        <br />
      </p>
    </form>
  </body>
</html>
```

```
// dynColors.js
//   Illustrates dynamic foreground and background colors
// The event handler function to dynamically set the
// color of background or foreground
function setColor(where, newColor) {
  if (where == "background")
    document.body.style.backgroundColor = newColor;
  else
    document.body.style.color = newColor;
}
```

6.5.2 修改字体

Web 用户已经习惯了当鼠标光标位于文档中的链接上面时，这些链接的颜色将发生变化。当鼠标光标置于文档元素上时，通过利用鼠标事件 mouseover 来触发 JavaScript 事件处理程序，可以修改文档中任何元素的任意属性，包括文本。因此，当鼠标光标位于文本上面时，文本的字体样式和字体大小以及前景色和背景色都可以进行修改。在鼠标光标离开文本后，利用鼠标事件 mouseout 来触发相应的事件处理程序又可将文本恢复为原样式。

如果 CSS 特性名是没有连字号的单一单词，则相关的 JavaScript 属性名与 CSS 特性名相同。但是，如果 CSS 特性名包含连字号，如 font-size，则相关的 JavaScript 属性名就不同于 CSS 特性名(因为 JavaScript 属性名不能包含连字号)。按照惯例，当 CSS 特性名包含连字号时，则删除连字号，并大写连字号后面的那个字母，以此作为相关的属性名。因此，与特性 font-size 相关的 JavaScript 属性名是 fontSize。

在下面的示例文档中，嵌入了特定单词的单行段落是唯一的元素。因为此特定单词是 span 元素的内容，所以可以更改它的特性。该文档的前景色为默认的黑色。单词的颜色为蓝色。当鼠标光标移动到该单词上面时，其颜色将变为红色，字体样式将变为斜体，字体大小将从 1.1em 变为 2em。当鼠标光标移开此单词时，单词将恢复原状。此文档名为 dynFont.html，下面给出该文档：

```
<!DOCTYPE html>
<!-- dynFont.html
     Illustrates dynamic font styles and colors
     -->
<html lang = "en">
  <head>
    <title> Dynamic fonts </title>
    <meta charset = "utf-8" />
    <style type = "text/css">
      .regText {font: 1.1em 'Times New Roman';}
      .wordText {color: blue;}
    </style>
  </head>
  <body>
    <p class = "regText">
      The state of
      <span class = "wordText";
        onmouseover = "this.style.color = 'red';
                       this.style.fontStyle = 'italic';
                       this.style.fontSize = '2em';";
        onmouseout = "this.style.color = 'blue';
                      this.style.fontStyle = 'normal';
                      this.style.fontSize = '1.1em';";>
        Washington
      </span>
      produces many of our nation's apples.
    </p>
```

```
  </body>
</html>
```

需要注意的是，在此示例中，事件处理程序嵌入在标记中。这是不需要将少量的 JavaScript 单独保存为文件的情况之一。

图 6-6 和图 6-7 分别展示了当鼠标光标不在特定链接上面和位于特定链接上面时文档 dynFont.html 在浏览器中的显示效果。

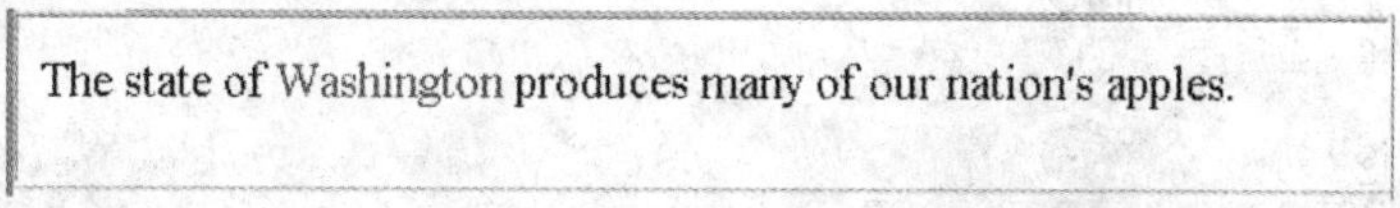

The state of Washington produces many of our nation's apples.

图 6-6　当鼠标光标不在单词上面时 dynFont.html 的显示效果

The state of *Washington* produces many of our nation's apples.

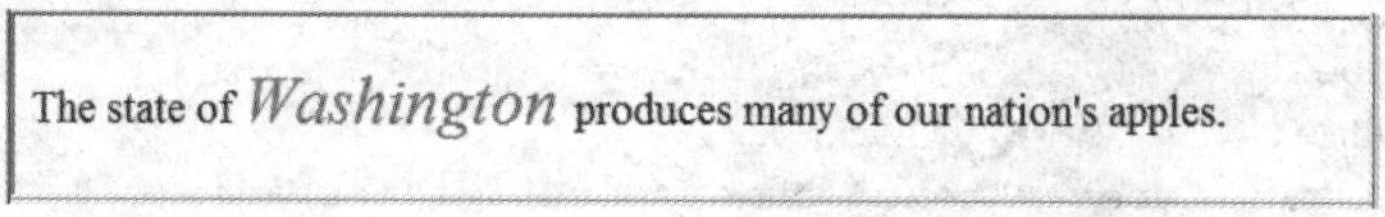

图 6-7　当鼠标光标位于单词上面时 dynFont.html 的显示效果

6.6　动态内容

前几节分别介绍了如何动态修改元素的位置、元素的可见性、元素颜色、背景色以及文本字体的样式。本节将讨论如何修改 HTML 元素的内容。元素内容是通过元素对应的 JavaScript 对象的 value 属性来访问的。因此，修改元素的内容与修改元素的样式属性并没有太大区别。下面的示例将展示如何使用动态内容。

一个与其他表单元素相关联的文本区域元素能够为浏览器用户填充表单提供帮助，这个文本区域一般称为帮助框。帮助框的内容可以根据鼠标光标所在的位置而不断变化。当光标位于某个输入框时，帮助框将显示如何填充该输入框的建议信息。当光标不在所有输入框上时，帮助框中的内容将发生变化，表明它可以显示帮助信息。

在下面的示例中，JavaScript 脚本中定义了一个消息数组，这个数组中的元素将在帮助框中显示。当鼠标光标位于某个输入框上面时，利用 mouseover 事件来调用事件处理函数将帮助框中的内容修改为合适的值(与该输入框相关联的值)。这个值是通过发送给事件处理函数的参数指定的。当鼠标光标离开这个输入框后，利用 mouseout 事件来调用事件处理函数以便将帮助框中的内容恢复为“标准”值。下面给出此标记文档及相关的 JavaScript 文件：

```
<!DOCTYPE html>
<!-- dynValue.html
     Illustrates dynamic values
     -->
<html lang = "en">
  <head>
    <title> Dynamic values </title>
    <meta charset = "utf-8" />
    <script type = "text/javascript" src = "dynValue.js" >
```

```
    </script>
    <style type = "text/css">
      textarea {position: absolute; left: 250px; top: 0px;}
      span {font-style: italic;}
      p {font-weight: bold;}
    </style>
  </head>
  <body>
    <form action = "">
      <p>
        <span>
          Customer information
        </span>
        <br /><br />
        <label>
          Name:
          <input type = "text" onmouseover = "messages(0)"
                 onmouseout = "messages(4)" />
        </label>
        <br />
        <label>
          Email:
          <input type = "text" onmouseover = "messages(1)"
                 onmouseout = "messages(4)" />
        </label>
        <br /> <br />
        <span>
          To create an account, provide the following:
        </span>
        <br /> <br />
        <label>
          User ID:
          <input type = "text" onmouseover = "messages(2)"
                 onmouseout = "messages(4)" />
        </label>
        <br />
        <label>
          Password:
          <input type = "password"
                 onmouseover = "messages(3)"
                 onmouseout = "messages(4)" />
        </label>
        <br />
      </p>
      <textarea id = "adviceBox" rows = "3" cols = "50">
        This box provides advice on filling out the form
        on this page. Put the mouse cursor over any input
        field to get advice.
      </textarea>
      <br /><br />
```

```
      <input type = "submit" value = "Submit" />
      <input type = "reset" value = "Reset" />
    </form>
  </body>
</html>
```

```
// dynValue.js
//   Illustrates dynamic values

var helpers = ["Your name must be in the form: \n \
  first name, middle initial., last name",
    "Your email address must have the form: \
  user@domain",
    "Your user ID must have at least six characters",
    "Your password must have at least six \
  characters and it must include one digit",
    "This box provides advice on filling out\
  the form on this page. Put the mouse cursor over any \
  input field to get advice"]

// *********************************************************
// The event handler function to change the value of the
// textarea

function messages(adviceNumber) {
  document.getElementById("adviceBox").value =
                                        helpers[adviceNumber];
}
```

需要指出的是，在消息字面量数组中，某些行以反斜杠结尾，这表示字符串字面量延续到下一行。

图 6-8 展示了 dynValue.html 定义的文档在浏览器中的显示效果。

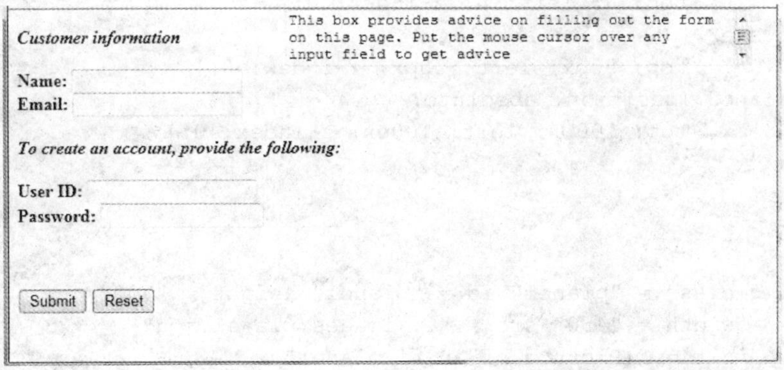

Customer information

This box provides advice on filling out the form on this page. Put the mouse cursor over any input field to get advice

Name:
Email:

To create an account, provide the following:

User ID:
Password:

Submit　Reset

图 6-8　dynValue.html 的显示效果

6.7　堆叠元素

通过合理地设定元素的 top 和 left 属性值，可以将元素放置到二维显示窗口的任何位置。

虽然浏览器显示窗口在物理上被限定为二维的，但利用堆叠元素这一概念可以实现三维效果，如在图形用户界面中用于对窗口进行堆叠。虽然在文档的同一区域中可能有很多个元素，但位于最顶层的元素才能被显示。顶层元素隐藏了底层元素中那些被覆盖的部分。在这个第三维中，元素的位置是通过元素的特性 z-index 来控制的。位于同一个区域中的元素，其中 z-index 特性值较大的元素将显示在其他元素上方，z-index 特性值较小的元素将被隐藏。与 z-index 特性相关联的 JavaScript 样式属性为 zIndex。

在下面的示例中，显示窗口中有三张图片，图片之间都有重叠部分。在文档的 HTML 代码中，每个图片标签都包含一个 onclick 特性，用于触发执行一个 JavaScript 事件处理函数。该处理函数首先定义了上一个顶层元素和新的顶层元素的 DOM 地址。接下来设定了这两个元素的 zIndex 值，将原来顶层元素的 zIndex 值设定为 0，而新顶层元素的 zIndex 值设定为 10，因此它也就被放在了顶层。JavaScript 脚本利用全局变量 topp[3]来跟踪当前哪一张图片位于顶层，每次当通过函数 toTop 将一个新元素移动到顶层时，该全局变量都将随之变化。需要注意，与其他属性一样，zIndex 值也是一个字符串。此文档名为 stacking.html，下面给出此文档及相关的 JavaScript 文件：

```
<!DOCTYPE html>
<!-- stacking.html
     Uses stacking.js
     Illustrates dynamic stacking of images
     -->
<html lang = "en">
  <head>
    <title> Dynamic stacking of images </title>
    <meta charset = "utf-8" />
    <script type = "text/javascript" src = "stacking.js" >
    </script>
    <style type = "text/css">
      .plane1 {position: absolute;
               top: 0; left: 0; z-index: 0;}
      .plane2 {position: absolute;
               top: 50px; left: 50px; z-index: 0;}
      .plane3 {position: absolute;
               top: 100px; left: 100px; z-index: 0;}
    </style>
  </head>
  <body>
    <p>
      <img class = "plane1" id = "plane1" height = "300"
           width = "450" src = "../images/plane1.jpg"
           alt = "(Picture of an airplane)"
           onclick = "toTop('plane1')" />
      <img class = "plane2" id = "plane2" height = "300"
```

3 之所以用 topp 替代 top，是因为 JavaScript 中有一个关键字 top，它是 window 的一个属性。如果使用了 top，Chrome 浏览器将会混淆二者，不过这对 IE 和 FX 浏览器则没有影响。

```
            width = "450" src = "../images/plane2.jpg"
            alt = "(Picture of an airplane)"
            onclick = "toTop('plane2')" />
      <img class = "plane3" id = "plane3" height = "300"
            width = "450" src = "../images/plane3.jpg"
            alt = "(Picture of an airplane)"
            onclick = "toTop('plane3')" />
    </p>
  </body>
</html>
// stacking.js
//   Illustrates dynamic stacking of images
var topp = "plane3";
// The event handler function to move the given element
// to the top of the display stack
function toTop(newTop) {

// Set the two dom addresses, one for the old top
// element and one for the new top element
  domTop = document.getElementById(topp).style;
  domNew = document.getElementById(newTop).style;

// Set the zIndex properties of the two elements, and
// reset topp to the new top
  domTop.zIndex = "0";
  domNew.zIndex = "10";
  topp = newTop;
}
```

图 6-9、图 6-10 和图 6-11 分别展示了由 stacking.html 所描述的文档处于三种不同配置时的显示结果。

图 6-9　stacking.html 的初始显示结果

图 6-10　单击第二张图片后 stacking.html 的显示结果

图 6-11　单击最底层图片后 stacking.html 的显示结果

6.8　定位鼠标光标

第 5 章中已经提到过，正在显示的 HTML 文档中发生的每一个事件都将创建一个事件对象。该对象包含了事件的相关信息。一个鼠标单击事件是 Mouse-Event 接口的实现，它定义了两对属性，这些属性存储了创建事件的元素在显示窗口中位置的几何坐标。其中一对属性 clientX 和 clientY 以像素为单位定义了元素相对于浏览器显示窗口左上角的坐标。

另一对属性 screenX 和 screenY 也定义了元素的坐标，但这对坐标是相对于客户计算机的屏幕计算出来的。很明显，前一对坐标通常比后一对坐标更常用。

下面的示例文档 where.html 使用了两对文本框元素来显示每次单击鼠标按键时这 4 个属性的值。事件处理程序是由 body 元素的 onclick 特性触发的。在显示的坐标下面还有一张图片，其作用仅是为了使页面效果更富有吸引力。

这个示例对事件处理程序的调用过程中发送了 event 对象作为参数，该对象是对元素所创建事件对象的引用。这可能有点不可思议，因为事件对象是隐式创建的。在事件处理程序中，形参用于访问坐标属性。需要注意的是，一些不同类型的主流浏览器对事件对象处理的方式并不一致。Firefox 浏览器将事件对象作为参数发送给事件处理程序，而 IE 和 Chrome 浏览器却将事件对象作为全局属性。where.html 中的代码是在事件处理程序调用过程中发送事件对象的，所以对于这两种方法都能正确运行。对于 IE 和 Chrome 浏览器而言，由于事件对象是作为全局变量出现的，因此在调用过程中是可用的。当然了，对于这些浏览器而言，也根本不必发送事件对象。下面给出文档 where.html 及相关的 JavaScript 文件：

```
<!DOCTYPE html>
<!-- where.html
     Uses where.js
     Illustrates x- and y-coordinates of the mouse cursor
     -->
<html lang = "en">
  <head>
    <title> Where is the cursor? </title>
    <meta charset = "utf-8" />
    <script type = "text/javascript" src = "where.js" >
    </script>
  </head>
  <body onclick = "findIt(event)">
    <form action = "">
      <p>
        Within the client area: <br />
        x:
        <input type = "text" id = "xcoor1" size = "4" />
        y:
        <input type = "text" id = "ycoor1" size = "4" />
        <br /><br />
        Relative to the origin of the screen coordinate system:
        <br />
        x:
        <input type = "text" id = "xcoor2" size = "4" />
        y:
        <input type = "text" id = "ycoor2" size = "4" />
      </p>
    </form>
    <p>
      <img src = "..//images/plane1.jpg" height = "300" alt =
              "(Picture of an airplane)" width = "450" />
```

```
    </p>
  </body>
</html>
```

```
// where.js
//   Show the coordinates of the mouse cursor position
//   in an image and anywhere on the screen when the mouse
//   is clicked

// The event handler function to get and display the
// coordinates of the cursor, both in an element and
// on the screen
function findIt(evt) {
  document.getElementById("xcoor1").value = evt.clientX;
  document.getElementById("ycoor1").value = evt.clientY;
  document.getElementById("xcoor2").value = evt.screenX;
  document.getElementById("ycoor2").value = evt.screenY;
}
```

图 6-12 展示了示例文档 where.html 在浏览器中的显示效果。

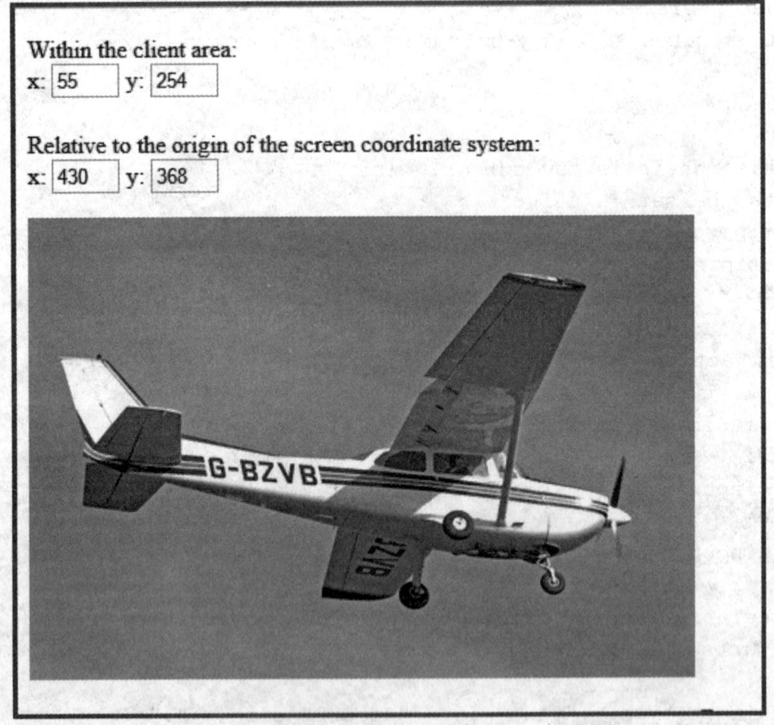

图 6-12 where.html 的显示效果(光标位于飞机的尾翼部分)

在运行这个示例的过程中，有一个比较有趣的现象。在 IE 和 Chrome 浏览器中，单击最后一个元素下方的事件会被忽略掉。而在 FX 浏览器中，无论光标位于显示窗口中的什么位置，都将对鼠标单击做出响应。

6.9　响应鼠标单击

下面列举了另一个关于响应鼠标事件的示例。在这个示例中，当鼠标单击时，利用 mousedown 和 mouseup 事件来分别在光标下方显示和隐藏消息“Please don’t click here!”，无论当前鼠标位于窗口中的哪个位置。偏移量(left 为－130，top 为－25)修改实际的光标位置，以便使消息大致位于光标位置的中央。下面给出此文档及相关的 JavaScript 文件：

```
<!DOCTYPE html>
<!-- anywhere.html
     Uses anywhere.js
     Display a message when the mouse button is pressed,
     no matter where it is on the screen
     -->
<html lang = "en">
  <head>
    <title> Sense events anywhere </title>
    <meta charset = "utf-8" />
    <script type = "text/javascript" src = "anywhere.js" >
    </script>
  </head>
  <body onmousedown = "displayIt(event);"
        onmouseup = "hideIt();">
    <p>
      <span id= "message"
            style = "color: red; visibility: hidden;
                     position: relative;
                     font-size: 1.7em; font-style: italic;
                     font-weight: bold;">
        Please don't click here!
      </span>
      <br /><br /><br /><br /><br /><br /><br /><br />
      <br /><br /><br /><br /><br /><br /><br /><br />
    </p>
  </body>
</html>
```

```
// anywhere.js
//   Display a message when the mouse button is pressed,
//   no matter where it is on the screen

// The event handler function to display the message
function displayIt(evt) {
  var dom = document.getElementById("message");
  dom.style.left = (evt.clientX - 130) + "px";
  dom.style.top = (evt.clientY - 25) + "px";
  dom.style.visibility = "visible";
}

// **************************************************
```

```
  // The event handler function to hide the message
  function hideIt() {
    document.getElementById("message").style.visibility =
          "hidden";
  }
```

与 where.html 一样，对于 IE 和 Chrome 浏览器，只有发生在 br 元素定义的显示区域内的单击才会导致显示文本。而对于 FX 浏览器，发生在屏幕上任何位置的单击都将导致显示文本。

6.10 缓慢移动元素

到目前为止，只介绍了如何快速地移动元素。这种快速移动是通过更改要移动的元素的 top 和 left 属性来控制的。为了实现元素的缓慢移动，就必须将移动过程分为很多次，每次移动很小一段距离，而且每两次移动之间的时间间隔比较小。JavaScript 中有两个 Window 方法能够实现这一点，这两个方法是 setTimeout 和 setInterval。

方法 setTimeout 有两个参数，分别为需要执行的 JavaScript 代码字符串和一个单位为毫秒的数值，它表示在执行第一个参数给定的代码之前要延迟的时间。例如，参见如下调用语句：

```
setTimeout("mover()",20);
```

这将导致延迟 20ms 后调用 mover 函数。

方法 setInterval 有两种形式。其中一种形式具有两个参数，这两个参数与 setTimeout 方法的参数完全一致。它能够重复执行第一个参数指定的代码，在两次执行之间的时间间隔为第二个参数指定的毫秒数。该方法的另一种形式的参数数目是可变的。第一个参数是需要调用的函数名称，第二个参数是在两次调用函数之间的时间间隔(单位为毫秒)，其余的参数用作被调用函数的实参。

下面给出了一个示例文档 moveText.html，它能够将一个文本字符串从位置(100, 100)移到新位置(300, 300)。这个移动过程是利用 setTimeout 方法每隔 1ms 调用一次 mover 函数直到到达最终位置(300, 300)来实现的。文本的初始位置是在指定了该文本的 span 元素中设置的。body 元素的 onload 特性用于调用函数 initText 来使用元素的 left 和 top 属性初始化初始位置的 x 和 y 坐标，并调用 mover 函数。

mover 函数的名称为 moveText，它以文本的当前坐标作为参数，首先将坐标向着最终位置移动一个像素，接下来利用 setTimeout 方法以移动后的新坐标作为参数来调用自身。我们希望不管文本向哪个方向移动(虽然在我们的示例中总是向下、向右移动的)，代码总是可以工作的，这使得每次重新计算坐标都比较麻烦。

在这个脚本中，首先需要考虑将坐标属性和单位一起作为字符串进行存储。例如，如果某个元素的初始位置为(100, 100)，那么该元素的 left 和 top 属性值都是字符串"100px"。但是，为了能够从数学意义上修改这些属性，它们必须是数值。因此，在 initText 函数中通过将属性值字符串中非数字的单位部分截去，从而转换为只包含数字字符的字符串。经过这样的转换，当在算术表达式中将这样的字符串用作操作数时，强制将这样的字符串视为数值。接下来，在 left 和 top 属性值设定为新坐标之前，单位缩写(在这个示例中为 px)被再次附加到坐标之后。

在此示例中，将事件处理程序存储在一个单独文件中，以免发生将 JavaScript 嵌入在标记中所发生的问题，这一点很有趣。这个问题是使用 HTML 注释来隐藏 JavaScript 代码，而在 JavaScript 语句中又可能出现 HTML 注释。例如，如果 JavaScript 语句 x--;被嵌入到 HTML 注释中，那么验证程序将认为该语句中的--是一个不正确的注释声明 [4]。

在代码文件 moveText.js 中，需要注意通过 setTimeout 调用 moveText 函数的复杂性。这是无法避免的，因为调用 moveText 必须从静态字符串来构建，静态字符串的值是将变量 x 和 y 的值连接起来的结果。

moveText.html 文档及其相关的 JavaScript 文件 moveText.js 如下所示：

```
<!DOCTYPE html>
<!-- moveText.html
     Uses moveText.js
     Illustrates a moving text element
     -->
<html lang = "en">
  <head>
    <title> Moving text </title>
    <meta charset = "utf-8" />
    <script type = "text/javascript"
            src = "moveText.js">
    </script>
  </head>
<!-- Call the initializing function on load, giving the
     destination coordinates for the text to be moved
     -->
  <body onload = "initText()">
<!-- The text to be moved, including its initial position -->
    <p>
      <span id = 'theText' style =
                 "position: absolute; left: 100px; top: 100px;
                  font: bold 1.7em 'Times Roman';
                  color: blue;"> Jump in the lake!
      </span>
    </p>
  </body>
</html>
```

```
//*********************************************************
// This is moveText.js - used with moveText.html
   var dom, x, y, finalx = 300, finaly = 300;

// ************************************************ //
```

4　在示例的 JavaScript 代码中，又恰恰利用了 x--;语句来沿 x 坐标移动文本。

```
// A function to initialize the x- and y-coordinates
//   of the current position of the text to be moved
//   and then call the mover function
    function initText() {
       dom = document.getElementById('theText').style;

    /* Get the current position of the text */
       var x = dom.left;
       var y = dom.top;

    /* Convert the string values of left and top to
       numbers by stripping off the units */
       x = x.match(/\d+/);
       y = y.match(/\d+/);
    /* Call the function that moves it */
       moveText(x, y);
    } /*** end of function initText */

// ********************************************** //
// A function to move the text from its original
//   position to (finalx, finaly)
    function moveText(x, y) {

    /* If the x-coordinates are not equal, move
        x toward finalx */
       if (x != finalx)
           if (x > finalx) x--;
           else if (x < finalx) x++;

    /* If the y-coordinates are not equal, move
        y toward finaly */
       if (y != finaly)
           if (y > finaly) y--;
           else if (y < finaly) y++;

    /* As long as the text is not at the destination,
        call the mover with the current position */
       if ((x != finalx) || (y != finaly)) {

    /* Put the units back on the coordinates before
       assigning them to the properties to cause the
       move */
           dom.left = x + "px";
           dom.top = y + "px";

    /* Recursive call, after a 1-millisecond delay */
           setTimeout("moveText(" + x + "," + y + ")", 1);
       }

     } /*** end of function moveText */
```

moveText.html 中的动画在不同浏览器中的速度差别极大。例如在某个系统中，在 C12 上约为 2 秒，在 FX3 上约为 3 秒，在 IE 9 上则超过 5 秒。

6.11　拖放元素

事件处理能够产生的一个功能更强大的效果就是允许用户在显示屏幕上拖放元素。使用 mouseup、mousedown 和 mousemove 事件可以实现这一点。从本章前面的内容已经看到，修改某个元素的 top 和 left 属性，能够实现元素移动。为了示范元素的拖放，开发了一个 HTML 文档和一个 JavaScript 文件，该示例是一个诗词补全系统，文档中首先显示了两行静态的诗句，用户可以从下面那些可移动的单词中拼出与前两行相对应的后两行诗句。

本示例结合使用 DOM 0 和 DOM 2 事件模型。其中，DOM 0 事件模型用于为 mousedown 事件调用事件处理程序。此外，本示例中的其他过程采用的都是 DOM 2 事件模型。mousedown 事件的事件处理程序 grabber 利用 Event 对象作为参数。它利用 Event 对象的 currentTarget 属性来获得被移动的元素，并将其赋予一个全局变量，这样，其他事件处理程序也可以访问这个变量。接下来，该处理程序判断被移动元素的当前位置坐标并计算与鼠标光标位置坐标之间的差值。接下来，mousemove 事件的事件处理程序使用这两个坐标之间的差值来移动元素，这两个坐标的差值也分别存放在两个全局变量中。处理程序 grabber 还为 mousemove 和 mouseup 事件注册了事件处理程序。这两个事件处理程序的名称分别为 mover 和 dropper。处理程序 dropper 通过注销处理程序 mover 和 dropper 将鼠标移动与元素移动过程分离。此示例文档名为 dragNDrop.html，下面给出此文档及相关的 JavaScript 文件：

```
<!DOCTYPE html>
<!-- dragNDrop.html
     An example to illustrate the DOM 2 Event model
     Allows the user to drag and drop words to complete
     a short poem.
     Does not work with IE browsers before IE9
     -->
<html lang = "en">
  <head>
    <title> Drag and drop </title>
    <meta charset = "utf-8" />
    <script type = "text/javascript" src = "dragNdrop.js" >
    </script>
  </head>
  <body style = "font-size: 20;">
    <p>
     Roses are red <br />
     Violets are blue <br />

     <span style = "position: absolute; top: 200px; left: 0px;
                    background-color: lightgrey;"
           onmousedown = "grabber(event);"> candy </span>
     <span style = "position: absolute; top: 200px; left: 75px;
```

```
                    background-color: lightgrey;"
          onmousedown = "grabber(event);"> cats </span>
     <span style = "position: absolute; top: 200px; left: 150px;
                    background-color: lightgrey;"
          onmousedown = "grabber(event);"> cows </span>
     <span style = "position: absolute; top: 200px; left: 225px;
                    background-color: lightgrey;"
          onmousedown = "grabber(event);"> glue </span>
     <span style = "position: absolute; top: 200px; left: 300px;
                    background-color: lightgrey;"
          onmousedown = "grabber(event);"> is </span>
     <span style = "position: absolute; top: 200px; left: 375px;
                    background-color: lightgrey;"
          onmousedown = "grabber(event);"> is </span>
     <span style = "position: absolute; top: 200px; left: 450px;
                    background-color: lightgrey;"
          onmousedown = "grabber(event);"> meow </span>
     <span style = "position: absolute; top: 250px; left: 0px;
                    background-color: lightgrey;"
          onmousedown = "grabber(event);"> mine </span>
     <span style = "position: absolute; top: 250px; left: 75px;
                    background-color: lightgrey;"
          onmousedown = "grabber(event);"> moo </span>
     <span style = "position: absolute; top: 250px; left: 150px;
                    background-color: lightgrey;"
          onmousedown = "grabber(event);"> new </span>
     <span style = "position: absolute; top: 250px; left: 225px;
                    background-color: lightgrey;"
          onmousedown = "grabber(event);"> old </span>
     <span style = "position: absolute; top: 250px; left: 300px;
                    background-color: lightgrey;"
          onmousedown = "grabber(event);"> say </span>
     <span style = "position: absolute; top: 250px; left: 375px;
                    background-color: lightgrey;"
          onmousedown = "grabber(event);"> say </span>
     <span style = "position: absolute; top: 250px; left: 450px;
                    background-color: lightgrey;"
          onmousedown = "grabber(event);"> so </span>
     <span style = "position: absolute; top: 300px; left: 0px;
                    background-color: lightgrey;"
          onmousedown = "grabber(event);"> sticky </span>
     <span style = "position: absolute; top: 300px; left: 75px;
                    background-color: lightgrey;"
          onmousedown = "grabber(event);"> sweet </span>
     <span style = "position: absolute; top: 300px; left: 150px;
                    background-color: lightgrey;"
          onmousedown = "grabber(event);"> syrup </span>
     <span style = "position: absolute; top: 300px; left: 225px;
                    background-color: lightgrey;"
          onmousedown = "grabber(event);"> too </span>
```

```
      <span style = "position: absolute; top: 300px; left: 300px;
                     background-color: lightgrey;"
            onmousedown = "grabber(event);"> yours </span>
   </p>
  </body>
</html>
// dragNDrop.js
//   An example to illustrate the DOM 2 Event model
//   Allows the user to drag and drop words to complete
//   a short poem.
//   Does not work with IE browsers before IE9

// Define variables for the values computed by
// the grabber event handler but needed by mover
// event handler
     var diffX, diffY, theElement;

// *******************************************************
// The event handler function for grabbing the word
function grabber(event) {

// Set the global variable for the element to be moved
  theElement = event.currentTarget;

// Determine the position of the word to be grabbed,
// first removing the units from left and top
  var posX = parseInt(theElement.style.left);
  var posY = parseInt(theElement.style.top);

// Compute the difference between where it is and
// where the mouse click occurred
  diffX = event.clientX - posX;
  diffY = event.clientY - posY;

// Now register the event handlers for moving and
// dropping the word
  document.addEventListener("mousemove", mover, true);
  document.addEventListener("mouseup", dropper, true);

// Stop propagation of the event and stop any default
// browser action
  event.stopPropagation();
  event.preventDefault();

} //** end of grabber

// *******************************************************
// The event handler function for moving the word
function mover(event) {
```

```
// Compute the new position, add the units, and move the word
  theElement.style.left = (event.clientX - diffX) + "px";
  theElement.style.top = (event.clientY - diffY) + "px";

// Prevent propagation of the event
  event.stopPropagation();
} //** end of mover

// *******************************************************
// The event handler function for dropping the word
function dropper(event) {

// Unregister the event handlers for mouseup and mousemove
  document.removeEventListener("mouseup", dropper, true);
  document.removeEventListener("mousemove", mover, true);

// Prevent propagation of the event
  event.stopPropagation();
} //** end of dropper
```

图 6-13 展示了 dragNDrop.html 在浏览器中经过一些交互后的显示效果。

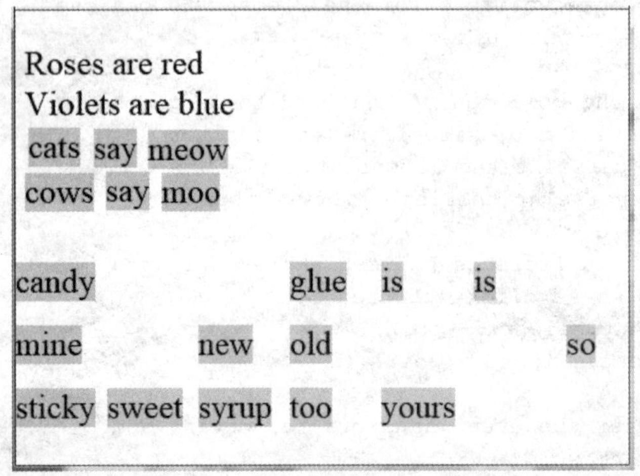

图 6-13 dragNDrop.html 的显示效果

需要注意的是，也可以利用 DOM 0 事件模型来编写拖放过程。但是，只有包含了能够检测正在使用的浏览器类型的脚本，并针对不同的浏览器使用不同的代码才能保证整个文档是可移植的。这里选择采用 DOM 2 事件模型来编写文档，就是为了避免出现混乱的情形。

6.12 本章小结

利用 CSS-P 标准，可以选取文档中的任何位置作为 HTML 元素的初始位置，并且以后还可以移动这个元素。将元素的 position 属性设定为 absolute 或者 relative，可以将元素定位到文档显示窗口中的任意位置。绝对定位用于将某个元素相对于显示窗口的左上角放置到窗口中由 top 属性和 left 属性指定的某个位置。相对定位中的 top 和 left 属性指定了该元素位置相对于默认的静态位置之间的偏移量。相对定位也允许以后对元素进行移动。静态定位是 position 属性的默认值，不允许指定元素的初始位置，也不允许以后对元素进行移动。

通过修改 visibility 属性值可以隐藏和重新显示 HTML 元素。

文档的背景色是通过属性 backgroundColor 指定的；元素的颜色是通过 color 属性指定的，这两个属性都可以动态修改。文本的字体、字体大小和字体样式也都是可以动态修改的。

通过修改元素的 value 属性可以修改该元素的内容。文档中的某个元素可以设定为在其他元素的上面显示，而且这种自上而下的堆叠顺序也是可以动态修改的。每次按下鼠标按键时，都可以利用事件对象的属性来确定鼠标光标的坐标。通过对 top 和 left 属性值重复进行小幅修改，就可以使元素产生动画效果，当然由此得到的动画效果还比较粗糙。这是通过 Window 对象的 setTimeout 方法进行控制的。通过编写鼠标事件的事件处理程序能够允许用户将元素拖放到显示窗口中的任意位置上。

6.13　复习题

1. 描述动态 HTML 文档的含义。
2. 如果已经知道某个 HTML 元素的 id，那么应该如何利用 JavaScript 获得该元素的 DOM 地址？
3. 如果有一个变量，其值为某个 HTML 元素的 id，那么应该如何利用 JavaScript 获得该元素的 DOM 地址？
4. 还可以通过什么方法获取单选按钮和复选框的 DOM 地址？
5. 什么是 CSS-P？
6. 描述属性 position 三个可能的取值之间的区别。
7. 属性 visibility 的标准值是什么？
8. 用于控制文档前景色和背景色的属性是什么？
9. 当鼠标光标移到元素上和离开元素时，可以使用哪些事件来修改元素的字体？
10. 表示表单元素内容的属性是什么？
11. 与 z-index 属性关联的 JavaScript 变量是什么？
12. 为将某个元素移动到显示的顶层，应该将 z-index 的属性值设置为较大的值还是较小的值？
13. 单击鼠标后，属性 clientX 和 clientY 的含义是什么？
14. 单击鼠标后，属性 screenX 和 screenY 的含义是什么？
15. 描述 setTimeout 函数的参数和动作。

6.14　练习题

编写、测试、验证并调试(如有必要)以下标记文档和 JavaScript 文件。

1. 该文档中必须包含一个至少有 10 行文本的段落，文本内容为自我介绍。该段落必须在页面中居中，其空间大小为每行只有 20 个字符。此外，将自己的一张浅灰色的照片作为嵌套元素重叠放到这组文本的中间。
2. 修改练习 1 的文档，添加 4 个按钮。这些按钮的标签分别为 Northwest、Northeast、Southwest 以及 Southeast。当按下这些按钮后，图片必须移到文本中由按钮标签指定的位置。开始时，图片必须位于文本的西北角(左上角)。
3. 修改练习 2 的文档，使得按钮能够随时显示或者隐藏图片的对应副本，以使得文档在任意时刻可以包含 0 个、1 个、2 个、3 个或者 4 个图片的副本。初始状态下，文档中不应该显示图片。
4. 该文档必须包含一个文本段落，内容为描述自己的家。至少选择其中的 3 个短语(每个短语 3~6 个单词)，当鼠标光标位于它们的上面时修改字体、字体样式、字体颜色以及字体大小。其中每个短语的字体、字体样式、字体颜色以及字体大小都不相同。
5. 该文档必须显示一张图片和三个按钮。按钮的标签分别为 1、2 和 3。当分别按下这些按钮时，应该显示不同的图片内容。
6. 该文档必须包含 4 个较短的互相堆叠的文本段落，而且这些段落区域都应该有一部分没有被完全覆盖，以保证鼠标光标可以放到它们上面。当鼠标光标位于任意段落的外露部分时，该段落应该移动到顶层并完全可见。
7. 修改练习 6 的文档，使得当某个段落从顶层向下移动时，应该回到原来的位置而不是底层。
8. 该文档必须包含一幅自己的小照片，当单击时，无论鼠标光标位于文档窗口中的什么位置，这幅照片都必须显示在光标所在的位置。
9. 该文档中必须包含语句 Save time with TIMESAVER 2.2，它能够在显示窗口的顶端来回移动。
10. 修改练习 9 的文档，使得这组语句每移动五步(假定每次移动长度为 1 像素)后，文本颜色就变为红色，再次移动五步后，文本颜色又变为蓝色，并持续这种切换方式。
11. 修改 6.10 节的 mover 示例，输入要移动元素的起始位置和终止位置。

第 7 章

XML 简介

在支持 WWW(World Wide Web，万维网)的技术中，可扩展标记语言(eXtensible Markup Language，XML)被视为最重要的技术之一。很明显，XML 已经对数据的存储和处理产生了深远影响。XML 已经衍生了一系列基于 XML 的标记语言的开发，这些语言由万维网联盟(World Wide Web Consortium，W3C)开发的一些建议指定。

本章首先简要介绍 XML 的起源，然后讲述众多基于 XML 的标记语言中的几种作为示例。接着描述 XML 文档的大体语法结构。再接下来是对 XML 名称空间的讲解，阐述 XML 架构(XML Schema)。XML 架构可以详尽地描述 XML 文档的结构。接着通过示例来讲解格式化显示 XML 文档的两种技术——CSS 和 XSLT 样式表。实际上 XSLT 样式表是用来将 XML 文档转换成 HTML 文档的，HTML 文档中可以包括 CSS 样式说明，该说明定义了文档在浏览器中显示的样式。本章最后将讨论读取和处理 XML 文档的有关问题。值得注意的是，本章所提到的只是 XML 及其相关技术的一小部分。

7.1 简介

元标记语言是指一种可以定义标记语言的语言。标准化通用标记语言(Standard Generalized Markup Language，SGML)是一种元标记语言，它定义的标记语言可以描述大范围的文档类型。1986 年，SGML 成为 ISO(International Standards Organization，国际标准化组织)的一项国际标准。1990 年，基于 SGML 开发了 Web 文档的标准标记语言——HTML。1996 年，万维网联盟(W3C)着手开发另一种元标记语言——XML。XML 规范的第一个版本，即 XML 1.0，正式发布于 1998 年 2 月。XML 1.1 版发布于 2004 年。由于这个较新版本尚未得到广泛支持，本章只讲述 1.0 版。

开发 XML 的一个原因是由于 HTML 存在某些不足。HTML 旨在描述 Web 文档中的信息布局。为了做到这一点，HTML 定义了一个标签和特性的集合。HTML 用户只能使用这个集合中的标签和特性。这里面存在着一个问题：它虽然描述了信息显示的布局和外观，但却没有体现出这些信息的含义，因而 HTML 所能描述的只不过是这些信息在文档里的一般格式和布局，而无法体现这些信息的类型。例如，假设一个文档存储了待售的二手汽车的清单，每辆车的颜色和价格也在清单中。若使用 HTML 来描述，每辆车的颜色和价格这两项信息将会作为段落元素的内容来存储，而段落标签可以用来标记多种类型的信息，因此将无法在文档里搜索颜色和价格这两项信息。为了处理文档中信息的类别，需要标记信息的特殊类型，因而需要各种专门的标签来指示元素内容的含义。例如，如果将一辆二手汽车的价格作为一个名为 price 的元素的内容来存储，应用程序就可以找到文档中所有价格低于 20 000 美元的汽车了。当然，没有任何标记语言的标签集合可以标记出所有可能存储在文档中的信息的不同类型。

针对 HTML 缺陷的一个解决方案是为每一组具有相同文档需求的用户开发出一套独立的标签和特性集，然后使用 SGML 标准来定义一种新的标记语言来满足这些需求。这样，每个应用领域都将拥有自己的标记语言。这种方法的问题是 SGML 过于庞大和复杂，以至于难于实现这样的解决方案。SGML 包含很多极少使用的功能，因而，一个能解析 SGML 文档的程序会非常大，开发成本也将十分高昂。另外，SGML 还要求为每种新的标记语言提供一份正式定义。因此，虽然为每个领域创建专门的标记语言是个好主意，但基于 SGML 是不太可行的。

另一个针对 HTML 缺陷的解决方案是定义一个 SGML 的简化版本，用户群可以基于这个简化的版本来定义他们自己的标记语言。XML 就是一个 SGML 的简化版本。在这里，“用户群”是指拥有相同数据描述和数据处理需求的某一领域的用户群体，而不是单个分散的用户组的概念。例如，化学家需要按照某种标准格式来存储化学数据，以便与其他化学家共享数据资源，并允许大家都能使用数据处理工具来处理这些按照标准格式存储的化学数据，而不用考虑数据来源。同样，其他领域的用户群也可采用这种方式来表示和处理本领域的数据。

XML 并不是要代替 HTML，理解这一点很重要。事实上，它们是基于两个不同的目标而开发的。HTML 是一种描述一般信息布局的标记语言，并指示了这些信息怎样在浏览器中显示；而 XML 是一种元标记语言，它提供了一个框架，根据这个框架可以定义众多的用于特定领域的标记语言。HTML 本身可以定义成一种 XML 标记语言，事实上，XHTML 就是基于 XML 的 HTML 版本。

XML 远不只是弥补了 HTML 的不足，它还提供了一种简单通用的可以存储任何类型的文本数据的方法。存储在 XML 文档中的数据可以被使用任何操作系统的任何计算机上的不同应用程序采用电子方式分发和处理。由于数据是按照标准的方式存储的，所以这些应用程序很容易编写。因此可以说，XML 是一种通用数据交换语言。

XML 提供了创建标记语言的规则，因此 XML 是一种元标记语言，而不是标记语言。作为元标记语言，XML 不包含标签。使用 XML 设计一种标记语言时，必须要定义一个用于该标记语言的标签的标签集。

严格来讲，使用 XML 设计出来的标记语言称为 XML 应用程序。但对于一个用来处理存储在文档里信息的程序来说，如果该文档是使用基于 XML 的标记语言编写的，则这个程序通常也称为一个 XML 应用程序。为了避免混淆，把基于 XML 的标记语言称为标签集，而把使用基于 XML 的标记语言编写的文档称为 XML 文档。

可使用普通的文本编辑器来手工编写 XML 文档。当然，大规模的数据集不适合使用这种方式，而需要用程序来编写。有很多面向 XML 的文本编辑器可以辅助 XML 文档的创建和维护，其中包括 Windows 图形编辑器 Altova XMLSpy、Emacs 编辑器的 PSGML[1]插件、XMLFox 和 Morphon XML-Editor。

浏览器对每个 HTML 元素都会提供默认的表现样式，从而使得任何 HTML 文档都可以在浏览器中显示，不管其中是否包括 CSS 信息。但对于从未见过的元素，浏览器不会提供默认的表现样式。因此，XML 文档中的数据只有在应用了某种样式表提供的表现样式的情况下才会被浏览器显示。

处理 XML 文档中数据的应用程序只有首先分析文档，然后才能访问这些数据。分析过程由 XML 处理器执行。XML 处理器有好几项任务需要完成，其一就是解析 XML 文档。解析过程就是分离各个组成部分(如标签、特性和数据字符串)，并把分离的组成部分提供给应用程序。XML 处理器将在 7.10 节中讲述。

与字处理系统产生的大多数文档不同，XML 文档是一个纯粹的文本文档，不含有任何隐性的说明，人或应用程序都可以很方便地阅读它们(虽然人们并不一定需要阅读这些内容)。

所有现代浏览器都支持 XML。

7.2　XML 的用途

目前已经定义的 XML 标签集超过 200 个，本节简要介绍其中几个。

公共数据格式(Common Data Format，CDF)是用于描述和存储标量数据和多维数据的 XML 标签集。通过数据管理包 CDF Library 可以操纵使用 CDF 表达的数据。它的 API 允许直接访问 CDF 文件中的数据，另外也支持对 CDF 文件进行数据压缩。

可缩放矢量图形(Scalable Vector Graphics，SVG)是用于描述矢量图像的一个标签集，由 W3C 在 1999 年开始开发。它支持二维图形，包括交互性和动画功能。图形及其行为在 XML 文件中定义，而 XML 文件就是纯文本，所以可用文本编辑器创建和修改这些文件。但是，通常使用绘图程序绘制它们。所有现代浏览器都对 SVG 提供了一定程度的支持，并且所有这些浏览器都可以显示 SVG 文件。

数学标记语言(Mathematics Markup Language，MathML)是 W3C 推荐的第一个 XML 标签集，当时还是 1998 年。其用途是将数学符号集合到一个 Web 文档中。MathML 不能被人直接编写和修改。对于有些浏览器，只有添加插件后才能支持 MathML。针对 MathML 存在一些编辑器。

化学标记语言(Chemical Markup Language，CML)是用于支持化学的一个 XML 标签集，包含表示分子、化合物、反应、光谱和计算化学的元素。CML 可被验证，并且可被集成到一些编写工具中，如 Microsoft Word 的 Chemistry 插件。

1 PSGML(Parser for SGML)是 SGML 和 XML 的一种编辑模式。

GPS eXchange Format(GPX)是用于描述 GPS 数据的一个 XML 标签集，这些数据包括航点、路线和轨迹。它主要用作 GPS 软件应用之间的一种数据交换语言。

医学标记语言(Medical Markup Language，MML)是日本开发的一种 XML 标签集，用于表示医学界人士需要存储、访问和交换的医疗信息。

办公开放式 XML(Office Open XML，OOXML)是用于 Microsoft 开发的一种文件格式的标签集。从 Microsoft Office 2007 开始，这是所有 Office 应用程序的默认的目标文件格式。OOXML 已被 ISO 和 IEC 标准化。

最后，W3C 开发了几种 XML 标签集来支持本书讨论过的 Web 应用程序，包括 SOAP、XHTML、WSDL、XML Schema、XSL Formatting Objects(XSL-FO)和 XSLT。

7.3 XML 语法

XML 的语法可以分为两种不同的级别。第一种是一般性的初级 XML 语法，所有 XML 文档必须遵循它的规则。另一种级别的语法是由 XML 架构规定的[2]。XML 架构规定了出现在特定文档或文档集中的标签和特性集以及它们在文档中的次序和排放位置。因此，可使用 XML 架构来定义 XML 标签集。XML 架构将在 7.6 节中讨论。本节将主要讲述所有 XML 文档都必须遵循的初级 XML 语法。

一个 XML 文档可以包含几种不同类型的语句，而最常见的就是文档的数据元素。XML 文档还可能包含标记(markup)声明和处理指令，其中标记声明是 XML 解析器的指令，处理指令则提供给需要处理文档中描述的数据的应用程序使用。

所有 XML 文档都从一个 XML 声明开始，该声明外观上像一条处理指令，但技术上不是处理指令。XML 声明用于标识 XML 文档并注明文档所使用的 XML 标准的版本号。还可以指定编码标准。

XML 的注释语法与 HTML 非常相似，都不可以包含两个相邻的短划线(--)，其原因是显而易见的。

XML 名称用于给元素和特性命名，XML 名称必须由字母或下划线开头，从第二个字符开始可以包含数字、连字符和英文句点号。XML 名称区分大小写，因此，Body、body 与 BODY 会被视为三个不同的元素。XML 名称的长度不受限制。

一个小规模的语法规则集应用于所有 XML 文档。XHTML 使用与其相同的规则，本书中的 HTML 标记也遵循这些规则。

每个 XML 文档定义了一个单独的根元素，该根元素的起始标签必须出现在 XML 代码的第一行。文档中的其他所有元素必须嵌套在根元素中。每个 HTML 文档的根元素都是 html，但在 XML 中可以是任意的。XML 标签和 HTML 的标签一样，都必须用尖括号(< >)包含起来。

每个包含数据内容的 XML 元素都必须有一个结束标签。不含数据内容的元素必须使

2 指定 XML 标签集的第一种方法是文档类型定义(Document Type Definition，DTD)，但是本章不予讨论。

用下面形式的标签：

```
<element_name />
```

类似于 HTML，XML 标签可以有自己的特性，其内容由名/值的赋值形式来指定。所有特性值必须包含在单引号或双引号之内。

严格遵循这些 XML 语法规则的 XML 文档称为结构良好的(well-formed)文档。下面来分析这个简单但完整的例子：

```
<?xml version = "1.0" encoding = "utf-8"?>
<ad>
  <year> 1960 </year>
  <make> Cessna </make>
  <model> Centurian </model>
  <color> Yellow with white trim </color>
  <location>
    <city> Gulfport </city>
    <state> Mississippi </state>
  </location>
</ad>
```

注意这个文档中的标签没有一个是 HTML 中所定义的，所有标签都是为文档的特定内容专门设计的。此文档实际上定义了一个 XML 标签集。这个例子说明了无 XML 架构也可以定义基于 XML 的标记语言，虽然它是一个无结构化规则的非正式的标签集定义(在此例中没有定义特性)。

当设计一个 XML 文档时，设计者常会遇到两种选择：一种是为一个元素添加新特性，另一种是定义一个嵌套元素。在某些情况下是没有选择余地的。例如，如果涉及的数据是一幅图像，要引用它只能通过特性，因为这种引用关系不能作为一个元素的内容(图像是二进制数据，而 XML 文档只能包含文本)。在其他情况下，选择使用特性还是嵌套的元素都可以。但也有一些情况属于两种选择都可行，但一种选择可能比另一种选择要明显好很多。

有时，嵌套的标签要比特性好。某些用户自定义标签的文档或文档类别将来可能需要增加结构的复杂性。可以为任何已存在的标签添加嵌套的标签来描述它增加的范围和复杂性。但不可以为特性添加任何新内容。特性完全不能描述结构，因此，如果相关的数据拥有它自己的子结构时，就应该使用嵌套元素。如果数据是父元素内容的子数据而不是父元素数据的相关信息，也应该使用嵌套的元素。

有一种情况始终应该使用特性：为了标识元素的编号或名称，正如 HTML 中的 id 和 name 特性。如果涉及的数据是一组给定的可能值中的一个值，那么应该使用特性。另外，如果没有子结构，或者数据只是元素的相关信息，这种情况下也应该使用特性。

以下名为 patient 的元素的三个不同的版本展示了标签和特性之间的三种可能选择：

```
<!—An element with one attribute -->
<patient name = "Maggie Dee Magpie">
  ...
</patient>
```

```
<!- An element with one nested element -->
<patient>
  <name> Maggie Dee Magpie </name>
  ...
</patient>

<!- An element with one nested element, which contains
     three nested elements -->
<patient>
  <name>
    <first> Maggie </first>
    <middle> Dee </middle>
    <last> Magpie </last>
  </name>
  ...
</patient>
```

在本例中，第三种选择可能是最好的，因为它可以很方便地访问数据的所有部分，这一点有时是非常重要的。在此结构中，没有什么明显的理由来使用特性。

7.4 XML 文档结构

一个 XML 文档常伴有两个辅助性文件：一个用来规定标签集和结构的语法规则；另一个包含一个样式表，描述文档的内容以何种外观打印或显示。其中，结构的语法规则由 XML 架构给出，这将在 7.9 节中介绍。

XML 文档由一个或多个实体组成，这些实体是一些逻辑上相关的信息集合，大小可以是一个字符也可以是书的一章那么大。这些实体中，文档实体(document entity)在物理上总是存在于代表文档的文件中。文档实体可以是整个文档，但很多情况下还包括对存储在其他地方的实体名称的引用。例如，一篇技术文章的文档实体可能包含了开始的材料和结束的材料，但主体部分是以实体的形式存储在多个文件中，因此该文档实体还包含了对主体部分章节的实体的引用。除文档实体外，其他任何实体都必须有一个名称。

之所以把一个文档分解成多个实体，具有多个原因。其一，把一个很大的文档分成许多小模块可以方便管理。其二，如果相同的数据重复地出现在文档的多个地方，把这些数据定义为实体，就可以在文档中对这些数据的单个副本进行无限次地引用，同时避免了各个地方的数据不一致的情况。最后，许多文档含有不能用文本表示的信息，如图像，这些信息单元通常用二进制数据存储。如果一个二进制数据单元在逻辑上是文档的一部分，那么它必须是一个独立实体，原因是 XML 文档不能包含二进制数据。这样的实体叫做二进制实体(binary entity)。

当 XML 处理器在文档中遇到一个非二进制实体的名称时，它会用该名称所引用的值来代替该名称。二进制实体只能由处理文档的应用程序来处理，如浏览器。XML 处理器只处理文本。

实体的名称可以是任意长度。实体名必须以字母、短划线或冒号开头，从第二个字符开始可以包含字母、数字、英文句点号、短划线、下划线或冒号。引用一个实体的格式是：以&符号开始，以;结束，两个符号之间是实体的名称。例如，&apple_image;就是对一个名为 apple_image 的实体的引用。

实体的常见用途之一是用来在文档中插入一些通常作为标记分隔符的字符。因为这种情况很普遍，所以 XML 包含了预先为 HTML 定义的实体，其中最常用的实体已在表 2-1(参见第 2 章)中列出。

当几个预定义的实体必须相邻地出现在一个 XML 文档中时，它们的引用会使内容变得混乱，导致阅读起来十分困难。在这些情况下，可以使用字符数据段。字符数据段的内容不会被 XML 解析器解析，所以它所包含的任何标签字符都不会被识别为标签。这就使得直接在段中包含特定的标记分隔字符(而不是实体引用)成为可能。一个字符数据段的格式如下：

```
<![CDATA[ content ]]>
```

例如，以下这行代码

```
The last word of the line is &gt;&gt;&gt; here &it;&it;&it;.
```

可以使用下面的代码来替换：

```
<![CDATA[The last word of the line is >>> here <<<]]>
```

字符数据段的起始关键字不只是字符串 CDATA；它的有效形式为[CDATA[。特别要注意[和 C 之间以及 A(CDATA 的最后一个字符)和第二个[之间不能有空格。CDATA 部分的内容中唯一不能包含的东西是结束定界符]]>。

由于 XML 解析器不会解析字符数据段中的内容，因此不会展开其中的任何实体引用。例如，下面的代码行：

```
<![CDATA[The form of a tag is &it; tag name&gt;]]>
```

的输出为：

```
The form of a tag is &it; tag name&gt;
```

7.5　名称空间

通常，根据为其他文档定义并被其他文档使用的标签集来构建 XML 文档是十分方便的。当某个标签集对一个特定的 XML 文档或一组文档有效且合适时，使用这个标签集会比另外创建一组新的元素类型更便捷。例如，假设需要为一个带有<chair>、<sofa>和<table>标签的家具目录定义一个 XML 标签集。该目录文档还必须包括几个表格来规定家具的数量、材质、涂漆以及价格。这些表格可以使用 HTML 表格标签来定义，这要比重新创建一个新的词汇表方便得多。

在同一个文档中使用不同的标记词汇表会导致一个很明显的问题：在两个或多个标签集中定义的名称之间会发生冲突。例如，一个表示家具类别的<table>标签和一个来自 HTML 用于表示信息表格的<table>标签在同一文档中出现时就会发生冲突。显然，用于处理 XML 文档的软件系统必须能够明确地识别 XML 文档中的元素。为了解决这个问题，W3C 针对 XML 名称空间开发了一个标准(见 http://www.w3.org/TR/REC-xml-names)。

XML 名称空间是在 XML 文档中使用的元素和特性名称的一个集合。名称空间的名称通常使用 URI 的形式[3]。用户定义的名称空间的名称不需要使用 URI 形式，不过这是一种很好地防止名称空间的名称发生冲突的方式。以某一特定元素为根元素的分层元素和特性的名称空间需要声明为 xmlns 特性的值。元素名称空间的声明作为 xmlns 特性的值，如下所示：

```
<element_name xmlns [ :prefix] = URI>
```

其中的方括号代表其中的内容是可选项。如果定义了前缀，则在该名称空间里，必须把前缀放在名称之前。如果未带前缀，则名称空间是文档默认的。

使用前缀有两个原因。首先，大多数 URI 太长了，每次都为一个名称输入 URI 显然过于繁琐。其次，URI 中包含了 XML 中的非法字符。需要注意的是，声明名称空间的元素通常是文档的根元素。

下面是声明一个有前缀的名称空间的例子：

```
<birds xmlns:bd = "http://www.audubon.org/names/species">
```

在 birds 元素中，包括所有子元素在内，所有来自同一名称空间的元素名称都必须加一个 bd 前缀，如下所示：

```
<bd:lark>
```

如果一个元素需要声明多个名称空间，则应该采用下面的形式：

```
<birds xmlns:bd = "http://www.audubon.org/names/species"
       xmlns:html = "http://www.w3.org/1999/xhtml" >
```

在这个标签中，为 birds 元素添加了标准的 HTML 和 XHTML 名称空间。需要注意的是，在任何名称空间声明中，通过省略前缀可以将其中一个名称空间指定为默认的名称空间。

考虑下面的示例，该示例中声明了两个名称空间。第一个声明为默认名称空间；第二个定义了一个前缀 cap。

```
<states>
  xmlns = "http://www.states-info.org/states"
  xmlns:cap = "http://www.states-info.org/state-capitals"
  <state>
    <name> South Dakota </name>
```

---

3 回忆第 1 章的介绍，URI 的形式与 URL 类似，但是只是一个名称，而不是文档的路径。

```
      <population> 754844 </population>
      <capital>
        <cap:name> Pierre </cap:name>
        <cap:population> 12429 </cap:population>
      </capital>
    </state>
    <!-- More states -->
  </states>
```

每个 state 元素都包含来自两个名称空间的 name 和 population 子元素。

注意特性的名称不包含在名称空间里，因为特性的名称隶属于元素，所以一个标签集可以在多个元素中使用相同的特性名称而不会产生歧义。

7.6　XML 架构

文档类型定义(Document Type Definition，DTD)是一组结构规则，指定了可在文档中出现的一个元素和特性集合，以及这些元素和特性如何使用，可以出现在什么地方。

由于 DTD 存在一些缺点，目前已经开发出了好几种 DTD 的替代方案，这些技术都试图克服 DTD 的缺点。由 W3C 设计的 XML 架构(XML Schema)标准就是其中的一种[4]。

7.6.1　架构的基本原理

可以方便地联系面向对象编程语言中类和对象的思想来理解架构。一个架构类似于一个类的定义；一个符合架构中定义的结构的 XML 文档就相当于该架构的类的一个对象。事实上，符合一个特定架构的 XML 文档都被视为该架构的实例。

架构有 3 个主要目标。首先，架构指定了 XML 语言的元素和特性。其次，架构规定了 XML 文档实例的结构，包括规定哪些元素和特性可以出现在该实例文档中，以及应该出现在什么地方和出现的次数。最后，架构规定了 XML 文档实例的每个元素的数据类型。

有一种说法认为 XML 架构是“以名称空间为中心的(namespace centric)”。这种说法在某种意义上是正确的。和 XML 中一样，XML 架构中的名称空间也是用具有 URI 形式的名称来表示的。由于名称空间必须是独一无二的，因此通常使用由作者的 Web 站点地址开头的 URI 来作为名称空间的名称。例如，在本节用到的名称空间都使用“http://cs.uccs.edu/”作为前缀，后面可以添加任何能暗示出特定应用程序的名称。

7.6.2　架构的定义

架构本身是使用来自一个名称空间的一个标签集合或词汇表写成的，该名称空间就是所谓的架构的架构，它的名称为 http://www.w3.org/2001/XMLSchema。element、schema、sequence 以及 string 就是这个名称空间中定义的几个元素。

每个架构都用 schema 作为根元素。如上所述，schema 元素为架构的架构指定名称空

4　另外两种是 RELAX NG 和 Schematron。

间，架构的元素和特性都从这个架构引入，并且通常会为架构中的名称指定一个前缀。这个名称空间使用以下形式来声明：

```
xmlns:xsd = "http://www.w3.org/2001/XMLSchema"
```

上面的语句规定：如果要从架构的架构这一名称空间中引入名称，就用 xsd 作为名称的前缀。

架构定义名称空间。由架构定义的名称空间的名称必须用 schema 元素的 targetNamespace 特性来指定。一个架构中的每个顶级(没有被嵌套的)元素都把它的名称放在目标名称空间里。目标名称空间通过给目标名称空间特性赋值来指定，如下所示：

```
targetNamespace = "http://cs.uccs.edu/planeSchema"
```

如果想把没有在 schema 元素中直接定义的元素和特性(因为它们嵌套在顶级元素里)的名称添加到目标名称空间里，则必须将架构的 elementFormDefault 设置为 qualified，如下所示。

```
elementFormDefault = "qualified"
```

作为架构中不加前缀的名称来源的默认名称空间由另一个 xmlns 来指定，但这次不指定前缀。例如：

```
xmlns = "http://cs.uccs.edu/planeSchema"
```

下面给出一个完整的架构开始标签的例子：

```
<xsd:schema
<!-- The namespace for the schema itself (prefix is xsd) -->
  xmlns:xsd = http://www.w3.org/2001/XMLSchema
<!-- The namespace where elements defined here will be
placed -->
  targetNamespace = http://cs.uccs.edu/planeSchema
<!-- The default namespace for this document (no prefix) -->
  xmlns = http://cs.uccs.edu/planeSchema
<!-- We want to put non-top-level elements in the target
namespace -->
  elementFormDefault = "qualified">
```

在这个例子中，目标名称空间和默认名称空间是相同的。

另一种定义前面开始标签的方式是将 XMLSchema 作为默认值，因而在该架构中不需要再加前缀；这样目标名称空间的名称将需要加前缀。下面的架构标签展示了这一点：

```
<schema
  xmlns = "http://www.w3.org/2001/XMLSchema"
  targetNamespace = "http://cs.uccs.edu/planeSchema"
  xmlns:plane = "http://cs.uccs.edu/planeSchema"
  elementFormDefault = "qualified">
```

注意，这个标签名称里的 schema 名称不再需要加前缀，因为它的名称空间现在是默认的。但是，无论是在架构中，还是在实例中，所有由这个架构创建的名称都需要加前缀。

7.6.3 定义架构实例

一个架构的实例必须包含它所使用的名称空间的说明。这些说明是通过架构根元素标签中的特性赋值指定的。首先，实例文档的默认名称空间一般使用在它的架构中定义过的名称空间。例如，如果根元素为 planes，则可以定义如下：

```
<planes
  xmlns = http://cs.uccs.edu/planeSchema
  ... >
```

实例文档根元素的第二个特性说明是 schemaLocation 特性。该特性用来为实例的标准名称空间命名，包括名称 XMLSchema-instance。这个名称空间与用于架构的 XMLSchema 名称空间是对应的。下面的特性赋值指定了 XMLSchema-instance 名称空间，并定义了其前缀 xsi：

```
xmlns:xsi = "http://www.w3.org/2001/XMLSchema-instance"
```

第三，实例文档必须指定在其中定义默认名称空间的架构的文件名。这是通过 schemaLocation 特性来完成的，该特性有两个值：架构的名称空间和架构的文件名。这个特性在 XMLSchema-instance 名称空间中定义，所以必须使用正确的前缀。例如：

```
xsi:schemaLocation = "http://cs.uccs.edu/planeSchema
                      planes.xsd"
```

这是个很特别的属性赋值，其中，该属性的两个值之间只用空格隔开。

总之，planes.xsd 架构的一个 XML 实例的开始根标签(其中实例的根元素名为 planes)可以包含下面的代码：

```
<planes
    xmlns = "http://cs.uccs.edu/planeSchema"
    xmlns:xsi = "http://www.w3.org/2001/XMLSchema-instance"
    xsi:schemaLocation = "http://cs.uccs.edu/planeSchema
                          planes.xsd">
```

XML 架构的目的是为了实现标签集和 XML 系列文档结构的标准化。用 XML 架构来对 XML 文档进行一致性检查可通过几个已有的有效性验证程序来完成。其中一个程序叫做 xsv，将在第 7.6.7 节讲到。XML 架构有效性验证程序执行两项一致性检查：第一，检查架构相对于架构的架构(即 XMLSchema)是否有效；第二，检查 XML 文档是否符合该文档实例对应的架构中规定的语法规则。

7.6.4 数据类型概述

有两种用户自定义的 XML 架构数据类型，分别是简单数据类型和复杂数据类型。简单数据类型(simple data type)的内容被限定为字符串。简单类型不能带有特性也不能包含嵌套的元素。被限定为字符串使得简单类型看起来像是范围很窄的类型，但事实并非如此，因为该类别包含了许多预定义的数据类型，本节将会讲到其中的几种。复杂类型(complex type)可以带有特性，并能包含其他数据类型的元素作为子元素。

XML 架构定义了 44 种数据类型，其中 19 种是基本数据类型(primitive)，25 种是派生数据类型(derived)。基本数据类型包括 string、Boolean、float、time 以及 anyURI。预定义的派生类型包括 byte、long、decimal、unsignedInt、positiveInteger 以及 NMTOKEN。用户自定义数据类型通过对一个已存在的类型施加约束来定义，这个已存在的类型称为基类型，用户自定义的类型称为派生类型。派生类型中的约束以基类型的约束面(facet)的方式给出。例如，integer 基本数据类型有 8 个可能的约束面：totalDigits、maxInclusive、maxExclusive、minInclusive、minExclusive、pattern、enumeration 以及 whitespace。用户自定义数据类型的例子将在 7.6.5 节给出。所有预定义数据类型的列表可以在 http://www.w3.org/TR/xmlschema-2/#built-in- datatypes 中找到。

简单类型和复杂类型都可以是命名的或匿名的。如果是匿名的，该类型不能在声明它的元素之外使用。

XML 架构中的数据声明可以是局部的或全局的。局部声明在 schema 元素的一个子元素的内部给出；也就是说，一个出现在 schema 的孙元素(或是更远的后继元素)中的声明也是局部声明。在局部被声明的元素只在那个元素中可见。这意味着拥有相同名称的局部元素可以出现在很多不同的元素中，且它们之间不会有冲突。全局声明是作为 schema 元素的子元素给出的。全局元素在它们的声明语句所在的整个架构中都是可见的。

7.6.5 简单类型

元素在 XML 架构中通过 element 标签来定义，该标签来自 XMLSchema 名称空间。前面讲过的 xsd 前缀通常用在该名称空间的名称上。为此，命名的元素会包含一个 name 特性。简单元素声明中的另一个必需的特性是 type，它指定了元素所允许内容的类型。例如：

```
<xsd:element name = "engine" type = "xsd:string" />
```

一个定义了 engine 元素的架构的实例可以含有下面的元素：

```
<engine> inline six cylinder fuel injected </engine>
```

可以使用 default 特性为元素指定一个默认值。例如：

```
<xsd:element name = "engine" type = "xsd:string"
             default = "fuel injected V-6" />
```

元素可以有常量值，这意味着每个实例文档中定义的元素的内容具有同样的值。常量值通过 fixed 特性指定，如下所示：

```
<xsd:element name = "plane" type = "xsd:string"
             fixed = "single wing" />
```

现在来看用户自定义数据类型，这些类型是受约束的预先定义类型。简单的用户自定义数据类型在 simpleType 元素中使用约束面来描述。约束面必须在 restriction 元素的内容中指定，该元素指定基类型的名称。约束面本身在以约束面命名的元素中给出，并使用 value 特性指定该约束面的值。例如，下面的元素声明了一个用户自定义的类型——firstName，它的字符串少于 11 个字符：

```
<xsd:simpleType name = "firstName">
  <xsd:restriction base = "xsd:string">
    <xsd:maxLength value = "10" />
  </xsd:restriction>
</xsd:simpleType>
```

length 约束面用来限制字符串由确定数目的字符组成。minLength 面用来指定最小长度。十进制数的数字个数由 precision 约束面的 value 属性来限制。例如：

```
<xsd:simpleType name = "phoneNumber">
  <xsd:restriction base = "xsd:decimal">
    <xsd:precision value = "7" />
  </xsd:restriction>
</xsd:simpleType>
```

7.6.6　复杂类型

大多数 XML 文档都包含嵌套的元素，所以很少有不含有复杂类型的 XML 架构。虽然有多种复杂元素类型，但这里只讨论名为纯元素元素(element-only element)这一类别，这种类别可以在它们的内容中包含元素，但不能包含文本。所有复杂类型都可以有特性。

用 complexType 元素定义复杂类型。纯元素元素内容中的元素必须包含在一个有序组、一个无序组、一个选择或一个命名组中。这里讨论有序组和无序组。

sequence 元素用来包含一组有序的元素。例如，考虑下面的类型定义：

```
<xsd:complexType name = "sports_car">
  <xsd:sequence>
    <xsd:element name = "make" type = "xsd:string" />
    <xsd:element name = "model" type = "xsd:string" />
    <xsd:element name = "engine" type = "xsd:string" />
    <xsd:element name = "year" type = "xsd:decimal" />
  </xsd:sequence>
</xsd:complexType>
```

包含的元素为无序组的复杂类型在一个 all 元素中定义。

all 和 sequence 组中的元素可以包含用来指定出现的次数的属性。这些属性包括 minOccurs 和 maxOccurs。minOccurs 的可能值是非负整数(包括零)。maxOccurs 的可能值是非负整数加 unbounded 值，unbounded 的含义不言自明。

分析下面这个完整架构的例子：

```
<?xml version = "1.0" encoding = "utf-8"?>
<!-- planes.xsd
     A simple schema for planes.xml
```

```
    -->
<xsd:schema
  xmlns:xsd = "http://www.w3.org/2001/XMLSchema"
  targetNamespace = "http://cs.uccs.edu/planeSchema"
  xmlns = "http://cs.uccs.edu/planeSchema"
  elementFormDefault = "qualified">

  <xsd:element name = "planes">
    <xsd:complexType>
      <xsd:all>
        <xsd:element name = "make"
                     type = "xsd:string"
                     minOccurs = "1"
                     maxOccurs = "unbounded" />
      </xsd:all>
    </xsd:complexType>
  </xsd:element>
</xsd:schema>
```

注意这个例子使用了 all 元素来包含复杂类型 planes 的单个元素。这里，也可以改用 sequence。因为只包含了一个元素，所以二者之间没有区别。

choice 元素可以包含任意数量的元素，但在符合该架构的任何 XML 文档中，只能出现它包含的元素中的一个。

一个符合 planes.xsd 架构的 XML 实例如下：

```
<?xml version = "1.0" encoding = "utf-8"?>

<!-- planes1.xml
     A simple XML document for illustrating a schema
     The schema is in planes.xsd
     -->
<planes
  xmlns = "http://cs.uccs.edu/planeSchema"
  xmlns:xsi = "http://www.w3.org/2001/XMLSchema-instance"
  xsi:schemaLocation = "http://cs.uccs.edu/planeSchema
                        planes.xsd">
   <make> Cessna </make>
   <make> Piper </make>
   <make> Beechcraft </make>
</planes>
```

如果想使以前定义的 sports_car 元素中的 year 元素成为派生类型，则应该把该派生类型定义为另一个全局元素，然后在 sports_car 元素中引用它。例如，year 元素可以定义成：

```
<xsd:element name = "year">
  <xsd:simpleType>
    <xsd:restriction base = "xsd:decimal">
      <xsd:minInclusive value = "1900" />
      <xsd:maxInclusive value = "2012" />
```

```
      </xsd:restriction>
    </xsd:simpleType>
  </xsd:element>
```

在 year 元素定义为全局元素的前提下，sports_car 元素的定义中可以在 ref 特性中包含对 year 的引用，如下所示：

```
<xsd:complexType name = "sports_car">
  <xsd:sequence>
    <xsd:element name = "make" type = "xsd:string" />
    <xsd:element name = "model" type = "xsd:string" />
    <xsd:element name = "engine" type = "xsd:string" />
    <xsd:element ref = "year" />
  </xsd:sequence>
</xsd:complexType>
```

可在架构中将实体定义为一个元素，如下面的示例所示：

```
<xsd:element-name = "c" type = "xsd:token" fixed = "Cessna"
/>
```

在示例文档中，可以安装如下方法使用它：

```
<make> <c> </make>
```

7.6.7　架构实例的验证

一个 XML 架构提供了一种 XML 文档类别的定义。但是，如果不能提供一种机制来检查给定的 XML 实例文档是否符合相应的架构，就失去了开发 XML 架构的价值。有几种 XML 架构有效性验证工具可供使用。其中一种叫做 xsv，即 XML Schema Validator 的首字母缩写。该工具由苏格兰爱丁堡大学的 Henry S. Thompson 和 Richard Tobin 开发。如果需要验证的架构和实例文档可以通过 Web 网络访问，那么可以在线使用 xsv 验证，就像 W3C 站点上的 XHTML 有效性验证工具一样。该工具也可以下载到本机，并在本机上运行。xsv 的下载地址是 http://www.w3.org/XML/Schema#XSV。

xsv 输出一个 XML 文档。当从命令行运行该工具时，输出到屏幕上的文档没有格式，因此难以阅读。下面是运行 planes.xml 时 xsv 的输出结果：

```
<?XML version='1.0' encoding = 'utf-8'?>
<xsv docElt='{http://cs.uccs.edu/planeSchema}planes'
     instanceAssessed='true'
     instanceErrors = '0'
     rootType='[Anonymous]'
     schemaErrors='0'
     schemaLocs='http://cs.uccs.edu/planeSchema ->
planes.xsd'
     target='file:/c:/wbook2/xml/planes.xml'
     validation='strict'
     version='XSV 1.197/1.101 of 2001/07/07 12:10:19'
```

```
    xmlns='http://www.w3.org/2000/05/xsv' >

  <importAttempt URI='file:/c:wbook2/xml/planes.xsd'
                 namespace='http://cs.uccs.edu/planeSchema'
                 outcome='success' />
</xsv>
```

实际显示的输出没有任何格式：每行都将显示到屏幕的最右端，并且有几个地方因为换行打断了特性值。

对于 xsv 验证，应该知道的是如果架构的格式不正确，验证器则会报告消息，指出找不到指定的架构。

7.7 显示没有格式化的 XML 文档

支持 XML 的浏览器或任何其他能处理 XML 文档的系统一般不知道文档中定义的元素应该用什么格式显示(毕竟这些元素是某个人创造的)。因此，如果不使用定义了文档元素表现样式的样式表来显示 XML 文档，就不可能看到格式化了的内容。当今的大多数浏览器包含了默认的样式表，以供没有指定样式表的 XML 文档使用。在某种程度上，这种 XML 文档的屏幕输出只是 XML 的一个程式化的列表。使用 FX3 浏览器显示 planes.xml 文档的结果如图 7-1 所示。

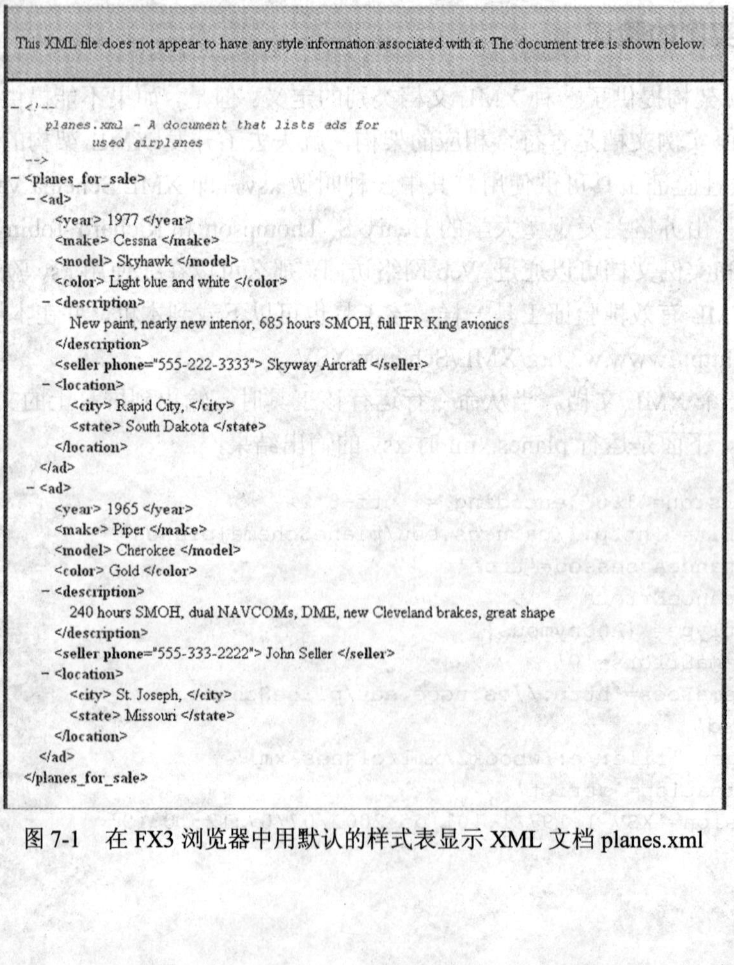

```
This XML file does not appear to have any style information associated with it. The document tree is shown below.

- <!--
    planes.xml - A document that lists ads for
        used airplanes
  -->
- <planes_for_sale>
  - <ad>
      <year> 1977 </year>
      <make> Cessna </make>
      <model> Skyhawk </model>
      <color> Light blue and white </color>
    - <description>
        New paint, nearly new interior, 685 hours SMOH, full IFR King avionics
      </description>
      <seller phone="555-222-3333"> Skyway Aircraft </seller>
    - <location>
        <city> Rapid City, </city>
        <state> South Dakota </state>
      </location>
    </ad>
  - <ad>
      <year> 1965 </year>
      <make> Piper </make>
      <model> Cherokee </model>
      <color> Gold </color>
    - <description>
        240 hours SMOH, dual NAVCOMs, DME, new Cleveland brakes, great shape
      </description>
      <seller phone="555-333-2222"> John Seller </seller>
    - <location>
        <city> St. Joseph, </city>
        <state> Missouri </state>
      </location>
    </ad>
</planes_for_sale>
```

图 7-1　在 FX3 浏览器中用默认的样式表显示 XML 文档 planes.xml

图 7-1 中显示的部分元素以短划线开头。通过在短划线上单击鼠标可以暂时隐藏这些元素。举例来说，如果在第一个<ad>标签左边的短划线上单击鼠标，结果如图 7-2 所示。

```
This XML file does not appear to have any style information associated with it. The document tree is shown below.

- <!--
    planes.xml - A document that lists ads for
        used airplanes
  -->
- <planes_for_sale>
  + <ad></ad>
  - <ad>
      <year> 1965 </year>
      <make> Piper </make>
      <model> Cherokee </model>
      <color> Gold </color>
    - <description>
        240 hours SMOH, dual NAVCOMs, DME, new Cleveland brakes, great shape
      </description>
      <seller phone="555-333-2222"> John Seller </seller>
    - <location>
        <city> St. Joseph, </city>
        <state> Missouri </state>
      </location>
    </ad>
  </planes_for_sale>
```

图 7-2 隐藏了图 7-1 中文档的第一个 ad 元素内容之后的 XML 文档

通常很少显示没有格式化的 XML 文档。这样做只是在开发期间检查该文档的内容和结构。

IE 9 之前的 IE 浏览器默认限制隐藏(eliding)。通过单击信息栏(当尝试隐藏时，出现在显示结果的顶部)，然后单击 Allow Blocked Content，将允许隐藏。Chrome 浏览器没有使用默认的样式表，但是可以通过单击 Tools | View Source 来查看 XML 文件。

7.8 通过 CSS 显示 XML 文档

一个 XML 文档的样式表信息可以用两种方式提供给浏览器。第一种方式是用存有 XML 文档中的元素样式信息的层叠样式表(Cascading Style Sheet，CSS)文件。另一种方式是用 W3C 开发的 XSLT 样式表技术。虽然 CSS 足以胜任，但 XSLT 提供了除显示文档之外的更强大的功能。将在 7.9 节中讨论 XSLT。

针对 XML 文档的 CSS 样式表的格式非常简单：仅由一系列元素名称组成，元素名称之后是由花括号括起来的对应的 CSS 特性，这就是 CSS 文档样式表中规则的格式。下面是为 XML 文档 planes 编写的 CSS 样式表：

```
<!-- planes.css - a style sheet for the planes.xml document -->
ad { display: block; margin-top: 15px; color: blue;}
```

```
year, make, model { color: red; font-size: 16pt;}
color {display: block; margin-left: 20px; font-size: 12pt;}
description {display: block; margin-left: 20px; font-size: 12pt;}
seller { display: block; margin-left: 15px; font-size: 14pt;}
location {display: block; margin-left: 40px; }
city {font-size: 12pt;}
state {font-size: 12pt;}
```

在该样式表中，唯一没有在本书前面讨论过的属性是 display。该属性决定一个元素是在行内显示还是以独立块的方式显示。这两个选项对应的值为 inline 和 block，其中 inline 值是默认值。当 display 属性设置为 block 时，该元素内容与其同辈元素的内容一般用换行符隔开。

XML 文档与 CSS 样式表之间关联的建立是用处理指令 xml-stylesheet 实现的。该指令用 type 特性来指定样式表的具体类型，用 href 特性来指定对应的样式表文件名。对于 planes 的例子而言，该处理指令的格式如下：

```
<?xml-stylesheet type = "text/css" href = "planes.css" ?>
```

图 7-3 是在使用了 planes.css 样式表情况下的 planes.xml 的外观：

1977 Cessna Skyhawk
Light blue and white
New paint, nearly new interior, 685 hours SMOH, full IFR King avionics
Skyway Aircraft
Rapid City, South Dakota

1965 Piper Cherokee
Gold
240 hours SMOH, dual NAVCOMs, DME, new Cleveland brakes, great shape
John Seller
St. Joseph, Missouri

图 7-3　使用 CSS 样式表格式化 planes.xml 的结果

7.9 XSLT 样式表

可扩展样式表语言(eXtensible Stylesheet Language，XSL)是用于定义 XML 文档转换和表现的一系列建议规范。它由三个相关的标准组成：XSL 转换(XSL Transformations，XSLT)、XML 路径语言(XML Path Language，XPath)以及 XSL 格式化对象(XSL Formatting Objects，XSL-FO)。每个组成部分都有自己的重要作用。它们为格式化显示 XML 文档提供了一个有效途径。由于 XSL-FO 主要用于生成 PDF 和 PostScript 等格式的高质量可打印文档，因此本章不讨论有关 XSL-FO 的内容。

XSLT 样式表用来将 XML 文档转换为各种格式，包括 XSL-FO、HTML 和纯文本。当输出为 HTML 时，它主要用于显示。在转换 XML 文档的过程中，元素内容可以被移动、修改、分类或转换为特性值。XSLT 样式表实际上是 XML 文档，所以可以用 XML 架构来验证，甚至可以用其他 XSLT 样式表来转换。XSLT 1.0 标准[5]可在 http://www.w3.org /TR/xslt 中给出。本节主要讨论 XSLT 样式表及其主要用途。

XPath 是一种表达式语言，常用来定位 XML 文档中的元素，如在文档中特定位置的元素或有特殊特性值的元素。XSLT 需要这样的表达式来指定转换。XPath 也用在 XQL 这样的 XML 文档查询语言中，以便通过 XPointer 构建新的 XML 文档结构。XPath 标准在 http://www.w3.org/TR/xpath 中给出。本章仅在讲述 XSLT 时用到简单的 XPath 表达式，但不对其做进一步讨论。

7.9.1 XSLT 概述

XSLT 事实上是一种简单的声明式编程语言，与逻辑编程语言 Prolog 多少有些关系。XSLT 中包括了带参数的函数、能绑定值的名称、选择结构以及可以进行多重选择的条件表达式。XSLT 的语法结构就是 XML，所以每条语句都通过相应的元素来指定。这使得 XSLT 文档看起来与其他典型的命令式编程语言程序大不一样，但与用 Prolog 编写的程序也不是毫无相似之处。

XSLT 处理器将 XML 文档和 XSLT 文档作为输入。其中 XSLT 文档作为待执行的程序，而 XML 文档作为该程序的输入数据。在处理过程中，XML 文档的某些部分(可能经过修改)与 XSLT 文档的一部分合并而形成一个新的文档，有时该新文档称作 XSL 文档。事实上该 XSL 文档也是一个 XML 文档，并且可以再次放入 XSLT 处理器中处理。从 XSLT 处理器输出的 XSL 文档可以保存下来以待应用程序处理，也可以直接由浏览器之类的程序显示。XSLT 处理器并不修改作为输入的 XML 文档和 XSLT 文档的内容。

图 7-4 显示了 XSLT 处理器的转换过程。

XSLT 文档主要由一个或多个模板组成，其中使用类似于 XPath 的表达式来描述待处理的输入 XML 文档中元素和特性的模式(pattern)。每个模板与一段 XSLT“代码”相关联，当在 XML 文档中找到与模板相匹配的内容时，该段代码就会被“执行”。所以每个模板实际上描述了一个函数，当 XSLT 处理器找到与该模板相匹配的模式时，所描述的函数就会执行。

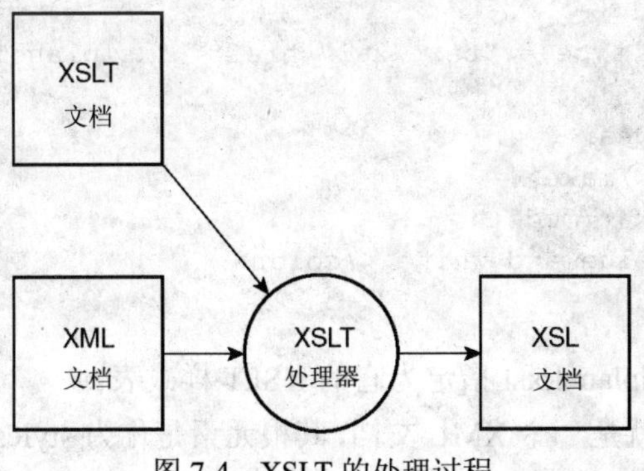

图 7-4　XSLT 的处理过程

5　XSLT 2.0 标准在 2007 年通过，但是到目前为止还未得到广泛支持。

XSLT 处理器将按顺序检查输入的 XML 文档，查找有没有与 XSLT 文档中的某个模板相匹配的部分。XML 文档是由一个个节点组成的，这些节点可能是元素、特性、注释、文本以及处理指令等。如果某个模板与一个元素相匹配，则处理器将一直找到结束标签，然后再处理该元素，且该元素的子元素有时未必用该模板处理。

这种 XSLT 处理 XML 数据的模型称为模板驱动模型(template-driven model)。这种模型能很好地处理非常有规律地存放的数据，如由记录数据组成的文件。XSLT 使用称为数据驱动模型(data-driven model)的模板片段也可以处理不规则和递归数据。单独的一个 XSLT 样式表既可包括模板驱动也可包括数据驱动的模型。本章只涉及模板驱动模型。

为了使下面的讨论不过于复杂，将集中讨论与表现相关的转换。本节中的示例用 IE9 的 XSLT 处理器进行处理。

7.9.2 用于表现的 XSL 转换

虽然 XSLT 样式表有多种控制页面版式的功能，包括页面方向、书写方向、页边空白大小以及页码，但本章仅介绍用于最小信息单元的一些最简单的格式说明。XSLT 包含了 50 多种格式对象(元素)类型以及 230 多种特性，是个极其庞大复杂的标签集合。

本节假设 XSLT 处理器用相应的 XSLT 样式表文档处理一个 XML 文档，并且输出一个 XSL 文档，它是要显示的 HTML 文档。

要作为 XSLT 样式表数据的 XML 文档必须包含通知 XSLT 处理器使用该样式表的处理指令。该指令格式如下：

```
<?xml-stylesheet type = "text/xsl" href =
                                    "XSL_stylesheet_name" ?>
```

在该指令中，MIME 类型存在一个问题：text/xsl 并非是标准类型；但在目前，它是唯一可用于当今大多数浏览器的类型。

分析下面这个用 XSLT 格式化的简单 XML 文档示例：

```
<?xml version = "1.0" encoding = "utf-8"?>
<!-- xslplane.xml -->
<?xml-stylesheet type = "text/xsl" href = "xslplane1.xsl" ?>
<plane>
  <year> 1977 </year>
  <make> Cessna </make>
  <model> Skyhawk </model>
  <color> Light blue and white </color>
</plane>
```

注意，该文档将 xslplanel.xsl 指定为它的 XSLT 样式表。

一个 XSLT 样式表就是一个 XML 文档，其根元素是称为 stylesheet 的特殊用途的元素。stylesheet 标签将名称空间定义为它的特性并封装了定义其转换的元素集合。该标签还将文档本身标识为一个 XSLT 文档。所有 XSLT 元素的名称空间通过一个 W3C 的 URI 指定。如果此样式表包含 XHTML 元素，则 stylesheet 标签也需要指定 XHTML 的名称空间，它也是

HTML 的名称空间。考虑下面的 stylesheet 开始标签：

```
<xsl:stylesheet xmlns:xsl =
                "http://www.w3.org/1999/XSL/Transform"
                xmlns = "http://www.w3.org/1999/xhtml">
```

注意，XSLT 元素的前缀是 xsl，而 XHTML 是默认名称空间。

XSLT 样式表文档必须包含至少一个 template 元素。模板的开始标签包含一个 match 特性来指定用于在 XML 文档中选择节点的类似于 XPath 的表达式[6]。模板元素的内容指定了有哪些内容要放在输出文档中。

XSLT 处理器会检查 XML 文档的节点或者说元素，将它们与 XSLT 样式表中的模板进行比较。如果有一个节点匹配某个模板，就将该模板添加到可应用模板的列表中。在简单的情况下，可能没有、或者只有一个这样的模板。而在更一般的情况下，可能有一组复杂的规则确定了应用哪个模板。这里只考虑简单的情况。

应用模板会把它的主体放到一个 XSL 文档中。

在许多 XSLT 文档中，都会包含一个匹配 XML 文档根节点的模板。可以采用两种方式进行匹配：一种是像下面这样用 XPath 表达式"/"：

```
<xsl:template match = "/">
```

这将使 XSLT 处理器处理整个 XML 文档。注意在 UNIX 系统中用这个记号来表示目录地址。除使用"/"外的另一种方法是使用文档真正的根节点。在例子 xslplane.xml 中，文档根节点是 plane。每个 XSLT 样式表都要为根节点包含一个模板。如果 XSLT 处理器的输出是 HTML 文档，则匹配根节点的模板被用来创建输出文档的 HTML 文档头部，模板元素的内容就是头部的代码。下面是一个模板元素的例子：

```
<xsl:template match = "plane">
<html><head><title> Example </title></head><body>
...
</body></html>
</xsl:template>
```

样式表经常会包含针对 XML 文档中特定节点的模板。下面是一个例子：

```
<xsl:template match = "year">
```

以斜杠开头的 match 属性的值是文档内的绝对地址，不以斜杠开头的则是相对地址。在上面的例子中，值"year"明显是一个相对地址。相对地址指的是相对于 XML 文档的“当前”节点，即 XSLT 处理器在 XML 文档中找到的最后一个节点。

用于根节点的模板是隐式应用的，而 XSLT 文档中的其他模板必须显式地应用于 XML 文档。可以利用多种方法完成这一过程。元素 apply-templates 用于将合适的模板应用于当前节点的后继节点上。该元素可以包含一个 select 属性来指定要把模板应用在哪些后继节

6　它还可以包含一个 priority 特性，不过这里不进行讨论。

点上，例如：

```
select = "make"
```

这将跳过除 make 以外的其他所有后继节点。此外，select 还可指定选择除某个后继节点以外的所有后继节点，例如：

```
select = "not(year)"
```

如果在 apply-templates 元素中没有包含 select 属性，则 XSLT 处理器将把模板应用在所有的后继节点上。对那些 XSLT 文档没有为它们定义模板的节点，将使用默认模板。举例来说，文本和特性都有将它们输出为文本的默认模板。

模板元素有两种不同的元素类型：一类包含实际内容；另一类则指定从相关联的 XML 文档复制的内容。用来表示 HTML 文档元素的 XSLT 元素常用于指定内容。它们与所关联的 HTML 文档元素的形式相同。以下面的 HTML 文档元素为例：

```
<span style = "font-size: 14pt"> Happy Holidays! </span>
```

XSLT 处理器会将所有表示 HTML 元素的 XSLT 元素复制到产生的输出文档中。

很多情况下，XML 文档中元素的内容是要复制到输出文档中的。这可以用 value-of 元素来实现，该元素使用 select 特性来指定要从 XML 文档中复制内容的元素。例如：

```
<xsl:value-of select = "AUTHOR" />
```

这个元素指明了 XML 文档中的 AUTHOR 元素的内容要复制到输出文档中。因为 value-of 元素不能包含内容，所以使用一个斜杠和右尖括号结尾。

select 属性可以指定 XML 文档中的任何一个节点，这是 XSLT 格式比 CSS 优越的地方。在 CSS 中，只能依照数据的存储顺序来显示内容。

对于元素 value-of 的特性 select 来说，特性值"."意味着选取当前元素下的所有元素，除非当前节点没有包含嵌套元素[7]。

下面是 XML 文档 xslplane.xml 的完整 XSLT 样式表的例子：

```
<?xml version = "1.0" encoding = "utf-8"?>
<!-- xslplane1.xsl
     An XSLT stylesheet for xslplane.xml using child templates
     -->
<xsl:stylesheet version = "1.0"
            xmlns:xsl = "http://www.w3.org/1999/XSL/Transform"
            xmlns = "http://www.w3.org/1999/xhtml">

<!-- The template for the whole document (the plane element) -->
  <xsl:template match = "plane">
    <html><head><title> Style sheet for xslplane.xml </title>
    </head><body>
```

7 在一个<xsl:apply-templates>标签中包含 select = "."没有任何效果，因为 apply-templates 隐式指定所有直接子节点。

```
    <h2> Airplane Description </h2>

  <!-- Apply the matching templates to the elements in plane -->
      <xsl:apply-templates />
      </body></html>
    </xsl:template>

  <!-- The templates to be applied (by apply-templates) to the
      elements nested in the plane element -->
    <xsl:template match = "year">
      <span style = "font-style: italic; color: blue;"> Year:
      </span>
      <xsl:value-of select = "." /> <br />
    </xsl:template>
    <xsl:template match = "make">
      <span style = "font-style: italic; color: blue;"> Make:
      </span>
      <xsl:value-of select = "." /> <br />
    </xsl:template>
    <xsl:template match = "model">
      <span style = "font-style: italic; color: blue;"> Model:
      </span>
      <xsl:value-of select = "." /> <br />
    </xsl:template>
    <xsl:template match = "color">
      <span style = "font-style: italic; color: blue;"> Color:
      </span>
      <xsl:value-of select = "." /> <br />
    </xsl:template>
  </xsl:stylesheet>
```

图 7-5 是用 IE 9 显示的由 XSLT 处理器基于 xslplane.xml 和 xslplane1.xsl 创建的输出文档[8]。

Airplane Description

Year: 1977
Make: Cessna
Model: Skyhawk
Color: Light blue and white

图 7-5　由 XSLT 处理器生成的输出文档

对于 XSLT 文档 xslplane1.xsl 本身的作用而言，其显得有些复杂且有些地方没有必要这样写。例如没必要为 plane 的所有子节点都包含模板，因为 value-of 元素的 select 子句可以找到这些子节点。下面的 XSLT 文档 xslplane2.xsl 的输出与 xslplane1.xsl 相同：

8　由于某些未知的原因，这个示例在 IE9 和 FX3 中表现正常，在 Chrome 中却不能工作。

```
<?xml version = "1.0" encoding = "utf-8"?>
<!-- xslplane2.xsl
     An XSLT Stylesheet for xslplane.xml using implicit templates
     -->
<xsl:stylesheet version = "1.0"
                xmlns:xsl = "http://www.w3.org/1999/XSL/Transform"
                xmlns = "http://www.w3.org/1999/xhtml">

<!-- The template for the whole document (the plane element) -->
  <xsl:template match = "plane" >
    <html><head><title> Style sheet for xslplane.xml </title>
    </head><body>
    <h2> Airplane Description </h2>
    <span style = "font-style: italic; color: blue;"> Year:
    </span>
    <xsl:value-of select = "year" /> <br />
    <span style = "font-style: italic; color: blue;"> Make:
    </span>
    <xsl:value-of select = "make" /> <br />
    <span style = "font-style: italic; color: blue;"> Model:
    </span>
    <xsl:value-of select = "model" /> <br />
    <span style = "font-style: italic; color: blue;"> Color:
    </span>
    <xsl:value-of select = "color" /> <br />
    </body></html>
  </xsl:template>
</xsl:stylesheet>
```

我们考虑一个包含一组有相同结构的数据元素的 XML 文档。如一个名为 airplanes.xml 的文档可能包含一个由飞机描述组成的列表。用于一个飞机的 XSLT 模板通过 for-each 元素可以重复使用，该元素用 select 特性来指定 XML 数据中的元素。select 特性值是一个模式(pattern)，该模式是指定某个元素的路径表达式，任何指定元素的子元素也包含在内。

分析如下的 XML 文档：

```
<?xml version = "1.0" encoding = "utf-8"?>
<!-- xslplanes.xml -->
<?xml-stylesheet type = "text/xsl" href = "xslplanes.xsl" ?>
<planes>
  <plane>
    <year> 1977 </year>
    <make> Cessna </make>
    <model> Skyhawk </model>
    <color> Light blue and white </color>
  </plane>
  <plane>
    <year> 1975 </year>
    <make> Piper </make>
    <model> Apache </model>
```

```
    <color> White </color>
  </plane>
  <plane>
    <year> 1960 </year>
    <make> Cessna </make>
    <model> Centurian </model>
    <color> Yellow and white </color>
  </plane>
  <plane>
    <year> 1956 </year>
    <make> Piper </make>
    <model> Tripacer </model>
    <color> Blue </color>
  </plane>
</planes>
```

下面的 XSLT 样式表用来处理上面的 XML 数据文档：

```
<?xml version = "1.0" encoding = "utf-8"?>
<!-- xslplanes.xsl -->
<xsl:stylesheet version = "1.0"
                xmlns:xsl = "http://www.w3.org/1999/XSL/Transform"
                xmlns = "http://www.w3.org/1999/xhtml" >

<!-- The template for the whole document (the planes element) -->
  <xsl:template match = "planes">
    <h2> Airplane Descriptions </h2>

<!-- Apply the following to all occurrences of the plane element -->
  <xsl:for-each select = "plane">
    <span style = "font-style: italic; color: blue;"> Year: </span>
    <xsl:value-of select = "year" /> <br />
    <span style = "font-style: italic; color: blue;"> Make: </span>
    <xsl:value-of select = "make" /> <br />
    <span style = "font-style: italic; color: blue;"> Model: </span>
    <xsl:value-of select = "model" /> <br />
    <span style = "font-style: italic; color: blue;"> Color: </span>
    <xsl:value-of select = "color" /> <br /> <br />
  </xsl:for-each>

  </xsl:template>
</xsl:stylesheet>
```

图 7-6 是通过 IE 9 显示的由 XSLT 处理器处理 xslplanes.xml 所生成的输出文档，使用的是 xslplanes.xsl 样式表[9]。

9　与 xslplane.xml 一样，这个示例在 Chrome 中不能工作。

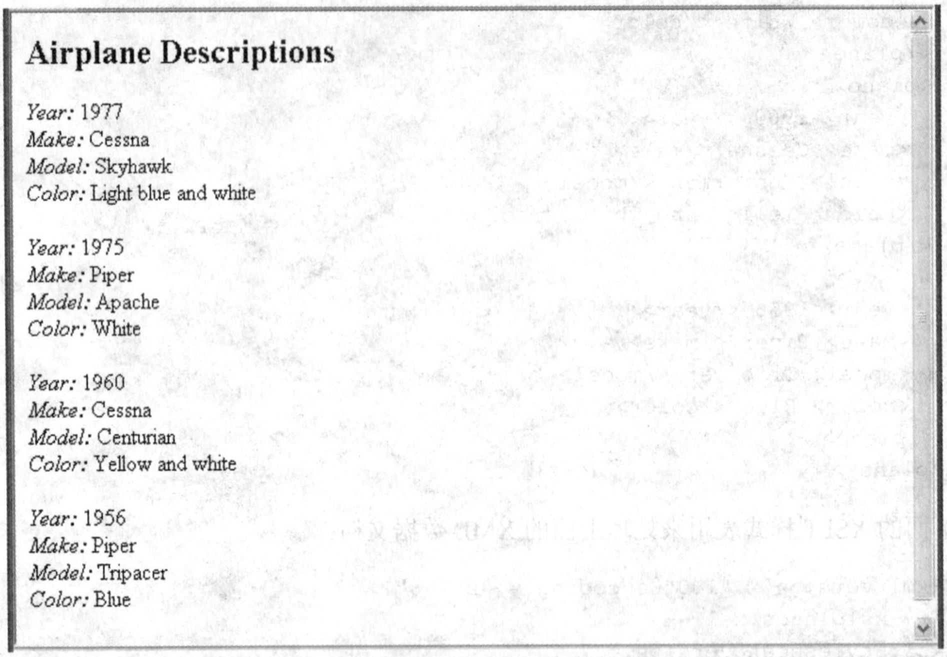

Airplane Descriptions

Year: 1977
Make: Cessna
Model: Skyhawk
Color: Light blue and white

Year: 1975
Make: Piper
Model: Apache
Color: White

Year: 1960
Make: Cessna
Model: Centurian
Color: Yellow and white

Year: 1956
Make: Piper
Model: Tripacer
Color: Blue

图 7-6　使用 for-each 元素处理元素列表

模板的一些特征使得它们很像编程语言中的子程序。例如，可以命名模板，并通过名称显式调用它们。而且，还可以向命名模板传递参数。

XSLT 提供了一种简单的方法用于对 XML 文档元素及其内容在输出之前进行排序。这通过 sort 元素来完成，该元素可包含多个特性。特性 select 指明了用来作为排序关键字的节点。特性 data-type 指明元素是按文本(使用值"text")还是按数值(使用值"number")来排序。默认情况下按升序排序。将属性 order 的值设置为"descending"可按降序排序。将下面这行代码插入 xslplanes.xsl 文档中，输出文档中的数据就会按飞机生产年份数值升序排列。

```
<xsl:sort select = "year" data-type = "number" />
```

7.10　XML 处理器

本章前面的内容介绍了 XML 文档的结构及编写规则、如何用 XML 架构详细说明特定的标签集合和一组 XML 文档的结构，以及如何用 CSS 和 XSLT 样式表来显示 XML 文档的内容。这仅是介绍了数据的存储和显示，并未提及数据处理方法。本节虽未详细讨论 XML 文档中的数据是如何处理的，但介绍了让数据便于应用程序处理的手段。

7.10.1　XML 处理器的用途

前面已经讨论过了 XML 处理器的一些用途。这些用途有：第一，处理器需检查文档是否满足结构良好的基本语法；第二，处理器需要用相应的定义替换文档中对实体的所有引用；第三， XML 架构中的元素可以指定它们在 XML 文档中的默认值，在处理过程中这些值必须复制到 XML 文档中；第四，在指定了相应的 XML 架构且在处理器包含了验证解析器的情况下，处理器将检查 XML 文档结构的合法性。

检查 XML 文档规范性的一个简单方法是用带有 XML 解析器的浏览器。Microsoft 的 XML 解析器 MSXML(是 IE9+的一部分)针对 XML 架构做格式良好性检查和验证，此解析器可从 http://msdn2.microsoft.com/en-US/xml/bb291077.aspx 下载。其他浏览器中 XML 解析器的有关信息可从 http://www.w3.org/XML/Schema 获得。

虽然 XML 文档有着规范而良好的结构，但该结构并不能让应用程序方便地访问文档中的数据。由于最初阶段的语法分析要求访问嵌套的数据，而每个处理该 XML 文档的应用程序都需要重复此过程，因此，人们很早就意识到需要一个标准的语法分析器来解决这个问题。实际上，语法分析器本身并不需要什么标准，而是需要以标准的应用程序编程接口(Application Programming Interface，API)的方式来提供 XML 文档的数据。该需求导致为 XML 处理器开发了两个不同的标准 API。由于对 XML 应用的需求和使用是多种多样的，因此存在两个标准并不是件坏事。根据这两类 API，编译器的语法分析器会产生两类不同的输出。有的语法分析器生成输入程序的语法结构流，有的则生成解析树，该树按照输入程序的语法结构显示了相应的层次结构。

7.10.2 SAX 方式

XML 的简单 API 标准(Simple API for XML，SAX)是由一个叫做 XML-DEV 的 XML 用户组开发的，并于 1998 年 5 月发布。虽然该标准不是由标准化组织开发且没有一个标准化组织支持，但 SAX 已成为一个被广泛接受的事实标准，且被很多 XML 处理器所支持。

SAX 处理的方式叫做事件处理(event processing)。处理器将 XML 文档从头至尾扫描一遍。每当遇到一个语法结构时，处理器就会调用这个特定语法结构的事件处理程序向应用程序发送一个事件。相关的语法结构会自动包括开始标签、特性、文本以及结束标签。描述这些事件处理程序的接口构成了 SAX API。

7.10.3 DOM 方式

相对于 SAX 的另一种解析 XML 文档的方式是构建该文档的分层语法结构。第 6 章曾讲述了通过用 DOM 表示的 HTML 文档来创建动态文档，这里的方法有些类似。对于 HTML，浏览器解析文档并构建 DOM 树；而对于 XML，XML 处理器的解析器部分负责构建 DOM 树。无论是对于 HTML 还是 XML，DOM 树的节点都是以对象的形式来表示的，且可以被应用程序访问、处理和修改。当解析完文档时，文档的整个 DOM 表示便存放在内存中，并可以以很多种不同的方式来访问，包括以各种树的遍历或随机方式来访问。

XML 文档的 DOM 表示与 SAX 解析器提供的顺序表示相比有诸多优点：第一，当文档的某一部分需要被应用程序多次访问时，DOM 表示具有明显的优势；第二，当应用程序需要对文档进行调整时，如果能一次性地访问整个文档，显然要方便一些；第三，DOM 方式可以随机访问文档中的某个部分；第四，由于解析器在进行处理之前能看到整个文档，因此这种方式可以根据相应的 XML 架构的规定来避免无效操作。

某些情况下，SAX 方式比 DOM 方法更具优势。DOM 结构是完全存储在内存中的，若文档比较大的话将占用大量内存。事实上，由于对 XML 文档的大小没有限制，有些文档不能以 DOM 方式来解析，而 SAX 方式就不存在这个问题。SAX 方式的另一个好处在于其处理速度要比 DOM 方式快。

在构建一个 XML 文档的 DOM 结构时，需要对该文档进行一定的语法分析，这些语法分析与 SAX 解析器的分析很相似，实际上绝大多数 DOM 解析器都包含一个 SAX 解析器作为前端。

7.11 Web 服务

当微软总裁比尔·盖茨在 1999 年提出他所说的 BizTalk 概念时，正值人们对 Web 服务的兴趣日渐高涨。BizTalk 后来改名为.NET，其思想是提供一种可以使不同地点、不同语言以及不同平台上的不同软件之间互相连接和交互操作的技术。

Web 起始于集中式的 Web 信息服务，现在仍然如此。通过 GET 和 POST 这两种基本的 HTTP 方法以及大量的公共标记文档，可将信息提供给任何连接到 Internet 以及可运行浏览器的计算机。Web 服务可认为是一种类似于服务的技术，这是 Web 服务的一般性概念。在 Web 服务器上部署的是服务而不是文档。同样，在 Web 服务器上可访问的是软件组件而不是文档本身。组件不可以下载，而是在 Web 服务器上作为一个远程服务来运行。在大多数情况下，组件是可远程调用的方法。

Web 服务并不是个全新的概念，远程过程调用(Remote Procedure Call，RPC)是一个与其类似的且更早提出的概念。提出 RPC 的目的是使分布式组件之间能够互相通信。有两种取得成功且得到广泛使用的 RPC 技术：DCOM(Distributed Component Object Model，分布式对象组件模型)和 CORBA(Common Object Request Broker Architecture，公共对象请求代理体系结构)。但这两种技术都过于复杂，无法为不同系统中组件之间的互操作提供一种简便方法。DCOM 是一个专利技术，仅由微软的软件系统支持。CORBA 虽然被设计为跨平台技术，但它需要大量的手工整合工作。DCOM 使用对象远程过程调用(Object Remote Procedure Call，ORPC)协议实现组件接口。CORBA 使用的是对象管理组 (Object Management Group，OMG)的 Internet 内部对象请求代理交互协议(Internet Inter-ORB Protocol，IIOP)。这两种协议当然是不兼容的。因此，DCOM 和 CORBA 都不能支持 Web 服务的目标——普遍的组件互操作性。

Web 服务的梦想是希望能有一些协议使得所有组件之间的互操作能完全在计算机的控制下完成，而不需要人工干预。这意味着当一个软件系统需要某个服务时，能自行在 Web 上查找并使用该服务。虽然已经开发出来支持这个梦想的非专有标准协议和语言，但并没有得到广泛应用。目前，许多大型软件公司都提供 Web 服务，如 Microsoft、Amazon、IBM 和 Google。

提供和使用 Web 服务需要三类角色：服务提供者、服务请求者(使用者)以及服务注册中心。服务提供者要能够开发和部署提供服务的软件，且该服务要有标准的描述。Web 服务定义语言(Web Service Definition Language，WSDL，缩写读作 wiz'-dul)是由 W3C 设计出来的用于编写服务描述的语言，它是一个 XML 标签集。WSDL 描述是发布在 Web 服务器上的，有点类似于可访问的 Web 文档。它用来描述 Web 服务所提供的特定操作以及 Web 服务接收和发送消息的协议。WSDL 描述中的数据，无论是输入数据还是输出数据，常使用 XML 架构来编写。

Web 服务注册中心是通过另一种标准协议创建的。这个协议叫做统一描述、发现以及集成服务(Universal Description、Discovery and Integration Service，UDDI)。UDDI 同时也提供了在 Web 服务注册中心进行查询以确定有哪些特定服务可用的方法。所以，当一个请求者向注册中心发送 WSDL 查询时，注册中心将返回请求者如何与被请求的 Web 服务交互的协议。因此，UDDI 有两类客户：服务提供者和查找使用 Web 服务的客户。

SOAP 是一个 XML 标签集，定义了消息和 RPC 的格式。SOAP 最初是 Standard Object Access Protocol(标准对象访问协议)的首字母缩写，其设计目的是为了描述数据对象。但是，它现在是 Web 服务通信中广泛使用的 XML 标签集的名称。SOAP 文档的根元素是 Envelope，因此 SOAP 文档常称为信封。SOAP 消息体本身要么是一个 RPC 请求，要么是一个含有被调用方法或服务返回值的响应。SOAP 消息用 HTTP POST 方法发送。

大部分 Web 服务都是用强大的工具开发的，如 Microsoft 的 Visual Studio 和 Oracle 的 NetBeans。

Web 服务使用者是服务的客户。这样的客户可以是 Web 应用程序、非 Web 应用程序或其他 Web 服务。Web 服务客户的体系结构包括运行在客户机上的代理。代理是远程 Web 服务的本地替代者。一旦在客户端中创建、编译和引用了代理，客户端就可调用远程 Web 服务的方法，尽管此调用实际由代理本地接收。因此，客户实际是与代理交互，而代理通过 Internet 与远程 Web 服务交互。客户看上去像在调用远程 Web 服务，实际它是在调用代理。

第 12 章将介绍用 ASP.NET 方法定义和使用 Web 服务。

7.12　本章小结

XML 是元标记语言 SGML 的简化版本。它为一组用户提供了使用针对主题的标记语言定义自己数据文档结构的标准方法。

XML 文档可以包含元素、标记声明以及处理指令。每个 XML 文档在形式上是一个树型结构，因此仅有一个根元素。

任何 XML 文档都是一个文档实体，并且可以包含任意数量的在其他地方定义的实体引用。实体可以表示多种数据形式，包括纯文本和图片引用。

XML 文档可以包含预定义的其他应用程序中的元素名，如 HTML 中的元素名。为了避免不同来源中名称冲突的问题，XML 引入了名称空间和名称前缀的概念，通过这种办法可以指定一个文档中某个名称的名称空间。名称空间是在声明中以 URI 的形式指定的。一个文档通常有一个默认的名称空间，默认名称空间中的名称可以不加前缀。

XML 架构定义了一类 XML 文档的结构，遵守某个架构的文档称为该架构的实例。因为架构本身就是一个 XML 文档，所以架构文档本身又是 XMLSchema 架构的实例。架构通过 targetNamespace 属性来指定目标名称空间，目标名称空间通常作为默认名称空间。在架构中既可以定义简单数据类型也可以定义复杂数据类型，简单数据类型不能包含其他元素或特性。一种常见的复杂数据类型是能够包含除了文本之外的其他元素的数据类型。可以在架构中使用许多预定义的类型，且可通过使用约束面在已有简单类型之上定义加入限制的新简单类型。用同样方法可以定义新的复杂数据类型。架构的实例可以通过 xsv 之类的多种验证程序来验证。

当被解析的文档没有指定样式表时，XML 解析器将使用自带的默认样式表来样式化该文档。使用默认样式表时的输出只是该 XML 文档的一张程式化的列表。可将 CSS 样式表与 XML 文档一起使用来提供格式信息。这样的 CSS 样式表在形式上类似于 HTML 的外部 CSS 样式表。

也可以用 XSLT 样式表来格式化 XML 文档。XSLT 样式表中指定了如何进行文档转换并包含了 HTML 和 CSS 的表现信息。XSLT 样式表中定义了映射 XML 文档元素的模板。XSLT 处理器以 XML 文档和 XSLT 样式表为输入，创建一个输出文档。如果样式表中有 HTML 的样式说明，则输出的文档中会有嵌套于元素中的样式信息。XSLT 样式表实际上是 XML 的应用程序。XSLT 样式表中的模板可以被与其相关联的 XML 文档中的文档分支多次重用。

XML 应用程序要求 XML 文档中的节点(标签、特性、文本等)必须以 XML 解析器所规定的标准方式来编写。可以通过两种方式处理 XML 文档：一种称为 SAX 方式，这种方式在处理过程中每遇到一个节点便调用对应的事件处理程序；另一种称为 DOM 方式，这种方式为整个文档构建一个完整的树结构。

Web 服务实际上是存放在 Web 服务器上并在服务器上运行的方法，但可以被 Web 上的其他计算机调用。支持 Web 服务的标准技术有 WSDL、UDDI、SOAP 以及 XML。

7.13 复习题

1. SGML 和 HTML 中的哪一个与 XML 关系更加密切？
2. HTML 的主要缺陷是什么？
3. HTML 的目标是什么？
4. XML 的目标是什么？
5. XML 有效性验证解析器的两个主要任务是什么？
6. 在什么情况下，嵌套标签优于特性？
7. 在什么情况下，特性优于嵌套标签？
8. 什么是文档实体？
9. 为什么要将一个文档分成多个实体？
10. 什么是二进制实体？
11. XML 解析器是如何处理二进制实体的？
12. 什么是标记语言的标记词汇表？
13. XML 名称空间是什么？

14. 在定义 XML 架构时用到的名称来自哪里？
15. 在 XML 架构中，通常涉及的三个名称空间是什么？
16. 使用 XML 架构定义实体的两种方式是什么？
17. 给 schemaLocation 特性赋值的格式是怎样的？
18. XML 架构中简单类型与复杂类型之间的区别是什么？
19. 给出 XML 架构中局部和全局声明的定义。
20. 什么是约束面？
21. XML 架构中的 4 种复杂类型是什么？
22. 架构元素 sequence 和 all 的区别是什么？
23. 为什么要为一个 XML 文档编写 CSS 样式表？
24. XSLT 处理器如何用 XSLT 样式表处理 XML 文档？
25. XSLT 样式表中 template 元素的含义是什么？
26. XSLT 样式表中包含的两种元素是什么？
27. XSLT 的 value-of 元素的作用是什么？
28. value-of 元素的 select 特性的作用是什么？
29. XSLT 样式表中 for-each 元素的作用是什么？
30. SAX 解析器生成什么结果？
31. DOM 解析器生成什么结果？
32. SAX 解析器与 DOM 解析器相比有哪些优点？
33. DOM 解析器与 SAX 解析器相比有哪些优点？
34. 阐述 Web 服务的终极目标。
35. 描述提供和使用 Web 服务的三类角色。
36. 什么是 UDDI？
37. 什么是 SOAP？

7.14　练习题

按照题目要求编写、测试和调试(如果需要的话)相应的文档。

1. 为一个 car 目录创建一个 XML 架构，每个 car 有子元素 make、model、year、color、engine、number_of_doors、transmission_type 和 accessories。元素 engine 有子元素 number_of_cylinders 和 fuel_system(其值为 carbureted 或 fuel injected)。元素 accessories 有特性 radio、air_conditioning、power_windows、power_steering 以及 power_brakes，以上属性均是必需的，且值为 yes 或 no。
2. 创建一个至少包含三个练习 1 中 car 元素实例的 XML 文档。用练习 1 中的 XML 架构来处理该文档，并将这个没有格式的 XML 文档显示出来。
3. 为练习 2 中的 XML 文档创建一个 CSS 样式表，然后使用这个样式表显示此 XML 文档。

4. 为练习 2 提到的 XML 文档中的单个 car 元素创建一个 XSLT 样式表，并将该元素显示出来。
5. 修改练习 4 的 XSLT 样式表，把练习 2 的 XML 文档中所有的 car 元素都格式化，并使用此样式表将整个文档显示出来。
6. 为存储一个医院的病人信息的文档创建一个 XML 架构。病人信息必须包括姓名(必须是全名，包括名、中间名和姓三部分)、社会保险号码、年龄、病房号、首选保险公司(包括会员认证号、组号、电话号码以及地址的信息)、备选保险公司(与首选保险公司的信息组成一样)、既往病史以及过敏药物。该文档中既要用到特性又要用到嵌套标签。
7. 创建一个 XML 文档，其中包含练习 6 的 XML 架构中定义的 patients 元素的至少 4 个实例。使用练习 6 的 XML 架构处理此文档，并将这个没有格式的 XML 文档显示出来。
8. 为练习 7 中的 XML 文档建立一个 CSS 样式表，并用它来显示该文档。
9. 为练习 7 提到的 XML 文档中的单个 patient 元素创建一个 XSLT 样式表，并用其来显示该元素。
10. 修改练习 9 的 XSLT 样式表，把练习 7 的 XML 文档中的所有 patient 元素都格式化，并使用此样式表将整个文档都显示出来。

第 8 章

Flash 简 介

本章将介绍 Flash 创作环境。Flash 是一个复杂而强大的工具，可用于为各种应用(包括 Web 站点)创建大量交互式的动画内容。Flash 由两个基本部分构成，分别是 Flash 创作环境(用于创建 Flash 应用程序，即影片)和 Flash 播放器(可嵌入到各种软件系统中的程序，包括用作 Web 浏览器中的插件)。Flash 播放器播放影片，就像 Web 浏览器显示 HTML 文档一样。如果 Flash 影片要在 Web 中播放，那它就作为 object 元素嵌在 HTML 文档中。尽管 Flash 影片还有其他用法，但本章只关注将它们在 Web 中的应用。由于 Flash 创作环境比较复杂，因此只对其一些最常用的功能作简单介绍。本章的编排结构类似于教程——在概述 Flash 创作环境后，读者将学习生成简单的示例 Flash 影片的一系列步骤。

本章首先简单介绍了一下 Flash 的起源。接着介绍 Flash 创作环境的主要组成部分。再接着介绍最常用的 Flash 绘图工具，包括绘制几何图形、线条、徒手画以及文本的工具。本章剩余部分使用示例来说明如何使用 Flash 及其创作环境。

第一个示例演示文本和静态图形。第二个示例使用两种动作动画创建影片，之后又给它添加一个声音剪辑。再接着，用一个简单的示例演示了形状动画，此示例将圆转换成正方形，然后转换成三角形。最后向一个动作动画影片中添加了两个按钮，以允许用户控制其动画。

8.1 Flash 的起源与用途

20 世纪 90 年代中期，有人通过将动画功能添加到名为 SmartSketch 的绘图程序中，创建了名为 FutureSplash Animator 的产品。FutureSplash Animator 的第一份副本于 1996 年夏发布。同时，Macromedia 开发并出售名为 ShockWave 的多媒体播放器。在 1996 年后期，Macromedia 购买了 FutureSplash Animator，这在后来成为了 Flash 1.0。在 2005 年，Adobe 又收购了 Macromedia。自从第一个版本发布之后，Flash 不断发展，稳步增长。

现在，Flash 用于创建影片、电视广告、游戏、教学媒体、演示文稿以及用于 Web(包括移动设备)的内容。

Flash 应用程序的交互性是用 ActionScript 这一编程语言实现的，该语言目前的版本为 3.0。ActionScript 与 ECMA-262 第 3 版兼容，后者是标准版本 JavaScript 的 ISO 名称。虽然 ActionScript 的语法和基本结构类似于 JavaScript，但仍存在一些差异。ActionScript 由内置到 Flash 播放器中的 ActionScript 虚拟机来解释。

Flash 目前是在 Web 上传送图片、动画以及视频的主要技术，不过能够内嵌音频和视频的 HTML5 很可能会削弱 Flash 的统治，这在嵌入式视频剪辑方面表现得尤为明显。据估计，全球访问 Internet 的计算机中约 99%都在其浏览器中安装了某个版本的 Flash 播放器作为插件。大多数新浏览器中都预安装了 Flash。

Flash 创作环境的当前版本是 Flash CS5.5，本章介绍这一版本。Flash 播放器的当前版本是版本 11。Flash 播放器是免费的，可从 http://www.adobe.com/downloads 下载。Flash 播放器包含在 Flash 创作环境中。可从 http://www.adobe.com/products/flash 获得 Flash 创作环境的最新版本，试用期为 30 天。在 Flash 环境以及网上其他站点中可获得 Flash 学习指导。

8.2 初步了解 Flash 创作环境

如果已经安装了 Flash 创作环境，只需要双击 Flash 的桌面图标即可启动它。这时将出现如图 8-1 所示的欢迎界面。需要注意的是，欢迎屏幕是嵌在初始工作区屏幕中的，尽管工作区并没有显示在图中。

图 8-1　Flash 的欢迎界面

该欢迎屏幕顶部有 5 个列表：Create from Template、Create New、Learn、Open a Recent Item 和 Extend。

欢迎屏幕左上角的列表是 Create from Template，它允许根据预置的模板创建 Flash 影片。本章不讨论模板。

欢迎屏幕的顶部中间的列表是 Create New，列出了可创建的文件类型。要新建一个 Flash 文件，通常可选择第一项。这将创建一个使用当前脚本语言版本 ActionScript 3.0 的 Flash 文件。注意，ActionScript 3.0 与 ActionScript 之前的版本不兼容，并且不能被版本 9 之前的 Flash 播放器所解释。本章只讨论 ActionScript 3.0 这一项内容。

左下角的列表是 Open a Recent Item。最初开始使用 Flash 时，由于没有最近使用的项目，因此 Open a Recent Item 中不会列出项目。在创建一个或多个 Flash 文档后，最近使用的项目就会出现在此列表中，列表后面跟着 Open 按钮。单击 Open 按钮可打开一个显示存储 Flash 文件的目录的对话框(由操作系统提供)。这里既显示最近使用过的文件，也显示比较旧的文件。Recent Item 列表和该对话框中的大部分文件分为三类：扩展名为.swf(它是 small Web files(小 Web 文件)的首字母缩写[1]，读作“swiff”)的 Flash 影片、扩展名为.fla 的 Flash 文档，以及包含 ActionScript 代码且扩展名为.as 的文件。单击任一最近使用的 Flash 文档文件或在单击 Open 按钮时出现的对话框中选择的任一文件，都可打开相应文档，以便在创作环境中进行修改或测试。如果单击此列表中的影片文件名(扩展名为.swf)，将启动 Flash 播放器并播放该影片。

欢迎屏幕右上角的部分是 Learn 列表。这里列出了系统中包含相应教程的 11 个 Flash 主题。

欢迎屏幕的底部中间的部分是 Extend 列表，其下有一个 Flash Exchange 按钮。单击该按钮时，浏览器打开一个文档，此文档列出第三方扩展以及有助于 Flash 开发的文件和代码。

当打开已有的 Flash 文档或新建一个 Flash 文档时显示的创作环境界面如图 8-2 所示。这个屏幕通常称为工作区(workspace)。

这里只讨论工作区的大致分布情况。如果读者的显示屏幕与图 8-2 不一致，则应该选择 Window | Workspace | Essentials。

横跨工作区顶部是在许多具有图形用户界面的应用程序中都能见到的菜单栏，菜单项有 File、Edit 和 View 等。

工作区左面中间较大的白色矩形是舞台(stage)，在此可显示影片的内容。附着(或停靠)在舞台右侧或底部的是面板，它们通常用于 Flash 影片的开发。可以关闭、打开、调整、移动这些面板来定制工作区。

如果面板没有显示出来，选择 Window 并勾选面板名称就可以显示出来了。可以在工作区中四处移动面板，方法是在面板的标题栏上保持按下鼠标并拖动面板即可。面板也可以从工作区中删除，方法是选择 Window 并取消勾选相应的面板名称。通过选择 Window | Workspace | Essentials，可使工作区恢复为默认配置。

1　swf 最初是 Shockwave Flash 的缩写。

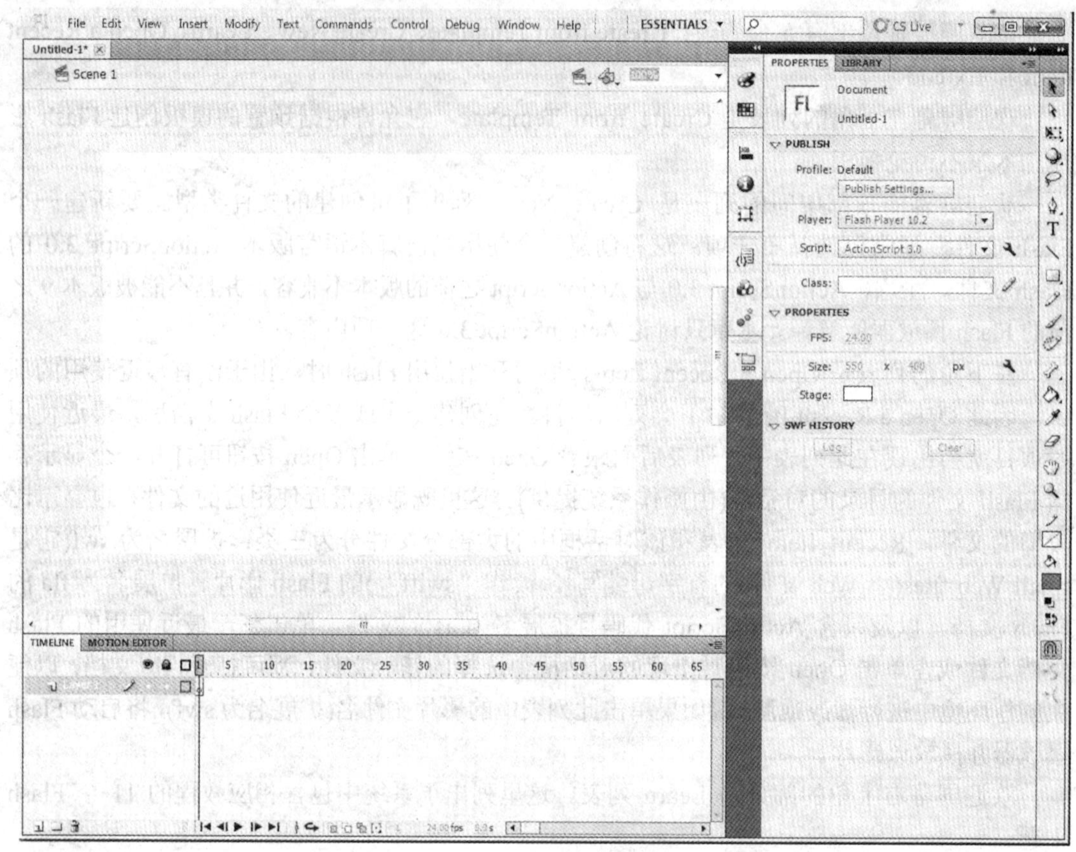

图 8-2 默认的 Flash 开发环境

舞台的下面是一个选项卡面板，包括两个选项卡，即 TIMELINE 和 MOTION EDITOR。本书只介绍 TIMELINE 面板，它的主要部分是时间轴。时间轴最初由一行白色矩形组成，其上方每 5 个矩形有一个编号。每个矩形代表要创建的影片的一帧。编号和帧格的左边是一些图标，后面在必要时会讲述。注意，帧行的左侧是标签 Layer 1(图层 1)。帧可以有任意多个图层。当播放影片时，将一层层地显示图层的内容。多个图层使得可以单独处理影片的各个部分。例如，一个图层中的图形可以是动态的，而其他图层中的图形保持静止。

覆盖第 1 帧的帧编号的矩形是红色的，并有一条向下延伸的红线。这条线表示播放头的位置——当前在创作环境舞台中显示的帧。可用鼠标指针拖动播放头来显示影片中的任何一帧。最初，影片只有第 1 帧。

附着到舞台右边的是一个选项卡面板，包括选项卡 PROPERTIES 和 LIBRARY。当 PROPERTIES/LIBRARY 面板的 PROPERTIES 选项卡被选中时，我们称此面板为属性面板(properties panel)。本节只讨论属性面板。属性面板分三个部分，其标签分别是 PUBLISH、PROPERTIES 和 SWF HISTORY。这里只讨论 PROPERTIES 部分。当选中舞台的一个空区域时，会显示舞台属性面板。可使用这个面板更改舞台大小、舞台背景色和帧速率等的默认值，其中帧速率是文档的影片播放的速度，单位是帧每秒(fps)。可以修改舞台大小，方法是当舞台上的一个空区域已被单击时，单击属性面板中的 Edit 按钮，然后在显示的对话框中修改相应的值。舞台背景色的修改方法是，将光标置于属性面板的“Stage:”标签右边的空输入框中，进行修改即可。

当选中舞台的任何文本或其他对象时，相应的属性会显示在属性面板中。不同的对象有不同的属性面板格式。

附着到 PROPERTIES/LIBRARY 面板右侧的是工具面板，它包含一组工具图标。图 8-3 显示了工具面板中各个工具的名称。默认情况下，会设置 Show Tooltips 选项，此时，当将鼠标光标置于工具面板中的各个工具上时，会显示相应工具的名称[2]。

选择 Window | Color 可以显示 COLOR 面板。COLOR 面板如图 8-4 所示。

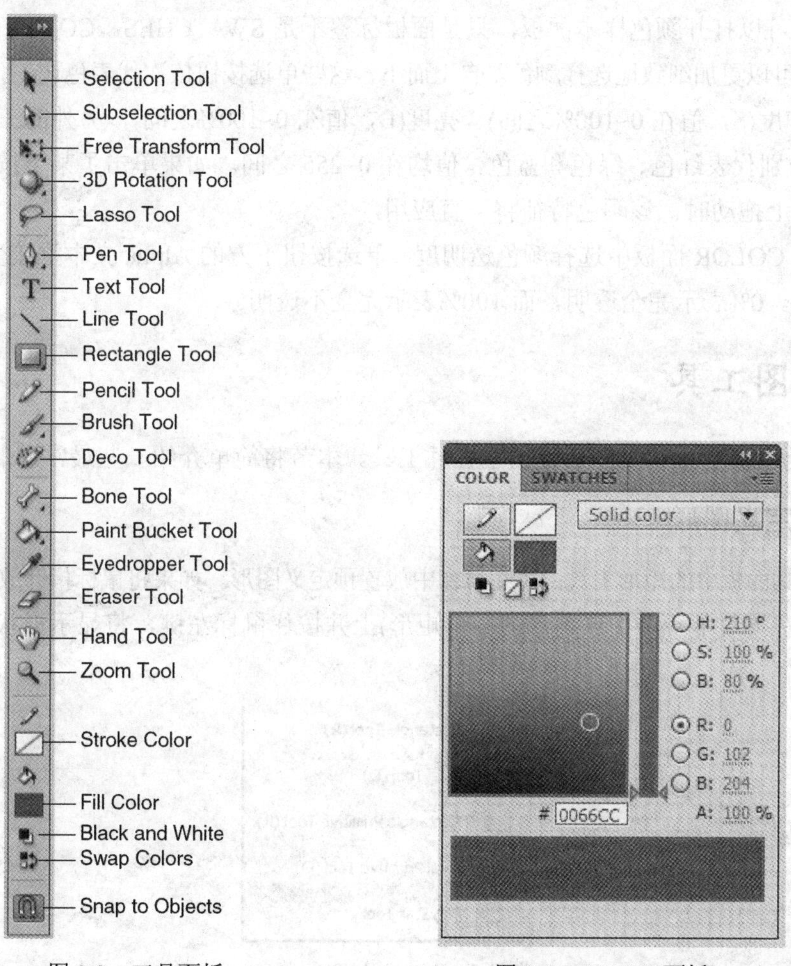

图 8-3　工具面板　　　　图 8-4　COLOR 面板

图的笔触(stroke)是它的边界，图的填充(fill)是边界围起来的区域。COLOR 面板可以用

2　在将鼠标光标置于某个工具上时，如果并未显示此工具的名称，则说明没有设置 Show Tooltips。设置方法是选择 Edit(如果在 Mac 上则选择 Flash)和 Preferences，然后单击 Selection | Show Tooltips 复选框。

于设置笔触颜色和填充颜色。笔触颜色(stroke color)用于舞台上绘制的线条，包括图形的轮廓。在 HTML 中，这称为前景色。填充颜色(fill color)用于填充舞台上的图形。通过单击 COLOR 面板左上角的适当按钮(铅笔图标对应笔触颜色，而下面的颜料桶图标对应填充颜色)可选择笔触颜色和填充颜色。可以通过多种方法选择颜色。如果将光标置于面板右侧中间的正方形彩虹框中并按下鼠标按钮，则将光标置于某特定颜色并释放按钮就可以选择此颜色。另一种指定颜色的方法是在 R、G 和 B 单选按钮右侧的空白位置输入红、绿、蓝数值。也可在 COLOR 面板底部的文本框中输入颜色的十六进制值指定颜色。最后，笔触颜色或填充颜色也可从颜色样本面板来选择，当单击 COLOR 窗口的 SWATCHES 选项卡或者单击工具面板上的笔触按钮或填充按钮时，就会打开颜色样本面板。另外，选择 Window | Swatches 也可以打开颜色样本面板，只是面板标签不是 SWATCHES。COLOR 窗口中提供的单选按钮可以更加细致地选择颜色。自上而下，这些单选按钮依次代表色调(H，值在 0~360 之间)、饱和度(S，值在 0~100%之间)、亮度(B，值在 0~100%之间)，另外的三个单选按钮 R、G、B 分别代表红色、绿色和蓝色，值均在 0~255 之间。如果单击了某个按钮，那么当鼠标在彩虹上拖动时，该颜色特征将一直应用。

还可在 COLOR 面板中选择颜色透明度。单选按钮下方的 Alpha 文本框接受百分比值，即透明度值。0%表示完全透明，而 100%表示完全不透明。

8.3 绘图工具

Flash 为在舞台上绘制图形提供了各种工具。本节将简单介绍一些最常用的工具。

8.3.1 预定义图形

通过工具面板中的矩形工具，可在舞台中放置预定义图形。如果将鼠标指针放在 Rectangle Tool 图标(右下角带一个小三角形的一个矩形)上并按住鼠标左键，将显示形状菜单，如图 8-5 所示。

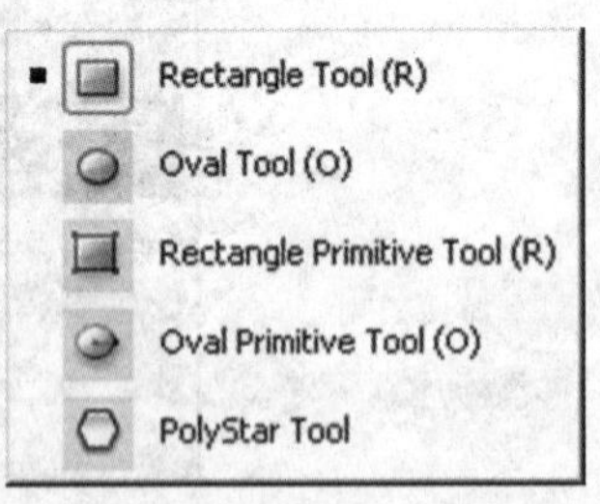

图 8-5 Rectangle Tool 菜单

本节将简单讲述一下 Rectangle Tool 菜单中的 5 个工具。

在舞台上可以很容易地创建、修改和移动矩形。Rectangle Tool 菜单显示之后，从中可选择 Rectangle Tool 菜单按钮。接着可选择笔触样式、笔触颜色和填充颜色。注意，COLOR 面板中带有红色对角线的方框表示无颜色。如果对于笔触颜色选择此图标选项，则图形将没有边框；如果对填充颜色选择此图标选项，则图形将用舞台颜色填充。当然，如果矩形既没有笔触颜色，又没有填充颜色，则它在舞台上是不可见的。属性面板中的填充和笔触按钮与工具菜单中的对应按钮完全一样。笔触样式只能在属性面板中选择。我们可选择 7 个不同样式中的一种，包括实线、虚线和点线。

在选择了笔触样式、笔触颜色和填充颜色后，将鼠标指针置于舞台区域。按住鼠标左键可开始绘制；松开则停止绘制。如果希望绘制正方形(四条边等长)，就可以在绘制矩形时按住 Shift 键。

绘制椭圆的情况与绘制矩形类似。在绘制椭圆时按住 Shift 键可以绘制正圆。绘制多边形或星形则有些不同，因为这些图形有更多选项，可以从属性面板的 TOOL SETTINGS 部分中选择。要绘制此类图形，首先必须从矩形工具菜单中选择 Polystar Tool。然后，在单击属性面板的 TOOL SETTINGS 部分中的 Options 按钮时出现的窗口中选择该图形的参数。这会打开 Tool Settings 对话框，包括一个菜单和两个文本框。通过菜单可以选择多边形(默认值)和星形。第一个文本框的标签为 Number of Sides，用此文本框可以选择边的数量，注意“边”这个术语只用于多边形，其中边的数量与点的数量是相等的。如果是星形，Number of Sides 的值实际上是指点的数量。Number of Sides 文本框的默认值是 5。第二个文本框的标签是 Star point size，它的默认值是 0.5。星形顶点大小表示星形顶点的宽度。图 8-6 的第一行显示了一个多边形和 3 个星形，它们都有 5 条边或 5 个顶点。第二行显示了与第一行同样的图形，只是多边形有 7 条边，而星形有 7 个顶点。

图 8-6 多边形和星形

图 8-6 中最左边的星形的顶点宽度为 0.25、中间星形的顶点宽度为 0.5，而最右边星形的顶点宽度是 0.75。

通过选择舞台上的已绘制图形并在属性面板中修改其属性可以修改该图形。可以改变其笔触颜色、填充颜色、笔触样式、大小和位置。当在属性面板改变图形参数时，图形会立即随之改变。通过在工具菜单中选择 Select Tool 并单击图形的笔触，可选择图形的笔触或边框。然后单击图形的某一笔触可选择该笔触。通过双击图形的任意笔触线段，可以选择整个笔触轮廓。通过选择图形笔触的任一部分，按住鼠标键并移动鼠标指针可使该部分弯曲。图 8-7 显示了两个被修改的图形。在第 1 个图形中，两个垂直边被拉至右侧。在第 2 个图形中，6 个顶点的星形中的 3 个顶点被拉伸了。拉伸顶点的方法是，选择 Selection Tool，将鼠标光标置于星形的顶点并按下鼠标按键，将顶点拖离星形中央。

如果单击星形填充区域的任何地方而选中星形，则单击其笔触的任何地方可以移动图形。因此，在试图拉伸星形的顶点之前不要选择星形。另外，不要试图单击星形的顶点，因为这会选中顶点的两个笔触中的一个。

当选择光标在图形内部时单击鼠标可选择其填充。当选择光标在图形内部时双击鼠标可选择整个图形，包括笔触和填充[3]。

与 Rectangle Tool 一样，Rectangle Primitive Tool 用于构造矩形，但绘制的图形是不同的类型。基本矩形和非基本矩形都是从主模板创建的，主模板有一组决定矩形特征的参数。基本矩形和非基本矩形的区别是，非基本矩形在创建后，就会与主模板断开连接。这会导致两个影响：首先，断开连接的矩形可用 Selection Tool 进行改变——可以移动、删除、甚至向任何方向弯曲矩形的边，如图 8-7 所示。第二，由于矩形不再与主模板连接，所以主模板参数不会改变。矩形的主模板参数控制边角的半径。因此，基本矩形的边角可通过改变属性面板中的参数来改变，但其边不能用 Selection Tool 弯曲。基本矩形的属性面板如图 8-8 所示。

图 8-7　被修改的图形

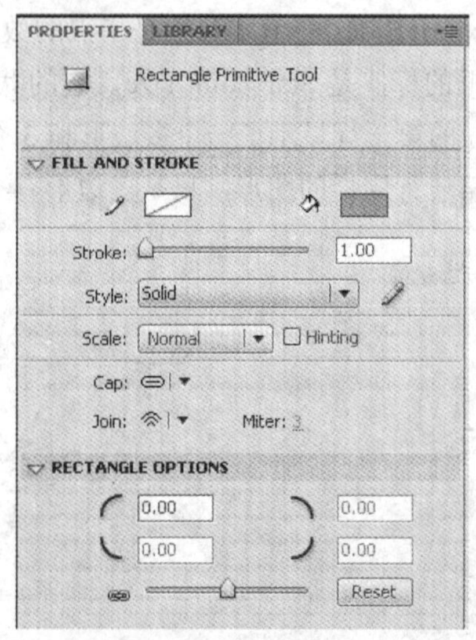

图 8-8　基本矩形的属性面板

可从正反两个方向改变矩形任意一个边角的半径。边角半径初始为 0，这指定了一个直角边角。将它改为正值就会按正常方式圆角(即向外圆角)。将它改为负值会向内圆角。图 8-9 显示了一个基本矩形，其左上边角的半径为 30，右上边角的半径为 - 30。

Oval Primitive Tool 与 Rectangle Primitive Tool 类似——它所创建的椭圆与椭圆主模板连接。基本椭圆的属性面板如图 8-10 所示。

3　作为元件实例的图形具有特殊的选择行为(参见第 8.3.4 节)。

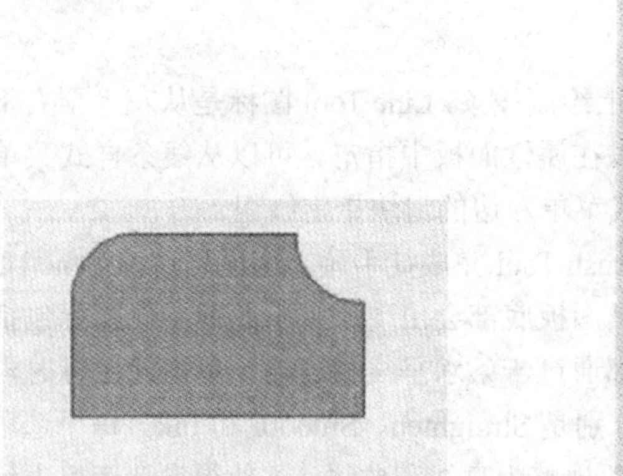

图 8-9　一个带有正值和负值边角半径的基本矩形

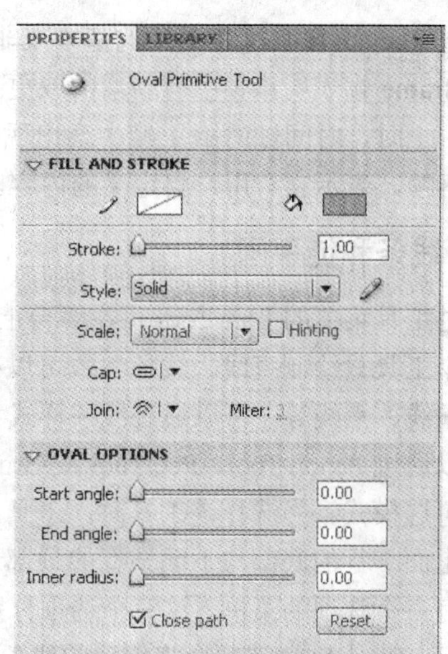

图 8-10　基本椭圆的属性面板

基本椭圆与非基本椭圆的属性面板的区别在于面板的下部区域的控制选项。Start angle 和 End angle 滑块控制绘制椭圆轮廓的起止点。将 Start angle 设置为 30 会在椭圆中空出一个以水平向右的 0° 角开始并顺时针旋转 30° 得到的扇形。将 End angle 设置为 330 会在椭圆中空出一个扇形边与水平线分别呈 30° 和 – 30° 角的扇形。这样的椭圆如图 8-11 所示。

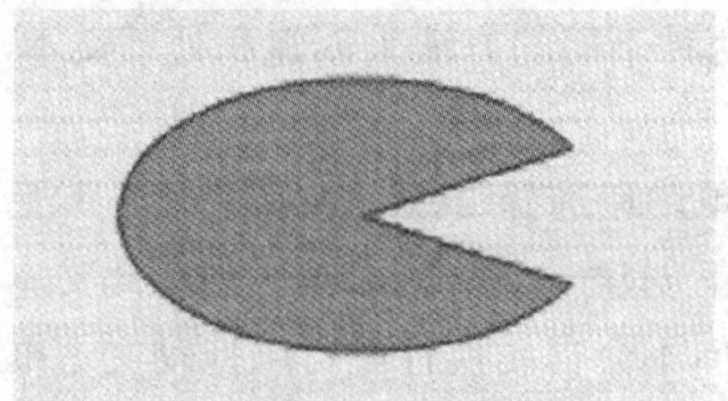

图 8-11　起始角度和结束角度分别为 30 和 330 的基本椭圆

椭圆的内径是其内侧椭圆边框，初始值为 0，这表示无内侧椭圆边框。将 Inner radius(内径)参数设置为正数会增大内侧椭圆边框的半径。图 8-12 显示了和图 8-11 一样的椭圆，只是其内径被设置为 40。

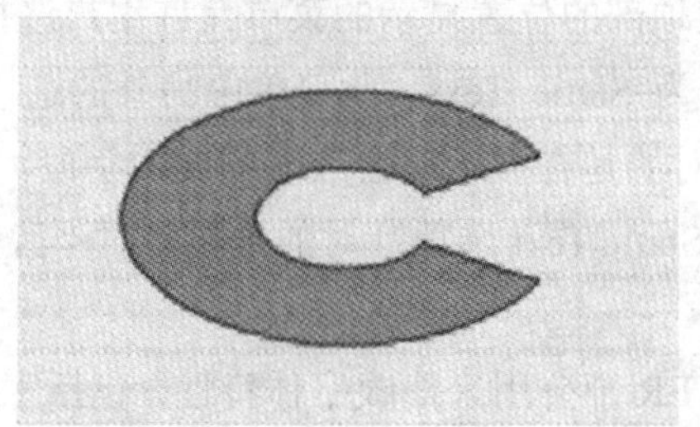

图 8-12　内径为 40、起始角度为 30、结束角度为 330 的基本椭圆

通过 Rectangle Tool 工具集的基本或非基本工具可创建许多不同的图形。

keyframe 帧表明该帧中有新增的或更改了的部分。第 1 帧为关键帧。当将一个图形放置在舞台上时，时间轴的第 1 帧中会出现一个黑色圆点。此黑色圆点表明该帧现在是已填充的关键帧，表示它有用户自定义的内容。

8.3.2 线条和徒手画

通过工具菜单的 Line Tool 可在舞台上绘制线条，Line Tool 图标是从左上至右下的对角线。这个工具只绘制直线。线条参数可以在属性面板中指定。可以从线条样式菜单中选择实线、虚线、点线等。可以通过线条样式菜单左边的滑块指定线粗。

可以通过 Pencil Tool、Pen Tool 或 Brush Tool 完成徒手画。这里只讨论 Pencil Tool。它有三种可选模式。当选择该工具时，工具面板底部会出现一个小图标，此图标包括垂直的两行，上面一行的底部与下面一行的顶部通过一条水平线相连接。单击此图标时，会显示一个带有三个选项的菜单。这三个选项分别是 Straighten、Smooth 和 Ink。每个选项都显示一个图标。Straighten 选项会将得到的线条规整为直线和曲线，这使得设计者可大致绘制正圆、椭圆、矩形、正方形，然后由系统将它们转换成更完美的图形。Smooth 选项会对释放鼠标键后得到的线条作平滑处理，这用于消除徒手画中的抖动现象。Ink 是默认选项，它将绘制的线条停留在舞台上不做修改。

我们将使用绘图工具和导入的图像创建的图形称为图形(graphic figures)。

8.3.3 文本

在 Flash 中，可以采用两种不同的方法来创建和处理文本，分别是传统文本和 TLF 文本。本章只讨论传统文本。

将文本放在舞台上很简单。在选择 Text Tool(文本工具)后，将鼠标光标置于舞台上，单击鼠标按键时就会在指针下创建一个窄文本框。当在此文本框中输入文本时，文本框会随输入的内容调整其宽度，但不会自动换行。可以拖动文本框的每个角来向左或向右拉长文本框。如果拉长了文本框，其右上角的标记由小圆圈变成小方框，文本框就变成可换行模式。在可换行模式下，如果文本框容不下输入的文本，多余的字符会换入下一行，使文本框在其底边进行扩展。如果双击被扩大的文本框的右上角的小方框，文本框就变回到其原来的大小。输入文本的默认参数可通过属性面板改变，在单击文本工具时会出现文本的特定属性面板。图 8-13 显示了这一面板。

Text Tool 属性面板靠近顶部的位置显示的菜单允许用户选择 Classic Text 和 TLF Text。接下来的菜单的默认值显示为 Static Text。此菜单中另外的选项是 Dynamic Text 和 Input Text。Dynamic Text 选项针对的是在显示时会改变的文本字段。而 Input Text 选项针对的是接受用户输入的文本字段。Static Text 选项针对的是显示时不改变的文本。本章只讨论和使用 Static Text。

属性面板的 CHARACTER 部分用来修改字体特性，包括字体的字形族、样式、大小和颜色等。PARAGRAPH 部分用来修改段落参数，这一部分在默认情况下是隐藏的。

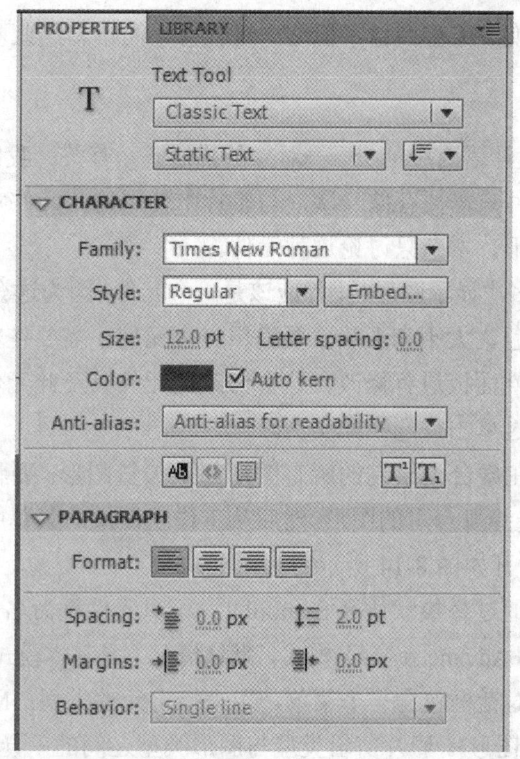

图 8-13 展开 PARAGRAPH 之后，文本工具的属性面板

8.3.4 导入图形

Flash 影片中常常会导入图形或者说图像。图像有两种不同的表示方法：位图(有时称为光栅图形)和矢量图形。位图图像(bitmap image)由像素组成，每个像素都包含颜色信息，并表示图像的一个小矩形区域。对于包含复杂填充、阴影和渐变效果的摄影图像来说，选择位图表示法比较理想。由于像素的大小是静态的，因此当放大位图图像时，放大程序必须根据周围的像素来创建新像素。因为新像素的属性只能猜测，所以放大时需要的新像素越多，图像的准确性就越差，从而使图像变得模糊。此外，位图图像在旋转或倾斜时会失真。嵌入 Web 文档中的大多数图像(包括所有 GIF、JPEG 和 PNG 图像)都是位图图像。Microsoft 图库的很多图片素材都是 WMF(Windows 图元文件，Windows MetaFile 的缩写)格式，这种格式同时包含位图和矢量信息。

矢量图形图像(vector graphic image)由直线和曲线组成。这种图像存储为一个数学指令集，指令集指出了如何绘制图像。矢量图像可以绘制成任何大小而不会失真。它的另一个优点是比相应的位图图像所需要的存储空间少。但是，至少在摄影图像的情况下，矢量图像的品质不及位图图像。

Flash 支持位图图形和矢量图形。矢量图形可以在 Flash 中直接创建和编辑，而位图图形则必须导入。在 Flash 中编辑位图图形只限于修剪边缘和删除图形的某些部分。更多的编辑工作则必须在 Flash 外部进行，编辑完成之后再将图形重新导入到 Flash 中。另一种替代办法是将位图图像转换成矢量图像。但这一过程并不简单，因此本书就不讨论了。

8.3.5 元件和库

Flash 元件与程序设计语言中的类——对象的描述——有关。我们可以创建元件实例并放置在舞台上。一个元件只需要存储一次，与影片中使用的此元件实例数量无关[4]。

最常用的元件是图形，本节只讨论这种元件。

任何时候在影片中多次显示图形时，都应该是一个元件，因为这会减少影片文件的大小。

可以编辑元件的颜色、大小和形状。要编辑一个元件，需要在舞台上双击此元件实例来选择它。然后通过属性面板进行修改，这会修改此元件以及此元件的所有实例。如果只想修改某个实例，则通过单击来选择此实例。

用 Flash 绘图工具在舞台上绘制的所有图形都是矢量图形。要将矢量图形转换成元件并放在库中，首先需要选择舞台上的图形。然后从工作区顶部的菜单中选择 Modify | Convert to Symbol 选项，这将打开如图 8-14 所示的对话框。

在这个对话框中，通过替换默认名 Symbol 1，可对元件重命名。这个对话框有两个模式——Basic(基本)模式和 Advanced(高级)模式。默认情况下是基本模式，这里只讨论此模式。

Convert to Symbol 对话框包含一个菜单，用来指定元件类型：Movie Clip(影片剪辑)、Button(按钮)或 Graphic(图形)。影片剪辑类型与图形类型之间的差异很复杂，这已超出了本书的讨论范围。简单来说，影片剪辑连续运行在它自己的时间轴中，与主时间轴无关。影片剪辑是影片内的影片。影片剪辑类型的元件提供了一些有趣的动画可能性，但本书不做进一步讨论。这里只讨论运行在主时间轴中的图形元件。

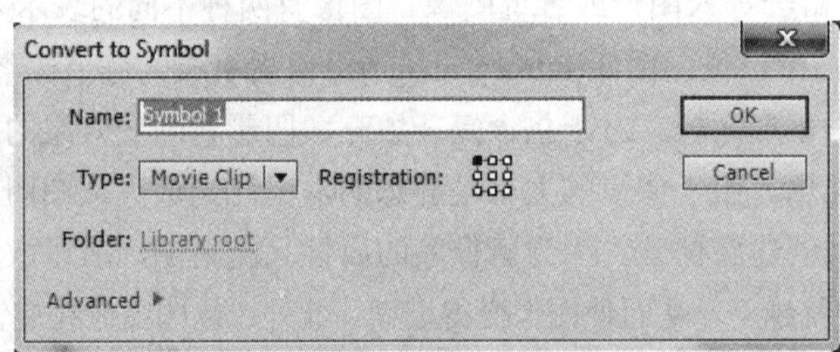

图 8-14 Convert to Symbol 对话框

当舞台上的某个图形转换为元件时，此舞台图形的周围会显示一个方框，指出它现在是一个元件实例。

每个 Flash 文档都有一个库。该库存储了元件、位图图形、声音剪辑、视频剪辑和字体，所有这些都称为资源(asset)。库中任何元件的实例都可以拖到舞台上而成为影片的一部分。

文档的库内容在 LIBRARY 面板中显示。显示的特定库列在 LIBRARY 面板顶部的菜单中。开始，显示的库是当前打开的活动文档的库。打开但不活动的文档的库可显示，而

4 虽然元件的每个实例都需要占用一些内存空间，但所需空间量远小于存储用元件表示的图形所需的空间。

这些库的任何元件都可放在当前影片中。库的内容可以组织成文件夹和子文件夹，但本书不涉及这些内容。

从舞台上删除元件实例对库中的元件没有任何影响。

8.4 静态图形

本节演示使用 Flash 创建一个带有图形和文本的静态影片。没有动画，影片将占用一帧。影片通常有多个图层，每个图层上放置要描述的场景的一个部分。但是，如果没有动画，影片通常只有一个图层。由于此影片是静态的，所以它将只有一个图层并只有一帧。

本节的示例是出售二手飞机的广告文档的横幅，示例名为 aidan_static2。首先打开一个新的 Flash 文档并调整舞台尺寸为 700 像素×350 像素。要调整舞台大小，可以在选择舞台时修改属性面板中 Size 的值。另外将舞台的背景色设置为淡蓝色，方法是单击“Stage:”输入框，并从显示的样本面板中选择淡蓝色。

接着，在舞台中上部添加一个文本框，并输入公司的名称和宣传口号。公司名称的字体是 Times New Roman，大小为 50 磅；宣传口号的字体也是 Times New Roman，但大小为 28 磅，如图 8-15 所示。

图 8-15 aidan_static2 影片的文本

接下来要在影片中添加的是两个小飞机图片，分别放在文本两侧。可以从免费的艺术剪辑网站(本例使用了 http://office.microsoft.com/en-us/clipart/default.aspx)获得它们。通过选择 File | Import 菜单(它提供了 4 个子选项)，可将外部图片放到影片上。将外部位图图形放到影片中的最方便的方法是将它们直接导入舞台。这样就将图形放到舞台和库上了。如果不准备将图形动画化，所要做的就是这些。如果外部图形是矢量图形，例如，WMF 图片，最好是先导入到库，然后拖动其一个或多个实例到舞台[5]。对于本示例来说，将把一个位图格式的飞机图片导入到舞台(和库)中，以及将一个矢量图格式的飞机图片导入到库。然后将图片(在库中)重命名为 airplane1 和 airplane2。在库中重命名某个项目的方法是右击它，然后从快捷菜单中选择 Rename，并提供新的名称即可。现在的 LIBRARY 面板如图 8-16 所示。

---

5 向舞台导入矢量图形会引起 Flash 产生一些问题，因此要避免这么做。

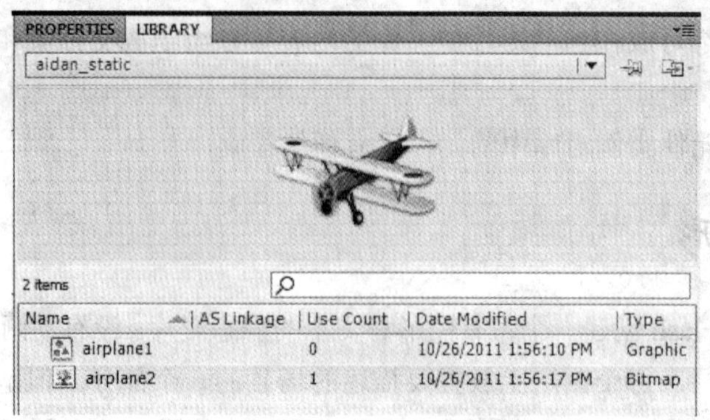

图 8-16 导入两个图后的库

注意，一个图片(airplane1)显示为 Graphic 类型——实际是 WMF 文件；另一个图片(airplane2)显示为 Bitmap 类型——实际是 PNG 文件。

此时，airplane2 已经在舞台上了，因为我们将它导入到那里。要使另一张飞机图像(airplane1)也在舞台上，则需要将它的一个实例拖动到舞台。新舞台如图 8-17 所示。

图 8-17 添加飞机图片后的舞台

这个示例影片的一个目的是 Aidan's Aviation 公司要宣布出售信息。为了将其公诸于众，向影片中添加另一图形，这里是一个带有 SALE 字样的星形。首先在舞台上绘制一个有 8 个顶点的星形，点大小为 0.25。使用 3 像素粗的蓝色实心笔触和白色的填充。然后拉伸此星形中除指向上和指向下的那两个顶点之外的所有其他顶点，从而使该星形扁平化显示。

接着将该星形转换成元件，最后使用 Text Tool 在其中输入文本 SALE。文本为 Times Roman、18 磅、粗体、红色。通过双击星形内部选中整个星形并选择 Modify，单击 Convert to Symbol，再次选择 Graphic 作为类型，可将星形转换成元件。得到的舞台如图 8-18 所示。

图 8-18 具有完整出售声明的舞台

下一步是保存并测试影片。Flash 允许在创作环境中测试影片，而不需要在浏览器中加载影片。方法是选择 Control | Test Movie 选项。结果(其内容与图 8-18 中一样)如图 8-19 所示。

图 8-19 测试影片 aidan_static2

可以通过多种方式发布影片。具体方法是选择 File | Publish Settings。打开的对话框如图 8-20 所示。

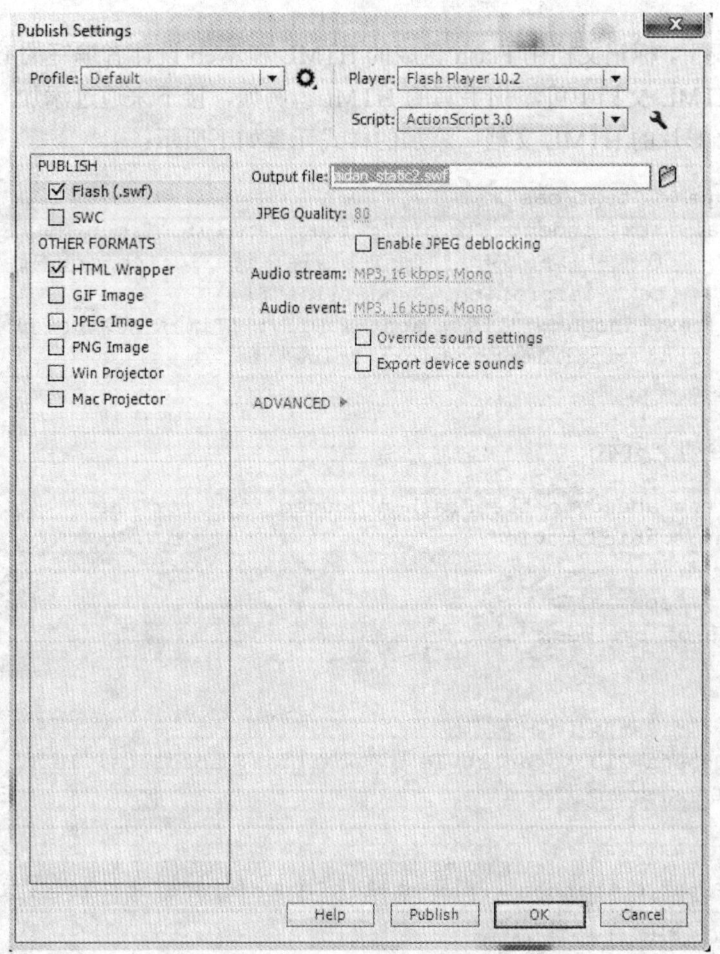

图 8-20 Publish Settings 对话框

如果将影片放到网站上，则需要将它发布为 Flash 文件和 HTML 文件。由于这是常见的选择，因此默认情况下选中这两个复选框。GIF、JPEG 和 PNG 复选框用于生成影片图像。Windows Projector 复选框创建一个可在 Windows 下执行的文件。如果执行该文件，即使执行的计算机上未安装 Flash 播放器，也会播放影片。Macintosh Projector 按钮创建针对 Macintosh 计算机的类似文件。

如果只选择了 Flash 和 HTML 复选框，就会在存储 Flash 文档的目录中创建一些文件。Flash 影片在 aidan_static2.swf 文件中。HTML 文件隐式命名为 aidan_static2.html，但可将其改成任意名称。其他创建的文件包括允许 Flash 影片在 Microsoft 浏览器中播放，且不需要用户交互的 JavaScript 脚本。这个文件名为 AC_RunActiveContent.js。

如果将创建 Flash 影片的系统上的浏览器指向该 HTML 文档，那么影片将在该浏览器上播放。

可以将影片只发布为 swf 文件，并插入到 HTML 文档中。为此必须使用 HTML 对象元素。

在许多情况下，标记文档由 Flash 生成的 HTML 和 Web 设计者编写的 HTML 构成。在 Flash 生成的 HTML 文档中可添加手写的 HTML。例如，接下来通过添加一小段文本来修改 aidan_static2 影片的 HTML 文档。添加的样式元素如下所示：

```
<style type = "text/css">
  p.special {text-indent: "2.5in"; font-family: 'Times New Roman';
             font-size: 24pt; font-style: italic; color: "red";
             text-decoration: "underline";}
  p.list {text-indent: "1in"; font-family: 'Times New Roman';
          font-size: 16pt; color: "blue";}
</html>
```

添加的内容如下所示：

```
<!-- Content added to the Flash-produced file for the
     aidan_static3 movie -->
<p></p><p></p>
<p class = "special">
 Specials of the Week
</p>
<p></p>
<p class = "list">
1. 1960 Cessna 210 <span style = "position: absolute; left: 3in">
   $49,000 </span>
</p>
<p class = "list">
2. 1977 Piper Commanche <span style = "position: absolute; left:
   3in"> $72,000 </span>
</p>
<p class = "list">
3. 1980 Cessna 182RG <span style = "position: absolute; left: 3in">
   $81,000 </span>
```

```
</html>
```

aidan_static2 文件的新版本 aidan_static3.html 的显示结果如图 8-21 所示。

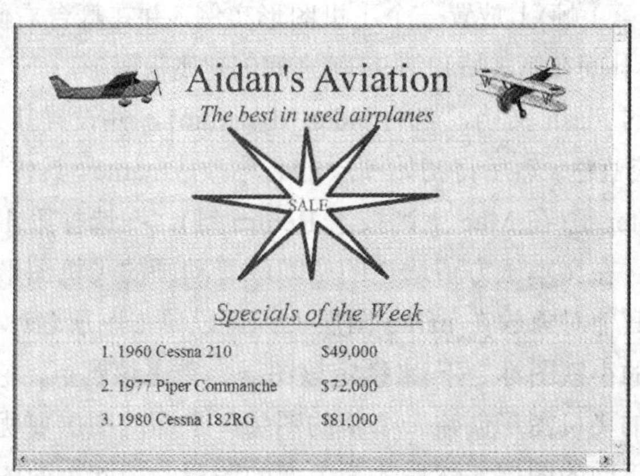

图 8-21　aidan_static3.html 文件的显示结果

添加到由 Flash 生成的标记文件中的标记必须单独保存，因为每次修改和重新发布 Flash 影片时，就会替换以前的标记文件。

8.5 动画和声音

本节的示例影片与 8.4 节的静态影片类似，改动之处是其有了动画部分并且添加了声音。

8.5.1 动画简介

如果一个影片有多帧，Flash 播放器就会从第一帧至最后一帧，按顺序、反复地显示它们。通过播放器显示帧序列(其中每帧都有一个作了细微改变的外观)就创建了 Flash 动画。早期的动画影片(大部分是卡通片)是通过手绘一系列稍有不同的场景并一帧帧地拍摄在胶片上而成的。要用 Flash 创建对象的移动，创作者只需要创建初始帧和最终帧，显示要移动对象的初始位置和最终位置。Flash 会创建从第一帧过渡到最后一帧的插补帧。这些插补帧是通过 tweening(补间)过程创建的。

在 8.4 节的示例(静态)影片中，影片中的所有资源在同一个图层上。这是不常见的，因为大部分影片有多个图层。事实上，经常是在一个图层上放置一个对象，这样就可以对每个对象作单独而不同的对待，特别是动画处理。例如，将不同对象放在不同图层中可以使得一些对象在影片播放过程中是动态的，而另一些是静态的。

8.5.2 移动图形

Flash CS5.5 提供了两种方法来移动舞台对象：经典补间(classic tweening)和动作补间(motion tweening)。开发动作补间比较容易，但有一些局限性。例如，代码不能附加到动画对象的帧。因为在第 8.6.2 节的示例中需要将代码附加到动画对象的帧，而那个示例需要以本示例为基础，所以这里只介绍经典补间。

本节示例与 8.4 节中的示例类似——有一个横幅说明公司名称和宣传口号。这个影片没有两个静态的飞机图形，而只有一个飞机图形，但它会从舞台的左边移至右边。这一动作是通过在舞台左侧(第 1 帧)上放置一个飞机图形实例，并在舞台右侧(第 100 帧)处复制它创建的。然后使用经典补间在第 2 帧和第 99 帧之间创建飞机图形，一点点地将图形向右移动。

首先创建一个新的 Flash 文档，名为 aidan_dynamic1，并设置其大小为 800 像素×400 像素，设置背景色为淡蓝色。然后将初始图层的名称改成 name。具体方法是双击图层名称，输入新名称，按下 Enter 键(在 Mac 上则按下 Return 键)。在选择第 1 帧后，将公司名称和宣传口号放在舞台上，在文本上方留适当的空间放置动画的飞机图形。为了确保不会意外删除文本以及阻止将其他对象放在 name 图层上，可以单击图层名称右边的第二个圆点(位于与帧编号在同一行的小锁图标之下)来锁定该图层。单击该圆点，它就会变成小锁图形。

接下来是为动态的飞机图形创建一个新的图层。上面的图层要优先于下面的图层。实际上，最先显示的是下面的图层，然后才是上面的图层。因此上面图层中的图形可以遮盖下面图层中的图形。如果两个图层没有重叠对象，像本示例这样，那么图层顺序是无关紧要的。通过选择 Insert | Timeline | Layer 或单击图层面板左下方的 Insert Layer 按钮(当将指针放在该按钮上时会显示 Insert Layer 提示)可创建新图层。这样就直接在选择的图层之上创建了一个新图层。如果想将新图层放到当前底层图层之下，那么在创建之后用鼠标拖动它至下面即可。在本示例中，创建了新图层并将它拖到了底层。然后将该图层重命名为 animate1。

接着需要一个小飞机图形。通过 File | Import | Import to Library 选项将一个 WMF 矢量图格式的飞机图形导入到库。在导入该图形并在库中将它重命名为 airplane 后，选择图层 animate1 的第 1 帧，把它的一个实例从库拖放到舞台上(如果 LIBRARY 面板未显示，则选择 Window | Library 可以显示该面板)。然后通过 Modify | Convert to Symbol 选项将它转换成图形类型的元件。

Flash 播放器总是首先显示影片第 1 帧的内容。如果影片只有一帧，如 8.4 节的 aidan_static2 示例，那就是要显示的全部内容。要改变影片，必须将对象放在其他帧上。当 Flash 播放器播放带有多帧的影片时，会按顺序反复显示它们。

图 8-22 展示了此时的舞台情况，飞机图形位于左上角。

图 8-22 添加动画之前的工作区

要为影片创建飞机动画，必须创建一个新的关键帧。有内容的关键帧在时间轴的帧中用点来标示。无图形内容的关键帧在时间轴帧中用小圆圈来标示。这样的帧称为空关键帧(blank keyframe)。空关键帧可以包含声音和动作，但不能包含图形。在我们的示例中，右击(在 Mac 机上按 Control 键单击)图层 animate1 的第 100 帧并从快捷菜单中选择 Insert Keyframe，就可以在第 100 帧创建一个新的关键帧。这会在第 100 帧创建关键帧并将前一个关键帧(这里是第 1 帧)的内容复制到新的关键帧。然后，选择图层 animate1 的第 100 帧，将飞机图形实例从舞台左上角拖到右上角。如果选择第 1 帧，飞机位于开始放置它的地方，即舞台左上角。如果从第 1 帧向第 99 帧拖动播放头，飞机仍显示在左上角，因为飞机被隐式复制到第 2 帧到第 99 帧。因此，此时从第 1 帧到第 99 帧，飞机图形都是显示在左上角。然后当播放头移到第 100 帧时跳至右上角。

要创建合乎情理的动画，1~100 帧必须用相应的飞机图形副本填充。可以手动填充，但此工作非常乏味。经典补间创建用于动画的补间帧。要创建补间帧的内容，需要在图层 animate1 的首尾帧间选择一帧，例如第 50 帧。然后选择 Insert | Classic Tween。这将使 Flash 在创建第 1 帧到第 100 帧之间的所有帧中创建飞机图形的副本，每帧都会将飞机图形向右移动一点。这也会在图层 animate1 中显示一个从时间轴的第 1 帧开始延伸至第 100 帧的一个箭头，从而改变时间轴的 animate1 图层，并使其显示为淡紫色。通过选择时间轴顶部的播放头并在 1~100 帧间移动来检查动画。

图 8-23 展示了飞机图形处在最后位置时的工作区情况，此时飞机图形处在舞台的右上角。

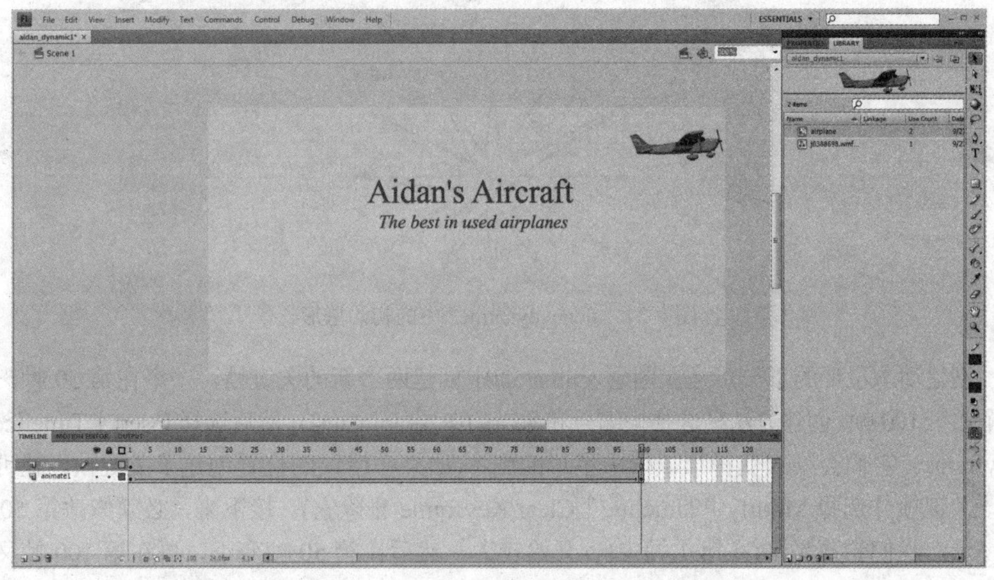

图 8-23 飞机图形处在最后位置时的工作区

有关飞机图像动画剩下的一个问题是影片的其他部分(这里只是文本)只在播放头位于第 1 帧上时显示。为使此文本在影片中始终显示，必须将它放在 2~100 帧之间的所有帧中。处理方法是单击图层 name 的第 100 帧并选择菜单 Insert | Timeline | Frame。现在如果将播

放头从第 1 帧拖至第 100 帧，在显示所有帧时，将移动飞机图形，而文本会一直显示。

要从头到尾(在这里即从第 1 帧到第 100 帧)运行影片，只需要单击 Enter 按钮(在 Mac 中单击 Return)。要重复运行影片，需要选择 Control | Loop Playback，单击 Enter(或 Return)[6]。再次单击 Enter(或 Return)可以停止影片。当然，也可以选择 Control | Test Movie 来运行影片。

8.5.3 更多动画

现在向 8.5.2 节的影片 aidan_dynamic1 添加另一个动画图形，从而创建一个新影片。在此影片中添加示例 aidan_static2(8.4 节)中的星形。这个星形将在影片播放时放大和收缩。首先打开 aidan_dynamic1 影片，将其另存为 aidan_dynamic2。接下来为该星形添加一个新的图层；方法是选择 Insert | Timeline | Layer 或单击 TIMELINE 面板左下方的 New Layer 按钮。然后将这个图层改名为 animate2。选中新图层中的第 1 帧，在舞台上绘制一个有 12 个顶点、笔触为深蓝色 3 像素、填充颜色为白色的星形。在创建好之后，像 8.4 节那样，拉伸其左右两侧的 6 个顶点，使其扁平化而不是呈圆形显示。然后选择该星形，通过 Modify | Convert to Symbol 选项将其转换成元件。将这个元件命名为 star，其类型设置为 Graphic。然后，在星形中心添加红色、粗体、字体大小为 18 点的文本 SALE。在公司名称和宣传口号文本所在的图层 name 中添加该文本(如果 name 层被锁定了，就需要先解锁它，然后才能添加新文本)。现在，舞台如图 8-24 所示。

图 8-24　aidan_dynamic2 中的初始星形

创建动态星形的下一步是在图层 animate2 中创建两个新的关键帧，一个在第 50 帧，另一个在第 100 帧。创建方法是选择帧编号和所需的图层(animate2)，然后选择 Insert | Timeline | Keyframe。它们会隐式获得第 1 帧中星形的副本(如果在错误的位置创建了关键帧，就可选择该关键帧并选择 Modify | Timeline | Clear Keyframe 删除它)。接下来，必须修改第 50 帧的星形。我们希望星形(在第 1 帧中)一开始较大，然后在第 50 帧变小，再在第 100 帧又恢复到其原大小。要创建更小的星形，选择第 50 帧并选择舞台上的星形图形。注意用单击操作选择星形，如果双击星形，则所做的更改会作用于元件和所有实例[7]。接着选择 Free

---

6　如果 Control 菜单的 Loop Playback 复选框已被选中，就不需要这一步了。

7　当然，这里只有 1 个实例。

Transform Tool，如果在一列中显示工具的话，它在 Selection Tool 下面。其图标是一个左边带有三角形工具的黑色虚框。当将光标置于它上面时，此虚框变为红色，此时会显示出它的名称。选择该工具将显示一个其边角及边上嵌有小黑框的矩形。可拖动这些小黑框来改变图形尺寸。按住 Shift 键并向中心拖动一个边角可以等比例改变图形尺寸，而保持其原形不变。如果同时也按下 Alt 按钮，则图形大小会相对于中心位置等比例改变。这样就制作了较小版本的星形。现在在第 1 帧和第 100 帧有一个较大的星形，而在第 50 帧有个较小的星形。图 8-25 展示了在第 50 帧星形变小后的舞台情况。

图 8-25　第 50 帧星形变小后的舞台情况

接下来创建第 1 帧~第 50 帧之间的补间帧。首先选择图层 animate2 中的第 25 帧。然后选择 Insert | Classic Tween。这样就创建了第 2 帧和第 49 帧之间的所有补间图形。然后在第 75 帧完成同样的工作，即创建第 51 帧和第 99 帧之间的补间图形。选择经典补间(而不是形状补间)是因为不需要改变星形的形状(也因为对元件不能进行形状补间)。

下一步就是保存该文档，并通过将播放头从第 1 帧拖到第 100 帧来测试该影片。小飞机应仍能从舞台左边飞行到右边。舞台底部的星形应在该飞机飞行时收缩和放大。接着使用 Control | Test Movie 选项再次测试该影片。最后，将该影片发布为 HTML 文档和 Flash 文档。另外，还可将浏览器指向该 HTML 文件再做一次测试，生成的影片与使用 Test Movie 选项生成的一样。

8.5.4　形状动画

8.5.2 节和 8.5.3 节中演示了动作补间动画。形状动画是将一种形状转换成另一种形状的过程。在 Flash 中，这一过程与经典补间紧密相关，称为形状补间(shape tweening)。与经典补间一样，在形状补间中，开发人员创建开始关键帧和结束关键帧以及它们的形状，Flash 创建二者之间的形状。只有矢量图形才可以创建形状补间[8]。本节演示形状补间动画。示例十分简单：一个红色圆圈先变成一个蓝色正方形，然后再变成一个绿色三角形。

首先创建一个名为 shape_morph 的新影片。在此例中，默认舞台大小 550×400 像素是

8　通过选择操作可以确定舞台上的图形是否为一个元件实例。如果选择该图形时，它的周围有一个边框，则说明它是一个元件实例。

可以接受的，因此我们不改变它。将图层 1 重命名为 morph。对于其第 1 帧，在舞台上绘制一个笔触颜色为深红色、填充颜色为浅红色的圆形。然后右击(在 Mac 上则按住 Control 键单击)图层 morph 的第 50 帧并从显示的快捷菜单中选择 Insert Blank Keyframe，在第 50 帧上创建一个空白关键帧。这里使用空白帧，是因为不想它继承其他任何关键帧的对象——在此例中就是在第一个关键帧中绘制的圆形图形。选择第 50 帧，绘制一个和圆形一样大小的正方形，但这次笔触颜色为深蓝色、填充颜色为浅蓝色。此时，我们不需要担心它是否和圆形在同一个位置。接着，创建帧来将圆形变换成正方形。选择第 25 帧，然后选择 Insert | Shape Tween。

接着，在第 100 帧创建一个新的空白关键帧并在该帧上绘制一个三角形(三条边的多边形)。该三角形的笔触颜色为深绿色、填充颜色为浅绿色。然后选择第 75 帧，通过选择 Insert | Shape Tween 来创建正方形和三角形之间的补间图形。

在填充帧后，需要将图形互相对齐。方法是单击 Edit Multiple Frames 按钮(其图标在时间轴下方，显示为两个互叠的小实心正方形)。这时在时间轴上出现两个方括号。接着，将左方括号拖至第 1 帧，将右方括号拖至第 100 帧。然后按 Ctrl+A 组合键(在 Mac 上单击 Command+A 组合键)选择舞台上的所有元素。最后选择 Modify | Align。从最终的菜单中选择 Horizontal Center。再接着选择 Modify | Align，并选择 Vertical Center。现在，所有三个图形都位于舞台中央。

接着单击 Edit Multiple Frames 按钮以关闭它。现在可以测试影片，以确保形状补间可工作。

在有些影片中，期望有一部分动画序列是另一部分的逆序。例如，如果希望以动画方式显示一个球在舞台上来回移动，且已经创建了前向动画，那么使用 Flash 就很容易实现逆向动画。第一步是复制球在舞台上来回移动的帧序列，这通过选择这些帧的图层来完成。然后单击并拖动这些帧到已有影片之后的第一个帧，但不要释放鼠标按钮。按下 Alt 键(在 Mac 上则按下 Opt 键)，释放鼠标按钮。现在时间轴上就有了那些原始帧的副本。接下来选择这些新的帧，并选择 Modify | Timeline | Reverse Frames。这会将所选择的帧的顺序颠倒过来。现在已经有了球的前向动画和后向动画。

最初通过 Text Tool 创建的文本是可以编辑的，它不是一个元件。双击文本就可以修改它。虽然不能对可编辑文本创建形状补间，但如果先通过选择文本并选择 Modify | Break Apart 来分离文本，就可以对文本创建形状补间。

通过使动画对象在时间轴的距离更远，可使形状和动作动画变得更平滑。例如，在形状变形示例中，可将正方形放在第 100 帧，将三角形放在第 200 帧。这样会导致影片中有更多的帧，渐变过程也更平滑。

与电影、Flash 影片一样，用不连续的图片创建的动画是可行的，因为如果图片变化足够快，人的视觉印象就会填补图片的间隙。如果实际图片变化缓慢，动画就会一顿一顿的，因为这时人的视觉印象没法填补图片间隙。如果图片变化得太快，图片会变得模糊。Flash

播放器的速度由播放的影片决定。帧频(每秒播放的帧数)默认值为每秒 12 帧，即 12fps。可以在选中舞台时出现的属性面板中改变帧频。

电影的标准帧频为 24fps，但旧版本的 Flash 播放器不能以这么快的速度来播放影片。从版本 9 开始，Flash 播放器的播放速度可以快于 24fps。例如，影片 aidan_dynamic2 能以 100fps 的速度播放，但以该速度播放时，动态的飞机是模糊的。要在影片中添加更多的帧，才能使得以该速度播放时更接近自然。但是，有着大量帧的 Flash 影片要求用更大的文件来存储和更多的时间来下载。而且，如果影片中有复杂的动画，而帧频又很高，播放器所在主机的 CPU 会无法承受。大多数计算机及其 Internet 连接可下载和播放的帧频范围是 15~20。

可采用两种方法减慢 Flash 影片的播放速度。最简单的方法是减慢帧频。但这种方法有局限性，因为减慢帧频会导致动画显示一顿一顿的。另一种方法是在影片的帧之间插入普通帧(不是关键帧)。这会扩充时间轴，也会扩充关键帧之间的时间。插入到已有帧之后的新帧会继承已有帧的内容。插入一个帧的方法是，先选择已有的帧，再选择 Insert | Timeline | Frame。如果要使影片长度成为原来的两倍，则需要在影片的每个已有帧之后插入一个帧。也可以在每个已有帧之后插入多个帧来进一步减慢速度。要减慢部分影片的速度可以只在这一部分中添加帧。

8.5.5 声音

也可在 Flash 影片中添加声音剪辑。添加声音的第一步是将声音文件导入到影片的库。声音剪辑在网上随处可得。本示例中使用的声音剪辑可从 http://avanimation.avsupport.com/Sound.htm 下载。要导入声音文件，可以选择 File | Import | Import to Library[9]，然后选择声音文件。声音文件将作为新项目出现在 LIBRARY 面板中。如果单击该新项目，声音文件的波形将出现在库资源列表上方的窗口中。当在时间轴上添加声音时，最好将声音放在各自的影片图层中。

例如，在 8.5.3 节的示例影片中添加一个声音剪辑。首先打开影片 aidan_dynamic1，将它保存为 aidan_dynamic2。然后添加一个新图层(选择 Insert | Timeline | Layer)，将其命名为 sound。将新图层放在图层列表的底部，使其便于找到。

此时，声音剪辑在库中，而不在影片中，我们只是有一个名为 sound 的空图层。选择 sound 图层的第一帧，将声音剪辑从库拖到舞台上，即可将声音剪辑插入到影片中。注意，选择舞台上的什么地方并没有关系。

在这个示例中，所选的声音剪辑太长。通过删除其一端或两端的内容可缩短声音剪辑。这是在当单击声音剪辑起始点处的关键帧时显示的属性面板中完成的。这个属性面板如图 8-26 所示。

---

9 也可以选择 File | Import | Import to Stage，但它与 Input to Library 效果一样。二者都不能将声音剪辑放置到舞台上。

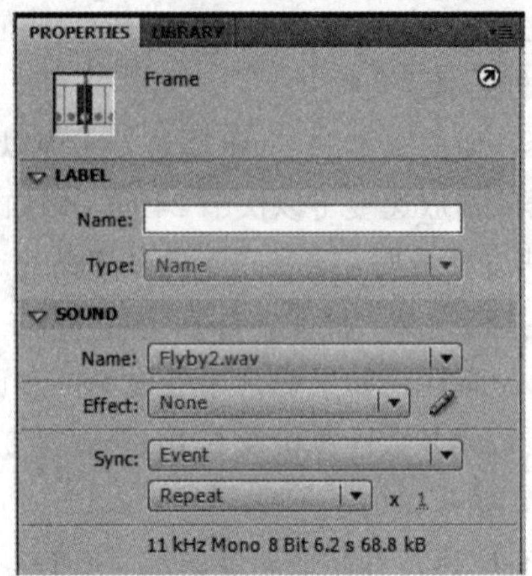

图 8-26 编辑声音剪辑的属性面板

图 8-26 显示的属性面板包含一个编辑按钮，单击该按钮将显示如图 8-27 所示的窗口。编辑按钮的图标是一个铅笔，位于 Effect 菜单的右边。

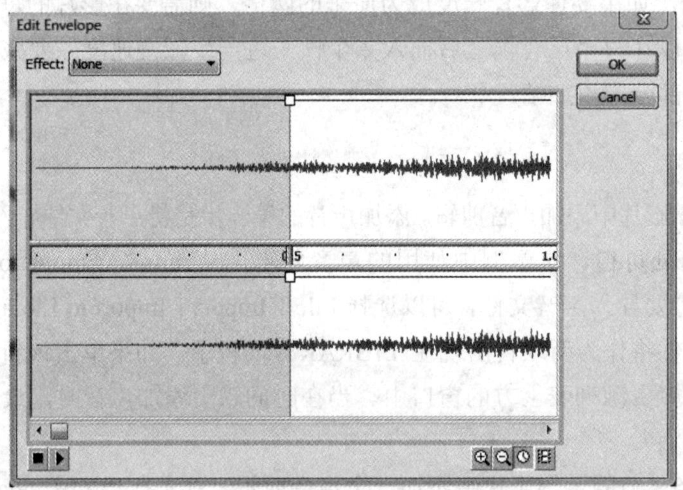

图 8-27 用于声音剪辑的 Edit 窗口

注意，显示结果的左半边被遮蔽了。这显示的是通过将中间标尺上的小方块滑向右侧时所修剪掉的部分。对于本示例来说，右端也做了较大的修剪。这个剪辑实际时长为 6.2 秒，如图 8-26 的底部所示。由于动画大约是 4 秒，因此需要将声音图层变得差不多也这么短。声音长度由时间轴的声音图层中的声波长度表示，如图 8-28 所示。

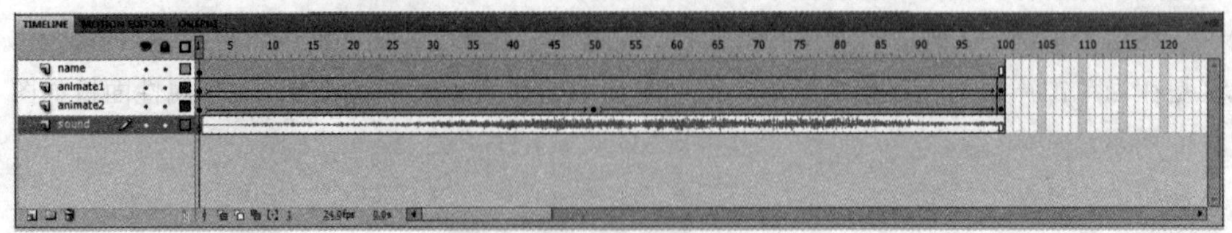

图 8-28 显示声音图层的时间轴

当播放影片 aidan_dynamic2 时，可以听到该声音剪辑，即小飞机飞过的声音。

注意在图 8-26 中，我们所导入的声音文件的大小是 68.8kB，可将此文件压缩得小一些。选择声音剪辑的库条目，单击库面板底部从左数的第三个图标。此图标名为 Properties，当光标置于此图标上方时，图标名会显示出来。此时会显示如图 8-29 所示的窗口。

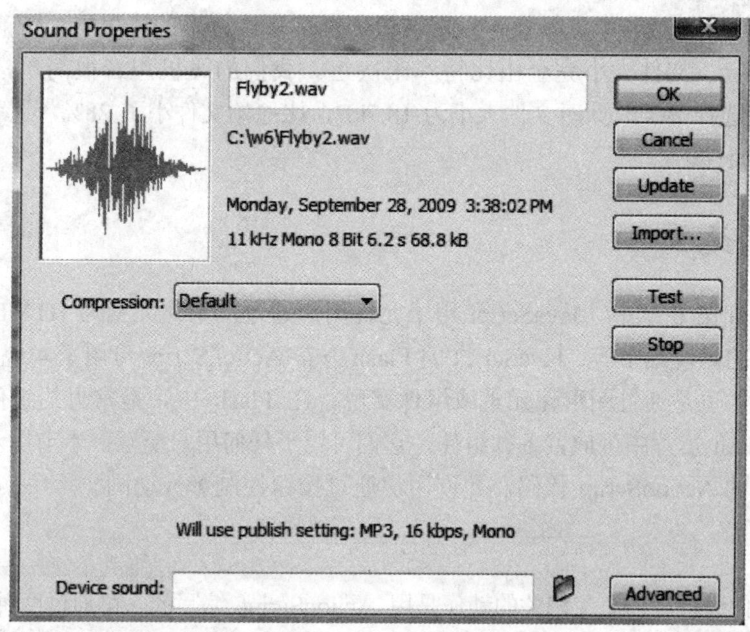

图 8-29 Sound Properties 窗口

在 Compression 菜单中选择 MP3 条目，Sound Properties 窗口会发生变化，如图 8-30 所示。

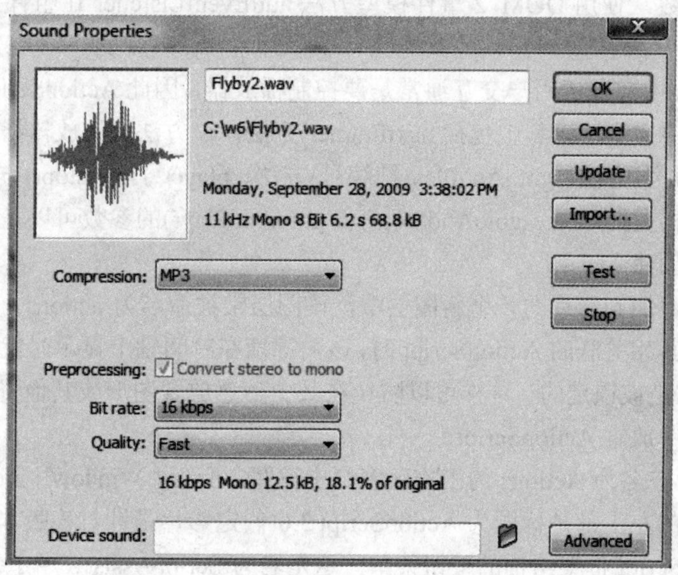

图 8-30 选择 MP3 后的 Sound Properties 窗口

Sound Properties 窗口有两处菜单做了调整：即 Bit rate 和 Quality。Bit rate 菜单包含可

能的比特率列表，具体范围是 8kbs~160kbs(kbs 表示每秒千比特数)。比特率越高，文件就越大，声音剪辑的品质就越高。比特率很容易试验，只需要选择一个值，然后单击 Test 按钮听听声音就可以。选择一个合适的比特率实际上就是选择能生成可接受声音品质的最慢比特率。选定比特率之后，可以选择 Quality。Quality 的可能的值是 Fast、Medium 和 Best，它们分别表示快速转换、中速转换和最慢转换。在选定比特率的情况下，Best 选项会产生最好品质的声音。文件大小完全由比特率来决定。我们的飞机声音很简单，比特率选择 24bps，品质则选择 Best。此时文件大小为 18.7kB，比原始文件小了 28%，这就证明了声音文件压缩的重要性。

8.6 用户交互

在第 5 章和第 6 章中，JavaScript 用于允许用户通过图形化元素与 HTML 文档交互，从而控制文档的呈现细节等。JavaScript 的 Flash 方言 ActionScript 可用于实现对 Flash 影片的内容的控制，也是通过图形化元素或组件实现。在 Flash 中，最常见的组件是按钮。但是，其实在 Flash 影片中可放置各种组件。它们可用于任何用户交互。本节用示例演示了简单按钮和相关的 ActionScript 代码，允许用户通过按钮控制影片动画。

8.6.1 动作

与通过组件进行用户交互相关的动作是用 ActionScript 编写的。可通过两种方法在 Flash 影片中添加 ActionScript：一种是作为帧动作，即与影片特定关键帧相关联的代码；另一种是作为自定义类，即驻留在外部文件中的代码。本书只讨论帧动作。所谓动作与第 5 章中编写的通过组件实现用户交互的动作类似。Flash 组件交互创建了事件，而相关的动作被编写成事件处理函数。使用 DOM 2 事件模型方法 addEventListener 在组件上注册事件处理程序。

由于在 Flash 中实现的用户交互通常是要控制播放器，因此 ActionScript 中有一些用于控制播放器的预定义方法。其中包括 nextFrame()方法，该方法让播放器播放下一帧；以及 gotoAndStop(帧编号)方法、gotoAndPlay(帧编号)方法、play()方法、stop()方法，这样方法的用途如其名字一样显而易见。gotoAndStop()和 gotoAndPlay()的参数可以是帧标签，帧标签可在另一图层中创建。

动作通常被添加到影片的一个新图层中，该图层常被命名为 actions。当这样的图层在某关键帧中有与其相关联的 ActionScript 时，该关键帧在时间轴上显示时就会带有小写字母 a。动作图层通常是被锁定的，这样可以防止在其中随意放置图形或其他资源。但锁定并不能阻止在该图层中放置 ActionScript。

ActionScript 在名为 Actions 的工作区窗口中编写，可通过 Window | Action 选项打开该窗口。这个窗口的左上部是标题为 ActionScript 3.0(假定影片是针对该版本创建的)的面板，它是创建 ActionScript 框架结构的按钮菜单。这是名为 Script Assist、用于帮助创建 ActionScript 代码的工具的一部分。由于假定读者已熟悉 JavaScript，因此本书将不讲述如何使用 Script Assist。Actions 窗口的主面板是输入 ActionScript 代码的地方。在这面板之上是一行

按钮，其中目前能用得上的就是 Check Syntax 按钮，其显示为一个勾选符号(√)。该工具用于在创作者用播放器测试之前检查主面板中代码语法的正确性。

在 Flash 中，编程人员可以设计组件。例如，通过选择一个图形(如正圆、椭圆或正方形)来表示按钮就可创建按钮。工作区中还提供一些预定义组件。其中有简单的按钮、复选框、滑动条以及单选按钮。这里只使用预定义的组件。

8.6.2　示例

用于演示用户交互的示例很简单——首先还是采用来自前面示例的动态飞机图形以及商业主题。我们将添加两个按钮，一个用于停止飞机飞行，另一个让飞机重新起飞。

首先打开 aidan_dynamic1 并另存为 interact。前面在 aidan_dynamic1 影片中曾提到过，动画运行在主时间轴中。第一步是分别为按钮和动作各添加图层。方法是选择 Insert | Timeline | Layer。我们为这些图层选择的名称是 buttons 和 actions。

然后，通过将 Button 组件拖到舞台左下角，在图层 buttons 上创建两个按钮。在选择 Window | Components 后打开的窗口中，展开 User Interface 部分，就可以在此项中找到该组件。该窗口如图 8-31 所示。

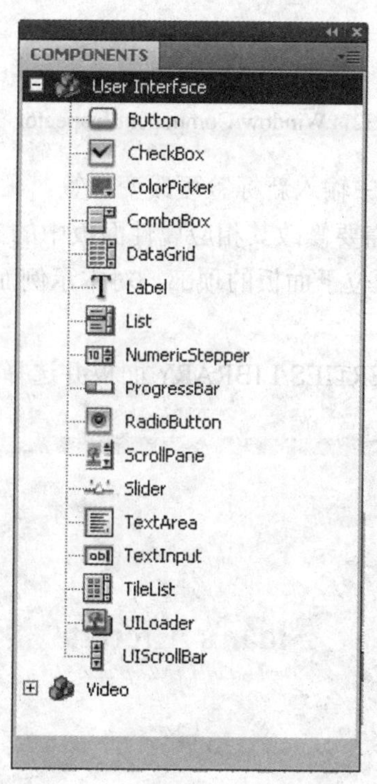

图 8-31　Window/Components 窗口

看看这两个按钮的属性面板就会发现，它们的类型都是 Movie Clip。实际上，所有按钮组件都是一种特殊的影片剪辑。由于影片剪辑允许按钮有实例名(Graphic 类型的元件不可以有实例名)，这对于为它们编写事件处理程序是很关键的。

创建这两个按钮后，分别将标签改成 start airplane 和 stop airplane。修改按钮标签的方法是选择按钮并在属性面板中进行修改。打开的窗口如图 8-32 所示。

PROPERTIES LIBRARY

stopbutton

Movie Clip

Component: Button Swap...

▽ POSITION AND SIZE

X: 0.35 Y: 330.35

W: 100.00 H: 22.00

▷ COLOR EFFECT

▷ DISPLAY

▽ COMPONENT PARAMETERS

Property	Value
emphasized	☐
enabled	☑
label	stop airplane
labelPlacement	right
selected	☐
toggle	☐
visible	☑

图 8-32 Window/Component Inspector 窗口

通过在 label 项的 Value 框中输入新标签可改变标签。

对于按钮实例来说，同样需要修改其相应属性面板中的 Instance Name 文本框。在属性面板中，Instance Name 文本框位于面板的顶部。对本示例而言，它们被命名为 stopButton 和 startButton。

图 8-33 显示了省去 PROPERTIES/LIBRARY 面板并选择了 stop airplane 按钮的工作区。

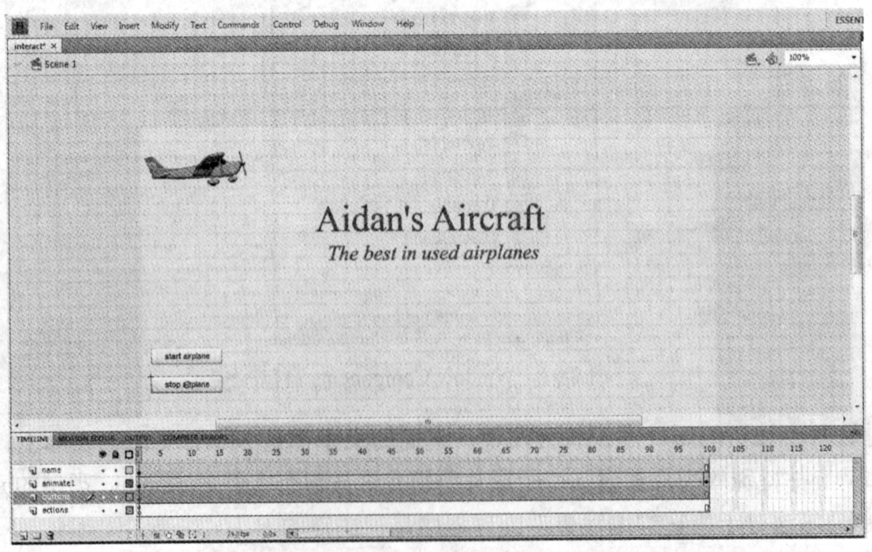

图 8-33 影片 interact 的工作区，其中 stop airplane 按钮被选中

现在，必须编写代码来控制舞台上的飞机。首先选择图层 actions 的第 1 帧。然后选择 Window | Actions 来打开 Actions 窗口。现在准备在代码面板中输入代码。首先输入按钮单击事件的事件处理程序代码。将处理程序函数命名为 handleClick。这个函数接受事件对象的形参，其类型为 MouseEvent(因为单击鼠标会引起事件)。事件处理程序的主体包含两个选择结构。这两个结构用于确定引发事件的目标是否是某一特定按钮。此后每个选择结构的子句调用 stop 方法或 play 方法。整个处理程序函数代码如下所示：

```
function handleClick(bEvent: MouseEvent) {
  if (bEvent.target == stopButton)
      stop();
  if (bEvent.target == startButton)
      play();
}
```

接下来所需的代码是为两个按钮注册事件处理程序。代码如下所示：

```
stopButton.addEventListener(MouseEvent.CLICK,
                                    handleClick);
startButton.addEventListener(MouseEvent.CLICK,
                                     handleClick);
```

最后需要在代码的开始部分调用 stop 方法，否则动画将总会自动开始播放。Actions 窗口如图 8-34 所示。

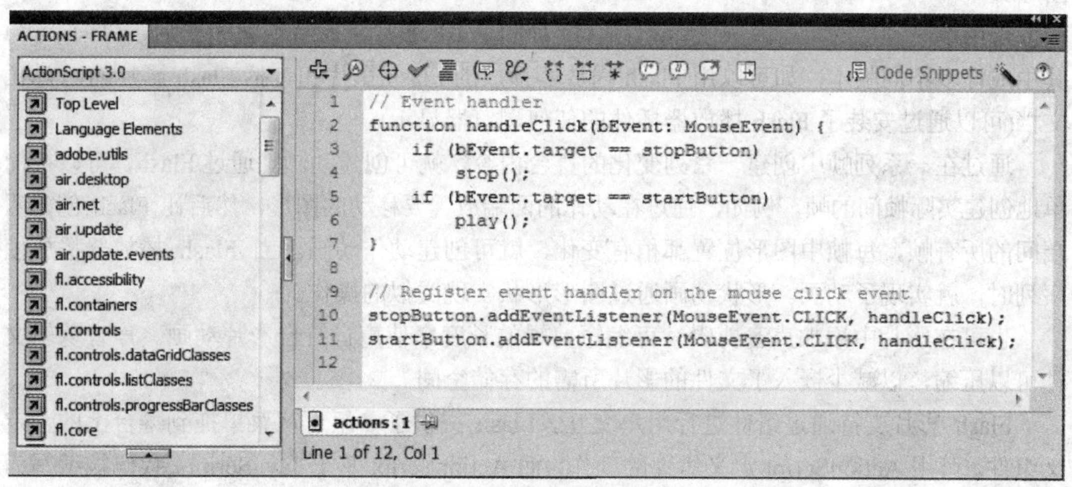

图 8-34　Actions 窗口及按钮代码

与往常一样，可以使用 Control | Test Movie 来测试 interact 影片。

需要提醒读者的是，Flash 组件和交互性涵盖的内容十分广泛，这里只是列出这些功能的一个简短示例而已。

8.7 小结

Flash 系统由两个基本部分构成，分别是创建文档即影片(包括静态和动态部分)的环境和作为浏览器插件的播放器。

Flash 创作环境(或工作区)是用于创建 Flash 影片的复杂而强大的工具。它允许创作者用帧序列指定影片的内容。影片内容通常分到多个图层中，一层叠着一层地显示。创作者可一次创建或编辑一个图层。图层的运用简化了创建和编辑过程，允许一帧的一部分是动态的，而其他部分是静态的。

如果按住 Rectangle Tool 按钮几秒钟，就会出现一个菜单，可用它在舞台上绘制矩形、椭圆、星形。可通过 Pencil Tool 创建直线和徒手画。

舞台上的每个图形都有属性面板(显示在舞台右方)，创作者可在属性面板中修改图形的属性，如大小、位置、笔触颜色、线粗以及填充颜色。

所有图形都应转换为元件，它们存储在影片的库中。可在舞台上放置任意多个元件实例，但只有一个副本必须存储在影片的文件中。元件实例图形可以整组修改，也可以单独修改。影片库的内容显示在 Library 面板中。

图形图像可表示为位图图形或矢量图形。位图图形适用于摄影图像，但是在图像放大时其品质会大大减低。矢量图形可以随意放大，而不会有品质损失，但矢量图形不如位图图形精细。Flash 既支持位图图形，又支持矢量图形，但用 Flash 绘制的所有图形都是矢量图形。

可用单一图层的单一帧来表示不包含动画的 Flash 影片。影片创建完毕后，Flash 可为其生成许多不同版本，如可以用 Flash 播放器播放的 Flash 影片和包括 Flash 影片的 HTML 文档(可以通过安装了 Flash 播放器插件的任何浏览器显示)。

通过在一系列帧中创建一系列变化的舞台内容，就可创建动画。通过 Flash，可以很简单地创建实际帧间的帧。例如，通过在动作的两端放置要移动的图形，然后让 Flash 创建两端间的所有帧，每帧中图形位置都稍有变化，就可创建动作动画。当 Flash 播放器播放帧序列时，就实现了动画。形状动画通过图形形状实现类似的操作。

也可在影片中添加声音剪辑。可缩短剪辑的长度来使声音符合影片动画。声音剪辑文件可以压缩，以减少嵌入了文件的影片所需的存储空间。

Flash 影片支持通过组件进行用户交互。Flash 提供了一组可从菜单拖到舞台上的预定义组件。可用 ActionScript 定义组件的动作，而 ActionScript 基于 JavaScript。代码被编写为事件处理程序。由于使用的是 DOM 2 事件模型，因此用 addEventListener 来注册事件处理程序。用户交互通常用于 Flash 中，以允许用户控制影片的各个方面。

8.8 复习题

1. Flash 的两个组成部分是什么？
2. 时间轴的一行表示什么？
3. 时间轴的一列表示什么？

4. 为什么要将影片的不同部分放在不同图层上？
5. 播放头是什么？
6. 通过 Rectangle Tool 和 Rectangle Primitive Tool 创建的矩形有何区别？
7. 讲述一下图形的笔触和填充。
8. 通过 Polystar Tool 工具可以创建什么图形？
9. 星形顶点大小是指什么？
10. 如何选择颜色的透明度？
11. 试说明 Straighten、Smooth 以及 Ink 菜单选项对徒手画的作用。
12. 如何指定文本框对其内容进行换行？
13. 影片的库是什么？
14. 将图形表示成元件有什么优点？
15. 元件和元件实例之间的关系是什么？
16. 什么是资源(asset)？
17. 对什么类型的图像而言，位图表示优于矢量图形表示呢？
18. 矢量图形的内部表示是什么？
19. 矢量图形比位图图形相比有什么优点？
20. 如何将舞台上绘制的图形转换成元件？
21. 什么存在于扩展名为.swf 的文件中？
22. 什么存在于扩展名为.fla 的文件中？
23. 内嵌 Flash 影片的 HTML 文件中的预定义 JavaScript 代码的作用是什么？
24. 影片中动画的基本过程是什么？
25. 如何重命名图层？
26. 什么是补间？
27. 什么是关键帧？
28. 什么是空白关键帧？
29. 不用浏览器而测试影片的方式是什么？
30. Free Transform Tool 的作用是什么？
31. 如何对齐舞台上的两个图形？
32. 如何颠倒一系列帧的顺序？
33. 对文本实现动画化之前必须做什么？
34. 可以修改声音剪辑的哪些部分？
35. 如何为声音剪辑选择最佳比特率？
36. Flash 组件有哪两种类别？
37. Flash 使用何种事件模型？
38. 使用什么方法为 Flash 影片注册事件处理程序？

8.9 练习题

1. 创建一个静态 Flash 影片，要求显示你的姓名和地址，同时至少包括 4 个你所喜欢的不同的事物图形并分别采用不同笔触颜色、线粗、样式和填充颜色。
2. 创建一个包含两个动态图形的 Flash 影片，要求其中一个图形在舞台左侧从上到下移动，而另一个在舞台右侧从上到下移动。
3. 创建一个 Flash 影片，要求运用动作动画使得一个图形在舞台右侧从上往下移动过程中，由大变小再变大。
4. 创建一个 Flash 影片，要求运用动作动画显示一个球在舞台右侧上下边之间不断弹跳。
5. 创建一个 Flash 影片，要求在影片播放时连续播放某音乐的声音剪辑。
6. 创建一个 Flash 影片，要求显示一些文本，有一个几乎透明的球从舞台左上角移至右下角，并且要有控制动画的开始和停止按钮。
7. 补间有哪两种类型？它们的用途是什么？
8. 更改影片速度的两种方式是什么？

第 9 章

PHP 简 介

本章的主题是超文本预处理器(Hypertext Preprocessor，PHP)，并讲述 PHP 作为一种服务器端脚本语言的用途。开始简要介绍 PHP 的起源，然后概述它的主要特征和一些基本语法约定。接着将介绍语言的核心内容。因为 PHP 比较接近于 JavaScript，所以对于它的表达式和语句只做简单的介绍。然后介绍不同于任何其他语言中数组的 PHP 数组，并描述 PHP 函数和参数传递机制。由于 PHP 的模式匹配使用了与 JavaScript 相同的正则表达式[1]，因此本章没有介绍正则表达式。接着讲述 PHP 的表单处理技术，并提供了一个完整示例。最后介绍 PHP 中的 cookie 和会话跟踪。

本章并未涵盖 PHP 的其他一些重要部分。其中包括对面向对象编程的引用和支持。PHP 访问数据库的问题将在第 13 章中讨论。

9.1 PHP 的起源和用途

PHP 是 Apache Group[2] 的成员 Rasmus Lerdorf 于 1994 年开发的，初衷是帮助 Lerdorf 记录他个人网站的访问者。1995 年，他开发了一个名为 Personal Home Page Tools 的包，也就是 PHP 第一个公开发布的版本。开始，PHP 代表 Personal Home Page 的首字母缩写，后来，它的用户社区开始使用一个回归式的名称 PHP：Hypertext Preprocessor，这使得它原来的名称渐渐被人们所遗忘。

在它发布后的两年内，PHP 被众多的 Web 站点所使用，其功能的增强也超出了单个开发人员的能力，它的开发任务便由一部分志愿者共同来承担。PHP 现在作为源码开放的产品来被开发、发布和支持。PHP 处理器目前在大多数 Web 服务器上都占有一席之地。

作为一种服务器端脚本语言，PHP 自然需要支持表单处理和数据库访问。数据库访问一直是 PHP 开发的主要焦点。经过努力，它已能支持 15 种不同的数据库系统。PHP 支持

1　实际上，PHP 可以使用两种不同的正则表达式：POSIX 和 Perl 正则表达式(与 JavaScript 使用的正则表达式一样)。

2　Apache Group 开发并发布了 Apache Web 服务器等产品。

公共电子邮件协议 POP3 和 IMAP，同时还支持分布式对象体系结构 COM 和 CORBA。

9.2 PHP 概述

PHP 是内嵌于 HTML 的服务器端脚本语言。因此，它可以替代 Sun 公司的 Java Server Pages(JSP，参见第 11 章)和微软的 Active Server Pages(ASP，参见第 12 章)。

当浏览器发现在它所显示的 HTML 文档中内嵌着 JavaScript 代码时，会调用 JavaScript 解释程序来解释该脚本。类似地，当浏览器请求一个包含 PHP 脚本的 HTML 文档时，该文档所驻存的 Web 服务器就会调用 PHP 处理器。服务器是通过文档文件的扩展名来判断该文档是否包含 PHP 脚本。如果扩展名为.php、.php3 或.phtml，就说明它嵌入了 PHP。

PHP 处理器有两种操作模式：复制模式和解释模式。它用 PHP 文档文件作为输入，产生 HTML 文档文件。当 PHP 处理器在输入文件中遇到标记代码(可能包含嵌入的客户端脚本)时，只是简单地将这段代码复制到输出文件。当在输入文件中遇到 PHP 脚本时，PHP 处理器就解释该脚本，并把该脚本的所有输出发送到输出文件中。这意味着 PHP 脚本的输出必须是 HTML 代码。这个新文件(输出文件)被发送到请求的浏览器。客户端绝对不会看到 PHP 脚本。如果用户在浏览器显示文档时单击 View Source 菜单选项，那么只显示标记(和嵌入的客户端脚本)，因为到达客户端的只有这些。

PHP 通常只是被解释执行，就像 JavaScript 一样。但近来的 PHP 实现技术执行了一些预编译，特别是对于复杂的脚本，这样做可以加快解释过程。

PHP 的语法和语义非常接近于 JavaScript。如果读者已经掌握了 JavaScript，那么学习 PHP 会非常容易。

PHP 采用与 JavaScript 一样的动态类型定义。变量不声明类型，也不具有固定的类型。可在每次赋值时设置变量的类型，即设置为它所赋值的类型。类似于 JavaScript，PHP 比大多数常用编程语言宽容得多，这主要表现在动态类型定义上，同时还表现在它的字符串和数组的动态特征上。PHP 的数组结合了一般的编程语言的数组和关联数组，拥有两者的特点。PHP 拥有大量用于创建和处理 PHP 数组的函数。PHP 支持过程编程和面向对象编程。

PHP 拥有一个庞大的函数库，使它成为开发服务器端软件的一个灵活而且强大的工具。许多预定义的函数用来提供其他软件系统的接口，如邮件和数据库系统的接口。

像 JavaScript 一样，PHP 的语言处理器是免费且容易得到的。另外，PHP 处理器是一个开源系统，可用于所有常见的计算平台上。PHP 的官方网站为 http://www.php.net。

9.3 基本语法特征

PHP 脚本或是内嵌在 HTML 文档中，或是包含在这样的文档所引用的外部文件中。将 PHP 代码包含在标签<?php 和?>之间就可以将 PHP 代码嵌入到文档中。

如果 PHP 脚本存储在一个不同文件中，它可以通过以文件名作为字符串参数的 include 结构来引入到一个文档中。例如：

```
include("table2.inc");
```

这个语句会将 table2.inc 文件的内容复制到 include 所在的文档中去。被包含的文件可以包含标记、客户端脚本以及 PHP 代码。但任何被包含的 PHP 脚本必须作为<?php 标签的内容，即使保留字 include 出现在<?php 标签的内容当中也要这么做。当遇到保留字 include 时，PHP 解释器会从解释模式转换到复制模式。

PHP 的所有变量名必须以美元符号($)开头，美元符号后面的部分与普通编程语言的变量名是一样的：一个字母或一个下划线再加上任意个(包括 0 个)字母、数字或下划线。PHP 变量名区分大小写。

表 9-1 列出了 PHP 的保留字。虽然 PHP 中的变量名区分大小写，但保留字和函数的名称是不区分大小写的，例如，while、WHILE、While 以及 wHiLe 之间不存在区别。

表 9-1 PHP 中的保留字

and	else	global	require	virtual
break	elseif	if	return	xor
case	extends	include	static	while
class	false	list	switch	
continue	for	new	this	
default	foreach	not	true	
do	function	or	var	

PHP 可以有三种方式来插入注释。像 JavaScript 中一样，单行注释以#或//来开始，多行注释类似于大多数编程语言，包含在/*和*/对中。

PHP 语句以分号结尾。在控制结构中用花括号来形成复合语句，除非用来定义函数体，否则复合语句不能作为块(它们不能定义局部作用域变量)。

9.4 基本数据类型、操作和表达式

PHP 有四种标量类型、两种复合类型和两种特殊类型。标量类型有布尔型、整型、双精度型和字符串型；复合类型有数组和对象；两种特殊类型是资源(resource)和 NULL。本节只介绍标量类型和 NULL，数组将在 9.7 节讲述；本书没有涉及对象和资源类型。

9.4.1 变量

因为 PHP 动态地定义类型，所以没有类型声明语句。事实上，没有办法也没有必要声明一个变量的类型[3]。变量的类型可以随时在赋值时定义。没有被赋值的变量有时也称为未绑定的变量，值为 NULL，这是 NULL 类型的唯一取值。如果未绑定的变量用在表达式中，NULL 会根据上下文被强制转换为某种类型的一个值。如果上下文是一个数字，NULL 就会转换为 0；如果上下文是一个字符串，NULL 就转换为空字符串。

3 有时候可以声明变量没有默认的作用域或生命周期，这将在 9.8 节中讲到。

可以用 IsSet 函数来测试一个变量当前是否拥有一个值，该函数用变量的名称作为参数，并返回一个布尔值。例如，如果$fruit 当前的值非空(即不是 NULL)，则 IsSet($fruit)返回 TRUE 值，否则返回 FALSE。一个被赋了值的变量会一直保持该值，直到它被赋上新值或被 unset 函数设置为未赋值状态。

如果想报告未绑定的变量被引用的情况，可使用 15 作为参数值来调用 error_reporting 函数。在文档文件中需要将该调用语句放在脚本开头。默认的错误报告级别为 7，这意味着解释器将不会报告未绑定变量的使用情况。

9.4.2 整数类型

PHP 只有一个整数类型，叫做 integer。这种类型与 C 及其后继语言中的 long 类型是一样的，它的大小等于运行程序的那台计算机的字大小，大多数情况下是 32 位，或者说稍小于十位十进制数所能表示的范围。

9.4.3 双精度类型

PHP 的双精度类型与 C 和 C 的后继语言中的 double 类型是一样的。双精度数可以包含一个小数点、一个指数或两者皆有。指数通常的格式为一个字母 E 或 e，后面可以跟一个有符号整数。小数点前面或后面不一定要有数字，如.345 和 345.都是合法的双精度数。

9.4.4 字符串类型

PHP 中的字符是单个字节，不支持 Unicode。PHP 中没有字符类型。单个字符的数据值用一个长度为 1 的字符串表示。

字符串字面量可以用单引号(')或双引号(")包起来表示。在单引号字符串字面量中，转义字符(如\n)没有特殊含义，并且内嵌变量在输出时不会用变量的值来代替(这种替代称为插值)。在双引号字符串字面量中，可以识别转义字符，并且会用当前值替换内嵌的变量。例如，字符串：

```
'The sum is: $sum'
```

会按照原样输出。但是，假设$sum 的当前值为 10.2，则字符串

```
"The sum is: $sum"
```

将会输出：

```
The sum is: 10.2
```

如果想使双引号字符串字面量中含有的变量名不被数值所替换，可以在第一个字符(即美元符号)的前面加一个反斜杠(\)。如果双引号字符串字面量中包含的变量名所对应的变量的值为空，则该变量名用空字符串来替换。

双引号引用的字符串可以包含内嵌的换行符(由键盘上的回车键创建)，这样的字符与在字符串中加入\n 的结果是完全一致的。

字符串的长度只受具体计算机的可用内存的限制。

9.4.5　布尔类型

布尔类型只有两种可能值：TRUE 和 FALSE，并且是不区分大小写的。虽然布尔数据类型与整型数据类型的意义是一样的，但布尔类型的上下文中可以使用其他类型的表达式。如果要在布尔上下文中使用一个非布尔类型的表达式，显然程序员需要知道该表达式会被解释成何种含义。如果在布尔类型的上下文中使用整型表达式，则 0 被求值为 FALSE，其他值被求值为 TRUE。如果在布尔类型的上下文中使用字符串表达式，则空字符串或字符串“0”被求值为 FALSE，其他值被求值为 TRUE。这就意味着字符串“0.0”会被求值为 TRUE。

解释为 FALSE 的唯一的双精度值是 0.0。由于会出现舍入偏差，以及字符串“0.0”会被求值为 TRUE 的情况，因此不提倡在布尔类型的上下文中使用双精度的表达式。有些值可能非常接近零，但由于它不等于零，所以会被求值为 TRUE。

9.4.6　算术运算符和表达式

PHP 拥有与基于 C 的编程语言一样的一套算术运算符(＋、－、*、/、%、＋＋和－－)，并且含义也一样。对于运算符＋、－和*，如果两个操作数都是整型类型，那么操作为整数运算，产生一个整数结果；如果操作数中含有双精度类型，那么操作为双精度数据运算，产生一个双精度的结果。除法也是一样，但有一种例外：如果整数除法的结果不是一个整型值，则结果会以一个双精度值返回。任何对整数的操作，在整数结果溢出的情况下都会产生一个双精度值。取模运算符(%)的操作数应该为整数，如果某个操作数是非整数或两个操作数均为非整数，则非整数会被强制转换为整数。

PHP 拥有大量的用于数值计算的预定义函数。其中用得比较多的在表 9-2 中列出。该表中，“数值类型”表示整型或双精度类型。

表 9-2　一些常用的预定义函数

函　数	参 数 类 型	返　回　值
floor	双精度	小于等于参数的最大整数
ceil	双精度	大于等于参数的最小整数
round	双精度	最接近的整数(对参数进行四舍五入后的整数值)
srand	整型	用参数初始化随机数生成器
rand	两个数值	介于第一个参数和第二个参数之间的一个伪随机数
abs	数值类型	参数的绝对值
min	一个或多个数值类型	参数中最小的数
max	一个或多个数值类型	参数中最大的数

其他针对数值的预定义函数用于各基数类型之间的转换以及指数运算、对数运算和三角函数计算。

9.4.7 字符串操作

字符串运算符只有连接运算符，由一个英文句点(.)表示。

字符串变量可以被看成是对数组的访问，数组的成员是单个的字符。字符串中的每个字符相对于第一个字符(下标为零)的位置可以在变量名后面的花括号里指定。例如，如果字符串$str 的值为"apple"，则$str{3}表示"l"。

PHP 自带了许多对字符串进行操作的函数。表 9-3 列出其中一些常用的函数。

表 9-3 一些常用的字符串函数

函 数	参数类型	返 回 值
strlen	一个字符串	字符串中字符的个数
strcmp	两个字符串	返回 0 表示两个字符串完全相同；返回一个负值表示第一个字符串参数在第二个字符串参数之前(按照 ASCII 码的次序)；返回一个正数则表示第二个字符串参数在第一个之前
strpos	两个字符串	如果第一个字符串包含了第二个字符串，则返回第二个字符串的第一个字符在第一个字符串中的位置，否则返回 false
substr	一个字符串和一个整数	返回第一个字符串参数中从第二个参数指定的位置起的子字符串；如果还带第三个参数(整数)，则它指定返回的子字符串的长度
chop	一个字符串	参数结尾处的空白字符全部删除
trim	一个字符串	参数首尾两端的空白字符全部删除
ltrim	一个字符串	参数起始处的空白字符全部删除
strtolower	一个字符串	参数中所有的大写字母转换为小写
strtoupper	一个字符串	参数中所有的小写字母转换为大写

注意 strpos 的用法：由于在数值上下文中，false 会被解释成零，这可能会导致一些错误。为了避免出错，可以使用===运算符(见 9.6.1 节)对返回值和 0 进行比较，从而判断是第二个字符串出现在第一个字符串的开头还是第一个字符串不包含第二个字符串。

考虑下面使用字符串函数的示例：

```
$str = "Apples are good";
$sub = substr($str, 7, 1);
```

$sub 的值现在是'a'。

9.4.8 标量类型转换

与大多数其他编程语言一样，PHP 也包含了隐式和显式类型转换。隐式类型转换称为强制转换(coercion)。在大多数情况下，表达式的上下文决定了所期望的或需要的类型。上下文会引起表达式值类型的强制转换。前面已讲述了整型和双精度类型之间、布尔类型与其他标量类型之间的强制转换。也有很多情况下需要在数值和字符串类型之间进行强制转换。出现在字符串上下文中的数值类型会被强制转换为字符串类型。同样，出现在数值上下文中的字符串类型会强制转换为数值类型。如果字符串中含有一个句点、e 或 E，则转换为双精度；否则转换为整数。如果字符串的第一个字符不是一个正负标志或数字，则转换失败，并返回零。字符串中数字后面的非数字字符会被忽略掉。

从双精度转换到整数，不进行四舍五入，直接将小数部分丢掉。

用三种不同方法来指定显式类型转换。第一种方法采用 C 的语法，表达式可以指定为某种类型。即在表达式前面的一对圆括号中指定需要转换的类型。例如，假设$sum 的值为 4.777，下面的语句将会产生整数 4：

```
(int)$sum
```

另一种方法是使用 intval、doubleval 或 strval 函数来指定显式类型转换。例如，假设$sum 的值为 4.777，下面的调用将返回整数 4：

```
intval($sum)
```

第三种指定显式类型转换的方法是使用 settype 函数，它带两个参数：一个变量和一个用来指定类型名的字符串。例如，假设$sum 的值为 4.777，下面的语句将会把$sum 的值转换为整数 4，并使它变为整型类型：

```
settype($sum, "integer");
```

要确定一个变量的类型有两种方法，第一种是使用 gettype 函数。gettype 函数用变量作参数，返回一个字符串值，该字符串值就是变量当前值的类型名。gettype 也有可能返回"unknown"值。另一种确定变量类型的方法是使用一个或多个类型判断函数，这些函数以变量名为参数并返回一个布尔值。判断整型类型的函数有 is_int、is_integer 以及 is_long；判断双精度的函数有 is _double、is_float 以及 is_real；判断布尔类型的函数是 is_bool；判断字符串类型的函数是 is_string[4]。

9.4.9 赋值运算符

PHP 拥有与它的前辈语言 C 相同的一套赋值运算符，包括复合赋值运算符，如+=和/=。

4　PHP 还包含了 is_array 函数来测试数组类型，以及 is_object 函数来测试对象类型。

9.5 输出

任何 PHP 脚本的输出都将成为 PHP 处理器所构建文档的一部分。因此，所有输出必须使用 HTML 或 XHTML 格式，可以包含嵌入的客户端脚本。

print 函数[5]用来创建简单的无格式输出。调用此函数时，其参数的两端可以带也可以不带括号。例如，下面的语句是合法的：

```
print "Some apples are red <br /> No kumquats are <br />";
```

虽然 print 期望参数为字符串，如果给出了其他类型的值，则 PHP 解释器会把它强制转换为字符串。例如，下面的语句将输出 47：

```
print(47);
```

因为双引号内字符串中出现的变量可以以内置值替换，所以很容易为输出添加标签。下面的这条 print 语句可以说明这一点：

```
print "The result is: $result <br />";
```

PHP 的 printf 函数是从 C 语言中借用过来的。当需要对显示的数据的格式进行完全控制时，就要用到该函数。调用 printf 的通用格式如下所示。

```
printf(literal_string, param1, param2, ...)
```

字符串字面量可以包含要显示其值的参数的标签信息，也包含这些值的格式码。格式码的格式是一个百分号(%)后接一个域宽和一个类型说明符。最常用的类型说明符有 s、d 和 f，其中 s 表示字符串类型，d 表示整型，f 表示浮点型和双精度型。对于整型，域宽是一个整型字面量，对于浮点型和双精度型，则域宽是用小数点分隔开的两个整型字面量。小数点右边的整型字面量指出小数点右边要显示的数字个数。下面的示例说明了如何指定格式信息：

%10s——包含 10 个字符的字符串域

%6d——包含 6 个数字的整数域

%5.2f—— 浮点或双精度域，共有 8 位，包括小数点右边的 2 个数字、小数点和小数点左边的 5 个数字。

printf 的第一个参数的格式码的位置指出其相关值在输出中应该出现在什么位置。例如，考虑如下代码：

```
$day = "Tuesday";
$high = 79;
printf("The high on %7s was %3d", $day, $high);
```

注意 printf 的参数两端要求使用括号。

---

5 PHP 还包含了 echo 函数，它与 print 函数类似。

下面这个简单的示例将显示一条欢迎消息，以及当天是星期几和几月几日：

```
<!DOCTYPE html>
<!-- today.php - A trivial example to illustrate a php document -->
<html lang = "en">
  <head>
    <title> today.php </title>
    <meta charset = "utf-8" />
  </head>
  <body>
    <p>
    <?php
      print "<b>Welcome to my home page <br /> <br />";
      print "Today is:</b> ";
      print date("l, F jS");
      print "<br />";
    ?>
    </p>
  </body>
</html>
```

日期信息由 date 函数生成，该函数的第一个参数是一个字符串，用来指明需要返回日期的哪些部分。在此示例中，l 要求返回星期几，F 要求返回月份，j 要求返回是哪日，紧接着 j 的 S 返回正确的日期后缀(例如，st 或 nd)。date 的详细用法参见 http://www.php.net。图 9-1 显示了 today.php 的输出。

Welcome to my home page

Today is: Saturday, June 1st

图 9-1　today.php 输出的显示结果

9.6 控制语句

PHP 的控制语句不需要特别学习——事实上，它们与 C 语言及其后继语言中的用法非常相似。PHP 的控制语句当中的控制表达式可以是任意类型。解释器会计算控制表达式的值，并且在选择和循环语句中，如果需要的话会把结果值强制转换为布尔值。

9.6.1 关系运算符

PHP 采用了 JavaScript 的 8 种关系运算符。常用的 6 种(>、<、>=、<=、!=和==)与平常的用法一样。另外还有===和!==，其中===运算符只有当操作数是同一种类型并且值相等时，结果才为 TRUE，!==与===相反。如果前 6 种关系运算符的操作数的类型不相同，将会把一种类型强制转换为另一种类型。如果对一个字符串和一个数值进行比较，并且该字符串可以转换为某个数值(也就是说它是数值形式的字符串，如"42")，那么该字符串就会

转换为数值并执行数值比较操作。如果该字符串不能转换成数值，就把数值操作数转换成字符串并执行字符串比较操作。如果两个操作数都是可以转换为数值的字符串，那么两者都会转换为数值并执行数值比较操作。有时候这并不是您想要的结果，为了避免这种情况以及类似的字符串与数值之间的转换问题，在需要比较其中一个操作数或两个操作数都可以转换为数值的字符串操作数时，可以使用 strcmp 函数来代替比较运算符。

9.6.2 布尔运算符

有 6 种布尔运算符：and、or、xor、!、&&以及||。and 和&&运算符执行相同的操作，or 和 || 也是一样。它们的不同之处是 and 和 or 的优先级要比&&和 || 低。所有 PHP 二进制布尔运算符都作为短路运算符进行求值。

9.6.3 选择语句

PHP 中的 if 语句与 C 中的一样。控制表达式可以是一个任意类型的表达式，但它的值会强制转换为布尔值。被控制的语句段可以是单一语句也可以是复合语句。一个 if 语句可以包含任意数量的 elseif 子句。下面是 if 结构的一个简单示例：

```
if ($num > 0)
  $pos_count++;
elseif ($num < 0)
  $neg_count++;
else {
  $zero_count++;
  Print "Another zero! <b />";
}
```

switch 语句与 JavaScript 中的 switch 语句采用相同的形式和语义。控制表达式和 case 表达式的类型可以是整型、双精度或字符串。如有必要，case 表达式的值可以强制转换成控制表达式的类型以便进行比较。switch 语句中可以包含 default 项。与 C 和 Java 等前辈语言相同，如果控制不应进入后面的语句，则每个选择项中必须包括一条 break 语句。下面是 switch 结构的简单示例：

```
switch ($bordersize) {
  case "0": print "<table>";
            break;
  case "1": print "<table border = '1'>";
            break;
  case "4": print "<table border = '4'>";
            break;
  case "8": print "<table border = '8'>";
            break;
  default: print "Error-invalid value: $bordersize <br />";
}
```

9.6.4　循环语句

PHP 中的 while、for 和 do-while 语句与 JavaScript 中的用法完全相同。PHP 还包含一个 foreach 语句，该语句将在 9.7.4 一节中讲到。下面这个简单的示例用来计算$n 的阶乘：

```
$fact = 1;
$count = 1;
while ($count < $n) {
  $count++;
  $fact *= $count;
}
```

下面这个示例则计算小于等于 100 的正整数之和。

```
$count = 1;
$sum = 0;
do {
  $sum += $count;
  $count++;
} while ($count <= 100);
```

下面这个示例用来计算$n 的阶乘：

```
for ($count = 1, $fact = 1; $count < $n;) {
  $count++;
  $fact *= $count;
}
```

break 语句可用来终止 for、foreach、while 或 do-while 结构的执行。continue 语句用在循环结构中来跳过当前迭代的剩余部分，但还需回到循环条件判断是否执行下一次循环。

9.6.5　示例

下面的这个示例展示了 HTML/PHP 文档的格式，从中可以看到一些简单的数学函数的用法，以及 HTML 和 PHP 是如何混合使用的。sqrt 函数返回参数的平方根，pow 函数执行指数运算(第一个参数为基数，第二个参数为幂)。下面给出该文档：

```
<!DOCTYPE html>
<!-- powers.php
     An example to illustrate loops and arithmetic
     -->
<html lang = "en">
  <head>
    <title> powers.php </title>
    <meta charset = "utf-8" />
    <style type = "text/css">
      td, th, table {border: thin solid black;}
      tr {text-align: center;}
    </style>
  </head>
```

```
    <body>
      <table>
        <caption> Powers table </caption>
        <tr>
          <th> Number </th>
          <th> Square Root </th>
          <th> Square </th>
          <th> Cube </th>
          <th> Quad </th>
        </tr>
        <?php
          for ($number = 1; $number <=10; $number++) {
            $root = sqrt($number);
            $square = pow($number, 2);
            $cube = pow($number, 3);
            $quad = pow($number, 4);
            print("<tr> <td> $number </td>");
            print("<td> $root </td> <td> $square </td>");
            print("<td> $cube </td> <td> $quad </td> </tr>");
          }
        ?>
      </table>
    </body>
</html>
```

图 9-2 展示了 powers.php 的输出。

Powers table

Number	Square Root	Square	Cube	Quad
1	1	1	1	1
2	1.4142135623731	4	8	16
3	1.7320508075689	9	27	81
4	2	16	64	256
5	2.2360679774998	25	125	625
6	2.4494897427832	36	216	1296
7	2.6457513110646	49	343	2401
8	2.8284271247462	64	512	4096
9	3	81	729	6561
10	3.1622776601684	100	1000	10000

图 9-2　powers.php 的输出结果

9.7　数组

PHP 中的数组不同于其他常见编程语言中的数组，它们可以看成是典型编程语言的数组和其他如 Ruby 和 Python 等语言的关联数组或散列的结合，这使得它们是极为灵活的内置(built-in)数据结构。每个数组元素由键和值这两部分组成。如果数组的逻辑结构像典型编程语言的数组一样，那么键为非负整数，并且是递增的顺序。如果数组的逻辑结构类似于散列，那么键为字符串，而且其元素的顺序由系统设计的一个散列函数来确定。PHP 数组的字符串键有时是人名，有时是星期几。它们始终是表示某种含义的字符串集。有趣的是，PHP 数组可以让一部分元素的键是整数，另一部分元素的键是字符串。

9.7.1 创建数组

在 PHP 中，可以采用两种方法创建数组。赋值操作可以创建标量变量，同样也可以创建数组。给一个原本不是数组的下标变量赋值，就可以创建一个数组。例如，假设当前尚不存在名为$list 的数组，下面的语句就可以创建该数组：

```
$list[0] = 17 ;
```

即使在赋值前脚本中已经有名为$list 的标量变量，现在$list 也会变成一个数组。如果在赋值语句中，数组方括号中的下标内容是空的，那么会提供一个隐式的数字下标值，计算的规则是：如果数组已经包含具有数字键的元素，那么隐式的下标值为目前数组中最大的数字键再加上 1；如果数组目前还没有包含具有数字键的元素，那么隐含的下标值为 0。例如，在下面的语句中，第二个元素的键将为 2：

```
$list[1] = "Today is my birthday!";
$list[] = 42;
```

这个示例还说明了一个数组中的元素可以是不同类型的数据。

第二种创建数组的方法是使用 array 结构。之所以叫它结构是因为：虽然使用它的语法与调用一个函数的语法相同，但它并不是函数。array 的参数指定需要放置在新数组中的值，有时还包括键。如果是传统的数组，只需指定值(PHP 解释器会自动提供整数键)。例如：

```
$list = array(17, 24, 45, 91);
```

该赋值语句创建了一个包含四个元素的传统数组，对应的键为 0、1、2、3。如果想要不同的键，可以像下面这样在数组结构中指定：

```
$list = array(1 => 17, 2 => 24, 3 => 42, 4 => 91);
```

一个括号内容为空的数组结构创建一个空数组。例如，在下面的语句中，$list 会变成一个数组内容为空的变量。

```
$list = array();
```

下面的语句创建了一个像散列一样的数组：

```
$ages = array("Joe" => 42, "Mary" => 41, "Bif" => 17);
```

有些内建函数的返回值是数组。例如，一些访问数据库的函数会返回数组。

PHP 数组未必是纯传统数组形式或纯散列形式；它们可以混杂在一起。例如，允许有下面的语句：

```
$stuff = array("make" => "Cessna", "model" => "C210",
               "year" => 1960, 3 => "sold");
```

9.7.2 访问数组元素

就像其他编程语言一样，可以使用下标来访问单个数组元素。下标放在方括号中，它是被引用的元素值的键。无论键是数字还是字符串，都用方括号。例如，$ages 数组中键为 Mary 的元素的值可以用下面的语句设置为 29：

```
$ages['Mary'] = 29;
```

可使用 list 结构在一个语句中把一个数组的多个元素赋值给多个标量变量。例如：

```
$trees = array("oak", "pine", "binary");
list($hardwood, $softwood, $data_structure) = $trees;
```

$hardwood、$softwood 和 $data_structure 分别被设为"oak"、"pine"和"binary"。

9.7.3 数组处理函数

unset 可以删除整个数组，就像删除一个标量变量一样，也可以使用 unset 删除一个数组的单个元素，如下所示：

```
$list = array(2, 4, 6, 8);
unset($list[2]);
```

执行上面的语句后，现在$list 剩下三个元素，对应的键为 0、1、3，元素值为 2、4、8。

一个数组键的集合和数组值的集合可以通过内置函数来提取。array_keys 函数以一个数组作为参数，并返回一个以所给的数组的键为元素的数组。返回的数组使用 0、1 和依次类推的整数作为它的键。array_values 函数用于提取数组的值的集合，方法和 array_keys 一样。例如：

```
$highs = array("Mon" => 74, "Tue" => 70, "Wed" => 67,
               "Thu" => 62, "Fri" => 65);
$days = array_keys($highs);
$temps = array_values($highs);
```

现在$days 的值为("Mon", "Tue", "Wed", "Thu", "Fri")，$temps 的值为(74, 70, 67, 62, 65)。两者的键都为(0, 1, 2, 3, 4)。

可以使用 array_key_exists 函数来确定是否存在某一特定键的元素，它返回一个布尔值。例如，考虑如下代码：

```
$highs = array("Mon" => 74, "Tue" => 70, "Wed" => 67,
               "Thu" => 62, "Fri" => 65);
if (array_key_exists("Tue", $highs)) {
  $tues_high = $highs["Tue"];
```

```
  print "The high on Tuesday was $tues_high <br />";
} else
  print
   "There is data for Tuesday in the \$highs array <br />";
```

注意 PHP 并不会用内插值替换双引号字符串中的数组元素，这就是上面的 if 结构中包含赋值语句的原因。在双引号字符串中插入数组名会导致将 Array 这个词插入到字符串中(替代了数组名)。

is_array 函数类似于 is_int 函数：用一个变量做参数，如果变量是一个数组，就返回 TRUE，否则返回 FALSE。in_array 函数有两个参数——一个表达式和一个数组，如果表达式的值包含在数组中，就返回 TRUE，否则返回 FALSE。

可以用 sizeof 函数来确定数组元素的个数。例如，如下语句经过解释后，$len 变量的值是 4：

```
$list = array("Bob", "Fred", "Alan", "Bozo");
$len = sizeof($list);
```

在字符串和数组之间进行转换可以带来很多方便。可以通过 implode 和 explode 函数完成这些转换。explode 函数可以把一个字符串分成多个子字符串，并作为一个数组返回。由 explode 的第一个参数决定子字符串的分隔符，该参数是一个字符串；第二个参数是被转换的字符串。例如，考虑下面的这段代码：

```
$str = "April in Paris, Texas is nice";
$words = explode(" ", $str);
```

现在$words 包含了("April", "in", "Paris", "Texas", "is", "nice")。

implode 函数与 explode 函数的功能相反。对给定的数组，可以把数组的元素用参数给出的分隔符(或字符串)连起来，结果作为一个字符串返回。例如：

```
$words = array("Are", "you", "lonesome", "tonight");
$str = implode(" ", $words);
```

现在$str 的值为"Are you lonesome tonight"(一个很耐人寻味的问题)。

在 PHP 内部，数组的元素被存储在以链表组织的单元里，每个单元存储了元素的键和值。存储在存储器中的单元位置通过键的散列函数来确定，所以它们的位置是随机分布在一个保留的存储块中。使用字符串键访问元素需要通过散列函数完成。但是，元素都含有链表指针，这些链表指针把它们按照创建顺序连接起来，使得在键为字符串时可以按照该顺序来访问它们，如果键为数值，则按照键的数值顺序来访问。9.7.4 节讲述如何按顺序访问数组元素。

图 9-3 展示了一个数组的内部逻辑结构。虽然数组未必完全按该图来实现，但它演示了 PHP 支持的两种不同的访问途径。

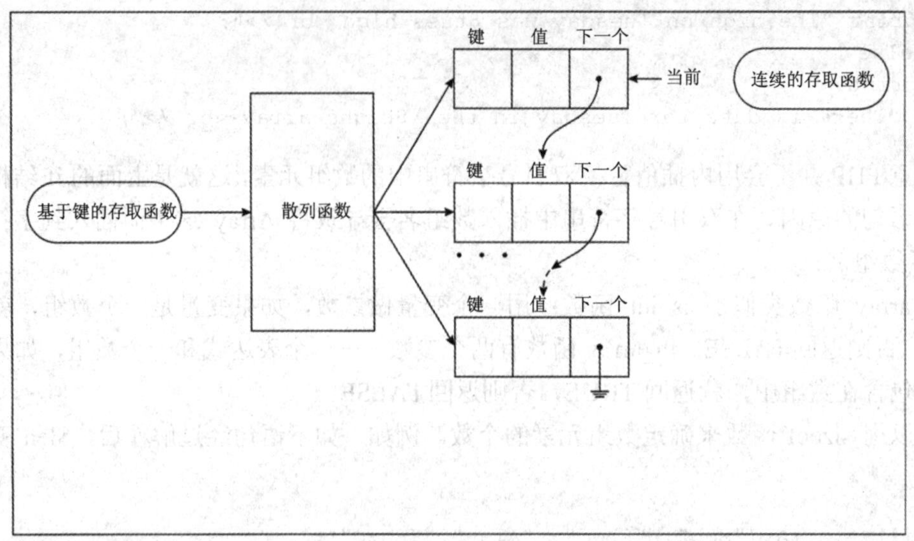

图 9-3 数组的内部逻辑结构

9.7.4 数组元素的按序访问

在 PHP 中，可以通过几种不同的方法按照顺序依次访问数组元素。每个数组都有一个内部指针，可以用来引用数组的某个元素，称为当前指针。刚创建数组时，该指针指向数组的第一个元素。可以通过 current 函数来获取当前指针指向的元素。如下面的这段代码：

```
$cities = array("Hoboken", "Chicago", "Moab", "Atlantis");
$city = current($cities);
print("The first city is $city <br />");
```

解释这段代码后，得到的输出结果为：

```
The first city is Hoboken
```

可通过 next 函数来移动当前指针，该函数把当前指针移到下一个数组元素并返回该元素的值。如果当前指针已经指向数组的最后一个元素，则 next 函数返回 FALSE。例如，如果当前指针指向$cities 数组的第一个元素，下面这段代码会将数组的所有元素按序输出。

```
$city = current($cities);
print("$city <br />");
while ($city = next($cities))
  print("$city <br />");
```

上面这段代码在循环控制中使用了 next 函数，这里面存在一个问题，当数组的某个元素的值为 FALSE 时，会导致当前指针还没有遍历整个数组而循环却提前终止。each 函数可以避免这个问题，它可以返回一个双元素数组，包含的两个元素为当前指针指向的元素的键和值。只有在当前指针到达数组最后一个元素时，该函数才返回 FALSE。each 函数返回的双元素数组的键为字符串"key"和"value"。each 和 next 函数还有一个区别：each 函数先返回当前指针指向的元素，然后再移动当前指针；next 函数首先移动当前指针，然后再返回当前指针指向的元素值。下面是一个使用 each 函数的示例：

```
$salaries = array("Mike" => 42500, "Jerry" => 51250,
                  "Fred" => 37920);
while ($employee = each($salaries)) {
  $name = $employee["key"];
  $salary = $employee["value"];
  print("The salary of $name is $salary <br />");
}
```

这段代码的输出结果为：

```
The salary of Mike is 42500
The salary of Jerry is 51250
The salary of Fred is 37920
```

可使用 prev 函数把当前指针移至上一个元素(也就是说，移至当前元素前面的那一个元素)。与 next 函数一样，prev 函数先移动当前指针，然后再返回当前指针指向的元素的值。当前指针可以通过 reset 函数设置指向第一个元素，并返回第一个元素的值；也可以通过 end 函数设置指向数组的最后一个元素，并返回最后一个元素的值。

key 函数会根据给出的数组名，返回数组当前元素的键。

通过 array_push 和 array_pop 函数可以方便地在数组上实现堆栈。array_push 函数用数组作为第一个参数，之后可以跟任意数量的附加参数，它的功能是将所有后续参数的值添加到数组的尾部。array_push 函数的返回值为数组更新后的元素个数。array_pop 函数只有一个参数，即数组名称。它的功能是删除数组的最后一个元素，并返回该元素。如果返回值为 NULL，则表明该数组为空。

foreach 语句用于构建循环以便逐个处理数组中的所有元素。该语句有两种形式：

```
foreach (array as scalar_variable) loop body
foreach (array as key => value) loop body
```

在第一种形式中，循环体中的每一次迭代都把数组的一个值赋给指定的标量变量。在第一次迭代之前，会隐式地初始化当前指针(就像 reset 一样)。例如：

```
foreach ($list as $temp)
  print("$temp <br />");
```

解释这段代码时，将输出$list 中所有元素的值。

第二种形式提供了每个数组元素的键和值。例如：

```
$lows = array("Mon" => 23, "Tue" => 18, "Wed" => 27);
foreach ($lows as $day => $temp)
  print("The low temperature on $day was $temp <br />");
```

9.7.5　数组排序

sort 函数以一个数组作为参数，对数组中的值进行排序，并用数字键 0、1、2…替换原来的键。数组可以同时包含字符串值和数值。字符串值排在数值的前面，并且字符串值按字母顺序排列，数值按升序排列。不考虑原数组的键类型，排序后一律按照 0、1、2 依次下去的顺序来分配键。该函数显然是用来排序传统的数组(只包含字符串元素或只包含数值元素)。虽然用它来排序既含字符串元素又含数值的数组也不会出错，但这种情况很少遇到。

asort 函数用于给对应于散列的数组排序。它根据值来给数组中的元素排序，并保持原来的键/值对应关系。与 sort 一样，字符串值一律按字母顺序排在数值的前面。数值按升序排列。

ksort 函数根据键(而不是值)对给定的数组排序。在排序过程中保持键/值对应关系不变。

rsort、arsort、krsort 函数与 sort、asort、ksort 函数一一对应，每一对函数用法相似，只是排列的顺序相反而已。

下面列举 sort、asort、ksort 函数的示例。

```
<!DOCTYPE html>
<!-- sorting.php - An example to illustrate several of the
     sorting functions -->
<html lang = "en">
  <head>
    <title> Sorting </title>
    <meta charset = "utf-8" />
  </head>
  <body>
    <?php
      $original = array("Fred" => 31, "Al" => 27,
                        "Gandalf" => "wizard",
                        "Betty" => 42, "Frodo" => "hobbit");
    ?>
    <h4> Original Array </h4>
    <?php
      foreach ($original as $key => $value)
        print("[$key] => $value <br />");

      $new = $original;
      sort($new);
    ?>
    <h4> Array sorted with sort </h4>
    <?php
      foreach ($new as $key => $value)
        print("[$key] = $value <br />");

      $new = $original;
      asort($new);
    ?>
    <h4> Array sorted with asort </h4>
    <?php
      foreach ($new as $key => $value)
        print("[$key] = $value <br />");
```

```
      $new = $original;
      ksort($new);
    ?>
    <h4> Array sorted with ksort </h4>
    <?php
      foreach ($new as $key => $value)
        print("[$key] = $value <br />");
    ?>
  </body>
</html>
```

图 9-4 展示了 sorting.php 的输出结果。

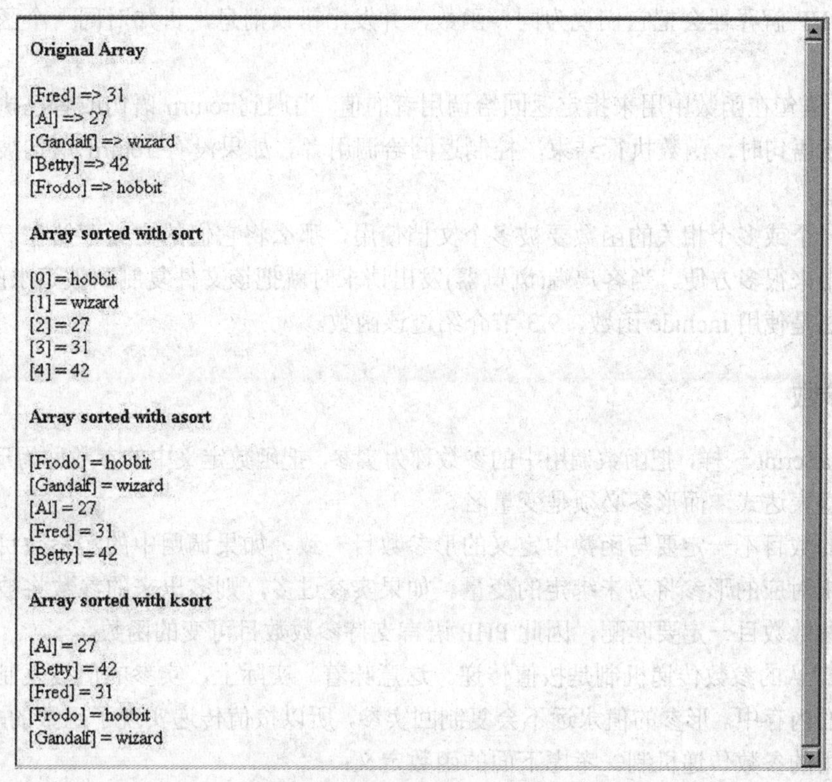
Original Array

[Fred] => 31
[Al] => 27
[Gandalf] => wizard
[Betty] => 42
[Frodo] => hobbit

Array sorted with sort

[0] = hobbit
[1] = wizard
[2] = 27
[3] = 31
[4] = 42

Array sorted with asort

[Frodo] = hobbit
[Gandalf] = wizard
[Al] = 27
[Fred] = 31
[Betty] = 42

Array sorted with ksort

[Al] = 27
[Betty] = 42
[Fred] = 31
[Frodo] = hobbit
[Gandalf] = wizard

图 9-4　sorting.php 的输出结果

前面介绍了几个最常用的处理数组的内建函数。PHP 有 57 个这样的函数，这里就不一一介绍了。

9.8　函数

基于 C 的编程语言通常都支持用户自定义函数，PHP 也同样支持。

9.8.1　函数的基本特征

定义一个 PHP 函数的基本格式如下：

```
function name ([parameters]) {
  ...
}
```

参数两旁的方括号是指它们是可选的。由于在一个文档中，函数的定义不一定要在调用该函数的语句之前，因此严格来讲函数定义在文档中的位置与函数调用是无关的。如果在脚本中某个函数被再次定义，则会报错，因为函数重载是不允许的，也不能重定义。与 JavaScript 类似，在 PHP 中也可嵌套函数定义。但由于函数嵌套定义会给使用它们的脚本带来额外的复杂性，且我们不觉得它有什么好处，因此本章就不进行讨论了。

注意函数名是不区分大小写的，所以不可以定义了名为 sum 的函数后又定义名为 Sum 的函数。PHP 解释器会把它们视为同一函数，并发出错误消息，告知对同一个函数进行了两次定义。

return 语句在函数中用来指定返回给调用者的值。当遇到 return 语句或者已执行完函数的最后一条语句时，函数执行结束，控制返回给调用者。如果没有 return 语句被执行，则没有返回值。

如果一个或多个相关的函数要被多个文档使用，那么将它们的定义存储在一个单独的文件中会带来很多方便。当客户端(浏览器)发出请求时就把该文件复制到被请求的文档中。实现的方法是使用 include 函数，9.3 节介绍过该函数。

9.8.2 参数

与 JavaScript 一样，把函数调用中的参数称为实参，把函数定义中的参数称为形参。实参可以是任意表达式，而形参必须是变量名。

实参的数目不一定要与函数中定义的形参数目一致。如果调用中的实参数目少于形参数目，则未对应的形参将为未绑定的变量。如果实参过多，则多出来的参数将被忽略。由于不要求参数数目一定要匹配，因此 PHP 语言支持参数数目可变的函数。

PHP 默认的参数传递机制是按值传递。这意味着，实际上，实参的值被复制到对应形参相关联的内存中。形参的值永远不会复制回实参，所以按值传递实现了函数的单向通信。这是最常用的参数传递机制。考虑下面的函数定义：

```
function max_abs($first, $second) {
  $first = abs($first);
  $second = abs($second);
  if ($first >= $second)
    return $first;
  else
    return $second;
}
```

此函数返回两个给定数中绝对值大的那个数。虽然两个形参都可能会发生变化，但调用者中的实参是不会发生变化的，因为它们是按值传递的。

有时需要参数能够在调用者和函数之间实现双向通信——例如，一个函数可以返回多个值。实现双向通信的常见方式是传递实参的地址给函数，而不是传递值。这样做之后，当形参的值在函数执行过程中发生变化时，相应的实参也发生变化。这样的参数传递方式称为按引用传递。

在 PHP 中，按引用传递参数有两种实现方式。一种方式是向按引用传递的形参名称前面加一个与符号(&)。当然，按引用传递只有在实参是变量的情况下才有意义。另一种方式是在函数调用的实参前面加一个与符号。这两种方式的语义是一样的。来看下面这个示例：

```
function set_max(&$;max, $first, $second) {
  If ($first >= $second)
    $max = $first;
  else
    $max = $second;
}
```

在此示例中，调用者中的第一个实参将设置为第二个和第三个参数中的较大者。

9.8.3 变量的作用域

函数中定义的变量的默认作用域是局部作用域。如果函数定义的一个变量与在该函数外部使用的一个变量同名，则它们之间不会发生冲突。非局部变量会被同名的局部变量隐藏。一个局部变量只在使用它的函数范围内有效。例如，考虑下面这个示例：

```
function summer($list) {
  $sum = 0;
  foreach ($list as $value)
    $sum += $value;
  return $sum;
}
$sum = 10;
$nums = array(2, 4, 6, 8);
$ans = summer($nums);
print "The sum of the values in \$nums is: $ans <br />";
print "The value of \$sum is still: $sum <br />";
```

这段代码的输出结果为：

```
The sum of the values in $nums is: 20
The value of $sum is still: 10
```

输出结果显示调用代码部分的变量$sum 的值不受函数中的局部变量$sum 的影响。把函数的变量设计成为局部变量的目的很简单：一个函数按相同的过程执行，而不必考虑使用环境。更进一步，当程序员在设计函数的时候需要命名一个变量时，不必担心变量名会与函数外部的某个变量冲突。

有些情况下，如果一个函数中的代码能够访问在该函数外部定义的变量，会带来很多方便。对于这种情况，PHP 包含了 global 声明，即全局变量声明。当在函数中声明一个变量为全局变量时，表明该变量在函数外部定义。所以全局变量在函数的内部和外部是同一个变量，具有相同的意义。例如，来看下面这段代码：

```
$big_sum = 0;
...
/* Function summer
   Parameter: An array of integers
   Returns: The sum of the elements of the parameter
            array
   Side effect: Add the computed sum to the global,
                $big_sum
*/
function summer ($list) {
  global $big_sum; //** Get access to $big_sum
  $sum = 0;
  foreach ($list as $value)
    $sum += $value;
  $big_sum += $sum;
  return $sum;
} //** end of summer
...
$ans1 = summer($list1);
$ans2 = summer($list2);
...
print "The sum of all array elements is: $big_sum <br />";
```

如果函数中没有全局声明，则该脚本会有两个名为$big_sum 的变量，一个是全局变量，一个是在函数范围内有效的局部变量。如果不进行声明，该脚本就不能完成预期的功能，因为全局变量$big_sum 在函数内将被隐藏。

9.8.4 变量的生命周期

有些情况下，一个函数应该记住其历史状态——也就是说，当前的执行依赖于以前的执行情况。PHP 函数中局部变量默认的生命期是从第一次使用(也就是分配内存给它)到该函数执行结束。要使函数记住历史状态，必须使用静态局部变量。一个静态局部变量的生命期是从变量在函数第一次执行中被使用开始，到整个脚本结束时结束。对于 PHP，结束时间是当浏览器离开内嵌 PHP 脚本的文档时。

在 PHP 中，函数中的局部变量可以通过 static 保留字来声明它是静态的。在声明中可以包含一个初始值，该值只在第一次遇到该声明语句时被赋给变量。例如，来看下面这个函数：

```
function do_it ($param) {
  static $count = 0;
  count++;
  print "do_it has now been called $count times <br />";
  ...
}
```

该函数显示了它被调用的次数，即使是在不同的地方被调用也能显示出来。这是通过声明静态局部变量$count 来实现的。

9.9　模式匹配

与 JavaScript 一样，PHP 有两种使用正则表达式进行字符串模式匹配的类型：一种基于 POSIX 正则表达式，一种基于 Perl 正则表达式。POSIX 正则表达式编译成 PHP，而 Perl 兼容的正则表达式(Perl-Compatible Regular Expression，PCRE)库必须在使用 Perl 正则表达式之前编译好。本章并不会讨论有关 PHP 模式匹配的详细内容。另外，Perl 风格的正则表达式在 4.12.1 节到 4.12.3 节中讲到了。本节仅简要介绍一个用于模式匹配的 PHP 函数。

preg_match[6] 函数有两个参数，第一个参数是一个字符串形式的 Perl 风格正则表达式。第二个参数是要搜索的字符串。例如：

```
if (preg_match("/^PHP/", $str))
  print "\$str begins with PHP <br />";
else
  print "\$str does not begin with PHP <br />";
```

preg_split 函数的操作对象是字符串，但它返回一个数组并且使用模式匹配，所以它在这里讲述而不是作为其他字符串函数在 9.4.7 节讲述。preg_split 带有两个参数，第一个参数是一个字符串形式的 Perl 风格模式。第二个参数是要被分割的字符串。例如，分析下面这段示例代码：

```
$fruit_string = "apple : orange : banana";
$fruits = preg_split("/ : /", $fruit_string);
```

$fruits 数组现在的值为("apple", "orange", "banana") 。

下面的这个示例示范了使用 preg_split 对一个文本进行单词解析，并列出了每个单词的出现频率。

```
<!DOCTYPE html>
<!-- word_table.php
     Uses a function to split a given string of text into
     its constituent words. It also determines the frequency of
     occurrence of each word. The words are separated by
     white space or punctuation, possibly followed by white space.
     The punctuation can be a period, a comma, a semicolon, a
     colon, an exclamation point, or a question mark.
     -->

<html lang = "en">
  <head>
```

6　该函数名的第一部分 preg 是 Perl regular 的缩写形式，指出了所用的正则表达式类型。

```
    <title> word_table.php </title>
    <meta charset = "utf-8" />
  </head>
  <body>
  <?php

// Function splitter
//   Parameter: a string of text containing words and punctuation
//   Returns: an array in which the unique words of the string are
//            the keys and their frequencies are the values.
function splitter($str) {

// Create the empty word frequency array
  $freq = array();

// Split the parameter string into words
  $words = preg_split("/[ \.,;:!\?]\s*/", $str);

// Loop to count the words (either increment or initialize to 1)
  foreach ($words as $word) {
    $keys = array_keys($freq);
    if(in_array($word, $keys))
     $freq[$word]++;
    else
      $freq[$word] = 1;
  }
  return $freq;
} #** End of splitter

// Main test driver
  $str = "apples are good for you, or don't you like apples?
          or maybe you like oranges better than apples";

// Call splitter
  $tbl = splitter($str);

// Display the words and their frequencies
  print "<br /> Word Frequency <br /><br />";
  $sorted_keys = array_keys($tbl);
  sort($sorted_keys);
  foreach ($sorted_keys as $word)
    print "$word $tbl[$word] <br />";
  ?>
  </body>
</html>
```

这段脚本的输出结果为：

```
Word Frequency
apples 3
are 1
better 1
don't 1
for 1
good 1
like 2
maybe 1
or 2
oranges 1
than 1
you 3
```

9.10 表单处理

浏览器用户与 Web 服务器经常通过表单进行交互。呈现表单给用户，要求用户填写文本框和单击表单的按钮。用户通过单击 Submit(提交)按钮将表单提交给服务器。编码表单的内容并传送到服务器。服务器必须使用一个程序解码传送的表单内容，对表单数据执行必要的计算，然后生成标记文档输出并返回给客户端。当使用 PHP 处理表单数据时，它也会隐式对表单数据进行解码。

也许看起来很奇怪，当使用 PHP 处理表单时，PHP 脚本是内嵌在一个 HTML 文档中的，这与 PHP 的其他用法一样。虽然可在同一个定义了表单的 HTML 文档中内嵌一段 PHP 脚本来处理表单数据，但使用两个分离的文档会使得程序更加清晰。对于后一种方法，定义了表单的文档可使用<form>标签的 action 特性来指定处理表单数据的文档。

可以通过配置 PHP，使表单数据值直接保存到隐含变量中，隐含变量的名称与相应表单元素的名称相对应。但许多 Web 服务器(通过 PHP 的配置选项)不允许采用这种隐性访问方式，因为这会引发安全性问题。建议使用隐含的数组$_POST 和$_GET 来存储表单值。这些数组的键与表单元素名称匹配，值和客户输入的值匹配。例如，如果一个表单有一个名为 phone 的文本框，并且表单传递方法是 POST，那么在 PHP 脚本中可以通过下面的形式来得到该元素的值：

```
$_POST["phone"]
```

下面是一个 HTML 文档，描述了一个爆米花销售表单。

```
<!DOCTYPE html>
<!-- popcorn3.html - This describes the popcorn sales form -->
<html lang = "en">
  <head>
    <title> Popcorn Sales - for PHP handling </title>
    <meta charset = "utf-8" />
    <style type = "text/css">
    td, th, table {border: thin solid black;}
```

```
  </style>
</head>
<body>
  <form action = "http://localhost/popcorn3.php"
        method = "post">
    <h2> Welcome to Millennium Gymnastics Booster Club Popcorn
         Sales </h2>
      <table>

<!-- Text widgets for the customer's name and address -->
       <tr>
         <td> Buyer's Name: </td>
         <td> <input type = "text" name = "name"
                     size = "30" /></td>
       </tr>
       <tr>
         <td> Street Address: </td>
         <td> <input type = "text" name = "street"
                     size = "30" /></td>
       </tr>
       <tr>
         <td> City, State, Zip: </td>
         <td> <input type = "text" name = "city"
                     size = "30" /></td>
       </tr>
      </table>
      <p />
      <table>

<!-- First, the column headings -->
       <tr>
         <th> Product </th>
         <th> Price </th>
         <th> Quantity </th>
       </tr>

<!-- Now, the table data entries -->
       <tr>
         <td> Unpopped Popcorn (1 lb.) </td>
         <td> $3.00 </td>
         <td>
           <input type = "text" name = "unpop"
                  size = "3" /></td>
       </tr>
       <tr>
         <td> Caramel Popcorn (2 lb. canister) </td>
```

```
          <td> $3.50 </td>
          <td>
            <input type = "text" name = "caramel"
                   size = "3" /> </td>
        </tr>
        <tr>
          <td> Caramel Nut Popcorn (2 lb. canister) </td>
          <td> $4.50 </td>
          <td>
            <input type = "text" name = "caramelnut"
                   size = "3" /> </td>
        </tr>
        <tr>
          <td> Toffey Nut Popcorn (2 lb. canister) </td>
          <td> $5.00 </td>
          <td>
            <input type = "text" name = "toffeynut"
                   size = "3" /> </td>
        </tr>
      </table>
      <p />

  <!-- The radio buttons for the payment method -->
      <h3> Payment Method </h3>
      <p>
        <input type = "radio" name = "payment" value = "visa"
            checked = "checked" />
         Visa <br />
        <input type = "radio" name = "payment" value = "mc" />
         Master Card <br />
        <input type = "radio" name = "payment"
             value = "discover" />
         Discover <br />
        <input type = "radio" name = "payment" value = "check" />
         Check <br /> <br />

  <!-- The submit and reset buttons -->
        <input type = "submit" value = "Submit Order" />
        <input type = "reset" value = "Clear Order Form" />
      </p>
    </form>
  </body>
</html>
```

图 9-5 是填写 popcorn3.html 之后的显示结果。

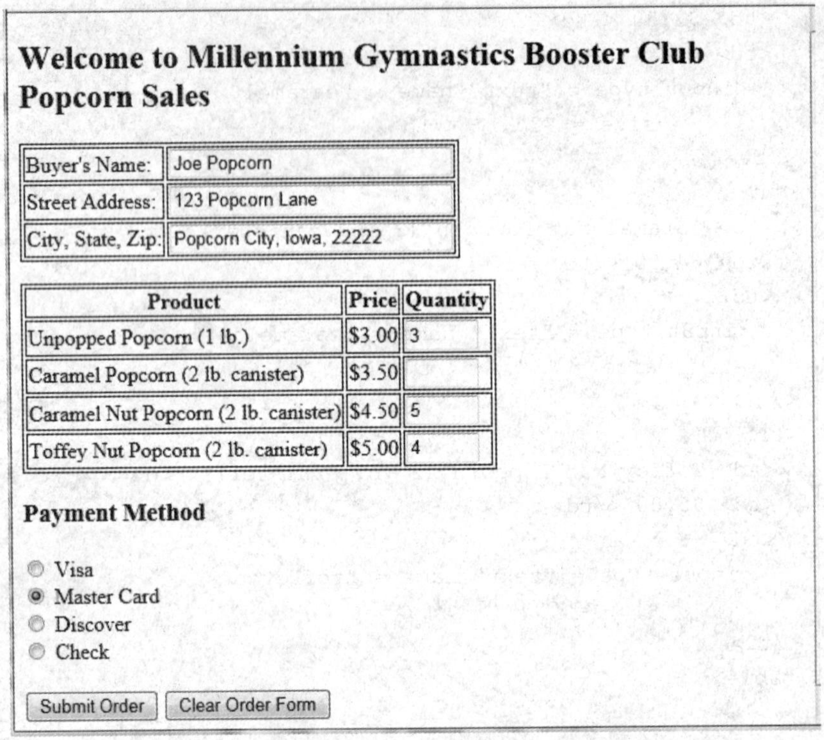

图 9-5 popcorn3.html 的显示结果

以下是用于处理来自 popcorn3.html 表单数据的 PHP 脚本。该脚本使用表单数据来计算每项产品的金额、订单的总金额以及订单商品的总数量。产品名称、单价、订购数量以及每种产品的总金额列在一个表中展示给顾客。通过交替使用 HTML 标记和 PHP 脚本来定义该表。使用 HTML 描述表的结构，但一些数据单元的内容使用 PHP 来定义。下面给出该文档：

```
<!DOCTYPE html>
<!-- popcorn3.php - Processes the form described in
     popcorn3.html
   -->
<html lang = "en">
  <head>
    <title> Process the popcorn3.html form </title>
    <meta charset = "utf-8" />
    <style type = "text/css">
      td, th, table {border: thin solid black;}
    </style>

  </head>

  <body>
    <?php

// Get form data values
```

```
        $unpop = $_POST["unpop"];
        $caramel = $_POST["caramel"];
        $caramelnut = $_POST["caramelnut"];
        $toffeynut = $_POST["toffeynut"];
        $name = $_POST["name"];
        $street = $_POST["street"];
        $city = $_POST["city"];
        $payment = $_POST["payment"];

// If any of the quantities are blank, set them to zero
        if ($unpop == "") $unpop = 0;
        if ($caramel == "") $caramel = 0;
        if ($caramelnut == "") $caramelnut = 0;
        if ($toffeynut == "") $toffeynut = 0;

// Compute the item costs and total cost
        $unpop_cost = 3.0 * $unpop;
        $caramel_cost = 3.5 * $caramel;
        $caramelnut_cost = 4.5 * $caramelnut;
        $toffeynut_cost = 5.0 * $toffeynut;
        $total_price = $unpop_cost + $caramel_cost +
                       $caramelnut_cost + $toffeynut_cost;
        $total_items = $unpop + $caramel + $caramelnut + $toffeynut;

// Return the results to the browser in a table
    ?>
    <h4> Customer: </h4>
    <?php
      print ("$name <br /> $street <br /> $city <br />");
    ?>
    <p /> <p />
    <table>
      <caption> Order Information </caption>
      <tr>
        <th> Product </th>
        <th> Unit Price </th>
        <th> Quantity Ordered </th>
        <th> Item Cost </th>
      </tr>
      <tr>
        <td> Unpopped Popcorn </td>
        <td> $3.00 </td>
        <td> <?php print ("$unpop"); ?> </td>
        <td> <?php printf ("$ %4.2f", $unpop_cost); ?>
        </td>
      </tr>
      <tr>
        <td> Caramel Popcorn </td>
        <td> $3.50 </td>
        <td> <?php print ("$caramel"); ?> </td>
```

```
        <td> <?php printf ("$ %4.2f", $caramel_cost); ?>
        </td>
        </tr>
      <tr>
        <td> Caramel Nut Popcorn </td>
        <td> $4.50 </td>
        <td> <?php print ("$caramelnut"); ?> </td>
        <td> <?php printf ("$ %4.2f", $caramelnut_cost); ?>
        </td>
      </tr>
      <tr>
        <td> Toffey Nut Popcorn </td>
        <td> $5.00 </td>
        <td> <?php print ("$toffeynut"); ?> </td>
        <td> <?php printf ("$ %4.2f", $toffeynut_cost); ?>
        </td>
      </tr>
    </table>
    <p /> <p />

    <?php
        print "You ordered $total_items popcorn items <br />";
        printf ("Your total bill is: $ %5.2f <br />", $total_price);
        print "Your chosen method of payment is: $payment <br />";
    ?>
  </body>
</html>
```

注意 printf 函数用于显示货币的数值形式，显示结果中小数点的右边刚好是两位数字。图 9-6 显示了 popcorn3.php 的输出结果。

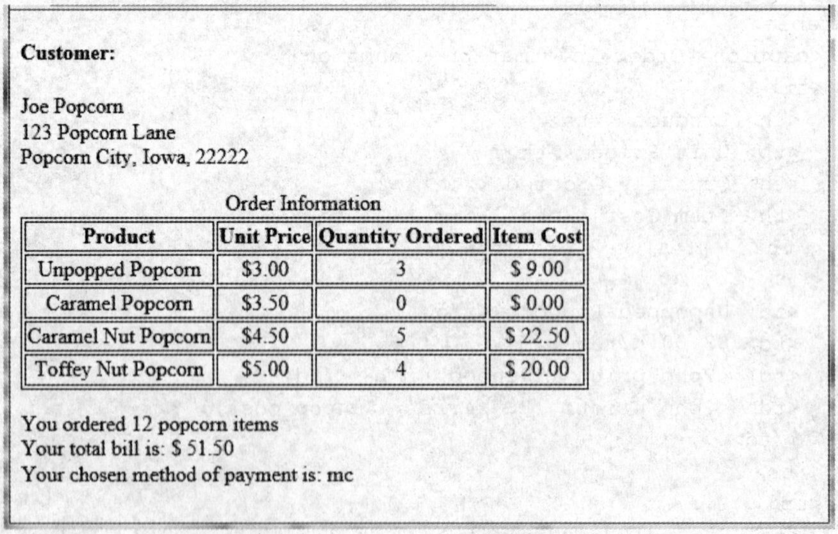

Customer:

Joe Popcorn
123 Popcorn Lane
Popcorn City, Iowa, 22222

Order Information

Product	Unit Price	Quantity Ordered	Item Cost
Unpopped Popcorn	$3.00	3	$ 9.00
Caramel Popcorn	$3.50	0	$ 0.00
Caramel Nut Popcorn	$4.50	5	$ 22.50
Toffey Nut Popcorn	$5.00	4	$ 20.00

You ordered 12 popcorn items
Your total bill is: $ 51.50
Your chosen method of payment is: mc

图 9-6　popcorn3.php 的输出结果

9.11　cookie

PHP 支持很方便地创建和使用 cookie。

9.11.1　cookie 简介

一次会话指的是浏览器与某个特定的服务器之间交互的时间间隔。会话开始于浏览器与特定的服务器建立连接的那一刻。而会话的终止有两种可能：一种可能是浏览器被终止；另一种可能是服务器由于客户端已处于不活动状态而终止了会话。不活动状态的最大时长在服务器配置中设置。例如，一些服务器的默认最大时长是 30 分钟。

HTTP 协议本身是无状态的——它无法存储一个会话的信息使得这些信息对后续会话也有效。但在很多情况下，如果服务器能够在当前会话的不同请求之间以及同一客户在当前会话和后续会话发生的其他请求之间建立联系会非常有用。

最常见的一个用途就是通过会话信息可以在 Web 站点上实现购物车。电子商务网站可拥有无数同时在线的顾客。在任何时候，任何顾客都可向其购物车中添加或删除一项商品。每位用户的购物车是用会话标识符(可实现为 cookie)进行标识的。因此，cookie 可用于标识特定时间访问站点的每位顾客。

除用于标识顾客外，对于 Web 站点来说，cookie 的另一个常见用途是为每位访客创建一个配置文件，用来记录每位用户经常访问的站点内容——有时称为个性化定制。后面的会话可以使用这些配置文件来根据该客户过去感兴趣的内容发送广告。另外，如果服务器识别出某个请求是由一个先前对同一站点发送过请求的客户发出的，服务器可能会把一个为该客户特别定制的界面传送给该客户。这些情况都要求累积和存储客户的信息。随着越来越多的 Web 站点使用购物车、定向广告和个性化定制，存储会话信息变得越来越重要。

cookie 提供了一种通用的方法来为浏览器系统自身存储会话信息。当浏览器再向同一服务器请求 Web 资源时，这些信息也传递给服务器。注意，使用 cookie 时，有时需要在创建 cookie 的会话结束之后将 cookie 存储起来。

cookie 是个小信息对象，由一个名称和一个文本值组成。它由服务器上的某个软件系统创建。浏览器与服务器之间的每次 HTTP 通信都会包含一个 HTTP 头部，里面存储了有关消息的信息。每个 HTTP 通信连接的头部分可以包含 cookie。所以每个从浏览器发送到服务器的请求和每个从服务器到浏览器的响应都能包含一个或多个 cookie。

创建一个 cookie 时会指定一个生命周期。一旦 cookie 的存在时间超过它的生命周期，就从浏览器的主机上删除该 cookie。

每个浏览器请求会包括存储在主机上的与该请求所指向的 Web 服务器相关的所有 cookie。只有创建了 cookie 的服务器才能收到来自浏览器的 cookie，所以一个特定的 cookie 用来存储一个特定的服务器和一个特定的浏览器之间交换的信息。

由于 cookie 允许服务器记录浏览器的行为，这在某种程度上被认为侵犯了用户的隐私。因此，浏览器允许客户通过修改浏览器设置以拒绝接受来自服务器的 cookie。这明显是 cookie 的一个缺点——客户的拒绝使它们变得毫无用处。

也可以由浏览器用户来删除 cookie，不过各种浏览器的删除过程是不同的。可以通过浏览器的帮助工具了解在特定浏览器上如何删除 cookie。

9.11.2 PHP 对 cookie 的支持

要在 PHP 中设置一个 cookie，可以使用 setcookie 函数。该函数可以接受一个或多个参数。第一个参数是必需的，它指定 cookie 的名称，以一个字符串的形式给出。第二个参数是可选的，它指定 cookie 的新值，也是一个字符串。如果没有给出此值，则 setcookie 取消定义 cookie。第三个参数也是可选的，它给出 cookie 的有效时间，是一个整数，以秒为单位。默认的有效时间为零，也就是说一旦当前会话结束，就销毁 cookie。如果要指定有效时间，需要从 UNIX 纪元，即 1970 年 1 月 1 日，开始计算总秒数。由于 time 函数可以以秒为单位返回当前时间，因此，cookie 的有效时间常用 time 的返回值再加上某个数值来表示。例如，考虑下面这个 setcookie 的调用：

```
setcookie("voted", "true", time() + 86400);
```

该调用创建了一个名为 voted 的 cookie，值为 true，有效时间为一天(86 400 是一天的秒数)。

setcookie 函数除此之外还有三个可选的参数，它们的详细内容在 PHP 手册上可以查到。

最值得注意的是，创建一个 cookie 或给 cookie 设置新值必须在 PHP 文档创建其他 HTML 之前完成。回顾前面所讲的，cookie 存储在返回给发出请求的浏览器文档的 HTTP 头部。HTTP 头部在发送文档体之前发送。服务器接收到文档体的第一个字符时就发送头部。所以，当创建函数体的任何部分时，头部已经发送出去，此时为该头部添加 cookie 已经太迟了。即使是在文档体产生一个新字符后试图创建一个 cookie 或者修改一个 cookie 的值，该 cookie 操作都不会成功(cookie 或 cookie 的新值都不会被发送到浏览器)。

另一种 cookie 操作是从后续的浏览器请求中获取 cookie 和它们的值。在 PHP 中，cookie 值的处理与表单值的处理非常相似。在一个请求中到达的所有 cookie 放在$_COOKIES 这个隐含数组中，该数组用 cookie 的名称作为元素的键，cookie 的值作为元素的值。PHP 脚本可以通过 IsSet 断言函数检测相关的变量来判断一个 cookie 是否已随请求到达。

在把 cookie 与其他技术结合使用时，需要记住 cookie 是不可靠的，因为有些用户把他们的浏览器设置为拒绝所有的 cookie。而且大多数浏览器对接受来自特定服务器站点的 cookie 的数目施加了限制。

9.12 会话跟踪

很多情况下，只在该会话期间才需要关于一个会话的信息。而且，所需要的客户信息一般只是一个唯一的会话标识符，该标识符常用在购物车应用程序中。对于这些情况，可以使用一种不同的技术，这种技术称为会话跟踪。比起使用一个或多个 cookie，单一的会话数组可以在一个会话期间存储该客户前面的所有请求信息。确切地讲，会话数组常为每个会话存储一个唯一的会话 ID。会话数组相比 cookie 的一个重要不同之处在于它可以存储在服务器上，而 cookie 只能存储在客户端。

在 PHP 中，一个会话 ID 是用来标识某个会话的内部值。PHP 脚本不需要了解或处理会话 ID。PHP 脚本感兴趣的是对会话进行跟踪，这通过调用 session_start 函数完成，该函数不带参数。在一次会话中第一次调用 session_start 会创建并记录一个会话 ID。在同一次会话中，后续的 session_start 调用会检索$_SESSION 数组，该数组存储了在该会话上次执行的脚本中被注册的所有会话变量以及它们的值。

通过对$_SESSION 数组赋值来创建或修改会话的键/值对。它们使用 unset 运算符来销毁。来看下面这个示例：

```
session_start();
if (!IsSet($_SESSION["page_number"]))
  $_SESSION["page_number"] = 1;
$page_num = $_SESSION["page_number"];
print("You have now visited $page_num page(s) <br />");
$_SESSION["page_number"]++;
```

如果不是第一个被访问的文档(第一个被访问的文档会调用 session_start 并设置 page_number 会话变量)，那么这段脚本将在输出行中打印$_SESSION["page_number"]的最新值。如果本会话中先前访问的文档均未设置 page_number 变量，该脚本会将 page_number 的值设置为 1，输出下面的信息，然后 page_number 自增 1。

```
You have now visited 1 page(s)
```

9.13 本章小结

PHP 是一种内嵌在 HTML 中的服务器端脚本语言。它与 JavaScript 非常相似。PHP 处理器把一个嵌入了 PHP 代码的标记文件作为输入，将标记代码复制到输出文件中，并解释输入文件中的 PHP 脚本。任何 PHP 脚本的输出都写入输出文件中。PHP 脚本可以直接内嵌在标记文件中，也可以在标记文件中引用外部 PHP 脚本文件，之后复制脚本到标记文件中。

PHP 有 4 种标量类型：整数、布尔、双精度以及字符串。PHP 的变量名都由美元符号($)开头。该语言采用动态类型定义。PHP 中的算术和布尔表达式与通常的编程语言非常相似。PHP 包含大量用于算术和字符串操作的函数。变量的当前类型在内部保存，脚本可以通过多个内置函数来确定变量的当前类型。print 和 printf 函数用于生成输出结果，成为 PHP

处理器的输出文件的一部分。PHP 的控制语句类似于通常的编程语言中的控制语句。

PHP 的数组是 C 及其后继语言中的传统数组和散列相结合的产物。数组可以通过对它们的元素赋值来创建。也可以用 array 结构来创建数组，这种结构可以指定一个数组的一个或多个元素的值和键(键可选)。PHP 有很多用于数组操作的预定义函数。这些函数中，explode 和 implode 用于字符串和数组之间的转换；current、next 以及 prev 用于按顺序取得数组中的元素；each 用于按顺序获取数组元素的键和值；array_keys 和 array_values 各自返回一个数组，返回数组分别是参数数组的键的集合和值的集合。还有用于数组栈操作的函数。foreach 语句用于按顺序访问一个数组中的元素。最后，PHP 还有一组可以按多种方式对数组中的元素进行排序的函数。

除参数传递机制外，PHP 中的用户自定义函数与其他编程语言类似。通过引用传递的参数必须在函数调用或函数定义中指明。只在函数中使用的变量是该函数内部的局部变量。访问在函数外部使用的变量必须包含 global 声明。可通过 static 来声明静态变量。

PHP 的模式匹配可以使用 POSIX 或 Perl 风格的正则表达式。表单数据由 PHP 系统隐式地放在用户可访问的变量中。这使得表单处理变得非常方便。

可以使用 setcookie 函数来创建 cookie 和设置值，该函数的参数包含了 cookie 的名称、它的值以及以秒为单位的生命周期。由前一个脚本创建或设置的 cookie 可以使用$_COOKIES 数组传递给当前的脚本使用。一个脚本可通过 IsSet 来判断一个 cookie 是否存在和是否已经被赋值。PHP 中的会话跟踪技术相当简单。session_start 函数用于创建一个会话 ID。会话变量存储在$_SESSION 数组中。

9.14 复习题

1. Web 服务器怎样判断一个被请求的文档包含 PHP 代码？
2. PHP 处理器的两种工作模式是什么？
3. 试描述 include 结构的语法和语义。
4. PHP 的哪些名称区分大小写？哪些不区分？
5. PHP 有哪 4 种标量类型？
6. 怎样检测一个变量是否被绑定？
7. 怎样设置使得 PHP 处理器能够报告使用了未绑定的变量？
8. PHP 中存储一个字符需要占用多少字节？
9. 单引号和双引号引用的字面量字符串之间有什么不同？
10. 如果一个整数表达式出现在布尔上下文环境中，它的布尔值怎样确定？
11. 当一个整数类型的算术操作产生的结果值不是一个整数时怎么处理？
12. 如果一个变量存储了一个字符串，如何引用该字符串特定位置上的字符？
13. chop 函数的功能是什么？

14. 什么是强制转换？
15. 把一个变量的值显式地转换为其他类型有哪三种途径？
16. 如何确定变量的类型？
17. 如果把一个字符串与一个数值相比较，结果会怎样？
18. 使用独立的结束保留字(如 endwhile)有什么优点？
19. 在 PHP 中，有哪两种创建数组的方法？
20. 若创建了一个数组却没有指定它的键，默认情况下会使用什么来作为该数组的键？
21. 一个数组中的所有元素值必须是同一种类型吗？
22. 一个数组中的所有元素键必须是同一种类型吗？
23. array_keys 和 array_values 函数的具体功能分别是什么？
24. in_array 函数的具体功能是什么？
25. 解释 implode 和 explode 函数的作用。
26. 描述 next、reset 以及 prev 函数的作用。
27. foreach 语句的两种形式的语法和语义各是什么？
28. 描述一下对一个既含有字符串值又含有数值的数组使用 sort 函数的结果。
29. sort 和 asort 函数有什么区别？
30. 在一个脚本中对同一个函数进行了多次定义，会出现什么结果？
31. 函数名区分大小写吗？
32. 如果一个函数不是因为执行了 return 语句才结束，它会返回什么值？
33. 有哪两种方法可以指定一个参数是通过引用传递的？
34. 函数如何访问一个在该函数外部使用的变量？
35. 如何在函数中定义一个变量，使得该变量的生命周期超过该函数第一次执行的时间？
36. PHP 脚本如何访问一个表单元素的值？
37. 如何在 PHP 脚本中创建一个 cookie？
38. 脚本如何判断一个特定的 cookie 是否存在？
39. 如何在会话期间保存变量？

9.15　练习题

按题目要求编写、测试、调试(如果需要的话)相应的 PHP 脚本。对于练习 1 至练习 7，编写函数及相应的测试代码。

1. 参数：一个字符串数组。
   返回值：参数数组中唯一字符串的列表。
2. 参数：一个数值数组。
   返回值：参数数组中元素的平均值和中值。

3. 参数：一个字符串数组。

   返回值：参数数组中出现频率最高的三个字符串的列表。

4. 参数：一个数值数组(按值传递)和两个数组(按引用传递)。

   返回值：无。

   结果：把给定的数值数组中所有值大于零的元素放在第一个按引用传递的参数中，小于零的元素放在第二个按引用传递的参数中。

5. 参数：一个由空格分隔的数值字符串。

   返回值：字符串中第一个出现的四位数值。如果没有出现这样的数值，则返回 false。

6. 参数：一个包含多个单词的字符串，其中单词以左边为空格和右边为空格、逗号、句点或问号来界定。

   返回值：字符串中三个最常用的超过三个字母的单词。

7. 修改第 9.9 节中的示例脚本 word_table.php，把输出的表格放在一个 HTML 表格中。

8. 编写一个 HTML 文档，文档中包含一个调用 PHP 文档的锚标签。并写出被调用的 PHP 脚本文档，其功能是从一个包含五条不同问候信息的列表中随机选取一条返回给调用者。问候信息在脚本中必须以常量字符串的形式存储。0~4 的一个随机数可以通过下面的代码来得到：

```
# Set the seed for mtrand with the number of microseconds
# since the last full second of the clock
mt_srand((double)microtime() * 1000000);
$number = mtrand(0, 4); # Computes a random integer 0-4
```

9. 编写一段创建一个表单的 HTML 代码，表单包含以下内容：
   a. 一个用于输入用户名的文本小组件
   b. 4 个复选框，各项内容为：
      i. 4 个 25 瓦的灯泡，金额为$2.39
      ii. 8 个 25 瓦的灯泡，金额为$4.29
      iii. 4 个 25 瓦的长寿命灯泡，金额为$3.95
      iv. 8 个 25 瓦的长寿命灯泡，金额为$7.49
   c. 由三个单选按钮组成的一个按钮集，标签为：
      i. Visa
      ii. MasterCard
      iii. Discover

10. 编写一个 PHP 脚本，计算练习 9 中订购的灯泡在加了 6.2%的销售税之后的总金额。程序必须返回给顾客一个表格，表格中准确地列出订购的商品。

11. 编写一段创建一个表单的 HTML 代码，该表单用来收集喜爱的流行歌曲，包括歌曲的名称、作曲者、表演者或演出团队。文档必须调用两个 PHP 脚本，一个在提交表单时调用，另一个用于请求调查结果的当前列表。

12. 编写一个 PHP 脚本，用来收集练习 11 的表单数据，并把它写入到一个文件中。
13. 编写一个 PHP 脚本，用来生成练习 11 的当前调查结果。
14. 编写一段 HTML 代码，用来提供一个收集姓名和电话号码的表单。电话号码的格式必须是 ddd-ddd-dddd。编写一个 PHP 脚本，用来检查被提交的电话号码的格式是否与要求的格式一致，并返回一条信息以指出号码是否正确。

第 10 章

Ajax 简 介

本章将简要介绍 Ajax。第 1 章曾提到过，Ajax 是使用从浏览器到服务器的异步请求获取数据来更新部分显示文档的过程。10.1 一节概括介绍 Ajax 概念和过程。之后介绍 Ajax 基本知识，包括一个简单但完整的 Ajax 示例，可用来帮助用户填写表单。接下来讨论跨浏览器实现 Ajax 的问题。然后介绍并评价了几种不同的返回数据的格式。再接着介绍两个 Ajax 工具包 Dojo 和 Prototype。在该节中还开发了一个使用 Dojo 的完整示例应用程序。最后一节讨论与 Ajax 相关的安全性问题。

10.1 Ajax 概述

Ajax 技术旨在为基于 Web 的应用程序提供与桌面应用程序接近的富用户界面和响应灵敏度。其动因是对 Rich Internet Application(RIA，富 Internet 应用程序)的需求越来越多。这些应用程序为用户提供了精美界面，在大部分情况下要求用户与服务器频繁交互。这些交互的速度决定了应用程序的适用性。

10.1.1 Ajax 的历史

Netscape 和 Microsoft 在第 4 版浏览器中引入了 HTML iframe 元素，从而首次使采用 Ajax 方法成为可能。Web 程序员发现，只需要将 iframe 元素的宽度和高度设置为 0 像素就可以使该元素不可见，此元素可用来向服务器发送异步请求。虽然可以这么做，但这种做法很不理想。

Microsoft 对与 XmlDocument 和 XMLHTML 对象绑定在一起的 DOM 及其 JavaScript 做了两个非标准扩展。XmlDocument 和 XMLHTML 对象最初是在 IE5 中作为 ActiveX 组件存在的，它们支持到服务器的异步请求，因而允许在后台从服务器取得数据。现在，一个类似的对象得到了大多数常用浏览器的支持，但在大多数浏览器(包括最新的 IE 版本)中，它被命名为 XMLHttpRequest。

2005 年以前也有一些开发人员在使用 Ajax 技术，但整体来看开发人员对这一技术并没有表现出广泛的兴趣和热情。有两件事情刺激了 Web 开发人员在 2005 年和 2006 年迅速转向 Ajax。首先，很多用户开始体验到由 Google Maps 和 Gmail 提供的快速浏览器/服务器交互，它们是一些使用 Ajax 的早期 Web 应用程序。例如，Google Maps 可以使用发往服务器的异步请求快速替换被显示地图的一小部分内容，该一小部分称为瓦片(tile)。这使得用户可以向任何方向滚动，通过小矩形让地图向该方向延伸，而不必要求浏览器再次呈现整个屏幕。大多数人从未使用过具有这种强大的交互功能的 Web 应用程序。其次，正如第 1 章中曾提到的，Jesse James Garrett 在 2005 年早期就将这一技术命名为 Ajax。让人感到不可思议的是，拥有了名字是人们对用这一新方法来构建 Web 应用程序的兴趣大大提高的重要因素，但事实证明确实如此。

10.1.2 Ajax 技术

传统的(非 Ajax)Web 会话是从用户请求初始文档开始的，可以是输入 URL，也可以是单击浏览器中的链接。当浏览器等待服务器提供新文档时，浏览器活动会阻塞。当文档到达时，浏览器呈现该新文档，从而取代以前的显示画面。这一周期需要花费一些时间，包括网络等待时间和文档呈现时间。没有什么措施可以加速获取和显示完整文档的过程。但用户与被显示文档的交互可能只需修改或更新被显示文档的相对较小的一部分内容。在非 Ajax Web 应用程序中，如果被显示文档需要来自服务器的数据，那么被显示文档中极小的变化也需要与生成初始显示画面相同的处理过程。请求必须到达服务器，服务器必须构造并发送回完整的文档，整个显示画面必须重新呈现。在此期间，浏览器都被锁定，用户只能无奈地等待。如果 Web 应用程序要求很多这样的交互，则用户的工作流会受到严重干扰。显然，这种模式完全不能支持 RIA。

如前所述，Ajax 可以极大地提高用户与 Web 应用程序的交互速度。对于只更新一小部分显示文档的用户请求，Ajax 技术缩短了文档传送和文档呈现所需要的时间。实现办法是使服务器只提供相对较小的一部分显示文档，即只提供必须改变的那一部分。这就缩短了传送时间，因为被传送的文档小得多。而且也缩短了呈现时间，同样是因为只有一小部分显示画面必须重新呈现。这种思想很简单，但能极大地改善 Web 用户的体验，至少大大改善了用户对具有频繁的浏览器/服务器交互的应用程序的体验。

Ajax 的另一个关键特性是，从浏览器到服务器的请求是异步的(Ajax 中的 A 表示 Asynchronous，即异步的)。这就意味着当浏览器从服务器请求被显示文档的新内容部分时，在等待响应期间并不需要锁定。在浏览器获取并呈现文档新内容期间，用户可以继续在浏览器中做他想做的事情。

Ajax 对于移动设备特别有用。例如，相对于笔记本和桌面电脑来说，手机的性能有限。特别是，它们的处理器速度较慢、内存较小、屏幕较小而且通信带宽较窄。由于 Ajax 只要求完成较少的处理和数据通信工作，因此它减轻了对这些功能的依赖，使得移动设备更适用于 Web 应用。

图 10-1 展示了传统的非 Ajax 浏览器与服务器的交互，以及 Ajax 与服务器的交互。

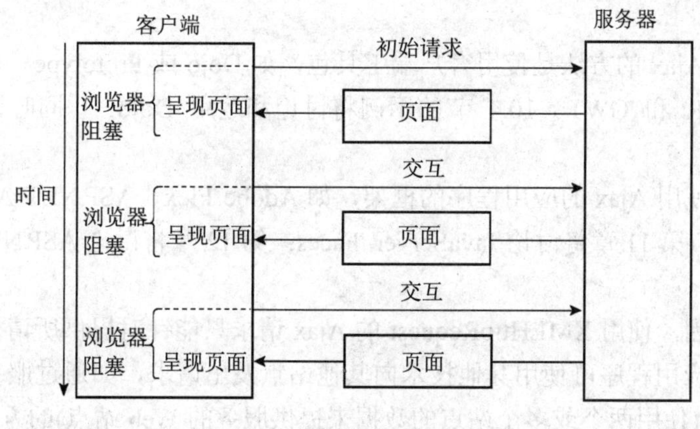

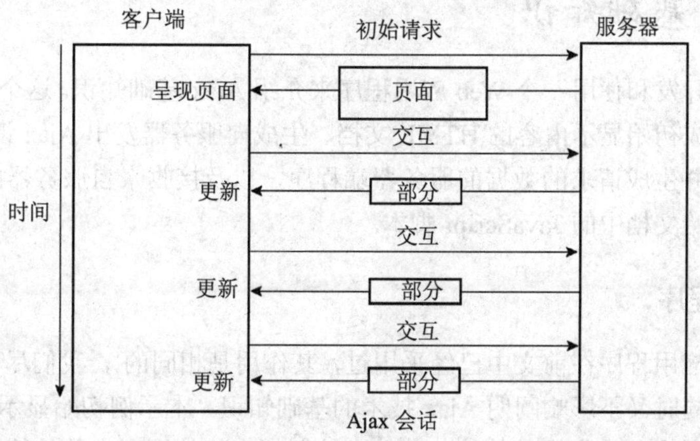

图 10-1　传统的浏览器/服务器交互与 Ajax 浏览器/服务器交互

10.1.3　实现 Ajax

Ajax 并不是一门新编程语言，甚至不是一种新的 API。事实上，Ajax 最具吸引力的特性之一是，Web 程序员不需要学习新的编程语言或标记语言就可以构建使用 Ajax 的 Web 站点。Ajax 使用 JavaScript 作为主要的编程语言，这一点从它的名字中就可看出来。多数 Web 程序员，当然包括本书读者，已经了解了 JavaScript。Ajax 中的 x 表示 XML。Ajax 请求使得服务器会以 XML 文档格式返回请求的数据，但也可能是以其他格式返回。同样，大多数 Web 程序员也已经了解了 XML。Ajax 中使用的其他技术还有 DOM 和 CSS，Web 程序员以及本书读者对这些技术同样很熟悉。因此，不需要掌握或学习新技术就可以使用 Ajax，从这个意义上来说，Ajax 颇具吸引力。而且，它所使用的技术已存在于绝大多数 Web 浏览器中。

尽管 Ajax 在客户端使用 JavaScript，但它实际上可用于任何服务器端语言和技术，如 PHP、Java Servlet 和 ASP.NET。

可以采用多种不同的方式实现 Ajax。首先，可以只用基本工具来实现，包括客户端(浏览器)JavaScript、XMLHttpRequest 对象，以及任何使用文本、HTML 或 XML 传送数据的服务器端软件。

另一种实现 Ajax 的方法是使用客户端工具包，如 Dojo 或 Prototype。还有一些服务器端工具，如 DWR 和 GWT。10.4 节的示例将讨论和运用 Dojo——同时该节会简单介绍 Prototype。

还有可实现使用 Ajax 的应用程序的框架，如 Adobe Flex、ASP.NET Ajax、JavaServer Faces 以及 Rails。第 11 章将讨论 JavaServer Faces；第 12 章将讨论 ASP.NET Ajax；第 16 章将讨论 Rails。

出于安全原因，使用 XMLHttpRequest 的 Ajax 请求只能针对提供所请求文档的服务器和站点。但是，应用程序可使用其他技术向其他站点发出请求，如通过服务器代理。这是用于构建 mashup(使用两个或多个站点的数据来提供服务的 Web 站点)的方法。

10.2 Ajax 基础知识

本节将通过开发和使用一个 Web 应用程序来介绍 Ajax 基础知识。这个应用程序包括 4 个组成部分：生成初始显示内容的 HTML 文档、生成向服务器发出 Ajax 请求的 JavaScript 脚本、接收请求并生成请求的数据的服务器端程序，以及接收来自服务器的新数据并将它整合到显示的原始文档中的 JavaScript 脚本。

10.2.1 应用程序

本节所用的应用程序在前文中已经采用过，其作用是相同的[1]，我们尽可能降低该应用程序的复杂性，同时又不影响阐明 Ajax 技术的基础知识。本示例初始显示了第 2 章和第 9 章中曾使用过的爆米花销售表单的第一部分。该示例中仅使用了表单的第一部分，这一部分收集用户输入的名字和地址信息。为使其更富有吸引力，我们增加了一幅微型爆米花图片。此应用程序的想法是使用 Ajax 技术帮助用户输入他(或她)的地址信息。确切地讲，表单在用户所处城市和州两个文本框的上方显示用户的邮政编码文本框。当用户输入邮政编码时，DOM 会为邮政编码文本框上的 blur 事件发出信号，此时会调用一个 JavaScript 事件处理函数，此函数构造向服务器发出的异步请求。邮政编码在请求中被发送到服务器，服务器通过邮政编码来查找城市和州，然后将城市和州返回给浏览器。当 JavaScript 代码接收到城市和州的名称时，则将它们插入到表单的城市和州文本框中。

10.2.2 表单文档

本应用程序需要做的第一件事是构建显示初始表单的文档。此文档的一个要求是邮政编码文本框必须为它的 blur 事件注册一个 JavaScript 函数处理程序。调用此处理程序时必须传递邮政编码文本框中的值。调用该处理程序时，此值可以通过 this.value 来引用。处理程序被命名为 getPlace。此文档的另一个要求是城市和州文本框必须都具有 id 特性，以便代码方

---

1 D.Crane 等人合著的 *Ajax in Action*(Manning 出版社，2006)中列举了一个类似的例子。

便地定位它们，因为代码必须向其中插入从服务器返回的值。最后，文档必须在其头部的 script 元素中引用 JavaScript 代码文件。这个完整的文档被命名为 popcornA.html，如下所示：

```
<!DOCTYPE html>
<!-- popcornA.html
     This describes popcorn sales form page which uses
     Ajax and the zip code to fill in the city and state
     of the customer's address
     -->
<html lang = "en">
 <head>
   <title> Popcorn Sales Form (Ajax) </title>
   <meta charset = "utf-8" />
   <style type = "text/css">
     input.name {position: absolute; left: 120px;}
     input.address {position: absolute; left: 120px;}
     input.zip {position: absolute; left: 120px;}
     input.city {position: absolute; left: 120px;}
     input.state {position: absolute; left: 120px;}
     img {position: absolute; left: 400px; top: 50px;}
   </style>
   <script type = "text/JavaScript" src = "popcornA.js">
   </script>
 </head>
 <body>
   <h2> Welcome to Millennium Gymnastics Booster Club Popcorn
      Sales
   </h2>
   <form action = "">
     <p>

<!-- The text widgets for name and address -->
       Buyer's Name:
       <input class = "name" type = "text" name = "name"
              size = "30" />
     </p>
     <p>
       Street Address:
         <input class = "address" type = "text" name = "street"
                size = "30" />
     </p>
     <p>
       Zip code:
       <input class = "zip" type = "text" name = "zip"
              size = "10"
              onblur = "getPlace(this.value)" />
     </p>
     <p>
      City:
      <input class = "city" type = "text" name = "city"
```

```
                id = "city" size = "30" />
        </p>
        <p>
          State:
          <input class = "state" type = "text" name = "state"
                id = "state" size = "30" />
        </p>
        <img src = "../images/popcorn.png" alt = "picture of popcorn"
              width = "150" height = "150"/>

    <!-- The submit and reset buttons -->
        <p>
          <input type = "submit" value = "Submit Order" />
          <input type = "reset" value = "Clear Order Form" />
        </p>
      </form>
    </body>
  </html>
```

图 10-2 展示了 popcornA.html 文档的显示结果。

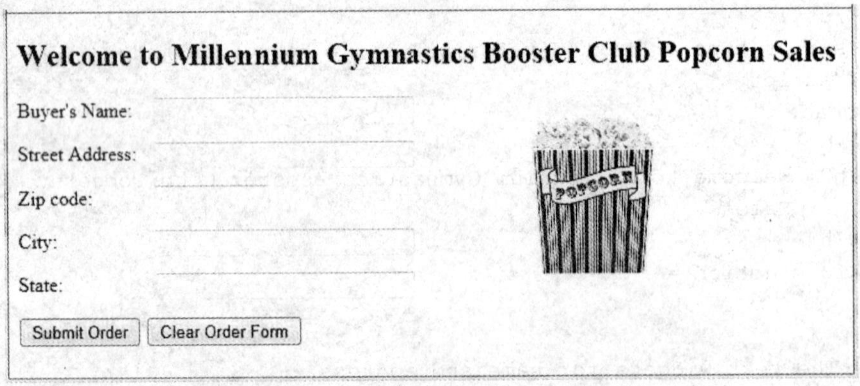

图 10-2　popcornA.html 文档的显示结果

10.2.3　请求阶段

此应用程序需要两个函数，一个函数是 blur 事件处理程序，另一个函数接收服务器的响应。接收器函数被称为回调函数(callback function)，因为服务器调用请求者的接收器函数来返回请求的数据。这样的响应是异步调用所必需的。本节讨论请求阶段——blur 处理程序。在 10.2.5 节将讨论接收器阶段。

应用程序的请求阶段只关注 XMLHttpRequest 对象，此对象用来与服务器进行异步通信。第一步是使用 new 运算符来创建一个对象并调用 XMLHttpRequest 构造函数，如下所示：

```
var xhr = new XMLHttpRequest();
```

本章剩余的内容将 XMLHttpRequest 对象称为 XHR 对象。XHR 对象有 6 个属性和 6 个方法，但本节暂时只讨论其中的两个属性和两个方法。

当服务器通过 XHR 对象接收到请求时，它会在为请求提供服务期间多次通知发送者。由于类似于被调用的函数，因此这些通知称为回调(callback)，它们的作用是将服务器对请求的处理进度通知给发送者。服务器返回 5 个不同的值来表示进度，这 5 个值分别是 0,1,2,3,4。我们唯一感兴趣的值是 4，它表示响应已完成。在接收器阶段也将使用此指示符。回调函数被命名为 receivePlace。

请求的下一部分是注册实现应用程序接收阶段的回调函数。这个函数被注册为 XHR 对象的 onreadystatechange 属性，如下所示：

```
xhr.onreadystatechange = receivePlace;
```

注意该语句并不包含对 receivePlace 的调用，它是将函数的地址赋值给 onreadystatechange 属性。因此，在处理程序函数的名称之后没有括号。这一处理程序注册使得服务器在处理请求时会多次调用 receivePlace，并且每次都会将 XHR 对象的 readyState 属性设置为进度值。第 10.2.5 节将介绍 receivePlace 处理程序如何处理这一过程。

getPlace 处理程序的下一步是调用 XHR 对象的 open 方法。open 方法会对服务器请求做必要的安排，此方法接受两个必需的参数和三个可选参数。第一个参数是必需的，是 GET 或 POST，它是用于请求消息的 HTTP 方法。此应用程序将使用 GET。我们知道，如果只要获取较少量的数据并且数据对入侵者毫无价值，则使用 GET。如果表单上有很多小部件，使得表单数据很长或者要确保获取的数据安全，则使用 POST。因为 HTTP 方法是作为字符串字面量传递的，所以必须将它用引号引起来。

open 方法的第二个参数是服务器上响应文档的 URL，此文档可能就是响应，也可能此文档将产生响应。在此应用程序中，文档就是响应，它的格式是纯文本。此 URL 通常只是一个没有路径的文件名，因为生成响应的文件与表单文档常常在同一目录中。

第三个参数指出请求是异步的还是同步的，true 表示异步。因为 Ajax 的整个理念就是使用异步请求，所以 open 方法的第三个参数始终使用 true，甚至省略此参数时默认值也是 true。

如果使用最后两个可选参数，则可以指定用户名和密码。通过这两个参数可以在服务器上对请求进行身份验证。但是，由于这不能绝对地防止用户查看 JavaScript 代码，因此将用户名和密码放在对 open 的调用中不是很好的做法。因此很少使用这两个参数。

因为请求处理程序使用 GET 方法，且用户输入的邮政编码必须发送到服务器，所以必须将此邮政编码用一个问号连接到响应文档的 URL。回顾一下，JavaScript 中的连接运算符是加号(+)。下面是应用程序对 open 方法的调用：

```
xhr.open("GET", "getCityState.php?zip=" + zip, true);
```

注意这里的 PHP 文档 getCityState.php 将用来生成响应文档。

请求处理程序的最后一步是将请求发送到服务器。这是通过 XHR 对象的 send 方法来完成的，此方法只有一个参数。该参数可用来将一个字符串或一个 DOM 对象发送到服务器，但极少这么用。我们的应用程序使用 null 作为参数，对 send 方法的调用如下所示：

```
xhr.send(null);
```

下面是完整的请求处理程序函数：

```
// function getPlace
//   parameter: zip code
//   action: create the XMLHttpRequest object, register the
//           handler for onreadystatechange, prepare to send
//           the request (with open), and send the request,
//           along with the zip code, to the server

function getPlace(zip) {
  var xhr = new XMLHttpRequest();
  xhr.onreadystatechange = receivePlace;
  xhr.open("GET", "getCityState.php?zip=" + zip, true);
  xhr.send(null);
}
```

10.2.4 响应文档

此应用程序的响应文档十分简单——是一个小型 PHP 脚本。为简单起见，也不使用包含邮政编码、城市和州的数据库，而只使用一个包含几个条目的散列进行测试。实际响应由 PHP print 语句来生成。HTTP 头部应将内容类型设置为返回值的 MIME(Multipurpose Internet Mail Extensions)类型，通常是 text/plain、text/html 或 text/xml。如果返回的文档是 XML，就指派给 responseXML；否则指派给 responseText。如果未设置响应内容类型，其默认值为 text/html。如果 MIME 类型设置为 text/xml，但其返回的内容是语法有误的 XML，那么返回的值被赋给 responseText，而不是 responseXML。

在 PHP 中，用 header 函数设置 MIME 类型，如下所示：

```
header("Content-Type: text/plain");
```

响应文档生成的任何输出都将返回到发出请求的浏览器。因为邮政编码文本框的值用 GET 来发送，所以可以从预定义的 PHP 数组$_GET 来获取它。下面是完整的响应文档：

```
<?php
// getCityState.php
// Gets the form value from the "zip" widget, looks up the
// city and state for that zip code, and prints it for the
// form

  $cityState = array("81611" => "Aspen, Colorado",
                     "81411" => "Bedrock, Colorado",
                     "80908" => "Black Forest, Colorado",
                     "80301" => "Boulder, Colorado",
                     "81127" => "Chimney Rock, Colorado",
                     "80901" => "Colorado Springs, Colorado",
                     "81223" => "Cotopaxi, Colorado",
                     "80201" => "Denver, Colorado",
```

```
                        "81657" => "Vail, Colorado",
                        "80435" => "Keystone, Colorado",
                        "80536" => "Virginia Dale, Colorado",
                        );
  header("Content-Type: text/plain");
  $zip = $_GET["zip"];
  if (array_key_exists($zip, $cityState))
    print $cityState[$zip];
  else
    print " , ";
?>
```

注意响应数据是一个字符串，包括城市名、一个逗号、一个空格以及一个州名。getCityState 通过检查确定它是否“知道”邮政编码。如果知道，则返回城市名和州名；否则返回空。如果用户也没有设置城市名和州名表单元素，则会导致城市和州的表单元素仍保持为空。

10.2.5 接收器阶段

接收器阶段通过没有参数的 JavaScript 函数来实现。此函数的任务是接收服务器响应(在此例中是纯文本)，将它分成城市名和州名，并分别设置城市和州文本框的值。

显然，接收器函数必须能够访问 XHR 对象，此对象是在请求阶段函数 getPlace 中创建的。如果将 XHR 对象创建为一个全局对象，且 getPlace 函数和接收器函数都放在一个具有 XHR 对象声明的文件中，则这两个函数可以访问 XHR 对象。但是，这又会产生另一个问题。响应发生之前可能有多个请求，这就意味着比较早的 XHR 对象可能被创建的另一个对象所覆盖。该问题的一种解决方案是直接注册接收器函数定义，也就是说，将接收器函数的定义放在请求函数中。因此，不是注册函数名(它的定义在别处)，取而代之的是，我们不命名此函数，但将它的定义直接赋给 onreadystatechange。这个未命名的接收器函数之前称为 receivePlace(在 getPlace 中)。注意，这样一个没有名称的函数有时称为闭包(closure)。这样的函数会继承定义它的环境，在此例中这使它可以访问 XHR 对象。

接收器函数的第一个动作是确定 XHR 对象的 readyState 属性的值。回顾一下，值为 4 意味着响应已完成。XHR 对象也有一个获取请求状态的属性，即 status。如果成功完成请求，status 的值将为 200。但如果找不到请求源，status 的值将为 404。状态值 500 表示在处理请求时出现了服务器错误。因此，接收器函数将它的所有动作都封装在 if 结构的 then 子句中，这里 if 条件是 xhr.readyState == 4 && status == 200。当 readyState 的值小于 4 时，会多次调用此接收器函数。对于这些调用，接收器函数什么也不做。仅当 readyState 的值为 4，status 的值为 200 时，接收器函数处理来自请求的返回值。此时，它获取响应文本，使用 split 方法将文本拆分成城市和州(因为返回的数据是一个同时包含城市和州的字符串)，并将城市和州的文本框设置为这些值。给城市和州的文本框赋值的操作都放在选择结构中，当在服务器上未发现邮政编码或是来自服务器的数据不正确的情况下，这样做可以防止用户输入的城市和州的名称被覆盖。这一没有名称的接收器函数的完整代码如下所示：

```
function () {
  if (xhr.readyState == 4 && status == 200) {
    var result = xhr.responseText;
    var place = result.split(', ');
    if (document.getElementById("city").value == "")
      document.getElementById("city").value = place[0];

    if (document.getElementById("state").value == "")
      document.getElementById("state").value = place[1];
  }
}
```

JavaScript 文件 popcornA.js 包含了请求函数 getPlace 以及嵌入在其中的接收器函数。

```
// popcornA.js
//  Ajax JavaScript code for the popcornA.html document

/********************************************************/
// function getPlace
//  parameter: zip code
//  action: create the XMLHttpRequest object, register the
//          handler for onreadystatechange, prepare to send
//          the request (with open), and send the request,
//          along with the zip code, to the server
//  includes: the anonymous handler for onreadystatechange,
//            which is the receiver function, which gets the
//            response text, splits it into city and state,
//            and puts them into the document

function getPlace(zip) {
  var xhr = new XMLHttpRequest();

// Register the embedded receiver function as the handler
  xhr.onreadystatechange = function () {
    if (xhr.readyState == 4 && xhr.status == 200) {
      var result = xhr.responseText;
      var place = result.split(', ');
      if (document.getElementById("city").value == "")
        document.getElementById("city").value = place[0];
      if (document.getElementById("state").value == "")
        document.getElementById("state").value = place[1];
    }
  }
  xhr.open("GET", "getCityState.php?zip=" + zip);
  xhr.send(null);
}
```

图 10-3 展示了输入邮政编码之后表单的显示结果，此时，焦点仍在邮政编码文本框上。图 10-4 展示了邮政编码文本框失去焦点之后以及由响应提供了城市和州的名称后表单的显示

结果。

图 10-3　输入邮政编码之后表单的显示结果

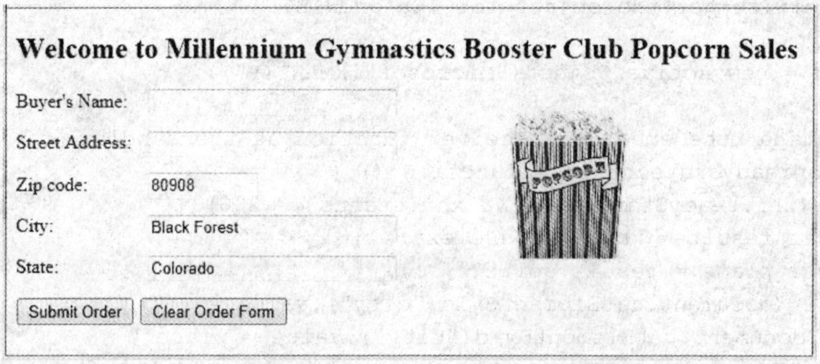

图 10-4　提供了城市和州之后表单的显示结果

10.2.6　跨浏览器支持

第 10.2.5 节中展示的应用程序可正常运行于 FX3+、IE9+和 C12+浏览器中，却不能运行于 IE7 之前的浏览器中。因为仍有一些人在使用 IE6 或 IE5，所以必须考虑 Ajax 在这些浏览器中的运行情况。

IE5 和 IE6 的问题在于它们不支持名为 XMLHttpRequest 的 XHR 对象。但它们支持一个名称不同的类似对象。因此，为使 Ajax 应用程序既能正常运行于这些早期的浏览器中，也能正常运行于当今的所有浏览器中，就必须考虑这些差异。IE5 和 IE6 支持的对象名称是 Microsoft.XMLHTTP，它是一个 ActiveXObject。

实际上，XMLHTTP 是由 Microsoft 发明的用于异步请求的原始对象的名称。当 Netscape 借用该想法时，将自己的对象命名为 XMLHttpRequest，随后其他浏览器制造商也采用了这一名称。最后 Microsoft 在 IE7 中也将它改为其他浏览器所用的名称。

创建原始对象(用于 IE5 和 IE6 中)的代码如下所示：

```
xhr = new ActiveXObject("Microsoft.XMLHTTP");
```

代码通过测试 window.XMLHttpRequest 可以确定是否支持 XMLHttpRequest。如果测试结果是 null(求值为 false)，则可以肯定浏览器是 IE5 或 IE6，并创建 XMLHTTP 对象。跨浏览器版本的 getPlace 函数如下所示。

```
// function getPlace
//   parameter: zip code
//   action: create the SMLHttpRequest object, register the
//           handler for onreadystatechange, prepare to send
//           the request (with open), and send the request,
//           along with the zip code, to the server

function getPlace(zip) {

// Get the object for all browsers except IE5 and IE6
  if (window.XMLHttpRequest)
    xhr = new XMLHttpRequest();

// Otherwise get the object for IE5 and IE6
  else
    xhr = new ActiveXObject("Microsoft.XMLHTTP");

// Register the embedded receiver function as the handler
  xhr.onreadystatechange = function () {
    if (xhr.readyState == 4 && xhr.status == 200) {
      var result = xhr.responseText;
      var place = result.split(', ');
      if (document.getElementById("city").value == "")
        document.getElementById("city").value = place[0];
      if (document.getElementById("state").value == "")
        document.getElementById("state").value = place[1];
    }
  }
  xhr.open("GET", "getCityState.php?zip=" + zip);
  xhr.send(null);
}
```

10.3 返回文档的格式

可以使用几种不同的格式返回向服务器发出的 Ajax 请求的数据。其中最常见的是纯文本(如 10.2 节中所使用的)、HTML、XML、JavaScript 代码以及 JavaScript Object Notation(JSON)。纯文本通常用于非结构化数据，而其他格式用于结构化数据。本节将简要讨论这些格式。

10.3.1 HTML

HTML 可以而且常用作从服务器返回的结构化数据的格式。要使用 HTML，需在原始文档(要更新的文档)中包括一个空的 div 元素，并使用 innerHTML 属性将返回的 HTML 放在该 div 元素中。例如，要替换一个完整的表元素，需将该表元素放在 div 元素中，如下面的原始文档片段所示：

```
<div id = "replaceable_list">
  <h2> 2012 US Champion/Runnerup - baseball </h2>
  <ul>
    <li> San Francisco Giants </li>
    <li> Detroit Tigers </li>
  </ul>
</div>
```

现在假定在原始文档中有一个菜单，允许用户从中选择一项运动，如足球、篮球或曲棍球。如果用户选择足球，响应文档片段将如下所示：

```
<h2> 2012 US Champion/Runnerup - football </h2>
<ul>
  <li> Baltimore Ravens </li>
  <li> San Francisco 49ers </li>
</ul>
```

现在，如果 Ajax 调用使用 responseText 返回此文档片段，可通过解释下列 JavaScript 代码来替换 div：

```
var divDom = document.getElementById("replaceable_list");
divDom.innerHTML = xhr.responseText;
```

HTML 的缺点在于它们实际描述的是通常由浏览器显示的文档的标记语言。在 Ajax 请求数据之后，从服务器返回的数据通常是某种格式的数据。如果必须处理该数据，就必须解析标记文档片段来提取数据。而且，如果标记比较复杂，如有大量 CSS，那么对于服务器来说，要生成它将是一项相当复杂的任务。

10.3.2 XML

Ajax 这个名字暗示了 XML 是这一技术的一个组成部分。因为 XML 是在 Web 上存储和传送结构化数据的标准方式，所以这也不足为怪。在我们的示例中，XML 文档片段如下所示：

```
<header> 2012 US Champion/Runnerup - football </header>
<list_item> Baltimore Ravens </list_item>
<list_item> San Francisco 49ers </list_item>
```

当 XML 用作 Ajax 请求的返回文档的格式时，响应通过 XHR 对象的 responseXML 属性返回。这个属性包含了 XML 文档的 DOM 树的 DOM 地址。要从 XML 文档中提取数据，必须解析其表示形式。DOM 绑定提供了用于解析的工具，第 5 章已介绍了其中一些方法。通过使用 DOM 方法(如 createElement 和 appendChild)，从 XML 提取的数据可用于构造一个新的 HTML 文档。如果原始 HTML 文档的结构不需要改变，则可用 innerHTML 属性来改变任何元素的内容，方法是使用从 XML 文档解析的数据。

使用 DOM 方法解析 XML 有两个缺点。一是编写解析代码枯燥乏味，结果代码很复杂且容易出错。二是对 DOM 解析方法的支持因浏览器而异。

解析返回的 XML 文档的另一方法是使用 XSLT(eXtensible Stylesheet Language Transformations)样式表将其转换为 HTML，如第 7 章中所述。通过这个方法通常更容易进行可靠的转换。然后将转换的文档插入到显示的文档中，如 10.2 节所示。

对于我们的示例来说，转换 XML 返回文档的 XSLT 文档如下所示。

```
<xsl:stylesheet version = "1.0"
    xmlns:xsl = "http://www.w3.org/1999/XSL/Transform"
    xmlns = "http://www.w3.org/1999/xhtml" >
  <xsl:template match = "/">
    <h2> <xsl:value-of select = "header" /> </h2> <br /><br />
    <ul>
      <xsl:for-each select = "list_item">
        <li> <xsl:value-of select = "list_item" />
              <br />
        </li>
      </xsl:for-each>
    </ul>
  </xsl:template>
</xsl:stylesheet>
```

10.3.3 JavaScript Object Notation

JavaScript Object Notation(JSON)基于标准 JavaScript(ECMA-262，第 3 版)的一个子集。它是一种使用两种结构(名/值对的集合和值数组)表示对象的方式。在此所关注的是 JSON 可作为替代 XML 的一种更简单方式，用于从服务器返回数据作为对 Ajax 请求的响应。用 JSON 替代 XML 的主要原因是消除解析的复杂性。对于开发人员来说，JSON 容易阅读和编写；对于机器来说，JSON 容易解析和生成。

JSON 用字符串来表示 JavaScript 对象。对象是属性/值对的无序集。每个对象都用一对花括号进行定界。每个属性/值对由字符串字面量形式的属性名称、冒号和值构成。对象中的属性/值对用逗号分隔。值可以是字符串字面量、数值字面量、数组及其他对象、true、false 或 null。数组用方括号定界。数组中的值用逗号分隔，如下示例所示：

```
{"employees" :
  [
    {"name" : "Dew, Dawn", "address" : "1222 Wet Lane"},
    {"name" : "Do, Dick", "address" : "332 Doer Road"},
    {"name" : "Deau, Donna", "address" : "222 Donne Street"}
  ]
}
```

该对象由一个属性/值对构成，其中属性值为 employees，其值是一个包含 3 个对象的数组，其中每个对象有两个属性/值对。

使用针对数组元素和对象属性的常见语法可检索这样一个对象中的单个数据值。例如，下列语句将 " 332 Doer Road " 放入 address2 中。

```
var address2 = myObj.employees[1].address;
```

由于 JSON 对象表示为字符串，因此它们可作为 XHR 对象的 responseText 属性从服务器返回。JavaScript 函数 eval 可用于将 JSON 字符串转换为 JavaScript 对象。但这是个危险的做法，因为 eval 会解释任意 JavaScript 代码。返回的 JSON 可能会被一些心怀恶意的人修改为具有破坏性的 JavaScript 代码。因此，必须检查返回的 JSON 字符串来确定它是否只是 JSON 数据，而不是脚本。这可用 JSON 解析器来完成。其中有个解析器是 parse，它是 JSON 对象的一个方法，可从 http://www.JSON.org/json2.js 获取。

parse 函数将 JSON 对象作为其参数。它返回一个带有 JSON 对象的结构和数据的 JavaScript 对象。例如，考虑下列代码：

```
var response = xhr.responseText;
var myObj = JSON.parse(response);
```

与 XML 相比，JSON 一般具有以下多个优点：首先，JSON 表示的尺寸更小，可以从服务器更快地传送。其次，parse 函数的执行速度很快——比手动解析或使用 XSLT 转换 XML 要快得多。第三，使用 parse 比手动解析或对 XML 文档使用 XSLT 要简单得多。

如果用 Ajax 读取的数据将被较为完整地整合到显示文档中，那么 XML 明显要优于 JSON。在这种情况下，最简单的方法是，使用 XSLT 将获取的 XML 转换成 HTML。而如果使用 JSON，则要求使用用于构建文档的 JavaScript 函数来手动构造 HTML 文档片段。

当然，如果读取的数据必须在整合到某个已有的 HTML 元素之前处理，JSON 是更好的选择，因为如果数据是 HTML 格式的，那么在进行任何处理之前都需要进行解析。

用 JSON 返回的示例文档如下所示：

```
{"top_two":
  [
   {"sport": "football", "team": "Baltimore Ravens"},
   {"sport": "football", "team": "San Francisco 49ers"},
  ]
}
```

将该数据放在 HTML 文档中的处理方法如下所示：

```
var myObj = JSON.parse(response);
document.write("<h2> 2012 US Champion/Runnerup" +
              myObj.top_two[0].sport + "</h2>");
document.write("<ul> <li>" + myObj.top_two[0].team +
              "</li>");
document.write("<li>" + myObj.top_two[1].team +
              "</li></ul>");
```

注意在 Ajax 工具包 Prototype(见 10.4.3 节)的最新版本中，可以通过一个特殊的 HTTP 消息头部 X-JSON 从服务器返回数据。

10.4 Ajax 工具包

有大量工具包可用于开发 Ajax 应用程序，这样的工具包数量正在不断增加。对它们作详细介绍需要占用一整章的篇幅，而当你在任何书店的书架中发现它时，恐怕这些内容已过时。本节简单介绍两个较常用的工具包，Dojo 和 Prototype，这两个工具包可帮助开发客户端 Ajax 软件。

也有一些服务器端 Ajax 开发工具。其中最常用的是 GWT (Google Web Toolkit 的缩写)和 DWR (Direct Web Remoting 的缩写)。GWT 允许用 Java 和 JavaScript 开发 Ajax 软件(通常用 JavaScript 编写)。该系统包含了一个将 Java 翻译成 JavaScript 的编译器。这使 Java 开发人员可以构建 Ajax 应用程序，而不用学习或直接使用 JavaScript。另一个好处是 Java 代码通常并不像 JavaScript 代码那样容易出错。

DWR 是一个远程过程调用库，使得 JavaScript 可以很方便地调用 Java 函数，反之亦然。它还支持两种语言之间任何数据结构中的数据进行交换。服务器端由在服务器上运行的 Java Servlet 支持。

在此对 GWT 和 DWR 都不进行深入讨论。

10.4.1 Dojo

Dojo 工具包是个免费的 JavaScript 模块库，它支持 Web 应用的许多方面，包括 Ajax 请求、可视效果动画、拖放文档元素以及事件处理。Dojo 使得这些任务变得更为简单，因为它以函数形式提供了一些常用代码并解决了一些跨浏览器的问题。因此，使用 Dojo，在所有常用浏览器上执行的 Ajax 请求得到很大简化。这类简化的另一例子是操纵 DOM 的函数。Dojo 还包括了一组创建 RIA 的小部件。因此，Dojo 实际上是一个用于动态 Web 站点(自然包括 Ajax 交互)创建过程的许多部分的工具包。由于这里只关注 Ajax，因此只简单地讨论 Dojo 的一小部分内容。

可从 http://dojotoolkit.org 下载 Dojo 工具包。对于开发来说，可直接通过 AOL 网站使用 Dojo，这免去了下载和安装的麻烦。该网站的网址为 http://o.aolcdn.com/dojo/0.4.2/dojo.js。对于要部署的软件来说，应下载 Dojo 软件并在服务器上安装。这避免了对 AOL 持续性支持的依赖，也避免了使用第三方服务器和软件的安全风险。

这里要介绍的有关 Dojo 的唯一一个内容是常用于 Ajax 的 Dojo 函数——bind。该函数包括在 Dojo 模块集的 io 模块中。在脚本中，该函数名为 dojo.io.bind。bind 的作用是创建一个 XHR 对象和构建一个 Ajax 请求。

要在脚本中使用 Dojo 的任一部分，那么在下载并安装后，必须用类似如下所示的元素导入 Dojo JavaScript 文件 dojo.js。

```
<script type = "text/javascript"
  src = "dojo/dojo.js">
</script>
```

该元素假定 dojo.js 保存在存储公共标记文档的目录的 dojo 子目录中。要演示 dojo.io.bind

的用法，使用 Dojo 重写 10.2.6 节中介绍的 getPlace 请求函数。下面所示是原始 getPlace 函数的副本：

```
// getPlace.js
//   Ajax JavaScript code for the popcornA.html document
//   This version is written to support all browsers

/*****************************************************/
// function getPlace
//   parameter: zip code
//   action: create the XMLHttpRequest object, register the
//           handler for onreadystatechange, prepare to send
//           the request (with open), and send the request,
//           along with the zip code, to the server
//   includes: the anonymous handler for onreadystatechange,
//             which is the receiver function, which gets the
//             response text, splits it into city and state,
//             and puts them into the document
function getPlace(zip) {
  var xhr;

// Get the object for all browsers except IE5 and IE6
  if (window.XMLHttpRequest)
    xhr = new XMLHttpRequest();

// Otherwise get the object for IE5 and IE6
  else
    xhr = new ActiveXObject("Microsoft.XMLHTTP");

// Register the embedded receiver function as the handler
  xhr.onreadystatechange = function () {
    if (xhr.readyState == 4) {
      var result = xhr.responseText;
      var place = result.split(', ');
      if (document.getElementById("city").value == "")
        document.getElementById("city").value = place[0];
      if (document.getElementById("state").value == "")
        document.getElementById("state").value = place[1];
    }
  }
  xhr.open("GET", "getCityState.php?zip=" + zip);
  xhr.send(null);
}
```

bind 函数接受一个对象字面量参数。我们知道，对象字面量是属性/值对列表，用逗号分隔，用花括号定界。每个属性名都是通过冒号与其关联的值分隔。这个值可以是任何表达式，包括匿名函数定义。bind 的参数必须有两个属性——url 和 load。另外，它应有 method、error 和 mimetype 属性。url 属性的值是向其发送请求的服务器的 URL。load 属性的值是使用服务器返回的数据作为请求结果的函数。对于 load 和 error 函数来说，使用直接定义的匿名函数。method 属性的值为“GET”或“POST”。error 属性的值是在处理请求过程中出现错误时调用的函数。最后，mimetype 是返回数据的 MIME 类型。

调用 bind 来完成 getPlace 函数所做的工作的代码如下所示：

```
dojo.io.bind({
  url: "getCityState.php?zip=" + zip,
  load: function (type, data, evt) {
                var place = data.split(', ');
                if (dojo.byId("city").value == "")
                  dojo.byId("city").value = place[0];
                if (dojo.byId("state").value == "")
                  dojo.byId("state").value = place[1];
              },
  error: function (type, data, evt) {
                alert("Error in request, returned data: " + data);
              },
  method: "GET",
  mimetype: "text/plain"
});
```

10.4.2 示例

本节开发了一个使用 Dojo 创建 Ajax 应用程序的示例。如今，许多人都通过 Web 购买各种商品。在网上购物时，我们可能会遇到这样令人沮丧的事情：购物者准备购买一件衣服。在选好款式后，又从列表中选取了一个尺码。接着，选择颜色。如果该款衣服的特定颜色和尺码在当时刚好缺货，服务器就会返回一个新文档来告知用户。这就要花时间把它传送到浏览器，然后再花时间呈现。用户在得到通知后必须重新操作。通过使站点只显示有货的衣服颜色和尺码，可避免这一问题。然后，用户可以在可选颜色中进行选择，而不会选择可能缺货的颜色。使用 Ajax 就可以缩短返回可选颜色的时间。而且，只需要返回颜色列表，并由浏览器以菜单形式进行显示。

该示例的原始文档针对的是一款特定衬衫。它包括了对衬衫的简单描述和可选尺码列表。还包括一个标题和一个空的颜色菜单。当 Ajax 请求返回可选颜色时，就会构造颜色菜单。名为 shirt.html 的原始文档如下所示：

```
<!DOCTYPE html>
<!-- shirt.html
     Use Ajax to get the available colors of shirts
     -->
<html lang = "en">
  <head>
    <title> Shirt orders </title>
    <meta charset = "utf-8" />
    <script type = "text/javascript"
            src = "dojo/dojo.js">
    </script>
    <script type = "text/javascript" src = "shirt.js">
```

```
    </script>
    <link rel = "stylesheet" type = "text/css"
          href = "shirtstyles.css" />
  </head>
  <body>
    <h3> Shirt Style 425 - broadcloth, short sleeve,
         button-down collar </h3>
    <form>
      Size selection:
      <select name = "sizes" onchange = "getColors(this.value)" >
        <option value = ""> 00 </option>
        <option value = "14.5"> 14   </option>
        <option value = "15"> 15 </option>
        <option value = "15.5"> 15   </option>
        <option value = "16"> 16 </option>
        <option value = "16.5"> 16   </option>
        <option value = "17"> 17 </option>
        <option value = "17.5"> 17   </option>
        <option value = "18"> 18 </option>
      </select>
      <div class = "colors"
           id = "colorlist"> Colors available and in stock:
        <select id = "colorselect">
        </select>
      </div>
    </form>
  </body>
</html>
```

注意，这个文档中的一个脚本标签引用了 dojo.js 脚本，另一个脚本标签引用另一个 JavaScript 文件 shirt.js。文档底部的 div 元素是 Ajax 请求返回的数据的目标元素。这个数据将放在 Ajax 回调函数构建的选择元素中。该文档的样式表如下所示：

```
/* shirtstyles.css - style sheet for shirt.html */
h3 {color: blue}
div.colors {position: absolute; left: 200px; top: 55px;}
```

shirt.html 的初始显示结果如图 10-5 所示。

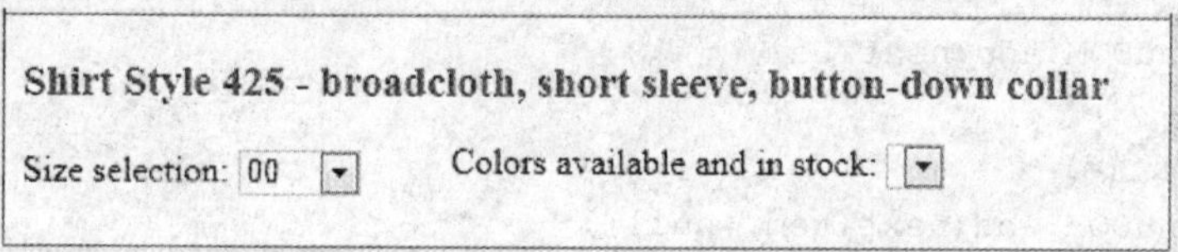

图 10-5　shirt.html 的初始显示结果

用于该衬衫应用程序的 JavaScript 定义了两个函数，分别是 Ajax 请求的回调函数 buildMenu(用于构建颜色菜单)和包装器函数 getColors(包括对用于创建请求的实际请求函数 dojo.io.bind 的调用)。函数 dojo.io.bind 来自于 dojo.js 脚本。

buildMenu 函数首先获取初始为空的选择元素的 DOM 地址。然后，如果这不是第一个请求，就将选择元素的 options 属性设置为 0(使其为空)。接着，buildMenu 拆分请求返回的值，该值是一个用逗号和空格分隔的颜色名称字符串。这样将颜色放在数组 colors 中。接着，build Menu 迭代 colors 数组，为每个元素(颜色)构建一个新的 Options 对象。颜色被发送到 Options 构造函数，成为选项值。最后使用 add 方法在选择对象中添加新的 Options 对象。遗憾的是，add 方法的第 2 个参数是依赖于浏览器的。对于 IE 浏览器，它必须设置为 -1 来表示选项不是初始设置的。对于其他浏览器，它必须设置为 null。这个问题可用 try-catch 子句处理。如果调用 add 时，用 -1 作为第二个参数，而浏览器不是 IE，将引发异常，执行 catch 子句，使用 null 作为第二个参数。

getColors 回调函数只包含对 dojo.io.bind 的调用。url 设置为 getColors.php 并附加 size 参数(因为是通过 GET 方法发出请求)。完整的 JavaScript 文件 shirt.js 如下所示：

```
// shirt.js
//  Ajax JavaScript code for the shirt.html document
//  Uses Dojo

// The function that builds the menu of colors
function buildMenu(type, data, evt) {
  var menuDOM = document.getElementById("colorselect");
  var nextColor, nextItem;

// Delete previous items in the color menu
  menuDOM.options.length = 0;

// Split the data into an array of colors
  var colors = data.split(', ');

// Go through the returned array of colors
  for (index = 0; index < colors.length; index++) {
    nextColor = colors[index];
    nextItem = new Option(nextColor);

// Add the new item to the menu
      try {
        menuDOM.add(nextItem, -1);
      }
      catch (e) {
        menuDOM.add(nextItem, null);
      }
  }
}
// The function that calls bind to request data
function getColors(size) {
  dojo.io.bind( {url: "getColors.php" + "?size=" + size,
```

```
                load: buildMenu,
                method: "GET",
                mimetype: "text/plain"
            } );
}
```

如果 shirt.html 是个真实的应用程序，响应文档将由搜索公司库存目录并为指定尺码构造可选颜色列表的程序生成。但要测试 shirt.html，需要使用一个只返回颜色名称字符串的 PHP 脚本。

图 10-6 展示了在选择了一个尺码，请求返回了颜色列表(用于构建选择元素)后的显示结果。

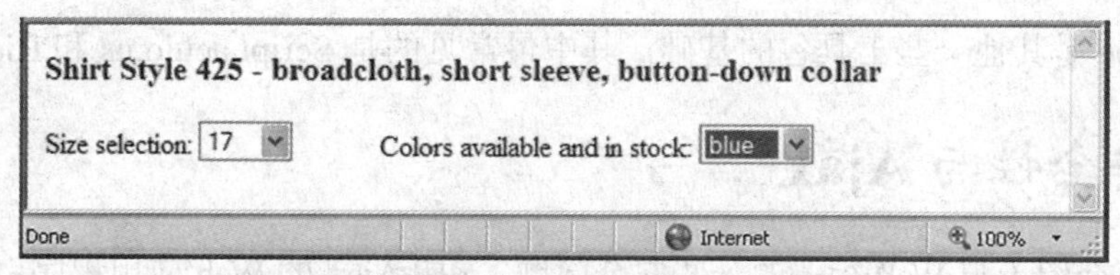

图 10-6 在选择尺码后 shirt.html 的显示结果

10.4.3 Prototype

Prototype 是一个 JavaScript 工具包。除提供用于 Ajax 的工具外，还扩展了 JavaScript 语言。例如，Prototype 通过其 Class 模块提供了一种支持继承的更强大的方式。Prototype 由在 Rails 团队工作的 Sam Stephenson 编写。其初衷是提供支持 Rails 框架构建 Web 软件应用程序的 JavaScript 工具。第 16 章使用了 Prototype 中的 JavaScript 工具，但其中一些包装在 Ruby 方法中。可从 http://prototypejs.org 下载 Prototype。

Prototype 工具包中包括了大量函数，它们提供了常用 JavaScript 代码的缩写形式。这里只用到了 document.getElementById 的缩写，即一个美元符号($)。例如，下列两个赋值语句在 Prototype 中是等效的：

```
document.getElementById("name").value = "Freddie";
$("name").value = "Freddie";
```

尽管 Prototype 内容繁多，但这里只做简单的讨论，因为我们只关注 Ajax。Prototype 的所有 Ajax 功能都封装在 Ajax 对象中。用 Prototype 生成的 Ajax 请求与 Dojo 中的非常类似。通过创建 Ajax.Request 类型的对象，发送相关参数给新对象的构造函数，就可生成请求。用 Ajax.Request 创建的请求默认情况下是异步的。Ajax.Request 构造函数的第一个参数是向其发送请求的服务器的 URL。第二个参数是包含相关信息列表的对象字面量。

Ajax.Request 的第二个参数的属性与 Dojo 的 bind 函数的类似。最常用的参数如下：method 参数的值为“get”或“post”，默认值是“post”。parameters 属性的值是附到 get 方法的 URL 的参数。例如，对于邮政编码示例来说，parameters 属性的值是 " zip= " +zip。onSuccess 属性的值是在请求成功的情况下处理服务器响应请求返回的数据的回调函数。onFailure 属性的值是针对请求失败情况的回调函数。下面是创建的 Ajax.Request 对象的一个示例：

```
    new Ajax.request("getCityState.php", {
     method: "get",
     parameters: "zip=" + zip,
     onSuccess: function(request) {
                 var place = request.responseText.split(', ');
                 $("city").value = place[0];
                 $("state").value = place[1];
               }
     onFailure: function(request) {
                 alert("Error - request failed");
               }
    } );
```

Prototype 是其他一些工具包的基础，其中最常见的是 Script.aculo.us 和 Rico。

10.5 安全性与 Ajax

1.8 一节介绍了与 Web 相关的一些安全问题。支持 Ajax 的 Web 应用程序引入了新的安全问题。同时，这也要求用一些新的方法来进行 Web 安全性测试。本节将介绍 Ajax 应用程序的一些弱点，同时会向开发人员建议一些可用于防范这些弱点的方法。

Ajax 应用程序要求采用客户端 JavaScript 代码，而复杂应用程序要求大量这样的代码。有一些客户端代码的开发人员可能希望在客户端软件中进行安全控制，部分原因是因为他们以前编写的是服务器端代码(安全控制的理想场所)。但在客户端软件中进行安全控制的效果并不好，因为入侵者可更改在客户端运行的代码。因此，即使在客户端软件中实现了安全控制，也必须在服务器端软件中设计安全控制。

非 Ajax 应用程序通常只有一个或少量几个服务器端响应程序，每个程序都会生成重要内容。Ajax 应用程序通常有更多的响应程序，每个程序都很小并只处理初始文档一小部分的更改请求。服务器响应程序数目的增加扩大了整个应用程序的攻击面，为入侵者提供了更多机会。

跨站点脚本给入侵者提供了另一个机会。Ajax 应用程序通常将 JavaScript 代码返回给客户端。入侵者可能会修改这些代码来添加破坏性操作。要防止这一问题，由服务器返回的 JavaScript 代码在解释前就必须进行扫描。这种问题的另一形式可能表现于用文本框来收集服务器的返回信息的情况下。文本框可能包含了带有恶意 JavaScript 代码的脚本标记。因此，对于通过这种方式接收到的文本应扫描脚本标记。

10.6 本章小结

Ajax 是一种用来构建 Web 应用程序的较新技术，它可以快速更新文档的部分内容。对服务器的请求是异步的，当处理请求时允许用户继续与浏览器交互。JavaScript 代码用于创建 Ajax 请求对象。可以使用任何服务器软件来生成响应。仍使用 JavaScript 接收新的文档部分，并将其插入当前显示的文档中。

IE7 之前的 IE 浏览器必须以不同的方式来处理，因为用来生成异步请求的对象在这些浏览器支持的 JavaScript 中具有不同的名称。

Ajax 数据请求的请求阶段有几个任务。它必须创建用于请求的对象、注册回调函数来处理返回的数据、调用请求对象的 open 方法以及实际将对象发送到服务器。请求对象是依赖于浏览器的，因此请求函数必须考虑到这一点。Ajax 请求的响应文档可以是一个创建返回数据的简单 PHP 脚本，也可以是返回数据的任何程序或脚本。Ajax 通信的接收器阶段，即回调函数，被服务器调用若干次。当请求对象的 readyState 属性为 4，且 status 属性为 200 时，回调函数处理返回的数据。处理过程最终直接或间接地使用该数据，来更新显示文档的部分内容。

返回文档或数据的格式有很多种。可以是 HTML、XML、纯文本甚至是在浏览器上被解释的 JavaScript 代码。也可以是 JSON，它是 JavaScript 的子集，是一种紧凑数据格式。

有许多工具包和框架支持创建使用 Ajax 的 Web 站点。Dojo 和 Prototype 是最常见的两个工具包。这两者都为开发人员解决了跨浏览器问题，使 Ajax 请求变得更容易编写。

Ajax 带来了一些新的安全性问题。其中一个是以前编写服务器端代码的开发人员可能会在客户端代码中进行安全控制，这种做法实际上不是很有效。另一个问题是 Ajax 应用程序有更多的服务器端脚本，而且每个脚本都存在安全风险。另外，某些 Ajax 应用程序中使用的跨站点脚本也给入侵者创造了机会。

10.7 复习题

1. 在 Web 应用程序中使用 Ajax 的目的是什么？
2. 异步请求的含义是什么？
3. 用哪些新语言来编写使用 Ajax 的 Web 应用程序？
4. 浏览器或服务器上只有安装什么新软件才能运行使用 Ajax 的 Web 应用程序？
5. 如果要在 IE6 和最新版本的浏览器上运行 Ajax 应用程序，有什么要求呢？
6. XHR 对象的 readyState 属性中存储的是什么？
7. Ajax 应用程序中的回调函数是什么？
8. XHR 对象的 onreadystatechange 属性的用途是什么？
9. 在什么情况下，Ajax 请求使用 POST 方法呢？
10. 如何在 GET Ajax 请求中传递参数？
11. 在什么情况下，用 HTML 格式返回 Ajax 请求的数据？
12. 用 HTML 格式返回 Ajax 请求的数据的缺点是什么？
13. 如果用 XML 格式返回 Ajax 请求的数据，回调函数到哪里找到它？
14. 在回调函数中使用 XML 的两种方式是什么？
15. JSON 字符串中的数据格式采用哪两种数据类型？
16. XHR 对象的哪个属性存储从 Ajax 请求返回的 JSON 数据？
17. 使用 eval 处理 JSON 字符串的风险是什么？

18. 对于 Ajax 请求的响应数据来说，JSON 优于 XML 的两个主要优点是什么？
19. 对于简单的 Ajax 应用程序来说，使用 Dojo 的优点是什么？
20. Prototype 是针对什么框架而开发的？
21. 请解释为何 Ajax 应用程序的攻击面要大于传统的 Web 应用程序。
22. 什么是跨站点脚本，为什么说它会引起安全问题？

10.8 练习题

1. 解释帮助 Ajax 实现其目的的两个特性。
2. 解释在请求阶段函数中将回调函数编写成匿名函数的原因。
3. 修改 10.2 节的示例应用程序，使用一个名字和地址的散列，提供重复顾客的地址。
4. 修改 10.2 节的示例应用程序，当验证用户输入的邮政编码时，确保是指定城市和州的有效邮政编码。响应文档可以是一个在小型示例表中查找邮政编码以及城市和州的 PHP 脚本。
5. 将 10.2 节的示例应用程序改为使用 Dojo。
6. 将 10.2 节的示例应用程序改为使用 Prototype。
7. 将 10.4 节的示例应用程序改为使用 Prototype。
8. 修改 10.4 节的示例应用程序，允许用户选择二手车的制造商和型号。制造商必须列在一个菜单中。当选中某一制造商时，将显示型号菜单。这一菜单是通过在原始文档中硬编码数据生成的。当选择型号时，必须生成一个 Ajax 请求来获取所选制造商和型号的可选年份和颜色的列表。用一个服务器端脚本生成来自示例数组或散列的数据。

第 11 章

Java Web 软件

本章介绍基于服务器的 Java 软件，重点阐述 Servlet、JavaServer Pages(JSP)、JavaBeans 以及 JavaServer Faces(JSF)。首先介绍 Servlet，包括其基本结构和常见用途。然后讲述用于处理 GET 和 POST 方法传递的 HTTP 请求的 Servlet 方法。接下来通过一个简单示例来阐述 Servlet 基础知识。然后简要介绍 NetBeans IDE。接着用 NetBeans 重新开发前面介绍过的 Servlet 示例来说明 NetBeans 的用途。

本章接着讨论 cookie[1]并讲述如何用 Servlet 实现它们。同时开发了一个完整的应用程序来演示如何在 Servlet 中使用 cookie。

本章最后 3 节介绍构建在 Servlet 之上的技术。包括 JSP、JSP Standard Tag Library(JSTL)、JSP Expression Language(EL)、JavaBeans 以及 JavaServer Faces(JSF)。同一应用将重复 4 次，分别演示通过两个 JSP 文档使用 EL、通过一个 JSP 文档使用 EL、使用 JavaBean 类，以及使用 JSF(其中还使用了一个 JavaBean 类)。

11.1 Servlet 简介

本节讲述 Servlet 的结构和用途。Servlet 是第一项针对 Web 服务器端软件的技术。

11.1.1 概述

Servlet 是一个用来响应 HTTP 请求的 Java 对象，运行在一个 Web 服务器系统上。在本章，这样的请求是由浏览器在显示标记文档时创建的，虽然 HTTP 请求可有多种不同的来源。当 Web 服务器收到对与 Servlet 对应的 URL 的 HTTP 请求时，一般会实例化 Servlet 类。Servlet 的执行由一个 Servlet 容器管理，Servlet 容器有时称为 Servlet 引擎。Servlet 容器可以与 Web 服务器在同一个进程下运行，也可以在服务器主机的不同进程下运行，甚至

1　第 9 章也讨论过 cookie。

可以在不同的计算机上运行。Servlet 请求和响应进程由 HTTP 协议支持，所以 Servlet 必须响应 HTTP 的 GET 方法和 POST 方法中的一种或两种。Servlet 容器也可以为 Servlet 的执行定义并施加安全限制。11.1.3 节讨论了当今一些主流 Servlet 容器。

当 Web 服务器收到一个 HTTP 请求时，该 Web 服务器会检查该请求。如果必须要调用 Servlet，Web 服务器就把该请求传递给 Servlet 容器。由 Servlet 容器来判断需要执行哪个 Servlet，然后加载并调用该 Servlet。Servlet 调用将传递两个参数对象：一个用于请求，另一个用于响应。Servlet 通过请求对象来接收与请求有关的输入数据，其中包括表单数据以及发出请求的客户的身份 ID。当 Servlet 处理请求时，会动态生成 HTTP 响应。在很多情况下，响应是通过响应对象参数返回到 Web 服务器的标记文档。Servlet 处理请求的过程在某种程度上是通过调用请求对象和响应对象的方法来完成的。当完成所有工作后，Servlet 容器把控制权返回给 Web 服务器。

Servlet 常用于动态生成对浏览器请求的响应。还可以替代某些服务器扩展技术，如替代 Apache 模块(用户可以编写它们，并添加到一个 Apache 服务器上以扩展其功能)。

在第 13 章将讨论使用 Servlet 访问数据库。

11.1.2 详解

所有 Servlet 要么实现了 Servlet 接口，要么扩展了一个实现 Servlet 的类。Servlet 接口在 javax.servlet 包中定义，它声明了管理 Servlet 以及 Servlet 与客户端之间交互的方法。Servlet 的编写者必须提供这些方法的定义。

用户编写的 Servlet 大多是对预定义的 HttpServlet 类的扩展，HttpServlet 类实现 Servlet 接口。

除 Servlet 接口外，javax.servlet 包还包含了其他几个用于实现 servlet 的接口。ServletRequest 和 ServletResponse 接口分别用于封装客户端到 Servlet 和 Servlet 返回给客户端的通信。ServletRequest 接口使得 Servlet 能够从 ServletInputStream 流中读取客户端的输入数据。ServletResponse 接口使得 Servlet 能够访问 ServletOutputStream，并提供一种发送信息给客户端的方法(信息通常是以标记文档的形式返回)。

每个 HttpServlet 的子类必须至少重写 HttpServlet 的一种方法，表 11-1 中列出了最常用的方法。

表 11-1 常用的 HttpServlet 方法

方 法	用 途
doGet	处理 HTTP GET 请求
doPost	处理 HTTP POST 请求
doPut	处理 HTTP PUT 请求
doDelete	处理 HTTP DELETE 请求

doGet、doPost、doPut 以及 doDelete 方法由服务器调用。HTTP PUT 请求使客户端将

文件上传到服务器上。HTTP DELETE 请求使客户端从服务器上删除文档或 Web 页面。大多数情况下，不允许用户向服务器添加文件或删除服务器上的文件。本节主要讲解 doGet 和 doPost 方法，因为它们是 HttpServlet 方法中使用频率最高的方法。

doGet 方法的协议如下所示：

```
protected void doGet (HttpServletRequest request,
                      HttpServletResponse response)
    throws ServletException, IOException
```

ServletException 是 Exception 的一个子类，用来包装常出现的每种 servlet 问题。在遇到一般原因造成的异常时会抛出 IOException 异常。在上面的协议模型中，request 和 response 分别是为请求对象和响应对象选择的引用变量名。HttpServletRequest 对象参数 request 包含了客户端的请求；HttpServletResponse 对象参数 response 提供了传送由 servlet 发送给客户端的响应的方法。

doPost 方法的协议与 doGet 相同。

返回给发出请求的客户端的 Servlet 输出通常是通过定义 PrintWriter 对象来创建的，而 PrintWriter 对象是通过调用响应对象的 getWriter 方法创建的。PrintWriter 类提供了一组方法，如可以使用 println 方法通过响应对象给客户端发送响应的标记代码。可以用下面的声明来创建 PrintWriter 对象：

```
PrintWriter out = response.getWriter();
```

在用 PrintWriter 的方法创建任何输出之前需要设置返回文档的内容类型。通过 Http-Servlet Response 对象的 setContentType 方法完成设置，例如：

```
response.setContentType("text/html");
```

现在可以用 out 对象的 println 方法输出返回给请求客户端的标记文档。

下面分析一个完整的 Servlet 示例。此示例中的 Servlet 只是简单地响应来自一个使用 GET 方法传递的表单的调用。该表单没有发送任何数据，也不需要任何处理。所以，Servlet 唯一的工作是生成一个标记文档，文档中包含一条表明已收到该调用的消息。在表单标签中对 Servlet 的调用指定了该 Servlet 为表单标签的 action 特性的值。下面的代码是要调用 Servlet 的文档的代码。

```
<!DOCTYPE html>
<!-- tstGreet.html
     Used to test the servlet Greet
     -->
<html lang = "en">
  <head>
    <title> Test greeting </title>
    <meta charset = "utf-8" />
  </head>
```

```
  <body>
    <form action = "Greet" method = "get">
      <p>
        Press the button to run the servlet
        <input type = "submit" value = "Run Servlet" />
      </p>
    </form>
  </body>
</html>
```

图 11-1 显示的是 tstGreet.html 的显示结果。

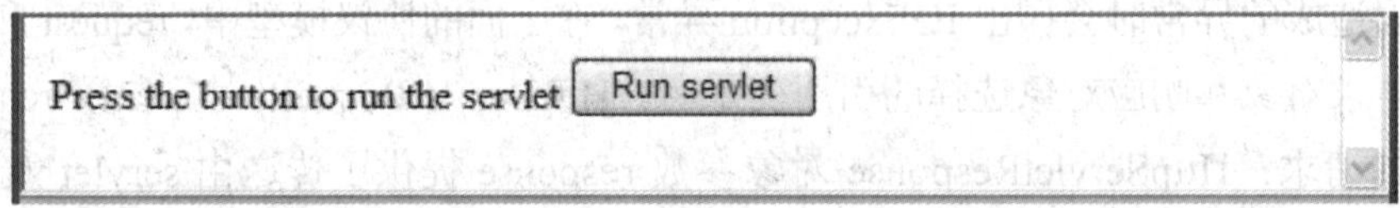

图 11-1　tstGreet.html 的显示结果

Greet Servlet 类扩展 HttpServlet 并实现 doGet 方法。doGet 方法用于生成响应浏览器调用的标记文档。下面列出 Greet servlet 的代码：

```
/* Greet.java
   A servlet to illustrate a simple GET request
   */
import java.io.IOException;
import java.io.PrintWriter;
import javax.servlet.ServletException;
import javax.servlet.http.HttpServlet;
import javax.servlet.http.HttpServletRequest;
import javax.servlet.http.HttpServletResponse;

public class Greet extends HttpServlet {
  public void doGet(HttpServletRequest request,
                    HttpServletResponse response)
  throws ServletException, IOException {
        response.setContentType("text/html");
        PrintWriter out = response.getWriter();
        out.println("<html><head><title>");
        out.println("A simple GET servlet");
        out.println("</title></head><body>");
        out.println(
            "<h2> This is your servlet answering - hi! </h2>");
        out.println("</body></html>");
  }
}
```

图 11-2 显示了 Greet Servlet 输出的响应结果。

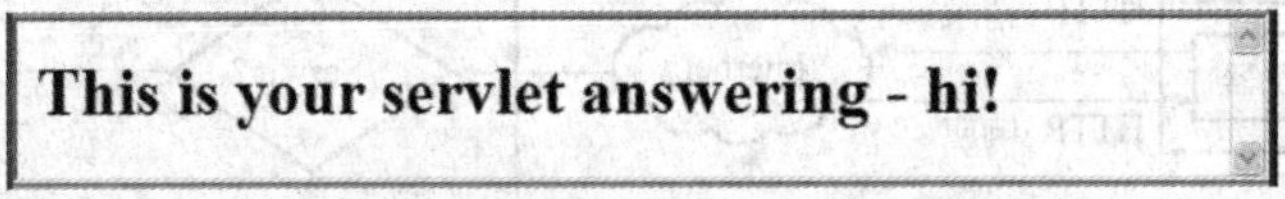

This is your servlet answering - hi!

图 11-2 Greet Servlet 生成的响应结果

需要注意的是，此 Servlet 生成的标记文档是 HTML 骨架，不包含 DOCTYPE 和 html 元素中的语言特性，也没有使用 meta 元素指定字符编码。

Greet Servlet 和调用它的标记文档都是用 2003 年之前有效的 Servlet 规范编写的。要运行应用程序，需要将这两个文件存放在所用的特定 Servlet 容器指定的目录中。然后浏览器就可以指向要运行应用程序的标记文档。这种方法的问题在于不能将应用程序从一个 Servlet 容器轻松地移植到另一个 Servlet 容器，因为不同的 Servlet 容器，两个文件所在的目录结构也不同。

这种情况在 2003 晚些时候发布的新 Servlet 规范中得到了改善，11.2 节将进一步讨论这方面的内容。

这里的 Greet Servlet 只是用于演示目的，它还不能作为一个要运行在 Servlet 容器中的 Servlet，因为这里并没有介绍运行它需要的其他内容。

11.1.3 Servlet 容器

目前，有许多 Servlet 容器可供使用。其中最流行的一个是 Apache Tomcat(以前称为 Apache Jakarta Tomcat)Servlet 容器。可以从 Apache Group 站点 http://tomcat.apache.org/免费下载该容器。Tomcat 可以作为一个独立的 Servlet 容器或作为另一个 Web 服务器的一部分来运行。

也有一些应用服务器[2]包括 Servlet 容器。其中包括 GlassFish，它是 Java EE 应用服务器。虽然它作为 Java EE 的一部分发布，但也可从 https://glassfish.dev.java.net/public/downloadsindex.html 获得。GlassFish 包括了一个 Tomcat 的衍生产品作为其 Servlet 容器，是个开源的免费产品。

BEA 和 IBM 开发并出售包含 Servlet 容器的 Java 商业应用服务器。BEA WebLogic Server 是 Java EE 应用服务器(http://www.bea.com)。IBM 的 WebSphere Application Server(http://www.ibm.com/websphere)支持所有形式的 Java 应用程序并包含一个 Servlet 容器。

本章使用应用服务器 GlassFish 运行 Servlet。

图 11-3 展示了 Servlet 的使用处理流。

2 应用服务器通过几种不同的协议(包括 HTTP)访问客户应用程序的业务逻辑。因此，应用服务器是 Web 服务器的泛化。

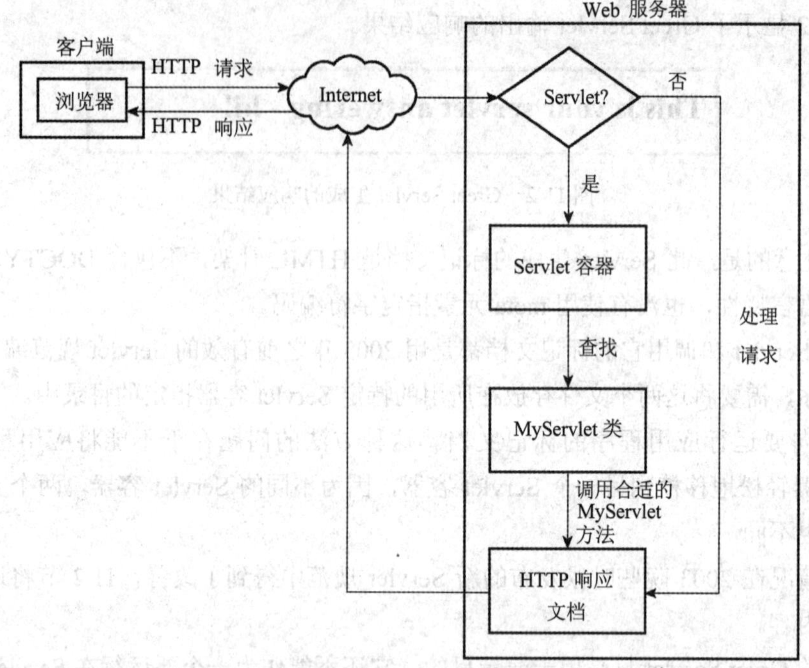

图 11-3 servlet MyServlet 的使用处理流

11.2 NetBeans 集成开发环境

在Servlet技术发展的第一阶段，可以较简单地为支持Servlet的特定服务器部署Servlet。最常用的 Servlet 容器是 Tomcat。例如，在本书第 4 版中，通过在文档树的主目录下创建子目录并将编译好的 Servlet 类放在该目录中，就为 Tomcat 部署了 Servlet。通过其相对于主文档目录的地址就可引用该 Servlet。第 11.1 节中的 Greet Servlet 示例可以采用这种过时的方式来运行。

随着大量 Servlet 容器的出现和使用，部署变得更为复杂。很难部署一个适合不同服务器的 Servlet。为了缓解这一问题，随着 2003 年 Servlet 2.2 规范的发布，开发了一个标准打包方案。现在，一个应用程序可打包成一个 WAR 文件。可用打包和解包 Zip 文件的工具打包和解包 WAR 文件，因为它们的结构相同。WAR 文件中的文件结构很复杂。由于这种复杂性，人们通常都在开发工具的帮助下部署 Servlet。我们可以讲解如何对 11.1 节的 Greet 示例开发完整的 WAR 文件，但其内容还是相当冗长和复杂的。因此，本节讲述如何使用 NetBeans 这样一个常用的 IDE 来创建和部署 Servlet。NetBeans 为创建的应用程序隐式构造需要的 WAR 文件结构和 XML 部署文件以及调用标记文件和 Servlet 文件的骨架。当然，有关 NetBeans 的完整讨论超出了本书的讨论范围。因此，我们只讨论开发几个简单示例时必须使用的 NetBeans 子集。

可从 http://www.netbeans.org 免费获得 NetBeans。本节中演示的版本是 7.0。

下面讲述了使用 NetBeans 创建实现 Greet Servlet 的应用程序。在启动 NetBeans 后，将显示如图 11-4 所示的屏幕。

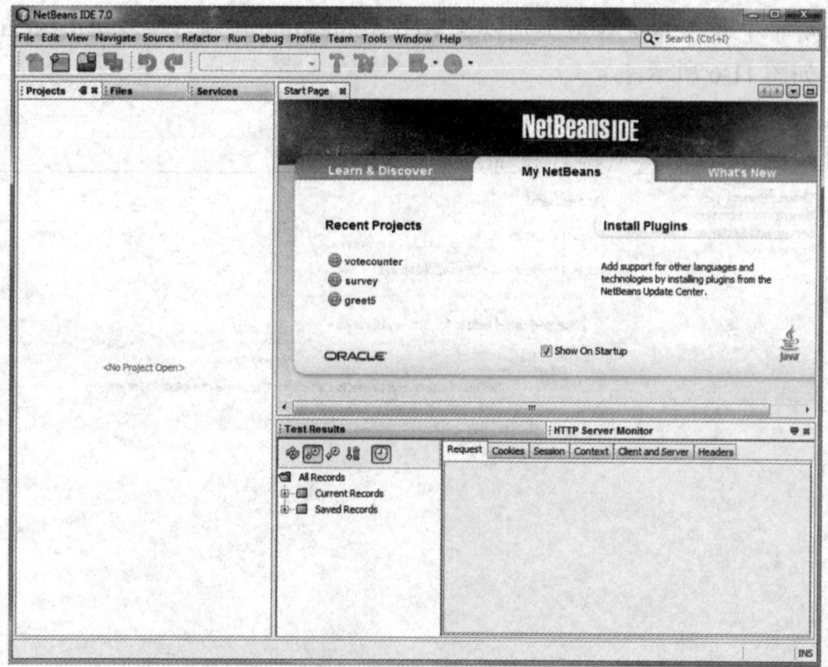

图 11-4　启动 NetBeans 时显示的初始屏幕

该屏幕中最有用的部分是左上角的面板，它包括了一列已有的项目。每个项目都有各自的目录，而且目录名与项目名相同。通过单击列表中的项目名就可打开现有的任意项目。

要创建新项目，需要从图 11-4 所示的屏幕中选择 File | New Project，这会打开如图 11-5 所示的屏幕。

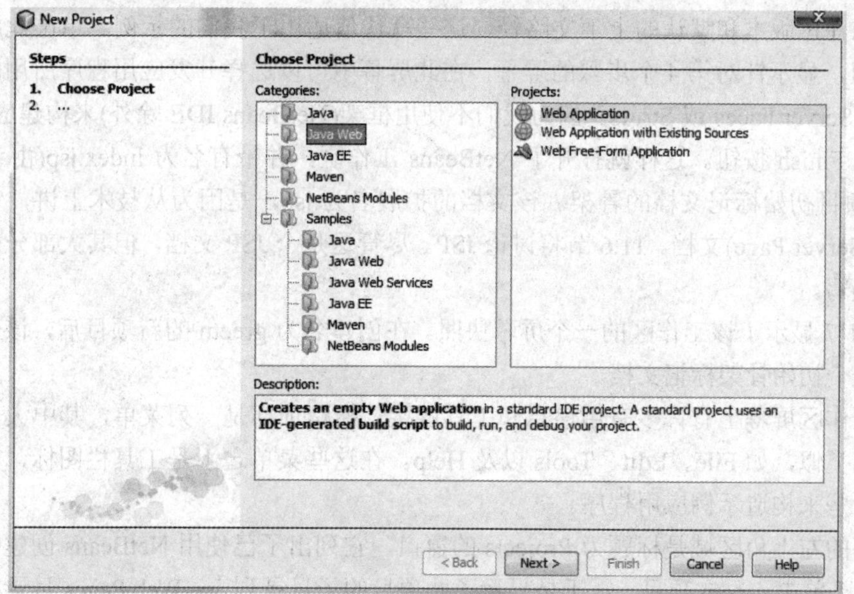

图 11-5　New Project 屏幕

从这个屏幕中选择 Java Web 类别以及 Web Application 项目。接着单击 Next 按钮进入下一屏幕，如图 11-6 所示。

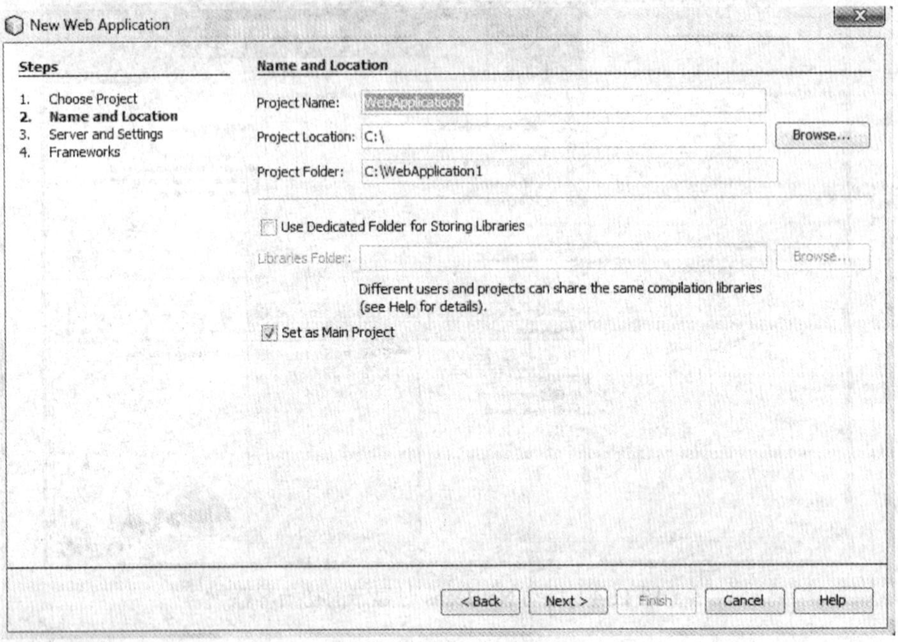

图 11-6 New Web Application 窗口

注意，创建项目骨架的 4 个步骤显示在屏幕左侧的栏目中(参见图 11-6)。当前步骤是 Name and Location，它高亮显示。在 Project Name 文本框中，输入我们选择的项目名称 greetn，然后单击 Next 按钮。这将打开 Server and Settings 屏幕，它显示默认的服务器、默认的 Java EE 版本和默认的上下文路径，这些默认值适用于我们的示例。单击此屏幕上的 Next 按钮，显示针对第 4 个步骤的屏幕，在此屏幕中可以选择开发应用程序所用的框架，例如 JavaServer Faces 或 Struts。因为我们不使用框架(NetBeans IDE 除外)来构建应用程序，所以单击 Finish 按钮。这样就打开了 NetBeans 工作区，并带有名为 index.jsp(由 NetBeans 命名)的项目初始标记文档的骨架。该文档的扩展名为.jsp，是因为从技术上讲，它是一个 JSP(JavaServer Page)文档。11.6 节将讨论 JSP。尽管这是个 JSP 文档，但其大部分内容将用 HTML 编写。

图 11-7 显示了该工作区的一个屏幕快照。在创建名为 greetn 的新项目后，该工作区中显示了一个初始骨架标记文档。

该工作区屏幕上有许多有用信息和工具链接。横跨顶部是一列菜单，其中大部分都与其他系统类似，如 File、Edit、Tools 以及 Help。在这些菜单之下是工具栏图标，本节将使用其中一些来构造示例应用程序。

屏幕的左上角区域是标题为 Projects 的窗口，它列出了已使用 NetBeans 创建的项目的名称。我已单击 greetn 项目——于是显示了此项目的子目录列表。Web Pages 目录中有该项目的标记文件 index.jsp，它将调用 Servlet；Source Packages 目录中包含一个子目录<default package>，其中有 Servlet 类。这两个目录都可以通过单击它们左边的加号来展开。

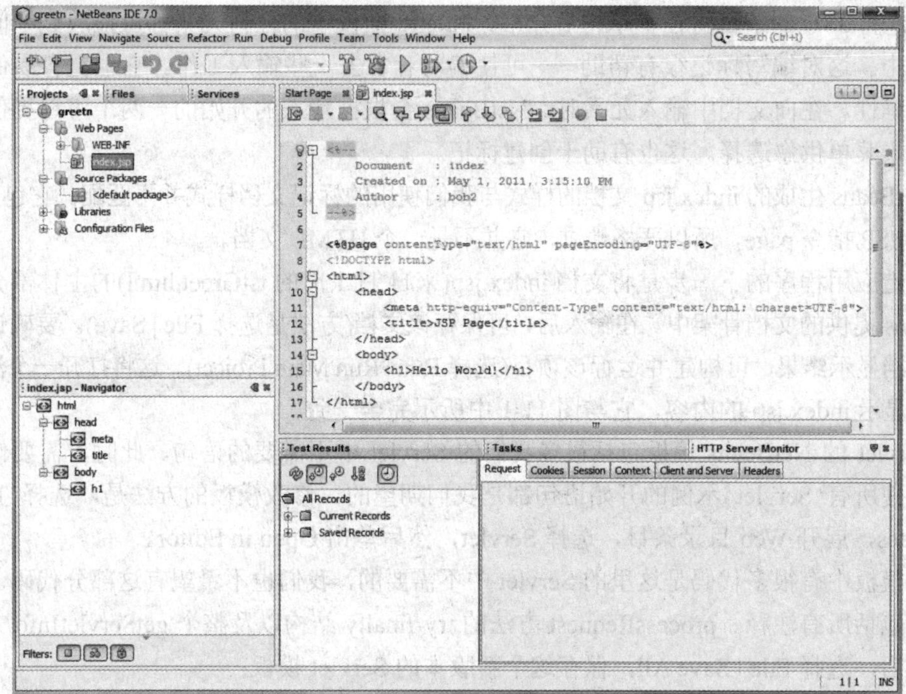

图 11-7　NetBeans 工作区

中间的面板显示了项目的骨架标记文档，由 NetBeans 创建，稍后再来讨论此文档。

选择 Tools | Palette | HTML | JSP Code Clips 将打开 Palette Manager 窗口。图 11-8 显示了展开 HTML 和 HTML Forms 项目后的 Palette Manager 窗口。

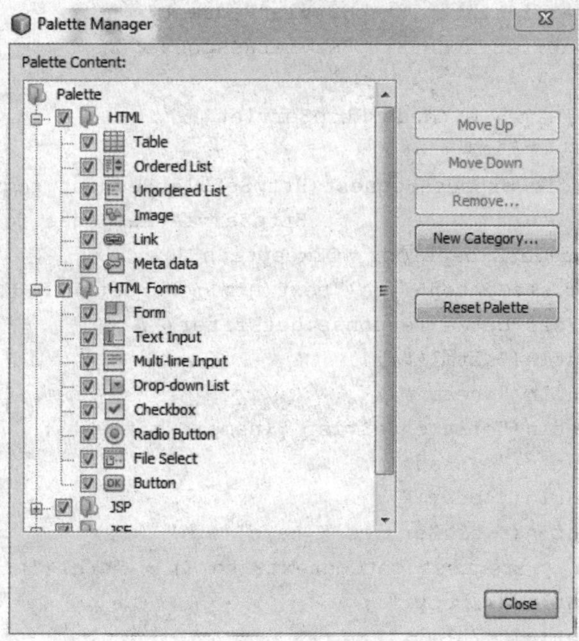

图 11-8　Palette Manager 窗口

JSP 和 JSF 的条目将在本章稍后介绍。Palette 面板中的任何元素都可拖放到中间面板的文档中。这对编写标记很有帮助——可使编写者省去一些输入工作。它也更容易保证语法的正确性。在向文档中输入元素时，NetBeans 会根据输入的开始的一两个字母提供一个可选元素菜单供您选择。这也有助于创建标记。

NetBeans 生成的 index.jsp 文档的样式与我们使用的标记文档样式并不匹配。它包含 JSP 注释和 JSP 指令 page，所以严格地讲，它并不是一个 HTML 文档。

构造应用程序的下一步是将文档 index.jsp(来自 11.1 节的 tstGreet.html)的主体部分输入 NetBeans 提供的文档骨架中。在输入后，可保存该文档(方法是选择 File | Save)。要确认是理想的文档显示结果，可构建并运行该项目(选择 Run | Run Main Project)。这将打开一个浏览器窗口并显示 index.jsp 的内容，它与图 11-1 中所示完全一致。

Servlet 的 NetBeans 模板包括很多我们的 Servlet 中不需要的语句。此时，需要修改模板，以使所有 Servlet 示例的开始语句都是我们期望的。修改模板的方法是，选择 Tools | Templates，展开 Web 目录条目，选择 Servlet，然后单击 Open in Editor。

此模板中有很多代码是这里的 Servlet 中不需要的，我们也不希望有这部分代码。这部分代码包括所有注释、processRequest 方法的 try-finally 结构以及整个 getServletInfo 方法。修改之后，选择 File | Save All，保存这个新版本的 Servlet 模板：

```
/* Initial comments
   */
import java.io.IOException;
import java.io.PrintWriter;
import javax.servlet.ServletException;
import javax.servlet.http.HttpServlet;
import javax.servlet.http.HttpServletRequest;
import javax.servlet.http.HttpServletResponse;

public class ${name} extends HttpServlet {

    protected void processRequest(HttpServletRequest request,
                                  HttpServletResponse response)
      throws ServletException, IOException {
        response.setContentType("text/html;charset=UTF-8");
        PrintWriter out = response.getWriter();
        out.println("<html>");
        out.println("<head>");
        out.println("<title>Servlet ${name}</title>");
        out.println("</head>");
        out.println("<body>");
        out.println("<h1>Servlet ${name} at " +
                request.getContextPath () + "</h1>");
        out.println("</body>");
        out.println("</html>");
    }
```

```
    protected void doGet(HttpServletRequest request,
                         HttpServletResponse response)
    throws ServletException, IOException {
        processRequest(request, response);
    }

    protected void doPost(HttpServletRequest request,
                          HttpServletResponse response)
    throws ServletException, IOException {
        processRequest(request, response);
    }
}
```

现在就可以从新模板创建我们的示例 Servlet 了。首先右击项目名(在左上方的面板中)并选择 New | Servlet，将出现如图 11-9 所示的屏幕。

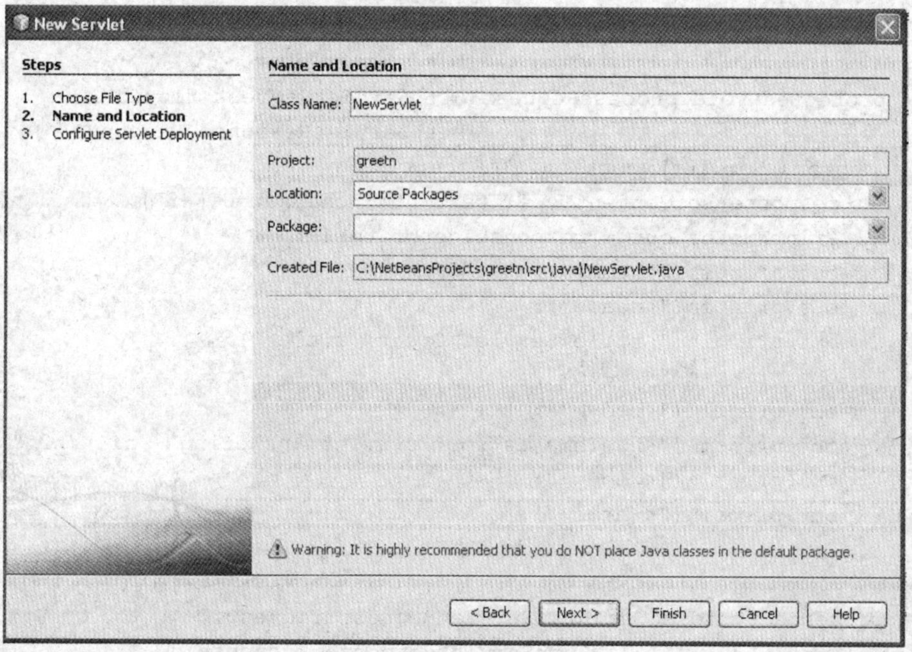

New Servlet

Steps	Name and Location
1. Choose File Type 2. **Name and Location** 3. Configure Servlet Deployment	Class Name: NewServlet Project: greetn Location: Source Packages Package: Created File: C:\NetBeansProjects\greetn\src\java\NewServlet.java Warning: It is highly recommended that you do NOT place Java classes in the default package.

< Back　Next >　Finish　Cancel　Help

图 11-9　New Servlet 窗口

在这个屏幕中，输入 Servlet 的名称 Greet 并单击 Finish 按钮(现在，Servlet 文件的名称为 Greet.java)。此时，中间面板中的工作区就会出现 Servlet 模板。

这个 Servlet 模板包括 3 个方法：processRequest、doGet 和 doPost。processRequest 方法由 doGET 和 doPost 调用，因此，所有事情都在此处发生。由于这个 NetBeans Servlet 模板同时包含 doGet 和 doPost 方法，所以可使用其中任一个方法来调用 Servlet。要为特定的应用程序构建 Servlet，需要修改模板的 processRequest 方法，使其完成应用程序需要完成的工作。

为了构建 Greet Servlet，需要把 11.1 节中的原始 Greet.java 的核心部分添加到 processRequest 方法中。在将 Java 代码输入工作区后，系统会立即检查代码的语法是否正确。语法有误的行将用红色下划线标出。

下列所示为用 NetBeans 创建的 Greet Servlet 的清单。

```
/* Greet.java - a trivial servlet written with NetBeans that
                only returns a greeting
   */

import java.io.IOException;
import java.io.PrintWriter;
import javax.servlet.ServletException;
import javax.servlet.http.HttpServlet;
import javax.servlet.http.HttpServletRequest;
import javax.servlet.http.HttpServletResponse;

public class Greet extends HttpServlet {

    protected void processRequest(HttpServletRequest request,
                                  HttpServletResponse response)
      throws ServletException, IOException {
        response.setContentType("text/html;charset=UTF-8");
        PrintWriter out = response.getWriter();
        out.println("<html>");
        out.println("<head>");
        out.println("<title>Servlet Greet</title>");
        out.println("</head>");
        out.println("<body>");
        out.println("<h2>This is your servlet answering - hi!</h2>");
        out.println("</body>");
        out.println("</html>");
    }

    protected void doGet(HttpServletRequest request,
                         HttpServletResponse response)
    throws ServletException, IOException {
        processRequest(request, response);
    }
    protected void doPost(HttpServletRequest request,
                          HttpServletResponse response)
    throws ServletException, IOException {
        processRequest(request, response);
    }
}
```

要运行项目，需要选择 Run | Run Project(greetn)。结果是打开一个浏览器窗口，显示 index.jsp 文档，如图 11-1 所示。Greet Servlet 的运行结果如图 11-2 所示。

为支持前面所说的 Servlet 应用程序的项目目录结构很复杂这个论点，我们统计了 NetBeans 为 greetn 应用程序生成的目录和文件数量——共 15 个目录和 21 个文件。注意其中绝大多数既无必要也没有用于 greetn 应用程序。

11.3　调查表示例

下面是一个比 Greet Servlet 更复杂、更有趣的 Servlet 示例。这个示例的初始文档是一个用来收集对消费类电子产品的潜在顾客的调查结果的表单。这个示例使用一个 Servlet 来获取表单信息并生成当前统计结果。用 NetBeans 构建的 survey 项目的初始文档如下所示。

```
<%--
    Document: index
    Creation: May 5, 2011, 10:21:15AM
    Author: bob2
    Purpose: Initial markup document for the Survey project
    --%>
<%@page contentType = "text/html" pageEncoding = "UTF-8"%>
<!DOCTYPE html>
<html>
     <head>
        <title> Survey </title>
        <meta http-equiv="Content-Type" content="text/html;
           charset=UTF-8">
     </head>
     <body>
        <form method="POST" action="Survey">
             <h2> Welcome to the Consumer Electronics Purchasing
             Survey</h2>
       <p />
       <h4> Your Gender: </h4>
       <p>
            <label>
          <input type="radio" name="gender" value="female"
                   checked="checked" />
             Female <br />
          </label>
          <label>
        <input type="radio" name="gender" value="male" />
             Male <br /> <br /> <br />
          </label>
       </p>
       <p>
          <label>
             <input type="radio" name="vote" value="0" />
              TV <br />
```

```
            </label>
            <label>
                <input type="radio" name="vote" value="1" />
                 Digital Camera <br />
            </label>
            <label>
                <input type="radio" name="vote" value="2" />
                 MP3 player <br />
            </label>
            <label>
                <input type="radio" name="vote" value="3" />
                 DVD player/recorder <br />
            </label>
            <label>
                <input type="radio" name="vote" value="4" />
                 Camcorder <br />
            </label>
            <label>
                <input type="radio" name="vote" value="5" />
                 PDA <br />
            </label>
            <label>
                <input type="radio" name="vote" value="6"
                      checked="checked" />
                Other <br /> <br />
            </label>
                <input type = "submit" value = "Submit Vote" />
                <input type = "reset" value = "Clear Vote Form" />
            </p>
        </form>
    </body>
</html>
```

图 11-10 给出了 survey 示例的初始表单的显示结果。

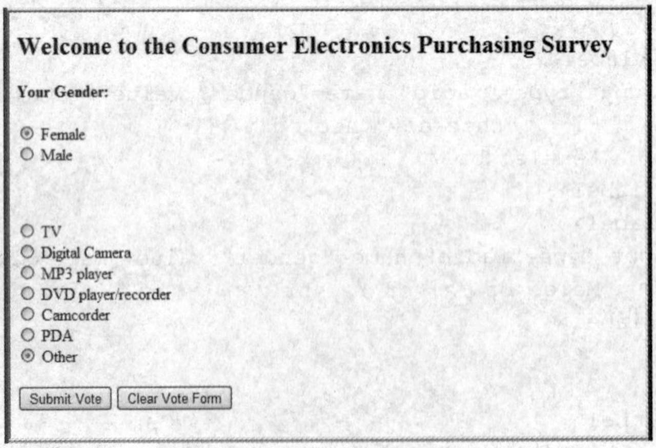

Welcome to the Consumer Electronics Purchasing Survey

Your Gender:

Female
Male

TV
Digital Camera
MP3 player
DVD player/recorder
Camcorder
PDA
Other

Submit Vote | Clear Vote Form

图 11-10　survey 示例的初始表单的显示结果

由于处理该页面中表单的 Servlet 必须累加调查结果，因此必须创建一个文件，然后用该文件存储调查结果。第一次提交表单时，必须创建该文件并写入内容。对后面的提交动作，文件的操作依次是打开、读取和重新写入。Servlet 将为每个提交表单的客户生成当前的投票总数。调查结果将是两组投票总数，分别针对男性和女性。

存储在投票结果文件中的数据是一个结果的整型数组[3]。分别使用 ObjectInputStream 和 ObjectOutputStream 对象来读取和写入该文件。这是一种向文件写入任何对象的简单途径。用于输入时，输入数据对象会被强制转换为整型数组；用于文件输出时，数组对象直接写入到输出流中。

除首次 Servlet 调用外，在其他的 Servlet 调用中，Servlet 必须从文件中读取当前的投票结果数组，然后修改该数组，再写回到文件中。第一次调用 Servlet 时没必要读取该文件，因为调用会生成第一次投票然后写入文件中。文件读取由一个 ObjectInputStream 对象完成。该对象通过调用 ObjectInputStream 构造函数来创建，构造函数的参数是一个 FileInputStream 类的对象，而该 FileInputStream 类的对象本身又通过将文件的程序名传递给 FileInputStream 构造函数来创建。声明语句如下所示：

```
ObjectInputStream indat = new ObjectInputStream(
   new FileInputStream(File_variable_name));
```

在该语句中，indat 是引用输入流的程序变量。

这里会出现同时有多个客户要访问存储统计结果文件的问题，因为 Servlet 容器支持同一个 Servlet 有多个并发的执行操作。为了避免并发访问文件可能造成的冲突，可使用一个 synchronized 子句来封装对该文件的访问。包含在该子句中的任何代码都可以完整地执行完毕，并且只有在一个执行操作完成后才允许另一个执行操作进入该子句。

Servlet 通过传递到 doPost 方法的 request 对象的 getParameter 方法来访问表单数据。getParameter 方法接受一个字符串参数，用来指定表单元素的名称。返回值是该参数的字符串值。例如，如果表单有一个名为 address 的元素，下面的语句将把 address 表单元素的值放到变量 newAddress 中去：

```
newAddress = request.getParameter("address");
```

如果传递给 getParameter 的名称所代表的组件不含表单值，getParameter 将返回 null。需要注意，getParameter 对于通过 HTTP GET 或 POST 方法传递的值都有效。

表单值未必是字符串类型——例如，有些是数字。但它们都是作为字符串从用户那里收集的，并作为字符串进行传递。所以，如果表单值是一个整数，它必须转换成一个字符串来传递，然后在 Servlet 中必须再转换回整数值。在 Java 中，用 parseInt 方法来完成转换，该方法在整数的包装类 Integer 中定义。例如，一个名为 price 的组件的表单值作为参数被传递后，现在要把它转换回整数值，可以使用下面的语句：

```
price = Integer.parseInt(request.getParameter("price"));
```

3　也可以为数据定义类，但为了简单起见，特别是考虑到那些缺乏 Java 经验的读者，这里选用了数组。

当然，这种方法是有风险的，因为 parseInt 和 getParameter 都有可能失败。如果未指定控件的表单参数，则 getParameter 返回 null，它不应该发送到 parseInt。如果表单参数不是一个有效的数字字符串，则 parseInt 会抛出 NumberFormatException 异常。可使用下面的代码来检测并解决这两种问题：

```
str = request.getParameter("price");
if (str != null)
  try {
    price = Integer.parseInt(str);
  }
  catch (NumberFormatException e) {
    out.println("Error - price is not a number");
  }
else
  out.println("Error - price has no value");
```

现在来讨论处理调查表单数据的 Servlet 要做的事情。在我们的示例中，提供了 7 个不同的选项供用户选择。数据文件存储了一个含 14 个整数元素的数组，前 7 个用来记录女性客户的选票，后 7 个用来记录男性客户的选票。下面的伪代码算法描述了 Servlet 的执行步骤：

如果投票数据文件存在
  从数据文件中读取投票结果数组
否则
  创建投票结果数组
从表单值中获取性别信息
从表单值中获取新投票
  并把它转换为一个整数
在投票结果数组中添加投票
将投票结果数组写入投票数据文件
生成返回的标记文档，用于显示当前的调查统计结果

实现以上过程的名为 Survey 的 Servlet 程序代码如下所示：

```
/* Survey.java
   Processes the consumer electronics survey form, updating the
   file that stores the survey data and producing the cumulative
   number of votes in the survey. The survey data file, survdat.ser,
   is stored on the Web server.
  */

import java.io.*;
import javax.servlet.ServletException;
import javax.servlet.http.HttpServlet;
import javax.servlet.http.HttpServletRequest;
```

```
import javax.servlet.http.HttpServletResponse;

public class Survey extends HttpServlet {

    protected void processRequest(HttpServletRequest request,
                                   HttpServletResponse response)
       throws ServletException, IOException {
    int[] votes = null;
    int index;
    int vote;
    File survdat = new File("survdat.ser");
    String gender;
    String[] products = {"TV", "Digital Camera", "MP3 player",
       "DVD player/recorder", "Camcorder", "PDA", "Other"};

    // Set the content type for the response and get a writer
      response.setContentType("text/html;charset=UTF-8");
      PrintWriter out = response.getWriter();

    // Create the initial part of the response document
       out.println("<html>");
       out.println("<head>");
       out.println("<title>Return message</title>");
       out.println("</head>");
       out.println("<body>");

       // Synchronize a block for the votes file access
       synchronized (this) {

          // If the file already exists, read in its data
       try {
             if (survdat.exists()) {
                ObjectInputStream indat = new
                 ObjectInputStream(new FileInputStream(
                  survdat));
                 votes = (int[]) indat.readObject();
                 indat.close();
             }

             // If the file does not exist (this is the first
             // vote), create the votes array
             else {
                votes = new int[14];
             }
         } catch (Exception e) {
             e.printStackTrace();
```

```
            }

            // Get the gender of the survey respondent's
            gender = request.getParameter("gender");
            // Add the consumer electronics vote of the response
            // to the votes array
            vote = Integer.parseInt(request.getParameter ("vote"));
               if (gender.equals("male")) {
                  vote += votes.length / 2;
               }
               votes[vote]++;

             //Write updated votes array to disk
             ObjectOutputStream outdat = new ObjectOutputStream(
                      new FileOutputStream(survdat));
             outdat.writeObject(votes);
             outdat.flush();
             outdat.close();

            } //** end of the synchronized block
            // Create the initial response information
            out.println(
                    "<h3> Thank you for participating in the");
            out.println(" Consumer Electronics Survey </h3>");
            out.println("<h4> Current Survey Results: </h4>");

            // Create the cumulative total votes return information
            // for females
            out.println("<h5> For Female Respondents </h5>");
            for (index = 0; index < votes.length / 2; index++) {
                 out.print(products[index]);
                 out.print(": ");
                 out.println(votes[index]);
                 out.println("<br />");
            }

            // Create the cumulative total votes return information
            // for males
            out.println("<h5> For Male Respondents </h5>");
            for (index = votes.length / 2; index < votes.length;
                index++) {
               out.print(products[index - (votes.length / 2)]);
                                  out.print(": ");
                out.println(votes[index]);
                out.println("<br />");
            }
```

```
        out.close();
    }
    protected void doGet(HttpServletRequest request,
                        HttpServletResponse response)
            throws ServletException, IOException {
        processRequest(request, response);
    }

    protected void doPost(HttpServletRequest request,
                         HttpServletResponse response)
            throws ServletException, IOException {
        processRequest(request, response);
    }
}
```

需要注意，此 Servlet 未包含相应代码来检测从表单获取投票值时 getParameter 和 parseInt 是否有误。原因在于表单值出错的可能性较低，因为表单值是在调用文档时创建的，而不是由用户输入的。

这个示例演示了使用 Servlet 在服务器上进行表单处理和数据存储。它表明了开发 Servlet 与编写非 Web Java 应用程序并不是完全不同的。图 11-11 显示了在收到一些投票后 Survey Servlet 的运行结果。

Thank you for participating in the Consumer Electronics Survey

Current Survey Results:

For Female Respondents

TV: 7
Digital Camera: 3
MP3 player: 1
DVD player/recorder: 2
Camcorder: 0
PDA: 2
Other: 0

For Male Respondents

TV: 3
Digital Camera: 0
MP3 player: 2
DVD player/recorder: 0
Camcorder: 1
PDA: 4
Other: 0

图 11-11　Survey Servlet 的结果

11.4 在客户端存储信息

cookie 用于在客户端的机器上存储之前与特定服务器交互的信息。javax.servlet 包提供了创建和使用 cookie 的工具。

11.4.1 cookie[4]

一次会话指的是浏览器与某个特定的服务器之间交互的时间间隔。会话开始于浏览器与特定的服务器建立连接的那一刻。而会话的终止有两种可能：一种可能是浏览器被终止，另一种可能是服务器由于客户端已处于不活动状态而终止了会话。不活动状态的最大时长在服务器配置中设置。例如，一些服务器的默认最大时长是 30 分钟。

HTTP 协议本身是无状态的——它无法存储一个会话的信息使得这些信息对后续会话也有效。但在很多情况下，如果服务器能够在当前会话的不同请求之间以及同一客户在当前会话和后续会话发生的其他请求之间建立联系会非常有用。

最常见的一个用途就是通过会话信息可以在 Web 站点上实现购物车。电子商务网站可拥有无数同时在线的顾客。在任何时候，任何顾客都可向其购物车中添加或删除一项商品。每位用户的购物车是用会话标识符(可实现为 cookie)进行标识的。因此，cookie 可用于标识特定时间访问站点的每位顾客。

除用于标识顾客外，对于 Web 站点来说，cookie 的另一个常见用途是为每位访客创建一个配置文件，用来记录每位用户经常访问的站点内容——有时称为个性化定制。另外，如果服务器识别出某个请求是由一个先前对同一站点发送过请求的客户发出的，服务器可能会把一个为该客户特别定制的界面传送给该客户。而且，后面的会话可以使用这些配置文件来根据该客户过去感兴趣的内容发送广告。这些情况都要求累积和存储客户的信息。随着越来越多的 Web 站点使用购物车、定向广告和个性化定制，存储会话信息变得越来越重要。

cookie 提供了一种通用的方法来为浏览器系统自身存储会话信息。当浏览器再向同一服务器请求 Web 资源时，这些信息也传递给服务器。注意，使用 cookie 时，有时需要在创建 cookie 的会话结束之后将 cookie 存储起来。

cookie 是个小信息对象，由一个名称和一个文本值组成。它由服务器上的某个软件系统创建。浏览器与服务器之间的每次 HTTP 通信都会包含一个 HTTP 头部，里面存储了有关消息的信息。每个 HTTP 通信连接的头部分可以包含 cookie。所以每个从浏览器发送到服务器的请求和每个从服务器到浏览器的响应都能包含一个或多个 cookie。

创建一个 cookie 时会指定一个生命周期。一旦 cookie 的存在时间超过它的生命周期，就从浏览器的主机上删除该 cookie。

---

4 11.4.1 节的内容与 9.11.1 节的一样。

每个浏览器请求会包括存储在主机上的与该请求所指向的 Web 服务器相关的所有 cookie。只有创建了 cookie 的服务器才能收到来自浏览器的 cookie，所以一个特定的 cookie 用来存储一个特定的服务器和一个特定的浏览器之间交换的信息。因为 cookie 是作为文本存储的，所以浏览器用户在任何时候都可以查看它们。

由于 cookie 允许服务器记录浏览器的行为，这在某种程度上被认为侵犯了用户的隐私。因此，浏览器允许客户通过修改浏览器设置以拒绝接受来自服务器的 cookie。这明显是 cookie 的一个缺点——客户的拒绝使它们变得毫无用处。

也可以由浏览器用户来删除 cookie，不过各种浏览器的删除过程是不同的。可以通过浏览器的帮助工具了解在特定浏览器上如何删除 cookie。

cookie 的一个致命弱点是，用户可以通过设置浏览器来拒绝 cookie，也可以随时删除 cookie。由于 cookie 存在这样的缺点，因此 Java 提供了 Session Tracking API 作为 cookie 的替代方法。Session Tracking API 提供了类、接口和方法，以便支持存储和使用客户对话的会话对象。这些会话对象(可存储任何 Java 对象集)存储在服务器上，可由 Servlet 访问(本书不进一步讨论 Java 的会话跟踪，详细内容可查看与 Servlet 有关的书籍)。

11.4.2　Servlet 对 cookie 的支持

在服务器端，对应于一个 Servlet 的 Java cookie 是 Cookie 类的一个对象；在客户端，cookie 只是一个文本形式的数据值。把 cookie 的这两种使用形态区分开会很有好处。

一个 Java cookie 对象有一组数据成员和方法。其中最常用的数据成员有：用于存储 cookie 的生命周期或最长存在时间的数据成员、用于存储 cookie 的名称和值的字符串的数据成员，以及用来说明该 cookie 用途的注释(以字符串的形式给出)。常用的 Cookie 方法有 setComment(String)、setMaxAge(int)、setValue(String)、getComment()、getMaxAge()、getName()以及 getValue()，从名称很容易看出它们的用途。

cookie 对象由 Cookie 类的构造函数创建。该构造函数带两个参数：cookie 的名称和 cookie 的值。例如，来看下面这条语句：

```
Cookie newCookie = new Cookie(gender, vote);
```

默认情况下，一个 cookie 的生存期是从创建的那一刻直至当前会话结束。如果想使 cookie 在当前会话结束后仍然有效，则必须使用 Cookie 的 setMaxAge 方法来设置该 cookie 的生存期。setMaxAge 的参数是一个整数形式的秒数。由于 Java 的整数值最大可以达到约 20 亿，因此 cookie 的存在时间范围可以是从一秒钟到将近 25 000 年。例如，下面的方法调用将把 newCookie 的生存期设为一个小时：

```
newCookie.setMaxAge(3600);
```

通过调用 SetMaxAge 将一个 cookie 的最长存在时间设置为 0，可强制浏览器删除该 cookie。

通过 HttpServletResponse 类的 addCookie 方法，可以在服务器的一个响应中添加一个

cookie。例如，下面的语句在响应对象 myResponse 中添加名为 newCookie 的 cookie：

```
myResponse.addCookie(newCookie);
```

因为 cookie 存储在 HTTP 通信的头部，所以与其他头部信息一样，cookie 必须在响应体的任何一部分被创建之前添加到响应中。需要再次提醒的是，浏览器获取和存储的 cookie 不是一个完整的 Java 对象——它不包含方法；它只是一些文本数据。

浏览器要对 cookie 做的工作很少，至少直接的操作很少。浏览器接受 cookie，然后存储在浏览器主机系统中，并通过在会话或 cookie 的生存期终止之前向服务器发出的每个 HTTP 请求将这些 cookie 返回给创建它们的服务器。所有这些工作都是由浏览器隐式完成。

Servlet 必须显式获取浏览器发送给服务器的 cookie。这由 HttpServletRequest 类的 getCookies 方法完成。该方法将返回一个数组，该数组包含了所有引用的 Cookie 对象。下面的代码是一个 cookie 数组声明和一个对 getCookies 方法的后续调用：

```
Cookie[] theCookies;
...
theCookies = request.getCookies();
```

任何对 cookie 的处理都可以在这些 cookie 添加到响应然后发回给浏览器之前完成。

11.4.3 示例

现在来分析一个向用户呈现投票表单的示例，该表单用于在捕狗员职位选举中收集客户端的选票。通过表单提交的选票由一个处理该表单的 Servlet 记录在服务器上。本示例使用一个 cookie 来记录客户端的投票者之前是否投过票，以免同一客户端多次投票。调查表单用下面的文档来表示：

```
<%--
    Document: index (for the VoteCounter project)
    Creation: May 7, 2011, 3:01:19PM
    Author: bob2
    Purpose: The markup document for the vote counter project
             Presents a ballot to the user and calls the VoteCounter
             servlet for handling the form
    --%>
<%@page contentType = "text/html" pageEncoding = "UTF-8"%>
<!DOCTYPE html>
<html>
    <head>
        <title>Ballot</title>
        <meta http-equiv="Content-Type" content="text/html;
            charset=UTF-8">
    </head>
    <body>
        <form action="VoteCounter" method="POST">
```

```
            <h3> Please choose one candidate for dogcatcher </h3>
            <p>
               <input type="radio" name="vote" value="Dogman" />
               Daren Dogman <br />
               <input type="radio" name="vote" value="Taildragger" />
               Timmy Taildragger <br />
               <input type="radio" name="vote" value="Dogpile" />
               Don Dogpile <br />
            </p><p>
               <input type = "submit" value = "Submit ballot" />
            </p>
         </form>
      </body>
   </html>
```

图 11-12 是投票计数器示例的初始文档的显示结果。

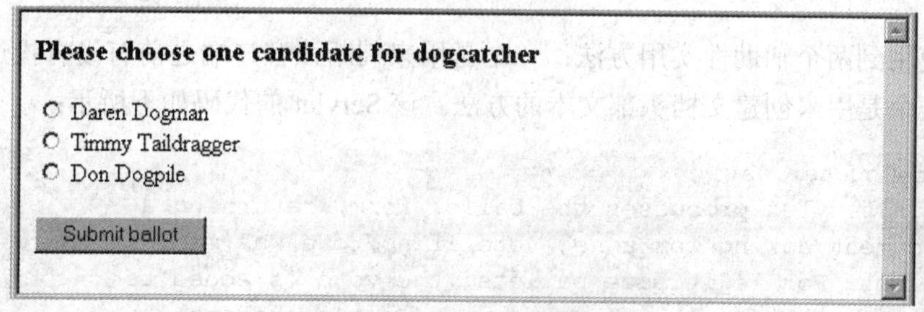

图 11-12　初始文档的显示结果

投票表单的使用者可以选择三个人中的一个来担任捕狗员。表单用三个单选按钮来表示三种投票选择，还有一个 Submit ballot 按钮用来提交表单。表单的 action 特性指定它由名为 VoteCounter 的 Servlet 来处理，并使用 POST 方法传递。

用于选票计数的 Servlet 有几项工作需要完成。每收到一个投票(请求)时，Servlet 必须首先查看是否真的选择了一个候选人(使用者是否单击了某个单选按钮？)。如果没有选择任何候选人，就必须给客户端发回一个响应文档，通知使用者必须选择一个候选人然后再提交表单。第二项工作是 Servlet 必须确保一个投票者没有反复投票，至少在规定的时间段内没有反复投票。为了做到这点，必须给每位投票者返回一个 cookie。每个提交的选票必须经过检查，以确定提交内容中的 cookie 是否表明该使用者先前已经投过票。如果提交的选票包含一个候选人——也就是说，表单中有一个单选按钮被选中——并且投票者之前没有投过票，该选票就可以交付处理了。处理一个选票需要读取选票统计结果文件，然后更新文件的内容，之后再重新写回硬盘中。还有最后一项工作，Servlet 必须生成一个标记文档把当前的投票结果返回给每个合法的投票者。VoteCounter Servlet 的执行步骤可以用下面的伪代码算法表示：

如果表单中没有选择一个候选人

　返回一条消息给客户端——“没有选择任何候选人”

否则

如果该客户端之前没有投过票

如果投票数据文件存在

读取数据放到一个当前投票结果数组中

否则

创建投票结果数组

用新选票更新投票结果数组

把投票结果数组写入硬盘中

生成一个“iVoted”cookie 并添加到响应中

返回一条消息告诉客户端当前的投票统计结果

否则

返回一条消息给客户端——“投票无效”

结束

这里使用到两个辅助性实用方法：一个是用来判断该客户端之前有没有投过票的判定方法，另一个是用来创建文档头部文本的方法。该 Servlet 的代码如下所示：

```
/* VoteCounter.java
   This servlet processes the ballot form, returning a
   document asking for a new vote if no vote was made on the
   ballot. For legitimate ballots, the vote is added to
   the current totals, and those totals are presented to
   the user in a return document.
   A cookie is returned to the voter, recording the fact
   that a vote was received. The servlet examines all votes
   for cookies to ensure that there is no multiple voting.
   The voting data file, votesdat.ser, is stored on the Web
   server.
  */

import java.io.*;
import javax.servlet.ServletException;
import javax.servlet.http.Cookie;
import javax.servlet.http.HttpServlet;
import javax.servlet.http.HttpServletRequest;
import javax.servlet.http.HttpServletResponse;

public class VoteCounter extends HttpServlet {

    protected void processRequest(HttpServletRequest request,
                                  HttpServletResponse response)
            throws ServletException, IOException {
        Cookie[] cookies = null;
        int index;
        Cookie newCookie;
        int[] votes = null;
```

```
String vote;
File votesdat = new File("votesdat.ser");
String[] candidates = {"Daren Dogman", "Timmy Taildragger",
   "Don Dogpile"
};
// Set content type for response and get a writer
response.setContentType("text/html");
PrintWriter out = response.getWriter();

// Get cookies from the request
cookies = request.getCookies();

// Check to see if there was a vote on the form
vote = request.getParameter("vote");
if (vote == null) { //** There was no vote
   // Create the return document
   makeHeader(response, out);
   out.println(
         "You submitted a ballot with no vote marked <br />");
   out.println(
         "Please mark the ballot and resubmit");
} //** end of if (vote == null) ...
else { //** There was a vote

   // Check to see if this client voted before
   if (!votedBefore(cookies)) {

      // No previous vote, so get the contents of the file
      // (if the file already exists)

      // Synchronize block for file input-output
      synchronized (this) {
         if (votesdat.exists()) {
            ObjectInputStream indat =
      new ObjectInputStream(new FileInputStream(votesdat));

            // We need the try-catch here because
            // readObject can throw ClassNotFound
            try {
               votes = (int[]) indat.readObject();
            } catch (ClassNotFoundException problem) {
               problem.printStackTrace();
            }
         } //** end of if(votesdat.exists() ...


         // If the file does not exist (this is the first
         // vote), create the votes array
         else {
            votes = new int[3];
```

```
            // Add the new vote to the votes array
            }
            if (vote.equals("Dogman")) {
               votes[0]++;
            } else if (vote.equals("Taildragger")) {
               votes[1]++;
            } else {
               votes[2]++;
            } //** end of if (vote.equals("Dogman"))

            // Write updated votes array to disk
            ObjectOutputStream outdat = new ObjectOutputStream(
                    new FileOutputStream(votesdat));
            outdat.writeObject(votes);
            outdat.flush();
            outdat.close();
         } //** end of synchronized block

         // Attach a cookie to the response
         newCookie = new Cookie("iVoted", "true");
         newCookie.setMaxAge(5); //** Set to 5 for testing
         response.addCookie(newCookie);

         // Write a response message
         makeHeader(response, out);
         out.println("Your vote has been received");
         out.println(
              "<br /><br /> Current Voting Totals: <br />");

         // Create the total votes return information
         for (index = 0; index < votes.length; index++) {
              out.println("<br />");
              out.print(candidates[index]);
              out.print(": ");
              out.println(votes[index]);
         }
      } //** end of if (!votedBefore(cookies) ...
      else { // The client voted before

         // Write a response message
         makeHeader(response, out);
         out.println(
              "Your vote is illegal - you have already voted!");
      } // end of else clause - client voted before
   } // end of else (there was a vote)
   // Finish response document and close the stream
   out.println("</body> </html>");
   out.close();
} //** end of ProcessRequest
```

```
    //-------------------------------------------------------------------
    // Method votedBefore - return true if the client voted before;
    // false otherwise
    private boolean votedBefore(Cookie[] cookies) {
       if (cookies == null || cookies.length == 0) {
          return false;
       } else {

          // Check the cookies to see if this user voted before
          for (Cookie cookie: cookies) {
                if (cookie.getName().equals("iVoted")) {
                   return true;
                }
          } // end of for (index = 0; ...
          return false;
       } //** end of if (cookies == null ...
    } //** end of votedBefore

    //-------------------------------------------------------------------
    // Method makeHeader - get the writer and produce the
    // response header
    private void makeHeader(HttpServletResponse response,
                            PrintWriter out)
            throws IOException {
       // Write the response document head and the message
       out.println("<html><head>");
       out.println(
         "<title> Return message </title></head><body>");
    } //** end of makeHeader

    // Method doPost - just calls processRequest
    protected void doPost(HttpServletRequest request,
            HttpServletResponse response)
            throws ServletException, IOException {
       processRequest(request, response);
    }
}
```

VoteCounter servlet 要处理的三种可能情况分别是：没有选择候选人、同一投票者反复投票以及合法投票。这三种情况的输出分别如图 11-13、图 11-14 和图 11-15 所示。

```
You submitted a ballot with no vote marked
Please mark the ballot and resubmit
```

图 11-13　表单中没有选中任何候选人的情况下 VoteCounter Servlet 的输出

```
Your vote is illegal - you have already voted!
```

图 11-14　表单投票者重复投票的情况下 VoteCounter Servlet 的输出

```
Your vote has been received

Current Voting Totals:

Daren Dogman: 3
Timmy Taildragger: 1
Don Dogpile: 0
```

图 11-15　选票合法的情况下 VoteCounter Servlet 的输出

注意在 VoteCounter.java 代码中有几处数据是硬编码的，例如在下面的这行代码中：

```
if (vote.equals("Dogman")) {
```

虽然在此程序中使用硬编码很清楚，但在商用应用程序中这种编程做法很糟糕，因为参数(在此例中是候选人)的任何变更都要求修改和重新部署程序。在商业应用程序中，重新部署过程十分昂贵，因此应该尽量予以避免。在本例中，避免这种问题的方法是从程序外部的数据文件中读取候选人的姓名。

11.5　JSP

建立在 Servlet 之上的 JavaServer Pages(JSP)提供了多种构建动态 Web 文档的方式。注意是“多种”而不是“一种”，因为 JSP 包含了好几种动态生成 Web 文档的方法。

11.5.1　开发 JSP 的动机

Servlet 技术以及其他同类技术要支持动态 Web 文档，需要解决很多问题。其中就涉及如何将响应文档嵌入到程序代码中。对于 Servlet 技术来说，整个响应文档是通过调用 PrintWriter 类的 print 和 println 方法来创建，这就使得应用程序的用户界面的所有维护工作都要在程序代码上完成。

一个紧密相关的问题是开发组织常有两类人员，分别负责 Web 应用程序的构建和维护，他们擅长的技能有所不同。Web 设计者的主要任务是设计界面以及体现 Web 文档的表现特点。而程序员的主要任务是设计和维护用来处理表单数据、实现业务逻辑以及处理与数据库交互的程序代码。大部分人不会同时担任这两种工作，而只担任其中的一种。但是，要把标记代码和程序代码结合在一起需要担任两种工作的人员对同一个文档进行操作。而且，这两类人员阅读这些混合代码文档都会感到很困难。

JSP 可用于开发基于服务器的动态文档，在其中清晰分离了表现逻辑(标记)和业务逻辑。而且有时，不了解核心 Java 编程的 Web 设计者也可用 JSP 开发生成动态文档的基于服务器的应用程序。这对于基于 Servlet 的应用程序来说则不然。

Servlet 与 JSP 的基本功能是相同的。11.5.2 节将讨论如何确定采用哪种技术。

11.5.2　JSP 文档

编写 JSP 文档有两种语法形式：一种是现在称为经典语法的原始方法，另一种是采用 XML 语法。在 2003 年晚些时候发布的 JSP 2.0 中，提出了 XML 方法。如果 JSP 文档将生成遵循 XML 规范的文档，则 XML 语法很有用。但 XML 语法要求更多的工作和较大的文档。本章并不进一步讨论 JSP 文档的 XML 语法，本书中的所有 JSP 文档示例都采用经典语法[5]。

JSP 文档由一个名为 JSP 容器的软件系统来处理。通常情况下，有些 JSP 容器在文档被加载到服务器时就转换该文档，而有些 JSP 容器只有文档被客户端第一次请求时才进行转换。转换的过程是先把 JSP 文档转换成 Servlet 然后再编译该 Servlet。所以，JSP 实际上是编写 Servlet 的一种简化方法。

图 11-16 展示了 JSP 文档的处理流。

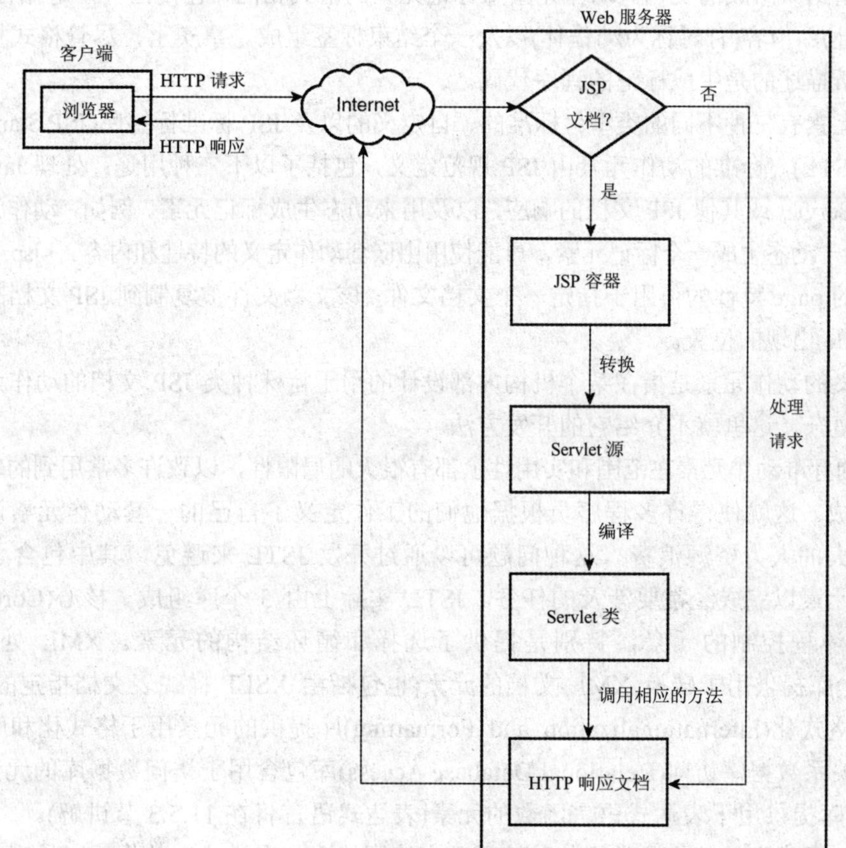

图 11-16　JSP 文档的处理流

5　有些作者将用经典语法编写的 JSP 称为 JSP 页面，而将用 XML 编写的称为 JSP 文档。我们将采用 JSP 文档这种称谓，尽管它们是用经典语法编写的。

在 JSP 的早期版本中，Java 代码片段像 PHP 代码一样嵌在文档中。这些代码段称为 scriptlet(脚本段)。这一方法仍存在 Servlet 所固有的语言混合的问题。但 JSP 的后期版本增添了新功能，从而不再需要 scriptlet。因此，现在不提倡使用 scriptlet。

在假定未使用 scriptlet 的情况下，一个 JSP 文档由三种不同的元素组成，第一种是传统的 HTML、XHTML 或 XML 标记，第二种是动作元素，第三种是指令元素。

文档中的标记用来生成静态的内容。这些标记称为模板文本，是文档的静态部分。JSP 文档中唯一的非 JSP 元素就是模板文本。JSP 容器不会修改模板文本，而将它按照在 JSP 文档中的样子直接发送到浏览器。设计者根据一个文档中的模板文本所占的比例来决定是选择 Servlet 还是选择 JSP 文档。模板文本占的比例越大，选择使用 JSP 的效果越好。如果一个文档的大部分内容是动态生成的，则选择 Servlet 较好。如果模板文本和动态产生的文本都需要，则可以在 Web 应用程序中同时使用 Servlet 和 JSP。

动作元素用于动态生成内容。源为 JSP 文档的 Servlet 的执行结果是由模板文本和动作元素的输出结果组成的文档。动作元素与标记元素的格式相同，也是由一个起始标签(可能会包含特性)、内容(有时称为动作体)以及一个结束标签组成。事实上，尽管格式相同，但动作元素所描述的是生成标记的程序代码。

动作元素有三种不同的类型：标准的、自定义的以及 JSP 标准标签库(JSP Standard Tag Library，JSTL)。标准的动作元素由 JSP 规范定义，包括了以下三种用途：处理 JavaBean[6]，包含来自 Servlet 或其他 JSP 文档的响应，以及用来动态生成标记元素。例如，动作元素<jsp: element>用于动态生成一个标记元素，可能使用由嵌套动作定义的特性和内容。<jsp: include>动作元素的 page 特性的值用于指定一个文档文件，该文档文件被复制到 JSP 文档的输出文档中 include 出现的位置。

自定义的动作元素是指在某个机构内部设计的用于特殊种类 JSP 文档的动作元素。由于它比较复杂，这里就不介绍它的开发方法。

JSP 的标准动作元素在范围和实用性上都有很大的局限性，以致许多常用到的功能它们都无法完成。这就使得许多程序员根据他们的工作定义了自己的一套动作元素，这显然造成了很大的人力资源浪费。这种问题可以通过开发 JSTL 来避免，其中包含了许多常用的动作元素以完成经常要涉及的任务。JSTL 实际上由 5 个库组成。核心(Core)库提供用于简单流程控制的元素，特别是提供了选择和循环结构的元素。XML 处理(XML Processing)库提供用于转换 XML 文档的元素(也包括由 XSLT 样式表文档指定的元素)。国际化和格式化(Internationalization and Formatting)库提供的元素用于格式化和解析本地化信息。关系数据库访问(Relational Database Access)库包含用于访问数据库的元素。函数(Function)库提供用于表达式语言函数的元素(表达式语言将在 11.5.3 节讲解)。

动作元素指定的动作通常用某种编程语言编写的语句来描述。动作元素的库事实上构成了可以用标记语言的形式来编写动态动作的编程语言。使用动作元素和使用 Java 之间的区别有两点：一是两者的语法完全不同；二是使用专门的标签要比使用与之等价的 Java 语

---

6 Java Bean 是一个定义可重用组件的特殊 Java 类。11.6 节将讨论 JavaBeans。

句更简单。因此，它们可供经验欠缺的程序员使用。

指令是发送给 JSP 容器的消息，用来提供文档本身的信息和文档中预定义的动作元素的来源。指令可以指定在一个文档中引入来自其他地方的内容，但指令本身不能创建内容。

从语句构成上讲，指令是一些夹在界定符<%@和%>之间的标签。它们使用特性来与容器通信。最常用的指令是 page 和 taglib。page 指令通常包含两个特性：contentType 和 pageEncoding。contentType 通常被设为"text/html"，pageEncoding 通常被设为"UTF-8"。下面是一个典型的 page 指令：

```
<%@page contentType="text/html" pageEncoding="UTF-8"%>
```

taglib 指令用来指定文档中使用到的动作元素或标签来自哪个库。在指令中是通过将库的 URI 赋给 uri 特性来指定库的。taglib 指令也可以定义库的缩写形式，方法是将库的缩写形式赋给它的 prefix 特性。然后将此缩写形式和一个冒号置于来自文档中使用库的任何名称的左边。此语法与 XML 名称空间所用的缩写形式的语法完全相同。例如，一个 JSP 文档可能包含下面的指令：

```
<%@ taglib prefix = "c"
  uri = "http://java.sun.com/jsp/jstl/core" %>
```

这个指令指定了 JSTL 核心库的 URI，并设置它的元素前缀为 c。现在，例如 if 标签就可以引用为<c:if>了。本章后面的 JSP 示例将用到核心库的动作元素[7]。

11.5.3　表达式语言

使用 JSTL 需要了解两种主要技术：JSTL 的标签集和 JSP 表达式语言。

JSP 表达式语言(Expression Language，EL)与脚本语言(如 JavaScript)的表达式很相似，至少在简单易用方面很相似，但注意也就是表达式相似而已。它们的相似性最能体现在强制类型转换规则上，该规则避免了像 Java 等强数据类型编程语言一样在编写包含字符串和数字的表达式时必须使用的大多数显式类型转换。例如，如果在 EL 中一个字符串与一个数值相加，JSP 容器就会强制将该字符串转换成一个数值。这样给处理表单数据带来了方便，因为表单数据虽然是文本形式，但常表示的是数值数据。同时使不懂 Java 编程技术的 Web 页面设计者容易掌握 EL。

另外，EL 不含控制语句(如选择或循环控制)[8]，这些控制语句由 JSTL 的动作元素提供。顾名思义，EL 只是一种表达式语言。

在语句结构上，一个 EL 表达式由一个美元符号($)起头并被一对花括号包起来，格式如下所示：

7　在 NetBeans 7.0 的 jsp 文件中使用 taglib 指令可能会引发一个错误，错误消息指出无法找到库。通过右击项目的 Library，在快捷菜单中选择 Add Library | JSTL 1.1，然后单击 Add Library 按钮，可以解决这个问题。此操作可能要在重启 NetBeans 后才会生效。

8　这并不完全正确，EL 包含属于 C 语言及其很多后继语言一部分的条件表达式。严格说来，条件表达式是控制语句。

```
${ 表达式}
```

一个 EL 表达式由字面量、通常的算术运算符、用于访问表单数据的隐含变量[9]以及一般的变量组成。字面量可以是数值(浮点的或整型的)、布尔值(true 或 false)或者字符串(单引号或双引号括起来的)。这里用到的变量都是由 JSTL 动作元素创建的。

EL 的保留关键字有：

```
and  div  empty  eq  false  ge    gt   instanceof
le   lt   mod    ne  not    null  or   true
```

其中有些关键字是符号运算符的同义词，例如，le 表示<=，lt 表示<。这可以避免与文档中的开始标签<产生冲突。

EL 表达式在 JSP 文档中可以出现在两个地方：即模板文本或某些动作元素的某些特性的值中。EL 常用来设置动作元素的特性值。由于特性值是字符串值，因此 EL 表达式的计算结果常需要强制转换为一个字符串。

EL 用到的数据有好几种来源，我们最感兴趣的是来自请求表单的数据，这些数据可以通过隐含变量 param 来获取。param 变量存储着所有表单数据值的集合，这和 JavaScript 对象存储其属性的方式是一样的。在访问某个特定的表单数据值时，该表单元素的名称可以像 JavaScript 的属性名一样使用，即用一个英文句点连接在集合名后面。例如，假设有一个表单组件的名为 address，可用下面的写法来访问它：

```
${param.address}
```

如果表单组件的名称包含特殊字符，可使用另一种格式来访问，在这种格式中组件的名称(以字符串字面量形式指定)用作 param 数组的下标，如下所示：

```
{param['cust-address']}
```

EL 定义了许多隐含变量，它们大多数是与请求头、表单值、cookie 以及各种各样的作用域变量相关的值的集合。例如，隐含变量 pageContext 是对一个 javax.servlet.http.HttpServlet-Request 类的对象的引用，它包含了一长串关于请求的信息。这些信息有 contentType、method (传递请求使用的 GET 或 POST 方法)、remoteAddr、客户端的 IP 以及 contentLength。

当对表达式求值时，EL 表达式的值常隐式地放在结果文档中。但是，如果插入到结果文档中的文本包含被浏览器误解的字符，例如尖括号或引号，则采用另一种方法比较好。表达式的值赋给 out 动作元素的 value 特性，out 动作元素在 JSTL 的核心库中定义，并且推荐使用前缀 c 来代表 JSTL 核心库。out 动作元素的格式如下所示：

```
<c:out value = "${EL expression}" />
```

将值插入到结果文档中这种方法的优点是，value 特性值中可能引起麻烦的所有字符都会隐式地用相应的字符实体来替换。在本示例中，只有在表达式的值有可能包含被浏览器误解的字符时才使用 out 元素。

---

9 由 JSP 容器隐式定义隐含变量。

下面这个示例应用程序(其项目的名称为 tempConvertEL)由一个初始 JSP 文档构成，是一个用于获取用户输入的摄氏温度的表单。它使用另一个 JSP 文档来处理该表单，处理的工作是计算等价的华氏温度并向用户显示计算结果。与本章中的其他应用程序一样，这个应用程序也是用 NetBeans 开发的。初始 JSP 文档如下所示：

```
<%--
  Document: index (for the tempConvertEL project)
  Created on: May 2, 2011, 4:53:03 PM
  Author: bob2
  Purpose: initial document for tempConvertEL project.
           Displays a form to collect a Celsius temperature from
           the user to be converted to Fahrenheit
  --%>
<%@page contentType="text/html" pageEncoding="UTF-8"%>
<!DOCTYPE html>
<html>
   <head>
      <title>Initial document for the tempConvertEL project</title>
      <meta http-equiv="Content-Type" content="text/html;
         charset=UTF-8">
   </head>
   <body>
      <form action="tempConvertEL2.jsp" method="POST">
         <p>Celsius temperature:
            <input type="text" name="ctemp" value="" />
            <input type = "submit"
                  value = "Convert to Fahrenheit" />
         </p>
      </form>
   </body>
</html>
```

为 tempConvertEL 应用程序处理表单数据的 JSP 文档 tempConvertEL2.jsp 的代码如下所示：

```
<%--
  Document:tempConvertEL2.jsp (response document for the
     tempConvertEL project)
  Created on: May 12, 2011, 2:30:02 PM
  Author: bob2
  Purpose: Convert a given temperature in Celsius to Fahrenheit
--%>
<%@page contentType="text/html" pageEncoding="UTF-8"%>
<!DOCTYPE html)
<html>
   <head>
      <title>tempConvertEL2.jsp</title>
      <meta http-equiv="Content-Type" content="text/html;
         charset=UTF-8">
   </head>
```

```
    <body>
        <p>
            Given temperature in Celsius:
            ${param.ctemp}
            <br /> <br />
            Temperature in Fahrenheit:
            ${(1.8 * param.ctemp) + 32}
        </p>
    </body>
</html>
```

这个文档执行简单的算术计算，通过 EL 表达式将组件 ctemp 的表单数据值转换成华氏温度。显示了输入数据值和计算结果。

11.5.4 JSTL 中用于控制的动作元素

JSTL 的核心库包含了一组在 JSP 文档中用于流程控制的动作元素。其中最常用的是 if、forEach、when、choose 以及 otherwise。if 元素的形式如下所示：

<c:if test = "*boolean expression*">

JSP 元素和/或标记

</c:if>

if 元素可以用来编写一个既能作为请求文档又能作为响应文档的 JSP 文档。它可以通过检查隐含变量 method 是否设置为 POST 来判断文档(在与服务器交互并被发送到服务器之后)是否需要处理。例如：

```
<c:if test = "pageContext.request.method == 'POST'}">
```

JSP 元素和/或标记

</c:if>

下面是一个 JSP 文档，它的功能与前面使用 index.jsp 和 tempConvertEL2.jsp 文档的 tempConvert EL 应用程序所完成的温度转换功能一样。和前面不同的是，这个新项目在一个文档中获取输入并执行温度转换。新文档使用了 if 元素来确定返回什么 JSP 代码：是接受输入的初始文档还是计算并显示转换结果的文档。

```
<%--
  Document: index.jsp (for the tempConvertEL1 project)
  Created on: May 27, 2011, 10:29:11 AM
  Author: bob2
  Purpose: Convert a given temperature in Celsius to Fahrenheit. This
           is both the request and the response document
--%>
<%@page contentType = "text/html" pageEncoding="UTF-8"%>
<%@ taglib prefix = "c"
```

```
            uri = "http://java.sun.com/jsp/jstl/core" %>
<!DOCTYPE html>
<html>
   <head>
      <title> Temperature Converter </title>
      <meta http-equiv="Content-Type" content="text/html;
         charset=UTF-8">
   </head>
   <body>
      <c:if test = "${pageContext.request.method != 'POST'}">
         <form action="index.jsp" method="POST">
            Celsius temperature:
            <input type="text" name="ctemp" value="" />
            <input type = "submit"
                   value = "Convert to Fahrenheit" />
         </form>
      </c:if>
      <c:if test = "${pageContext.request.method == 'POST'}">
         Given temperature in Celsius:
            ${param.ctemp} <br />
            The temperature in Fahrenheit:
            ${(1.8 * param.ctemp) + 32}
      </c:if>
   </body>
</html>
```

通过浏览器的 view source 选项，可以看到发送给浏览器的 tempConvertEL1 项目的 index.jsp 文档主体的两个版本。下面的第一个清单是初始文档的主体；第二个清单是在用输入的摄氏温度值 100 提交表单后文档的主体。

```
<body>
  <form action="index.jsp" method="POST">
    Celsius temperature:
    <input type="text" name="ctemp" value="" />
    <input type="submit" value="Convert to Fahrenheit" />
  </form>
</body>

<body>
  Given temperature in Celsius:
    100 <br />
    The temperature in Fahrenheit:
  212.0
</body>
```

复选框和菜单有多个值，而隐含变量 param 不能用来确定文档中包含这些组件的表单的哪些值被设置，哪些值没有被设置，在这种情况下需要使用 paramValues 隐含变量。paramValues 包含一个由每个表单元素的值组成的数组，可以用 JSTL 中的动作元素 forEach 遍历 paramValues 数组中的元素。forEach 元素类似于 Java 中的 for each 语句——它构建的迭代基于以下数据结构的元素：集合、迭代器、枚举或数组。items 特性被赋值为迭代所针对的数据结构。var 特性被赋值为一个变量名，在迭代中将把数据结构的元素赋给该变量。例如，分析一个复选框的例子：

```
<form method = "post">
  <label>
    <input type = "checkbox" name = "topping"
           value = "extracheese"
           checked = "checked" /> Extra cheese <br />
  </label>
  <label>
    <input type = "checkbox" name = "topping"
           value = "pepperoni" /> Pepperoni <br />
  </label>
  <label>
    <input type = "checkbox" name = "topping"
           value = "olives" /> Olives <br />
  </label>
  <label>
    <input type = "checkbox" name = "topping"
           value = "onions" /> Onions <br />
  </label>
  <label>
    <input type = "checkbox" name = "topping"
           value = "bacon" /> Bacon <br />
  </label>
  <input type = "submit" value = "Submit" /> <br />
</form>
```

下面的代码用来列出选中的复选框：

```
Pizza Toppings:
<c:forEach items = "${paramValues.topping}"
           var = "top">
  ${top} <br />
</c:forEach>
```

forEach 元素也可以基于一个计数器来控制循环体，这要用到 begin、end 和 step 特性。例如，下面这段 forEach 元素的代码重复执行循环体 10 遍：

```
<c:forEach begin = "1" end = "10">
  ...
<c:/forEach>
```

单选按钮的处理方法不同于复选框的处理方法。一个组中的所有单选按钮拥有相同的名称。针对这种情况，JSTL 有三个动作元素可以用于描述一个多选一结构的表单，它们是 choose、when 和 otherwise。choose 元素不带特性，用来包含整个结构。when 元素指定一段供选择的代码序列。when 的 test 特性设置为一个 EL 表达式，该表达式是一个布尔表达式，用来控制进入该元素代码体的条件。otherwise 元素不带特性，指定在 when 元素中的所有布尔表达式的值都不为真的情况下要执行的代码。首先遇到的 test 属性为真的 when 元素就为选择的结果，所以如果有多个 when 元素的 test 属性为真，结果只会选择一个，即首先遇到的那个。下面这个 JSP 示例文档用来显示当前选中的单选按钮：

```
<%--
  Document: index (for the radioButton project)
  Created on: June 11, 2011, 8:47:18 AM
  Author: bob2
  Purpose: To illustrate radio buttons in JSP
--%>
<%@page contentType = "text/html" pageEncoding="UTF-8"%>
<%@taglib prefix="c" uri="http://java.sun.com/jsp/jstl/core" %>
<!DOCTYPE html>
<html>
    <head>
        <title> Illustrate radio buttons </title>
        <meta http-equiv="Content-Type" content="text/html;
            charset=UTF-8">
    </head>
    <body>
        <form method="POST">
            <p>
                <label>
                    <input type="radio" name="payment"
                            value="visa" checked="checked" />
                    Visa <br />
                </label>
                <label>
                    <input type="radio" name="payment" value="mc" />
                     Master Charge <br />
                </label>
                <label>
                      <input type="radio" name="payment"
                              value="discover" />
                    Discover <br />
                </label>
                <label>
                        <input type="radio" name="payment"
                        value="check" />
                        Check <br />
                </label>
                <input type = "submit" value = "Submit" />
            </p>
        </form>

        <!-- If the form has been submitted, display the payment
              method -->
        <c:if test = "${pageContext.request.method == 'POST'}">
          You have chosen the following payment method:
        <c:choose>
```

```
        <c:when test = "${param.payment == 'visa'}">
          Visa
        </c:when>
        <c:when test = "${param.payment == 'mc'}">
          Master Charge
        </c:when>
        <c:when test = "${param.payment == 'discover'}">
          Discover
        </c:when>
        <c:otherwise>
          Check
        </c:otherwise>
      </c:choose>
    </c:if>
  </body>
</html>
```

11.6 JavaBean

JavaBean 体系结构提供了一组用于构建特殊类别 Java 类的规则。这些特殊类别的 Java 类可用于定义可重用的、独立的软件组件。这些组件称为 bean。bean 被设计为与可视系统构建器工具(如 NetBeans)一起使用。为了让构建器工具方便地确定 bean 类的方法和数据，必须有严格的命名约定。要公开的所有 bean 数据必须有 getter 和 setter 方法，其名称分别以 get 和 set 开头[10]。访问方法名称的其他部分是数据的变量名，且首字母大写。例如，如果 bean 有一个名为 celsius 的整型变量，其 getter 和 setter 方法必须分别命名为 getCelsius 和 setCelsius。

在 JSP 中，bean 通常作为用于 Web 应用程序中的数据的容器。它们通常使用 JSP IDE(如 NetBeans)构建。Bean 由程序员编写，但通常由不熟悉 Java 编程的 Web 设计者使用。当用 Servlet 和 JSP 构建 Web 应用程序时，bean 用于在 Servlet 和 JSP 文档间传送数据。EL 也可直接使用 bean 中的数据。

存储在 bean 中的数据称为属性(property)。属性名与 Java 中的变量名相像，因为它们都区分大小写。但属性名必须以小写字母开头。属性通常是私有的。为了使 JSP 文档可访问它，属性包含 getter 和/或 setter 方法。所有这些都是公共的。setter 方法可包括验证代码，以及任何有用的计算代码。setter 方法不返回任何值，因此其返回类型为 void。getter 方法的返回类型与属性相同。拥有读和写访问权限的属性包含 getter 和 setter 方法。只读属性只有 getter 方法；而只写属性只有 setter 方法。

每个 bean 类必须有一个无参构造函数。如果一个类没有构造函数，将隐式提供无参构造函数，因此不需要由开发人员提供。无参构造函数允许工具在只知道 bean 的类名的情况下创建 bean 实例。

要创建 bean 类的实例并指定其名称，需用到 JSP 标准元素<jsp:useBean>。这个元素要

10 如果数据恰好是布尔类型，就用 is 替代 get。

求有两个特性，即 id 和 class。id 特性被赋予一个名称，该名称将用于文档中来引用 bean 实例。bean 类的包名和类名被赋给 class 特性。例如，要创建名为 Converter 的、定义在 org.mypackage.convert 包中的 bean 类的实例，可使用下列代码：

```
<jsp:useBean id = "myBean"
             class = "org.mypackage.convert.Converter" />
```

当用<jsp:useBean>创建一个新的 bean 实例时，只有在 bean 类的构造函数中进行赋值，其属性才有值。

还有其他两个标准的动作元素用于处理 bean，分别是<jsp:setProperty>(用于设置 bean 中的属性值)和<jsp:getProperty>(用于获取 bean 中的属性值)。<jsp:setProperty>元素有三个特性：name、property 和 value。bean 实例的名称(由<jsp:useBean> 的 id 特性提供)赋给 name 特性；属性的名称赋给 property 特性；提供给属性的值赋给 value 特性。例如，要将 myBean 实例的 sum 属性设置为 100，可以使用下列元素：

```
<jsp:setProperty name = "myBean" property = "sum"
                 value = "100" />
```

更常见的做法是将属性值设置为用户向表单组件中输入的值。这种情况下，value 特性不在<jsp:setProperty>元素中设置。如果属性和表单组件同名，不需要其他任何特性(除 name 和 property 外)。如果表单组件与 bean 属性不同名，则必须将 param 特性设置为组件的名称。例如，要将 myBean 实例的 zip 属性设置为名为 zipcode 的组件的值，使用以下元素：

```
<jsp:setProperty name = "myBean" property = "zip"
                 param = "zipcode" />
```

和用户输入到表单中的所有值一样，JSP 文档中的所有值都是字符串。如果表单的值或<jsp:setProperty>的 value 特性的值设置为 bean 中非 String 类型的属性，那该值将隐式转换成这个属性类型。

当由 JSP 容器处理<jsp:getProperty>元素时，取回的属性值转换成字符串并插入到包含<jsp:getProperty>元素的文档中，同时替换该元素。<jsp:getProperty>元素有两个特性：name 和 property，它们与<jsp:setProperty>元素的相同。例如，要获取 myBean 实例的 sum 属性，可使用以下元素：

```
<jsp:getProperty name = "myBean" property = "sum" />
```

EL 也可用于从 bean 中取回属性。事实上，采用这种方法更简便。要获取 myBean 实例的 sum 属性，只需使用下列代码：

```
${myBean.sum}
```

现在使用温度转换应用程序来演示 bean。这个 bean 将存储输入温度的摄氏温度值和华氏温度值。这个存储华氏温度值的 bean 属性的 getter 方法包括将摄氏温度值转换成华氏温度值的代码。

在创建该项目并将其命名为 tempConvertB 后，构建初始文档 index.jsp。这个文档包括一个表单，其中有一个文本框来收集用户输入的摄氏温度。这个表单还有一个 Submit 按钮，使用 bean 来计算相应的华氏温度。这一计算是针对华氏温度的 getter 方法的一部分。tempConvertB 项目的 index.jsp 文件如下所示：

```
<%--
  Document: index (for the tempConvertB project)
  Created on: June 13, 2011, 7:19:01 PM
  Author: bob2
  Purpose: The initial document for an application that uses a bean
           in the conversion of a given Celsius temperature to an
           equivalent Fahrenheit temperature
--%>
<%@page contentType="text/html" pageDEncoding="UTF-8"%>
<!DOCTYPE html>
<html>
   <head>
      <title>index.jsp for tempConvertB</title>
      <meta http-equiv="Content-Type" content="text/html;
        charset=UTF-8">
   </head>
   <body>
      <h2> Welcome to the temperature converter service </h2>
      <form name="Temperature input form" action="response.jsp"
          method="POST">
         Enter a temperature in Celsius:
         <input type="text" name="celsius" value="" size="4" />
         <p></p>
           <input type = "submit" value = "Convert to Fahrenheit" />
      </form>
   </body>
</html>
```

接着构建 JSP 响应文档。这个文档首先使用一个<jsp:useBean>元素来创建 bean 实例。将这个 bean 命名为 myBean 并提供包名 org.mypackage.convert 和类名 Converter(在创建 bean 类时需要使用这些名称)。下一步是用一个<jsp:setProperty>元素将 index.jsp 文档中名为 celsius 的文本框的值移至 bean 的 celsius 属性。由于文本框和属性同名，因此不需要 value 特性。接着插入<jsp:getProperty>元素将 bean 的 celsius 属性的值置于文档中。最后添加<jsp:getProperty>元素来计算 bean 中的 fahrenheit 属性，并将 fahrenheit 属性的值插入到响应文档中。完整的响应文档 response.jsp 如下所示：

```
<%--
  Document: response.jsp (for the tempConvertB project)
  Created on: June 14, 2011, 9:27:12 AM
  Author: bob2
  Purpose: This is the response document for the tempConvertB project.
           Uses a bean to convert a given Celsius temperature to the
```

```
         equivalent temperature in Fahrenheit
--%>
<%@page contentType="text/html" pageEncoding="UTF-8"%>
<!DOCTYPE html>
<html>
   <head>
      <title> Response document </title>
      <meta http-equiv="Content-Type" content="text/html;
         charset=UTF-8">

   </head>
   <body>
      <jsp:useBean id="myBean" scope="session"
                   class="org.mypackage.convert.Converter" />
      <!-- Move the form value of celsius to the bean property -->
      <jsp:setProperty name="myBean" property="celsius" />
      Given Celsius temperature is:

      <!-- Move the value of the property celsius to the doc -->
      <jsp:getProperty name="myBean" property="celsius" />
      <br /> Equivalent temperature in Fahrenheit is:

      <!-- Compute the Fahrenheit value and place it in the doc -->
      <jsp:getProperty name="myBean" property="fahrenheit" />
   </body>
</html>
```

开发此应用程序的最后一步是编写 bean 类。右击该项目(在 Projects 列表中)弹出一个较长的菜单。从中选择 New | Java class 打开一个新屏幕，从中命名 bean 类和其包。像 JSP 响应文档中一样，将它们命名为 Converter 和 org.mypackage.convert。接着将这个 bean 输入到工作区的中间面板中。下列所示为 bean 类 Converter 的清单：

```
// Converter - a bean for the tempConvertB application that
//             converts Celsius temperatures to Fahrenheit.

package org.mypackage.convert;

public class Converter {

   private String celsius;
   private String fahrenheit;

   public void setCelsius(String temperature) {
      this.celsius = temperature;
   }

   public String getCelsius() {
      return celsius;
   }
   public String getFahrenheit() {
```

```
        String temp;
        try {
            temp = Float.toString(
                           1.8f * Integer.parseInt(celsius) + 32.0f);
        } catch (NumberFormatException e) {
            temp = "Illegal Celsius Temperature";
        }
        return temp;
    }
}
```

因为 Converter bean 的 fahrenheit 属性不需要 setter 方法，所以未包括它。

这样就完成了 tempConvertB 应用程序。这里只是讨论了 bean 的一个简单用法，但读者从这个应用程序中可对 bean 有一个基本了解。

11.7 模型-视图-控制器应用体系结构

模型-视图-控制器(Model-View-Controller，MVC)体系结构由挪威人 Trygve Reenskaug 于 1978~1979 年间开发，在此期间，他是 XeroxPARC 的一名访问学者，在 Smalltalk 小组工作。MVC 最初的动机是为那时正在为 Smalltalk 开发的图形用户界面建模。无论从逻辑上还是从物理上，MVC 体系结构都将应用程序明确分成三部分，即模型、视图和控制器。模型(model)不仅是数据，而且还包括对数据实施的任何约束。例如，如果数据包括人的年龄，那么模型可能会确保不允许超出正常年龄范围的年龄值输入到数据存储器中。应用程序的视图部分(view)准备将结果呈现给用户。顾名思义，控制器(controller)用来控制用户与应用程序之间的交互。此外，控制器还执行很多必要的计算工作。MVC 旨在减少应用程序这三个部分之间的耦合程度，从而使应用程序更容易开发和维护。

如前所述，MVC 最初是为图形用户界面而开发的，但从那时起就发现它对其他应用程序(尤其是对 Web 应用程序)也是一种很有价值的体系结构。事实上，为 Web 应用程序而开发的几种 IDE 都是围绕 MVC 这一概念来设计的。第 16 章将介绍其中的一种 IDE，即 Rails。

在 MVC Web 应用程序中，浏览器将请求提交给控制器，控制器访问模型(模型再访问数据库)。接下来，模型将结果报告给控制器，并间接报告给视图。然后控制器指导视图生成结果文档，结果文档被传输到客户端以便显示。

使用 Java 服务器软件的 Web 应用程序可以用 MVC 体系结构来设计和实现。一般可以采用三种方法来设计使用 MVC 体系结构和 Java 服务器软件的 Web 应用程序。第一种方法是纯 JSP 方法。应用程序的控制器和视图部分使用独立的 JSP 页面，而模型部分使用 bean。当开发机构有充足的图形设计人员而缺少 Java 编程人员时，采用这种方法就非常合适。相对比较复杂的应用程序可以只用 JSP 和 JSTL 来构建。Java 编程人员可以开发 bean 来表示和操纵数据。这种仅用 JSP 的方法非常适用于对 Web 应用程序建立原型。

使用 Java 服务器软件的第二种 MVC 方法是结合使用 Servlet、JSP 和 bean。servlet 用来接收请求和实现业务逻辑。bean 用来存储数据和执行基本的数据操纵。JSP 自然是用来实现请求结果的用户视图，有些视图显示计算的结果，而有些视图则返回失败通知。接收请求的 Servlet 可以使用其他 Servlet 来处理各种请求。

使用 Java 服务器软件的第三种 MVC 方法是使用 Servlet 实现控制器，使用 JSP 实现视图，使用 Enterprise JavaBean(EJB)[11]实现模型。显然，这种方法是三种方法中最复杂的一种，通常只用于精密而复杂的 Web 应用程序。

从 NetBeans 6.9 开始，NetBeans 中包含了一个复杂的框架，用于创建采用 MVC 体系结构的 Web 应用程序。这个框架就是 Spring Web MVC。Spring 可以简化 MVC Web 应用程序的开发工作，当然，使用它就意味着开发者不得不多学习一个框架。本章不讨论 Spring。

11.8　JSF

JavaServer Faces(JSF)的第一个版本 JSF 1.0 发布于 2004 年。JSF 1.2 发布于 2006 年，JSF 2.0 发布于 2009 年。本节讨论 JSF 1.2。JSF 2.0 版本对 JSF 做了两个重要的修改。首先，JSF 2.0 允许使用现有文档的一些部分创建模板文档。其次，因为在 JSF Web 应用程序中使用 JSP 创建模板文档存在一些问题，JSF 2.0 允许并且鼓励使用一种不同的视图文件。JSF 2.0 不使用 JSP(它会被转换成 Servlet)，而使用 HTML，得到的结果是一个树状文档模型——一个由组件构成的树。这种树状结构更适合用在 JSF 中。

JSF 系统为 JSP 技术添加了另一层功能。其主要贡献是事件驱动的用户界面编程模型，而 JSP 本身无此能力。这种模型提供了为 Java Web 应用程序构建交互界面的能力。JSF 包括在 Java EE 中。

JSF 包括下列功能：

- 客户端生成的事件可以连接服务器端应用程序代码；
- 用户界面组件可以绑定到服务器端数据；
- 可以使用可重用的可扩展组件构造用户界面；
- 可在服务器请求的生命周期外保存和还原用户界面状态。

这些功能使得 JSF 提供了一个用于管理组件状态、处理组件值、(通过组件)验证用户输入以及处理用户界面事件的有效体系结构。

与 JSP 应用程序一样，JSF 应用程序要求用一个详尽的目录结构和两个 XML 文档来支持其部署。与 JSP 相同，开发 IDE 帮助开发人员完成这大部分工作。NetBeans 对 JSF 提供了完美的支持，本节用它开发示例应用程序。

JSP 文档用组件定义用户界面。这些组件的值用 bean(这在 JSF 应用程序中常称为 managed bean 或 backing bean)存储和处理。

11.8.1　标签库

JSF 视图文档中使用了几个标签库，最常用的是 XHTML、JSF Core 和 JSF HTML。一些文档中不使用 JSF Core 标签。通过在 html 标签中包含与库对应的 xmlns 特性，可在视图

11　EJB 是分布式系统组件的 Java 方法。

文档中使用这些库。如果这几个库都会用到，就要使用下面的 html 标签：

```
<html xmlns = "http://www.w3.org/1999/xhtml"
      xmlns:c = "http://java.sun.com/jsf/core"
      xmlns:h = "http://java.sun.com/jsf/html">
```

HTML 库中有超过 25 个的标签，但这里只详细介绍三个标签：form、inputText 以及 outputText。HTML 库的其他标签与 HTML 中的对应标签相同，所以没必要进行解释。form 标签只是为用户界面组件元素提供一个容器。它有许多可选特性，但都不是必需的。这里要讨论的另外两个 HTML 标签要比 form 标签复杂。

outputText 标签一般使用其 value 特性显示文本或 bean 属性。如果文本是字面量(这并非典型情形)，就会被指派为 value 特性的引用字符串。如果显示的是 bean 属性，就用 JSF 表达式指定。JSF 表达式的形式与 JSP EL 的类似。JSF 表达式使用磅符号#，而不是 EL 的符号$。例如，要显示名为 myBean[12]的 bean 的 sum 属性，可使用以下元素。

```
<h:outputText value = "#{myBean.sum}" />
```

JSP EL 的格式与 JSF 表达式本身(花括号之间)的格式完全相同，不过它们并不是同时解释的。

inputText 标签用于为用户输入指定一个文本框，就像 HTML input 标签的 type 特性被设置为 text 那样。这个标签有一长串可选特性，但都不是必需的。inputText 的 size 特性与 HTML 标签 input 的相同。value 特性用于将标签的值与 bean 属性绑定。引用属性的方法与 outputText 一样。在大多数应用程序中，组件值与 bean 属性绑定。

其他 JSF HTML 标签有 selectOneMenu(单一选项菜单)、selectManyMenu(多选项菜单)、selectOneRadio(单选按钮)、selectBooleanCheckbox(单一复选框)、selectManyCheckbox(复选框集)和 panelGrid(HTML 表)。

核心库包含 18 个标签，没有 HTML 库那么复杂。本节后面会讨论到其中的一些标签。

11.8.2 JSF 事件处理

JSF 事件处理与针对 Java 应用程序的图形用户界面的事件处理类似。事件由类来定义，而事件侦听器由实现侦听器接口的类或 bean 方法定义。当组件上发生事件时，在该组件上注册为侦听器的方法会得到通知。

JSF 中有三类事件，分别是值改变事件、动作事件以及数据模型事件。当组件的值发生改变时，就会发生值改变事件。当激活按钮或超链接时，就会发生动作事件。数据模型事件的内容很复杂，这里不予讨论。

应用程序可以用两种方式处理标准组件引发的动作事件或值改变事件。一种方式是实现一个事件侦听器接口，在组件中嵌入一个 valueChangeListener 元素或 actionListener 元素来注册。JSF 核心库中包含了这些元素。另一种方式是在包含该组件的文档的 bean 中实现

12 11.8.3 节将讨论 managed bean 的命名。

一个处理该事件的方法。在组件标签的特性中通过方法绑定表达式可引用此类方法。本节讨论第二种方法。

11.8.3　示例应用程序

本节的示例应用程序的目的与 11.6 节的相同——将指定的摄氏温度转换成对应的华氏温度。仍然通过单击按钮来使转换生效。但按钮不是 Submit 提交按钮，而是 JSF 的 commandButton。而且，单击此按钮不会将控制交给辅助文档，而是调用项目的 bean 中的一个方法来执行转换。这个应用程序名为 tempConvertF2。

要使用 NetBeans 创建 JSF 应用程序，需要选择 File | New Project，然后在显示的屏幕上选择 Java Web 和 Web Application。单击 Next 将打开 New Web Application 屏幕，此时 Step 2 Name and Location 会变为粗体。在这个屏幕中，需要输入项目的名称 tempConvertF2，然后再次单击 Next。在进入下一个屏幕的时候，Step 3 Server and Settings 会变为粗体。在这个屏幕中，再次单击 Next。在下一个屏幕中，Step 4 Framework 变为粗体，在这里选中 JavaServer Faces 复选框，然后单击 Finish 按钮。这将生成初始的 XHTML 文档 index.xhtml，它由 NetBeans 提供，如下所示：

```
<?xml version='1.0' encoding='UTF-8' ?>
<!DOCTYPE html PUBLIC "-//W3C//DTD XHTML 1.0 Transitional//EN"
  "http://www.w3.org/TR/xhtml1/DTD/xhtml1-transitional.dtd">

<html xmlns="http://www.w3.org/1999/xhtml"
    xmlns:h="http://java.sun.com/jsf/html">
  <h:head>
    <title> Facelet Title </title>
  </h:head>
  <h:body>
    Hello from Facelets
  </h:body>
</html>
```

对于此示例应用程序，在此文档添加用户界面，它由一个表单构成，其中有一个 inputText 组件来收集用户输入的摄氏温度，并使用 value 特性将组件值绑定到 bean 属性。表单的下一个组件是 commandButton 元素，单击它时，将调用 bean 中的转换方法。该表单还包括一个 outputText 元素来显示对应的华氏温度，华氏温度从相应的 bean 属性来获取。下列所示是添加内容后的文档。

```
<?xml version='1.0' encoding='UTF-8' ?>
<!DOCTYPE html PUBLIC "-//W3C//DTD XHTML 1.0 Transitional//EN"
  "http://www.w3.org/TR/xhtml1/DTD/xhtml1-transitional.dtd">

<!-- welcome.xhtml - the initial document for the tempConvertF2 project.
                    Displays a text box to collect a temperature in
                    Celsius from the user, which it then converts to
                    Fahrenheit with the UserBean method called when the
                    Convert button is clicked.
  -->
```

```
<html xmlns="http://www.w3.org/1999/xhtml"
      xmlns:h="http://java.sun.com/jsf/html">
    <h:head>
        <title> Initial document for tempConvertF2 </title>
    </h:head>
    <h:body>
        <h2> Welcome to the Faces temperature converter </h2>
        <h:form>
            <p>
             Enter a temperature in Celsius:
            <h:inputText size = "4" value = "#{userBean.celsius}" />
            <br /><br />
            <h:commandButton value ="Convert to Fahrenheit"
                                action ="#{userBean.convert}" />
            <br /><br />
            The equivalent temperature in Fahrenheit is:
            <h:outputText value ="#{userBean.fahrenheit}" />
            </p>
        </h:form>
    </h:body>
</html>
```

这个应用程序的类名为 UserBean 的 managed bean 很简单——存储摄氏温度和华氏温度，以及它们的 getter、setter 方法以及转换器方法 convert。managed bean 是特殊的类。只有在需要它们时，JSF 容器才实例化它们。managed bean 的类名以一个大写字母开头。managed bean 对象通过名称来引用，这个名称与其类名相同，只是首字母转换为小写形式。

要创建 managed bean，需要选择 File | New File，这会显示如图 11-17 所示的屏幕。

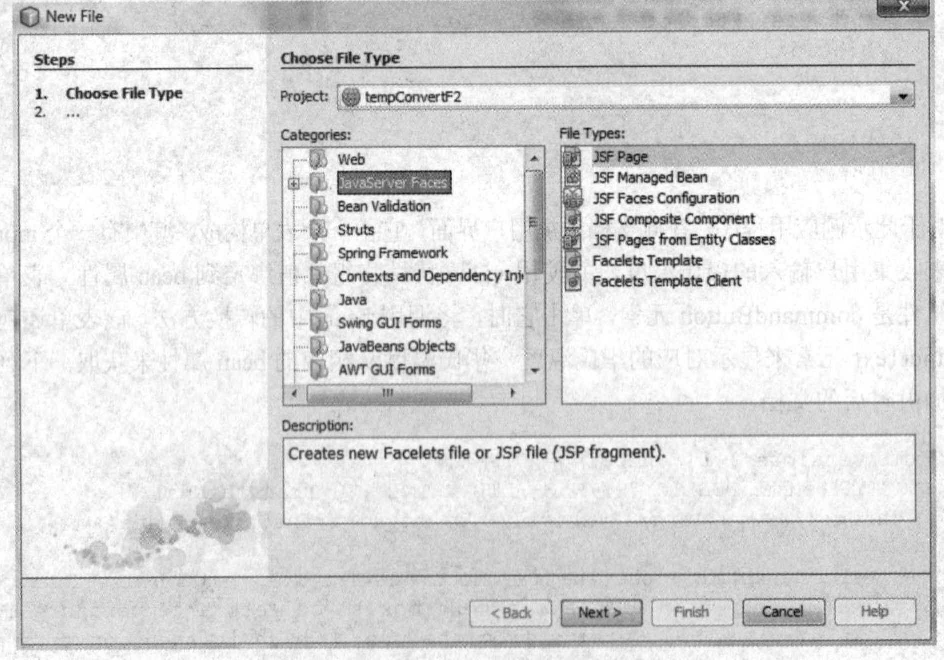

图 11-17　New File 屏幕

在 New File 屏幕中选择 JavaServer Faces 和 JSF Managed Bean，此时会显示如图 11-18 所示的 New JSF Managed Bean 屏幕。

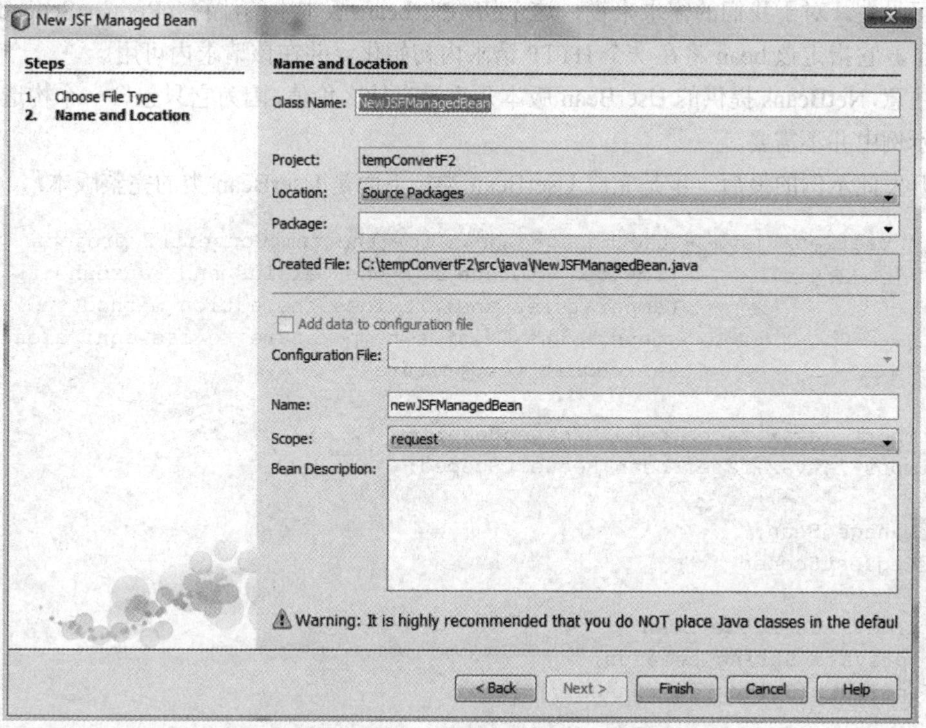

图 11-18　New JSF Managed Bean 屏幕

下面是初始版本的 userBean bean 的程序清单：

```
/*
* To change this template, choose Tools | Templates
* and open the template in the editor.
*/
import javax.faces.bean.ManagedBean;
import javax.faces.bean.RequestScoped;

/**
*
* @author bob2
*/

@ManagedBean
@RequestScoped

public class UserBean {
/** Creates a new instance of UserBean */
public UserBean() {
}
```

注释@ManagedBean 只是说明接下来的类是一个 managed bean。

managed bean 可以指定几个不同的作用域，这向项目的其他部分指定了该 bean 的生存期和可见性。对于我们的需求来说，这个初始的 bean 版本中的注释@RequestScoped 已经足够了。它指定该 bean 将在一个 HTTP 请求内初始化，并在该请求内可用。

注意，NetBeans 提供的 UserBean 版本几乎没有什么价值，因为它只包含一个构造函数，而本示例中并不需要。

开发此示例的最后一步是完成 UserBean 类。下面是 UserBean 类的完整版本：

```
/* UserBean.java - the managed bean for the tempConvertF2 project
                   Provides storage for the Celsius and Fahrenheit
                   temperatures and provides the action method to
                   convert the Celsius temperature to its equivalent
                   Fahrenheit temperature
   */
import javax.faces.bean.ManagedBean;
import javax.faces.bean.RequestScoped;

@ManagedBean
@RequestScoped

public class UserBean {
  private String celsius;
  private String fahrenheit;

  public void setCelsius(String temperature) {
     this.celsius = temperature;
  }

  public String getCelsius() {
     return celsius;
  }

  public String getFahrenheit(){
     return fahrenheit;
  }

  public void setFahrenheit(String temperature) {
     this.fahrenheit = temperature;
  }

  public String convert() {
     fahrenheit = Float.toString(1.8f *
                   Integer.parseInt(celsius) + 32.0f);
     return fahrenheit;
  }
}
```

图 11-19 显示了 tempConvertF2 应用程序的初始文档 index.xhtml 的显示结果。

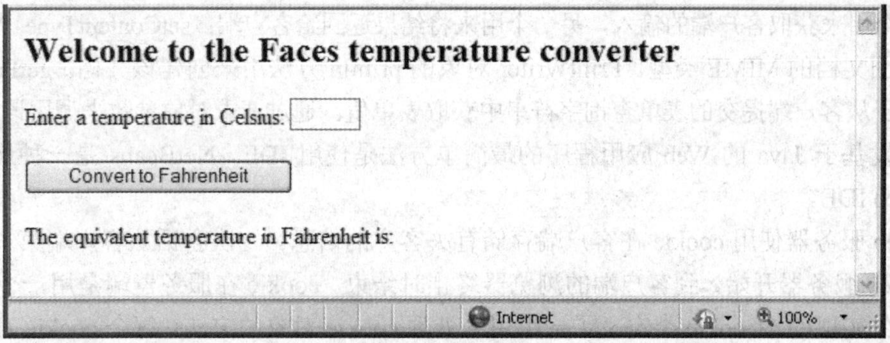

图 11-19　tempConvertF2 项目的 index.xhtml 的显示结果

图 11-20 显示了在输入摄氏温度并且文本框失去焦点后 tempConvertF2 应用程序的显示结果。

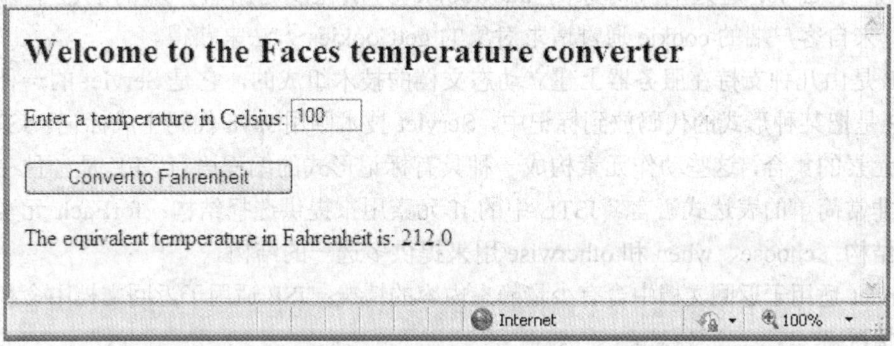

图 11-20　在输入摄氏温度后 tempConvertF2 应用程序的显示结果

使用第一个 JSF 版本构建应用程序时，开发人员需要编辑一个 XML 配置文件 faces-config.xml。如果应用程序有多个 JSP 文档，那么 faces-config.xml 文件必须指明它们的导航路径。同时还要求此配置文件列出用来存储应用程序表单状态的任何 bean。虽然由 NetBeans 系统负责 bean 条目，但使用 NetBeans 的开发人员仍需输入导航信息。在 JSP 2.0 中就基本上不需要修改配置文件了。使用 JSP 2.0 时，只有在应用程序使用 JSF 并包含很多具有复杂导航路径的 JSP 文档时，才需要开发人员在配置文件中输入导航信息。本示例只包含一个 JSP 文档，所以即使使用 JSF 1.2 开发此文档，也不需要在 faces-config.xml 中输入任何导航信息。

11.9　本章小结

Servlet 是驻留在 Web 服务器上的 Java 程序，并且只有在收到 Web 客户端的请求时才会起作用。运行在 Web 服务器上的名为 Servlet 容器的程序用来控制 Servlet 的执行。Servlet 通常用作服务器端程序来动态生成 Web 文档。

大部分开发人员编写的 Servlet 是对预定义的抽象类 HttpServlet 的扩展，HttpServlet 又是预定义的 GenericServlet 的子类，而 GenericServlet 实现了 Servlet 接口。派生自 HttpServlet 的类必须至少重写它的一种方法(通常是 doGet 或 doPost)。doGet 和 doPost 方法都带两个参数：一个用来获取客户端的输入，另一个用来将结果返回给客户端。setContentType 方法用来设置返回文档的 MIME 类型。PrintWriter 对象的 println 方法用来创建该文档。getParameter 方法用于从客户端提交的表单查询字符串中获取表单值。通过请求对象参数来调用该方法。

开发基于 Java 的 Web 应用程序的最简单方法是使用 IDE。NetBeans 是一种最常用的 Java Web IDE。

Web 服务器使用 cookie 在客户端存储有关客户的信息。一次会话从客户端第一次发请求给 Web 服务器开始，到客户端的浏览器终止时结束。cookie 在服务器端是用一个 Cookie 类的对象实现的，Cookie 类定义了一组用来处理 cookie 对象的方法。每个 cookie 存储了一个名/值对。服务器会在发送响应给客户端的同时发送一个 cookie 到客户端。在该客户端以后发送给服务器的请求中就会包含先前由该服务器发送的仍然处于有效状态的 cookie。每个 cookie 都有一个生存期，其值用 Cookie 类的 setMaxAge 方法指定。cookie 在生存期结束时被删除。Servlet 通过响应对象的 addCookie 方法在发送给客户端的响应中添加一个 cookie。来自客户端的 cookie 通过请求对象的 getCookies 方法来获得。

JSP 是由几种支持在服务器上建立动态文档的技术组成的，它是 Servlet 的一种替代方案。JSP 是把某种形式的代码放到标记中，Servlet 技术则用 Java 代码生成标记。JSTL 是许多动作元素的集合，这些动作元素构成一种具有标记形式的编程语言。EL 是一种在 JSP 中使用的非常简单的表达式语言。JSTL 中的 if 元素用来提供选择结构；forEach 元素用来提供循环结构；choose、when 和 otherwise 用来提供多选一的结构。

Servlet 适用于返回文档中含有少量静态内容的情况；JSP 适用于返回文档中含少量动态内容的情况。

JavaBean 是使用特殊约定编写的 Java 类。在 Web 应用程序中，被称为 bean 的 JavaBean 对象常用作应用程序数据的容器。此类数据通过在 bean 类中定义的 getter 和 setter 方法向 JSP 文档公开。定义在 bean 中的数据称为属性。JSP 元素<jsp:useBean>用于创建 bean 的实例并给它提供一个可在文档中访问的名称。<jsp:setProperty>元素用于设置 bean 属性的值。而<jsp:getProperty>元素用于获取 bean 属性的值。设置为非 String 类型属性的字符串值会被强制转换成相应数据类型。从 bean 中获取的非 String 类型属性值会被强制转换为 String 类型。

JSF 为 JSP 添加了一项功能，就是构建 Web 应用程序的事件驱动的用户界面。JSF 有两个主要的标签库：核心库和 HTML 库。JSF 文档的表单包含描述用户界面的 JSF 组件。用户通过与组件交互创建事件。常用的事件有值改变事件和动作事件。可用实现侦听器接口的类或与包含组件的文档相关的 bean 中的方法处理事件。JSF 应用程序通常用像 NetBeans 这样的 IDE 进行开发。

11.10 复习题

1. 什么是 Servlet 容器？
2. 开发人员编写的 Servlet 大多数是扩展了哪个预定义的类？

3. HttpServlet 类的 doGet、doPost 以及 doPut 方法的作用是什么？
4. 描述 doGet 和 doPost 方法的两个参数。
5. Servlet 输出给客户端的第一个标记必须是什么？
6. 什么对象的类用来创建一个 Servlet 给客户端的标记输出？
7. Servlet 如何读取客户端发送给 Servlet 的表单数据值？
8. 使用 IDE 构建 Servlet 应用程序的主要好处是什么？
9. 什么是会话？
10. 为什么 Web 服务器要在客户端上存储有关客户端之前的请求的信息？
11. 什么是 cookie？
12. setMaxAge、setValue 以及 getComment 方法的作用各是什么？
13. Servlet 通过什么办法在响应中添加一个 cookie？
14. Servlet 通过什么办法获取来自客户端的 cookie？
15. 开发和维护动态文档的人员有哪两种类型？
16. JSP 文档的转化过程中会发生什么？
17. 什么是模板文本？
18. JSTL 由哪 5 个部分组成？
19. taglib 指令的作用是什么？
20. EL 表达式的语义格式是什么？
21. 使用 param 隐含变量访问表单值有哪两种途径？
22. 描述使用 forEach 元素对一个集合进行迭代的语法和语义。
23. 描述一个包含几个 when 元素的 choose 元素的语义。
24. 什么是 JavaBean？
25. JSP 应用程序如何使用 bean？
26. JSP 元素<jsp:useBean>的作用是什么？
27. JSP 元素<jsp:setProperty>的作用是什么？
28. JSP 元素<jsp:getProperty>的作用是什么？
29. 如何在 EL 中引用 bean 属性？
30. 在 bean 类中要求采用什么构造函数？
31. bean 在基于 MVC 的 Web 应用程序的设计中起什么作用？
32. JSF 的主要贡献是什么？
33. JSF 的两个标准标签库是什么？
34. JSF 表达式的格式是什么？
35. JSF 中最常用的两种事件是什么？
36. inputText 组件的值如何与 bean 属性相关？

11.11　练习题

1. 编写一个使用 doGet 方法的 Servlet，该 Servlet 返回一个标记文档，文档内容包括您的名字、电子邮箱地址、通信地址以及一份简短的个人简历。用一个简单的标记文档来测试该 Servlet。

2. 编写一个 Servlet，该 Servlet 返回一条从一个包含 5 条不同问候信息的列表中随机选取的信息。问候信息必须以常量字符串的形式存储在程序中。
3. 修改本章中的 Servlet 调查表示例 Survey.java，将调查结果通过一个表格显示出来，并且女性的结果放在一列，男性的结果放在另一列。
4. 修改本章中的 Servlet 调查表示例 Survey.java，使它能够记录迄今为止数据文件中的选票数目，并把该数目在每次提交选票或请求调查结果时显示出来。同时，把输出表格中相应性别投票的数据改成占投票总数的百分比。
5. 编写一段创建一个表单的标记代码，该表单用来收集受欢迎的流行歌曲，包括歌名、作曲者、表演者或演出团队。文档必须调用两个 Servlet，一个在提交表单时调用，另一个用于请求一个当前调查结果的列表。
6. 修改练习 5 中的 Servlet，使其可以统计访问者的人数，并将该数目显示给每个访问者。
7. 修改用于选举的 HTML 表单以及 VoteCounter servlet，使得修改后选民可以对另一个职位进行投票。该新职位为捕猫员(Catcatcher)，候选人有 Kitty Catland、Al El Gato、Kitten Katnip、Tommie Cat 以及 Fred Feline。每个职位的投票结果必须以占总投票数的百分比给出。没有同时对两个职位进行投票的选票无效。
8. 编写一段创建一个表单的标记代码，表单包含以下内容：
   a. 一个用于收集用户名的文本小部件
   b. 4 个复选框，各项内容为：
      i. 4 个 25 瓦的灯泡，金额为$2.39
      ii. 8 个 25 瓦的灯泡，金额为$4.29
      iii. 4 个 25 瓦的长寿命灯泡，金额为$3.95
      iv. 8 个 25 瓦的长寿命灯泡，金额为$7.49
   c. 3 个单选按钮，标签为：
      i. Visa
      ii. MasterCard
      iii. Discover
9. 编写一个 Servlet，计算练习 8 中订购的灯泡在加了 6.2%的销售税之后的总金额。这个 Servlet 必须返回给顾客一个表格，表格中准确地列出所订购的商品。
10. 编写一个标记文档，用来创建一个表单，该表单用于收集名字和电话号码。电话号码的格式必须是 ddd-ddd-dddd。编写一个 Servlet，用来检查提交的电话号码的格式是否与要求的格式一致，并返回一条信息以指出号码是否正确。
11. 修改调查表示例，使得它通过一个水平条来显示结果，水平条类似于进度条，范围从 0~100。
12. 编写并测试一个 JSP 文档，该文档能够显示练习 8 中的表单，并能输出具有和练习 9 同样功能的响应文档。

13. 编写一个标记文档，该文档能够显示一个表单供客户端输入三个数值，然后调用一个 JSP 文档来计算这三个数值相乘的结果。其中 JSP 文档必须用到 bean。
14. 说明使用 MVC 体系结构的 Web 应用程序的结构。
15. 简要说明在 MVC 体系结构的 Web 应用程序中使用 Java 服务器软件的三种方法。
16. 说明在 JSF 中处理事件的两种方法。
17. 编写一个 JSF 应用程序，其用两个文本框接受数字输入，并在第二个文本框失去焦点时得出第一个数和第二个数的和、积、商和差。

第 12 章

ASP.NET 简 介

本章简要介绍 Active Server Pages .NET (ASP.NET)以及如何在微软的.NET 计算平台上使用它来开发 Web 应用程序。在讨论作为.NET Framework 的有机组成部分的 ASP.NET 之前，有必要先简单介绍.NET Framework 以及本章讨论 ASP.NET 所使用的编程语言 C#的几个重要特性。由于 C#与 Java 相似，所以对 C#的讨论比较简短。讨论了这些预备知识之后，接着介绍 ASP.NET，包括 ASP.NET 的文档结构及其相关的代码文件。接下来介绍 ASP.NET 的服务器端 Web 控件。在描述 ASP.NET 页面的处理之前，先简单讨论这种处理的整个生命周期。接着介绍 Visual Studio，并使用它重新生成前面的示例之一。然后介绍页面级事件和控件事件。接下来讨论 Web 控件列表。然后介绍用来验证表单数据的 Web 控件。本章接下来介绍的主题是使用 ASP.NET AJAX 软件构建支持 Ajax 的 Web 应用程序。最后一节介绍使用 ASP.NET 构建的 Web 服务，并列举了 8 个完整的示例来说明所讨论的这些概念。

因为已有很多专门讨论 ASP.NET 的书籍，所以本章只简单概述这一复杂但功能强大的技术。另外，本章只用了很短的篇幅(不超过 5 页)来介绍 C#。如果读者不熟悉 Java 的话，这些内容是不够的，建议在阅读本章之前先学习一下附录 A。但由于 C#与 Java 具有相似性，因此 Java 程序员在学习本章之后应该能够使用 C#来开发 ASP.NET 文档。另外，专门讨论 Visual Studio 基础知识的书籍也有很多，但本章也仅用 6 页的篇幅来介绍。

12.1 .NET Framework 概述

.NET 是微软在 2000 年初发布的一系列技术的统称。2002 年 1 月，微软发布了支持.NET 的软件。它很快就被 Web 软件行业广泛接受。毫无疑问，在将来，.NET 仍然会是软件行业的主要一员。

12.1.1 背景

基于 Web 的软件服务将在计算事务中占据重要的地位，即软件系统的组件将放置在 Internet 的不同位置的不同计算机上。在.NET 出现之前，Microsoft 在基于组件的分布式系统中使用的是 COM 技术。COM 体系结构存在几个严重的缺点。使用 COM 开发的系统虽然可以包含使用不同编程语言编写的组件，但它不支持在这些语言之间的继承性。因此，一个 Visual Basic 程序不能从一个 C++类中派生新类。COM 的另一个缺点是语言之间的映射类型十分复杂。

组件是一种软件封装形式，它能够独立存在，并被其他组件使用，而其他组件不需要了解该组件的功能是如何实现的。组件也可以由不同于.NET 的技术创建。JavaBean 使用 Java 语言，它是由 Sun Microsystems 开发以支持基于组件的分布式计算的一项技术，有关 JavaBean 的介绍参见第 11 章。JavaBean 和.NET 组件的主要差别在于，.NET 组件可以由各种不同的编程语言编写，它是语言无关的。

.NET Framework 正是为开发和部署.NET 软件而设计的一个框架。在.NET 中，核心的概念是软件系统或者服务由一系列的组件构成。这些组件可以用不同的语言编写，并且可以驻留在不同位置的不同计算机上。由于所用语言的多样性，开发和部署的工具集合也必须是语言无关的。这种思想体现在.NET Framework 的各个部分。

12.1.2 .NET 语言

.NET 语言最初包含 5 种语言：Visual Basic .NET(VB.NET)、Managed C++ .NET、JScript .NET、J# .NET 以及一种新型语言 C#。J# .NET 是 Java 的一个方言，目前已被弃用，而 F#则已经加入到了微软支持的.NET 语言中。F#是基于 OCaml 的一种函数式语言。Managed C++ .NET 已被基于 C++的垃圾回收语言 C++/CLI 所取代。JScript .NET 基于 JavaScript，但也完全支持面向对象编程。将在 12.2 节中简要介绍 C#。现在有大量语言运行在.NET 下，其中包括基于 COBOL、Eiffel、Fortran、Perl、Python 以及 Ruby 的一些语言。

.NET 支持多语言的特性将它与类似的系统分开。支持多种不同的编程语言的好处是具有一个从多种语言编写的软件到.NET 的易迁移路径。使用任何一种.NET 语言的组织机构可以很容易地转入到.NET 平台。如果程序员几乎能熟练使用任何公共语言，则可以很快地在.NET 环境下编程。虽然这使得重用非常容易，但系统由不同语言编写的组件构成也并非没有缺点。维护的复杂性是它的一个主要缺点。

相对于 JavaBean 来说，.NET 的一个缺点是，尽管.NET 已移植到一些非 Windows 平台，但其使用还是非常有限的。JavaBean 现在已得到了很多种系统的支持，包括 Windows 系统，相比之下，.NET 却几乎一直专用于 Windows。

12.1.3 公共语言运行库

.NET 的代码执行技术是公共语言运行库(Common Language Runtime，CLR)，它为.NET 软件的处理和执行提供语言无关服务。CLR 最重要的服务有垃圾收集、类型检查、调试和异常处理。这些服务适用于所有的.NET 语言。

CLR 为每种.NET 语言都提供了一个编译器，将源程序翻译成一种通用的中间语言，这种语言最初命名为微软中间语言(Microsoft Intermediate Language，MSIL)，但是现在通常采用 ECMA 标准中表示.NET 的名称：通用中间语言(Common Intermediate Language，CIL)。

不论最初使用的是何种语言，在编译之后所有 CIL 程序都具有相同的形式。在执行之前，CIL 程序使用 Just-In-Time(JIT)编译器，在本机上进一步编译成机器代码。JIT 编译器是 CLR 的一部分，只有当调用方法的时候，JIT 编译器才将此方法翻译成机器代码。一旦编译，该方法的机器代码版本将在程序执行期间保存下来，这使得后续调用不需要重新编译。因为有些程序执行时不需要调用程序中的所有方法，所以这是一种高效的编译方法。在.NET 中，也可以在程序执行之前将整个程序编译成机器代码。JIT 编译器通常用于 Java 程序的执行。程序执行中使用 Java 语言和使用.NET 语言的一个主要区别在于 CIL 程序不需解释，而字节代码(Java 中间语言)程序有时需要解释。实际上，.NET Framework 不包含 CIL 解释器，这与 Java 虚拟机(Java Virtual Machine，JVM)类似。

12.1.4　公共语言基础结构

为使多种语言能够使用 CLR，这些语言必须具有一套公共特性。这些特性由公共语言基础结构(Common Language Infrastructure，CLI)指定。CLI 包括两套规范，公共类型系统(Common Type System，CTS)和公共语言规范(Common Language Specification，CLS)。

CTS 定义了一套由.NET 语言支持的类型，同时也为从每个语言中的类型到它相对应的公共类型提供映射。例如，CTS 定义了 Int32 类型，它是一个 32 位的有符号整型，与 C#中的 int 类型相对应。公共基本类型的概念模仿了 CORBA(http://www.corba.org)中的做法，它定义了一套相似的类型并且给出各种不同语言到这些公共类型的映射。在 CTS 中，类型分属于两个自然类别：值类型和引用类型。值类型直接引用存储单元中的值。也就是说，值类型对象的值是真正的值。引用类型引用或者指向包含值的存储单元。所以一个引用类型的值不是真正值而是地址。

当然，如果期望由多种语言编写的组件能够正确地互操作，那么在语言中正确地引入公共类型是必要的。所有.NET 语言的所有类型都派生自一个类型：System.Object。

CLS 定义了所有.NET 语言都必须支持的语言特性。然而.NET 语言可以包括 CLS 中未指定的特性。当然，如果程序由不支持这些特性的语言编写，那么在程序中使用这些特性将可能危害程序的互操作。CLS 局限性的示例如下：

(1) 没有运算符重载。

(2) 不包含指针。

(3) 标识符不区分大小写。

有趣的是，新型.NET 语言 C#包含以上三个特性(即重载运算符、包含指针、区分大小写)。然而，如果 C#程序与使用其他不包含这三个特性的.NET 语言编写的组件互操作，则不应该在程序中使用这三个特性。例如，VB.NET 标识符不区分大小写。如果 C#组件必须与 VB.NET 组件互操作，那么 C#组件在与 VB.NET 组件的接口中不得使用只有大小写不同的两个标识符(例如，Sum 和 sum)。为了将一种语言设计成为.NET 语言，设计者必须保证它能支持所有的 CLI 特性。

.NET Framework 包含一个大型的类库集合，此类库集合称为 Framework 类库(Framework Class Libraries，FCL)。FCL 的早期版本包括 4000 多个类，支持广泛的应用领域。如网络、反射、Web 表单、数据库访问以及文件系统访问的 API。也包含访问 Windows 特性(如注册表)的 API，以及其他 Win32 函数。这些函数通过 FCL 类被调用并在 CLR 中执行。

使用 CLI 和 CLR 的最重要结果也许是，无论使用何种.NET 语言编写的组件都可以使用 FCL 中的任何类。也许更确切地说，结果是用任何.NET 语言编写的组件能够使用由其他.NET 语言编写的其他组件中定义的类。这使得程序能够调用其他.NET 语言编写的类的方法。还可将一种用.NET 语言编写的类作为另一种用.NET 语言编写的类的子类。例如，C#程序可使用 VB.NET 编写的类作为子类，也可调用由 C++/CLI 编写的类的方法。

12.2 C#简介

本节简要介绍 C#的一小部分内容，主要是那些常用于 ASP.NET 中以及与 Java 中对应的地方有区别的特性。这里假设读者熟悉 Java 语言。虽然本章示例所使用的语言是 C#，但 Java 程序员对此并不会感到陌生。

12.2.1 起源

C#是为满足.NET 编程需求而设计的。如同其他大多数“新型”编程语言，事实上 C#中的大部分特性并不新颖，而是借用了已有的语言。C#可被看成基于 C 的语言序列的一个最新版本。C++起源于 C(和 SIMULA 67)，而 Java 至少部分地起源于 C++。C#起源于 C++和 Java，它基于 Java 却包括大量属于 C++而不属于 Java 的特性。C#从 Java 中借用了单一继承、接口、垃圾收集，不存在全局类型或全局变量以及赋值类型强制转换级别。C#从 C++中借用了指针、运算符重载、预处理程序、结构以及枚举(尽管结构和枚举与 C++有重大的区别)。而从 Delphi 和 VB 中，C#借用了属性。最后，C#从 J++(微软比较早的 Java 版本)中借用了委托。新的 C#特性包括索引、特性和事件。总之，C#在没有大量放弃 C++中表达性的情况下，变得比 C++更简单，这一点与 Java 相同。尽管 C#比 Java 复杂，但功能却比 Java 更强大。

12.2.2 基本数据类型和表达式

C#中的数据分为两类：基本数据类型和对象。C#包含一系列的基本数据类型，其涵盖范围从 byte 和 char 到 int、float、double 和 decimal。其中 byte 是一个字节长的无符号整数；char 是两个字节的 Unicode 字符；decimal 是 16 字节的十进制类型，它最多可以存储 28 个十进制数字。

通过在声明中在类型名称之前加上 const 保留字可定义符号常量。任何符号常量的声明都必须包含初始值。例如：

```
const float pi = 3.14159265;
```

C#与 Java 具有相同的算术运算符集合，所以它的表达式也非常类似于 Java 的表达式。

Math 类提供了常用数学计算的静态方法，例如 Abs 用于计算绝对值，Cos 用于计算余弦值，Sqrt 用于计算平方根，Pow 用于计算其参数的幂，其第一个参数为底数，第二个参数为要计算的幂。例如：

```
X = Math.Pow(y, 3);
```

这条语句计算 y 的立方，然后赋值给 x。

12.2.3 数据结构

C#中的 String 类型与 Java 中的类似。其 StringBuilder 类与 Java 的 StringBuffer 类相同。String 类提供了操作字符串的方法。Split 就是这样的一个方法，它与 Java 的 StringTokenizer 类相关。Split 方法将一个字符串值分成若干子字符串并放在返回的数组中。Split 的参数是一个字符数组，其中调用了 Split 方法的字符串对象中的每个字符都指定了分割字符串的位置。例如，考虑以下代码：

```
string str = "apples,prunes carrots,grapes";
char[] delimiters = new char[] {' ', ','};
String[] substrings;
substrings = str.Split(delimiters);
```

在执行这一代码后，substrings 的值为[" apples " , " prunes " , " carrots " , " grapes "]。

C#也支持像 JavaScript 中那样的正则表达式，它们可用于在分割操作中指定分隔字符串的子串的界线。在那种情况下，使用的是正则表达式类 Regex 的 Split 方法。

.NET FCL 定义了多种集合类，包括 Array(数组)、ArrayList(可变长度数组)、Queue(队列)、Stack(栈)和 Hashtable(散列表)。它们都可存储任意类型的对象。

尽管 Array 是一个类，但数组引用的语法与 C 语言中是相同的。因为 Array 是一个类，所以通过引用变量完成数组访问。以下是一个声明 int 数组引用的示例。

```
int[] myIntArray;
```

myIntArray 变量可以引用任何一维 int 数组。用 new 运算符创建数组对象，如下所示：

```
myIntArray = new int[100];
```

执行代码后，myIntArray 在堆中引用一个包含 100 个整数的数组。

Array 类提供了大量的方法和属性。其中方法包括 BinarySearch、Copy 以及 Sort。最常用的属性是 Length。例如，下面的赋值语句将 len 设置为 100：

```
len = myIntArray.Length;
```

12.2.4 控制语句

C#的控制语句与 Java(以及其他的基于 C 的语言)的几乎相同。只有 foreach 和 switch 语句不同。foreach 语句是由数据结构控制的迭代器，其语法与 Java 中的不同。它可在数组和其他集合中使用。foreach 的语法如下所示：

```
foreach (type identifier in collection) { ... }
```

例如：

```
foreach (int myInt in myIntArray) { ... }
```

C#的 switch 语句与 Java 的类似，但有一个重要的限制条件。C、C++和 Java 的 switch 语句存在一个相同的问题：尽管在绝大多数情况下，选中的代码段执行结束之后控制将退出结构，但默认情况下，在选中的代码段执行结束之后，控制将流向下一代码段。因此，在 switch 结构的大多数代码段中必须包括 break 语句。在 switch 结构中遗漏 break 是一种常见的错误。为了防止发生这种错误，C#要求 switch 结构中的可选代码段必须由无条件分支指令结束，这个分支指令可以是 break 或者是 goto。goto 用于强制将控制转到下一代码段。下面是 switch 结构的示例。

```
switch (value) {
  case -1:
    Negatives++;
    break;
  case 0:
    Zeros++;
    goto case 1;
  case 1:
    Positives++;
  default:
    Console.WriteLine("Error in switch \n");
}
```

注意 WriteLine 是 Console 类的一个方法，用来生成屏幕输出。

12.2.5 类、方法和结构

C#是一种纯粹的面向对象编程语言，这一点与 Java 相同。除了方法之外它没有子程序，并且方法只能在类(和结构)中定义，只能通过对象或者类调用。C#的大多数类和方法的语法及语义与 Java 的相同，接下来将阐述它们之间最重要的区别。

方法的参数可以按值、按引用或者按结果来传递，这三者分别实现输入模式(一种默认模式，与方法单向通信)、输入输出模式(调用者和被调用的方法之间双向通信)以及输出模式(从被调用方法到调用方法的单向通信)的参数语义。引用变量隐式地具有按引用传递的语义。为值类型指定按引用传递，需要在形参之前加上 ref 保留字。为值类型指定按结果传递，需要在形参之前加上 out 保留字。

为了避免方法的重写，C#只允许重写由 virtual 标记的方法。而且，任何方法想要重写被继承的方法必须使用 override 标记。如果定义一个方法使其与一个被继承的方法具有相同的协议，但并不想要重写它，则必须添加 new 标记。这样的方法隐藏了被继承的版本。

C#中的 private、public 和 protected 访问修饰符的语义与 Java 中的对应修饰符相同。

C++中的结构与类非常类似。但在 C#中结构与类完全不同。C#结构是一个轻量级的类，不支持继承或子类化。然而，C#结构能够实现接口并且具有构造函数。结构是值类型的，这意味着它们可以分配在运行时堆栈中。除了使用保留字 struct 替代 class 外，结构声明的语法形式与类的相同。所有 C#基本类型都作为结构实现。

在一些项目中，某个或某几个类可能变得非常大。为了便于管理，C#允许将这样的类放到多个文件中。例如，可将类中所有数据成员、常量和构造函数放到一个文件中，将类的其余部分放到另一个文件中。从语法上看，这样的每个文件都好像是一个单独的类定义，不过它们的第一行都包含一个保留字 partial。编译器在编译时把这些单独的文件整合到一起，所以在逻辑上，定义在一个文件中的类和定义在两个文件中的类并没有区别。使用部分类的另一个原因是，可使用某个工具(例如.NET Framework)生成类的某个部分，而由开发人员负责编写其余部分。这样一来，开发人员就可以更加关注它们编写的部分，而不是整个类。

在现代的面向对象的编程语言中，程序可以访问庞大、丰富而复杂的类库，以使用这些类库中提供的服务和常用的类型。对于.NET，FCL 就是这样的类库。.NET FCL 中最常用的类包含在 System 名称空间中。System 名称空间提供了支持输入、输出、字符串处理、事件处理、线程和集合等的类。

12.2.6 异常处理

C#中的异常处理与 Java 中的类似。所有异常类都是 Exception 的派生类，而 Exception 有两个子类 SystemException 和 ApplicationException。常见的系统异常有 IndexOutOfRangeException、NullReferenceException 以及 ArithmeticException。C#中的 try-catch-finally 结构与 Java 中的相同，但 C#中的 catch 块不要求带参数。这样的 catch 块会捕获任何异常。

12.2.7 特性

特性是指修饰符(例如 private 修饰符，用于设置对类的某个或某些成员的访问)的一种泛化形式。它们是与程序实体相关的信息的声明。可以在运行时检索到这类信息。特性以花括号来定界，它们紧邻于实体的声明之前，通常针对特定的程序实体。特性用于控制或修改某个框架、工具、编译器或 CLR 的行为。目标实体可以有多种，但本书中具有特性的实体仅仅是指一些方法和类。尽管用户可以定义特性，但我们仅使用由库预定义的特性。在第 12.6 节的示例程序单元中将会介绍特性。

12.2.8 输出

在 C#中，所有类的基类都是 Object，它包含在 System 名称空间中。可使用类型名称 object 来声明变量，该名称是 System.Object 的别名。可以给 object 变量赋予任何类型的值。把一个基本类型的值赋给 object 变量时，会通过一个叫做“装箱”(boxing)的过程把该值隐式转换成一个 object 对象。

来自 ASP.NET 文档的输出(会成为返回给浏览器的标记文档的一部分)通过 Response 对象生成。Response 类包含在 System 名称空间中，定义了 Write 方法，其字符串参数是标记。例如，考虑下列语句：

```
System.Response.Write("<h1> Today’s Report </h1>");
```

如果输出必须格式化，如要包括变量的值，则使用 string(string 是 System.String 类的别名)类型的 Format 方法。例如，考虑下列代码：

```
string msg = string.Format("The answer is: {0} <br />",
                            answer);
System.Response.Write(msg);
```

符号{0}指定了在字符串后命名的变量的值在该字符串中的位置。

using 语句用于略写名称空间中的类名。例如，

```
using System;
```

允许程序访问 System 中定义的类，而不用在这些类名前加上 System 前缀。

C#使用的是名称空间，而不是 Java 包。C#使用 namespace 保留字来指定名称空间，例如

```
namespace myStuff {
  ...
}
```

C#就简单介绍到这里为止。

12.3 ASP.NET 简介

ASP.NET 是一个庞大且复杂的主题。本节将简要介绍 ASP.NET 的基本原理。ASP.NET 的更多特性将在随后的章节中加以讨论。

12.3.1 基本知识

ASP.NET(ASP 是 Active Server Pages 的首字母缩写)是一项由微软公司提出的开发动态 Web 文档的技术。动态 ASP.NET 文档由在 Web 服务器上执行的程序代码支持。尽管 ASP.NET 文档也可以包含客户端的脚本，但我们只关注服务器端脚本。ASP.NET 基于早期版本 ASP，它允许嵌入使用 JScript(微软的 JavaScript)或者 VBScript(VB 的脚本语言)编写的服务器端脚

本。这两种语言都是纯粹的解释型语言，从而程序的执行速度远慢于由编译型语言编写的程序代码的速度。使用纯解释型代码提供服务器端动态文档存在一些其他问题。首先，文档既包含脚本代码也包含标记，所以非常复杂，尤其是当文档非常大的时候。混合标记与程序代码，使表示和业务逻辑混杂在一起，会产生混乱的文档。此外，Web 标记设计者和程序员必须处理同一个文档。其次，在发送文档之前完全解释脚本是低效的。最后，存在使用脚本语言编写代码的可靠性问题，其中的一部分原因在于这些脚本语言使用的是动态的类型规则或者是松散的类型规则。而且许多脚本语言不检查数组索引范围。

如在第 11 章中所见，JSP 提供了这些问题的解决方案：使用 Java 描述用户与 Web 文档交互相关联的计算过程。Java 语言比脚本语言可靠得多，这主要是因为严格的类型检查和数组索引范围检查。此外，编译型 Java 代码要比解释型脚本代码快。最后，尽管使用 JSP，Java 仍能够直接嵌入到标记文档中，但当使用 JavaBeans 时它是完全分离的。ASP.NET 提供了 JSP 的另外一种替代方案。它允许用任何一种.NET 语言来编写服务器端程序代码，尽管大多数服务器端程序代码是用 VB.NET 或 C#编写的。

属于 Web 应用程序的一部分但驻留在 ASP.NET 文档(标记文档文件)外的程序代码放在一个单独的文件中，我们将此单独的文件称为代码隐藏(code-behind)文件。将所有程序代码与 ASP.NET 文档分开很有好处，同理，最好将 JavaScript 代码放在单独的文件中，而不是嵌入到标记文档中。

在特定的.NET 编程语言中，任何 ASP.NET 文档都会被编译成类，而该类驻留在一个程序集里。程序集是.NET 中保存编译的类的单元。程序集也是.NET 的部署单元。将标记文档(可能包含也可能不包含嵌入的程序代码)编译成类与编译 JSP 文档是一样的——JSP 文档被编译成 Servlet，Servlet 也是类。从程序员的观点看来，在 ASP.NET 中开发动态 Web 文档(和支持代码)与开发非 Web 应用程序类似。两者都涉及以类库为基础来定义类，根据类库实现接口和调用类库中的类定义的方法。应用程序类使用已有的类，并且与已有的类交互。在 ASP.NET 中，Web 应用程序也是这样。

由 ASP.NET 文档编译成的类是 System.Web.UI.Page 的派生类，并继承了成员集合。其中最常用的是 Request 和 Response 对象、WebControls 类以及 IsPostBack 属性。前面看到，Response 对象的 Write 方法用于从 ASP.NET 文档产生输出。WebControls 类定义了一组 ASP.NET 文档可用的服务器端控件。使用 Web 控件的示例文档将在第 12.4 节中进行说明。IsPostBack 属性用来决定目前的请求是否是用户与表单交互(与对文档的最初请求相对)的结果。其用法在 12.4.2 节的示例文档中举例说明。

不使用代码隐藏文件的 ASP.NET 文档被编译[1]成 Page 的直接子类。代码隐藏文件也被编译成 System.Web.UI.Page 的子类。我们将 ASP.NET 文档编译产生的类称为文档类。请注意，文档类是纯粹的 C#源代码，而不是中间代码版本。使用代码隐藏文件的文档类是代码隐藏类的子类。代码隐藏类是文档类和 System.Web.UI.Page 之间的中间类。所以在 ASP.NET 文档中的程序代码既继承 Page 也继承代码隐藏文件的类。使用和未使用代码隐藏文件的

1　尽管 ASP.NET 文档从它们的最初形式转换为 C#程序，但从技术角度看，这是对“编译”这个术语的误用。

ASP.NET 文档的继承示意图如图 12-1 所示。

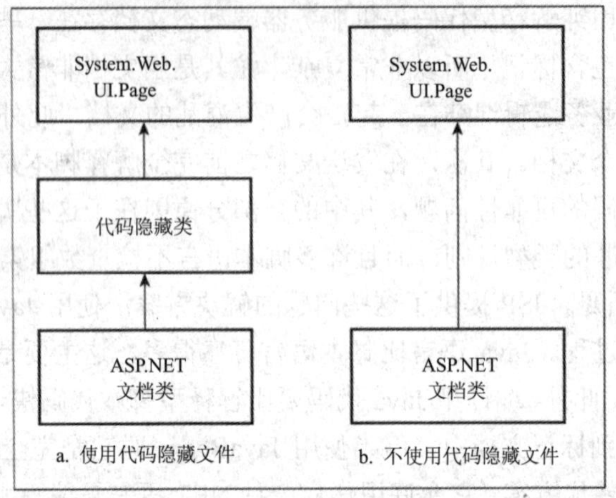

图 12-1 使用和未使用代码隐藏文件的 ASP.NET 文档的继承示意图

12.3.2 ASP.NET 文档

ASP.NET 文档可以包含很多不同种类的文本。首先，可以包含 HTML 或 XHTML 标记，包括注释，也可以包含非标准的 ASP.NET 特定标记元素。标记可以包含静态元素、由客户端脚本生成的动态元素，以及由服务器端代码生成的动态元素。

其次，ASP.NET 文档可以包含一个或多个指令，其中最常用的是 Page，它可以具有大量不同的特性。

第三，文档可以有呈现块(render block)，它的开始标签为<%，结束标签为%>，并且将程序代码作为内容放置在开始标签和结束标签之间。代码不能包括子程序的定义，当文档被翻译成为类时，代码被文档编译器放置在文档中类的函数内。这个函数体通常包含产生静态文档标记的方法调用和输出语句。当执行文档类的时候(产生返回到请求浏览器的标记文档)执行函数。

第四，文档中可以包含 runat 特性值为"server"的 Script 元素，该元素的内容为程序代码。因为这样的代码不是隐式执行的，所以称为声明块(declaration block)。子程序(包括事件处理程序)在声明块中定义。声明块中的代码直接被插入到为文档创建的类中。

最后，文档可以包含服务器端注释，这些注释位于开始标签<%--和结束标签--%>中。

出现在元素中的指令以<%@为开始标签，以%>为结束标签。因此，指令的一般形式如下所示：

```
<%@ directive-name attributes %>
```

Page 是每个包含嵌入程序代码的 ASP.NET 文档都需要的唯一指令。对于这些文档，Page 指令至少必须包含一个 Language 特性，该特性指定文档中嵌入的程序代码使用的.NET 语言的名称。当然也需要将这一点通知给 CLR，这是因为将使用 CLR 编译器来编译文档。

下面用一个示例应用程序来说明。这个简单的 ASP.NET 文档在呈现块中使用 C#代码计算和显示今年[2]中剩余的天数、小时数和分钟数。.NET 类 DateTime 的 Now 方法用于获取 DateTime 对象中的当前日期和时间。接着，这个类的构造函数用于创建日期为 2013 年 1 月 1 日的第二个 DateTime 对象。两个对象间的时间差通过表示新年的 DateTime 对象的 Subtract 方法计算得到。然后，将该对象的 Days、Hours 和 Minutes 方法返回的值转换成字符串以生成输出。

下列所示是 ASP.NET 文档，它具有后缀.aspx。这样的 ASP.NET 文档常称为源文档。

```
<!-- timeLeft.aspx
     A simple example of an ASP.NET document
     It displays the number of days, hours, and minutes
     left this year (2012)
     -->
<%@ Page language="c#" %>

<html xmlns = "http://www.w3.org/1999/xhtml">
  <head> <title> timeLeft </title>
  </head>
  <body>
    <h3> Days, hours, and minutes left this year </h3>
    <%
      string msg, days, hours, minutes;
      DateTime rightnow, newYears;
      TimeSpan timeSpan;

      // Set date/time of right now and new years day
      rightnow = DateTime.Now;
      newYears = new DateTime(2013, 1, 1);

      // Compute the difference in time/dates
      timeSpan = newYears.Subtract(rightnow);

      // Compute and display the differences in days, hours, and
      // minutes
      days = timeSpan.Days.ToString();
      msg = string.Format("Days: {0}, ", days);
      Response.Write(msg);
      hours = timeSpan.Hours.ToString();
      msg = string.Format("Hours: {0}, ", hours);
      Response.Write(msg);
      minutes = timeSpan.Minutes.ToString();
      msg = string.Format("Minutes: {0} <br />", minutes);
      Response.Write(msg);
    %>
  </body>
```

2　为简单起见，我们这个示例假定当前年份是 2012 年。

```
</html>
```

本章的所有示例都是用 ASP.NET 4.0 开发而成的。

12.3.3 代码隐藏文件

在 12.3.1 节中已经说明，程序代码与标记文档相分离具有很多优点，而且它也使程序逻辑与表示层相分离。为了实现这一点，ASP.NET 中的程序代码存储在代码隐藏文件中。

为了举例说明声明块与代码隐藏文件之间的区别，这里将 timeLeft.aspx 重写为 timeLeft2.aspx 和代码隐藏文件 timeLeft2.aspx.cs，如下所示。timeLeft.aspx 的处理过程被编写成一个方法，只有对其的调用留在新的源文档 timeLeft2.aspx 中。代码隐藏文件定义了 TimeLeft 类和其方法 timer。下面给出这两个文档：

```
<!-- timeLeft2.aspx
     A simple example of an ASP.NET document with a code-behind
     file. It has the same functionality as timeLeft.aspx
     -->
<%@ Page language="C#" Inherits = "TimeLeft2"
         Src = "timeLeft2.aspx.cs" %>

<html xmlns = "http://www.w3.org/1999/xhtml">
  <head> <title> timeLeft2 </title>
  </head>
  <body>
    <h3> Days, hours, and minutes left this year </h3>
    <%
      timer();
    %>
  </body>
</html>
```

```
// timeLeft2.aspx.cs
//   The code-behind file for timeLeft2.aspx
//   Defines a class with a method to compute and
//   display the days, hours, and minutes left
//   this year

using System;
using System.Web;
using System.Web.UI;

public class TimeLeft2 : Page {

  string msg, days, hours, minutes;
  TimeSpan timeSpan;

  public void timer() {
```

```
    // Set date/time of New Years Day and right now
    DateTime rightnow = DateTime.Now;
    DateTime newYears = new DateTime(2013, 1, 1);

    // Compute the difference in time/dates
    timeSpan = newYears.Subtract(rightnow);

    // Compute and display the differences in days, hours, and
    // minutes
    days = timeSpan.Days.ToString();
    msg = string.Format("Days: {0}, ", days);
    Response.Write(msg);
    hours = timeSpan.Hours.ToString();
    msg = string.Format("Hours: {0}, ", hours);
    Response.Write(msg);
    minutes = timeSpan.Minutes.ToString();
    msg = string.Format("Minutes: {0} <br />", minutes);
    Response.Write(msg);
  }
}
```

请注意在这个源文档中，Page 指令包括两个新特性：Inherits 特性和 Src 特性。Inherits 特性指定这个文档继承自代码隐藏文件的类。这个特性使用的名称与这个文件的基本名相同。Src 特性给出代码隐藏文件的完整名称。如果包含 Src 特性，当首次请求与代码隐藏文件关联的源文档时，将隐式地编译该文件。如果代码隐藏文件被更新，当下一次请求关联的源文档时，将隐式地导致其重编译。

如果不添加 Src 特性，那么必须在请求关联的源文档之前，显式地编译代码隐藏文件，并且将其放置在源文档存储目录的子目录 bin 中。这种方法的好处是可在部署之前检测和修复代码隐藏文件中的语法错误。

将 using 指令包括在代码隐藏文件中而不是源文档中，其原因是编译的源文件是代码隐藏文件中定义的类的子类。

timeLeft2.aspx 的输出结果如图 12-2 所示。

Days, hours, and minutes left this year

Days: 92, Hours: 14, Minutes: 31

图 12-2　timeLeft2.aspx 的输出结果

12.4　ASP.NET 控件

ASP.NET 控件与 HTML 表单组件有关，但与这些控件相关联的程序代码在服务器上执行，所以称为服务器控件(server control)。ASP.NET 服务器控件分为两类：HTML 控件和 Web 控件。如今，HTML 控件的使用远少于 Web 控件，因此本书中不介绍 HTML 控件。

转换过程或者说编译过程将所有 Web 控件转换为 HTML 元素。当然，若允许所有浏览器显示 ASP.NET 文档，则有必要这么做。

12.4.1 Web 控件

有些 Web 控件与普通 HTML 表单元素相对应，例如复选框、单选按钮和表格等控件。还有些控件则没有对应的 HTML 元素，例如复选框列表和单选按钮列表。此外，还有些特殊的表单数据验证和数据绑定控件。数据验证控件将在 12.4.8 节讨论，而数据绑定控件将在第 13 章讨论。最常用的非特定 Web 控件如表 12-1 中所示。

表 12-1 常用 Web 控件以及相关的 HTML 元素

Web 控件类型	对应的 HTML 元素
AdRotator	<img> 和 <link>
Button	<input type = "button" /> <input type = "submit" /> <input type = "reset" />
Calendar	无
Checkbox	<input type = "checkbox" />
CheckBoxList	无
DropDownList	<select>
Image	<img>
ImageButton	无
ImageMap	无
Label	无
Panel	<div>
RadioButton	<input type = "radio" />
RadioButtonList	无
Table	<table>
TableCell	<th>,<td>
TableRow	<tr>
TextBox	<input type = "text" />

所有 Web 控件所在的名称空间都具有前缀 asp，所以标签名称要用 asp:来限定。例如，用 asp:TextBox 来指定文本框控件。

所有 Web 控件都是服务器控件。通过包含 runat 特性并将它设置为“server”，可以表明这种关系，例如：

```
<asp:TextBox ID="phone" runat="server" />
```

ListControl 类有 4 个子类控件。其中 DropDownList 和 ListBox 这两个控件会转换为 HTML 选择元素。ListBox 控件能显示一个或多个项。默认显示的项数是 4 项，但可以设置为任意数目。如果控件的项多于能够显示的项，则隐式地包含垂直滚动条。在 ListBox 中可以选择多项。DropDownList 控件一般处于隐藏状态，只有用户单击按钮时才会显示。当单击下拉按钮时，显示项的数目由浏览器决定。DropDownList 控件不允许多选模式(与单选按钮组中一样，一次只能选择一项)。

ListControl 的另外两个子类控件是 CheckBoxList 和 RadioButtonList。它们一般都转换为 HTML 表格元素。对这两个控件而言，程序代码都可以访问列表中的列表项，所以可以动态增加和删除列表项，得到的列表项就是用户交互的结果。这也使得可以从数据库或者其他外部源获取列表项。CheckBoxList 和 RadioButtonList 控件将在 12.4.7 节中进一步加以讨论。

有些 Web 控件并不与 HTML 组件相对应，而是转换为组件的组合形式。其中有 Xml、Panel 和 AdRotator。Xml 控件可以对 XML 输入进行 XSL 转换，使转换结果作为 HTML 输出文档的一部分。在用户想要将多个控件作为一个单元来控制它们的位置或者可见性的情况下，Panel 控件为其他控件提供容器。AdRotator 提供了一种可以根据不同的请求隐式地产生不同内容的方法。AdRotator 控件被转换为 HTML 图像和链接。

12.4.2　简单 ASP.NET 文档的生命周期

包括表单的源文档既用于描述浏览器显示的标记文档的初始内容，也用于为用户与文档中的表单交互提供事件处理。所以，所有包含表单的源文档都具有两类请求。第一种是初始化的请求，导致被请求的文档和它的表单在客户端显示。第二种是当表单在客户端发生改变时产生的请求。因为表单值将返回到服务器上的文档，所以这种请求称为回传(postback)。通过测试 Page 类的 IsPostBack 属性，文档中的程序代码或者代码隐藏文件可以确定请求是否为回传请求，如果是回传请求，则为 true。

程序代码通过关联对象的 Value 属性可以访问控件的值。与控件相关联的对象与控件的 id 特性同名。因此，如果表单有一个文本框，其 id 是 phone，则可以用 phone.Value 访问它的值。

为了阐明对包含表单的源文档所发生的事件序列，分析下面这个简单的文档示例：

```
<!-- hello.aspx
     A simple example of an ASP.NET document with controls.
     It uses textboxes to get the name and age of the client,
     which are then displayed.
     -->
<%@ Page language="c#" %>

<html>
  <head> <title> Hello </title>
  </head>
  <body>
    <form runat = "server">
      <p>
        Your name:
        <asp:textbox id = "name" runat = "server" />
```

```
        <br />
        Your age:
        <asp:textbox id = "age" runat = "server" />
        <br />
        <asp:button id = "submit" runat = "server"
                    text = "Submit" />
      <br />
      <% if (IsPostBack) { %>
        Hello <%= name.Text %> <br />
        You are <%= age.Text %> years old <br />
        <% } %>
      </p>
    </form>
  </body>
</html>
```

请注意表单和表单中的控件必须包含设置为"server"的 runat 特性。在此示例中，当文档首先传送到浏览器时，文档体的第一部分中的标记会显示出来。在随后对文档的回传请求中，表单末尾的 C#代码在服务器上执行，生成的标记被发送到浏览器并显示出来。

在服务器向客户端返回文档类实例的输出结果之前，ASP.NET 文档隐式地存储该实例的控件状态。信息存储在称为 ViewState 的一个隐藏控件中，它是 Page 类的一个属性。ViewState 是对 StateBag 对象的引用，StateBag 对象的数据结构与散列类似。StateBag 对象只有在页面是活动页面时才有效。如果浏览器指向一个不同的文档，则丢弃 StateBag 对象。当将文档回传给服务器时，ViewState 数据用来隐式地初始化新的实例。当然，ViewState 在第一次回传时是没有表单数据的。在使用 ViewState 进行初始化之后，客户端向表单输入的内容用来第二次初始化实例。因此对于任何控件来说，如果它的值不是客户端输入，则保留原来的值。ViewState 在两个请求之间提供了隐式的表单状态保存功能。因此，它完成了 HTTP 协议所不能完成的事情，保存了往返于服务器的状态。

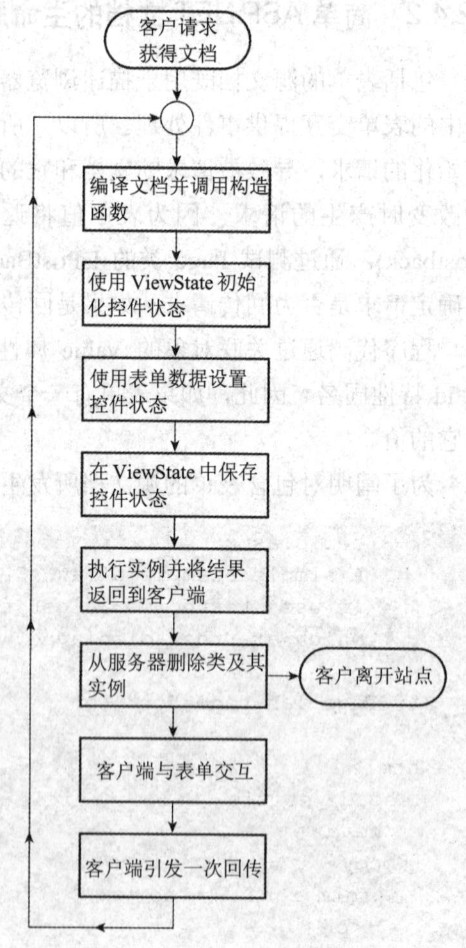

图 12-3 ASP.NET 文档的生命周期流程图

当然，用 ViewState 保存状态并不是没有代价的。对于具有很多控件的大表单，产生 ViewState 需要耗费浏览器-服务器很多的通信时间，同时也要求客户机上有大量的存储空间。

如果首先请求文档 hello.aspx，然后将文档传送到浏览器，并由用户填写文本框，接下来回传到服务器，并且最后返回到浏览器，将发生以下一系列事情，图 12-3 是这些事情的流程图。请注意在这个过程中将引发多个事件，但在流程图中并未对这些事件做描述。

由于用户可以访问 ViewState，因此它除了存储表单数据外还可以用来存储状态信息。所有控件都继承了 Controls 类的 ViewState。任何文本数据都可以通过一条简单的赋值语句放置在 ViewState 中，例如：

```
ViewState["myName"] = "Freddie";
```

访问 ViewState 中的值稍微有点复杂，因为必须将它的值强制转换为合适的类型。例如，为了获取上面语句中的 myName 值，可以使用如下赋值语句：

```
name = (string)ViewState["myName"];
```

要对非表单数据使用 ViewState，必须在 ViewState 获取表单数据之前将这一数据赋给 ViewState，因为此时 ViewState 已经确定了。第 12.4.4 节介绍 PreRender 事件，它是在 ViewState 中记录非表单数据的理想时间。

在用户填写表单之后，编译 hello.aspx 文档会得到一个文档类，并且通过这个文档类创建文档，该文档如下所示：

```
<!-- hello.aspx
     A simple example of an ASP.NET document with controls.
     It uses textboxes to get the name and age of the client,
     which are then displayed.
     -->
<html>
  <head> <title> Hello </title>
  </head>
  <body>
    <form name="ct100" method="post" action="hello.aspx" id="ctl00">
      <div>
        <input type="hidden" name="__VIEWSTATE" id="__VIEWSTATE"
               value="/wEPDwUKMTQyOTM4OTczNmRkgGqzeOWp5+
                   9PqFirn31TKZMNYGc=" />
      </div>
      <div>
        <input type="hidden" name="_EVENTVALIDATION"
               id="_EVENTVALIDATION"
               value="wEWBALDWau5BAL7uPQdAtCCr60GAty7hLYE4ZUNQF1+
                          GAAuhXGhNipCLhmIuSIiqpwctzFQUu54peg="
      </div>
      <p>
        Your name:
        <input name="name" type="text" value="Mike" id="name" />
        <br />
        Your age:
```

```
        <input name="age" type="text" value="47" id="age" />
        <br />
        <input type="submit" name="submit" value="Submit"
            id="submit" />
        <br />

        Hello Mike <br />
        You are 47 years old <br />

      </p>
    </form>
  </body>
</html>
```

该文档与最初的 hello.aspx 版本相比有三个不同之处。第一，它包含 ViewState 隐藏控件，并且有表单数据的编码版本。所用的编码是 base 64。第二，表单具有内部名称和 id(ct100)。第三，产生返回标记的呈现块已被它的输出内容所替代。

回传后 hello.aspx 的显示结果如图 12-4 所示。

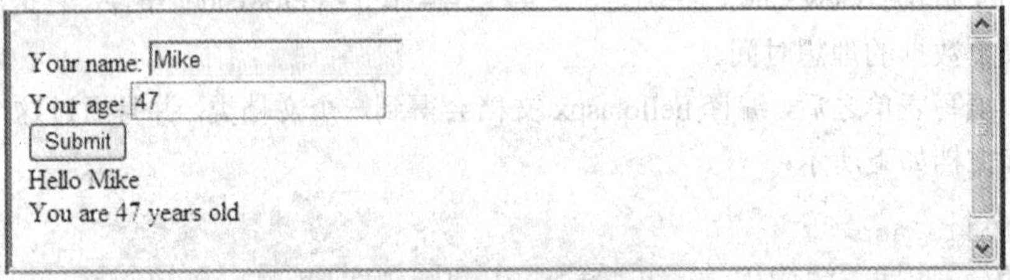

图 12-4　回传后 hello.aspx 的显示结果

用户可以使用多种途径启动回传。当然，如果客户单击表单的 Submit 按钮，则会引起回传，单击任何按钮也会引起回传。用户可以选择当单击复选框或者选择了列表选项时是否触发回传。由控件的 AutoPostBack 属性来控制这一选项。如果 AutoPostBack 设置为"true"，那么改变控件的值将引起回传。

12.4.3　Visual Studio

微软的 Visual Studio 是一种集成开发环境(Integrated Development Environment，IDE)，用来构建.NET 的 Web 应用程序和非 Web 应用程序。这是一种已经成熟的功能强大的工具，它可以简化和减轻创建.NET 软件系统所需的工作量。虽然不使用 Visual Studio 也可以构建.NET 的 Web 应用程序，如第 12.3 节所述，但大多数情况下，使用 Visual Studio 比较容易且快速。

Visual Studio 是一个巨大的软件系统，需要长时间的学习才能掌握其所有功能。但学会在相对简单的小型系统上使用 Visual Studio 却并不需要花很多时间和精力。虽然完整的 Visual Studio 很昂贵，但微软提供了一款功能较弱的免费版本，目前命名为 Visual Web Express 2012。本节介绍 Visual Studio 2010，本章剩余内容使用的也是这一版本。以后我们将它称为 VS。由于第 11 章介绍并使用了 NetBeans 这一相关的 IDE，所以从某种程度上来说，这里开始学习 VS 就应该相对比较容易了。

VS 提供了非常多的功能，下面是其中最常用的几项功能：

(1) VS 包含内置的 Web 服务器，可用来开发和测试 Web 应用程序，而不必使用外部 Web 服务器。

(2) VS 包含针对所有.NET 语言的集成调试器。

(3) 可以定制和移动 VS 中的工具栏和信息窗口，并可以停靠在主开发窗口的任何一侧。

(4) VS 支持并行显示两个窗口的功能，一个窗口用来以图形方式呈现表单及其控件，另一个窗口则显示支持表单控件的代码。

当打开 VS 时，会显示 Start Page 窗口，如图 12-5 所示。

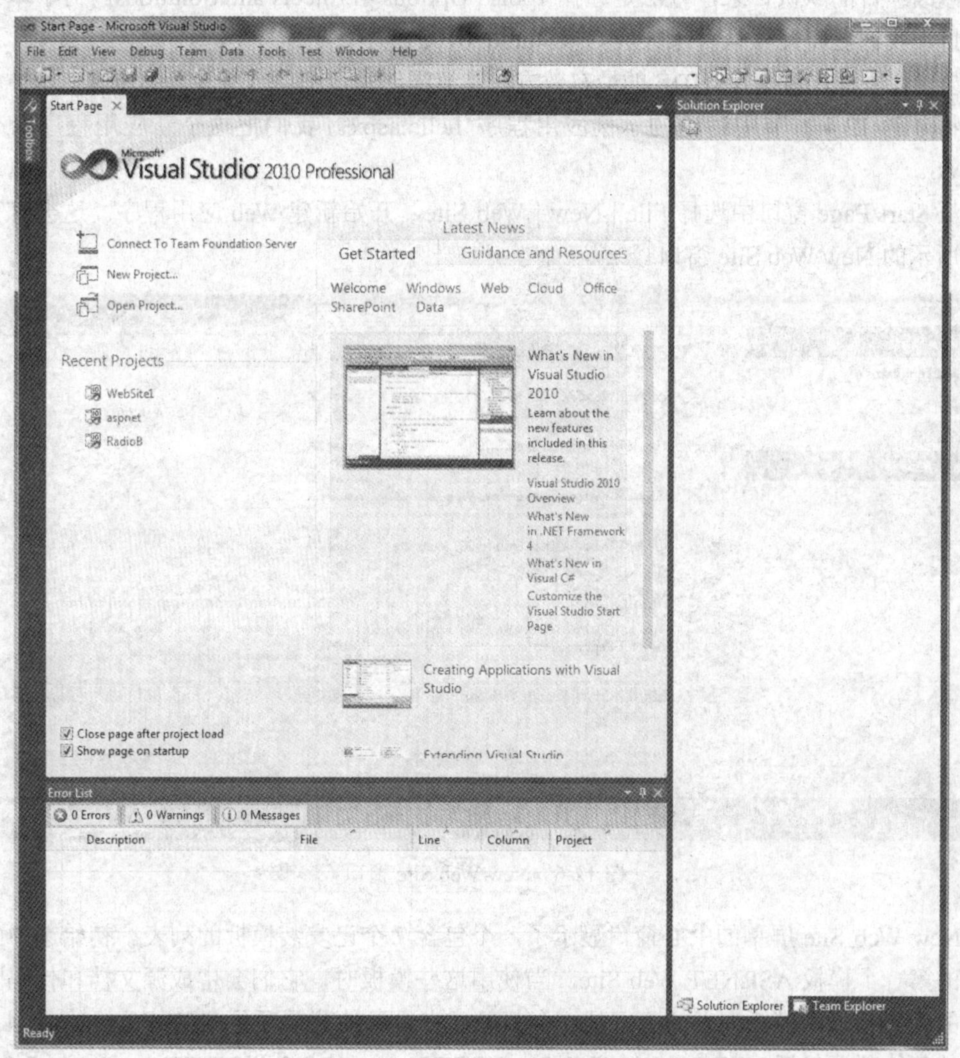

图 12-5　VS 的 Start Page 窗口

Start Page 的布局很典型：最顶行是标题，第二行是菜单栏，第三行是工具栏。显示屏的主要部分是几个窗口，其中最大的窗口是新闻窗口，它的标签为 Latest News。此窗口包含一个文章链接列表，链接的文章讨论相应主题的开发。新闻窗口的左侧中央部分是 Recent Projects 窗口，它使用户可以选择打开一个已有的项目或新建一个项目。屏幕底部是一个 Error List 窗口，直到打开或创建一个项目后才会启用它。

Start Page 的右边是 Solution Explorer 窗口。可以使用图标为钉子的按钮将它们锁定在打开状态。锁定在打开状态的窗口我们就说它“被钉住”。一旦钉住窗口，就可以拖到主窗口边上的不同位置。在这些窗口中，如果某个窗口处于打开状态，并依附在主窗口的某个边上，我们就说它“停靠”在那里。在打开一个项目后，我们会讨论 Solution Explorer 的内容。

用 VS 构建的应用程序由一个文件集组成，其中所有的文件都存储在一个目录中。此目录的默认位置为 C:\users\your username\Documents\Visual Studio 2010。可以在 Start Page 窗口修改项目的默认目录，方法是选择 Tools | Options | Projects and Solutions。对于本书中的项目，我们已将此默认目录改成 C:\vStudio2010。

与以往一样，讨论 VS IDE 的最有效方法是解释创建示例项目所涉及的步骤。本节使用 VS 来构建 12.4.2 节中讨论的示例应用程序 hello.aspx。我们把这个新应用程序命名为 helloVS。

从 Start Page 窗口中选择 File | New | Web Site，开始新建 Web 应用程序。这会打开图 12-6 所示的 New Web Site 窗口。

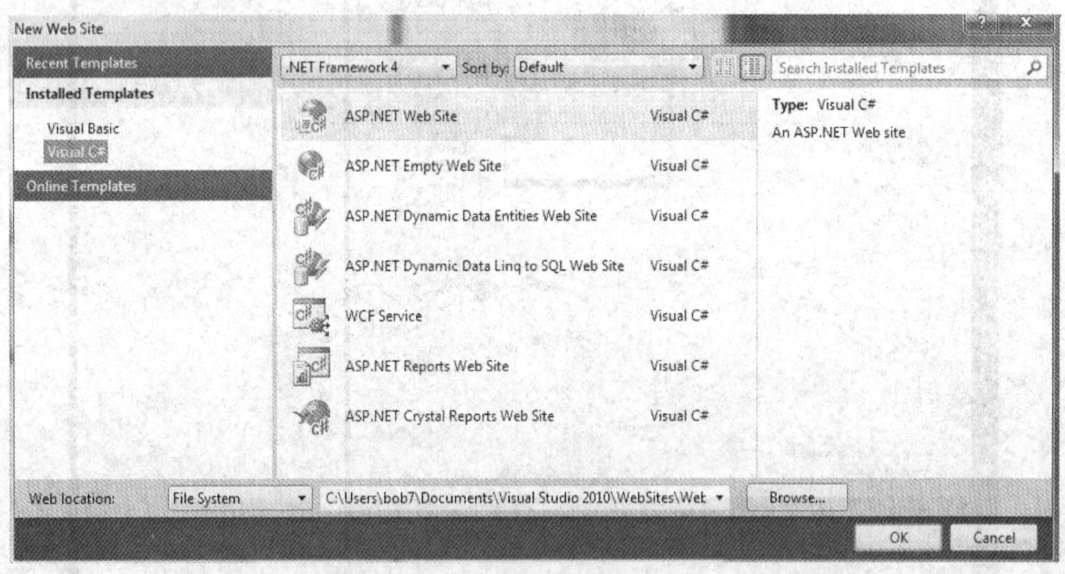

图 12-6 New Web Site 窗口

New Web Site 屏幕的中心窗口显示了一个包含 7 个已安装模板的列表。初始选中的是其中的第一个模板 ASP.NET Web Site。当使用这些模板时，它们会生成源文档和代码隐藏文件的骨架版本。模板列表的上方是一个菜单，它显示的菜单项是.NET Framework 4。此菜单的其他项还包括.NET Framework 2.0、.NET Framework 3.0 和.NET Frameworks 3.5。

屏幕底部附近的 Location 菜单显示的菜单项是 File System。此菜单的其他两个可能的项是 HTTP 和 FTP。File System 选项规定新 Web 站点将存储在计算机的文件系统上，站点运行时，使用内部的测试 Web 服务器，而不使用 IIS。当选中 File System 时，Location 菜单右边的菜单显示此新 Web 站点的目录位置和文件名。如果选中的是 HTTP，则应用程序由 IIS 提供服务，因此必须存储在 VS 自动创建的 IIS 虚拟目录中。选中 FTP 选项则允许在远程位置创建 Web 站点。

VS 应用程序称为解决方案(solution)。每个解决方案都有自己的目录，可能包含一个或多个项目。此解决方案目录包含源文档(.aspx)、代码文件、数据源和配置文件。

下一步是选择 ASP.NET Empty Web Site，在窗口底部的地址栏中键入地址 C:\vStudio2010\helloVS，然后单击 OK 按钮。所打开的屏幕的右侧将显示 Solution Explorer，如图 12-7 所示。

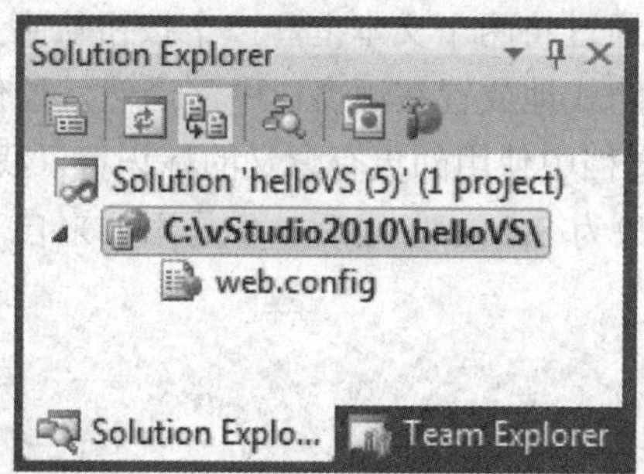

图 12-7　Solution Explorer 窗口

接着右击 Solution Explorer 窗口中显示的第二行，从快捷菜单中选择 Add New Item | Web Form，然后在出现的窗口中单击 Add。这将产生如下所示的文档：

```
<%@ Page Language="C#" AutoEventWireup="true" CodeFile="Default
.aspx.cs"
        Inherits="_Default" %>
<!DOCTYPE html PUBLIC "-//W3C//DTD XHTML 1.0 Transitional//EN"
                       "http://www.w3.org/TR/xhtml1/DTD/xhtml1-
                          transitional.dtd">
  <html xmlns="http://www.w3.org/1999/xhtml">
<head runat="server">
   <title></title>
</head>
<body>
   <form id="form1" runat="server">
   <div>

   </div>
   </form>
</body>
</html>
```

注意图中 solution Explorer 下显示的 web.config 文件，此 XML 文件包含应用程序的配置信息，与所有 Java Servlet、JSP 和 JSF 应用程序都要求的部署描述符文件 web.xml 相关。虽然 web. config 文件是每个 ASP.NET 应用程序必不可少的一部分，但由于 VS 会隐式地构建它，所以很少需要开发人员创建或修改它。

Solution Explorer 中会显示 ASP.NET 文档的名称 Default.aspx，右击它可以修改此名称。这里将其改为 helloVS.aspx。

在向应用程序添加功能之前，我们先添加了初始文档，修改了标题元素的内容，删除了多余的 div 元素。然后单击工作区底部的 Split 按钮，这会以水平方式分割中心窗口，源窗口显示标记，位于上半部分；下半部分是一个空窗口，用来可视化设计文档。然后选择 View | Toolbox 打开工具箱。工具箱将在屏幕的左侧打开。为防止工具箱与源窗口重叠，可将工具箱钉住。工具箱包含一个长长的控件名列表，该列表最开始的是 Standard 控件，再往下是很多省略的子列表，例如 Validation 和 AJAX Extensions，本章稍后再讨论它们。

下一步是添加控件，这通过将两个文本框和一个按钮从工具箱拖到设计窗口来完成。需要注意的是，控件的标记隐式地放置在源窗口中。当然，控件具有一般的 id，我们将它们修改为前面的 hello.aspx 文档中使用的更有意义的标识符。我们还添加了标签 Your name 和 Your age，将按钮的文本改为 Submit。最后一步是添加来自 hello.aspx 的响应代码。

生成的文档如下所示：

```
<!-- helloVS.aspx
     A simple example of an ASP.NET document with controls, built
     with VS. It uses textboxes to get the name and age of the
     client, which are then displayed.
     -->
<%@ Page Language="C#" AutoEventWireup="true"
         CodeFile="helloVS.aspx.cs" Inherits="_Default" %>

<!DOCTYPE html PUBLIC
        "-//W3C//DTD XHTML 1.0 Transitional//EN"
        "http://www.w3.org/TR/xhtml1/DTD/xhtml1-transitional.dtd">

<html xmlns="http://www.w3.org/1999/xhtml">
<head runat="server">
   <title> helloVS </title>
</head>
<body>
   <form id="form1" runat="server">
   <p>
      Your name:
      <asp:TextBox ID="name" runat="server"></asp:TextBox>
      <br />
      Your age:
      <asp:TextBox ID="age" runat="server"> </asp:TextBox>
      <br />
      <asp:Button ID="submit" runat="server" Text="Submit" />
      <br />
      <% if (IsPostBack){ %>
        Hello <%= name.Text%> <br />
        You are <%= age.Text%> years old <br />
      <% } %>
```

```
        </p>
      </form>
    </body>
    </html>
```

单击屏幕顶部的 Debug 菜单，选择 Start without Debugging，可以测试新文档。这会运行 VS 内部的 Web 服务器，并生成与图 12-4 相同的显示结果。

本章后续的所有应用程序都将使用 VS 来生成。

12.4.4　ASP.NET 事件

在处理和显示 ASP.NET 文档时，会引发大量事件。应用程序、会话、页面本身以及控件都会引发事件。本章不讨论应用程序和会话事件，下面讨论页面级事件和控件事件。

1. 页面级事件

页面级事件是由 Page 类在源文档生命周期的某个特定时刻创建的。页面级事件共有 4 个，分别是 Init(在文档类实例化之后立即引发)、Load(在实例根据表单数据或者 ViewState 设置它的状态之后引发)、PreRender(在执行实例来构造客户端响应文档之前引发)以及 Unload(在丢弃实例之前引发)。

为页面级事件设计和注册处理程序有两种方法。第一种方法是使用在创建文档类时隐式注册的预定义名称来编写处理程序。这种隐式注册处理程序的方法称为自动事件连网(auto event wireup)。它由 Page 指令的特性 AutoEventWireup 控制，默认值为 true。如果该特性被设置为 false，将不能隐式地注册，而必须手动注册。隐式注册的处理程序包括 Page_Load、Page_Unload、Page_PreRender 以及 Page_Init。它们都返回 void 并接受两个参数，第一个参数是 object 类型，第二个参数是 System.EventArgs 类型。12.4.7 节通过示例说明了 Page_ Load 处理程序。

为页面级事件设计和注册事件处理程序的第二种途径是重写在 Page 类中定义的虚处理程序方法。这样的处理程序必须手动地注册到文档中，在此就不再进一步阐述。

2. 控件事件

许多 ASP.NET 控件事件在服务器上处理，但它们大部分是在客户端引发的。第 5 章讨论的 HTML 事件在客户端引发和处理。当一些 ASP.NET 控件事件发生时，它们会立即回传至服务器。而在其他情况下，通知会延迟到下一回传。在 Click 事件中，会使用 HTTP POST 立即回传事件消息。当接收到这样的回传时，服务器搜索 Click 的处理程序，如果找到了，就执行它。

由于事件的处理需要一定的时间，因此不是所有事件都在服务器上处理。例如，由于发生的频率很高，MouseOver 事件就不能在服务器上处理——每次引发时它将用大量时间回传和处理。因此，MouseOver 事件仍在客户端进行处理。

如前所述，所谓控件事件回传与非回传，意味着在引发时是立即回传还是保存至下一回传。对于一些控件来说，所有事件都回传；例如，Button 和 Menu。CheckBox、TextBox 和 RadioButton 是非回传控件。

控件的事件处理程序的注册方法与 JavaScript 客户端事件处理程序的相同，通过 HTML 特性注册。不同的控件有不同名称的特性用于事件处理程序注册。TextBox 控件使用 OnTextChanged 特性；Button 控件使用 OnClick；CheckBox 和 RadioButton 控件使用 OnChecked Changed。CheckBoxList 和 RadioButtonList 使用 SelectedIndexChanged。控件的这些处理程序全都返回 void 并接受与页面级事件处理程序相同的两个参数。例如，考虑下列所示的文本框控件的事件处理程序，以及控件本身：

```
protected void TextBoxHandler(object src,
                              System.EventArgs e) {
  ...
}
...
<asp:TextBox ID="Name" OnTextChanged="TextBoxHandler"
             runat="server" />
```

12.4.5 用代码创建控件元素

为源文档指定服务器端控件有两种方法：使用标记或者使用程序代码。例如，可用下列标记创建一个按钮。

```
<asp:Button ID="helpButton" Text="help"
            OnClick="OnClickHandler"
            runat="server" />
```

可用 C#代码创建同一按钮，如下所示：

```
protected Button helpButton = new Button();
helpButton.Text = "help";
helpButton.id = "helpButton";
helpButton.OnClick = "OnClickHandler";
helpButton.runat = "server";
```

用程序代码创建控件存在两个问题：第一，这要求输入更多的代码，而在触碰键盘时，尽管可能性比较小，但确实有可能按错键；第二，存在控件在文档上显示的位置问题。必须在文档已有的元素中添加控件。为了控制位置，在标记处要指定占位符元素。然后使用占位符的 id 特性来添加控件。这样可以给出控件在文档中的精确位置。例如，可以用下面的元素来指定占位符：

```
<asp:PlaceHolder ID="buttonPlace" runat="server" />
```

下面的语句将按钮放在占位符元素出现的地方。

```
buttonPlace.Controls.Add(helpButton);
```

在一个占位符上可以放置多个控件。这些控件保存在占位符元素的 Controls 属性中。因此，Controls 属性是控件元素的集合。向占位符的 Controls 属性添加控件的顺序决定了控件的显示顺序。

尽管使用标记创建元素比较容易，但要修改元素，更好的方法是使用程序代码。例如，当在标记中指定一个选择元素之后，可用程序代码添加其列表项。如果列表项来自其他数据源，那么这种方法特别有用。程序代码在修改用标记创建的元素的特性方面也是非常有用的。第 12.4.7 节通过示例项目说明了如何动态构造列表控件项。

12.4.6　控件的响应输出

本章开头的两个源文档示例(timeLeft.aspx 和 timeLeft2.aspx)使用 Response.Write 方法将文本放在响应缓冲区中。当文档中有控件的时候，这个方法并不可行，这是因为 Response.Write 的输出存储在缓冲区的开头位置而不是在调用 Response.Write 的控件中(假设代码嵌入在源文档中)。作为更有效的可选方案，可将文本放在标签控件中，这样将在响应缓冲区的标签控件的位置处生成文本。将该文本赋值给标签控件的 Text 属性。例如，假设文档包含下面的元素(在应输出文本的位置)：

```
<asp:Label ID="output" runat="server" />
```

以下代码会将给定文本放在响应缓冲区中的标签的位置处：

```
<% string msg = string.Format(
              "The result is {0} <br />", result);
output.Text = msg; %>
```

在本例中，string.Format 方法用来创建一个格式化的字符串，这个字符串由文本字面量和变量 result 的值组成，并且 result 变量的值已经由 Format 转换为文本。当然，程序代码也可以出现在代码隐藏文件中。

12.4.7　列表控件

本节介绍最常用的ASP.NET Web列表控件DropDownList、CheckBoxList和RadioButtonList。

这些列表控件具有某些相同的特征。列表中的项(单个菜单项、复选框或单选按钮)用 ListItem 对象来建模，该对象具有 Value 和 Text 属性。控件的项的集合用 Item 对象来建模。ListItem 对象可以静态定义，也可以通过 Add 方法动态添加。控件的 SelectedIndex 和 SelectedItem 属性引用具有最小索引的选中项的索引和值。对于复选框和菜单，其他选中项的确定方法是迭代控件的 Items 集合，测试每个 ListItem 的 Selected 属性。选中项的值可通过控件的 SelectedValue 属性来访问。最后，所有的列表控件都会引发 SelectedIndexChanged 事件。

在 12.4.1 节中已讨论过，ASP.NET Web 控件集包括针对单个复选框的控件(CheckBox)、针对单个单选按钮的控件(RadioButton)、针对复选框集合的控件(CheckBoxList)和针对单选按钮集合的控件(RadioButtonList)。如果需要复选框或单选按钮，且它们可以静态构造，则应该使用 CheckBox 或 RadioButton 控件。但如果复选框或单选按钮需要根据数据源来填写，或者由于其他原因需要动态构造，那就应该使用 CheckBoxList 或 RadioButtonList 控件。

下面列举一个在 ASP.NET 源文档中创建文本框、下拉列表和标签的示例。它使用代码隐藏文件中的代码来创建下拉列表中的列表项。该文档还包含标签控件，以便为代码隐藏文件的返回信息提供放置的位置。我们用 VS 构建此源文档，将所有控件拖到 VS 提供的骨架文档上。添加一些初始文档，将控件的 id 更改为有意义的单词，将文档重命名为 controls.aspx。完整的源文档如下所示：

```
<!-- controls.aspx
     An example of an ASP.NET document that creates a text box,
      a drop-down list, and a label.
     A code-behind file is used to populate the drop-down list
      and display a message when an item from the drop-down list
      is selected. The label is used for the message
      -->
<%@ Page Language="C#" AutoEventWireup="true"
        CodeFile="controls.aspx.cs" Inherits="_Default" %>

<!DOCTYPE html PUBLIC "-//W3C//DTD XHTML 1.0 Transitional//EN"
       "http://www.w3.org/TR/xhtml1/DTD/xhtml1-transitional.dtd">

<html xmlns="http://www.w3.org/1999/xhtml">
<head runat="server">
   <title>Controls</title>
</head>
<body>
   <form id="form1" runat="server">
   <div>
      Name: <asp:TextBox ID="name" runat="server"></asp:TextBox>
      <br /><br />
      Favorite color:
        <asp:DropDownList ID="color" runat="server"
                          AutoPostBack="true"
                          OnSelectedIndexChanged="itemSelected">
        </asp:DropDownList>
      <br /><br />
      <asp:Label ID="message" runat="server" > </asp:Label>
   </div>
   </form>
</body>
</html>
```

在 Solution Explorer 中选择由 VS 隐式创建的代码隐藏文件，可以在工作区中打开它(只有首先单击.aspx 文件名前面的三角形才能看到此文件)，它的文件名是 controls. aspx.cs。此文件的初始版本如下：

```
using System;
using System.Collections;
using System.Configuration;
```

```
using System.Data;
using System.Linq;
using System.Web;
using System.Web.Security;
using System.Web.UI;
using System.Web.UI.HtmlControls;
using System.Web.UI.WebControls;
using System.Web.UI.WebControls.WebParts;
using System.Xml.Linq;

namespace controls
{
    public partial class _Default : System.Web.UI.Page
    {
        protected void Page_Load(object sender, EventArgs e)
        {
        }
    }
}
```

第一项任务是删除与不需要的类对应的 using 语句，除 System、System.Web、System.Web.UI 和 System.Web.UI.WebControls 外，其他的 using 语句都不需要。

需要注意，初始代码隐藏文件包含针对 Load 事件的骨架处理程序 Page_Load。向此处理程序添加代码来构建下拉列表。可以通过选择元素的 Items 属性的 Add 方法在元素中添加列表项。每一个新项的创建都可以通过调用列表项构造函数 ListItem 并传递新项值的方法来完成。例如，向 id 为 mySelect 的选择控件添加值为 red 的列表项，可使用下面的语句：

```
mySelect.Items.Add(new ListItem("red"));
```

SelectedIndexChanged 的处理程序将向客户端返回一条消息，给出客户名以及客户选中的选项(在本例中是颜色)。客户名可以通过文档的 name 文本框的 Text 属性来获得。客户选择的颜色可以通过表单中下拉列表的 SelectedItem 属性获得。

主代码窗口右上方是一个事件菜单，这些事件可由代码隐藏文件来处理。在此菜单中选择 OnSelectedIndexChanged 菜单项。在 Design 视图中双击下拉列表，可以创建 OnSelectedIndex-Changed 事件的处理程序。此处理程序最开始是空的，它只包含一个骨架处理程序，具有正确的名称 itemSelected。必须向此处理程序添加两条语句，一条语句用来创建输出字符串，另一条语句则将此字符串放入 message 标签元素的 Text 中。

完整的 ASP.NET 文档以及它的代码隐藏文件如下所示：

```
<!-- controls.aspx
     An example of an ASP.NET document that creates a text box,
     a drop-down list, and a label.
     A code-behind file is used to populate the drop-down list
     and display a message when an item from the drop-down list
     is selected. The label is used for the message
```

```
    -->
<%@ Page Language="C#" AutoEventWireup="true"
        CodeFile="controls.aspx.cs" Inherits="_Default" %>
<!DOCTYPE html PUBLIC "-//W3C//DTD XHTML 1.0 Transitional//EN"
      "http://www.w3.org/TR/xhtml1/DTD/xhtml1-transitional.dtd">
<html xmlns="http://www.w3.org/1999/xhtml">
<head runat="server">
   <title>Controls</title>
</head>
<body>
   <form id="form1" runat="server">
   <div>
      Name: <asp:TextBox ID="name" runat="server"></asp:TextBox>
      <br /><br />
      Favorite color:
        <asp:DropDownList ID="color" runat="server"
                          AutoPostBack="true"
                          OnSelectedIndexChanged="itemSelected">
        </asp:DropDownList>
      <br /><br />
      <asp:Label ID="message" runat="server" Text=""></asp:Label>
   </div>
   </form>
</body>
</html>
// controls.aspx.cs
//   The code-behind file for controls.aspx
//   In a Page_Load handler, it populates the drop-down
//   list created in the associated source document.
//   It also includes a handler for the button, which
//   produces a message to the client, including the
//   client' s name and the chosen item from the drop-down
//   list

using System;
using System.Web;
using System.Web.UI;
using System.Web.UI.WebControls;

public partial class _Default : System.Web.UI.Page
{
   protected void Page_Load(object sender, EventArgs e)
   {

      if (!IsPostBack)
      {

         color.Items.Add(new ListItem("blue"));
```

```
            color.Items.Add(new ListItem("red"));
            color.Items.Add(new ListItem("green"));
            color.Items.Add(new ListItem("yellow"));
        }
    }

    protected void itemSelected(object sender, EventArgs e)
    {
        string newMsg = string.Format(
            "Hi {0}; your favorite color is {1}",
            name.Text, color.SelectedItem);
        message.Text = newMsg;
    }
}
```

这个示例演示了如何用代码动态创建列表控件的项。还演示了针对文本框的一个简单事件处理程序，以及如何在不替换其显示的情况下将动态输出定向到用户。图 12-8 显示了在输入名称并选择了颜色后 controls.aspx 的运行结果。

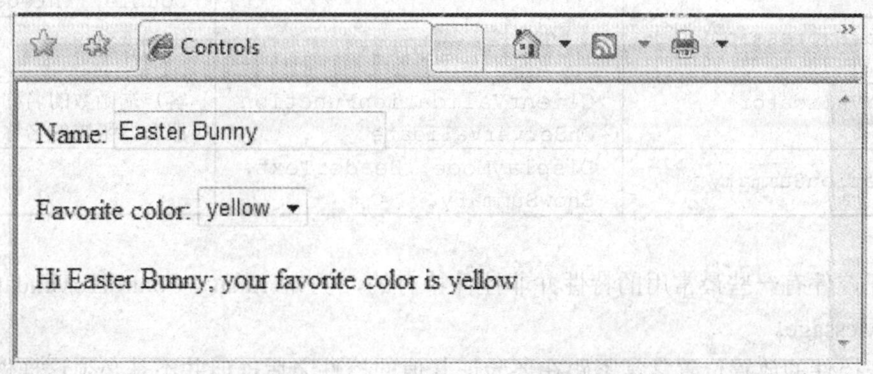

图 12-8　controls.aspx 的显示结果

12.4.8　验证控件

第 5 章中介绍了用 JavaScript 验证客户端表单数据的内容。尽管在客户端进行表单数据验证的理由是很充分的，但也有理由在服务器上这样做。首先，客户端验证可能会遭到不怀好意的人的破坏。另外，在某些情况下，表单数据直接进入数据库，可能会使数据库中的数据遭到坏数据的破坏。因此，通常有必要既在客户端又在服务器端进行表单数据验证。在后续内容中，将介绍为了使服务器端表单数据验证变得相对简单而设计的 ASP.NET Web 控件。

ASP.NET Web 控件集合中定义了 6 个验证控件。这些控件以及它们的特性和值如表 12-2 中所示。

表 12-2 验证控件及其属性

控　件	控件特有的属性	值
RequiredFieldValidator	无	无
CompareValidator	Operator Type ValueToCompare ControlToCompare	Equal, NotEqual, GreaterThan, GreaterThanEqual, LessThan, LessThanEqual, DataTypeCheck String, Currency, Date, Double, Integer 常量 其他控件
RangeValidator	MaximumValue MinimumValue Type	Constant Constant String, Currency, Date, Double, Integer
RegularExpressionValidator	ValidationExpression	正则表达式
CustomValidator	ClientValidationFunction OnServerValidate	客户端函数的名称 服务器函数的名称
ValidationSummary	DisplayMode, HeaderText, ShowSummary	

验证控件有一些最常用的特性并非控件特有的，例如 runat、ControlToValidate、Text 和 ErrorMessage。

验证控件的放置位置常常紧跟在要验证其值的控件之后，但并不是必须这样做，只是这样放置比较好，因为可以确保验证控件生成的错误消息紧接着被验证的控件出现。实际错误消息在验证控件的 ErrorMessage 特性中指定。验证控件连接到要用 ControlToValidate 属性来验证的控件，ControlToValidate 特性设置为需验证的控件的 id。Display 特性用来指定如何显示错误消息。值“Static”说明在显示的文档上为消息保留空间。值“Dynamic”表示不为消息保留空间。值“None”意味着尽管在日志中记录了错误消息，却不显示错误消息。验证控件也必须包括 runat 特性，当然，这个特性值为 server。

下面的示例 validate.aspx 演示了三个验证控件：

```
<!-- validate.aspx
     An example of an ASP.NET document to illustrate server-side
     validation controls. Uses text boxes to get the name, phone
     number, and age of the client. These three controls are
     validated on the server.
     -->
<%@ Page Language="C#" %>

<!DOCTYPE html PUBLIC "-//W3C//DTD XHTML 1.0 Transitional//EN"
```

```
        "http://www.w3.org/TR/xhtml1/DTD/xhtml1-transitional.dtd">

<html xmlns="http://www.w3.org/1999/xhtml">
<head runat="server">
    <title> validate </title>
    </head>
    <body>
        <form id="form1" runat="server">
          <p>
            Your name:
            <asp:TextBox ID="name" runat="server"
                         style="margin-left: 56px">
            </asp:TextBox>
            <asp:RequiredFieldValidator
              ID="nameValidator"
              ControlToValidate="name"
              Display="Static"
              runat="server"
              ErrorMessage="Please enter your name">
            </asp:RequiredFieldValidator>
            <br />

            Your phone number:
            <asp:TextBox ID="phone" runat="server"></asp:TextBox>
            <asp:RegularExpressionValidator
              ID="phoneValidator"
              ControlToValidate="phone"
              Display="Static"
              runat="server"
              ErrorMessage="Phone number form must be ddd-ddd-dddd"
              ValidationExpression="\d{3}-\d{3}-\d{4}">
            </asp:RegularExpressionValidator>
            <br />

            Your age:
          <asp:TextBox ID="age" runat="server" style="margin-left: 68px"
                       Width="40px">
            </asp:TextBox>
            <asp:RangeValidator
              ID="RangeValidator1"
              ControlToValidate="age"
              Display="Static"
              runat="server"
              ErrorMessage="Age must be in the range of 10 to 110"
              MinimumValue="10"
              MaximumValue="110"
              Type="Integer">
            </asp:RangeValidator>
            <br />
            <asp:Button runat="server" Text="Submit" />
        </p>
    </form>
</body>
</html>
```

对 name 文本框进行验证以保证用户输入了用户名。对 phone number 文本框进行验证以保证其格式匹配给定的正则表达式(第 4 章中介绍了正则表达式)。对 age 文本框进行验证以保证给定的年龄不小于 10 且不大于 110。

图 12-9 为一些字段没有被正确填写而导致的 validate.aspx 文档的显示结果，在相应文本框右侧显示了错误消息。

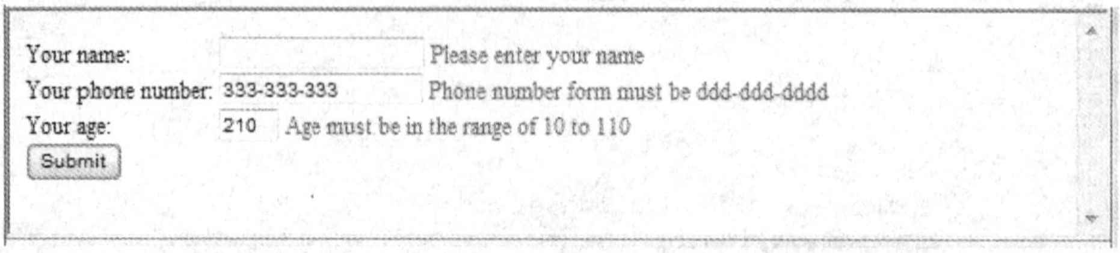

图 12-9 在填写一些文本框之后 validate.aspx 的显示结果

用户还可以设计定制验证控件以用于特定的验证。这些控件用在不能用其他验证控件完成验证的情况下。这样的定制验证可以用 CustomValidator 控件来定义。实际验证可用客户端代码(例如，用 JavaScript 函数)、服务器代码(例如，用 C#方法)或混合使用两者完成。下面是 CustomValidator 控件的一个示例，此示例验证输入到位于该定制验证控件之前的 id 为 name 的文本框中的文本的一些特征：

```
<asp:CustomValidator runat = "server"
  id = "CustomValidator1"
  ControlToValidate = "name"
  ValidateEmptyText = "false"
  Display = "Static"
  ErrorMessage = "The text entered is not valid..."
  ClientValidationFunction = "clientValidator"
  OnServerValidate = "serverValidator">
</asp:CustomValidator>
```

对于这个验证控件来说，定义了 JavaScript 验证器函数 clientValidator 和 C#服务器验证器函数 serverValidator。这两个验证器子程序都带有两个参数。对于 C#方法来说，第一个参数是 object 类型，第二个参数是 ServerValidateEventArgs 类型。第二个参数对象的 Value 属性是用户输入到文本框中的值。JavaScript 函数使用同样的两个参数，不过在其函数定义中不需要类型。

将 CustomValidator 控件的 ValidateEmptyText 特性设置为 false，指定了空文本框是无效的。该特性的默认值是 true。

下面这个示例文档说明了 CustomValidator 控件的用法。此示例显示了一个文本框，要求用户输入一个偶数[3]。该文档中包含一个 JavaScript 函数，用来在客户端测试输入是否为偶数；在代码隐藏文件中包含一个 C#方法，用来在服务器上执行同样的测试。

3 这样的输入只是一种简单方式，可以测试用户是自然人而不是潜在的恶意程序。目前这种测试最常见的方式是，显示某种风格的字母序列，而用户必须识别它们。

```
<!-- customValid.aspx
     Illustrates a CustomValidator control that presents a text box
     to the user and requests the input of an even number. Uses both
     a JavaScript client-side function and a C# server-side method
     to ensure that the input was even.
     -->
<%@ Page Language="C#" AutoEventWireup="true"
    CodeBehind="customValid.aspx.cs" Inherits="customValid._Default" %>

<!DOCTYPE html PUBLIC "-//W3C//DTD XHTML 1.0 Transitional//EN"
          "http://www.w3.org/TR/xhtml1/DTD/xhtml1-transitional.dtd">

<html xmlns="http://www.w3.org/1999/xhtml" >
<head runat="server">
    <title>Example of a CustomValidator control</title>
    <script type="text/javascript" language="javascript">
      function testEvenNumberClient(sender, e) {
        if (e.Value % 2 == 0)
          e.IsValid = true;
        else
          e.IsValid = false;
      }
    </script>
</head>
<body>
    <form id="form1" runat="server">
    Please enter an even number:
      <asp:TextBox ID="even" runat="server" Width="40px" />
      <asp:CustomValidator
        ID="CustomValidator1"
        runat="server"
        ControlToValidate="even"
        ErrorMessage="Number must be even"
        ClientValidationFunction="testEvenNumberClient"
        OnServerValidate="evenNumberTest" >
      </asp:CustomValidator>
      <br />
      <asp:Button runat="server" Text="Submit" />
      <br />
      <asp:Label ID="output" runat="server" />
    </form>
</body>
</html>
```

```
// customValid.aspx.cs
//   The code-behind file for customValid.aspx.
//   Defines the server-side method to test the text box input
//   to determine whether it is even.
//   The method' s output is only for testing.
```

```
using System;
using System.Web;
using System.Web.UI;
using System.Web.UI.WebControls;


namespace customValid
{
    public partial class _Default : System.Web.UI.Page
    {
        protected void evenNumberTest(object sender,
                                     ServerValidateEventArgs e)
        {
            int number = Convert.ToInt32(e.Value);
            if (number % 2 == 0) {
                e.IsValid = true;
                output.Text = "Good, the number is even";
            }
            else {
                e.IsValid = false;
                output.Text = "The number is odd!!!";
            }
        }
    }
}
```

这里通过调用 Convert 类(在 System 中定义)的 ToInt32 方法将文本框的值从字符串转换为整数。还包括其他许多类型的 Convert 方法。

如果输入的值是奇数，则客户端测试会检测到这一点，并通过 CustomValidator 控件的 ErrorMessage 特性生成错误消息。在此情况下不会执行服务器端测试，因为表单并未提交到服务器。如果输入的值是偶数，则客户端测试和服务器端测试都会执行。为了证明服务器端测试的执行，使用了一个跟踪消息(“Good, the number is even”)。图 12-10 和图 12-11 分别展示了输入奇数和偶数时的显示结果。

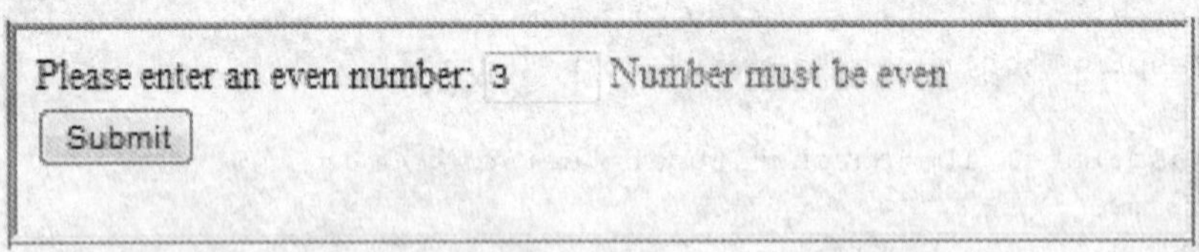

图 12-10　输入奇数后 customValid.aspx 的运行结果

Please enter an even number: 4
Submit
Good, the number is even

图 12-11　输入偶数后 customValid.aspx 的运行结果

ValidationSummary 控件提供了一种便利的方式，可以生成表单中发现的所有验证错误的概要。此概要显示在表单底部。最常用的概要格式是无序列表，每个错误消息都显示在一个项目符号之后。下面是 ValidationSummary 控件的一个典型示例：

```
<asp:ValidationSummary
  ID="ValidationSummary1"
  runat="server"
  DisplayMode="BulletList"
  HeaderText="The following errors were found"
  ShowSummary="true" />
```

只有在检测到错误时才显示 HeaderText 的值。为了避免错误消息同时显示在表单和概要中，可将控件的 Text 特性设置为“*”，这可以使错误消息不显示在表单中，但仍允许显示在概要中。

12.4.9　主文档

外部样式表用于为站点上的每个文档提供一致的外观。在许多情况下，有一些内容(如页眉或页脚)应出现在站点的每个文档上。另外，可能还有一些控制每个文档外观的标准布局信息。通过 ASP.NET，可以很方便地实现这些概念。在定义了主文档后，其他文档(即内容文档)的内容可以隐式合并到主文档中。因此，如果希望有一个特定的页眉(可能由一个或多个图像以及站点名称构成)出现在每个内容文档中，可在主文档中定义该页眉。这样站点就由该主文档和一组内容文档构成。浏览器用户从来都不会看到这两种不同的文档。当用户请求某个内容文档时，该文档就会在服务器上被合并到主文档，然后将合并后的文档发送到浏览器。

下面列举一个简单示例来演示构建主文档和内容文档的过程。这个主文档没有活动控件和代码，但可以包括进这些内容。示例主文档只是生成一个标准页眉，该页眉由公司名称和两幅小飞机图像构成。针对图像的 ASP.NET Web 控件是<asp:Image>。图像文件的特性为 imageUrl，而不是 HTML 特性 src。所有主文档都需要以 Master 指令开头。除此之外，通常的源文档与主文档几乎无区别。

要用 VS 创建主文档，首先要创建一个新的 Web 站点。然后在 Solution Explorer 中右击项目，这会打开一个长长的菜单。从菜单中选择 Add New Item，然后会打开一个窗口，显示一个长长的模板按钮列表，其中一个模板按钮是 Master Page。单击此按钮，将新页面重命名为 airad.master。然后单击 Add 按钮，这会生成下面的骨架文档：

```
<%@ Master Language="C#" AutoEventWireup="true"
           CodeFile="airad.master.cs" Inherits="airad" %>

<!DOCTYPE html PUBLIC "-//W3C//DTD XHTML 1.0 Transitional//EN"
   "http://www.w3.org/TR/xhtml1/DTD/xhtml1-transitional.dtd">
<html xmlns="http://www.w3.org/1999/xhtml">
<head runat="server">
   <title>Untitled Page</title>
```

```
    <asp:ContentPlaceHolder id="head" runat="server">
    </asp:ContentPlaceHolder>
    </head>
<body>
    <form id="form1" runat="server">
    <div>
        <asp:ContentPlaceHolder id="ContentPlaceHolder1"
                                 runat="server">
        </asp:ContentPlaceHolder>
    </div>
    </form>
</body>
</html>
```

注意初始文档包括两个 ContentPlaceHolder 控件，一个在文档头中，一个在文档体中。在这些地方可以将内容文件插入主文档中。此例将只使用文档体中的 ContentPlaceHolder。

现在为主文档以及初始文档添加内容和样式。完整的文档如下所示：

```
<!-- airad.master
     A simple example of an ASP.NET master document.
     airadContent.aspx is a content document for this document
     -->
<%@ Master Language="C#" AutoEventWireup="true"
           CodeFile="airad.master.cs" Inherits="airad" %>

<!DOCTYPE html PUBLIC "-//W3C//DTD XHTML 1.0 Transitional//EN"
   "http://www.w3.org/TR/xhtml1/DTD/xhtml1-transitional.dtd">

<html xmlns="http://www.w3.org/1999/xhtml">
<head runat="server">
    <title>airad master</title>
    <asp:ContentPlaceHolder id="head" runat="server">
    </asp:ContentPlaceHolder>
    <style type="text/css">
      span {font-style: italic; font-size: 30;
            font-weight: bold; color: Blue;}
    </style>

</head>
<body>
    <form id="form1" runat="server">
    <div>

        <asp:Image ID="plane1" runat="server"
                   imageUrl="images\plane1.png"
                   height="70px" width="70px" />
        <span> Aidan’s Used Airplanes
        </span>
        <asp:Image ID="plane2" runat="server"
                   imageUrl="images/plane2.png" />
```

```
        <br /><br /><br />
        <asp:ContentPlaceHolder id="TopPageContent"
                                runat="server">
        </asp:ContentPlaceHolder>
    </div>
    </form>
</body>
</html>
```

内容文档必须以 Page 指令开头，该指令包括了特性 masterpagefile，必须将主文档的文件名赋给该特性。在 Page 指令之后，整个文档就是一个<asp:Content>元素。该元素必须将其 runat 特性设置为“server”。同时，它必须包括主文档中 ContentPlaceHolder 元素的 id。该 id 必须赋给 ContentPlaceHolderID 特性。例如，asp:Content 的开始标签如下所示：

```
<asp:Content runat="server"
             ContentPlaceHolderID="TopPageContent" >
```

要创建内容文档，需要选择 Solution Explorer，右击项目，选择 Add New Item。然后从显示的列表中选择 Web Form，将它重命名为 airadContent.aspx，选择 Select Master Page，单击 Add 按钮。此时会打开 Select a Master Page 窗口。从此窗口中选择主页面 airad.master，单击 OK 按钮。这会生成如下文档：

```
<%@ Page Language="C#" MasterPageFile="~/airad.master"
        AutoEventWireup="true" CodeFile="airadContent.aspx.cs"
        Inherits="airadContent" Title="Untitled Page" %>

<asp:Content ID="Content1" ContentPlaceHolderID="head"
            Runat="Server">
</asp:Content>
<asp:Content ID="Content2" ContentPlaceHolderID="TopPageContent"
            Runat="Server">
</asp:Content>
```

内容文档的剩余部分是一个 div 元素，该元素包含了要合并到主文档中的内容。对于该示例来说，名为 airadContent.aspx 的完整内容文档如下所示：

```
<!-- airadContent.aspx
    A content document for the airad application. Uses the master
    document, airad.master.
    -->

<%@ Page Language="C#" MasterPageFile="~/airad.master"
        AutoEventWireup="true" CodeFile="airadContent.aspx.cs"
        Inherits="airadContent" Title="Untitled Page" %>

<asp:Content ID="Content2" ContentPlaceHolderID="TopPageContent"
            Runat="Server">
<!-- airadContent.aspx
    A content file for the airad master document
```

```
      -->
  <div>
    <h3> Today’s Special </h3>
    1975 Cessna 172, light blue & grey, 850 hours SMOH <br />
    Great condition! Price reduced! Call us! <br />
    719-444-6999
  </div>
</asp:Content>
```

合并了内容文档 airadContent.aspx 的主文档 airad.master 的显示结果如图 12-12 所示。

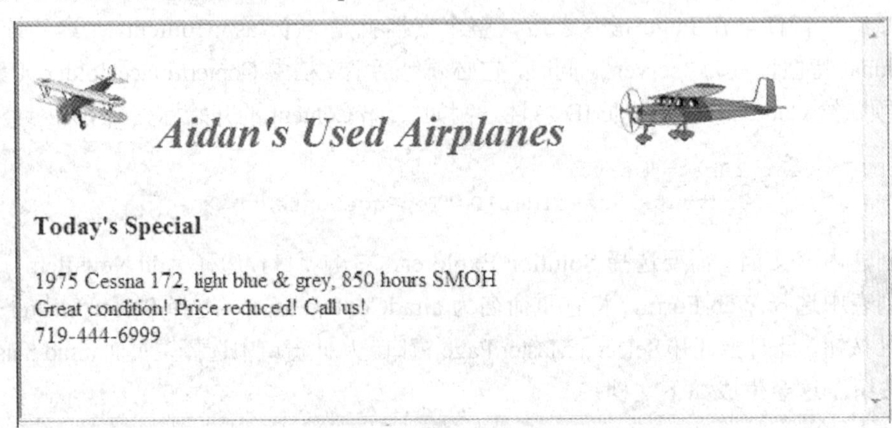

图 12-12 合并了 airadContent.aspx 的主文档 airad.master 的显示结果

注意，主-内容文档的 URL 是内容文档的名称。

主文档可有任意多个 contentplaceholder 元素，每个元素必须有引用其 id 的内容文档。当然，还有很多有关主文档的内容，但这此不予详细讨论。

12.5 ASP.NET AJAX

针对 Ajax 所引起的广泛关注和正面影响，Microsoft 开发了一个软件，以在 ASP. NET 中简便地使用它。如果应用程序是使用某种用于 ASP.NET 开发的 Microsoft IDE 构建的，那么在 ASP.NET 中实现 Ajax 是相当容易的。

要用 VS 编写启用了 Ajax 的 Web 应用程序，可使用 ASP.NET AJAX 服务器控件，这些控件包含在 AJAX Extensions 标题下的工具箱中。AJAX 服务器控件不同于标准服务器控件，这体现在 AJAX 服务器控件将脚本添加到运行在客户系统上的文档中，而标准服务器控件的所有处理都是在服务器上完成的。

ScriptManager 控件为 ASP.NET AJAX 加载所需的 JavaScript 库。使用 ASP.NET AJAX 任意部分的每个文档都必须有一个 ScriptManager 控件，其形式如下所示：

```
<asp:ScriptManager ID="whatever"
                   runat="server" />
```

UpdatePanel 控件定义了可使用针对服务器的异步请求返回的值而更新的文档区域。这样就会重新呈现文档的部分区域(这正是 Ajax 交互的定义)。通过 Ajax 交互可更新的文档部分放在 UpdatePanel 控件的内容中，而 VS 会对此做必要的安排，包括确保请求的客户端代码是跨浏览器兼容的。这样就避开了在第 10 章的 Ajax 应用程序中要编写的大量代码。

UpdatePanel 控件的一般形式如下所示：

```
<asp:UpdatePanel runat="server" ID=" whatever " />
  <ContentTemplate>
    (whatever is to be Ajax-updateable)
  </ContentTemplate>
</asp:UpdatePanel>
.
```

再一次，我们通过简单示例很好地演示了如何使用 ASP.NET AJAX 实现 Ajax 应用程序。此示例应用程序是我们所熟悉的——给定邮政编码，使用 Ajax 提供相应的城市和州。使用 VS，只需编写带有表单的源文件和提供城市和州名的 C#代码。在 VS 中，与以往一样，我们首先创建新的 Web 站点并将其命名为 CityState。

接下来将 ScriptManager 元素拖到文档上，并将它放在 form 开始标签之后。首先通过添加用户名称和地址的 TextBox 控件来构建表单。由于这些元素是静态的，因此可使用 HTML 文本框元素或是 ASP.NET 控件 TextBox。要添加的第三个元素是邮政编码 TextBox，其特性有 id、columns 和 runat，但还需要两个特殊特性。一个是 AutoPostBack 特性，需将该特性设置为“true”。这样做的原因是要用这个文本框触发对城市和州名的 Ajax 请求，而默认情况下，对文本框的改变不会产生回传。因此当这个文本框发生改变并且光标移出文本框时，就会发生自动回传。另一个必要的特性是 OnTextChanged，赋给它的值为在文本框改变时调用的代码隐藏文件中的 C#方法的名称。这里，方法名为 Zip_OnTextChanged。

邮政编码文本框之后是 UpdatePanel 控件。该控件中唯一的内容是 ContentTemplate 控件，其中嵌套城市和州文本框。城市和州文本框将被作为 Ajax 请求的结果返回的数据填充。为了说明城市和州文本框的隐式填充是重新呈现表单部分内容的结果，将两个标签用作代码隐藏文件提供的时间戳的占位符。一个用于初始表单呈现，另一个用于每次更新 Ajax。这些标签的形式如下所示：

```
<asp:Label ID="whatever" runat="server" > </asp:Label>
```

这些标签的 id 用于在 C#代码中引用自身。此应用程序的完整源文档如下所示：

```
<!-- CityState.aspx
     This document presents a form to the user, requesting
     the user’s name, address, and zip code. When the zip
     code is entered, the document uses an Ajax request to
     get the names of the city and state that correspond to
     the given zip code. Time stamps are used to indicate
     that the initial display and the Ajax updated display
     were at different times.
     -->
<%@ Page Language="C#" AutoEventWireup="true"
        CodeFile="CityState.aspx.cs" Inherits="_Default" %>
<!DOCTYPE html PUBLIC "-//W3C//DTD XHTML 1.0 Transitional//EN"
```

```
    "http://www.w3.org/TR/xhtml1/DTD/xhtml1-transitional.dtd">
<html xmlns="http://www.w3.org/1999/xhtml">
<head runat="server">
   <title>Untitled Page</title>
</head>
<body>
   <form ID="form1" runat="server">

      <asp:ScriptManager ID="ScriptManager1" runat="server">
      </asp:ScriptManager>
      <asp:Label ID="Label1" runat="server" >
      </asp:Label>
      <br /><br />
      <asp:TextBox ID="name" columns="30" runat="server"/>
      Name <br />
      <asp:TextBox ID="address" columns="30" runat="server"/>
      Address <br />
      <asp:TextBox ID="zip" columns="30" runat="server"
                   AutoPostBack="true"
                   OnTextChanged="Zip_OnTextChanged"/>
      Zip code
      <asp:UpdatePanel ID="UpdatePanel1" runat="server">
         <ContentTemplate>
            <asp:TextBox ID="city" columns="30" runat="server"/>
            City <br />
            <asp:TextBox ID="state" columns="30" runat="server"/>
            State <br /><br />
            <asp:Label ID="Label2" runat="server" >
            </asp:Label>
         </ContentTemplate>
      </asp:UpdatePanel>
   </form>
</body>
</html>
```

接着构建代码隐藏文件。首先选择 File | Open | File，然后选择 CityState.aspx.cs。这就打开了由 VS 生成的骨架式的 C#代码隐藏文件。对于这个骨架部分类定义，我们添加邮政编码文本框的事件处理方法。这个方法包括一个 HashTable 对象，它初始化为一组邮政编码和对应的城市和州。该方法的代码很简单——它检查散列对象是否包括表单中给定的邮政编码，其名称为 zip.Text。这是通过散列表的 Contains 方法完成的。如果该邮政编码在散列表中，就从相应散列表元素的值部分分割城市和州名并赋给 city.Text 和 state.Text(分别代表城市和州文本框的内容)。

这一代码后面是在每次发出 Ajax 请求时在文档上插入时间戳的代码，具体如下所示：

```
Label2.Text = "(Refreshed at " + DateTime.Now.ToString() +
              ")";
```

通过添加另一时间戳完成 Page_Load 方法，在加载页面时，这个时间被放在表单顶部。

这个时间戳必须放在选择器中，这样确保只在初次显示文档时执行它。如果不包含选择器，每次更新 Ajax 时，时间戳将重复，因为每个 Ajax 更新都会引发一个 Page_Load 事件。完整的代码隐藏文件如下所示：

```
// CityState.aspx.cs
// The C# code-behind file for the CityState project.
// Includes a method, Zip_OnTextChanged, to create a hash of
// zip codes and city-state strings. When the zip code is
// changed on the form, the method looks for the zip code in
// the hash, setting the city and state text boxes to the
// values found. If the zip code is not in the hash, it places empty
// strings in those text boxes

using System;
using System.Web;
using System.Web.UI;
using System.Web.UI.WebControls;
public partial class _Default : System.Web.UI.Page
{
    protected void Zip_OnTextChanged(object sender, EventArgs e)
    {
        Hashtable zipCityState = new Hashtable();
        char[] delimiter = new char[] { ',' };
        zipCityState.Add("81611", "Aspen,Colorado");
        zipCityState.Add("81411", "Bedrock,Colorado");
        zipCityState.Add("80908", "Black Forest,Colorado");
        zipCityState.Add("80301", "Boulder,Colorado");
        zipCityState.Add("81127", "Chimney Rock,Colorado");
        zipCityState.Add("80901", "Colorado Springs,Colorado");
        zipCityState.Add("81223", "Cotopaxi,Colorado");
        zipCityState.Add("80201", "Denver,Colorado");
        zipCityState.Add("81657", "Vail,Colorado");
        zipCityState.Add("80435", "Keystone,Colorado");
        zipCityState.Add("80536", "Virginia Dale,Colorado");

        if (zipCityState.Contains(zip.Text))
        {
            city.Text =
                ((String)zipCityState[zip.Text]).Split(delimiter)[0];
            state.Text =
              ((String)zipCityState[zip.Text]).Split(delimiter)[1];
        }
        else
        {
            city.Text = "";
            state.Text = "";
        }
        Label2.Text = "(Refreshed at " + DateTime.Now.ToString() +
            ")";
    }
```

```
    protected void Page_Load(object sender, EventArgs e) {
        if (!Page.IsPostBack)
            Label1.Text = "(Initially loaded at " +
                DateTime.Now.ToString() + ")";
    }
}
```

图 12-13 显示了 CityState Web 站点在浏览器中的初始显示结果。

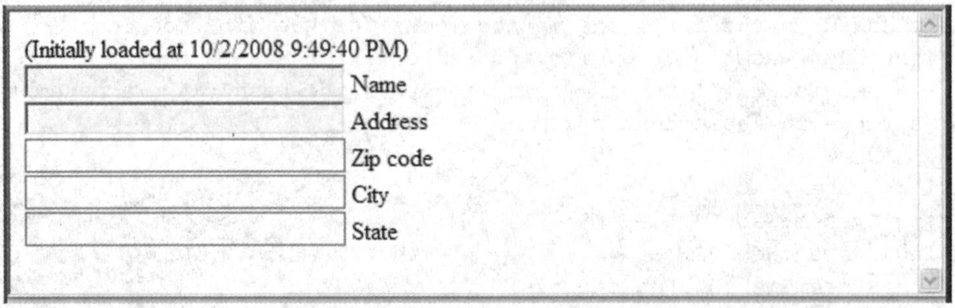

图 12-13　CityState Web 站点的初始屏幕

图 12-14 显示了在输入姓名、地址和邮政编码后的浏览器显示结果。

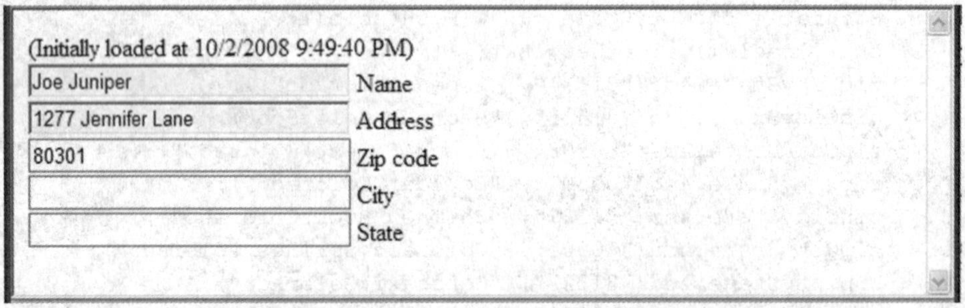

图 12-14　输入姓名、地址和邮政编码后显示的屏幕

图 12-15 所示为将光标移出邮政编码文本框后的浏览器显示结果。

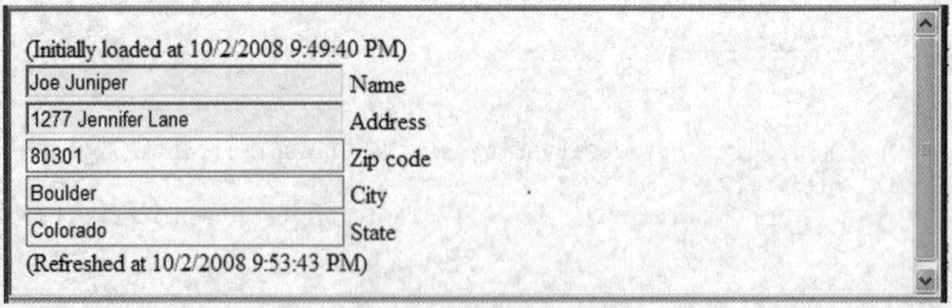

图 12-15　对城市和州进行 Ajax 更新后的屏幕

图 12-16 显示了在输入新邮政编码并将光标移出邮政编码文本框后的浏览器显示结果。注意，刷新的时间戳与之前的更新时间不同，但初始时间戳是一样的。

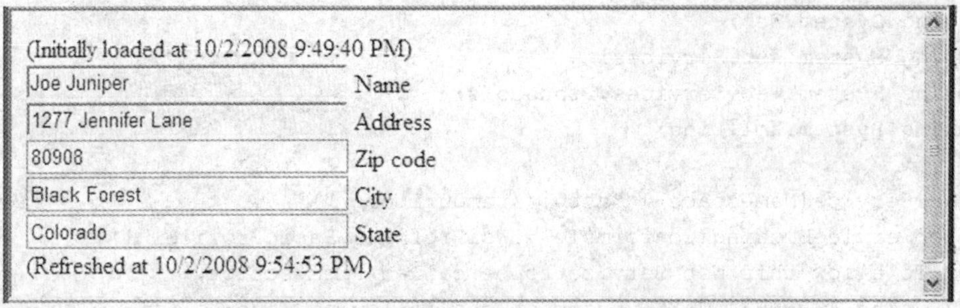

(Initially loaded at 10/2/2008 9:49:40 PM)
Joe Juniper　Name
1277 Jennifer Lane　Address
80908　Zip code
Black Forest　City
Colorado　State
(Refreshed at 10/2/2008 9:54:53 PM)

图 12-16　第二次 Ajax 更新后的屏幕

这个示例应用程序清楚地表明了，可以在不直接使用 JavaScript 和用任何语言编写 Ajax 与服务器的交互的情况下，通过 ASP.NET AJAX 构建 Ajax 应用程序。

12.6　Web 服务

第 7 章介绍了 Web 服务。简单地说，Web 服务是 Web 上可被远程系统使用标准协议调用的一个或多个相关方法的集合。

.NET Framework 为构建和传播 Web 服务提供了两种不同的方式。自从 2002 年以来，传统的方式是使用 ASP.NET。自从 2006 年后期.NET 3.0 问世以来，另一种方式是使用 Windows 通信基础(Windows Communication Foundation，WCF)。构建 Web 服务的 WCF 方法与 ASP. NET 方法的区别体现在产生的服务不限于用于 Web。本书只选择介绍 ASP.NET 方法，因为它更简单。

12.6.1　构建 Web 服务

这里通过一个简单示例来说明如何用 VS 构建一个 Web 服务。该示例是一个计算返还贷款的服务。贷款的参数有贷款金额、年利率和贷款月数，它们将是该服务的参数。该服务由单一方法组成。

首先启动 VS，选择 File | New Website | ASP.NET Web Service。将 location 选择为 File System，名称为 c:\vStudio2010\PaymentService，将语言选择为 C#，单击 OK 按钮。然后将.asmx 和.cs 文件改名为 PaymentService。这需要进入 Solution Explorer，右击文件名，选择 Rename 来完成。因为修改了这些名称，所以也必须修改 PaymentService.asmx，它引用代码隐藏文件和服务的继承类名。代码隐藏文件现在是 PaymentService.cs，继承的类是 PaymentService。新版本的 PaymentService.asmx 如下所示：

```
<%@ WebService Language="C#"
               CodeBehind="~/App_Code/PaymentService.cs"
               Class="PaymentService" %>
```

接下来打开 PaymentService.cs，它的初始文件如下所示：

```
using System;
using System.Linq;
```

```
using System.Web;
using System.Web.Services;
using System.Web.Services.Protocols;
using System.Xml.Linq;

[WebService(Namespace = "http://tempuri.org/")]
[WebServiceBinding(ConformsTo = WsiProfiles.BasicProfile1_1)]
// To allow this Web Service to be called from script,
// using ASP.NET AJAX, uncomment the following line:
// [System.Web.Script.Services.ScriptService]
public class Service : System.Web.Services.WebService
{
    Public Service () {

       //Uncomment the following line if using designed components
       //InitializeComponent();
    }
    [WebMethod]
    public string HelloWorld() {
       return "HelloWorld";
    }
}
```

类 PaymentService 的前面有 3 个特性，其中第三个特性被注释掉了。第一个特性是 WebService，它设置了一个用在 Web 服务消息中的 XML 名称空间。第二个特性是 WebServiceBinding，它指定了遵循 Web 服务标准的程度。第三个特性是 System.Web.Script.Services.ScriptService，它不带参数，指定了 Web 服务允许 JavaScript 客户端发出 JSON 调用。

现在修改 PaymentService.cs 来计算贷款返还额。首先删除掉除 using System 和 using System.Web.Services 外的所有 using 语句。然后重命名类 PaymentService，删除构造函数。用以下方法替代 HelloWorld 方法：

```
public double CalculatePayment(double loanAmt,
                               double intRate,
                               int months)
{
    double monthRate, payment;
    monthRate = intRate / 12.0d;
    payment = (monthRate * loanAmt) /
        (1.0d - Math.Pow(1.0d + monthRate, -months));
    return payment;
}
```

方法中数字字面量的后缀 d 指定它们是双精度类型。

修改后的完整 PaymentService.cs 版本如下所示：

```
// PaymentService.cs
// The PaymentService class definition, which includes the
```

```
// CalculatePayment method, which provides the actual Web service.
using System;
using System.Web;
using System.Web.Services;

[WebService(Namespace = "http://www.uccs.sebesta/services/")]
[WebServiceBinding(ConformsTo = WsiProfiles.BasicProfile1_1)]
// To allow this Web Service to be called from script,
// using ASP.NET AJAX, uncomment the following line:
// [System.Web.Script.Services.ScriptService]
public class PaymentService : System.Web.Services.WebService
{
    [WebMethod]
    public double CalculatePayment(double loanAmt, double intRate,
                                   int months)
    {
        double monthRate, payment;
        monthRate = intRate / 12.0d;
        payment = (monthRate * loanAmt) /
                  (1.0d - Math.Pow(1.0d + monthRate, -months));
        return payment;
    }
}
```

现在可以用 VS 提供的一个测试工具来测试 PaymentService.cs，选择 Debug | Start Without Debugging，这会显示如图 12-17 所示的屏幕。

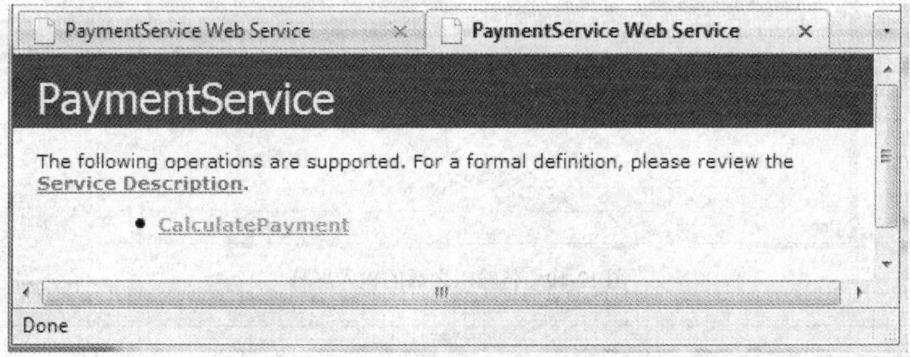

图 12-17　PaymentService.cs 的测试工具

单击图 12-17 中的 Service Description 链接，将显示由 VS 创建的服务的 WSDL 描述信息。要测试 CalculatePayment 方法，则单击它的链接，这会显示如图 12-18 所示的屏幕。

图 12-19 显示了输入值后的输入屏幕。

图 12-20 显示了单击 Invoke 后的结果。

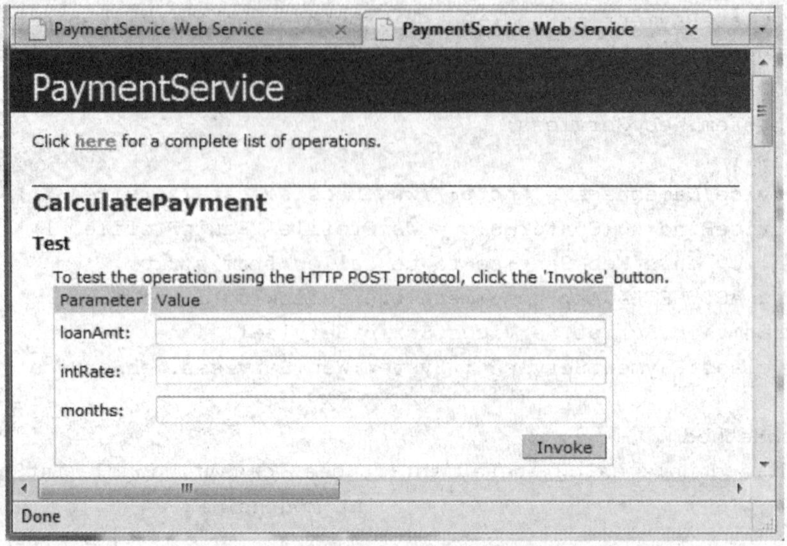

PaymentService Web Service | PaymentService Web Service

PaymentService

Click here for a complete list of operations.

CalculatePayment

Test

To test the operation using the HTTP POST protocol, click the 'Invoke' button.

Parameter	Value
loanAmt:	
intRate:	
months:	

Invoke

Done

图 12-18　CalculatePayment 的输入屏幕

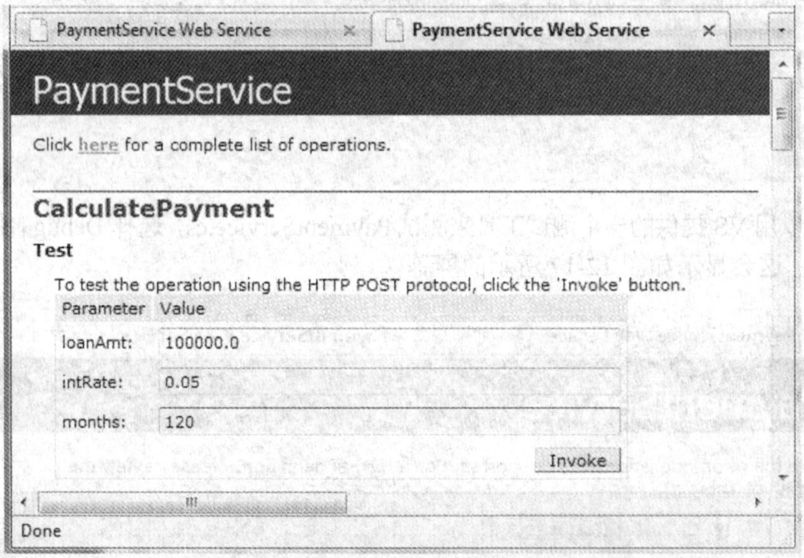

PaymentService Web Service | PaymentService Web Service

PaymentService

Click here for a complete list of operations.

CalculatePayment

Test

To test the operation using the HTTP POST protocol, click the 'Invoke' button.

Parameter	Value
loanAmt:	100000.0
intRate:	0.05
months:	120

Invoke

Done

图 12-19　值输入之后的输入屏幕

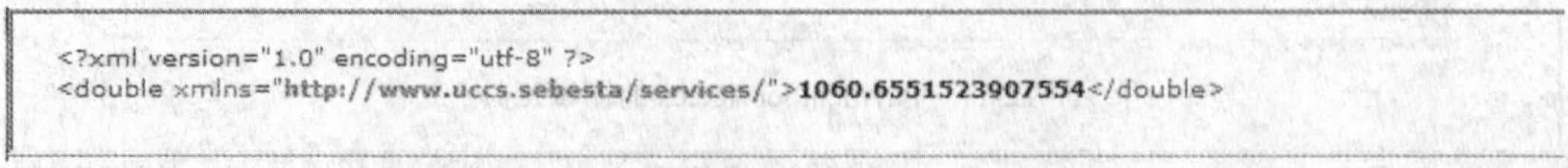

```
<?xml version="1.0" encoding="utf-8" ?>
<double xmlns="http://www.uccs.sebesta/services/">1060.6551523907554</double>
```

图 12-20　调用 CalculatePayment 后的结果

12.6.2　使用 Web 服务

Web 服务的目的是提供可以远程调用的操作。因此，一般是通过客户 Web 应用程序来使用 PaymentService 服务的。现在就在与服务相同的解决方案中(实际上可以在 Web 上的任何位置)创建这样一个客户应用程序，程序名称为 PaymentUser。首先选择 File | Add New Web

Site | ASP.NET Web Site(PaymentService 项目是打开的)，并将其命名为 PaymentUser。

现在修改 Default.aspx，将其重命名为 PaymentUser.aspx，并在其 Page 指令中用 PaymentUser 取代_Default。接下来修改 PaymentUser.aspx，添加一些文本框和一个按钮，文本框用来收集用户输入的参数，按钮用来调用服务。此按钮使用 onClick 特性来调用处理程序，而处理程序才真正调用服务。再添加一个 Label 元素，为服务返回值提供一个占位符。完整的 Payment User.aspx 文档如下所示：

```
<!-- PaymentUser.aspx
     A simple client to test the PaymentService Web service.
     Gets the loan amount, interest rate, and term of a loan
     from the user. It presents a button the user can click to
     enact the service. The button calls the code-behind code
     for the event handler that actually calls the service.
     -->
<%@ Page Language="C#" AutoEventWireup="true"
        CodeFile="PaymentUser.aspx.cs" Inherits="PaymentUser" %>

<!DOCTYPE html PUBLIC "-//W3C//DTD XHTML 1.0 Transitional//EN"
       "http://www.w3.org/TR/xhtml1/DTD/xhtml1-transitional.dtd">

<html xmlns="http://www.w3.org/1999/xhtml">
<head runat="server">
   <title>PaymentUser</title>
</head>
<body>
   <form id="form1" runat="server">
   <div>
      <p>
         Loan amount: <asp:TextBox ID="Loan"
                                   runat="server"
                                   columns="8" />
         Interest rate: <asp:TextBox ID="Interest"
                                     runat="server"
                                     columns="6" />
         Number of months: <asp:TextBox ID="Months"
                                        runat="server"
                                        columns="4" />
         <br /> <br />
         <asp:Button ID="callService" runat="server"
                     Text="Call CalculatePayment Service"
                     onClick="buttonClick" />
         <br />
         <asp:Label ID="Result" runat="server" />
      </p>
      </div>
   </form>
</body>
</html>
```

接下来修改代码隐藏文件以便调用服务，这需要通过 VS 提供的代理来完成。首先删掉除 using System 和 using System.Web.UI 外的所有 using 语句。然后添加 using localhost，它将是服务源。接下来将部分类重命名为 PaymentUser，将 Page_Load 方法重命名为 buttonClick。再次提醒，Web 服务是通过代理类调用的。在此情况下，代理类由 VS 隐式创建。现在必须实例化此代理类，并使用它来调用服务类中的方法。代理类的实例化通过下面的语句来完成：

```
PaymentService proxy = new PaymentService();
```

必须将服务的返回值插入到一个字符串中，然后将其设置为 PaymentUser.aspx 文档中 Label 元素的 Text 特性。String 的 Format 方法就用作此目的。Format 中的占位符常常只是用大花括号括起来的一个数字，此时需要使用 C 格式化字符。此字符用来表示货币：其值四舍五入到小数点后两位数，并在值的前面加美元符号。传递到服务方法的参数都是字符串格式，因为它们来自表单。调用服务时，这些值由 Convert 类的.NET 转换方法 ToDouble 和 ToInt32 转换为数字值。下面是完整的 PaymentUser.aspx.cs 代码隐藏文件：

```
// PaymentUser.aspx.cs
// The code-behind file for the PaymentUser.aspx document. Defines
// the event handler that creates the proxy, and calls it to produce
// the results.

using System;
using System.Web.UI;
using localhost;
public partial class PaymentUser : System.Web.UI.Page
{
    protected void buttonClick(object sender, EventArgs e)
    {
        PaymentService proxy = new PaymentService();
        Result.Text = String.Format("<br />Payment is: {0:C}",
            proxy.CalculatePayment(
             Convert.ToDouble(Loan.Text),
             Convert.ToDouble(Interest.Text),
             Convert.ToInt32(Months.Text)));
    }
}
```

创建客户 Web 应用程序的最后一步是在客户端创建对 Web 服务的引用。这是另一项可由 VS 简化的任务。具体过程如下：首先在 Solution Explorer 中右击 PaymentUser 条目，选择 Add Web Reference，此时会显示如图 12-21 所示的屏幕。

在此屏幕中选择 Web Services in this Solution，因为此服务是与客户端相同的解决方案的一部分。这会显示如图 12-22 所示的屏幕。

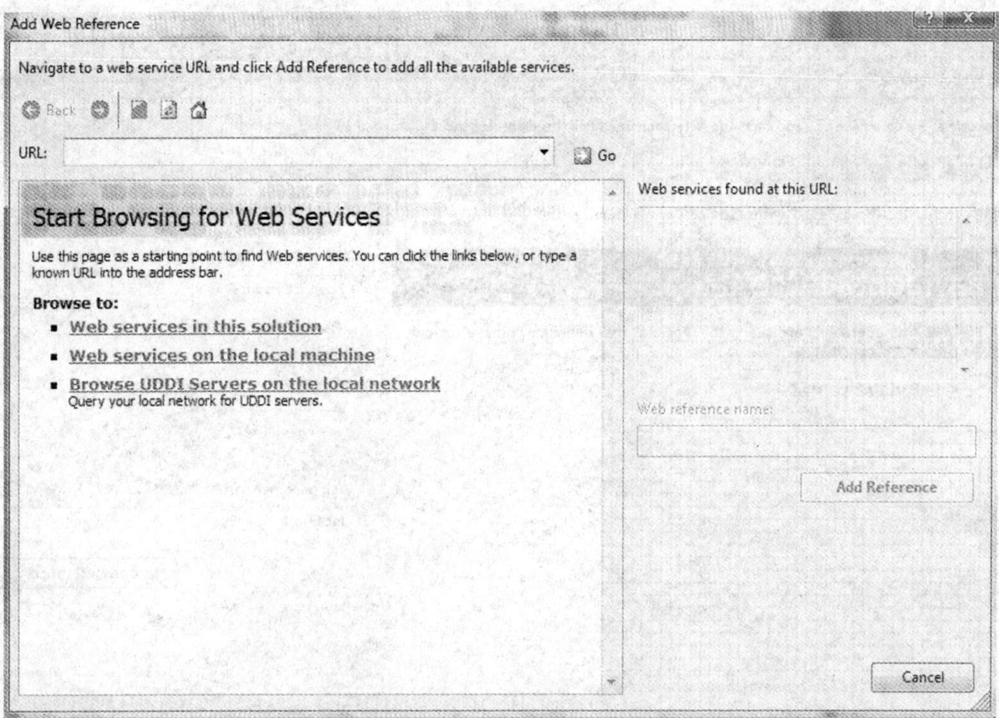

图 12-21　Add Web Reference 屏幕

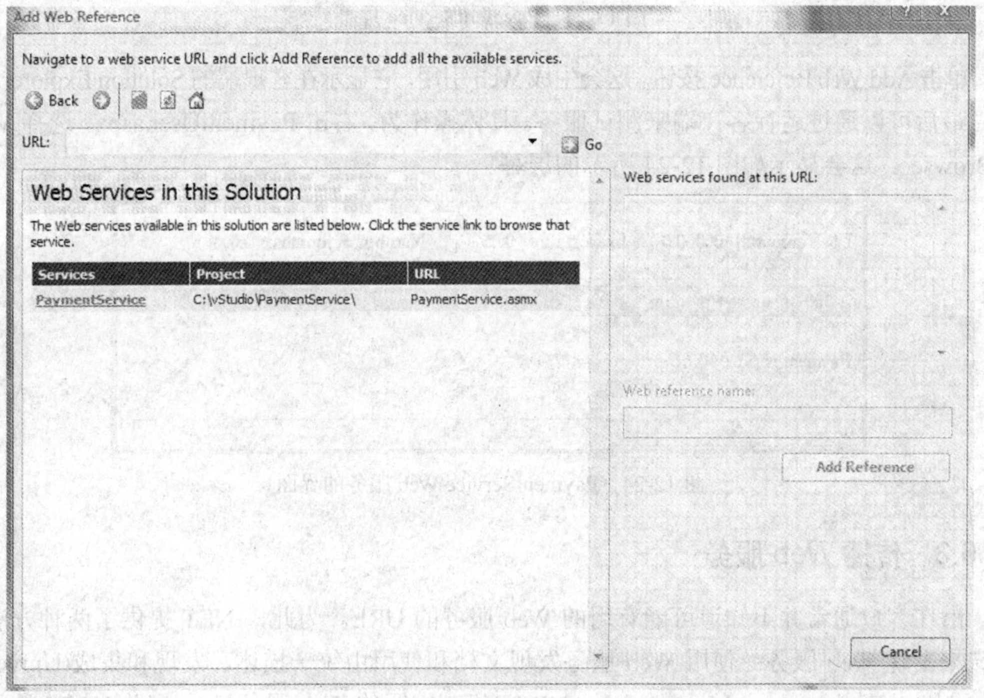

图 12-22　Web Services in this Solution 屏幕

选择此屏幕上显示的唯一服务 PaymentService，这会显示如图 12-23 所示的屏幕。

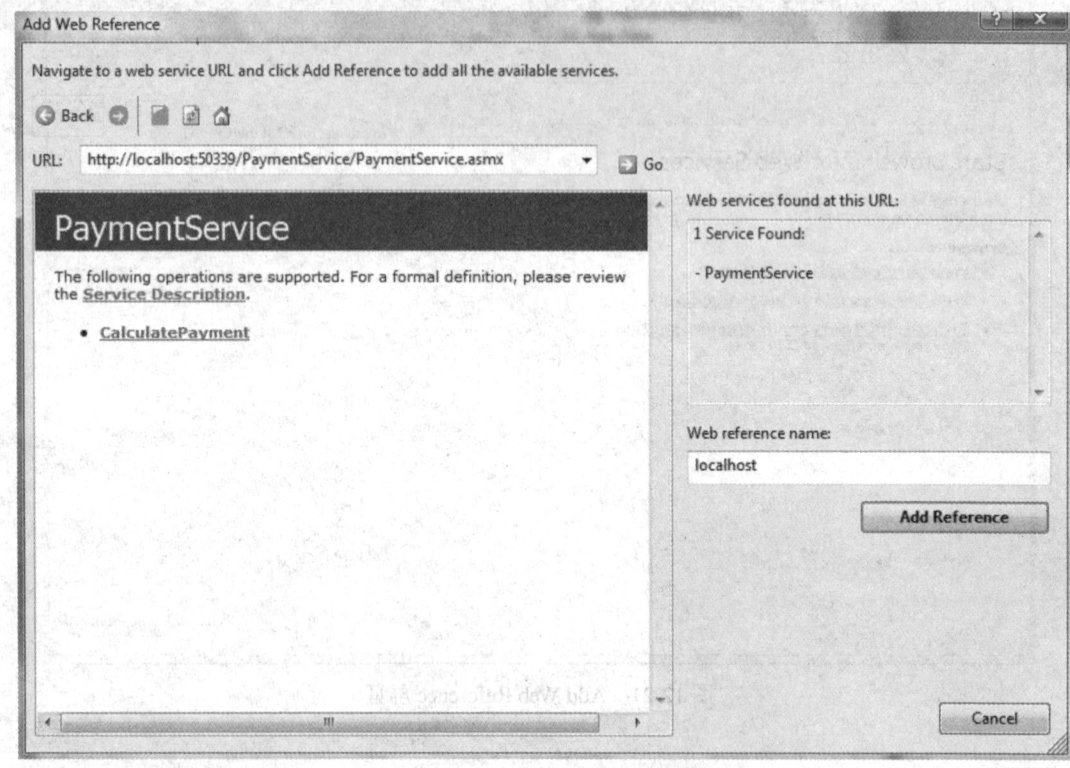

图 12-23　PaymentService 屏幕

单击 Add Web Reference 按钮。这会生成 Web 引用，它显示在客户端的 Solution Explorer 中。

最后可以通过运行客户端来测试服务。具体操作为，右击 PaymentUser.aspx，选择 View in Browser。这会显示如图 12-24 所示的屏幕。

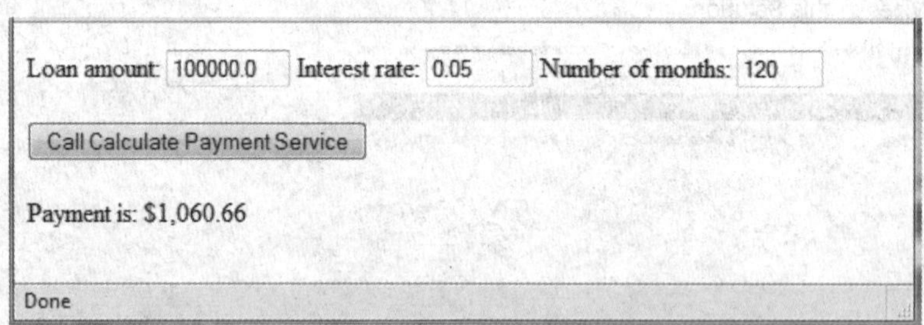

图 12-24　PaymentService Web 服务的界面

12.6.3　传播 Web 服务

潜在客户通常并不知道可能有用的 Web 服务的 URL。为此，.NET 提供了两种方法使客户来发现 Web 服务：使用 Web 服务发现文档和使用由统一描述、发现和集成(Universal Description Discovery and Integration，UDDI)语言编写的 Web 服务目录(有关 UDDI 的介绍请参见 7.11 节)。运用这两种方法，潜在客户通过某 Web 站点的单一 URL 就可获得该网站提供的全部 Web 服务的目录。

UDDI 是 Windows .NET Server 版本的一部分。可用它在企业内部建立 UDDI 服务器，也可以注册电子服务以便提供给外界。这些活动由.NET UDDI SDK 支持，该 SDK 包括文档、针对.NET Framework 的 Microsoft.Uddi 程序集以及一些示例应用程序。

12.7　本章小结

.NET 是一个技术集合，支持开发和部署使用多种语言编写的基于组件的分布式软件系统。.NET Framework 是.NET 语言系列的一般支持结构。CLR 是运行时系统，包括支持.NET 软件执行的 JIT 编译器。CTS 定义了一组必须由.NET 语言支持的类型。CLS 定义了一组最少的必须由.NET 语言支持的语言特性。用任何一种.NET 语言编写的软件可通过多种途径与用任何其他.NET 语言编写的软件进行交互。

C#是专门为.NET 系统设计的。它基于 Java，但包含其他语言的一些特性，主要是 C++、VB 和 Delphi，以及一些新型语言特性。在它的特性中有改进的 switch 结构、foreach 语句、与方法继承有关的一些新型控件、值类型结构和属性。

ASP.NET 是服务器端支持动态文档的一种方法。它与 JSP 类似，但与语言无关。程序代码放在 ASP.NET 文档中或者称为代码隐藏文件的一个单独文件中。如果出现这两种情况中的任何一种，代码都在执行之前编译。任何 ASP.NET 文档不论是否包含程序代码，都在使用之前编译为一个类。所有这样的类除非有代码隐藏文件，否则都是预定义类 Page 的子类。在类有代码隐藏文件的情况下，代码隐藏文件继承自 Page 类，并且 ASP.NET 文档的类继承自代码隐藏文件。

ASP.NET 文档由标记、程序代码(在脚本元素中或在呈现块中)、指令、服务器端注释以及服务器端控件组成。服务器端控件包括设置为"server"的 runat 特性。唯一需要的指令为 Page，它必须包含 Language 特性，该特性指定程序代码所使用的语言，包括嵌入的代码和代码隐藏文件中的代码。正如 JavaBean 是在动态文档中使用 Java 的最好方法，代码隐藏文件是使用.NET 语言支持动态文档的最佳途径。

ASP.NET 包括大量控件。这些控件成为编译后的 Page 派生类中的对象，而文档中静态的标记代码通过执行 Page 派生类生成。不同的控件可引发不同的事件，其中大部分由服务器端代码处理。控件的 id 特性值成为文档编译版中相关变量的名称。

ViewState 隐藏字段用来隐式维护在请求之间的 ASP.NET 文档的状态。

Visual Studio 是一种功能强大的 IDE，用来构建.NET 软件应用程序。它提供骨架 ASP.NET 文档和代码隐藏文件，还为开发和测试工作提供了一些拖放 ASP.NET 元素和一个内置 Web 服务器。

Page 类中定义了 4 种页面级事件：Init、Load、Unload 以及 PreRender。这些事件可以由服务器端代码处理。可以按照预定义的名称命名并使用适当的协议隐式注册处理程序。或者，可以将它们订阅给事件处理程序委托 EventHandler。

ASP.NET 元素可以创建为标记，或者用编程代码来创建。控件的响应输出用 String 类的 Format 方法来创建。输出位置由 Label 元素来指定。

列表控件提供了一种处理复选框、单选按钮和下拉列表条目集合的方式。控件事件处理程序的注册方法是在控件特性中引用它们。ASP.NET 包含几种验证控件，从而简化了几种常见的输入验证。

ASP.NET 定义了一个验证控件集合，可以辅助在客户端或服务器端或者同时在两端执行表单数据验证。

主文档是可用于避免在一组文档上重复公共内容的 ASP.NET 文档。

ASP.NET AJAX 提供了在 ASP.NET 应用程序中嵌入 Ajax 功能的工具。ScriptManager 控件加载所需的 JavaScript 代码库来支持 ASP.NET 中的 Ajax。UpdatePanel 控件封装了可进行 Ajax 更新的文档部分。指定 Ajax 通信的实际代码都由 Visual Studio 提供。因此，不用编写任何 JavaScript 代码就可以编写 Ajax 应用程序。

Visual Studio 为构建 Web 服务过程的各个阶段提供了重大的帮助，包括从构建服务本身到使用服务。

12.8 复习题

1. 什么是组件？
2. JavaBean 和.NET 组件之间有什么区别？
3. 什么时候 JIT 编译器对方法进行转换？
4. .NET 的多语言特性最主要的好处是什么？
5. .NET 系统中哪一部分控制程序的执行？
6. JIT 编译器是如何工作的？
7. 请简要描述 CLI 的两个部分。
8. C#基于哪些语言？
9. 请说明 C#中的 switch 语句比 Java 中的 switch 语句更安全的原因。
10. 哪些参数传递方法在 C#中可用而在 Java 中不可用？
11. 给 C#方法添加 virtual 标记可指定什么特性？
12. 当 C#方法中包含 new 修饰符时意味着什么？
13. C#的 struct 对象分配在哪里？
14. 当脚本语言用于支持动态文档时，它的两个缺点是什么？
15. 什么是代码隐藏文件？
16. 不使用代码隐藏文件的 ASP.NET 文档类继承自什么类？
17. 使用代码隐藏文件的 ASP.NET 文档类继承自什么类？
18. 在呈现块中放置的是什么样的代码？
19. 在脚本元素中放置的是什么样的代码？
20. 请描述什么是由 Page 特性 Src 指定的？
21. XHTML 小部件和它相对应的 ASP.NET 控件两者在语法上有什么区别？

22. 为什么 ASP.NET 服务器端表单不需要 action 特性？
23. 什么是回传？
24. 隐藏控件 ViewState 的用途是什么？
25. 如何强制在选中 ASP.NET 的复选框控件时进行回传？
26. 4 个页面级事件分别是什么？
27. 请说明什么是自动事件连网(auto event wireup)。
28. 请说明如何为控件注册事件处理程序。
29. xml 控件的用途是什么？
30. 为什么表单数据验证要在服务器以及客户端进行？
31. 包含设置为"server"的 runat 特性和不包含此特性的控件有什么区别？
32. 用哪个方法可以生成 ASP.NET 文档的输出？
33. 下拉列表引发什么事件？
34. 验证控件的 Display 特性的值是什么？
35. CustomValidator 控件用在什么情况下？
36. 什么是主文档以及如何使用它？
37. ScriptManager 控件的用途是什么？
38. UpdatePanel 控件的用途是什么？
39. 在“邮政编码”这个 ASP.NET AJAX 应用程序中，时间戳的作用是什么？
40. 对于简单的 ASP.NET AJAX 应用程序来说，其中哪个部分必须由开发人员用 JavaScript 来编写？
41. 包含 Web 服务的文件的后缀是什么？
42. 定义部分或全部 Web 服务的方法之前是什么特性？
43. 当一个 Web 服务客户端与服务同处在一个解决方案中时，如何运行此 Web 服务客户端？

12.9 练习题

1. 修改 ASP.NET 文档 hello.aspx，用单选按钮获得用户的婚姻状况(单身、已婚、离婚或丧偶)并显示结果。
2. 按照练习 1 中的 hello.aspx，修改 ASP.NET 文档 helloVS.aspx。
3. 修改 ASP.NET 文档 controls.aspx 以及相应的代码隐藏文件 controls.aspx.cs 来增加以下内容：用户地址的文本框和最喜欢的音乐目录的下拉列表(rock、rap、country、classical、jazz)。这些内容必须放在代码隐藏文件中。当完成回传时，必须输出新控件的值。
4. 修改 ASP.NET 文档 validate.aspx，增加以下内容：地址文本框和收集社会保障号码的文本框。对于地址文本框来说，文档必须验证它以确保地址是以数字开头，然后是空格，最后是只包含字母的文本字符串；对于收集社会保障号码的文本框来说，必须验证它以确保其内容采用 ddd-dd-dddd 的格式表示，并且在文本框中不存在其他字符。

5. 修改“邮政编码”ASP.NET AJAX 应用程序，使其提供老客户的地址、邮政编码和所在城市和州。使用一个其键值为姓和名串联的散列。有关客户的信息可以是由地址、邮政编码、城市和州串联的单个字符串。
6. 构建一个 Web 服务，根据给出的华氏温度来计算摄氏温度。再构建一个使用此服务的客户端。

第 13 章

基于 Web 的数据库访问

本章首先简要介绍关系数据库和结构化查询语言(Structured Query Language，SQL)。然后阐述几种访问数据库的不同体系结构，接下来介绍 MySQL 关系数据库系统的主要命令。随后用三节的篇幅分别描述通过 Web 访问 MySQL 数据库的不同方法。首先讨论服务器端脚本在构建 Web 访问数据库系统中的应用，并且使用 PHP 语言作为脚本语言。接下来介绍 Java 的 JDBC API，它提供的类支持来自 Servlet 的数据库访问。然后介绍如何使用 ASP.NET 和 ADO.NET 来构造访问 MySQL 数据库的 Web 站点。最后列举采用这三种方法的一个完整示例。

13.1 关系数据库

数据库是一个组织有序的数据集合，它允许更加方便地检索、添加、修改以及删除数据。在不同的数据库中有许多种不同的组织数据的方法，其中使用最为广泛的称为关系数据库系统(relational database system)。关系数据库最初的设计是由 E. F. Codd 在 20 世纪 60 年代晚期提出来的，它基于 Codd 的数据方面的数学理论。有许多书籍都描述了关系数据库的结构和用法。关系数据库的内容庞大且复杂。因为本章中只用一节的篇幅来讲述关系数据库，所以只能对关系数据库进行简要描述。但这些基础知识对我们讨论通过 Web 访问数据库已经足够了。

关系数据库是数据表的集合。每个表中数据的行数和列数可以是任意的，而且数据本身可以具有各种不同的形式和类型。表的每一列都具有列名。通常每一行包含每一列的一个值。表中的行常常称为实体。一行中值的集合表示实体的特性。大多数表专门设置一列用来放置特殊数据值，这些值是表中每一行的唯一标识。特殊列中的这些值称为表的主键。在数学上，表的实体是一个集合的元素，因此它们必须是唯一的。表中的数据值和主键值有时称为字段。

下面是列举关系数据库基本思想的一个简单示例。假设需要一个数据库来存储待售的 Corvette 二手汽车[1]的信息。我们新建一个名为 Corvettes 的表，并且设定实体的主键，主键可以只是一个数字序列。在表中需要为汽车的外形款式、生产年份、待售汽车所在的州各设置一列。并且还需要包含可选的汽车配件信息。如果客户对 6 种不同的配件感兴趣，那么在表中需要再加入 6 列。

在 Corvettes 表中为配件设置 6 列是非常浪费存储空间的。更好的设计方案是使用另一个表——如 Equipment，用它来存储我们感兴趣的不同类型的配件，例如，CD 播放器和自动驾驶仪。该表只有两列：主键和具体的配件。每种配件对应一行。

为了使 Equipment 表能够工作，需要一种方法使得汽车与配件相关联。这可以由交叉引用表解决，交叉引用表只有两列：一列为来自 Corvettes 表的主键，另一列为来自 Equipment 表的主键。可将这个表命名为 Corvettes_Equipment。在 Corvettes 表中的每一辆汽车都可以具有 Equipment 中的多行，每一行对应着一个汽车配件选项。Corvettes_Equipment 表不需要主键列， 因此没有主键列。

另一种减少存储空间的方法是在主表中不存储州名，而是将州名存储在一个新表中，如 States 表，并在 Corvettes 表中引用它。States 表中的主键可以是整型数，这样将比原来的州名要节省存储空间。该数据库的逻辑数据模型如图 13-1 所示。

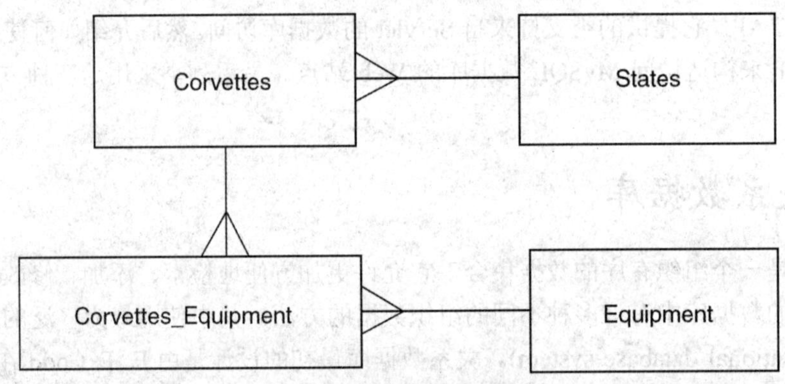

图 13-1　数据库的逻辑数据模型

两表之间的线指示相连表之间的关系。例如，表 Corvettes 和表 States 之间是多对一的关系：在一个州中可以销售多辆汽车，但每一辆汽车只能处在一个州中。在模型中所有的关系是一对多或者是多对一的，一对多还是多对一取决于我们的视角。请注意，如果在这个数据库中未使用交叉引用表，那么表 Corvettes 和表 Equipment 是多对多的关系。

图 13-2~图 13-5 通过几个简短的示例表展示了数据库的具体实现。该数据库在本章的其他部分也会用到。

1　Corvette 是 Chevrolet 生产的一种跑车。

Equip_id	Equip
1	Automatic
2	4-speed
3	5-speed
4	6-speed
5	CD
6	Leather

图 13-2　Equipment 表

Vette_id	Body_style	Miles	Year	State
1	coupe	18.0	1997	4
2	hatchback	58.0	1996	7
3	convertible	13.5	2001	1
4	hatchback	19.0	1995	2
5	hatchback	25.0	1991	5
6	hardtop	15.0	2000	2
7	coupe	55.0	1979	10
8	convertible	17.0	1999	5
9	hardtop	17.0	2000	5
10	hatchback	50.0	1995	7

图 13-3　Corvettes 表

State_id	State
1	Alabama
2	Alaska
3	Arizona
4	Arkansas
5	California
6	Colorado
7	Connecticut
8	Delaware
9	Florida
10	Georgia

图 13-4　States 表

Vette_id	Equip
1	1
1	5
1	6
2	1
2	5
2	6
3	1
3	6
4	2
4	6
5	1
5	6
6	2
7	4
7	6
8	4
8	5
8	6
9	4
9	5
9	6
10	1
10	5

图 13-5　Corvettes_Equipment 交叉引用表

13.2　结构化查询语言简介

结构化查询语言(SQL)是访问和修改关系数据库的标准语言。SQL 最初由美国国家标准协会(American National Standards Institute，ANSI)和国际标准化组织(International

Standards Organization，ISO)于 1986 年进行了标准化。SQL 在最初的几年中得到了重要的扩展和修改，于 1992 年进一步进行了标准化。这个版本常称作 SQL-2[2]。SQL 的发音是 S-Q-L 或者是 sequel。

所有主要数据库供应商开发的数据库管理系统都支持 SQL，它是一个真正的标准。不论是哪个供应商的数据库，都可以使用 SQL 来创建、查询以及修改关系数据库。

SQL 保留字不区分大小写。这意味着 SELECT、select、Select 是等价的。然而，表名和表的列名是否区分大小写，则取决于特定的数据库。由于会忽略保留字和子句之间的空白，因此为提高可读性，可以将命令展开到多行输入。单引号(')用来界定字符串。

SQL 与大多数程序设计语言有很大的区别，它实际上更像英语的结构形式。它的设计更易被任何供应商的数据库理解和使用。本节描述了一些基本的 SQL 命令。

13.2.1 SELECT 命令

SELECT 命令用来指定数据库的查询，即查询特定的信息。SELECT 命令有三个子句：SELECT、FROM 和 WHERE。该命令的一般形式如下所示：

```
SELECT column names FROM table names [WHERE condition];
```

这里的中括号说明 WHERE 子句是可选的[3]。SELECT 子句指定表的列或者特性。FROM 子句指定查找的一个或多个表[4]。例如，下列查询可以产生来自 Corvettes 表中 Body_style 列的所有值的列表。

```
SELECT Body_style FROM Corvettes;
```

WHERE 子句用来对指定表中受影响的行设置约束。下列查询将生成来自 Corvettes 表中的 Body_style 列的所有值的列表，并且要求其 Year 列中的值要大于 1994：

```
SELECT Body_style FROM Corvettes WHERE Year > 1994;
```

星号(*)作为 SELECT 子句的值说明选择指定表中符合在 WHERE 子句中指定的条件的所有列。例如，下面的 SELECT 将生成在 Corvettes 表的所有行中，Year 列的值大于 1994 的所有列：

```
SELECT * FROM Corvettes WHERE Year > 1994;
```

13.2.2 连接

假设希望从数据库获取所有带有 CD 播放器的 Corvettes 列表，那需要来自 Corvettes 和 Equipment 表的信息。通过交叉引用表 Corvettes_Equipment 可将这两个表相连。

---

2 目前的 SQL 标准版本是 SQL-3，但尚未得到广泛使用。

3 实际上，尽管经常使用 WHERE 子句，但其他一些子句也可以出现在 SELECT 命令中。

4 指定多个表的 SELECT 命令生成表的连接。在 13.2.2 节中将介绍连接操作。

SELECT 命令可以临时构建一个包含 Corvettes 和 Equipment 表的信息的虚拟表，并使用 Corvettes_Equipment 表作为生成所需结果的查询依据。这种虚拟表通过两个表的连接(join)进行构建。连接由 SELECT 命令指定，该命令的 FROM 子句中有两个表，并且使用了一个复合的 WHERE 子句。在本例中，WHERE 子句必须有三个条件。首先，Corvettes 表的 Vette_id 列必须匹配 Corvettes_Equipment 表的 Vette_id 列。这就将 Corvettes_Equipment 表的行限定为与 Corvettes 表中受影响的行相关联。其次，Corvettes_Equipment 表的 Equip 列必须匹配 Equipment 表的 Equip_id 列。这就将 Equipment 表的行限定为与 Corvettes_Equipment 表中受影响的行相关联。最后，来自 Equipment 表的 Equip 列的值必须是 CD。提取带有 CD 播放器的汽车的完整 SELECT 命令如下所示。

```
SELECT Corvettes.Vette_id, Corvettes.Body_style,
       Corvettes.Miles, Corvettes.Year, Corvettes.State,
       Equipment.Equip
FROM Corvettes, Equipment, Corvettes_Equipment
WHERE Corvettes.Vette_id = Corvettes_Equipment.Vette_id
   AND Corvettes_Equipment.Equip = Equipment.Equip_id
   AND Equipment.Equip = 'CD';
```

这一查询生成下列结果：

```
VETTE_ID   BODY_STYLE   MILES   YEAR   STATE   EQUIP
  1        coupe        18.0    1997   4       CD
  2        hatchback    58.0    1996   7       CD
  8        convertible  17.0    1999   5       CD
  9        hardtop      17.0    2000   5       CD
  10       hatchback    50.0    1995   7       CD
```

注意在这个查询中，所有对列的引用都以表名为前缀。仅当同一个列名在多个表中出现时，这才是必要的。如 Vette_id 列，Corvettes 表和 Corvettes_Equipment 表中都有该列。然而，即使列名是唯一的，包括表名也可以增强查询的可读性。

回顾一下，Corvettes 表中的 State 列不存储州名，而是存储了对 States 表行的引用，由 States 表存储州名。对 Corvettes 表提交查询的任何用户可能更喜欢返回结果是州名而不是 States 表的引用。这在 SQL 中可以很容易地解决。首先在 SELECT 子句中将 Corvettes.State 替换为 States.State。然后在 FROM 子句中添加 States。最后在 WHERE 子句中添加 AND Corvettes.State_id = States.State_id。下面这个示例对前面的 SELECT 命令做了改进，它可以生成州的名称，而不是州在 States 表中的主键：

```
SELECT Corvettes.Vette_id, Corvettes.Body_style,
      Corvettes.Year, States.State, Equipment.Equip
FROM Corvettes, Equipment, Corvettes_Equipment, States
WHERE Corvettes.Vette_id = Corvettes_Equipment.Vette_id AND
      Corvettes.State = States.State_id AND
      Corvettes_Equipment.Equip = Equipment.Equip_id AND
      Equipment.Equip = 'CD' AND
      Corvettes.State = States.State_id;
```

13.2.3 INSERT 命令

INSERT 命令用来向表中添加数据行。其一般形式如下所示。

```
INSERT INTO table_name(column_name_1, column_name_2,...,
    column_name_n)
VALUES (value_1, value_2,..., value_n);
```

列名与值在位置上一一对应，第一个数值加到第一列中，依此类推。如果 INSERT 用于其某一列上含有约束条件 NOT NULL 的表上，并且该列在 INSERT 命令中没有指定，则会检测到并报告一个错误。INSERT 命令的示例如下所示：

```
INSERT INTO Corvettes(Vette_id, Body_style, Miles, Year,
                      State)
VALUES (37, 'convertible', 25.5, 1986, 17);
```

13.2.4 UPDATE 命令

UPDATE 命令用来改变表行中的一个或多个值。其一般形式如下所示：

```
UPDATE table_name
SET column_name_1 = value_1,
    column_name_2 = value_2,
    ...
    column_name_n = value_n
WHERE primary_key = value;
```

UPDATE 命令中的 WHERE 子句指定要更新的行的主键。表列的任何子集都可以出现在 SET 子句中。例如，为了改正错误，可以使用以下命令将 Corvettes 表中的 Vette_id = 17 的行的年份改为 1996：

```
UPDATE Corvettes
SET Year = 1996
WHERE Vette_id = 17;
```

13.2.5 DELETE 命令

可以使用 DELETE 命令来删除表中的一行或多行。该命令的一般形式如下所示：

```
DELETE FROM table_name
WHERE primary_key = value;
```

WHERE 子句指定要删除的行的主键。例如，如果 Vette_id 值为 27 的汽车已经售出，且它不应该在数据库中继续存在，那么可通过以下命令从 Corvettes 表中删除：

```
DELETE FROM Corvettes
WHERE Vette_id = 27;
```

DELETE 命令的 WHERE 子句可以指定表中的多行，在这种情况下，将删除所有符合

WHERE 子句条件的行。

13.2.6　DROP 命令

可以使用 DROP 命令删除整个数据库或者完整的表。该命令的一般形式如下所示。

```
DROP (TABLE | DATABASE) [IF EXISTS] name;
```

其中，圆括号和中括号是元符号。DROP 命令与 TABLE 或 DATABASE 一起使用。包含 IF EXISTS 子句可以避免在指定表或数据库不存在的情况下出现错误。例如：

```
DROP TABLE IF EXISTS States;
```

13.2.7　CREATE TABLE 命令

使用 CREATE 命令可以新建数据库中的表。该命令的一般形式如下所示：

```
CREATE TABLE table_name(
    column_name_1 data_type constraints,
    column_name_2 data_type constraints,
    ...
    column_name_n data_type constraints);
```

表的数据可以为很多不同的数据类型，包括 INTEGER、REAL、DOUBLE 以及 CHAR(长度)[5]。也有一些不同的约束，这些约束因数据库供应商而异。约束能够对表的列中出现的值进行限制。常用的约束是 NOT NULL，这意味着有此约束的列在表中的每一行的值不能为空。另一个常用的约束是 PRIMARY KEY，这意味着有此约束的列在表中的每一行具有唯一的值。例如：

```
CREATE TABLE States(
    State_id INTEGER PRIMARY KEY NOT NULL,
    State CHAR(20));
```

在某些情况下，表列通过位置编号被引用而不是通过名称来引用。表列编号由 1 开始，也就是说第一列为列 1。

本节所介绍的有关 SQL 的知识足以帮助理解本章其余的内容。

13.3　数据库访问的体系结构

要通过 Web 访问数据库，需要用到客户端-服务器体系结构。可以用一些不同的方法实现这个体系结构。下面一节将简单介绍一下客户端-服务器体系结构以及一些常用的通过 Web 访问数据库的实现方法。

5　更多 SQL 数据类型及其相对应的 Java 数据类型将在 13.6 节的表 13-1 中列出。

13.3.1 客户端-服务器体系结构

本书前面已经阐述了基本的 Web 客户端-服务器体系结构。在任何客户端-服务器配置中，客户端完成一部分工作，服务器端完成另一部分工作。对于数据库访问体系结构，客户端为用户提供向数据库输入请求的方法，并且数据库驻留在运行数据库服务器的计算机上。发送到服务器的请求生成的结果返回到客户端，客户端在随后的计算中使用结果或者只是简单地将结果显示给用户。数据库服务器执行数据操纵语言，这种语言向客户端提供了接口，用户通过该语言可以直接访问和更新数据库。在最简单的形式下，客户端-服务器数据库配置只有两个组成部分：客户端和服务器。这种系统称为两层(two-tier)系统。

在某些情况下，两层系统便足以满足要求。例如，只是简单地使用 Web：服务器提供 HTML 文档，而客户端显示它们。它们的工作很容易划分。然而，有些其他的应用程序比浏览器请求文档的复杂性要高得多。近年来，多个小型服务器取代了大型数据库服务器，因此单个服务器的负载减少，以便处理更复杂的应用程序。同时，客户系统在功能和复杂性上也有所增加。因此好像可以将客户端-服务器系统中的计算负载由服务器端移向客户端。但是，这种解决方案存在其他问题——特别是，如果将应用程序的某一部分移到客户端，存在使得客户端随着使用数据库的应用程序的改变而改变的问题。如果存在大量的客户端，这显然是一个严重的问题。

最常用的解决两层系统问题的方法是增加第三个组件，因此产生了三层体系结构。第一层中有 Web 浏览器，它提供了用户接口。中间层中通常有 Web 服务器以及需要访问数据库的应用程序。第三层中有数据库服务器和数据库本身。基于 Web 的数据库访问系统的三层体系结构的形式如图 13-6 所示。

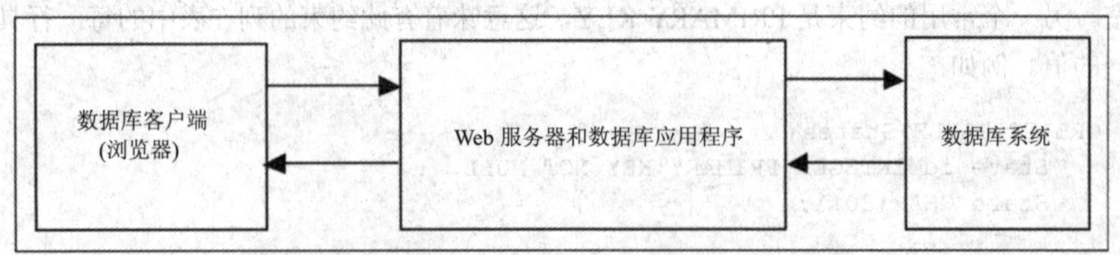

图 13-6　由数据库支持的 Web 站点的三层体系结构

13.3.2 Microsoft ODBC 体系结构

开放式数据库连接(Open Database Connectivity，ODBC)为充当不同数据库接口的一组对象和方法指定了应用程序编程接口(Application Programming Interface，API)。每个数据库必须有一个驱动程序，它实现了这些对象和方法。最常用数据库的供应商们提供 ODBC 驱动程序。通过使用 ODBC，应用程序可以包含 SQL 语句(通过 ODBC API)，该 SQL 语句适用于任何已经安装了驱动程序的数据库。ODBC 驱动程序管理器(ODBC driver manager)系统运行在客户的计算机上，它为特定数据库上的请求选择正确的驱动程序。第 13.7 节列举了如何使用 ODBC 的一个示例。

13.3.3　PHP 和数据库访问

PHP 可以支持大量不同的数据库系统。对于每一个支持的数据库系统，都具有对应的 API。这些 API 提供了针对特定系统的接口。例如，MySQL API 包含连接数据库的函数以及对数据库应用 SQL 命令的函数。通过 PHP 进行 Web 数据库访问是一种自然的体系结构，这是因为 PHP 脚本是通过来自浏览器的 HTML 文档进行调用的。13.5 节将讨论使用 PHP 和 MySQL 访问数据库的内容。

13.3.4　Java JDBC 体系结构

Java JDBC 体系结构是支持数据库访问的 Java API[6]。JDBC 与 ODBC 非常类似，至少在用途上是如此。在它们的继承者中都具有 X/OPEN SQL CLI(SQL Call Level Interface，SQL CLI)。

JDBC 为使用数据库的应用程序和实际操纵数据库的底层访问软件之间提供了一套标准的接口。它由数据库供应商提供并且因使用的数据库而异。只要 JDBC 驱动程序安装在应用程序运行的平台上，JDBC 就可以使应用程序独立于所使用的数据库系统。

JDBC 的优点和 Java 的基本相同：语言富于表现力并且比较安全，以及程序在平台之间非常容易移植。JDBC 的缺点在于，Java-JDBC 程序比完成相同功能但是由 PHP 编写的程序更加复杂。

将在 13.6 节中讲述 JDBC。

图 13-7 展示了最常用的数据库访问体系结构。

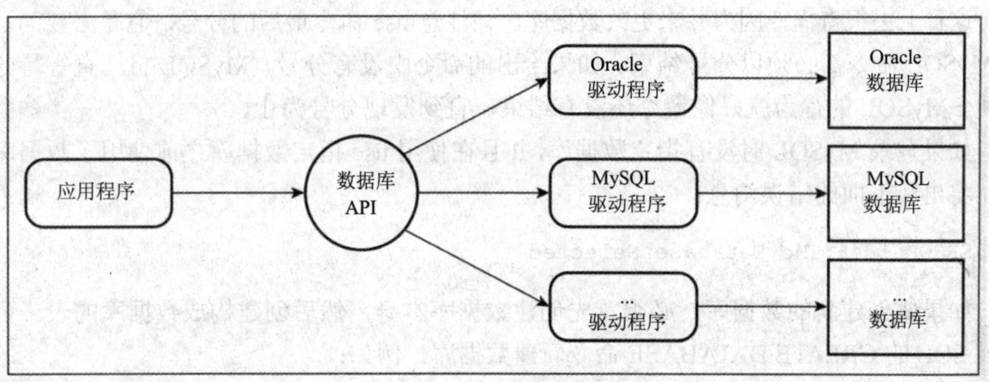

图 13-7　常见数据库访问体系结构

13.4　MySQL 数据库系统

MySQL 是免费、高效且使用广泛的数据库系统，而且它执行 SQL 命令。它可以用于所有主流计算平台上。MySQL 软件和文档可以从 http://www.mysql.org 上下载。一些 Linux

6　JDBC 看起来像 Java Database Connectivity 的首字母缩写，但是 Sun Microsystems 否认这一点。事实上，Sun 将 JDBC 注册为商标，但并未为 Java Database Connectivity 注册。

系统发行版中就包含了 MySQL。本节讲述 MySQL 的一小部分。同本书中介绍的其他软件系统一样，本节不阐述如何安装或者管理 MySQL，这些通常是系统管理任务。本章中的示例使用的是 MySQL 5.1.59。

使用 MySQL 的第一步是登录到 MySQL 系统中。这通过下面的命令 (在操作系统的命令行中) 来完成：

```
mysql [-h host] [-u username] [database_name] [-p]
```

该命令的中括号中的部分是可选的。host 是运行 MySQL 的服务器的名称，如果没有指定，MySQL 则假设它是用户的机器。如没有指定 username，则假设用来登录计算机的名字是正确的用户名。如果已给出 database_name，则它被选作 MySQL 访问的数据库，也是后续命令操作的对象。如果包含-p，则说明需要密码，MySQL 将要求提供密码。

一旦成功登录到 MySQL，就可以接收命令。尽管称为“登录”，但实际上完成的操作是开始执行 MySQL 系统。

如果访问的数据库已经存在，但在登录 MySQL 时，名称没有包含在内，那么 use 命令可以用来指定要访问的数据库。例如，如果想要访问名为 cars 的数据库，则可以使用以下命令：

```
use cars;
```

这使得某一数据库成为 MySQL 服务器的“当前”数据库。MySQL 对这个命令的响应如下所示：

```
Database changed
```

这看上去很奇怪，因为并未更改数据库。请注意 use 命令最后的分号，它是必要的。所有 MySQL 命令都必须以分号结束。如果给出的命令中没有分号，MySQL 将一直等待分号出现。MySQL 的行为就好像命令还没有结束，直到发现分号为止。

如果登录 MySQL 时没有指定数据库，并且在使用 use 指定数据库之前使用了数据库命令，将出现下面的错误消息：

```
ERROR 1046: No Database Selected
```

如果要创建新的数据库，必须首先创建数据库本身，然后创建构成数据库的表。可以通过 SQL 的 CREATE DATABASE 命令新建数据库，例如：

```
CREATE DATABASE cars;
```

该命令引起来自 MySQL 的一个奇怪的响应：

```
Query ok, 1 row affected (0.05 sec)
```

给出的时间因主机的速度和当前负载而异。

数据库中的表使用 CREATE TABLE 命令创建，语法与 SQL 的语法相同。例如：

```
CREATE TABLE Equipment
    (Equip_id INT UNSIGNED NOT NULL AUTO_INCREMENT
              PRIMARY KEY,
```

```
    Equip CHAR(10)
   );
```

在该命令中，Equip_id 列的 INT 和 UNSIGNED 部分指出数据的类型。AUTO_INCREMENT 是 MySQL 提供的方便措施。当向表中加入数据的时候，它指定该列不需要给出值。值 1、2、3 等将隐式地对这一列赋值。字段值可能有许多不同的数据类型。其中最常用的是 CHAR(length)、INT 和 FLOAT(total，fractional)，其中 total 是指字符总数，它既包含数字也包含小数点，而 fractional 给出小数点后的位数。

SHOW 命令可以用来显示数据库中的表，如下所示：

```
SHOW TABLES;
```

如果示例数据库 cars 是当前数据库，该命令将生成以下结果：

```
---------------
show
---------------
+----------------------+
|                      |
| Tables_in_cars       |
|                      |
+----------------------+
| Corvettes            |
| Corvettes_Equipment  |
| Equipment            |
| States               |
+----------------------+
```

DESCRIBE 命令可用来显示表的结构信息。例如：

```
DESCRIBE Corvettes;
```

将生成以下的表：

```
+----------+-----------------+-----+----+--------+--------------+
|Field     |Type             |Null |Key |Default |Extra         |
+----------+-----------------+-----+----+--------+--------------+
|Vette_id  |int(10) unsigned|     |PRI |NULL    |auto_increment|
+----------+-----------------+-----+----+--------+--------------+
|Body_style|char(12)         |     |    |        |              |
+----------+-----------------+-----+----+--------+--------------+
|Miles     |float(4,1)       |     |    |0.0     |              |
+----------+-----------------+-----+----+--------+--------------+
|Year      |int(10) unsigned|     |    |0       |              |
+----------+-----------------+-----+----+--------+--------------+
|State     |int(10) unsigned|     |    |0       |              |
+----------+-----------------+-----+----+--------+--------------+
```

此处需要的其他 MySQL 命令——INSERT、SELECT、DROP、UPDATE、DELETE——都

是其相应 SQL 命令的实现。因此本节不再重复讨论。

从 http://dev.mysql.com 等网址可以获得很多工具来帮助进行数据库管理。如 MySQL Administrator，这个程序可以配置、监视、启动和停止 MySQL 服务器，也可以管理用户和连接、实施备份以及完成其他一些管理任务。

13.5 使用 PHP 和 MySQL 实现数据库访问

PHP 经常和两个 HTML 文档一起访问数据库：一个文档收集用户访问数据库的请求，另一个文档包含 PHP 代码来处理请求并生成返回的 HTML 文档。收集用户请求的文档是一个简单的 HTML 文档。为此，本节主要阐述数据库的连接和处理。

13.5.1 特殊字符的潜在问题

当通过浏览器查询数据库时，必须将查询结果作为 HTML 返回到浏览器。将数据库字段的数据放入 HTML 文档存在一个潜在的问题。对 HTML 而言，从数据库取回的字段可能包含特殊的字符，即>、<、"或者&。PHP 包含一个函数 htmlspecialchars，如果它的参数出现这 4 个特殊字符中的任何一个，那么这个函数将把这个字符用相应的实体替代。例如，分析下面的代码：

```
$str = "Apples & grapes <raisins, too>";
$str = htmlspecialchars($str);
```

在解释这段代码之后，$str 的值如下所示：

```
"Apples &amp; grapes &lt;raisins, too&gt;"
```

现在这个字符串将作为 HTML 标签的内容却不会引起浏览器的任何混乱。

特殊字符带来的另外一个问题存在于 PHP 脚本中，PHP 脚本通过 GET、POST 或者从 cookie 获得值。源于这些地方的字符串可能会包含单引号、双引号、反斜杠和空字符，如果在脚本中的其他字符串中使用了这些字符，就可能会引起问题。为了避免这些问题，PHP 系统提供了一个隐式的反斜杠函数，称为 magic_quotes_gpc，可在 PHP.ini 文件中启用或者停用它。当这个函数处于默认的启用状态时，如果脚本中从$_POST、$_GET 和$_COOKIE 中接收到的值有单引号、双引号、反斜杠或者空字符，那么反斜杠将隐式地插入在这些字符之前，因而避免了这些字符引发的任何问题。例如，如果字符串 O'Reilly 是从$_POST 取得的，那么 magic_quotes_gpc 函数将把此字符串转换为 O\'Reilly。但这又会引起其他问题。如果脚本与一个不包含反斜杠的版本比较名称，那么这种比较操作将会失败。而且，甚至在显示名称时也会出现反斜杠。

这个问题是需要考虑到的，这是因为我们想要 PHP 脚本从 HTML 文档中的文本框获得 SQL 命令。例如，假设 magic_quotes_gpc 处于启用状态而且从表单的文本框中获取的查询的值如下所示：

```
SELECT * FROM Corvettes WHERE Body_style = 'coupe'
```

如果文本框的名称是 query，则使用以下语句向$query 输入 query 的值：

```
$query = $_POST['query'];
```

$query 的值由 magic_quotes_gpc 转换为以下形式：

```
SELECT * FROM Corvettes WHERE Body_style = \'coupe\'
```

但该字符串并非合法的 SQL 命令(因为出现了反斜杠)。当它作为命令发送到 MySQL 时，MySQL 将拒绝接收这个命令，并且报告错误。因此，如果想要从表单中收集完整的 SQL 命令，那么在 PHP.ini 中的 magic_quotes_gpc 必须处于禁用状态，以免产生额外的反斜杠。此外，另一种改变 magic_quotes_gpc 的值的可选方案是：用预定义的函数 stripslashes 将 PHP 脚本中多余的斜杠移除，如下所示：

```
$query = stripslashes($query);
```

13.5.2　连接 MySQL 并选择数据库

PHP 函数 mysqli_connect 将脚本连接到 MySQL 服务器并选择一个数据库。该函数接受四个参数。第一个参数是运行 MySQL 的主机，默认设置是本地主机(运行脚本的主机)。第二个参数是 MySQL 用户名，默认设置是运行 PHP 进程的用户名。第三个参数是数据库密码，默认设置是空字符串(如果数据库不需要密码，则允许这么做)。第四个参数是所选数据库的名称。如果不提供该参数，脚本必须调用 mysqli_select_db 来设置默认的数据库。例如，假如数据库没有密码，以下语句将连接到 MySQL 并选择 cars 数据库：

```
$db = mysqli_connect("localhost", "root", "", "cars");
```

当然，连接操作可能失败。可调用 mysqli_connect_errno 来测试连接是否成功，如果连接成功，它会返回 0。如果它返回的值大于 0，那么脚本可以调用 mysqli_connect_error 并显示 mysqli_connect_errno 的返回值，即一条错误消息。例如，下面的代码经常出现在对 mysqli_connect 的调用之后：

```
if (mysqli_connect_errno()) {
  printf("Connect failed: %s <br />",
         mysqli_connect_error());
  exit();
}
```

mysqli_close 函数终止数据库连接。通过 PHP 脚本使用 MySQL 时，可以不使用这个函数。因为脚本终止时，将隐式地关闭连接。

要显示查询，最好先将查询发送给 htmlspecialcharacters，因为显示过程是由浏览器完成的。

13.5.3 请求 MySQL 操作

可通过 mysqli_query 函数请求 MySQL 的选择和插入操作。该函数接受两个参数，分别是 mysqli_connect 的返回值和要使用的 MySQL 命令。通常，命令以字符串字面量的形式赋值给一个变量。然后调用 mysqli_query 函数并将该变量作为其第二个参数。例如：

```
$query = "SELECT * from Corvettes";
$result = mysqli_query($db, $query);
```

mysqli_query 函数的返回值是操作所生成的数据。大多数情况下，对于 SELECT 命令的结果首要关注的是行数，这可由 mysqli_num_rows 函数获取，mysqli_query 返回的结果会传递给该函数，如下所示：

```
$num_rows = mysqli_num_rows($result);
```

可通过 mysqli_num_fields 确定结果行中字段的数目，如下所示：

```
$num_fields = mysqli_num_fields($result);
```

可以通过多种不同的形式来获取结果的行。我们将使用 mysqli_fetch_assoc 函数，此函数返回一个关联数组，其数组元素是结果中下一行的各个字段值。数组的键是列名，值是列字段的值。该函数是一个迭代器，如果在查询结果中有下一行，它将返回下一行。如果没有下一行，mysqli_fetch_assoc 返回 false。

通过将列名作为 mysqli_fetch_assoc 返回数组的下标可获得字段值。例如，以下代码显示了$result 中给定查询的结果：

```
// Get the numbers of rows and fields
$num_rows = mysqli_num_rows($result);
$num_fields = mysqli_num_fields($result);
// Get first row
$row = mysqli_fetch_assoc($result);

// Display the column names
$keys = array_keys($row);
for ($index = 0; $index < $num_fields; $index++)
  print $keys[$index] . " ";
print "<br />";

// Display the values of the fields in the rows
for ($row_num = 0; $row_num < $num_rows; $row_num++) {
  $values = array_values($row);
  for ($index = 0; $index < $num_fields; $index++) {
    $value = htmlspecialchars($values[$index]);
    print $value . " ";
  }
  print "<br />";
  $row = mysqli_fetch_assoc($result);
}
```

13.5.4　PHP-MySQL 示例

本节列举一个通过 Web 访问数据库的简单示例，在该示例中首先使用 HTML 表单收集来自用户的查询，然后对数据库应用该查询并且返回显示查询结果的文档。下面是 HTML 文档 carsdata.html，用来收集用户对 cars 数据库的查询。

```
<!-- carsdata.html
     Uses a form to collect a query against the cars
     database.
     Calls the PHP script access_cars.php to perform
     the given query and display the results
     -->
<!DOCTYPE html>
<html lang = "en">
  <head>
    <title> Access to the cars database </title>
    <meta charset = "utf-8" />
  </head>
  <body>
    <p>
      Please enter your query:
      <br />
      <form action = "access_cars.php" method = "post">
        <textarea rows = "2" cols = "80" name = "query" >
        </textarea>
        <br /><br />
        <input type = "reset" value = "Reset" />
        <input type = "submit" value = "Submit request" />
      </form>
    </p>
  </body>
</html>
```

下面是 HTML/PHP 文档 access_cars.php，它处理查询并将结果返回到一个 HTML 表格中。

```
<!-- access_cars.php
     A PHP script to access the cars database
     through MySQL
     -->
<!DOCTYPE html>
<html lang = "en">
  <head>
    <title> Access the cars database with MySQL </title>
    <meta charset = "utf-8" />
  </head>
  <body>
    <?php

// Connect to MySQL
     $db = mysqli_connect("localhost", "root", "", "cars");
```

```
    if (mysqli_connect_errno()) {
      print "Connect failed: " . mysqli_connect_error();
      exit();
    }

// Get the query and clean it up (delete leading and trailing
// whitespace and remove backslashes from magic_quotes_gpc)

    $query = $_POST['query'];
    trim($query);
    $query = stripslashes($query);

// Display the query, after fixing html characters
    $query_html = htmlspecialchars($query);
    print "<p> The query is: " . $query_html . "</p>";

// Execute the query
    $result = mysqli_query($db, $query);
    if (!$result) {
      print "Error - the query could not be executed" .
          mysqli_error();
      exit;
    }

// Display the results in a table
    print "<table><caption> <h2> Query Results </h2> </caption>";
    print "<tr align = 'center'>";

// Get the number of rows in the result
    $num_rows = mysqli_num_rows($result);

// If there are rows in the result, put them in an HTML table
    if ($num_rows > 0) {
      $row = mysqli_fetch_assoc($result);
      $num_fields = mysqli_num_fields($result);

// Produce the column labels
      $keys = array_keys($row);
      for ($index = 0; $index < $num_fields; $index++)
        print "<th>" . $keys[$index] . "</th>";

      print "</tr>";

// Output the values of the fields in the rows
      for ($row_num = 0; $row_num < $num_rows; $row_num++) {
        print "<tr>";
        $values = array_values($row);
        for ($index = 0; $index < $num_fields; $index++) {
          $value = htmlspecialchars($values[$index]);
          print "<td>" . $value . "</td>";
```

```
        }

      print "</tr>";
      $row = mysqli_fetch_assoc($result);
      }
    }
    else {
      print "There were no such rows in the table <br />";
    }
    print "</table>";
  ?>
  </body>
</html>
```

图 13-8 显示了针对这个给定查询 access_cars.php 返回的查询结果。

The query is: SELECT Corvettes.Vette_id, Body_style, Year, Miles, States.State FROM Corvettes, States WHERE Corvettes.State = States.State_id AND States.State = 'Connecticut';

Query Results

Vette_id	Body_style	Year	Miles	State
2	hatchcback	1996	58	Connecticut
10	hatchback	1995	50	Connecticut

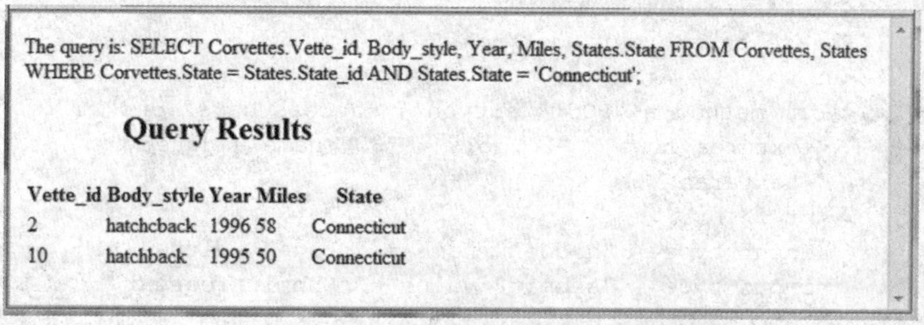

图 13-8　access_cars.php 返回的查询结果

carsdata.html 和 access_cars.php 文档一起收集来自用户的查询，并将查询应用到数据库，然后返回结果。可将这两个文档合并为一个文档。在将 carsdata.html 的 HTML 标记插入 access_cars.php 之后，必须对结果文档做一些修改和补充。首先必须将表单的 action 特性改成自引用的，方法是将该特性的值改为组合后的文件名。接下来，考虑如何让 PHP 处理器在第一次请求文档时生成查询收集标记，并在后续请求时解释查询处理代码。常用的解决方法是创建一个隐藏的输入元素，当第一次显示文档时，设置它的值。文档中的 PHP 代码检查该隐藏元素的值，确定是显示文本区来收集查询还是将查询应用到数据库并且显示结果。使用下面的标记定义隐藏元素：

```
<input type = "hidden" name = "stage" value = "1" />
```

测试隐藏元素值的 PHP 代码的格式如下所示：

```
$stage = $_POST["stage"];
if (!IsSet($stage)) { ... }
```

该判断语句的 then 子句包含收集查询的表单的显示标记。else 子句包含查询处理和结果显示代码。carsdata.html 和 access_cars.php 合并后的文档称为 access_cars2.php，如下所示：

```
<!-- access_cars2.php
```

```
    A PHP script to both get a query from the user and
    access the cars database through MySQL to get and
    display the result of the query.
    -->
<!DOCTYPE html>
<html lang = "en">
  <head>
    <title> Access the cars database with MySQL </title>
    <meta charset = "utf-8" />
  </head>
  <body>
    <?php
      $stage = $_POST["stage"];
      if (!IsSet($stage)) {
    ?>
        <p>
         Please enter your query:
         <br />
         <form method = "POST" action = "access_cars2.php" >
           <textarea rows = "2" cols = "80" name = "query">
           </textarea>
           <br /><br />
           <input type = "hidden" name = "stage" value = "1" />
           <input type = "submit" value = "Submit request" />
         </form>
        </p>
        <?php
      } else { // $stage was set, so process the query

 // Connect to MySQL
        $db = mysqli_connect("localhost", "root", "", "cars");
        if (mysqli_connect_errno()) {
         print "Connect failed: " . mysqli_connect_error();
         exit();
        }

 // Get the query and clean it up (delete leading and trailing
 // whitespace and remove backslashes from magic_quotes_gpc)

        $query = $_POST['query'];
        trim($query);
        $query = stripslashes($query);

 // Display the query, after fixing html characters
        $query_html = htmlspecialchars($query);
        print "<p> The query is: " . $query_html . "</p>";

 // Execute the query
        $result = mysqli_query($db, $query);
        if (!$result) {
```

```
        print "Error - the query could not be executed" .
            mysqli_error();
        exit;
      }

  // Display the results in a table
      print "<table><caption> <h2> Query Results </h2> </caption>";
      print "<tr align = 'center'>";

  // Get the number of rows in the result
      $num_rows = mysqli_num_rows($result);
  // If there are rows in the result, put them in an HTML table
      if ($num_rows > 0) {
        $row = mysqli_fetch_assoc($result);
        $num_fields = mysqli_num_fields($result);

  // Produce the column labels
      $keys = array_keys($row);
      for ($index = 0; $index < $num_fields; $index++)
        print "<th>" . $keys[$index] . "</th>";

      print "</tr>";

  // Output the values of the fields in the rows
      for ($row_num = 0; $row_num < $num_rows; $row_num++) {
        print "<tr>";
        $values = array_values($row);
        for ($index = 0; $index < $num_fields; $index++) {
          $value = htmlspecialchars($values[$index]);
          print "<td>" . $value . "</td>";
        } //* end of for ($index ...

        print "</tr>";
        $row = mysqli_fetch_assoc($result);
      } //* end of for ($row_num ...
    } //* end of if ($num_rows ...
    else {
      print "There were no such rows in the table <br />";
    }
   print "</table>";
   } // end of the else clause for if (!IsSet($stage...
   ?>
  </body>
</html>
```

13.6　使用 JDBC 和 MySQL 实现数据库访问

JDBC 是用于访问数据库的 Java API。Servlet 可以使用 JDBC 连接到数据库，并将 SQL 命令作为 JDBC 方法的参数发送到数据库。定义 JDBC 的 Java 接口包含在 java.sql 包中，它是标准 Java 分发版本的一部分。本节的示例将使用 NetBeans 7.0、MySQL Server 5.1.59 和 GlassFish 3。

13.6.1 JDBC 和 MySQL

本节描述在 Servlet 中使用 JDBC 针对已存在的数据库执行简单 SQL 操作的机制。第一步是建立应用程序与数据库之间的连接。NetBeans 的新版本中包含了 MySQL 和其他一些数据库系统的数据库驱动程序，所以在 NetBeans 中，不必下载或注册驱动程序就能够使用 MySQL 和 JDBC。

建立从 Servlet 到数据库的连接是通过使用 DriverManager 类的 getConnection 方法创建 Connection 对象完成的。该方法有三个参数，第一个参数是对主机和数据库的引用，采用字符串字面量的形式。对于示例数据库 cars 和 MySQL 数据库系统，该参数为"jdbc:mysql//localhost/cars"。这假定了我们将使用 JDBC 和 MySQL 技术，通过主机 (localhost)上的 Web 服务器访问此数据库。第二个参数是用户，在这里将使用"root"作为其值。第三个参数是数据库的密码，这里将使用空字符串，因为 cars 数据库没有密码。因此，可使用以下语句为我们的示例创建 Connection 对象：

```
myCon = DriverManager.getConnection(

    "jdbc:mysql://localhost/cars", "root", "");
```

Connection 对象用来指定来自 Servlet 的所有数据库操作。

在建立数据库连接后，Servlet 可使用 SQL 命令访问数据库。如要使用来自 Servlet 的 SQL，那么第一步是创建 Statement 对象，创建了 Statement 对象后，就可以使用 Statement 的方法实际发送 SQL 命令了。Statement 对象由 Connection 类的 createStatement 方法创建。如果 myCon 是 Connection 对象，可使用以下语句：

```
Statement myStmt = myCon.createStatement();
```

SQL 命令可作为 String 对象来创建，如下所示：

```
final String sql_com =
    "UPDATE Corvettes SET Year = 1991 WHERE Vette_id = 7";
```

从 JDBC 角度看，SQL 命令分为两类：动作命令和查询命令 SELECT。动作命令包含 INSERT、UPDATE、DELETE、CREATE TABLE、DROP TABLE，该命令通过 Statement 对象的 executeUpdate 方法执行。例如，可使用以下语句执行前面的 SQL 命令 sql_com：

```
myStmt.executeUpdate(sql_com);
```

executeUpdate 方法返回受发送到数据库的命令影响的行的数目。

可将 SELECT SQL 命令作为 Statement 对象的 executeQuery 方法的参数发送，通过这种方法可以执行 SELECT SQL 命令。执行 SELECT 命令与执行动作命令不同，这是因为 SELECT 命令预期返回在数据库中找到的部分数据。因此，调用 executeQuery 必须对程序变量赋值。这个变量的类必须是 ResultSet，其结构可存储这样的结果，且它提供了方法来访问结果数据。考虑以下示例：

```
ResultSet result;
final String sql_com =
    "SELECT * FROM Corvettes WHERE Year <= 1990"
result = myStmt.executeQuery(sql_com);
```

ResultSet 类的对象与实现相关接口 Enumeration 的类的对象相似。这两种情况下，通过迭代方法访问对象元素。在 Enumeration 中，迭代方法称为 nextElement；在 ResultSet 中，迭代方法称为 next。next 方法是谓词——它返回布尔值，这个布尔值是 false 还是 true 取决于在 ResultSet 对象中是否还有其他元素。它的动作是使 ResultSet 对象的下一个元素成为当前元素——即通过 ResultSet 提供的访问方法之一可以访问的那个元素。最初并不存在 ResultSet 对象的当前元素。因此，必须调用 next 使得第一个元素成为当前元素。通常在循环中访问 ResultSet 对象的元素，如下所示：

```
while(result.next()) {
   access and process the current element
}
```

此处，result 是指由 executeQuery 返回的对象。

对于应用程序而言，ResultSet 对象的实际结构是不可见的，所以它与应用程序无关。ResultSet 对象中的信息通过一组访问方法提取。ResultSet 对象的每个元素表示在查询操作结果中一行的信息。可使用访问方法提取行中的字段值，访问方法的名称的一般形式如下所示：

```
getType_name
```

此处，*Type_name* 部分是一种 Java 数据类型，可以是基本类型，例如 int、float，也可以是 String 这样的类型。

实际上有两种不同的命名访问方法：一种带有 int 参数，int 指定列号，从 1 开始；另一种带有 String 参数，String 指定列名。例如，假设先前指定的 SELECT 的 ResultSet 对象的第一行如下所示：

```
3, "convertible", 13.5, 2001, 1
```

那么，假设定义变量 style 为 String 对象，则可以通过调用以下任何一种方法获得 Body_style 列的值"convertible"：

```
style = result.getString("Body_style");
style = result.getString(2);
```

SQL 数据类型与 Java 数据类型并不完全一致。一些最常用的 SQL 数据类型及对应的 Java 数据类型如表 13-1 所示。

表 13-1 常用的 SQL 数据类型及其对应的 Java 数据类型

SQL 数据类型	Java 数据类型
INTEGER 或者 INT	int
SMALLINT	short
FLOAT(*n*)	double
REAL	float
DOUBLE	double
CHARACTER(*n*) 或者 CHAR(*n*)	String
VARCHAR(*n*)	String
BOOLEAN	boolean

get*Type_name* 方法尝试将 SQL 数据类型转换为对应的 Java 数据类型。例如，如果 getString 用来获取 INTEGER 值，那么该数值将转换为 String 对象。

13.6.2 元数据

如果正在开发的 Servlet 必须和任何数据库一起工作——也就是说，并不知道数据库确切的结构——那么代码必须能够从数据库中获得表名和列名。而且也必须知道结果行中的数据类型。描述数据库自身或者某一部分的信息称为元数据。有两类元数据：描述数据库的元数据和描述由执行查询返回的 ResultSet 对象的元数据。

Connection 对象的 getMetaData 方法创建 DatabaseMetaData 类型的对象，可通过该方法获得关于数据库的信息，例如：

```
DatabaseMetaData dbmd = myCon.getMetaData();
```

对于不同的数据库配置，在 DatabaseMetaData 类中定义了不同的处理方法。幸运的是，其中大多数并不常用，我们只通过一个常用的方法 getTables，对元数据的使用进行举例说明。尽管 getTables 返回各种信息，但此处只对表名感兴趣。

getTables 方法具有 4 个参数，我们仅关注最后一个参数。最后一个实参指定只有一个元素的 String 对象的数组。它的值为"TABLE"。另外三个实参可以是 null。getTables 方法返回 ResultSet 对象，这个对象包含了数据库表的相关信息，并且它的第三行包含表名。假设数据库的 Connection 对象是 myCon，以下代码生成数据库中表名的列表：

```
String tbl[] = {"TABLE"};
DatabaseMetaData dbmd = myCon.getMetaData();
result = dbmd.getTables(null, null, null, tbl);
System.out.println("The tables in the database are: \n\n");
while (result.next()) {
  System.out.println(result.getString(3));
}
```

在访问 cars 数据库的程序中添加这段代码将生成如下输出：

```
The tables in this database are:
CORVETTES
CORVETTES_EQUIPMENT
EQUIPMENT
STATES
```

从数据库中取出关于查询结果的元数据比取得表名更加复杂。查询结果的元数据的结构不同于一般的数据库信息。对于查询结果，元数据存储在 ResultSetMetaData 类的对象中。当调用 getMetaData 方法时，该类的对象从 ResultSet 对象返回，如下面的语句所示：

```
ResultSetMetaData resultMd = result.getMetaData();
```

使用 resultMd 对象，通过 ResultSetMetaData 的方法可以确定列的数目、名称、类型以及大小。getColumnCount 返回列的数目。getColumnLabel(i)返回第 i 列的名称。

下面的代码利用这些对象和方法来显示查询结果的列名：

```
// Create an object for the metadata
ResultSetMetaData resultMd = result.getMetaData();
// Loop to fetch and display the column names
for (int i = 1; i <= resultMd.getColumnCount(); i++) {
  String columnName = resultMd.getColumnLabel(i);
  System.out.print(columnName + "\t");
}

System.out.println("\n");
```

该代码生成的显示结果如下所示：

```
Vette_id   Body_style    Miles    Year    State
```

有一种简单方法可解决不知道结果行的数据类型的问题：数据可由结果对象的 getString 方法转换为字符串，13.6.3 节将演示这一点。

13.6.3　示例

下面这个示例使用一个 HTML 文档从文本框中收集数据库查询，这个文档与 13.5.4 节 PHP/MySQL 示例中用作用户界面的 carsdata.html 类似。在这个示例中，文档调用 Servlet 执行查询。Servlet 使用 init 方法建立数据库连接并为查询方法 executeQuery 创建 Statement 对象。虽然这些操作可在 doPost 方法中指定，但每查询一次都需要重新连接数据库。而在 init 方法中，只需要重新连接一次。

doPost 方法执行查询操作，并且构建查询结果的返回文档。查询结果保存在 HTML 表格中，这样输出结果的样式更加符合规范。

```
// JDBCServlet.java
// This servlet receives an SQL query from its HTML document,
```

```
// connects to the cars database, performs the query on the
// database, and returns an HTML table of the results of the
// query

import java.io.IOException;
import java.io.PrintWriter;
import javax.servlet.ServletException;
import javax.servlet.annotation.WebServlet;
import javax.servlet.http.HttpServlet;
import javax.servlet.http.HttpServletRequest;
import javax.servlet.http.HttpServletResponse;
import java.sql.*;

@WebServlet(name = "JDBCServlet", urlPatterns =
    {"/JDBCServlet"})
public class JDBCServlet extends HttpServlet {
  private Connection myCon;
  private Statement myStmt;
  private PrintWriter out;

  // The processRequest method - does it all for this project
  protected void processRequest(HttpServletRequest request,
                                HttpServletResponse response)
          throws ServletException, IOException {
      ResultSet result;
      String query, colName, dat;
      int numCols, index;
      ResultSetMetaData resultMd;

  // Set the MIME type and get a writer
      response.setContentType("text/html;charset=UTF-8");
      out = response.getWriter();

  // Create the document head and body opening
      out.println("<html>");
      out.println("<head><title>JDBCServlet</title></head>");
      out.println("<body>");

  // Create the connection to the cars db
      try {
         myCon = DriverManager.getConnection (
             "jdbc:mysql://localhost/cars", "root", "");
      }
      catch (SQLException e) {
          out.println("getConnection failed");
      }

  // Create the statement for SQL queries
     try {
       myStmt = myCon.createStatement();
```

```
        }
        catch (Exception e) {
            out.println("createStatement failed");
        }

    // Get the SQL request command
        query = request.getParameter("query");
        out.print("<p><b>The query is: </b>" + query + "</p>");

    // Perform the query
        try {
            result = myStmt.executeQuery(query);
    // Get the result's metadata and the number of result rows
            resultMd = result.getMetaData();
            numCols = resultMd.getColumnCount();

    // Produce the table header and caption
            out.println("<table border>");
            out.println("<caption> <b> Query Results </b>
                </caption>");
            out.println("<tr>");

    // Loop to produce the column headings
            for (index = 1; index <= numCols; index++) {
                colName = resultMd.getColumnLabel(index);
                out.print("<th>" + colName + "</th>");
            }
            out.println("</tr>");

    // Loop to produce the rows of the result
            while (result.next()) {
                out.println("<tr>");

    // Loop to produce the data of a row of the result
            for (index = 1; index <= numCols; index++) {
                dat = result.getString(index);
                out.println("<td>" + dat + "</td>");
            } //** end of for (index = 0; ...
            out.println("</tr>");
        } //** end of while (result.next()) ...
        out.println("</table>");
        } //** end of try

        catch (Exception e) {
            out.println("executeQuery failed </br />");
        } //** end of catch
        out.println("</body></html>");
    } //** end of processRequest method

    @Override
```

```
    protected void doGet(HttpServletRequest request,
                         HttpServletResponse response)
            throws ServletException, IOException {
        processRequest(request, response);
    }
    @Override
    protected void doPost(HttpServletRequest request,
                          HttpServletResponse response)
            throws ServletException, IOException {
        processRequest(request, response);
    }
}
```

图 13-9 展示了基于给定查询的 JDBCServlet 的输出结果。

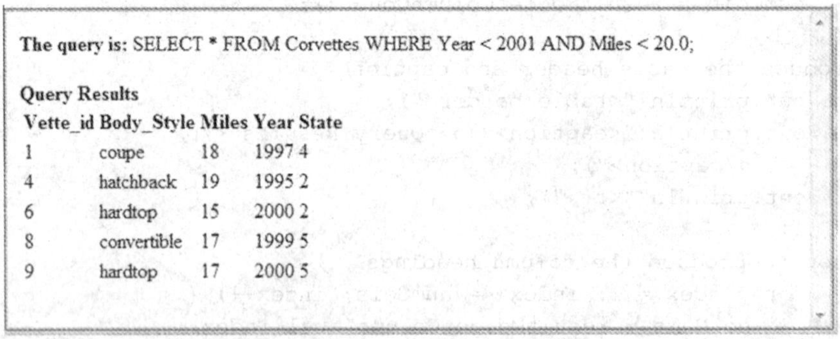

The query is: SELECT * FROM Corvettes WHERE Year < 2001 AND Miles < 20.0;

Query Results

Vette_id	Body_Style	Miles	Year	State
1	coupe	18	1997	4
4	hatchback	19	1995	2
6	hardtop	15	2000	2
8	convertible	17	1999	5
9	hardtop	17	2000	5

图 13-9 JDBCServlet 的结果显示

13.7 使用 ASP.NET 和 MySQL 实现数据库访问

微软提供的数据管理支持工具包括：主要用于小型应用程序的 Access 数据库管理系统、更详尽且具有更好的伸缩性的 SQL Server 数据库管理系统、用于管理数据的 ADO.NET 类库，以及用来连接到各种数据库的开放数据库连接(ODBC)API。ASP.NET 对数据库应用程序的支持是由 ADO.NET 部分提供的。当然，这里只讲述 ADO.NET 的一小部分内容——确切地讲，就是我们重现示例 Web 文档所必需的那一部分内容。此示例文档接受文本框中的 SQL 命令、对数据库执行此命令并显示最终的表格。

13.7.1 MySQL 和 ADO.NET

ASP.NET Web 站点最常用的数据库系统也许是微软的 SQL Server，但本节并不讨论 SQL Server，这其中有多种原因。首先，SQL Server 与其他商用数据库系统一样，是一个庞大而复杂的软件产品。如果这里使用 SQL Server，那么至少需要介绍它的部分内容，但这偏离了本章基于 Web 访问数据库的主题。其次，MySQL 已用于本章讨论的其他 Web 技术，即 PHP 和 JDBC。因为 MySQL 已经介绍过了，所以再次使用它既实用又合理。第三，诸如 SQL Server 这样的商用数据库系统很昂贵，而 MySQL 则是免费的。如果一本书的读者主要是学生，则考虑这一因素至关重要。最后，MySQL 的用法与 SQL Server 的用法没有太大区别，所以将对 MySQL 的讨论运用于 SQL Server 并不难。

ADO.NET 的根本目标是提供标记控件与某数据源之间的关系，无论数据是在程序中还是在程序外。如果数据在外部文件中，则数据可能是分层式的(如 XML)或表格式的(如关系数据库)。如果数据是内部数据，则数据可能是数组或集合。

实际上，ADO.NET 提供了数据源中数据的面向对象视图。这种视图通过将控件映射到数据源中数据的表格来实现。应用程序的控件中表示的数据可以被显示和操纵。如果数据源是关系数据库，则基于控件的视图是一组表和关系对象。为支持此视图，ADO.NET 提供的类包括：创建与数据实际连接的类；可将命令传送到数据的类(如果数据是关系数据库，则为 SQL 命令)；将数据从数据库移到应用程序的类。这是 ADO.NET 的连接部分。ADO.NET 的非连接部分提供的类可表示应用程序中可见的数据。在本节示例中，应用程序中可见的数据部分是对数据库执行 SQL SELECT 命令后返回的表。本节剩余的内容只讨论关系数据库这种数据源。

本节讨论支持 ADO.NET 连接部分的三种类：用于连接的类、用于命令的类和用于数据阅读器的类。连接类对象是到数据库的实际接口，对应于前面 PHP 和 JDBC 小节中创建的连接。ADO.NET 对所支持的每个数据库厂商都有一个连接类，例如，针对 Oracle 和 ODBC 数据库系统，分别有 OracleConnection 和 OdbcConnection 类。命令类对象存储可对数据库执行的命令。与连接类一样，命令类针对 Oracle 和 ODBC 数据库系统分别有 OracleCommand 和 OdbcCommand 类。ADO.NET 提供了三个方法可以对数据库执行 SQL 命令：用于返回表的 SELECT 命令的 ExecuteReader 方法，用于非 SELECT SQL 命令的 ExecuteNonQuery 方法以及用于返回单值的 SELECT 命令的 ExecuteScalar 方法。这些方法来自使用的特定 Command 类。这些方法通过相应类的对象来调用，例如，对于通过 ODBC 访问数据库的应用程序，则通过 OdbcCommand 类的对象来调用。

如上所述，ADO.NET 之所以能使一个数据库应用程序用在不同的数据库系统上，是因为它对每个这样的系统都支持一个数据提供者类。这种方式将应用程序连接到特定的数据库系统。这种设计的缺点是，在 ADO.NET 应用程序中比在 JDBC 应用程序中需要付出更多的努力来切换数据库系统[7]。

本节访问 MySQL 数据库所采用的方式是通过 ODBC(参见第 13.3.2 节)、使用 MySQL 驱动程序来访问的。因此应用程序是针对 ODBC 来编写的，这便于对应用程序进行修改，以便用于除 MySQL 外的其他数据库。需要注意，虽然 ODBC 提供了从 ASP.NET 应用程序访问 MySQL 数据库的一种较简单的方法，但效率较低。商用 ASP.NET 应用程序使用专用 MySQL 提供者的可能性更大[8]。

ADO.NET 类和接口的通用名称空间是 System.Data。ODBC 的特定名称空间是 System.Data.Odbc。

7　PHP 的方式类似于 ADO.NET 的方式。

8　例如，参见 http://www.devart.com/dotconnect/mysql/。

13.7.2 数据绑定

ADO.NET 数据绑定模型从数据源获取数据，并动态地将此数据与服务器控件的属性关联起来。这样的控件称为数据绑定控件。实际绑定过程由表示数据绑定控件的对象的 DataBind 方法来请求。当执行 DataBind 方法时，它从数据源移动数据来填充控件。

数据绑定控件的 DataSource 属性指定绑定了控件的数据源对象。数据源控件直接连接到数据绑定控件，并直接与数据库交互。这一数据绑定过程常用类似于下面这两条语句的代码来指定：

```
myControl.DataSource = data from some data reader method ;
myControl.DataBind();
```

主要存在 6 个数据绑定控件：DataList、Repeater、FormView、DetailsView、DataGrid 和 GridView[9]。本节只讨论 GridView。DataGrid 出现在 ASP.NET 1.1 中。GridView 于 ASP.NET 2.0 中引入，它是 DataGrid 的增强版，且这种增强的程度非常大。DataGrid 不应该用在新应用程序中，但还会继续在遗留应用程序中使用一段时日。

GridView 是复杂但功能强大的基于列的数据绑定控件。基于列的控件支持数据列。如果数据源是关系数据库，那么这些列就是数据库表的列。GridView 的属性有几种类别：如 AllowSorting 和 AutoGenerateColumns 属于行为属性；如 AlternatingRowStyle 和 HeaderStyle 属于样式属性；如 BackImageUrl 和 GridLines 属于外观属性；如 Columns 和 PageCount 属于状态属性。在数量庞大的属性中，大多数属性有合理的默认值，不需要为特定的 GridView 控件指定。实际上，本节不可能深入讨论 GridView 的大多数属性的细节。GridView 控件可在 ASP.NET 源文档中只用 ID 和 runat 属性来指定。但 GridView 控件的大属性集为用户提供了大量细节性控件，可以指定数据的行为和外观。另外，GridView 控件可以引发 15 个不同的事件，这再次证明了此控件的丰富性和复杂性。

ADO.NET 中采用的将数据绑定到标记控件的概念是 ADO.NET 的数据处理方法与 JDBC 的数据处理方法之间的一个巨大差异。

13.7.3 连接字符串

ASP.NET 源文档的数据库连接是通过将关于连接的信息字符串传递到连接对象构造函数来完成的。字符串信息包括要使用的驱动程序、服务器、特定数据库和用户 id，还可能包括数据库密码。本节的示例应用程序需要 MySQL ODBC 驱动程序。这种驱动程序的来源之一是 http://dev.mysql.com/downloads/connector/odbc/3.51.html。来源于此的驱动程序名为 MySQL ODBC 3.51 Driver。驱动程序下载后必须进行安装。此处的 cars MySQL 数据库在本地的连接字符串如下所示：

```
"Driver={MySQL ODBC 3.51 Driver}; server=localhost;" +
```

9 此外，由于所有表单控件都继承 DataBind 方法，所以任何表单控件的属性都可以设置为数据源的数据值。

```
"Database=cars;uid=root"
```

在此处的应用程序中，ASP.NET 源文档包括一个文本框、一个按钮、一个标签元素和一个 GridView 控件。文本框用来收集用户输入的 SELECT SQL 命令，按钮用来将命令提交到代码隐藏文件，标签元素用来显示一条错误消息(此消息可能来自于代码隐藏文件中的 C#代码)，GridView 控件用来存储和显示 SELECT 命令的执行结果。GridView 控件通过标记创建，但其特性之一 DataSource 则需要通过程序代码动态设置。程序代码需要控件元素的 ID，这可以通过其名称与控件 ID 相同的变量来获得。

代码隐藏文件中的程序代码将一个字符串常量定义为连接字符串[10]。此文件定义两个方法：一个方法是 Load 事件的处理程序，另一个方法执行 SQL SELECT 命令。Page_Load 处理程序方法测试 IsPostBack，如果其结果是 true，则调用另一个方法(它执行 SELECT 命令)。

第二个方法首先创建 OdbcConnection 对象，将连接字符串发送到构造函数。然后通过将命令文本和连接对象发送到构造函数来创建 OdbcCommand 对象。下面两条语句示范说明了如何创建这两个对象，假定 sqlCommand 变量已经被设置为 SQL SELECT 命令：

```
OdbcConnection con new OdbcConnection(ConnStr)
OdbcCommand cmd = new OdbcCommand(sqlCommand,con);
```

此方法的下一个任务是在连接上调用 Open 方法。然后调用命令对象的 ExecuteReader 方法。此方法的参数数量是可变的，本示例只使用了一个参数，因此这里只讨论这个参数。此参数来自 System.Data.CommandBehavior 枚举。大多数情况下会使用 CloseConnection 值，表示在读操作之后关闭连接。ExecuteReader 的返回值是一个 OdbcDataReader 对象，它包含数据以及一个属性集，这些属性是关于数据和一个大方法集合的信息，这些方法可用来获取 OdbcDataReader 对象的信息。OdbcDataReader 对象被赋值给 GridView 控件对象的 DataSource 属性，与控件的 DataSource 特性相对应。在取出要填充控件的数据并将其赋值给控件之后，调用与 GridView 控件相关联的对象的 DataBind 方法，将数据绑定到控件。具体代码如下所示：

```
con.Open();
results.DataSource =
      cmd.ExecuteReader(CommandBehavior.CloseConnection);
results.DataBind();
```

在上面的代码中，results 是对 GridView 对象的引用。

回顾一下，使用 JDBC 执行 SELECT SQL 命令的结果是一个 ResultSet 对象，要显示这种对象中的数据，应用程序编程人员必须编写代码对对象进行迭代，并据此生成输出结果。由于 ADO.NET 的数据绑定控件隐式处理了这两项任务，所以 ADO.NET 应用程序编程人员不必开发这样的代码。

finally 子句用来确保在 GridView 控件上执行 Close 方法。

10　需要注意，对连接字符串使用常量字符串在生产环境中并非最佳选择，因为这种环境经常变化。较好的做法可能是将连接字符串存储在应用程序代码的外部，存储在 web.config XML 文件中。

完整的源文档 sqlcars.aspx 如下所示：

```
<!-- sqlcars.aspx
     Presents a form that includes a text box to collect an SQL
     command, a submit button to call a method to execute the command,
     a label element to provide a place for error messages, and a
     GridView control to present the results of the SELECT command
     -->
<%@ Page Language="C#" AutoEventWireup="true"
        CodeFile="sqlcars.aspx.cs" Inherits="sqlcars.MyClass" %>
<!DOCTYPE html PUBLIC "-//W3C//DTD XHTML 1.0 Transitional//EN"
          "http://www.w3.org/TR/xhtml1/DTD/xhtml1-transitional.dtd">
<html xmlns="http://www.w3.org/1999/xhtml" >
<head runat="server">
   <title>Display results for SQL commands on cars db </title>
   <style type = "text/css">
     .titles {font-style: italic; font-weight: bold;}
   </style>
</head>
<body>
   <p>
     <span class ="titles"> Please enter your command: </span>
   <form id="myForm" runat="server">
     <asp:TextBox ID="command" size="80" runat="server" />
     <br /><br />
     <asp:Button type="submit" value="Submit" Text="Submit command"
                 runat="server" />
     <br /><br />
     <span class ="titles"> Results of your command: </span>
     <br /><br />
     <asp:Label ID="errors" runat="server" />
     <asp:GridView ID="results" runat="server" />
   </form>
</body>
</html>
```

代码隐藏文件如下所示：

```
// sqlcars.aspx.cs
// The code-behind file for sqlcars.aspx.
// Defines two methods in its class, MyClass.
using System.Web;
using System.Web.UI;
using System.Web.UI.WebControls;
using System.Data;
using System.Data.Odbc;
namespace sqlcars
```

```
{
    public partial class MyClass : System.Web.UI.Page
    {
        const string ConnStr = "Driver={MySQL ODBC 3.51 Driver};" +
           "Server=localhost;Database=cars;uid=root;options=3";

    // The Page_Load method executes when the Page_Load event occurs
    // If IsPostBack, it calls the other method, DoCommand
        protected void Page_Load()
        {
           if (IsPostBack)
           {
              DoCommand(command.Text);
           }
        }
    // The DoCommand method, which takes a string that has an SQL
    // SELECT command, creates the connection and command
    // objects, opens the connection, and calls ExecuteReader to
    // execute the SELECT command. It then assigns the results to the
    // data source of the GridView control in the ASP.NET document
        protected void DoCommand(string command)
        {
           OdbcConnection con = new OdbcConnection(ConnStr);
           OdbcCommand cmd = new OdbcCommand(command, con);
           try
           {
              con.Open();
              OdbcDataReader reader = cmd.ExecuteReader(
                                  CommandBehavior.CloseConnection);
              results.DataSource = reader;
              results.DataBind();
           }
           catch (Exception ex)
           {
              errorLabel.Text = ex.Message;
           }
           finally
           {
              reader.Close();
           }
        }
    }
}
```

图 13-10 是输入 SQL SELECT 命令并单击 Submit 按钮后 sqlcars.aspx 的显示结果。

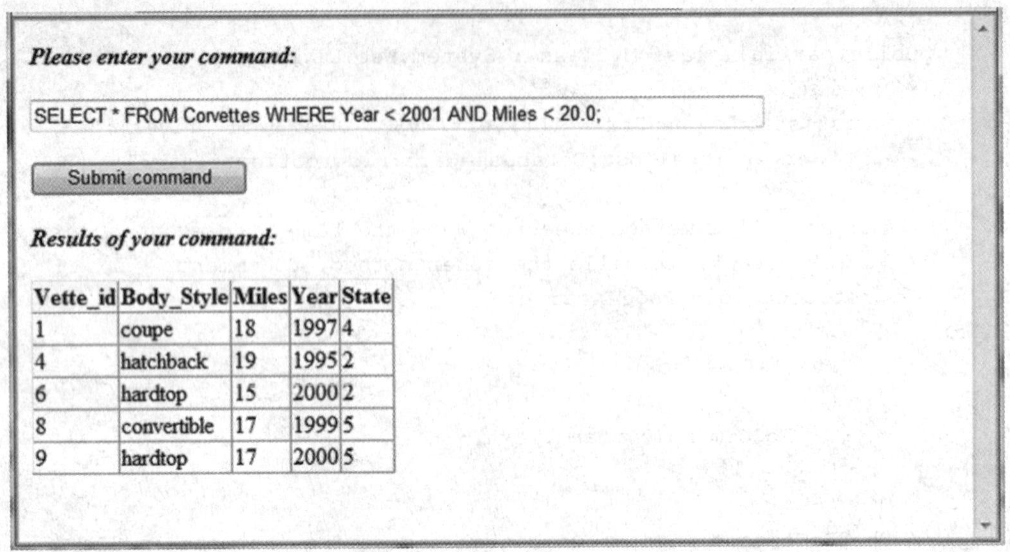

图 13-10 执行 SQL 命令后 sqlcars.aspx 的显示结果

将数据绑定到控件时最后需要注意的一点是，除了能够像 sqlcars 应用程序这样以编程方式指定绑定外，还可在 ASP.NET 标记中以声明方式来指定绑定。下面(不完整)的元素说明了以声明方式指定数据绑定：

```
<asp:OdbcDataSource ID="mySource"
                    runat="server"
                    ConnectionString="..."
                    SelectCommand="..." />
<asp:GridView ID="results"
              DataSourceID="mySource"
              runat="server" />
```

13.8 本章小结

关系数据库中包含相关数据表的集合。大部分数据表都包含主键列，它唯一地标识行。交叉引用表不包含数据，而是包含两个数据表的主键，提供了两个表中的数据之间的多对多的关系。

SQL 是指定访问和修改关系数据库的标准语言。常用的关系数据库系统都支持 SQL。最常用的 SQL 命令是 CREATE、SELECT、INSERT、UPDATE 以及 DELETE。

CREATE 命令指定表名和列名以及它们关联的约束。SELECT 命令用于指定一个或多个表的一列或多列以及一个布尔表达式，这个布尔表达式提供指定列中数据的约束。SELECT 是一个复杂但功能强大的工具。INSERT 命令指定表名、列名以及与列名相对应的值。UPDATE 命令指定表名和一组列名-值对以及特定的主键值。DELETE 命令指定表名和特定列的主键。

可由 SELECT 命令来指定连接操作，通过连接一个表的数据部分和另一个表的数据部分可以创建一个新表。连接的目标是用户可以使用存储在多个表中的信息。

两层客户端-服务器体系结构很常用。其中，客户端与服务器直接通信。Web 是两层客户端-服务器配置的例子。当客户端或服务器中的一方或双方间接地与对方通信更高效时，在客户端-服务器结构中需要使用三层结构。

构建数据库应用程序的一个方法是扩展通用的程序设计语言，应用程序可以通过它们指定 SQL 命令，并与数据库交互。这样做的缺陷是应用程序在不同供应商的数据库之间是不能移植的。微软的 Access 系统通过 ODBC 接口访问常用供应商的数据库。因为 ODBC 已由大多数数据库供应商实现，所以这种方式提供了开发可移植应用程序的方法。

MySQL 是执行 SQL 的关系数据库服务器。大多数常用数据库 API 都有 MySQL 驱动程序，如 PHP 和 JDBC。PHP 的 MySQL API 包含连接数据库的函数(mysql_connect)、执行 SQL 命令的函数(mysql_query)以及从查询结果中取回行的函数(例如 mysql_fetch_array)。为查询结果获取列名有点不好理解，但其实并不难。

除了 JDBC 是通用程序设计语言 Java 的一部分外，JDBC 与 ODBC 是相似的。常用数据库系统都有 JDBC 的驱动程序。如果数据库有可用的 JDBC 驱动程序，那么 Servlet 必须创建指向这个数据库的连接。再由它创建 Statement 对象，SQL 命令可以作为字符串存储在 Statement 对象中。执行命令的方法是通过 Statement 对象将命令作为参数传递到方法。执行 SELECT 命令后的返回值是 ResultSet 类型的对象，这个对象存储从数据库中提取的行。实际的数据值通过调用对象的一组方法从返回的对象中获得。

元数据是关于数据库的数据，而不是存储在数据库中的数据。通常需要执行 SELECT 命令返回的结果对象的相关信息。该信息由通过结果对象调用的方法获得。特殊的信息由通过元数据对象调用的方法获得。

ADO.NET 是.NET 的一部分，它支持数据存储和访问。虽然 ADO.NET 也能处理其他数据源，但本书的关注点是数据库系统。ASP.NET 使用 ADO.NET 实现数据库交互，其独到之处在于先将数据库的一部分读到应用程序存储器中，然后再进行处理，而不需要一直连接到数据库。要存储并显示感兴趣的数据库部分，ASP.NET 使用精心设计的服务器端控件，其中最常用的控件是 GridView。绑定了此控件的数据库表的部分内容隐含显示在控件中，因此，无需开发人员编写任何代码，就可以使用表格形式来显示数据库操作的结果。

13.9　复习题

1. 关系数据库中表的主键的用途是什么？
2. 交叉引用表的用途是什么？
3. 在 SQL 中字符串字面量是如何界定的？
4. 在 SQL 的 CREATE TABLE 命令的一列中 NOT NULL 约束表示什么？
5. 当星号作为 SELECT 子句的值出现时，它表示什么？
6. SELECT 命令中的 WHERE 子句指定什么？
7. 列名是如何与 INSERT 命令中的值关联的？
8. UPDATE 命令的用途是什么？

9. 什么是表的连接，在 SQL 中它是如何指定的？
10. Web 访问数据库的三层客户端-服务器配置的用途是什么？
11. 为什么两层客户端-服务器配置有时不足以满足要求？
12. 请解释如何通过扩展程序设计语言提供 SQL 数据库访问。
13. 在程序设计语言中嵌入 SQL 的缺点是什么？
14. 什么是 ODBC？ODBC 的作用是什么？
15. ODBC 和 JDBC 的关系如何？
16. 什么是 MySQL？
17. MySQL 的约束 auto_increment 执行什么操作？
18. 如果 SQL 命令中的引号来自 HTML 文档中的表单元素，将出现什么问题？
19. PHP 函数 mysql_select_db 的功能是什么？
20. PHP 程序如何确定查询结果中的行数？
21. PHP 函数 mysql_fetch_array 的功能是什么？
22. 请说明 mysql_fetch_array 的返回值的确切形式。
23. 请解释使用 JDBC 的两种方法。
24. 当使用 JDBC 时，第三层计算机有什么好处？
25. 当使用 JDBC 时，什么类的什么方法用来连接数据库？
26. 请解释注册 JDBC 驱动程序的两种方法。
27. 当通过 JDBC 使用 SQL 时，Statement 对象的用途是什么？
28. 什么类的什么方法用来执行 SQL 的动作命令？
29. 什么类的什么方法用来执行 SELECT 命令？
30. executeQuery 方法返回哪一类对象？
31. 程序如何通过 executeQuery 返回的对象进行迭代？
32. 使用某些方法可从 executeQuery 返回的对象提取出值，这些方法的形式是什么？
33. 什么是元数据？
34. 如何从数据库中提取元数据的集合？
35. 从元数据的对象获得列标签的两种方法是什么？
36. SQL Server 是什么？
37. ADO.NET 的设计原理是什么？
38. 支持 ADO.NET 连接部分的三种类是什么？
39. ASP.NET 数据绑定控件是什么？
40. 连接字符串中包含的是什么信息？
41. GridView 控件类的 DataBind 方法的作用是什么？

13.10 练习题

1. 使用 MySQL 创建存储待售的二手卡车信息的数据库，该数据库与本章中的 cars 数据库类似。整理符合卡车特点的配件。从本地报纸的广告版中获取原始数据。将你所处的城市划分为 4 个区，然后用各个区替代 cars 数据库中的州。

2. 修改并测试程序 access_cars.php 来处理 UPDATE、INSERT 以及 SELECT 等 SQL 命令。
3. 修改并测试程序 JDBCServlet.java 来处理 UPDATE、INSERT 以及 SELECT 等 SQL 命令。
4. 修改并测试程序 JDBCServlet.java，以处理有权访问的某种其他数据库管理系统。
5. 修改并测试 ASP.NET 源文档和代码隐藏文件，以处理有权访问的某种其他数据库管理系统。
6. 编写并测试一个 PHP 程序，程序请求用户输入数据库表的名称，并返回表的行数。
7. 编写并测试一个 Servlet，请求用户输入数据库表的名称，并返回表的行数。
8. 编写并测试 ASP.NET 源文档和代码隐藏文件，它们请求用户输入数据库表的名称，并返回表的行数。

第 14 章

Android 软件开发

本章将介绍 Android 软件开发的基础。这是一个庞大复杂的主题，所以本章只介绍相对简单的内容，而不涉及太复杂的讨论。尽管如此，学完本章后，读者应该能够创建简单的应用程序，并独立学习这类软件开发的更高级的内容。本章一开始将概述移动 Web 服务和软件的发展过程。然后，介绍 Android 应用程序开发中最常用的软件工具。接着再介绍 Android 应用程序的一般体系结构，以及它与其他 Java 软件的体系结构的区别。之后再简要讨论 Android 应用程序的执行模型。而后，介绍用于创建简单用户视图的 XML 元素和属性，这有助于开发完整的应用程序。紧跟着再介绍 Intent 类，以及如何使用该类来调用其他活动。之后用一个示例应用程序来演示两个活动的用法。然后，介绍了更多的几个小部件，以及列表的用法。再开发一个示例应用程序来演示这种简单的数据存储机制。最后，本章简要介绍了 Android 调试器的用法。

14.1 概述

Web 技术最初和移动不沾边。各种类型和大小的静止计算机通过某种物理管线彼此连接。Internet 是通过长距离的连接建立起来的，这些连接通常是通信设施之间的固定路由上的无线连接。之后，公司、图书馆和家庭中开始出现无线局域网，使得便携式计算机可以连接到 Internet。再后来，通信公司开始建设手机信号塔以支持移动电话。不久之后，手机变得智能，逐渐融合了更加强大的处理器和更加复杂的软件。2003 年，Blackberry 智能手机发布，支持电子邮件和 Web 访问。从那以后，世界范围内有数亿部智能手机被售出。在开发中国家的一些地方，无线手机网络的建设要比有线网络更早。

智能手机市场目前被运行三种软件平台的手机占据：Apple 的 iOS、Google 的 Android，以及 Microsoft 的 Windows Phone。venturebeat.com 网站预计到 2013 年年底，智能手机使用量将达到 14 亿部，其中 57% (7.98 亿)使用的是 Android。Apple 的 iPhone 占 21%。预计 2013 年智能手机的销售增长率为 44%。

在 21 世纪初，平板电脑开始变得流行，为访问 Web 提供了一种小巧轻便的便携方式。

当前的大多数平板电脑运行的软件最初是为智能手机开发的。Apple 的 iOS 操作系统可以运行在 iPad、iPod touch 和 iPhone 设备上。Android 可以运行在众多公司制造的智能手机和平板电脑上。

智能手机和平板电脑都包含支持 Web 访问的软件，并且都能方便地下载和安装大量应用程序，从而提供各种服务。便携式智能设备的这种扩张的一种结果就是几乎任何地方的任何人都可以为智能手机或者平板电脑创建应用程序，然后放到市场上，而不需要经过任何营销组织，或者承担任何费用。对于 iPhone 应用程序，Apple 提供了 Apple iTunes App Store。对于 Android 应用程序，Google 提供了 Android Play Store。这两个网站接受任何开发人员开发的应用程序，并允许任何顾客下载它们，一些可以免费下载，一些需要支付不高的费用。在这些商店上线之前，个人软件开发人员很难将自己的作品提供给世界上的软件应用程序消费者。而如今，任何人都可以把智能手机或者平板电脑的应用程序销售给整个世界，而不需要做什么营销，也不需要支付什么费用。到 2013 年初，Android Play Store 中包含适用于 Android 手机和电脑的超过 150 000 款游戏和应用程序。Apple iTunes App Store 中针对 iPad、iPod touch 和 iPhone 设备的游戏和应用程序超过 775 000 款。

如今的手机具备多种功能，其中包括 Web 浏览器、GPS 接收器、一个或者两个摄像头(两个的情况很多见)、声音输入和输出，以及加速计。

Android 是针对智能手机开发的一个开源操作系统。由于 Android 使用 Java 编写，由解释器执行，并且解释器类似于 Java 虚拟机，而又不完全相同，所以相对来说容易把 Android 移植到任何硬件平台。当然，Android 是针对移动设备设计的，所以几乎总是运行在移动设备上，而不是静止的计算机上。

Android 最初由 Android 公司开发。Google 于 2005 年 6 月收购了该公司。2007 年 11 月，Open Handset Alliance 成立，致力于进一步开发 Android。该协会最初有 34 家成员公司，现在则超过了 80 家，其中有移动通信公司、手持设备制造商、半导体公司和软件公司。

Android 设备与 iPhone、iPad 和 iPod touch 一样，使用两种不同的通信技术：WiFi[1]或手机网络。由于提供 WiFi 的公司和公共建筑越来越多，许多移动设备用户在方便时首选使用 WiFi，主要是为了躲避手机网络提供商收取的数据流量费用。因此，很多时候，在智能手机或者笔记本(或完全静止的计算机上)通过 WiFi 连接使用浏览器是没有太大区别的。但是，这一点并非完全准确，原因有几个。智能手机相对于笔记本电脑有几个很大的局限。首先，屏幕尺寸小很多，这就限制了一次能够显示的信息量。其次，处理器速度更慢，内存和外部存储设备的容量都小得多。学习开发移动 Web 应用程序的一个主要方面就是学习如何处理这些局限。

本书中已经讨论过网站开发的几种不同方法。Android 开发与它们既有相似之处，又有区别。虽然读者可能已经熟悉了 Java 语言和 Java 软件系统的体系结构，但是很快就会发现，Android 应用程序有其自己的特殊体系结构。幸好，并不需要学习新的编程语言或者标记语

1 WiFi 既不是缩写词，又不是首字母缩略词。它是由 Wi-Fi Alliance 雇用的 Interbrand Corporation——一家品牌咨询公司——起的名字。

言；用到的编程语言是 Java，标记语言是为 Android 应用程序设计的一种 XML 标签集。

14.2　工具

嵌入式计算机[2]的软件通常在功能更强的计算机(一般是台式计算机)上开发，然后下载到嵌入式计算机。Android 软件开发与之类似，通常不在运行它们的设备上开发。不过，Android 软件是可以在 Android 设备上开发的。例如，TouchDevelop(http://www.touchdevelop.com)是一个脚本语言和软件开发环境，运行在智能手机上的浏览器中。

到了现在，有一点读者应该已经很明白：网站开发基本上离不开软件工具，通常是集成开发环境(IDE)。对于 Android 开发，有一些极为强大的 IDE。除此以外，还有一些常用的相关工具。

第一种必备工具是 JDK(Java Development Kit)，大部分计算机上已经预装了 JDK。需要注意，仅有 JRE(Java Runtime Environment)是不够的。

Android SDK(Software Development Kit)中已经捆绑了开发需要的其他工具，可从 http://developer.android.com/sdk/index.html#download 下载该 SDK。下载的文件中包括如下工具：Eclipse Android IDE，针对 Eclipse 的 Android Development Tools(ADT)插件，这让使用 Eclipse 进行 Android 开发变得容易许多。还包括最新的 Android 平台 Android 插件工具，以及在设备模拟器中使用的最新的 Android 系统镜像。该捆绑文件存在 Windows、Max OS X 和 Linux 版本。

当前，Google 正在开发一种新的 Android IDE，名为 Android Studio。该 IDE 比 Eclipse/ADT 更加强大，但是目前尚未完成。

14.3　Android 应用程序的体系结构

如前所述，Android 应用程序的体系结构与典型的非 Web Java 应用程序存在显著区别。非 Web Java 应用程序包括一组类定义，以及实例化一个或更多个这样的类，并调用某个新对象的一个方法的一个主程序。Java Servlet 的工作方式与之不同。它们是类，从属于 Servlet 引擎。当一个 Web 服务器接收到运行某个 Servlet 的请求时，Servlet 引擎会实例化该 Servlet 类，然后调用它的一个方法，通常是 doGet 或 doPost。

14.3.1　活动

Android 应用程序的一个主要部分是活动，它们与 Servlet 有类似之处。活动是一个类实例，具有相关的视图标记文件来支持用户交互。它管理一个显示页面。作为类实例，它也是一个执行单元。应用程序的初始显示就是执行初始活动的结果。活动是用 Java 编写的。一个 Android 应用程序中包含一个或更多个活动。

2　嵌入式计算机是内置到设备、电器或机器中，并对它们进行控制的计算机。

14.3.2 视图文件

视图文件是 Android 应用程序的另一个主要部分，它们与 Web 应用程序中的表单对应。视图文件的组件类似于构建 Web 用户界面的其他方法中的表单组件。尽管可以用代码定义视图组件，但是 Android 应用程序中首选的方法是使用为 Android 预定义的 XML 标签集定义它们。每个活动都有相关联的视图文件。

14.3.3 Intent

Android 应用程序的第三个主要部分是 intent。intent 是在应用程序内和应用程序间进行通信的一种方式。它是一个 Java 类的实例。intent 用于启动和停止活动。消息可通过 intent 广播到整个系统中。在一个网站上，用户通过单击链接在文档中移动。在 Android 应用程序中，则使用 intent 让控制在活动之间移动，每个活动都有相关的文档显示。数据也通过 intent 在活动和应用程序之间传递。

Android 应用程序还有其他部分，但是本章只关注活动、视图和 intent。

14.3.4 实现

Android 应用程序作为项目生成。项目是单独可部署的系统，其最简单的形式包含一个或少数一些活动。

Android 应用程序的 Java 代码被编译成一种中间形式并被解释，但是使用的不是标准的 JVM。相反，Android 使用自己的中间形式和自己的解释器，叫做 Dalvik Virtual Machine(Dalvik VM)。中间形式和解释器的设计目的都是最小化对内存的需求。每个应用程序都运行在自己的 Dalvik VM 副本和自己的进程中。Dalvik VM 可以让自己的多个实例高效地运行在一个设备上。

14.4 Android 应用程序的执行模型

非 Web 桌面应用程序和主机应用程序的执行模型很简单：操作系统从某个标准点开始执行应用程序，如其 main 函数。之后如果不发生运行时错误，则一直运行，直到完成，此时控制返回操作系统。Android 应用程序的执行模型与之不同。Android 应用程序在用户启动它时开始执行。它会一直运行，直到用户启动另一个应用程序，或者操作系统终止它的执行，以便为其他优先级更高的应用程序留出资源。

Android 控制应用程序的执行的机制是一组预定义的回调方法，当系统或者用户动作引发特定事件时，这些回调方法会被隐式调用。系统引发事件类似于处理 ASP.NET 文档时引发的页面级事件。

Android 应用程序的活动被放到一个栈上。栈顶的活动是当前正在执行的活动，其视图显示在当前的设备屏幕上。每当用户启动一个新应用程序，其初始活动将被放到栈顶。

下面几段描述了一个 Android 活动的生命周期。

活动的预定义的 onCreate 回调方法设置了活动的界面，或者叫视图，通常还会初始化一些类范围的变量。该方法使活动进入 created 状态。一旦用户在设备上选择了应用程序的图标，该应用程序的主活动的 onCreate 方法就会被调用。onStart 方法会启动活动并显示其视图，并将活动置于 started 状态。一般 onCreate 方法完成，就会隐式调用 onStart 方法。onResume 方法会开始执行活动代码，并将活动置于 resumed 状态。在这个状态下，用户通过活动的界面——视图——与之交互。一旦 onStart 方法完成，就会调用 onResume 方法。因此，created 和 started 方法是过渡状态，活动不能长时间处于这些状态。但是 resumed 状态则不然。

在活动生命周期的另一面，是 paused、stopped 和 destroyed 状态。onPause 方法使一个活动从 resumed 状态进入 paused 状态。如果一个活动的部分视图被新活动的视图隐藏，或者其整个视图被新活动的半透明的视图覆盖，尽管活动的视图仍部分可见，用户不能与之交互。onStop 方法使活动从 paused 状态进入 stopped 状态。在 stopped 状态下，活动的视图被完全隐藏，但是活动的变量值会被保存，只是代码不会执行。onDestroy 方法使活动进入 destroyed 状态。当 Android 用完内存时，就会搜寻可以销毁的活动，并回收它们的内存。首先被选择销毁的活动是 stopped 状态下的活动。如果没有此类活动，或者回收此类活动的内存仍然不够，那么 paused 状态下的活动会成为候选的销毁对象。

这些回调方法总称为生命周期方法。

当调用活动的 onResume 方法时，paused 状态下的活动会被移入 resumed 状态。如果当前处于 resumed 状态的活动被暂停，就有可能发生这种情况。类似地，对 stopped 状态下的活动调用 onRestart 方法时，会把它移入 started 状态。图 14-1 显示了活动的生命周期。

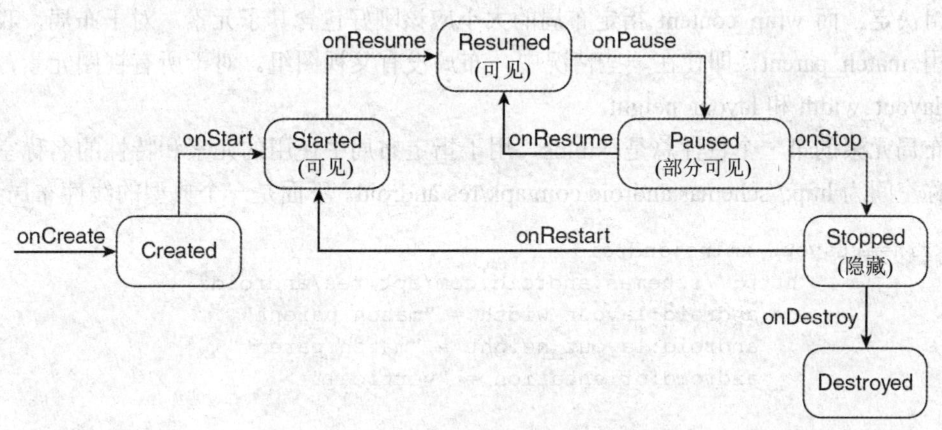

图 14-1　活动生命周期的简易图

14.5　视图组

在很多图形用户界面中，支持用户交互的元素叫做小部件或者组件。在 MVC 体系结构系统中，它们常被叫做视图，因为它们是用户在计算机或者设备的屏幕上看到的东西。Android 应用程序是作为 MVC 应用程序生成的，所以这些标记元素被叫做视图，它们都是 View 类的扩展。

Android 应用程序的用户界面通常不是单个视图，而是类似于 HTML 表单的一组视图。

这些视图按照一定模式排列到屏幕上。视图所在的容器会管理这些排列。这种容器叫做视图组，派生自 ViewGroup 类，后者本身又派生自 View 类。最后，布局管理器通常叫做布局，它们派生自 ViewGroup 类。

Android SDK 定义了 4 种不同类型的布局管理器。LinearLayout 类以垂直列或者水平行的方式排列它包含的视图。FrameLayout 类将它包含的视图固定在框架的周围。RelativeLayout 类允许设计人员相对于布局中的其他视图定位视图。GridLayout 类在一个网格中排列包含的视图。这 4 种布局管理器都被设计为适应各种设备的屏幕尺寸——Android 应用程序开发中一个始终需要考虑的问题。这是通过避免使用绝对位置或预定义的像素值实现的。

布局可以嵌套，因此提供了创建多种复杂的视图排列的方式。此外，开发人员可以修改它们，从而创建各种各样的排列。

由于 Android 应用程序是使用 MVC 方法设计的，因此使用标记而不是代码来定义视图是一种非常好的方法。这会将应用程序的不同部分划分到单独的文件中。

本节只讨论 LinearLayout 类。

Android 应用程序中使用的标记是专门设计的 XML 语言。该标签集使用前缀 android。对于布局元素，定义了几个特性。LinearLayout 视图组的 orientation 特性被设置为“vertical”或“horizontal”，效果显而易见。layout_width 和 layout_height 特性可以有几个不同的值。可以给出精确的度量值，但是由于可显示布局的尺寸变化极大，这并不是一种好方法。最好使用两个常量之一：match_parent 或 wrap_content。match_parent 指定元素的大小由其父视图组决定，而 wrap_content 指定布局的大小应该刚好包含其子元素。对于布局，我们通常使用 match_parent，即使在一些情况中，布局没有父视图组。对于所有视图元素，均可使用 layout_width 和 layout_height。

布局元素的第一个特性总是 xmlns，用于指定布局中使用的元素和特性的名称空间，该名称空间为 http://schemas.android.com/apk/res/android。下面是一个典型的线性布局元素：

```
<LinearLayout xmlns:android =
        "http://schemas.android.com/apk/res/android"
            android:layout_width = "match_parent"
            android:layout_height = "match_parent"
            android:orientation = "vertical" >
...
</LinearLayout>
```

14.6 简单视图

本节介绍三种最简单的视图：生成固定文本的视图、收集用户文本输入的视图以及按钮。

14.6.1 TextView 元素

TextView 元素用来定义固定文本，这样的文本通常用作其他视图的标签。TextView 元素通常包括 4 个特性：id、layout_width、layout_height 和 text。指定 id 特性的方式如下所示：

```
"@+id/the_name"
```

@指定 XML 解析器应该解析并展开剩余字符串，并将其识别为一个资源 id。+表明这是一个新的资源名，必须被创建，然后添加到资源。资源放在 Android 生成的文件 R.java 中。通过 R.java 中的资源 id，可以使用 Java 中的 findViewById 方法引用与 TextView 关联的 Java 代码。

小部件的 layout_width 和 layout_height 特性与布局的对应特性相同。Text 特性被赋值为 TextView 小部件的字符串。下面是这种视图的一个例子：

```
<TextView android:id = "@+id/label1"
          android:layout_width = "wrap_content"
          android:layout_height = "wrap_content"
          android:text = "The temperature is: " />
```

在这个视图中，将一个字符串字面量作为 text 特性的值。通常并不这么做，而是会在 res/values 目录下的 strings.xml 文件的一个 XML 资源元素中定义字面量字符串。该项的形式如下所示：

```
<string name = "temp_label">The temperature is:</string>
```

TextView 元素的 text 特性如下所示：

```
android:text = "@string/temp_label"
```

14.6.2　EditText 元素

EditText 是 TextView 的子类，经配置后允许自己的元素被编辑。EditText 元素类似于 HTML 的文本框和 textarea 组件，不过由于其能包含的特性而更加强大。与 TextView 元素一样，EditText 元素通常有 id、layout_width 和 layout_height 特性。可以使用 hint 特性在 EditText 控件中放入初始文本。

Android 设备一般不显示任何键盘，单击设备上的文本域可显示一个标准键盘。这也会将光标置于该文本域。图 14-2 显示了标准键盘。

图 14-2　Android 标准键盘

对于要输入到文本域的文本格式，这个键盘不一定总是合适的。使用 inputType 特性可指定输入类型。inputType 的一些可能取值包括 text、textEmailAddress、textUri、number 和

phone。textEmailAddress 值将把键盘上的逗号换成@符号。textUri 值将键盘上的逗号换成/符号。number 值会得到一个基本的数字键盘，如图 14-3 所示。

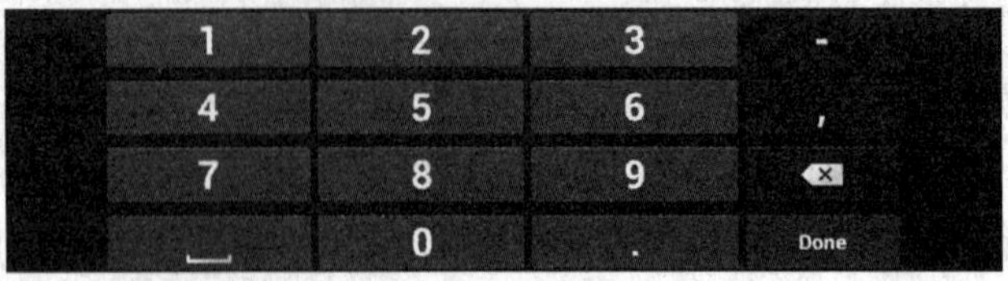

图 14-3 数字键盘

inputType 特性被设为 number 的 EditText 文本框只接受数字输入值。

phone 值会得到一个手机风格的键盘，如图 14-4 所示。

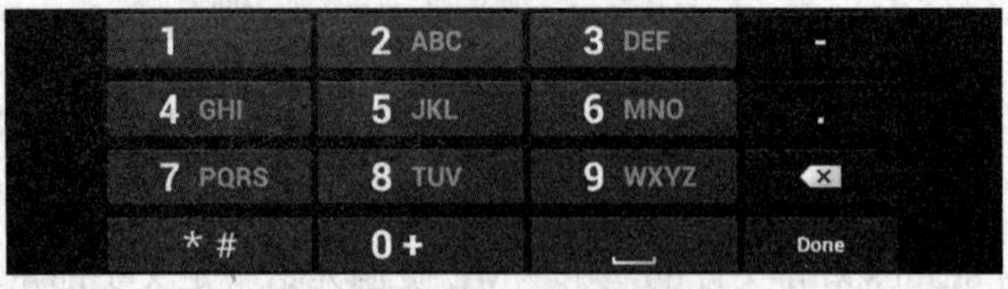

图 14-4 手机键盘

inputType 特性的其他值控制着键盘行为。例如，textPassword 允许任何输入，但是在文本域中只显示点。textMultiLine 值允许输入包含换行字符，并且当输入多行时能显示多行。textAutoCorrect 值使 Android 自动纠正输入中的常见拼写错误。

14.6.3 Button 元素

Android 的按钮元素与 HTML 的按钮元素类似。按钮的标签使用 text 特性指定。例如，考虑下面使用 XML 定义的按钮：

```
<Button android:id = "@+id/button_send"
        android:layout_width = "wrap_content"
        android:layout_height = "wrap_content"
        android:text = "@string/button_send" />
```

在本例中，res/values/strings.xml 文件的 resources 元素有一个子元素：

```
<string name = "button_send" > Send </string>
```

处理程序 button_send 在相关的活动代码文件中定义。

14.6.4 小部件的事件和事件处理程序

Android 小部件引发事件的方式与 HTML 中的一样。单击按钮的事件是 Click。该事件的处理程序可以用两种方式注册：标记或者代码。我们只讨论标记方法，这需要把处理程序的名称赋值给 Button 元素的 onClick 特性，如下所示：

```
<Button android:id = "@+id/button_send"
      ...
      android:onClick = "the_handler" />
```

如前所述，处理程序使用 Java 编写，并保存在与定义按钮(或其他控件)的 XML 文件相关的活动代码文件中。14.7 节将在一个示例中讨论处理程序。

14.7　示例应用程序

本节将带领读者学习开发一个简单的Android示例应用程序的过程。这里将介绍Eclipse的用法，以及应用程序的体系结构。示例应用程序的几乎全部代码和标记都由 Eclipse 生成。该示例应用程序是一个静态应用程序，它将显示一个 EditText 和一个 Button 视图，但是不响应应用程序用户与视图的交互。

启动 Eclipse 后，它会要求用户提供一个工作区目录。该目录包含与 Eclipse 中开发的应用程序相关的子目录。对于本章的示例，我们在自己用户的目录中创建一个工作区目录，命名为 workspace。

开发应用程序的第一步是启动 Eclipse，选择 File | New | Android Application Project。得到的窗口如图 14-5 所示。

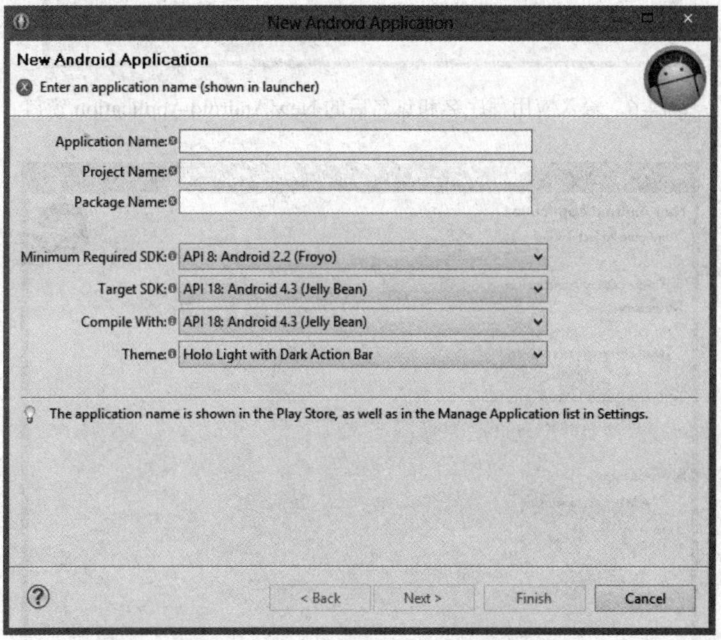

图 14-5　New Android Application 窗口

现在在 Application Name 域中输入应用程序名。我们选择使用 Simple1，它也将自动填入 Project Name 域。Package Name 将被隐式填充为 com.example.simple1。它只是一个占位符，所以应该加以修改。我们选择 com.myexample.simple1 作为包名。这个名称将用于应用程序中的 Java 代码的 Java 包。下方的 4 个域将用可以接受的默认值隐式填充。修改后的窗口如图 14-6 所示。

单击 New Android Application 窗口中的 Next 按钮，进入 Configure Project 窗口，如图 14-7 所示。

该窗口中的默认选项是可以接受的，所以再次单击 Next 按钮，进入 Configure Launcher Icon 窗口，如图 14-8 所示。

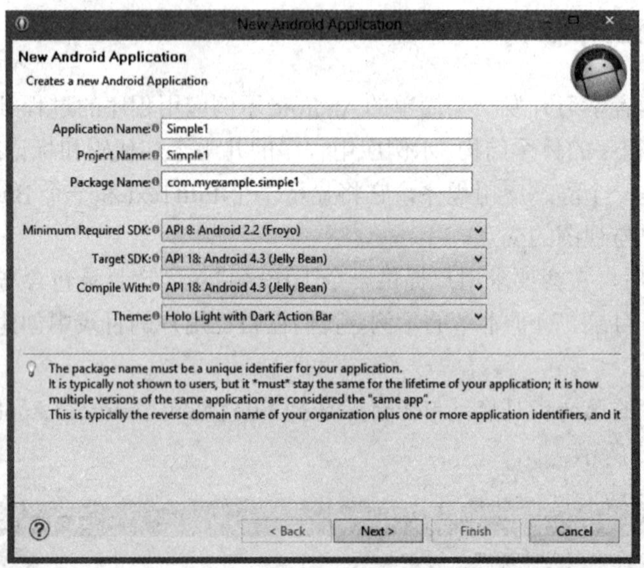

图 14-6　输入应用程序名和包名后的 New Android Application 窗口

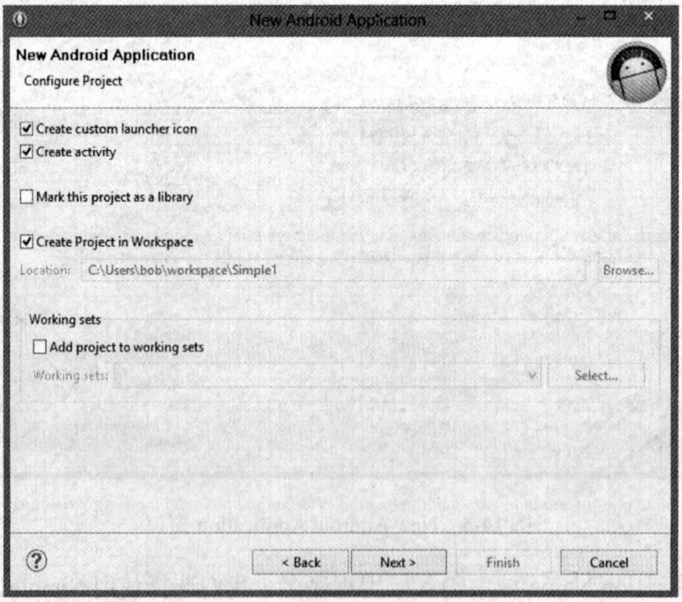

图 14-7　Configure Project 窗口

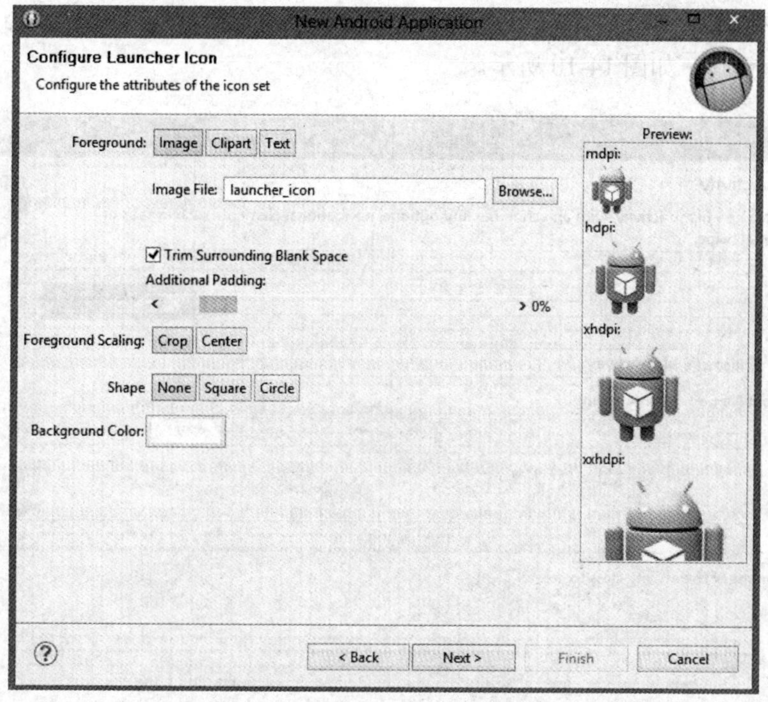

图 14-8　Configure Launcher Icon 窗口

同样，默认值不错，所以单击 Next 按钮，进入 Create Activity 窗口，如图 14-9 所示。

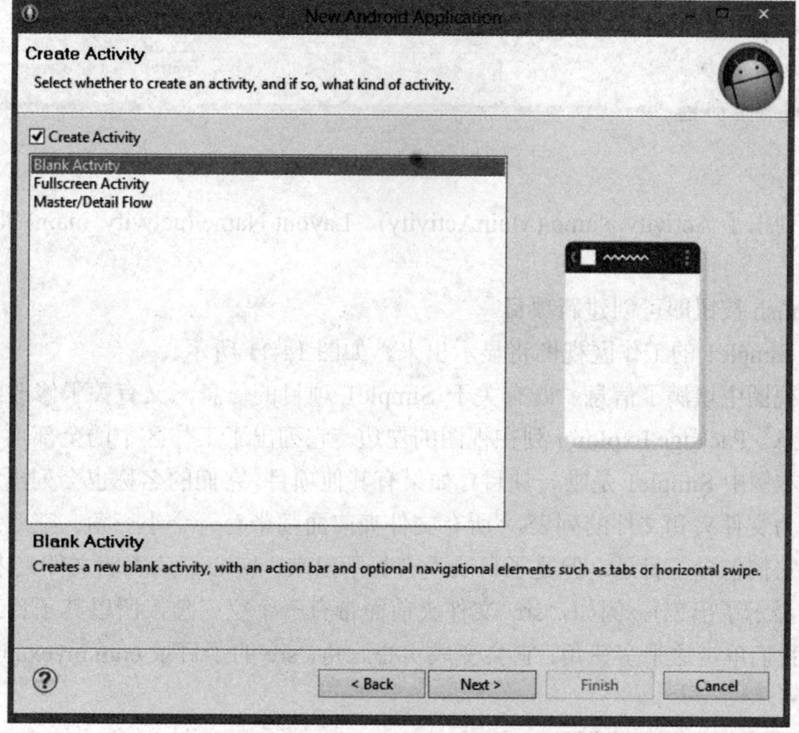

图 14-9　Create Activity 窗口

该窗口中预选了 Blank Activity，对于我们的示例来说很合适。单击 Next 按钮，进入 Blank Activity 窗口，如图 14-10 所示。

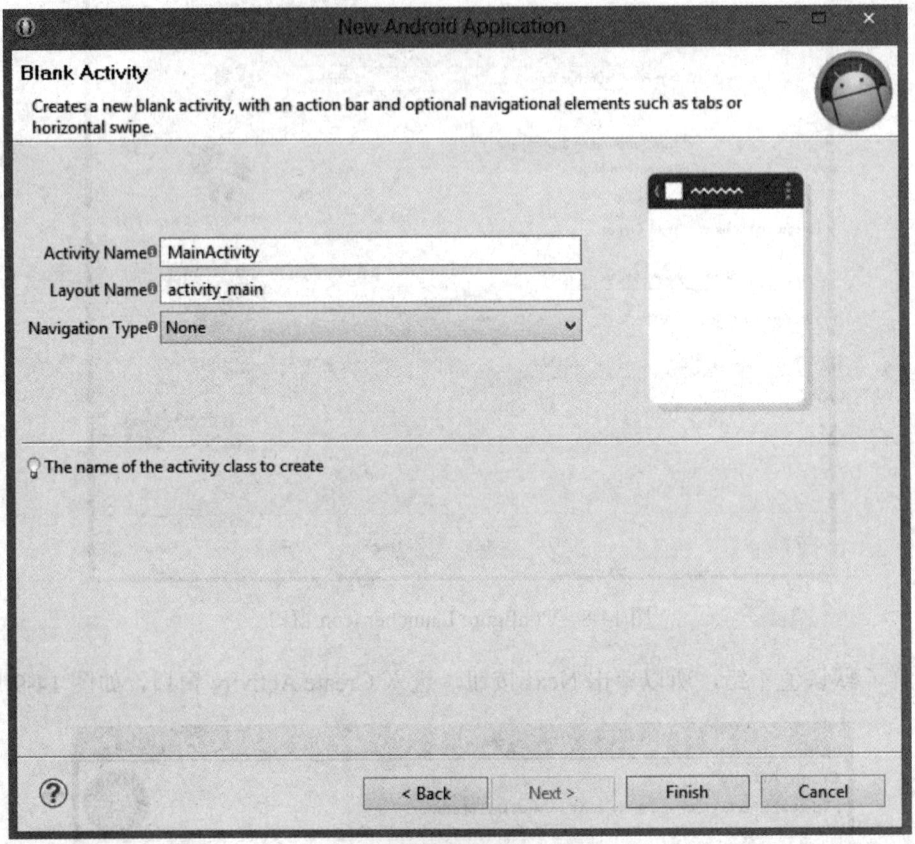

图 14-10　Blank Activity 窗口

该窗口列出了 Activity Name (MainActivity)、Layout Name (activity_main)和 Navigation Type (None)。

单击 Finish 按钮即可创建新项目。

新项目 Simple1 的工作区视图将显示出来，如图 14-11 所示。

工作区视图中填满了信息，既有关于 Simple1 项目的信息，又有关于修改或扩展项目的工具的信息。Package Explorer 列在视图的左边。它列出了工作区中的全部项目，其中包括 Simple1(本例中 Simple1 是唯一项目)。如果有其他项目，它们的名称也会列出来。Simple1 被部分展开为文件夹和文件的列表。[3]所有文件夹前面都带有一个小三角。空三角表示隐藏的名称，即它们包含子目录，但是子目录没有显示出来。实心三角表明文件夹未被隐藏(它们的子目录显示了出来)。例如，src 文件夹前面带有一个空三角，所以其子目录被隐藏了起来。如果我们单击这个空三角，它会变成实心三角，src 的子目录 com.myexample.simple1

3　如果只显示了带有项目名称的一行，则单击项目名称左侧的三角展开它。

将会显示出来。视图中间较大的部分最初显示的是 MainActivity.java。这段代码由框架提供，是大多数应用程序都需要的通用代码。

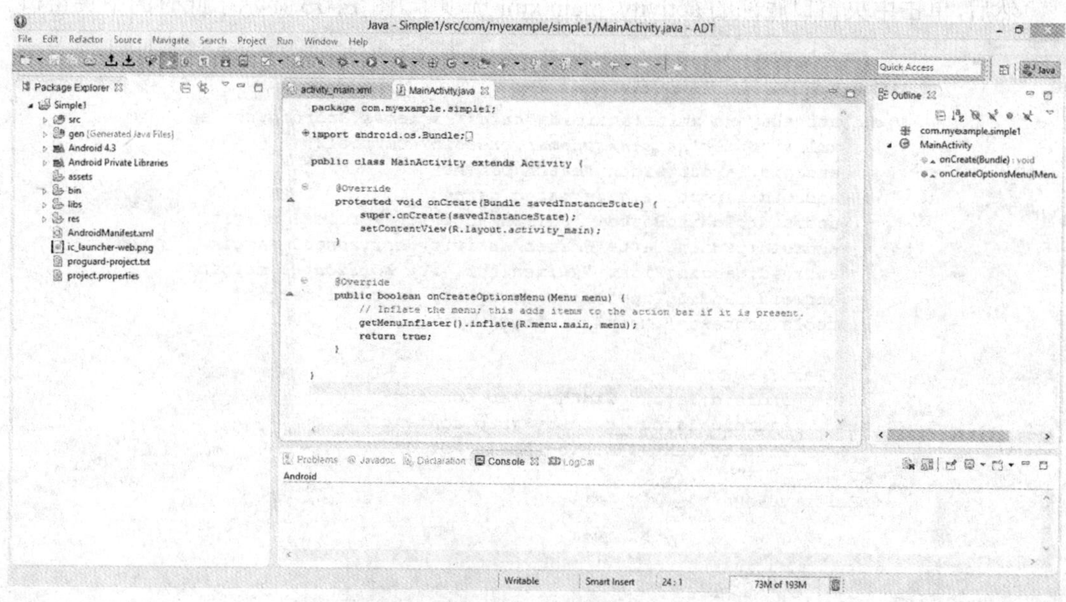

图 14-11　Simple1 的初始工作区视图

如果单击视图中央窗口顶部的 activity_main.xml 选项卡，会得到如图 14-12 所示的屏幕。

图 14-12　Simple1 的工作区视图，显示了 activity_main.xml 的图形布局

图 14-12 中间的窗口显示了模拟的运行应用程序的初始活动的结果。该窗口左侧是一个 Form Widgets 列，其中列出了众多可以拖放到图形布局屏幕上的小部件。在屏幕上放置

一个小部件后，创建该小部件所需的 XML 标记将被添加到相关的 XML 文件 activity_main.xml 中。

然后，单击中央窗口底部的 activity_main.xml 选项卡。图 14-13 显示了此时的中央窗口。

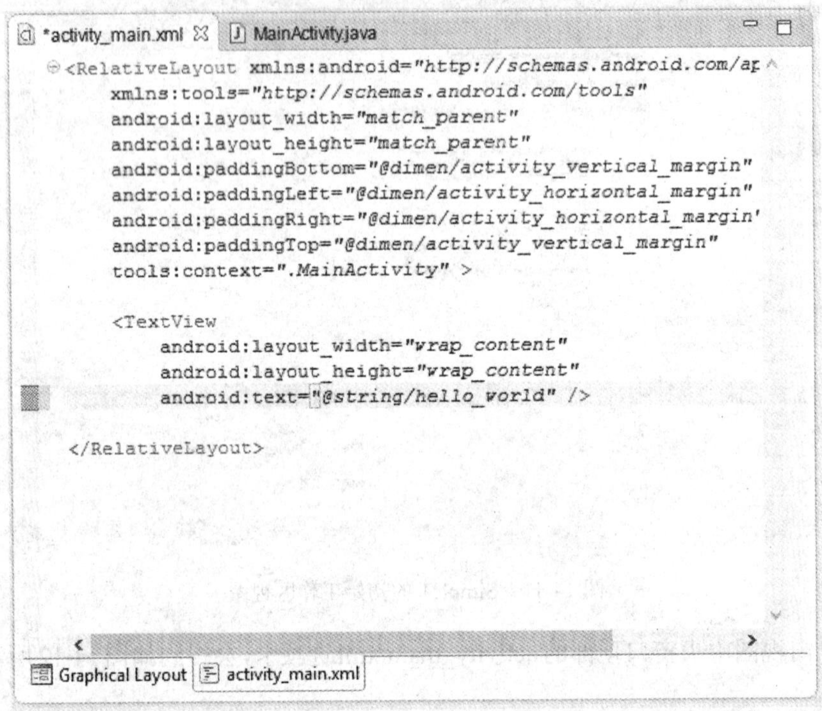

图 14-13　Simple1 的初始 activity_main.xml

注意 activity_main.xml 使用了 RelativeLayout 视图组。该元素包含相当长的一个属性列表。其内容是一个简单的 TextView 小部件，其中的文本是一个名为 hello_world 的引用字符串。实际的字符串放在 res/values/strings.xml 文件中，其值为“Hello World!”。与 MainActivity.java 一样，activity_main.xml 文件是由框架生成的。

如果我们想让应用程序显示 Happy New Year!，则可在 strings.xml 文件中对字符串做如下修改：

```
<string name = "new_year"> Happy New Year! </string>
```

然后，我们需要将 activity_main.xml 中的 TextView 元素引用的名称改为“@string/new_year”。

单击 MainActivity.java 将使中央窗口重新显示代码清单。MainActivity.java 演示了一个简单活动的代码。首先指定在创建项目时选择的包名。然后导入 android.os.Bundle，这是一个类，其对象存储了活动实例状态。它将被隐式传递给 onCreate 方法，然后被发送给父类的 onCreate 方法(通过调用 super.onCreate)来初始化活动的状态。onCreate 方法的第二行调用 setContentView，为其传递活动视图的 XML 描述，该描述在 R.layout.activity_main 中创建。setContentView 方法呈现与代码文件 activity_main.java 关联的 XML 文件 activity_main.xml，为用户生成视图。

R 类到底是什么？IDE 会创建一个 gen 文件夹，其中包含 IDE 生成的 Java 文件和类。R 就是其中一个生成类。其目的是允许 Java 代码访问 res 目录的 values 子目录中的资源，该目录中有三个文件：dimens.xml、strings.xml 和 styles.xml。前面提到过，hello_world 字符串就定义在 strings.xml 文件中。实际访问资源是通过 getResources 方法完成的。特定资源的地址为 R.type.resource_name。使用下面的声明，可把 new_year 字符串的值放到活动代码的一个 Java 变量中：

```
String helloWorld =
      this.getResources().getString(R.string.new_year);
```

要在一个具体的设备模拟器上运行我们的应用程序，首先必须创建该设备模拟器。为此，选择 Window | Android Virtual Device Manager。在显示的窗口中单击 New，得到的窗口如图 14-14 所示。

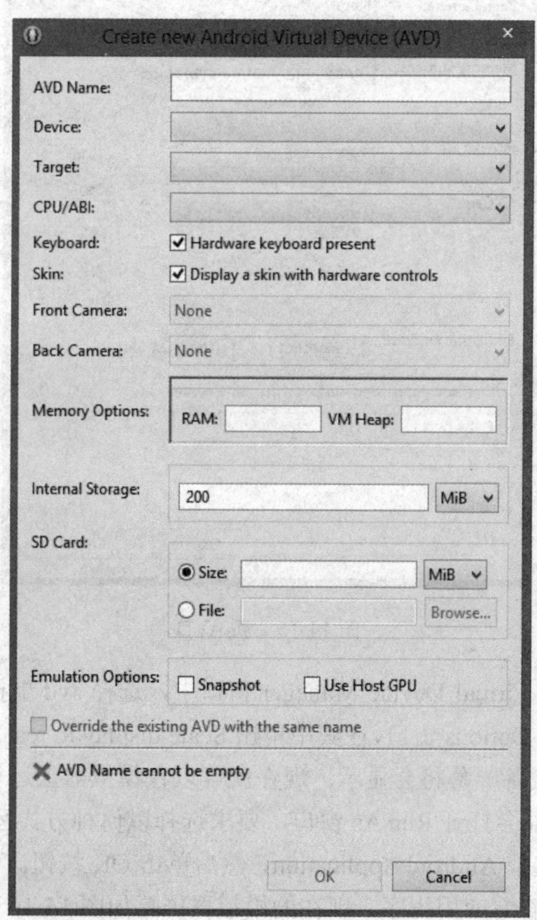

图 14-14　创建一个新的 Android 虚拟设备(AVD)

我们将 AVD 命名为 avd，从 Device 菜单中选择 5.1 英寸的 WVGA 设备，从 Target 菜单中选择 Android 4.3。然后，取消选择 Keyboard 复选框。这将迫使用户使用模拟器显示的键盘，而不是运行 Eclipse 的计算机所连接的键盘。然后，从菜单中选择 ARM(armeabi-v7a)处理器。对于简单的示例，这个选项无关紧要。其余选项保持不变。图 14-15 显示了做出这些选择后的窗口。

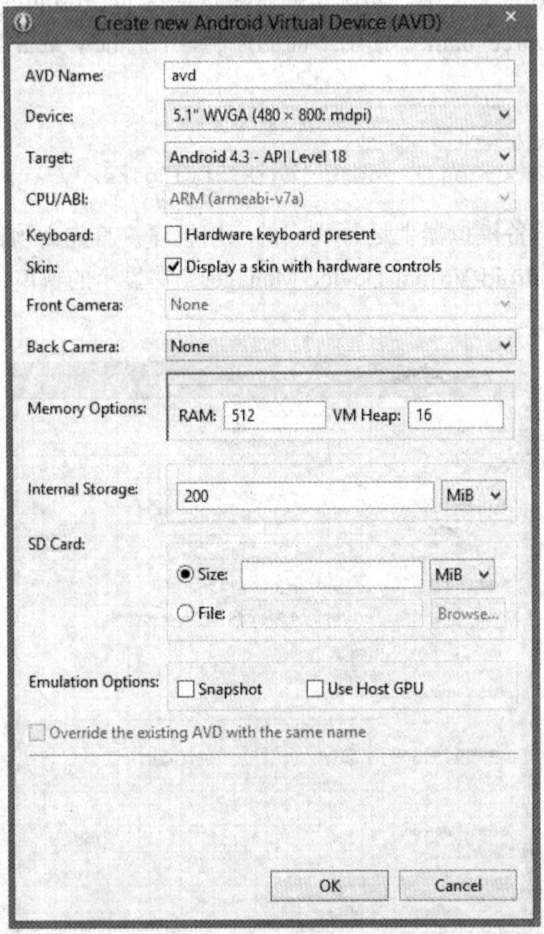

图 14-15　新 AVD

现在，在 Android Virtual Device Manager 窗口中，选择 avd 虚拟设备，然后单击 Start 按钮。这将打开 Launch Options 窗口，在其中单击 Scale display to real size，然后单击 Launch。一两分钟后，模拟的设备屏幕将会显示。现在就可以在模拟器上运行我们的应用程序了。选择 Run | Run，这可能会打开 Run As 窗口，要求选择以何种方式运行 Simple1 应用程序。如果显示该窗口，则选择 Android Application，然后单击 OK 按钮。可能需要单击模拟器屏幕上的 MENU 按钮来查看应用程序。现在的模拟器屏幕如图 14-16 所示。

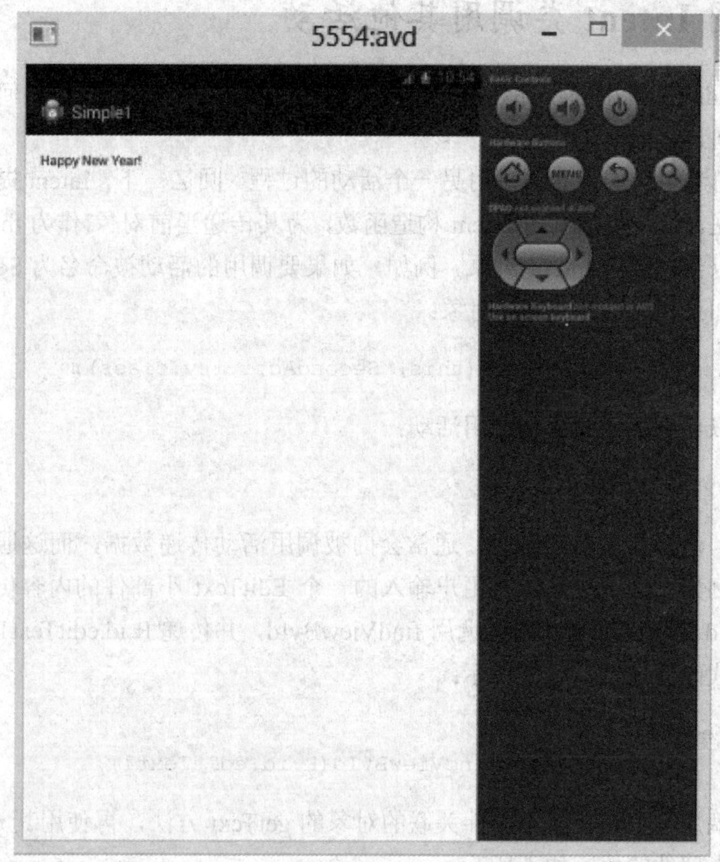

图 14-16　Simple1 应用程序的模拟器屏幕

创建一个模拟器后，运行任何应用程序都将隐式启动并使用该模拟器。

14.8　在 Android 设备上运行应用程序

要运行使用 Android/ADT 开发平台开发的应用程序，首先在运行 Android/ADT 的计算机上要有合适的驱动程序。对于 Windows 系统，可从 http://developer.android.com/sdk/win-usb.html 上获得一个驱动程序。对于 Mac OS X，驱动程序是系统的一部分。

将设备连接到计算机时，使用的连接线通常用于给设备充电，其一端有一个 USB 连接器，另一端用于连接设备。USB 端用于插入计算机上的 USB 接口。在 Windows 上，当设备连接到计算机时，会作为 Portable Media Player 出现在 Portable Devices 下。

下一步是打开设备上的 USB 调试功能。具体做法因设备而异。相关信息可在以下网址找到：http://developer.android.com/guide/developing/device.html。

当安装完驱动程序，将设备连接到计算机，并且打开设备上的 USB 调试后，就可以运行应用程序，结果就会显示在设备上。

14.9 使用 Intent 类调用其他活动

大多数 Android 应用程序都使用一个以上的活动构建。本节将介绍如何创建另一个活动，以及如何通过 intent 调用它。

首先，我们考虑从一个活动调用另一个活动的过程。回忆一下，intent 提供了在活动间进行通信的方法。第一步是调用 Intent 构造函数，为其传递当前对象(作为 this 引用)和被调用活动的类，以创建一个 Intent 对象。例如，如果要调用的活动被命名为 SecondActivity，那么可以使用如下代码创建 Intent 对象：

```
Intent intent = new Intent(this, SecondActivity.class);
```

然后，可以使用下面的语句调用活动：

```
startActivity(intent);
```

这很简单，但是在调用活动时，通常会向被调用活动传递数据，而这通常会是调用过程的一部分。例如，假设我们想将用户输入的一个 EditText 小部件的内容传递给活动。再假设小部件的 id 为 editText1。通过调用 findViewById，并传递 R.id.editText1 作为参数，可找到小部件的代码的地址，如下所示：

```
EditText editText =
              (EditText) findViewById(R.id.editText1);
```

现在，可调用与 EditText 小部件关联的对象的 getText 方法，再使用其 toString 方法，得到 EditText 小部件的值，如下所示：

```
String message = editText.getText().toString();
```

必须调用 toString 的原因是，getText 返回一个 Editable 类型，而我们需要的是 String 类型。现在就在 String 变量中保存了传递的消息。

接下来，需要把 message 的值添加到 intent 中。为了让被调用活动能够识别消息，我们在其前面加上一个常量字符串，指出它来自于此项目。为此，我们需要在调用活动 MainActivity 中定义该常量，这里将其命名为 EXTRA_MESSAGE，如下所示：

```
public final static String EXTRA_MESSAGE =
                  "com.myexample.interact.MESSAGE";
```

在这条语句中，interact 是应用程序的名称。

文本框的内容与这个常量字符串将由 putExtra 方法添加到 Intent 对象中，如下所示：

```
intent.putExtra(EXTRA_MESSAGE, message);
```

要从被调用活动获取消息，可以像在调用活动中那样创建一个 Intent 对象。然后使用 getStringExtra 方法，为其传递消息的名称 EXTRA_MESSAGE 作为参数，该名称附在调用活动名称后，如下所示：

```
Intent intent = getIntent();
```

```
String message =
    intent.getStringExtra(MainActivity.EXTRA_MESSAGE);
```

14.10　示例应用程序：第二个活动

本节将开发一个名为 interact 的新应用程序，以演示如何创建和使用第二个活动。该应用程序的初始活动询问用户的姓名。然后将输入的姓名发送给第二个活动，后者给出一个个性化的问候语，带有当前的日期和时间。

开发的第一部分是构建初始活动的视图，方式与创建 Simple1 应用程序时一样。有了新应用程序后，在工作区窗口中显示 XML 视图文件，从应用程序中删除 TextView 组件，得到的视图将产生一个空屏幕。

新视图将以线性布局构建，其 orientation 属性被设为"vertical"。在此布局中，有一个线性布局。嵌套的布局有一个 TextView 元素，用于为用户的姓名提供标签，还有一个 EditText 元素，用于收集用户的姓名。嵌套布局的下方是一个按钮，其标签为 Send，其处理程序将调用第二个活动，并向其传递 EditText 元素的值。

下面是为初始活动创建新视图文件所需的步骤：

(1) 最外层布局的开始标签使用如下 XML 指定：

```
<LinearLayout xmlns:android =
        "http://schemas.android.com/apk/res/android"
    android:layout_width = "match_parent"
    android:layout_height = "wrap_content"
    android:orientation = "vertical" >
```

(2) 嵌套的布局也是线性的。它的 layout_width 和 layout_height 的值相同，但是其 orientation 被设为 horizontal。该布局内的第一个元素是下面的 TextView 元素：

```
<TextView
    android:id="@+id/textView1"
    android:layout_width="wrap_content"
    android:layout_height="wrap_content"
    android:text="@string/your_name" />
```

该元素要求将 your_name 资源添加到 res/values/strings XML 文档中，其值为"Your name: "。

(3) 嵌套布局的第二个元素是下面的 EditText 元素：

```
<EditText
    android:id="@+id/editText1"
    android:layout_width="200dp"
    android:layout_height="wrap_content"
    android:layout_marginLeft="10dp"
    android:inputType = "text" />
```

对于此元素，layout_width 被设为适合姓名的一个大小。还设置了 layout_marginLeft，以分隔两个行元素。inputType 被设为 text，这会得到一个标准键盘。属性 layout_width 和 layout_marginLeft 的值的单位是 dp。dp 是密度无关的像素(Density-Independent Pixel)的缩写。在一个 160 dpi 的屏幕上，dp 的大小刚好与一个像素相同。如果屏幕支持一个不同的 dpi，那么设备将隐式缩放 dp。例如，在一个 320 dpi 的屏幕上，一个 dp 等于两个像素。因此，使用 dp 而不是像素是为了让显示结果保持相同，而不管它在什么密度的屏幕上进行显示。

Android 还为其他方向包含了边距属性：layout_marginRight、layout_marginTop 和 layout_marginBottom。

(4) 按钮视图的定义如下：

```
<Button
   android:id = "@+id/send_button"
   android:text = "@string/send_button"
   android:layout_width = "wrap_content"
   android:layout_height = "wrap_content"
   android:onClick = "sendMessage" />
```

该元素要求将名为 send_button 的字符串添加到 strings 文档中，其值为“Send”。

完整的 activity_main.xml 文档如下所示：

```
<LinearLayout xmlns:android=
            "http://schemas.android.com/apk/res/android"
   android:layout_width="match_parent"
   android:layout_height="wrap_content"
   android:orientation = "vertical" >
   <LinearLayout
      android:layout_width = "match_parent"
      android:layout_height = "wrap_content"
      android:orientation = "horizontal" >

      <TextView
         android:id="@+id/textView1"
         android:layout_width="wrap_content"
         android:layout_height="wrap_content"
         android:text="@string/your_name" />

      <EditText
         android:id="@+id/editText1"
         android:layout_width="200dp"
         android:layout_height="wrap_content"
         android:layout_marginLeft="10dp"
         android:inputType = "text" />
   </LinearLayout>

   <Button
      android:id = "@+id/send_button"
      android:text = "@string/send_button"
```

```
        android:layout_width = "wrap_content"
        android:layout_height = "wrap_content"
        android:onClick = "sendMessage" />
</LinearLayout>
```

在输入 Alison 后，模拟设备屏幕上的显示结果如图 14-17 所示。

图 14-17 模拟设备上显示的 activity_main.xml 视图

在有些时候，有必要使用代码而不是标记(通过在控件的标记定义中把处理程序的名称赋给事件的属性)来为控件注册处理程序。例如，如果控件是在运行时实例化的，那么必须在代码中完成注册。为此，必须创建一个事件侦听对象，并且必须使用一个 set-listener 方法把它赋给控件。例如，要为 id 为 mybutton 的按钮注册和定义一个处理程序，可以使用下面的代码：

```
Button button = (Button) findViewById(R.id.mybutton);
button.setOnClickListener(new View.OnClickListener() {
    public void onClick(View view) {
    ...
    }
});
```

这个应用程序的主活动相对简单。其主要任务是为按钮定义一个事件处理方法 sendMessage。该方法必须创建一个 Intent 对象来调用响应活动，并将 EditText 元素的文本内容作为消息发送给该响应活动。此外，它还必须把消息名定义为一个类变量。对于此活动，我们将字符串命名为 EXTRA_MESSAGE。

完整的 MainActivity.java 文件如下所示：

```
package com.myexample.interact;

import android.app.Activity;
import android.content.Intent;
```

```
import android.os.Bundle;
import android.view.Menu;
import android.view.View;
import android.widget.EditText;
import android.widget.ToggleButton;

public class MainActivity extends Activity {
    public final static String EXTRA_MESSAGE =
            "com.myexample.interact.MESSAGE";
    @Override
    protected void onCreate(Bundle savedInstanceState) {
            super.onCreate(savedInstanceState);
            setContentView(R.layout.activity_main);
    }

// The handler method for the Click event on the button
public void sendMessage(View view) {
            Intent intent =
                    new Intent(this, ResponseActivity.class);
            // Get the address of the object, editText1,
            // associated with the EditText element
            EditText editText =
                    (EditText) findViewById(R.id.editText1);

            // Get the content of the EditText element
                    String message = editText.getText().toString();

            // Create the intent to send the message and
            // send the message
            intent.putExtra(EXTRA_MESSAGE, message);
            startActivity(intent);
    }

    @Override
    public boolean onCreateOptionsMenu(Menu menu) {
            // Inflate the menu; this adds items to the
            // action bar if it is present.
            getMenuInflater().inflate(R.menu.main, menu);
            return true;
    }
}
```

下一步是创建第二个活动。具体步骤如下：

(1) 选择 File | New | Other | Android | Android Activity，然后单击 Next。

(2) 得到的屏幕中已经预选了 Blank Activity。单击 Next。

(3) 在 Blank Activity 屏幕中输入活动的名称和标题。在我们的示例中，将两者均设为 ResponseActivity。输入此活动的 Hierarchical Parent，即包名，后跟点号，然后是调用此活动的活动名。例如，com.myexample.Interact.MainActivity。

(4) 单击 Finish。

Java 文件 ResponseActivity.java 定义了 ResponseActivity 类，其中包含三个方法：onCreate、onCreateOptionsMenu 和 onOptionsItemSelected。我们的应用程序不需要 onCreateOptionsMenu，所以删掉它。onOptionsItemSelected 会被保留，但是一般不做修改。这个方法中包括一段注释，我们将其删掉。

初始的 ResponseActivity 类(由框架生成)包含一个方法和该方法的一个调用，用于处理动作栏。动作栏就是模拟器顶部的一个黑条，它显示了活动的图标和名称，右上角还有两个按钮。现在，我们不需要探讨或者修改动作栏，所以删除 setUpActionBar 及其调用。

得到的 ResponseActivity.java 类如下所示：

```
package com.myexample.interact;

import android.os.Bundle;

public class ResponseActivity extends Activity {

    @Override
    protected void onCreate(Bundle savedInstanceState) {
            super.onCreate(savedInstanceState);
            setContentView(R.layout.activity_response);
    }

    @Override
    public boolean onOptionsItemSelected(MenuItem item) {
            switch (item.getItemId()) {
            case android.R.id.home:
                    NavUtils.navigateUpFromSameTask(this);
                    return true;
            }
            return super.onOptionsItemSelected(item);
    }
}
```

下面的步骤将为上面的初始文件中的响应活动创建必要的代码文件：

(1) 使用下面的语句获得对两个 TextView 框的引用：

```
TextView greetBox =
                  (TextView) findViewByID(R.id.greeting);
TextView dayBox =
                (TextView) findViewByID(R.id.today);
```

把这两条语句添加到 ResponseActivity.java 后会产生错误，因为 TextView 类还未被导入。发生这种错误时，通过选择出错的语句，然后按下 Control-Shift-o，可让 Eclipse 添加必要的导入语句。注意，这段代码假定在视图文件中，两个 TextView 元素的 id 分别为 greetBox 和 dayBox。

(2) ResponseActivity 中接下来需要的代码是创建 Intent 对象，并获取 MainActivity 传递

的数据。对应的语句如下所示：

```
Intent intent = getIntent();
final String message =
    intent.getStringExtra(MainActivity.EXTRA_MESSAGE);
```

(3) 添加创建第一个响应行的代码，并把它放到主活动中用于问候语的 TextView 元素中。这段代码通过把字符串字面量连接到传递过来的数据，创建了响应字符串。语句如下所示：

```
String out =
  "Hello, " + message + ", it's nice to hear from you.";
```

通过调用与 TextView 元素关联的对象(其地址我们已在步骤(1)中获取，并放到了变量 greetBox 中)的 setText 方法，把该字符串放到调用活动用于问候语的 TextView 元素中。这条语句如下所示：

```
greetBox.setText(out);
```

(4) 添加创建第二个响应行的代码，并把它放到主活动中用于显示日期的 TextView 元素中。对于第二个响应行，我们需要获取日期和时间，把它们连接到一个字符串字面量标签，然后把结果放到响应视图中。Date 类的构造函数可把日期和时间作为整数返回。[4]为访问 Date 类，必须导入 java.util.Date。返回值必须被转换为日期和时间。为此，需要使用 DateFormat 类的 getDateTimeInstance 方法。为了访问 DateFormat，必须导入 java.text.DateFormat。getDateTimeInstance 类返回的对象有一个 format 方法。如果把 Date 对象发送给 format，得到的就是我们希望的结果：字符串形式的日期和时间。将其连接到一个标签，然后把结果发送给第二个 TextView 元素的 setText 方法。获得日期和时间以及构造结果字符串的语句如下所示：

```
String date =
    DateFormat.getDateTimeInstance().format(new Date());
String day = "Today is " + date;
```

与步骤(3)中一样，通过调用相关对象的 setText 方法把这个字符串放到了调用活动的 TextView 元素中，如下所示：

```
dayBox.setText(day);
```

完整的 ResponseActivity.java 清单如下所示：

```
package com.myexample.interact;

import java.text.DateFormat;
import java.util.Date;
```

4 返回值为 1970 年 1 月 1 日 12 a.m.以来经历的毫秒数。

```
import android.app.Activity;
import android.content.Intent;
import android.os.Bundle;
import android.support.v4.app.NavUtils;
import android.view.MenuItem;
import android.widget.TextView;

public class ResponseActivity extends Activity {

    @Override
    protected void onCreate(Bundle savedInstanceState) {
        super.onCreate(savedInstanceState);
        setContentView(R.layout.activity_response);

        // Get the TextView elements for the responses
        TextView greetBox = (TextView) findViewById (R.id.greeting);
        TextView dayBox = (TextView) findViewById(R.id.today);

        // Get the intent and its message
        Intent intent = getIntent();
        final String message =
                intent.getStringExtra(MainActivity. EXTRA_MESSAGE);

        // Build the first response line and place it in the response
        // view
        String out = "Hello, " + message +
                     ", it' s nice to hear from you.";
        greetBox.setText(out);

        // Build the second response line and place it in the response
        // view
        String date = DateFormat.getDateTimeInstance().format(
                    new Date());
        String day = "Today is " + date;
        dayBox.setText(day);
    }
    @Override
    public boolean onOptionsItemSelected(MenuItem item) {
        switch (item.getItemId()) {
        case android.R.id.home:
            NavUtils.navigateUpFromSameTask(this);
            return true;
        }
        return super.onOptionsItemSelected(item);
    }
}
```

最后，我们创建响应活动的视图文件。第一步是删除显示通常的 Hello World 消息的 TextView 元素。现在，文档显示一个空白屏幕。

响应视图文件只需要两个 TextView 元素，分别用于响应显示中的两行，所以我们添加它们。这两个元素的 id 必须分别为 dayBox 和 greetBox，因为活动代码文件中使用这两个 id 来引用它们。对于视图文件，这就完成了所有工作。

图 14-18 显示了单击 Send 按钮时，Interact 的响应。

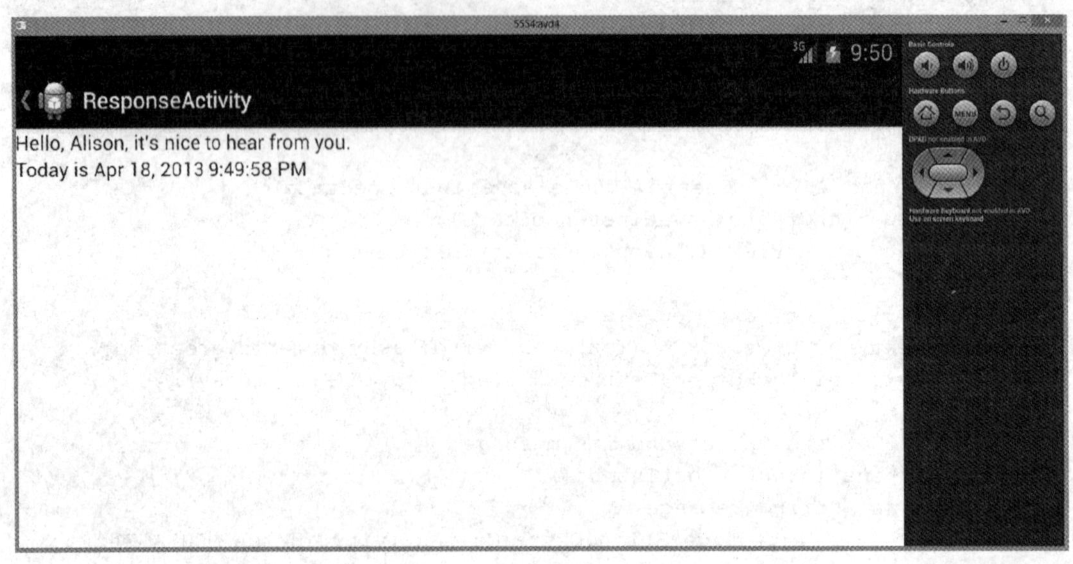

图 14-18 执行后，ResponseActivity 视图的显示结果

14.11 更多小部件

本节将讨论几种比较常用的小部件，但是无法介绍全部预定义的小部件。另外，开发人员也可以自定义小部件。

14.11.1 ToggleButton

开关按钮有两种：传统开关按钮与 switch 开关按钮。传统开关按钮有两种状态：打开和关闭。每次单击都将反转其状态。switch 开关按钮也有两种状态，打开和关闭，但是滑动到右侧时为打开，滑动到左侧时为关闭。switch 开关按钮是在 Android 4.0 (API level 14) 中引入的，所以之前的版本不支持它们。

使用 ToggleButton XML 元素可创建传统开关按钮，该元素与 Button 元素类似。下面是传统开关按钮的一个例子：

```
<ToggleButton
    android:id = "@+id/togbutton"
    android:layout_width = "wrap_content"
    android:layout_height = "wrap_content"
    android:textOn = "Vibration mode on"
    android:textOff = "Vibration mode off"
    android:onClick = "onToggleClicked" />
```

textOn 和 textOff 特性分别提供了按钮处于打开和关闭时显示的文本。开关按钮的初始状态为关闭。

处理 onToggleClicked 事件要比处理普通的按钮更加复杂。首先，处理程序将一个局部布尔变量的值设为 ToggleButton 对象的 isChecked 方法的返回值，该返回值以一个 View 对象的形式作为参数传递给处理程序。然后，使用一个选择结构在切换到打开状态和关闭状态的动作之间进行选择。下面是一个示例处理程序的框架：

```
public void onToggleClicked(View view) {
    boolean on = ((ToggleButton) view).isChecked();
    if (on) {
        // Actions for when the toggle is turned on
    } else {
        // Actions for when the toggle is turned off
    }
```

14.11.2 Checkbox

复选框是使用 CheckBox XML 元素创建的。每个复选框单独管理，因此必须单独注册一个事件处理程序。下面是两个 CheckBox 元素：

```
<CheckBox
    android:id = "@+id/checkbox_tomatoes"
    android:layout_width = "wrap_content"
    android:layout_height = "wrap_content"
    android:text = "@string/tomatoes"
    android:onClick = "checkbox_handler" />
<CheckBox
    android:id = "@+id/checkbox_anchovies"
    android:layout_width = "wrap_content"
    android:layout_height = "wrap_content"
    android:text = "@string/anchovies"
    android:onClick = "checkbox_handler" />
```

注意，这两个复选框都把名称 checkbox_handler 赋值给它们的 onClick 特性。处理程序使用一个 switch 语句来选择被单击的复选框。与开关按钮处理程序一样，复选框处理程序首先将一个局部布尔变量的值设为参数的 isChecked 方法的返回值。下面是这些复选框的处理程序框架：

```
public void checkbox_handler(View view) {
   boolean checked = ((CheckBox) view).isChecked();

   switch(view.getID()) {
      case R.id.checkbox_tomatoes:
         if (checked)
            // Put tomatoes on the pizza
         else
            // Hold the tomatoes
         break;
```

```
        case R.id.checkbox_anchovies:
            if (checked)
                // Put anchovies on the pizza
            else
                // Hold the anchovies
            break;
    }
}
```

14.11.3 RadioButton

RadioButton 元素必须嵌套在 RadioGroup 元素中。除此之外，它们与复选框十分类似。下面是一组单选按钮的示例，其中包含 3 个单选按钮：

```
<RadioGroup
    xmlns:android =
            http://schemas.android.com/apk/res/android
    android:layout_width = "fill_parent"
    android:layout_height = "wrap_content"
    android:orientation = "vertical" >
    <RadioButton
        android:id = "@+id/ageUnder35"
        android:layout_width = "wrap_content"
        android:layout_height = "wrap_content"
        android:text = "@string/under35"
        android:onClick = "radiohandler" />

    <RadioButton
        android:id = "@+id/agebet3560"
        android:layout_width = "wrap_content"
        android:layout_height = "wrap_content"
        android:text = "@string/bet3560"
        android:onClick = "radiohandler" />

    <RadioButton
        android:id = "@+id/ageover60"
        android:layout_width = "wrap_content"
        android:layout_height = "wrap_content"
        android:text = "@string/over60"
        android:onClick = "radiohandler" />
</RadioGroup>
```

这些单选按钮的处理程序与 14.11.2 节中复选框的处理程序十分类似。

```
public void radiohandler(View view) {
    boolean checked = ((RadioButton) view).isChecked();

    switch(view.getID()) {
        case R.id.ageunder35:
            if (checked)
```

```
            // Actions for younger folks
        break;
    case R.id.agebet3560:
        if (checked)
            // Actions for middle age folks
        break;
    case R.id.ageover60:
        if (checked)
            // Actions for older folks
        break;
    }
}
```

14.12 处理列表

本节将讨论处理应用程序中的动态信息列表所需的元素和动作。

14.12.1 ListView 视图组

ListView 视图组用于显示信息列表。用于构造 ListView 的 XML 的语法形式与构造线性布局元素的 XML 区别不大。必须赋值的特性很少：需要有一个 id，以便在代码中引用该结构；另外还需要有 layout_width 和 layout_height。例如，下面是一个空 ListView 元素的简单示例：

```
<ListView
    android:id = "@+id/aList"
    android:layout_width = "match_parent"
    android:layout_height = "wrap_content" />
```

如果 ListView 的部分或者全部内容是静态的，那么可以把这部分内容初始化到一个数组中，并把该数组绑定到 ListView 元素。如果 ListView 是完全静态的，那么该数组可以是一个 Array 对象。如果 ListView 的长度是可变的，那么必须为数组使用 ArrayList 对象。

把数组绑定到 ListView 元素的操作是使用一个 ArrayAdapter 对象完成的。通过调用 ArrayAdapter 对象的构造函数可创建该对象，这构造函数接受 3 个参数。第一个参数是一个活动对象，适配器就在该活动对象中创建；可以使用 this 指定这个对象。第二个参数为列表中的项指定了一个预定义的布局(在 R.layout 中指定)，不过 simple_list_item_1 这样的名称没什么用。第三个参数是存储了列表项的数组。例如，可以有如下所示的代码：

```
final ArrayAdapter<String> adaptr;
adaptr = new ArrayAdapter<String> (
        this,
        android.R.layout.simple_list_item_1,
        listHolidays);
```

把数组实际绑定到 ListView 元素的工作是使用 ListView 的 setAdapter 方法指定的。因此，如果 ListView 是 aList，那么下面的语句将完成绑定：

```
aList.setAdapter(adaptr);
```

14.12.2 一个使用 ListView 和 ArrayAdapter 的示例

本节开发的应用程序将显示一个购物单，以及一个文本框和两个按钮。其中，一个按钮用于在列表中添加新项，另一个按钮用于清空列表。

与前面一样，我们首先创建一个新项目，这里命名为 groceryList。首先把主视图改为 LinearLayout，然后删除 TextView 元素。然后添加一个 ListView 元素和一个嵌套的 LinearLayout，其中包含一个 EditText 元素和用于添加新项与清空整个列表的两个按钮。得到的文档如下所示：

```
<LinearLayout
xmlns:android="http://schemas.android.com/apk/res/android"
   android:layout_width="match_parent"
   android:layout_height="match_parent"
   android:orientation = "vertical" >

   <ListView
      android:id = "@+id/myList"
      android:layout_width="match_parent"
      android:layout_height="wrap_content" />

   <LinearLayout
      android:layout_width = "fill_parent"
      android:layout_height = "match_parent"
      android:layout_marginTop = "20dp"
      android:orientation = "horizontal" >

      <EditText
         android:id = "@+id/newItem"
         android:layout_width = "200dp"
         android:layout_height = "wrap_content"
         android:hint = "@string/new_list_item" />

      <Button
         android:id = "@+id/addIt"
         android:layout_width = "wrap_content"
         android:layout_height = "wrap_content"
         android:layout_marginLeft = "10dp"
         android:text = "@string/add_item"
         android:onClick = "addItem" />

      <Button
         android:id = "@+id/clear"
         android:layout_width = "wrap_content"
         android:layout_height = "wrap_content"
         android:layout_marginLeft = "10dp"
         android:text = "@string/clear_list"
         android:onClick = "clearList" />
```

```
    </LinearLayout>
</LinearLayout>
```

因为我们在视图标记的 EditText 元素的 hint 特性中包含了一个名为 new_list_item 的字符串，所以需要在 string.xml 文件中添加如下字符串：

```
<string name = "new_list_item">New list item</string>
```

第一个按钮的 text 特性被设为字符串 add_item。为此，在 strings.xml 文件中添加下面的字符串：

```
<string name = "add_item">Add item</string>
```

第二个按钮的 text 特性被设为字符串 clear_list，所以在 strings.xml 中添加下面的字符串：

```
<string name = "clear_list">Clear list</string>
```

图 14-19 显示了 groceryList 的视图显示结果。

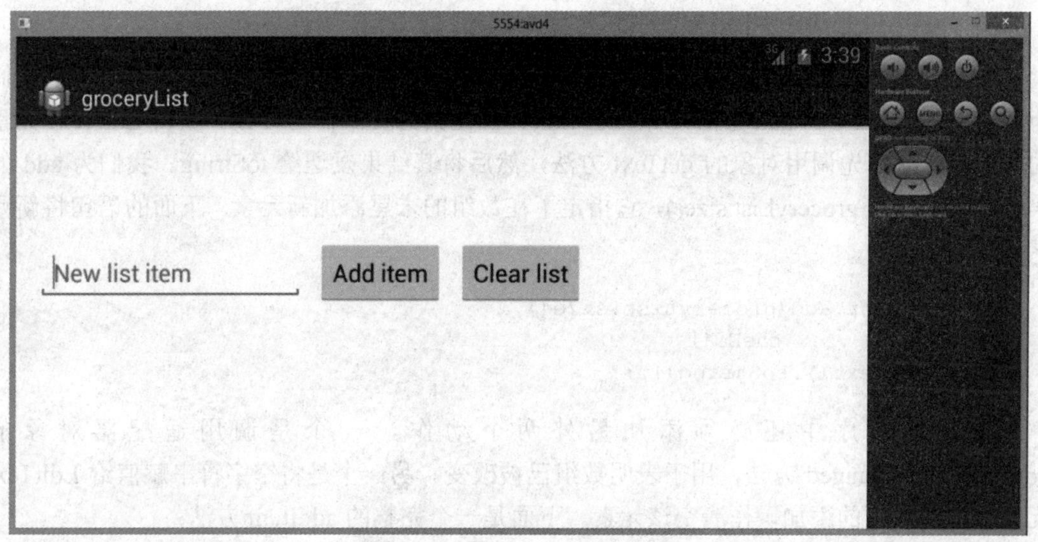

图 14-19　groceryList 的初始视图

接下来，我们对初始活动代码文件做必要的修改，并添加必要的内容。具体操作步骤如下：

(1) 必须在 MainActivity 类中添加一些声明。声明必须是类级而不是方法级，因为 onCreate、addItem(第一个按钮的 onClick 处理程序)和 clearList(第二个按钮的 onClick 处理程序)都需要它们。首先，我们必须声明引用 ListView 和 EditText 元素的变量，这可以用下面的语句完成：

```
ListView theListView;
EditText theEditText;
```

(2) 接下来添加声明购物单的数组，以及一个引用数组适配器的变量，如下所示：

```
ArrayList<String> groceryList = new ArrayList<String>();
ArrayAdapter<String> adaptr;
```

(3) 我们需要获得与视图文件中的 ListView 和 EditText 元素关联的对象的地址。通过调用 findViewById，将变量 theListView 和 theEditText 设为各自的地址，如下所示：

```
theListView = (ListView)findViewById(R.id,myList);
theEditText = (EditText)findViewById(R.id.newItem);
```

(4) 接下来必须实例化数组适配器。为此，在 onCreate 中添加一条调用数组适配器的构造函数来实例化其对象的语句，以及一条设置适配器，使其关联到数组视图对象的语句。如下所示：

```
adaptr = new ArrayAdapter<String>(
        this,
        android.R.layout.simple_list_item_1,
        groceryList);
theListView.setAdapter(adaptr);
```

(5) 最后，必须编写按钮的事件处理程序。第一个按钮在列表中添加新项，所以我们为其调用 ArrayList 的 add 方法，并发送 EditText 元素的文本作为参数。获得 EditText 元素的文本的方法是先调用对象的 getText 方法，然后将其结果发送给 toString。我们为 add 的第一个参数使用 groceryList.size()，它指定了在数组的末尾添加新元素。下面的语句将新元素插入到数组中：

```
groceryList.add(groceryList.size(),
                theEdit
Text.getText().toString());
```

在处理程序中还必须添加另外两个动作，一个是调用适配器对象的 notifyDataSetChanged 方法，用于表明数组已被改变。另一个是将空字符串赋值给 EditText 元素以便为后面的添加操作清空该元素。下面是一个完整的 addItem 方法：

```
public void addItem(View view) {
    groceryList.add(groceryList.size(),
                theEditText.getText().toString();
    adaptr.notifyDataSetChanged();
    theEditText.setText("");
}
```

第二个按钮也需要一个处理程序。该方法的操作很简单，它必须清空 groceryList，这是通过调用其 clear 方法完成的。同样，必须调用适配器的 notifyDataSetChanged 方法。下面是完整的 clearList 方法：

```
public void clearList(View view) {
    groceryList.clear();
```

```
    adaptr.notifyDataSetChanged();
}
```

下面是完整的 MainActivity 文件的清单：

```
// MainActivity class for the groceryList project
package com.myexample.grocerylist;

import java.util.ArrayList;
import android.app.Activity;
import android.os.Bundle;
import android.view.Menu;
import android.view.View;
import android.widget.ArrayAdapter;
import android.widget.EditText;
import android.widget.ListView;

public class MainActivity extends Activity {
      ListView theListView;
      EditText theEditText;
      final ArrayList<String> groceryList =
                  new ArrayList<String>();
      ArrayAdapter<String> adaptr;

      @Override
      protected void onCreate(Bundle savedInstanceState) {
         super.onCreate(savedInstanceState);
         setContentView(R.layout.activity_main);

         // Set the references to the ListView and EditText
         //  elements
         theListView = (ListView)findViewById(R.id.myList);
         theEditText = (EditText)findViewById(R.id.newItem);

         // Set the array adapter for groceryList
         adaptr = new ArrayAdapter<String>(
               this,
               android.R.layout.simple_list_item_1,
               groceryList);
         theListView.setAdapter(adaptr);
      }

      // addItem event handler - adds the text form theEditText box
      //  to groceryList
      public void addItem(View view) {
         groceryList.add(groceryList.size(),
                        theEditText.getText().toString());
         adaptr.notifyDataSetChanged();
         theEditText.setText("");
      }
```

```
        // clearList event handler - clears groceryList
        public void clearList(View view) {
            groceryList.clear();
            adaptr.notifyDataSetChanged();
        }

        @Override
        public boolean onCreateOptionsMenu(Menu menu) {
               getMenuInflater().inflate(R.menu.main, menu);
               return true;
        }

} // End of MainActivity
```

14.13 数据持久化

由于在两次使用 groceryList 应用程序之间不会保存列表，所以这个应用程序的实用性有限。每次有一个非 groceryList 应用程序运行时，列表就会丢失。因此，只有设备上不会运行其他应用程序，并且设备也不会被关闭时，该应用程序才有用。而且，要想作为有用的应用程序，该应用程序必须仅在一个设备上运行。

在引用的几次执行之间有几种方法可以持久化数据。最简单的方法是共享首选项，它可存储基本类型的数据。对于更复杂的数据，可以使用文件。最后，可以创建关系数据库来存储数据。此时可以使用 Android 包含的 SQLite。本节将介绍共享首选项。

为了使用共享首选项方法来持久化数据，第一步是创建一个 SharedPreferences 对象。这是通过调用 PreferenceManager 对象的 getDefaultSharedPreferences 方法完成的。该方法将收到当前活动的上下文 this。例如，

```
SharedPreferences prefs =
      PreferenceManager.getDefaultSharedPreferenes(this);
```

然后，将调用新的 SharedPreferences 对象的 edit 方法得到的返回值赋值给 SharedPreferences.Editor 类的引用变量，以创建一个 Editor 对象。例如，可以使用下面的语句：

```
SharedPreferences.Editor edit = prefs.edit();
```

现在，就可以通过调用 edit 引用的对象的某个 puttype 方法来存储基本类型的数据，例如 putString 或 putFloat。这些方法接受两个参数：一个常量保存标识符和要保存的值。保存标识符可以是开发人员希望的任何标识符。要获取值，就必须使用保存该值时使用的保存标识符。因此，如果使用保存标识符 MYSAVINGS 来保存一个值，就必须使用保存标识符 MYSAVINGS 来获取该值。使用共享首选项写入数据后，必须调用 editor 对象的 commit 方法来完成保存。

使用共享首选项保存和还原数据的代码分别放在两个重写的方法 onPause 和 onResume 中。每当应用程序停止执行，无论原因是什么，都会隐式调用 onPause 方法。类似地，每

当应用程序开始执行，无论原因是什么，都会隐式调用 onResume。

我们重写 onPause 方法，在其中包含创建 SharedPreferences 和 Editor 对象的代码，并写入要保存的数据。然后，我们重写 onResume 方法来创建用于获取数据的两个对象。

要持久化 groceryList 项目中的列表，有一个问题：要保存的数据不是基本类型的数据，而是一个 ArrayList 对象。因此，要使用共享首选项保存列表，我们必须在保存时将它转换为基本数据，在获取时将它转换回 ArrayList。实际上，我们将把 ArrayList 转换成 StringBuilder 对象，然后再转换成字符串，在每个字符串元素之间加入一个冒号。下面的语句完成了这些操作：

```
StringBuilder bigString = new StringBuilder();
for (int i = 0; i < groceryList.size(); i++) {
    bigString.append(
       new StringBuilder(groceryList.get(i)).
                      append(new StringBuilder(":"));
}
```

执行这段代码后，bitString 就是由 groceryList 中的所有字符串构成的一个字符串。

获取字符串时，将把它分割为一个字符串数组，然后将该数组的每个元素添加到 ArrayList 对象 groceryList 中，通过这种方法把字符串转换为一个 ArrayList。这可以用下面的语句完成：

```
String bigString =
    new String (PreferenceManager.
            getDefaultSharedPreferences(

            getBaseContext()).getString("SAVELIST", ""));
            String[] strings = bigString.split(":");
            for (int i = 0; i < strings.length; i++) {
                   groceryList.add(strings[i]);
            }
```

完整的 MainActivity 类如下所示：

```
// MainActivity class for the groceryList project
package com.myexample.grocerylist;

import java.util.ArrayList;
import android.app.Activity;
import android.content.SharedPreferences;
import android.os.Bundle;
import android.preference.PreferenceManager;
import android.view.Menu;
import android.view.View;
import android.widget.ArrayAdapter;
import android.widget.EditText;
import android.widget.ListView;
```

```
public class MainActivity extends Activity {
        ListView theListView;
        EditText theEditText;
        ArrayList<String> groceryList =
                       new ArrayList<String>();
        ArrayAdapter<String> adaptr;

        @Override
        protected void onCreate(Bundle savedInstanceState) {
                super.onCreate(savedInstanceState);
                setContentView(R.layout.activity_main);

                // Set the references to the ListView and EditText
                    elements
                theListView = (ListView)findViewById(R.id.myList);
                theEditText = (EditText)findViewById(R.id.newItem);

                // Set the array adapter for groceryList
                adaptr = new ArrayAdapter<String>(
                        this,
                        android.R.layout.simple_list_item_1,
                        groceryList);
                theListView.setAdapter(adaptr);
        }

        // addItem event handler - adds the text from theEditText box
        // to groceryList
        public void addItem(View view) {
            groceryList.add(groceryList.size(), theEditText.getText().
                                                 toString());
            adaptr.notifyDataSetChanged();
              theEditText.setText("");
        }

        // clearList event handler = clears groceryList
        // and the SharedPreference that saves it
        public void clearList(View view) {
                groceryList.clear();
                SharedPreferences prefs =
                        PreferenceManager.getDefaultSharedPreferences(
                                this);
                SharedPreferences.Editor edit = prefs.edit();
                edit.clear();
                edit.commit();
                adaptr.notifyDataSetChanged();
        }

        // onPause - overrides the default onPause
        //         Creates a SharedPreference object and an Editor
        //         object, builds a string of the groceryList
```

```
                elements,
    //          and saves the string as a preference
    @Override
    public void onPause() {
            super.onPause();
            SharedPreferences prefs =
                    PreferenceManager.getDefaultSharedPreferences(
                            this);
            SharedPreferences.Editor edit = prefs.edit();
            StringBuilder bigString = new StringBuilder();
            for (int i = 0; i < groceryList.size(); i++) {
              bigString.append(
                  new StringBuilder(groceryList.get(i))).append(
                  new StringBuilder(":"));
            }
            edit.putString("SAVELIST", bigString.toString());
            edit.commit();
    }

    // onResume - overrides the default onResume
    //         Fetches the shared preference saved string,
                       splits
    //         it into items and rebuilds groceryList from them
    @Override
    public void onResume() {
        super.onResume();
          String bigString =
            new String (PreferenceManager.
                  getDefaultSharedPreferences(
                          this).getString("SAVELIST", ""));
          String[] strings = bigString.split(":");
          for (int i = 0; i < strings.length; i++) {
                  groceryList.add(strings[i]);
          }
    }

    // onCreateOptionsMenu - Inflate the menu; this adds items
          to the
    // action bar if it is present.
    @Override
    public boolean onCreateOptionsMenu(Menu menu) {
            getMenuInflater().inflate(R.menu.main, menu);
            return true;
    }
} // End of MainActivity
```

14.14 调试应用程序

调试 Android 应用程序与调试非 Web 应用程序不同。这项任务与调试其他生成动态文档的 Web 应用程序相关。生成应用程序的中间输出这个问题把调试这类应用程序与调试非 Web 应用程序区分开。这种输出可帮助确定程序中发生错误的位置。在 Android 应用程序中，可通过在 XML 视图文件中添加 TextView 元素，然后使用 Java 代码把期望的输出放到这些元素中，来生成这种中间输出。

然而，与大多数 IDE 一样，有一种更简单、更加强大的方法来找出应用程序中的错误，这就是 IDE 中集成的调试器。安装了 Android ADT 插件的 Eclipse 也不例外，它包含一个强大的集成调试器。

要在该调试器中运行 Android 应用程序，可在工作区左侧的 Package Explorer 中右击应用程序的名称，然后选择 Debug As | Android Application。这将启动应用程序，并打开一个稍有不同的显示屏幕，叫做调试器屏幕。在该屏幕的右上角有两个按钮，Java 和 Debug。如果打开的调试器中按下了 Java 按钮，则屏幕的大部分内容与在调试器外运行应用程序时相同。此时，单击 Debug 按钮可进入调试器屏幕。对于 groceryList 应用程序，初始调试器屏幕如图 14-20 所示。

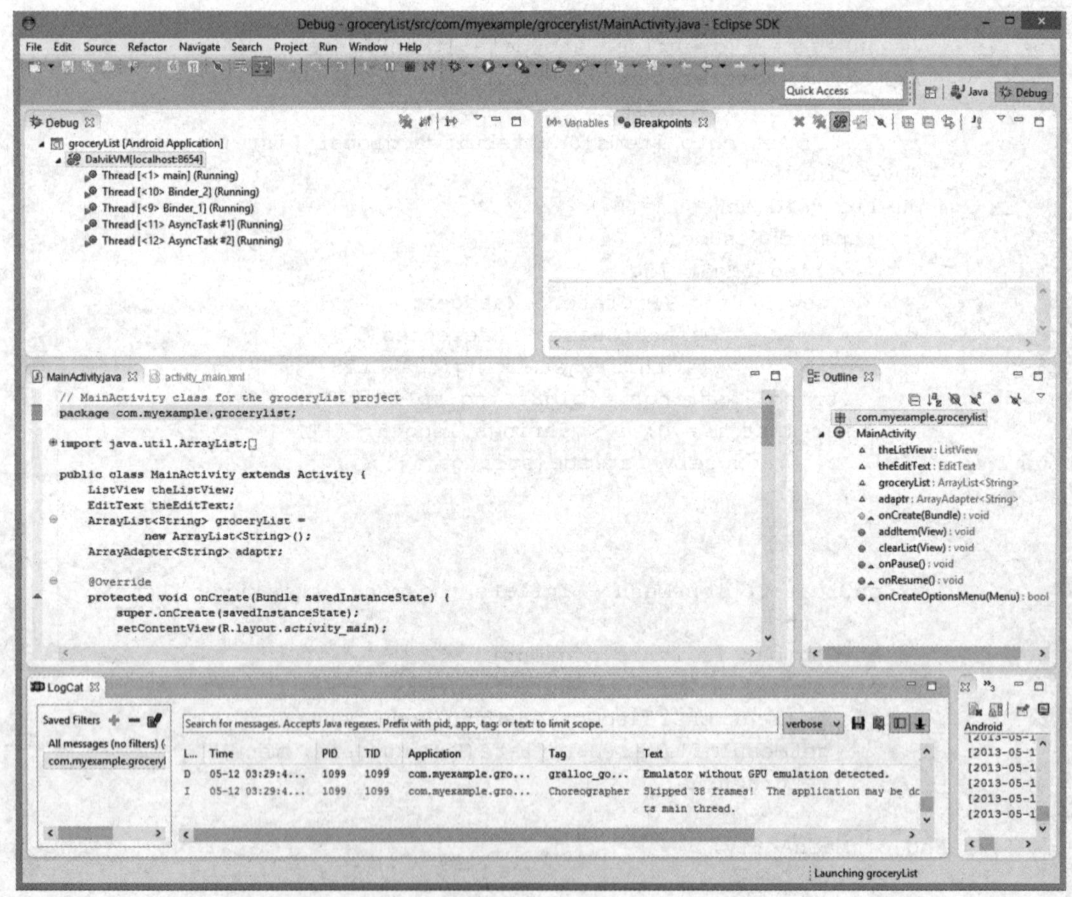

图 14-20　groceryList 的初始调试器屏幕

断点是最基本的调试工具。在调试器屏幕上，通过把光标放到活动中某行的最左边，然后右击，可以设置断点。在右击打开的小菜单中，第一项是 Toggle Breakpoint。选择此项将在该行语句的左端放置一个断点。假定选择的行是一条可执行语句，那么会出现一个蓝色圆圈，指出断点的位置。通过右击蓝色圆圈，并选择 Toggle Breakpoint，可以删除一个断点。

通常，当到达一个断点时，开发人员会检查活动的一些变量值，以确定计算状态。通过把光标置于变量名上即可查看其值。这会打开一个小窗口，显示变量的类型和当前值。如果变量是一个数组或者集合，还会显示元素数目。

当到达一个断点或者其他代码中自然停止的位置(如，活动在等待用户交互)，那么可以通过调试器顶部的 4 个按钮，或者用户键盘上的 F5、F6、F7 和 F8 按键来控制执行。因为找到这些 F 键更加容易，所以我们将介绍它们的用途。按下 F5 键将执行当前行。然后执行进入下一行的开始位置并等待。按下 F6 键也会执行当前行，但是如果该行是方法调用，则整个方法也将执行，之后执行进入调用的下一行的开始位置并等待。按下 F7 键将完全执行当前的方法，控制将停留在方法的调用语句后的第一条语句位置。按下 F8 键将一直执行语句，直到遇到代码中的下一个断点。

14.15　本章小结

第一款支持 Web 访问的智能手机是 Blackberry，于 2003 年上市。之后，有数百家公司开始生产和销售智能手机，功能也越来越强大。当前的智能手机主要运行 4 种不同的软件系统之一：Apple iOS、Android、Windows Phone 或 Blackberry。其中，Android 是最流行的系统。当前的多数平板电脑也使用这些软件系统。

生成 Android 应用程序最常见的方法是使用 Eclipse IDE，它会用到 JDK、Android SDK 和 ADT 插件。

Android 应用程序的 3 个最基本的组件是活动、intent 和视图。活动用 Java 编写，intent 用于在活动之间通信，视图则是与活动关联的标记文件，用 XML 编写。当设备用户请求时，活动开始执行。活动的生命周期由系统调用的一组回调方法控制。在最终被 Android 销毁(以便为其他优先级更高的应用程序提供内存)或者由于设备关闭而被销毁之前，活动的状态可以在活动、暂停或停止之间多次变化。开发人员可以重写生命周期方法，以便在生命周期中加入额外的处理。

视图组用于在屏幕上排列视图，其中最常用的视图组是 LinearLayout。LinearLayout 元素的 orientation 特性指定了其子元素的排列方向。TextView 元素用于显示静态文本。TextView 元素的字面量文本通常在 string.xml 文件中定义，在元素中引用。EditText 元素用于收集用户的文本输入。inputType 特性用于指定输入文本的形式，取值可以为 text、textEmailAddress、textUri、number 或 phone。Button 元素的用法与 HTML 中的元素相似。

视图的事件处理程序可以在代码或者标记中注册，就像在 HTML 中一样，其中标记方法是 Android 中的首选方法。

当创建新应用程序时，通常会隐式包含活动的 onCreate 生命周期方法的一个框架版本，通常需要修改该版本。它最基本的用途是初始化活动的状态并显示活动的视图。

Android 包含一个设备管理器，可用于为多种 Android 设备创建模拟器。模拟器也用于开发和测试 Android 应用程序。

通过将 this 和新活动的类发送给 Intent 构造函数，可以创建一个 Intent 对象来调用活动。字符串数据作为附加到消息名称的消息发送给被调用的活动，消息名称是作为一个静态字符串字面量创建的。消息被附加到消息名称，然后用 Intent 对象的 putExtra 方法发送出去。

密度无关的像素用于在视图中指定距离。使用它们是因为它们会根据设备显示屏的密度隐式缩放。

开关按钮是有两个状态的开关，作为 ToggleButton 元素创建。复选框和单选按钮与 HTML 中对应的控件类似。

ListView 组是一个视图容器，用于显示数组或集合中的值。要把一个数组连接到一个 ListView 元素，需要实例化并使用一个 ArrayAdapter 对象。

在应用程序的几次执行之间，持久化基本类型数据的最简单的方法是使用共享首选项。活动可以在 onPause 方法中存储数据，在 onResume 方法中还原数据。

Android ADT 插件提供了一个调试器，它带有常用功能，如断点、控制执行的按钮以及显示程序变量值。

14.16 复习题

1. 简要描述 Android 应用程序的 3 种基本组件。
2. Android 基于什么操作系统的内核？
3. 在活动的哪个或哪些状态，用户能与活动交互？
4. onRestart 方法使活动从哪个状态进入哪个状态？
5. 视图组的作用是什么？
6. TextView 元素的作用是什么？
7. 在 TextView 元素中，layout_width 特性的 wrap_content 值有什么作用？
8. TextView 元素的 text 特性值如何引用 res/values 目录下的 strings.xml 文件中名为 label1 的字符串字面量？
9. EditText 元素的作用是什么？
10. 当 EditText 元素的 inputType 特性被设为 textEmailAddress 时显示的键盘与标准键盘有什么区别？
11. 为什么在 Java 文件中引用 R 类？
12. 要引用与名为 et 的 EditText 元素关联的 Java 对象，应该使用什么方法？其参数是什么？
13. EditText 对象的 getText 方法返回的对象的类是什么？
14. 用普通像素来解释密度无关的像素。
15. 当使用 Intent 构造函数来调用另一个活动时，其构造函数的参数是什么？

16. 使用什么方法来调用另一个活动？其参数是什么？
17. 使用 Intent 类的哪个方法来把消息附加到活动的调用？
18. 使用 Intent 类的哪个方法在被调用活动中获取消息？
19. ToggleButton 元素的 textOff 特性的作用是什么？
20. 为什么复选框元素必须有一个 id 特性？
21. 单选按钮元素必须嵌套在什么元素内？
22. ListView 元素的作用是什么？
23. ArrayAdapter 对象的作用是什么？
24. 在两次使用应用程序之间，使用共享首选项方法保存数据的主要局限是什么？
25. 获取共享首选项数据的代码放到哪个方法中？
26. 在调试器中运行应用程序时，如何显示变量的值？
27. 在调试器中，如何在代码文件的一条语句上设置断点？

14.17　练习题

1. 构建一个应用程序，请求用户在两个 EditText 框中各输入一个整数。应用程序中必须包含 4 个按钮，分别用于 4 种算术运算：加法、减法、乘法和除法。单击按钮时，应用程序将对输入的数字执行对应的运算并显示结果。当选择的运算是除法时，应用程序必须测试第二个整数是否为 0。如果是除法，并且第二个操作数是 0，则显示一条错误消息。此应用程序只能有一个活动。

2. 修改练习 1 中的应用程序，使用第二个活动进行运算并显示结果。

3. 修改 groceryList 应用程序，添加删除一个列表项的操作，其内容由用户在 EditText 框中输入。如果输入的文本不在列表中，则显示一条错误消息。

4. 构建一个应用程序，为用户显示一条简单的非个性化的问候语。应用程序必须统计它的运行次数，并在每次执行时显示该数字。在运行应用程序之间，必须使用共享首选项来存储该数字。

第 15 章

Ruby 简介

本书主要关注 Ruby 在 Web 软件开发框架 Rails 中的使用。除用于 Rails 外，Ruby 也是一种十分有趣和实用的语言。本章简要讲述 Ruby，包括很多重要概念和结构，但对语言的很多细节内容并不做介绍。虽然篇幅很短，但对于经验丰富的程序员，尤其是精通面向对象编程的开发人员来说，学习本章后完全可以编写实用的 Ruby 程序。而且在学完本章和下一章后，你将有机会成为真正的 Rails 开发人员。但要注意 Ruby 在本质上与 C++、Java 和 C#等传统语言并不相同，首先是语法不同，其次 Ruby 是一种解释性脚本语言。如果你需要了解更多的内容，可参阅几本专门讨论 Ruby 的书籍，另外 www.ruby-lang.org 网站上也包含了关于此语言的大量信息。

本章首先描述 Ruby 的背景知识、标量数据类型及其在表达式和赋值语句中的使用。接下来介绍 Ruby 中可用的控制表达式和控制结构集合。然后讨论 Ruby 的两种内置数据结构，即数组和散列。之后介绍一些方法以及如何定义和调用这些方法。接下来介绍类的一些细节信息。最后讲述代码块、迭代器和模式匹配。虽然只用一章的篇幅来介绍 Ruby 的重要内容，但不要误以为这是一门微不足道的简单语言。

15.1 Ruby 的起源与用途

第 1 章曾提到过，Ruby 是在日本由 Yukihiro Matsumoto(别名 Matz)设计的，并于 1996 年予以发布。最初设计 Ruby 是因为 Matz 发现 Perl 和 Python 语言无法满足他的要求，所以设计了 Ruby 来取代这两种语言。几年以后，Ruby 在日本的使用得到快速增长，并传播到世界各地。Rails 是用 Ruby 编写并使用 Ruby 的一种 Web 应用开发框架。该框架的广泛应用进一步刺激了 Ruby 语言的使用。可能最常见的就是将 Ruby 用于 Rails。

要掌握 Ruby，比较容易的办法是从它的实现方法——纯解释——入手。在 Ruby 中，不需要围绕某种简单逻辑学习并编写样板代码层，而可以只编写这个简单逻辑，并请求解释。例如，考虑用如 C++或 Java 语言编写的完整的 Hello World 程序与用 Ruby 编写的 Hello World 程序之间的差别：

```
puts "Hello , World"
```

Ruby 的正则表达式和隐含变量来自于 Perl，而在执行期间可以改变的对象来自于 JavaScript。但 Ruby 与这些语言的差别要大于与它们的相似之处。例如，与在纯面向对象语言中一样，Ruby 中的每个数据值都是一个对象，无论它是一个简单的整型字面量还是一个完整的文件系统。

Ruby 可用于各种常见的计算平台。而且与 PHP 一样，Ruby 实现也是免费的。

15.2 标量类型及其操作

Ruby 中有三类数据类型——标量、数组和散列，其中最常用的类型是标量类型，本节讨论标量类型的重要特征。标量类型有两类，即数值与字符串。

前面已提到过，Ruby 中的数值字面量和数组甚至类都是对象。虽然这种设计方式比 Java 和 C++的混合类型设计要合理得多，但人们更习惯使用 Java 和 C++。

15.2.1 数值与字符串字面量

在 Ruby 中，所有数值数据类型都是 Numeric 类的子类。Numeric 的直接子类是 Float 和 Integer。Integer 类有两个子类 Fixnum 和 Bignum。

对应于机器字范围的整型字面量是 Fixnum 对象，机器字通常是 32 比特。超出 Fixnum 范围的整型字面量是 Bignum 对象。除受计算机内存大小的限制之外，对整型字面量的长度没有限制，这在程序设计语言中显得有些不同寻常。如果 Fixnum 整数的增长超出了 Fixnum 对象的大小限制，则会被强制转换为 Bignum 对象。同样，如果对 Bignum 对象的操作导致了符合 Fixnum 对象的值，则它会被强制转换为 Fixnum 类型。

包含小数点或者后面有指数的数值字面量是 Float 对象，这种对象被存储为机器级的双精度浮点类型。小数点必须嵌入，也就是说，小数点的前面和后面至少必须有一个数字。因此，.435 在 Ruby 中不是一个合法的字面量。

所有字符串字面量都是 String 对象，是表示字符的字节序列。Ruby 的字符串字面量包括单引号和双引号两种类别。在单引号字符串字面量中，转义序列不起作用，如\n 不表示换行符。如果在一个由单引号分隔的字符串字面量中需要使用单引号字符本身的话，则插入的单引号前需要加一个反斜杠。如下例所示：

```
'I\'ll meet you at O\'Malleys'
```

如果在一个单引号字符串字面量中嵌入转义序列，则转义序列中的每个字符采用其字面含义。例如，下面这个字符串字面量中的\n 是作为\和 n 两个字符来处理的：

```
'Some apples are red, \n some are green'
```

双引号字符串字面量与单引号字符串字面量有两点不同：第一，双引号字符串可以包含用转义序列指定的特殊字符；第二，变量名的值可以插入到双引号字符串中，这就意味着它们的值可以替代变量名。在这里先讨论第一点，第二点将在 15.2.2 节中讨论。

很多情况下，需要在字符串字面量中使用由转义序列指定的特殊字符。例如，要表示一行由制表符隔开的单词，可在双引号字符串中嵌入表示制表符的转义序列，如下所示：

```
"Runs \t Hits \t Errors"
```

在双引号字符串字面量中可以用反斜杠加一个双引号来表示双引号本身。

可以用' '或" "来表示空字符串(不包含任何字符的字符串)。

15.2.2 变量和赋值语句

Ruby 中的命名约定有助于标识不同的变量类别。目前我们只涉及局部变量[1]。需要的时候再解释其他命名约定。

变量名的格式是以一个小写字母或一个下划线开头，后面跟任意数量的大写字母、小写字母、数字或者下划线。变量名中的字母区分大小写，这意味着 fRIZZY、frizzy、frIzZy 以及 friZZy 是完全不同的变量名。但按照约定，程序员自定义的变量名不包括大写字母。

前面曾提到，双引号字符串字面量可以包含变量值。事实上，执行任何 Ruby 代码得到的结果都可以包含在双引号字符串字面量中。具体做法是将代码用大括号括起来，并在左大括号前面加一个“#”符号。例如：

```
"Tuesday's high temperature was #{tue_high}"
```

如果 tue_high 的值是 83，则此字符串具有下面的值：

```
"Tuesday's high temperature was 83"
```

同样，如果 price 的值为 1.65，quantity 的值为 6，那么字符串：

```
"The cost of our apple order is $#{price * quantity}"
```

的值是：

```
"The cost of our apple order is $9.90"
```

因为 Ruby 是一种纯面向对象的程序设计语言，所以它的变量都是对对象的引用。这与 C++和 Java 等传统语言形成了鲜明对比，C++和 Java 等传统语言有两种变量类别，一种是基本变量，一种用来引用对象。在 Ruby 中，任何数据值都是对象，因此它只需要引用。因为在 Ruby 中引用是没有类型的，所以声明它们就没有意义。事实上，在 Ruby 中也无法显式地声明变量。未被程序赋值的标量变量具有值 nil。

Ruby 中的常量常根据名称与变量相区分，常量总是以大写字母开头。常量创建于它被赋值之时，赋值语句可以是任何常量表达式。在 Ruby 中，可为常量赋一个新值，但这种做法会导致向用户发出警告消息。

Ruby 包含一些预定义的(或者说隐含的)变量。隐含标量变量的名称以美元符号开头。

---

1 局部变量既不是类，也不是实例变量。它的作用域就是直接包含它的块、方法定义、类定义、模块定义或者顶级程序。

隐含变量名的其他字符经常只是一个特殊字符，如下划线(_)、声调符号(^)或反斜杠(\)。本章及下一章会用到这样一些隐含变量。

Ruby 的赋值语句与从 C 语言派生的那些程序设计语言中的赋值语句完全相同。唯一需要记住的是，Ruby 的变量都是无类型的引用。赋值语句中所赋的是对象的地址。

15.2.3 数值运算符

Ruby 中的大多数数值运算符与其他常用程序设计语言中的数值运算符是相似的，因此大多数读者应该很熟悉它们。其中有二元运算符+(加)、-(减)、*(乘)、/(除)、**(指数运算)以及%(取模运算)。取模运算符定义为：x % y，其结果是 x 除以 y 之后所产生的余数。如果用一个整数除以另一个整数，则只进行整数除法。因此，3/2 的结果是 1。

一种语言的数值操作优先规则会规定，对于一个表达式中的两个拥有不同优先级的运算符，当二者仅由一个操作数隔开时，哪一个运算操作先进行。而一种语言的结合规则会规定，当两个运算符优先级相同时，哪一个运算先进行。表 15-1 中列出了数值运算符的优先规则和结合规则。

表 15-1 数值运算符的优先规则和结合规则

运 算 符	结 合 规 则
**	从右至左
+、-(一元运算)	从右至左
*、/、%	从左至右
+、-(二元运算)	从左至右

表中运算符的优先级自上而下递减。

需要注意，Ruby 并不包括基于 C 的所有语言中都有的递增(++)和递减(--)运算符。

Ruby 包含 Math 模块，该模块包含基本的三角转换和超越函数，包括 cos(余弦)、sin(正弦)、log(对数)和 sqrt(平方根)。要引用 Math 模块的这些方法，需要在它们的名称前面加上前缀 Math.，例如，Math.sin(x)。这些方法的参数只有一个，它可以是任何数值类型，这些方法都返回一个 Float 类型的值。

Ruby 实现中包含一个交互式解释器，它对学习 Ruby 的学生非常实用。人们通过它输入任何 Ruby 表达式，都会立即得到响应。此交互式解释器的名称是 Interactive Ruby，其首字母缩写 IRB 的小写形式是支持它的程序的名称。进入包含 Ruby 解释器的目录下，在命令提示符后面简单输入 irb，就可以运行 irb 了。例如，如果命令提示符是一个百分号(%)，则可以输入：

```
% irb
```

irb 将用它自己的提示符进行响应，如下所示：

```
irb(main):001:0>
```

在此提示符下可以输入任何 Ruby 表达式或语句。irb 解释表达式或语句，并在=>符号后面给出返回值。例如：

```
irb(main):001:0> 17 * 3
=> 51
irb(main):002:0>
```

该默认提示符很长，要改变它很容易。我们更喜欢采用简单的">>"作为提示符。使用如下命令就可以改变默认提示符：

```
irb(main):002:0> conf.prompt_i = ">>"
```

本章后面将使用这个简单的提示符。

15.2.4　String 类的方法

Ruby 中的 String 类包含至少 75 种方法，本节描述其中的一些方法。这些方法有很多可以当作运算符来使用。事实上，有时称它们为运算符，即使它们都是方法。

用于字符串连接的 String 方法用加号(+)来表示，它可以用作二元运算符。此方法根据其操作数生成一个新的字符串。如下所示。

```
>> "Happy" + " " + "Holidays!"
=> "Happy Holidays!"
```

可以使用<<方法将一个字符串追加到另一个字符串的末尾，当然，这只在左边操作数是一个变量时才有意义。与“+”一样，“<<”方法也可以用作二元运算符。例如：

```
>> mystr = "G'day,"
=> "G'day,"
>> mystr << "mate"
=> "G'day, mate"
```

上面的第一条赋值语句生成特定的字符串字面量，并将变量 mystr 设置为对此内存位置的引用。如果将 mystr 赋值给另一个变量，则此变量将引用与 mystr 相同的内存位置。例如：

```
>> mystr = "Wow!"
=> "Wow!"
>> yourstr = mystr
=> "Wow!"
>> yourstr
=> "Wow!"
```

现在 mystr 和 yourstr 引用同一内存位置，即存储字符串"Wow! "的位置。如果将一个不同的字符串字面量赋值给 mystr，则 Ruby 会构建一个具有新字符串字面量值的内存位置，且 mystr 会引用此位置。但 yourstr 仍将引用包含"Wow! "的位置。例如：

```
>> mystr = "Wow!"
=> "Wow!"
```

```
>> yourstr = mystr
=> "Wow!"
>> mystr = "What?"
=> "What?"
>> yourstr
=> "Wow!"
```

如果要改变 mystr 引用的位置的值，又要使 mystr 引用同一内存位置，则可以使用 replace 方法。例如下面的交互代码：

```
>> mystr = "Wow!"
=> "Wow!"
>> yourstr = mystr
=> "Wow!"
>> mystr.replace("Golly!")
=> "Golly!"
>> mystr
=> "Golly!"
>> yourstr
=> "Golly!"
```

现在 mystr 和 yourstr 仍引用同一内存位置。

也可以使用+=赋值运算符完成追加操作，因此，可以用 mystr += "mate"来替代 mystr << "mate"。

下面几个段落将介绍其他字符串函数，这些函数也改变字符串值，但受影响的变量会保持引用同一内存位置。

Ruby 中其他一些最常用的 String 方法与其他编程语言相似，表 15-2 所示的这些常用方法都可以创建新的字符串。

表 15-2　一些常用的 String 方法

方　法	操　作
capitalize	将第一个字母转换为大写字母，其余字母转换为小写字母
chop	删除最后一个字符
chomp	删除结尾处的换行符(如果有的话)
upcase	将对象中的所有小写字母转换为大写字母
downcase	将对象中的所有大写字母转换为小写字母
strip	删除两端的空格
lstrip	删除左端的空格
rstrip	删除右端的空格
reverse	反转字符串中的字符
swapcase	将所有大写字母转换为小写字母，所有小写字母转换为大写字母

如前所述，所有这些方法都会产生新字符串，而不是修改给定的字符串。但所有这些方法都有修改其对象的版本，这些方法称为 bang 或 mutator 方法，表示方法是在其名称后面加一个感叹号(!)。为了说明字符串方法与相应 bang 方法之间的区别，考虑如下过程：

```
>> str = "Frank"
=> "Frank"
>> str.upcase
=> "FRANK"
>> str
=> "Frank"
>> str.upcase!
=> "FRANK"
>> str
=> "FRANK"
```

注意在执行 upcase 之后，str 的值未改变(仍是"Frank")，但执行 upcase!之后，str 的值却改变了(变为"FRANK")。

可以为 Ruby 字符串编写下标，这有点像数组。正如所料，下标从 0 开始。此方法的方括号指定一种获取方法(getter)。这一获取方法返回的是 ASCII 码(作为 Fixnum 对象)，而不是字符。要得到字符，则必须调用 chr 方法。考虑如下示例：

```
>> str = "Shelley"
=> "Shelley"
>> str[1]
=> 104
>> str[1].chr
=> "h"
```

如果使用负数下标，则从右边开始计算位置。

要访问一个字符串的多字符子字符串，可在方括号中包含两个数，在此情况下，第一个数是子字符串的第一个字符的位置，第二个数是子字符串中的字符个数。但与单字符引用不同，在此情况下，返回值是一个字符串，而不是一个数值。例如：

```
>> str = "Shelley"
=> "Shelley"
>> str[2,4]
=> "elle"
```

也可以对个别字符使用子字符串 getter 方法来得到相应的一个字符，而不必调用 chr 方法。

可以用 setter 方法[]=来设置字符串的特定字符。例如：

```
>> str = "Donald"
=> "Donald"
>> str[3,3] = "nie"
=> "nie"
>> str
=> "Donnie"
```

比较字符串是否相等的常用方式是使用==方法作为运算符。例如：

```
>> "snowstorm" == "snowstorm"
=> true
>> "snowie" == "snowy"
=> false
```

可以使用 equal?方法测试一种不同的相等意义，此方法可以确定其参数所引用的对象与所发送的对象是否为同一对象。例如：

```
>> "snowstorm".equal?("snowstorm")
=> false
```

比较结果是 false，因为虽然两个字符串字面量的内容相同，但它们是不同的对象。

还可以用 eql?方法来测试相等的另一种含义。如果此方法的接收者对象和它的参数具有相同的类型和相同的值，则返回 true。例如，下例说明了一个相等实例和一个不相等实例：

```
>> 7 == 7.0
=> true
>> 7.eql?(7.0)
=> false
```

为便于排序，Ruby 提供了<=>运算符。如果第二个操作数大于第一个操作数，则返回－1；如果两个操作数相等，则返回 0；如果第一个操作数大于第二个操作数，则返回 1。这里大于的意思是指按字母表中的顺序，后面的字母大于前面的字母。例如，下面的示例说明了这三种情况：

```
>> "apple" <=> "prune"
=> -1
>> "grape" <=> "grape"
=> 0
>> "grape" <=> "apple"
=> 1
```

可以用星号(*)来指定重复运算符。它将一个字符串作为左操作数，将计算数值的一个表达式作为右操作数。左操作数重复的次数等于右操作数的值。例如：

```
>> "More! " * 3
=> "More! More! More! "
```

15.3 简单的输入输出

大多数程序设计语言最基本的结构是一些能够提供屏幕输出和键盘输入的语句或函数。接下来的几节将介绍 Ruby 中的这些结构。

15.3.1　屏幕输出

可用 puts 方法(或运算符)直接将内容输出到屏幕上，但我们更倾向于将它当作一个运算符来使用。puts 的操作数是一个字符串字面量。换行符被隐式地追加到字符串操作数。如果变量的值是一行输出的一部分，则可以使用#{...}表示法将它插入到双引号字符串字面量中，如下所示：

```
>> name = "Fudgy"
=> "Fudgy"
>> puts "My name is #{name}"
My name is Fudgy
=> nil
```

注意 puts 的返回值是 nil，且此值是在显示字符串之后才返回的。

如果不希望 puts 放在字符串字面量末尾的隐含换行符，则可以使用 print 方法。

将一个浮点值转换为格式化的字符串的方式是使用 C 语言函数 sprintf 的一个变体。此函数的名称也为 sprintf，其参数是包含格式代码的一个字符串，字符串后是要转换的变量名。该函数返回字符串版本。最常用的格式代码是 f 和 d。格式代码的格式是一个百分号(%)后跟一个字段宽，再后面是代码字母(f 或 d)。f 代码的字段宽包括由小数点分开的两部分。例如，%f7.2 的意思是总的字段宽度是 7，且小数点右边有两个数字，货币金额很适合采用这一格式。d 代码字段宽度是空格数，如%5d。因此，要将一个由变量 total 引用的浮点值转换为小数点右侧有两个数字的字符串，可使用如下语句。

```
str = sprintf("%5.2f", total)
```

15.3.2　键盘输入

因为在本书中 Ruby 主要用于 Rails，所以极少需要键盘输入。但键盘输入对其他应用肯定是有用的，因此这里简要地加以介绍。

gets 方法从键盘获得一行输入。被检索的行包含换行符。如果不需要换行符，则可以用 chomp 将其丢弃，例如：

```
>> name = gets
apples
=> "apples\n"
>> name = name.chomp
=> "apples"
```

直接将 chomp 应用于 gets 的返回值可以减少代码，如下所示：

```
>> name = gets.chomp
apples
=> "apples"
```

如果要从键盘输入一个数，则必须用 to_i 方法将从 gets 得到的字符串转换成一个整数，如下所示：

```
>> age = gets.to_i
27
=> 27
```

如果此数是一个浮点值，则转换方法是 to_f，如下所示：

```
>> age = gets.to_f
27.5
=> 27.5
```

同样，有一个相似的方法 to_s，该方法是每个对象都响应的。它将接收的对象的值转换为一个字符串。但因为 puts 隐式地将操作数转换为一个字符串，所以并不经常显式调用 to_s。

下面是一个十分普通的程序，它是用文本编辑器创建的，并存储在一个文件中：

```
# quadeval.rb — A simple Ruby program
# Input: Four numbers, representing the values of
#        a, b, c, and x
# Output: The value of the expression
#         a*x**2 + b*x + c
# Get input
puts "Please input the value of a "
a = gets.to_i
puts "Please input the value of b "
b = gets.to_i
puts "Please input the value of c "
c = gets.to_i
puts "Please input the value of x "
x = gets/to_i
# Compute and display the result
result = a * x ** 2 + b * x + c
puts "The value of the expression is: #{result}"
```

通过下面这条命令可以运行存储在文件中的程序：

```
>ruby filename
```

因此，可以用如下命令来运行(解释)该示例程序：

```
>ruby quadeval.rb
```

如果想要编译而不是解释程序(只是要检查程序的语法是否正确)，则应该在 ruby 命令之后包含-c 标志。包含-w 标志也是一个不错的主意，如果发现程序中有任何可疑之处，则它会使 ruby 生成警告消息。例如，要检查该示例程序的语法，可以使用如下代码：

```
>ruby -cw quadeval.rb
```

如果程序认为语法准确无误，则对此命令的响应为：

```
Syntax OK
```

15.4　控制语句

Ruby 有一组完整的控制语句来控制程序的执行流。本节将介绍 Ruby 中的控制表达式与控制语句。

15.4.1　控制表达式

控制语句流所依赖的表达式是布尔表达式。它们可以是常量 true 或 false、变量、关系表达式或者复合表达式。对于只是一个简单变量的控制表达式，如果其值是除 nil 外的任何值(引用了某个对象)，则表达式是 true；如果其值是 nil，则是 false。

关系表达式有两个操作数和一个关系运算符。关系运算符可以以任何标量值表达式作为其操作数。表 15-3 列出了 Ruby 的关系运算符。

表 15-3　关系运算符

运 算 符	操　作
==	等于
!=	不等于
<	小于
>	大于
<=	小于等于
>=	大于等于
<=>	比较，返回 - 1、0 或+1
eql?	如果接收器对象和参数具有相同的类型且值相等，则为 true
equal?	如果接收器对象和参数有相同的对象 ID，则为 true

前面曾提到过，<=>运算符常用于比较字符串。equal?用来确定两个变量是否为别名，也就是说，它们是否引用同一对象。

Ruby 中有两组运算符用来进行 AND、OR 和 NOT 布尔运算。这两组运算符有相同的语义，但优先级不同。具有较高优先级的运算符是&&(AND)、||(OR)和!(NOT)，优先级较低的运算符是 and、or 和 not。后一组运算符的优先级在 Ruby 所有的运算符中是最低的，所以无论在操作数中出现什么运算符，这组运算符都是最后计算的。

虽然所有关系运算符都是方法，但除 eql?和 equal?外都可以用作运算符。

表 15-4 列出了到目前为止本章讨论过的所有运算符的优先级以及结合规则。

表 15-4　运算符的优先级和结合规则

<table>
<tr><th>运 算 符</th><th>结 合 规 则</th></tr>
<tr><td>**</td><td>从右至左</td></tr>
<tr><td>!、一元+和一元-</td><td>从右至左</td></tr>
<tr><td>*、/、%</td><td>从左至右</td></tr>
<tr><td>+、－</td><td>从左至右</td></tr>
<tr><td>&</td><td>从左至右</td></tr>
<tr><td>+、－</td><td>从左至右</td></tr>
<tr><td>>、<、>=、<=</td><td>无</td></tr>
<tr><td>==、!=、<=></td><td>无</td></tr>
<tr><td>&&</td><td>从左至右</td></tr>
<tr><td>||</td><td>从左至右</td></tr>
<tr><td>=、+=、－=、*=、**=、/=、%=、&=、&&=、||=</td><td>从右至左</td></tr>
<tr><td>not</td><td>从右至左</td></tr>
<tr><td>or、and</td><td>从左至右</td></tr>
</table>

以上运算符自上而下优先级递减。

一元减和一元加的方法名分别是－@和+@

由于赋值语句具有值(其值为赋给左端变量的值)，因此可以用来作为控制表达式。赋值语句的这种常见用法是在循环结构中，使用赋值语句读取一行输入作为其控制表达式。当遇到文件结束 (End-of-File，EOF) 字符时，gets 方法返回 nil，因此可以很方便地使用该字符来终止循环。例如：

```
while (next = gets) { ... }
```

键盘的 EOF 字符在 UNIX 系统中是 Ctrl+D、在 Windows 中是 Ctrl+Z、在 Macintosh 系统中是 CMD+.。

15.4.2　选择语句和循环语句

控制语句需要一些语义容器来容纳它所控制执行的语句序列。Ruby 中的这类容器使用以 else(如果语句序列是 then 子句)或 end(如果语句序列是 else 子句，或者是无 else 子句的 then 子句)结尾的简单语句序列。控制结构是指控制语句本身以及它所控制执行的代码段。

Ruby 中的 if 语句与其他语言中的类似。但有一个语法区别是控制表达式不放在括号中，大多数直接或间接地基于 C 的语言也都如此。例如，考虑下面这个示例：

```
if a > 10
  b = a * 2
end
```

if 结构可以包含 elsif 子句(注意，不要拼写成 elseif)，这样使得嵌套的 if 结构易读一些。

例如：

```
if snowrate < 1
  puts "Light snow"
elsif snowrate < 2
  puts "Moderate snow"
else
  puts "Heavy snow"
end
```

Ruby 中还有一个 unless 语句，其功能与 if 语句相同，只不过控制表达式的含义与 if 相反。这对于想使用一个只有 else 子句而没有 then 子句的选择结构来说会非常方便。下面的结构演示了 unless 语句的用法：

```
unless sum > 1000
  puts "We are not finished yet!"
end
```

Ruby 中包含两类多选择结构，都称为 case 结构。一种 case 结构与 switch 相似，其格式如下所示：

```
case expression
when value then
- statement sequence
...
when value then
- statement sequence
[else
- statement sequence]
end
```

case 表达式的值与 when 子句的值相比较，自上而下一次比较一个值，直到遇到匹配值，此时解释其后的语句序列。比较使用的是关系运算符===，它可用于所有内置类。如果 when 子句的值是一个范围，例如(1..100)，则定义===为包含测试，如果 case 表达式的值在指定范围内，则结果为 true。如果 when 子句的值是一个类名，则===的定义是：如果 case 值是 case 表达式类或其超类之一的一个对象，则结果为 true；如果 when 子句的值是一个正则表达式，则定义===为一个简单的模式匹配。注意===运算符只用于 case 结构中的比较。

考虑以下示例：

```
case in_val
when -1 then
  neg_count += 1
when 0 then
  zero_count += 1
when 1 then
  pos_count += 1
else
  puts "Error - in_val is out of range"
```

```
end
```

注意在此结构中，可选择的语句序列的末尾不需要 break 语句——在每个 when 子句的末尾有退出结构的隐式分支。

case 结构的第二种格式使用布尔表达式来选择此结构要产生的值。此 case 结构的通用格式如下所示：

```
case
when Boolean expression then expression
...
when Boolean expression then expression
else expression
end
```

此结构的语义一目了然。一次求一个布尔表达式的值，直到某个计算值为 true 为止。整个结构的值是与 true 布尔表达式相对应的那个表达式的值。如果没有布尔表达式的值是 true，则计算 else 表达式的值，且它的值就是此结构的值。例如，考虑如下赋值语句[2]：

```
leap = case
       when year % 400 == 0 then true
       when year % 100 == 0 then false
       else year % 4 == 0
       end
```

如果 year 是闰年，则此 case 表达式的值为 true。

Ruby 中的 while 和 for 语句与 C 及其后继语言中的相似。两者的循环体必须是以 end 结尾的语句序列。while 语句的通用格式如下所示：

```
while control expression
   loop body statement(s)
end
```

这个控制表达式后面可跟 do 保留字。

until 语句与 while 语句类似，只是控制表达式的含义与 while 相反。

有时，循环终止的条件发生在循环的某一位置而不是顶部，Ruby 为此提供了无限循环结构和循环退出语句。无限循环结构的循环体与 while 语句的类似——它是以 do 开始(可选)并始终以 end 结束的语句序列。

可通过两种方式控制无限循环，即 break 语句和 next 语句，它们的位置是在 if 结构的 then 子句中。break 语句使控制转到循环体后的第一条语句，next 语句使控制转到循环体中的第一条语句。例如，考虑如下两个无限循环结构：

```
sum = 0
loop do
  dat = gets.to_i
```

2 此示例选自 Dave Thomas、C. Fowler 和 A. Hunt 所著的 *Programming Ruby*(Pragmatic Bookshelf，2005)。

```
  if dat < 0 break
  sum += dat
  end

sum = 0
loop do
  dat = gets.to_i
  if dat < 0 next
  sum += dat
  end
```

在第一个结构中，当输入负值时循环终止。在第二个结构中，当输入负值时只是不将它们加到 sum 中，但循环继续进行。

对普遍存在于基于 C 的语言中的 for 语句，Ruby 没有通用格式。但 Ruby 中也可以很方便地构造其他常用语言中使用 for 语句来实现的计数循环。这些循环用迭代器方法构建，有关迭代器方法的内容将推迟到介绍方法和数组时再加以讨论。另外，Ruby 中有 for 和 for-in 结构，用于迭代数组和散列(关联数组)。

15.5　数组基础

Ruby 包含两种结构化的类或类型，即数组和散列。本节介绍数组，15.6 节将介绍散列。

Ruby 中的数组比其他大多数通用编程语言中的数组更灵活。Ruby 数组与 C、C++和 Java 等通用语言中的数组有两点本质的不同之处。首先，Ruby 数组的长度是动态的——可在程序的执行期间增长或缩短。其次，Ruby 数组可以存储不同类型的数据。例如，一个数组可以包含数值元素、字符串元素甚至数组元素。在这些情况下，Ruby 数组与 PHP 数组类似。

可采用两种不同的方式来创建 Ruby 数组。首先，通过向预定义的 Array 类发送 new 消息，包括数组大小参数，可以创建数组。第二种方式是简单地将一个列表字面量赋值给一个变量，其中列表字面量是由方括号定界的字面量列表。例如，在下面的示例中，第一个数组是用 new 创建的，第二个数组是通过赋值创建的：

```
>> list1 = Array.new(5)
=> [nil, nil, nil, nil, nil]
>> list2 = [2, 4, 3.14159, "Fred", [] ]
=> [2, 4, 3.14159, "Fred", []]
```

也可以通过包含第二个参数来初始化用 new 方法创建的数组，但每个元素的值是相同的，即均为第二个参数的值。例如：

```
>> list1 = Array.new(5, "Ho")
=> ["Ho", "Ho", "Ho", "Ho", "Ho"]
```

实际上，这种初始化方法几乎没有什么用处，因为不仅每个元素具有相同的值，而且每个元素也具有相同的引用。所有这些元素都引用同一对象。因此，如果改变一个元素，则所有元素都会改变。

Ruby 数组的所有元素都使用整数作为下标，且每个数组下标的下界都是 0。数组元素通过由方括号([])定界的下标来引用，[]实际上是一个允许用作一元运算符的获取方法(getter)。同样，[]=是一个设置方法(setter)。下标可以是数值类型的任何表达式。如果下标表达式具有浮点值，则截掉小数部分。例如，下面的示例说明了使用下标来引用数组元素：

```
>> list = [2, 4, 6, 8]
=> [2, 4, 6, 8]
>> second = list[1]
=> 4
>> list[3] = 9
=> 9
>> list
=> [2, 4, 6, 9]
>> list[2.999999]
=> 6
```

数组长度是动态的，使用 15.5.2 节中描述的方法可以向数组中添加元素或从数组中删除元素。可以使用 length 方法检索数组的长度。例如：

```
>> len = list.length
=> 4
```

15.5.1 for-in 语句

for-in 语句用来处理数组的元素。例如，下面的代码计算 list 中所有值的和。

```
>> sum = 0
=> 0
>> list = [2, 4, 6, 8]
=> [2, 4, 6, 8]
>> for value in list
>> sum += value
>> end
=> [2, 4, 6, 8]
>> sum
=> 20
```

注意解释器对 for-in 结构的响应是显示标量变量取得的值的列表。

for-in 结构中的标量变量每次取得 list 数组中的一个值。需要注意的是，标量并未得到对数组元素的引用，它得到的是值。因此，对标量变量的操作对数组没影响。考虑如下代码：

```
>> list = [1, 3, 5, 7]
=> [1, 3, 5, 7]
>> for value in list
>>    value += 2
>> end
```

```
=> [1, 3, 5, 7]
>> list
=> [1, 3, 5, 7]
```

字面量数组值可用在 for-in 结构中，如下所示：

```
>> list = [2, 4, 6]
=> [2, 4, 6]
>> for index in [0, 1, 2]
>> puts "For index = #{index}, the value is #{list[index]}"
>> end
For index = 0, the element is 2
For index = 1, the element is 4
For index = 2, the element is 6
```

15.5.2　数组和列表的内置方法

Ruby 中有很多内置的方法，本节介绍其中几个方法。

由于常需要在数组开头或末尾添加新元素，因此 Ruby 提供了 4 个方法来进行此类处理：unshift 和 shift 用来处理数组左端；pop 和 push 用来处理数组右端。

shift 方法删除并返回数组对象的第一个元素(此元素的下标值最低)。例如，下面的语句删除 list 的第一个元素，并将它存放在 first 中：

```
>> list = [3, 7, 13, 17]
=> [3, 7, 13, 17]
>> first = list.shift
=> 3
>> list
=> [7, 13, 17]
```

shift 的操作结果是数组中所有其他元素的下标都减 1。

pop 方法删除并返回数组对象的最后一个元素。在此情况下，数组其他元素的下标不会发生变化。

unshift 方法的参数是一个标量或一个数组字面量，该方法在数组开头添加此标量或数组字面量。这会导致数组中所有其他元素的下标增加，从而在数组中为新元素创建空间。push 方法的参数也是一个标量或一个数组字面量，该方法在数组尾部添加此标量或数组字面量：

```
>> list = [2, 4, 6]
=> [2, 4, 6]
>> list.push(8, 10)
=> {2, 4, 6, 8, 10}
```

使用 pop 和 unshift 组合或者 push 和 shift 组合可在数组中实现队列，两种组合的区别在于队列增长的方向。

尽管使用 push 可以很方便地在数组中添加字面量元素，但如果要将一个数组连接到另一个数组的末端，可使用另一个方法 concat。例如：

```
>> list1 = [1, 3, 5, 7]
=> [1, 3, 5, 7]
>> list2 = [2, 4, 6, 8]
=> [2, 4, 6, 8]
>> list1.concat(list2)
=> [1, 3, 5, 7, 2, 4, 6, 8]
```

如果需要将两个数组连接在一起，并生成一个新数组，则可将“加(+)”方法用作二元运算符，如下所示：

```
>> list1 = [0.1, 2.4, 5.6, 7.9]
=> [0.1, 2.4, 5.6, 7.9]
>> list2 = [3.4, 2.1, 7.5]
=> [3.4, 2.1, 7.5]
>> list3 = list1 + list2
=> [0.1, 2.4, 5.6, 7.9, 3.4, 2.1, 7.5]
```

注意 list1 和 list2 均不受“加(+)”方法的影响。

顾名思义，reverse 方法的作用是反转元素顺序。例如：

```
>> list = [2, 4, 8, 16]
=> [2, 4, 8, 16]
>> list.reverse
=> [16, 8, 4, 2]
>> list
=> [2, 4, 8, 16]
```

需要注意，reverse 返回一个新数组，且并不影响使用它的数组。reverse 的变异版本 reverse!的功能与 reverse 相同，但 reverse!会改变使用它的对象。如下所示。

```
>> list = [2, 4, 8, 16]
=> [2, 4, 8, 16]
>> list.reverse!
=> [16, 8, 4, 2]
>> list
=> [16, 8, 4, 2]
```

判定方法 include?可以从一个数组中搜索一个指定的对象。例如：

```
>> list = [2, 4, 8, 16]
=> [2, 4, 8, 16]
>> list.include?(4)
=> true
>> list.include?(10)
=> false
```

sort 方法对数组元素进行排序，前提是 Ruby 知道如何比较这些元素。最经常排序的元素类型是数值或字符串，Ruby 知道如何比较数值，如何比较字符串。因此，对于元素是数值或字符串这两种类型的数组来说，可使用 sort。例如：

```
>> list = [16, 8, 4, 2]
=> [16, 8, 4, 2]
>> list.sort
=> [2, 4, 8, 16]
>> list2 = ["jo", "fred", "mike", "larry"]
=> ["jo", "fred", "mike", "larry"]
>> list2.sort
=> ["fred", "jo", "larry", "mike"]
```

如果使用 sort 方法的数组包含混合类型，Ruby 将生成一个错误消息，指出比较失败。例如：

```
>> list = [2, "jo", 8, "fred"]
=> [2, "jo", 8, "fred"]
>> list.sort
ArgumentError: comparison of Fixnum with String failed
        from (irb):13:in 'sort'
        from (irb):13
        from :0
```

注意，sort 返回一个新数组，而且并不改变使用它的数组。而 sort 方法的变异版本 sort! 方法会对使用它的数组本身进行排序。

还有其他很多有趣且实用的方法可以对使用块的数组进行操作，在介绍子程序和块之后将讨论其中一些方法。

15.5.3 示例

下面的例子简单地展示了数组的用法。程序从键盘读入一系列名字。每个名字都转换为大写字母并存放在数组中，然后对数组进行排序并显示出来。下面给出此示例文档：

```
# process_names.rb — A simple Ruby program to
#  illustrate the use of arrays
#  Input: A list of lines of text, where each line
#         is a person's name
# Output: The input names, after all letters are
#          converted to uppercase, in alphabetical order

index = 0
names = Array.new
# Loop to read the names and process them
while (name = gets)

# Convert the name's letters to uppercase and put it
# in the names array
  names[index] = name.chomp.upcase
  index += 1
end

# Sort the array in place and display it
```

```
names.sort!
puts "The sorted array"
for name in names
  puts name
end
```

15.6 散列

关联数组是这样的数组，它的每个数据元素与一个键相配对，该键用于识别数据元素。由于散列函数用来创建关联数组中的指定元素，并在关联数组中查找指定元素，因此关联数组通常称为散列。在 Ruby 中，数组与散列之间的两个最本质的区别是：第一，数组使用数值下标来定位特定的元素，而散列使用字符串值(键)来定位元素；第二，数组中的元素按下标排序，而散列中的元素则不是。在某种意义上，数组元素的存放与列表类似，而散列元素的存放与集合类似，其元素之间没有相对次序。散列元素在内存中的实际存放次序取决于散列函数对元素的插入与访问方式。

与数组一样，也可以通过两种方法创建散列，一种方式是使用 new 方法，另一种方式是将一个字面量赋值给一个变量。在后一种情况下，字面量是一个散列字面量，其中每个元素通过由符号=>分隔开的键/值对来指定。散列字面量用大括号来定界。例如：

```
>> kids_ages = {"John" => 44, "Genny" => 42, "Jake" => 28,
"Darcie" => 27}
=> {"Darcie"=>27, "John"=>44, "Genny"=>42, "Jake"=>28}
```

需要注意，Ruby 返回的散列的顺序与创建散列所用的散列字面量的顺序是不同的。这是因为散列在内存中的实际顺序是不可预知的(至少对用户程序而言是这样)。

如果将不带参数的 new 方法发送到 Hash 类，则会创建一个用{}表示的空散列。例如：

```
>> my_hash = Hash.new
=> {}
```

可通过将键用作下标来引用散列的方式访问散列中的单个值元素。与访问数组元素一样，使用方括号来指定这种下标操作。例如：

```
>> kids_ages["Genny"]
=> 42
```

可通过将新元素的值赋给新元素的键引用向散列添加新值，如下所示：

```
>> kids_ages["Aidan"] = 10;
=> {"Aidan"=>10, "Darcie"=>27, "John"=>44, "Genny"=>42,
"Jake"=>28}
```

可用 delete 方法删除散列元素，delete 方法的参数是一个元素键。例如：

```
>> kids_ages.delete("Genny")
=> 42
>> kids_ages
```

```
=> {"Aidan"=>10, "Darcie"=>27, "John"=>44, "Jake"=>28}
```

可采用两种方法将散列设置为空散列：第一，把一个空散列字面量赋给散列；第二，对散列使用 clear 方法。下面的语句演示了这两种方法：

```
>> hi_temps = {"mon" => 74, "tue" => 78}
=> {"mon"=>74, "tue"=>78}
>> hi_temps = {}
=> {}
>> salaries = {"Fred" => 47400, "Mike" => 45250}
=> {"Fred" => 47400, "Mike" => 45250}
>> salaries.clear
=> {}
```

判定方法 has_key?用于确定散列中是否存在具有某一特定键的元素。例如，假设仍采用前文中定义的 kids_ages 散列，则 has_key?的用法如下所示：

```
>> kids_ages.has_key?("John")
=> true
>> kids_ages.has_key?("Henry")
=> false
```

可分别使用方法 keys 和 values 将散列的键和值提取到数组中，如下所示：

```
>> kids_ages.keys
=> ["Aidan", "Darcie", "John", "Jake"]
>> kids_ages.values
=> [10, 27, 44, 28]
```

15.7　方法

对大多数编程语言而言，子程序都占据了相当重要的地位。Ruby 的子程序都是方法，因为它是一种面向对象的语言。但 Ruby 的方法可以在用户定义的类的外部进行定义，因此，无论是从外观上还是从行为上，当 Ruby 的方法定义在类的外部时，它们都像是函数。当从类的外部调用该类中定义的方法时，调用必须先引用此类的对象。当调用一个方法而无对象引用时，调用的默认对象是 self，这是对当前对象的引用。因此，每当在用户定义类的外部定义方法时，都不必通过对象引用调用。本节描述 Ruby 方法的基础知识，15.8 节将介绍类。

15.7.1　基础知识

方法定义包括方法头和描述其动作的语句序列，语句序列以保留字 end 结尾。方法头包括保留字 def 和方法名称，另外还可以包括用括号括起来的形参列表。方法名必须以小写字母开头。如果方法没有参数，则省去圆括号。事实上，圆括号在所有情况中都是可选的，但通常的做法是有参数时包括圆括号，没有参数时省去圆括号。并不在参数列表中指定参数类型，因为 Ruby 变量没有类型——它们都是对象引用。也不在方法定义中指定返回对象的类型。

如果一个方法返回要立即使用的对象，则在表达式中操作数的位置(或者作为整个表达式)调用此方法。如果一个方法不返回要使用的对象，则可以由独立的语句调用此方法。

方法可以采用两种方式来指定其返回值，即显式指定和隐式指定。return 语句将一个表达式作为其参数。当执行 return 语句时，返回表达式的值。一个方法可以有任意多个 return 语句，当然也可以不包含 return 语句。如果一个方法中没有 return 语句，或者如果执行到方法结尾处也没有遇到 return 语句，则隐式返回的对象是方法中最后计算的表达式的值。

可以使用 Time 对象从系统时钟获得时间的各方面信息。Time 的 now 方法返回当前时间和日期，其格式为字符串形式。下面的示例方法中使用了此方法，一个有 return 语句，一个无 return 语句。

```
def date_time1
  return Time.now
end
def date_time2
  Time.now
end
```

考虑如下对 date_time1 和 date_time2 的调用以及返回值：

```
>> date_time1
=> Thu Jun 07 16:00:06 Mountain Daylight Time 2013
>> date_time2
=> Thu Jun 07 16:00:08 Mountain Daylight Time 2013
```

15.7.2 方法中的局部变量

局部变量是形参或在方法中创建的变量。在方法中创建变量是通过将一个对象赋给此变量而完成的。局部变量的作用域是从方法头到方法尾。如果局部变量名与某个全局变量名有冲突，则使用局部变量。局部变量的优点在于：当为它们取名时，不必担心程序中是否存在同名的全局变量。

局部变量名必须以小写字母或下划线(_)开头。除第一个字符外，局部变量名可以包含任意多个字母、数字或下划线。

变量的生命周期是指它存在并可被引用的那段时间。局部变量的生命周期是从创建时开始一直到方法执行结束。因此，一个方法的局部变量不能用来存储方法调用之间的数据。

15.7.3 参数

出现在一个方法调用中的参数值称为实参。方法中使用的参数名称为形参，它们与实参相对应。实际上，标量实参指定对象的值，而不是对象的地址。因此，在 Ruby 中，标量的参数传递是严格地单向传递到方法中的。方法通过其形参来使用标量实参的值。与标量实参相对应的形参被初始化为引用新对象的局部变量，这些新对象具有相应的实参值。无论一个方法对形参做了什么，都不会影响调用程序单元中的实参。下面的示例演示了一个其参数不会发生改变的方法：

```
def side3(side1, side2)
  return Math.sqrt(side1 ** 2 + side2 ** 2)
end
```

现在考虑试图改变其参数的方法。下面的这个方法准备互换参数值：

```
>> def swap(x, y)
>>  t = x
>>  x = y
>>  y = t
>> end
=> nil
>> a = 1
>> b = 2
>> swap(a, b)
=> 1
>> a
=> 1
>> b
=> 2
```

从中可以看出，虽然 swap 改变了其形参，但发送给它的实参 a 和 b 并未改变。调用 swap 得到的返回值是 1，因为这是方法中最后一条赋值语句(y = t)所赋的值。

如果实参是数组或散列，则参数实际上是按引用传递的，因此它是调用程序单元和被调用方法之间的双向通信。例如，如果传递一个数组到一个方法，且方法改变数组，那这些改变会反映到调用者相应的实参中。

下面这个方法计算给定数值数组的中值：

```
# median - a method
#  Parameter: An array of numbers
#  Return value: The median of the parameter array
#
def median(list)

# Sort the array
  list2 = list.sort

# Get the length of the array
  len = list2.length

# Compute the median
  if(len % 2 == 1) # length is odd
    return list2[len / 2]
  else # length is even
    return (list2[len / 2] + list2[len / 2 - 1]) / 2
  end
end # end of the median method
```

注意，传递给此方法的数组的排序后的值存储在一个局部数组(list2)中，这么做是为了防止修改实参数组。

一般情况下，方法调用的实参数量与方法定义中的形参数量必须相等。如果这两个数不相等，则会导致运行时错误。但一个方法的参数数量也可以定义为可变的，只要在定义此方法时在其参数的前面加一个星号(*)即可。这样一个参数称为星号参数。例如，下面的方法可以有任意多个参数，也可以没有参数：

```
def fun1(*params)
...
end
```

在此例中，传递的实参存放在名为 params 的数组中。星号参数前面可以有其他参数，在此情况下，只有那些不与指定形参相对应的实参才被存放在参数的数组中。例如，假设 fun2 的定义如下所示：

```
def fun2(sum, list, length, *params)
...
end
```

现在假设用下面的语句调用 fun2：

```
fun2(new_sum, my_list, len, speed, time, alpha)
```

实参 speed、time 和 alpha 将被传入数组 params。当然，星号参数必须始终出现在形参列表的结尾处。始终忽略星号参数之后的任何普通参数，因为星号参数接收所有剩余的实参。

形参可以有默认值，这使其对应的实参是可选的。例如，考虑下面的方法定义骨架：

```
def lister(list, len = 100)
...
end
```

如果用以下语句调用此方法，则形参 len 获得值 50：

```
lister(my_list, 50)
```

但如果用以下语句调用此方法，则 len 的值是默认值 100：

```
lister(my_list)
```

有些程序设计语言(如 Ada 和 Python)支持关键字参数。关键字参数是这样一种参数：由实参指定与其相关联的形参的名称。例如：

```
lister(list => my_list, len => 50)
```

关键字参数的优点是，在将实参与形参关联起来时消除了犯错的可能性。当有多个参数时这尤其有用。

虽然 Ruby 不支持关键字参数，但有一种方式可以获得同样的好处，就是使用散列。

散列字面量的外观与关键字参数很相似。例如，如果将一个散列字面量作为第二个参数传递到 find 方法，则调用语句如下所示：

```
find(age, {'first' => 'Davy', 'last' => 'Jones'})
```

如果将这样一个散列字面量作为实参传递，且它跟在所有普通标量参数之后并在所有数组和块参数之前，那么大括号可以省略。因此，在前面的这个示例中，大括号不是必需的。

Ruby 中有一类对象是其他主流编程语言中所没有的，即符号[3]。在一个名称或一个带引号的字符串前使用一个冒号就可以创建符号[4]。用变量名创建的符号可看成该变量的名称。这样的符号不代表变量的值，也与变量的特定实例无关——因此符号是上下文无关的。所有符号都是 Symbol 类的实例。实质上，符号被存放在一个表格中且被赋予了对象 ID。当为字符串定义符号时，如："apple" ，符号与该字符串之间的一个区别就是符号是恒久不变的。另外一个区别就是，符号在脚本中仅能出现一次，而字符串"apple"在脚本中可以出现多次，且每次都会创建一个新对象。但无论符号"apple" 在脚本中出现多少次，它仅会在符号表中出现一次。符号的这种特性是其在散列中用作键的基础。假定某个脚本定义了一个包含大量元素的散列，且这些元素都有同样的键，例如，如下所示的表示人名和年龄的语句：

```
person1 = {"name" => "Fred", "age" => 47}
```

在 Ruby 中，每个这样的元素都将导致新版本的"name"和"age"。但如果使用符号代替键字符串，无论散列中包含多少条赋值语句，这两个符号在符号表中仅被输入一次。例如，使用如下所示的语句：

```
person 47 = {:name => "Sam", :age => 22}
```

这是 Ruby 的惯用语法，甚至在 Rails 中也有这样的约定。在 Ruby 中，当散列字面量用作参数时，已约定俗成对散列字面量的键使用符号而不使用字面量字符串。

15.8　类

Ruby 中的类与其他面向对象编程语言中的类相似，至少在使用目的上是相似的。一个类为一类对象定义模板，然后可以创建任意数量的对象。

15.8.1　类的基础知识

类的方法和变量在语法容器中定义，其格式如下所示：

```
class class_name
...
end
```

3　就我们所知，在其他语言中，Common Lisp 是唯一一个也支持符号数据类型的语言。

4　实际上，可在许多不同的事物(如运算符、常量、类名以及方法名)前加上冒号来创建符号。

类名与常量名相似，必须以大写字母开头。

如前所述，实例变量用来存储对象的状态。它们定义在类定义中，类的每个对象得到它自己的实例变量副本。实例变量的名称必须以@符号开头，以此将实例变量与其他变量区分开来。

每个类都隐含有一个名为 new 的构造函数方法。对类名调用该方法(new 是一个类方法)可以创建该类的一个实例。new 方法为对象分配空间，然后调用类的初始化方法。类的设计人员通常重写类的初始化方法，以便为类的一些实例变量赋初值。初始化方法总是被命名为 initialize。当然，一个类只能有一个 initialize 方法。initialize 的参数会被传递给 new 方法。

下面是类的一个例子。此类名为 Stack2_class，它定义了一个在数组中实现的类似于栈的数据结构。这一结构与栈之间的差别在于可以访问顶部的两个元素。用 top2 方法来获取顶部的第二个元素。以下是该类的代码：

```
# Stack2_class.rb - a class to implement a stacklike
#                   structure in an array
class Stack2_class

# Constructor - parameter is the size of the stack - default is 100
  def initialize(len = 100)
    @stack_ref = Array.new(len)
    @max_len = len
    @top_index = -1
  end

# push method
  def push(number)
    if @top_index == @max_len
      puts "Error in push - stack is full"
    else
      @top_index += 1
      @stack_ref[@top_index] = number
    end
  end

# pop method
  def pop()
    if @top_index == -1
      puts "Error in pop - stack is empty"
    else
      @top_index -= 1
    end
  end

# top method
  def top()
    if @top_index > -1
      return @stack_ref[@top_index]
    else
```

```
      puts "Error in top - no elements"
    end
  end

# top2 method
  def top2
    if @top_index > 0
      return @stack_ref[@top_index - 1]
    else
      puts "Error in top2 - there are not 2 elements"
    end
  end

# empty method
  def empty()
    @topIndex == -1
  end
end
```

下面的代码简单地示范了如何使用 Stack2_class 类：

```
# Test code for Stack2_class
  mystack = Stack2_class.new(50)
  mystack.push(42)
  mystack.push(29)
  puts "Top element is (should be 29): #{mystack.top}"
  puts "Second from the top is (should be 42): #{mystack.top2}"
  mystack.pop
  mystack.pop
  mystack.pop # Produces an error message - empty stack
```

在 Ruby 中，随时可以添加成员，从这一意义上来说，Ruby 中的类是动态的。添加成员只需将指定新成员的额外类定义包含进来即可。在 Ruby 中也可以从类中删除方法。这需要提供另一个类定义，在此类定义中将要删除的方法作为参数发送到方法 remove_method。Ruby 的动态类是语言设计人员为了灵活性而牺牲可读性(从而牺牲可靠性)的又一个例子。允许动态改变类显然提高了语言的灵活性，却降低了可读性。要确定类的当前定义，必须在程序中找出它的全部定义，并进行通盘考虑。

15.8.2 访问控制

对于 Ruby 在访问控制方面与其他通用编程语言的差别而言，对数据的访问比对方法的访问差别更大。在 Ruby 中，所有实例数据的默认访问权限都是私有的，且是不能改变的。如果需要从外部访问实例变量，则必须定义访问方法。例如，考虑如下类定义骨架：

```
class My_class
# Constructor
  def initialize
    @one = 1
```

```
    @two = 2
  end

# A getter for @one
  def one
    @one
  end

# A setter for @one
  def one=(my_one)
    @one = my_one
  end

end # of class My_class
```

与设置(setter)方法名称相连接的等号(=)意味着此方法是可以赋值的。因此，所有设置方法都有等号与名称连接。在 Ruby 设计中，当没有返回语句时，计算最后一个表达式的值作为方法的返回值，one 方法的方法体说明了这一点。在此情况下返回@one 的值。如果在类的外部引用有获取方法(getter)或设置方法(setter)的实例变量，就不用包括进名称的@符号部分，因为引用的是方法，而不是实例变量。例如，考虑下列使用 My_class 类的代码(显然位于类外)：

```
mc = My_class.new
puts "The value of one is #{mc.one}"
```

因为经常需要使用获取方法(getter)和设置方法(setter)，所以 Ruby 提供了这两种方法的快捷方式。如果希望类的两个实例变量@one 和@two 都有获取方法，则可在类中用一条语句来指定这些获取方法，如下所示：

```
attr_reader :one, :two
```

注意 attr_reader 实际上是一个方法调用，它使用符号:one 和:two 作为实参。

类似地，创建设置方法的函数称为 attr_writer。此函数的参数与 attr_reader 的相同。

创建获取方法和设置方法的函数之所以这么命名，是因为它们为类的对象成员提供了协议，而这在 Ruby 中称为 attribute(特性)。因此，类特性是类对象的数据接口(公共数据)。

对方法的访问控制有三个级别，其定义如下：公共(public)访问意味着任何代码都可以调用此方法，这是默认的访问方法。受保护(protected)访问意味着只有定义类及其子类的对象可以调用此方法。私有(private)访问意味着此方法不能被显式接收器对象所调用。因为默认接收器对象是 self，所以只能在当前对象上下文中调用私有方法。因此，没有代码可以调用另一个类的私有方法。注意 Ruby 中的私有访问与 C++、Java 和 C#等编程语言中的私有访问大相径庭。

在 Ruby 中，对方法的访问控制是动态的，因此只有在执行期间才能检测是否为违规访问。可采用两种方式指定访问控制，这两种方式都使用函数，函数名与访问级别 private、protected 和 public 相同。一种方式是调用合适的不带参数的函数。这会重置随后在类中定义的所有方法的默认访问，直到调用一个不同的访问控制方法。例如，下面的类说明了这种方式：

```
class My_class
  def meth1 # public access, by default
  ...
  end
  ...
private
  def meth7
  ...
  end
  ...
protected
  def meth11
  ...
  end
  ...
end # of class My_class
```

另一种方式是通过将指定方法的名称作为参数来调用访问控制函数。例如，下面的代码在语义上与前面的类定义是等价的：

```
class My_class
  def meth1
  ...
  end
  ...
  def meth7
  ...
  end
  ...
  def meth11
  ...
  end
  ...
  private :meth7, ...
  protected :meth11, ...
  end # of class My_class
```

initialize 的默认访问控制是私有的。类变量对类及其实例是私有的。此私有访问控制是不能改变的。另外，与全局变量和实例变量不同，类变量在使用之前必须进行初始化。

15.8.3 继承

在 Ruby 中使用左尖括号(<)来定义子类：

```
class My_Subclass < Base_class
```

在 Ruby 中，方法访问控制的一个特性是可以在子类中进行改变，只要调用访问控制函数即可。这意味着对一个基类可以定义两个子类，以便其中一个子类的对象可以访问基类中定义的一个方法，但另一个子类的对象则不能访问。而且，这使得一个子类可以将基类中可公共访问的方法改变为在子类中私有访问的方法。

Ruby 模块提供了一个命名的封装，它经常可用来定义方法库。但模块最有趣的方面也许是它们的方法可以直接从类访问。在类中对模块的访问用 include 语句来指定，例如：

```
include Math
```

包含一个模块的结果是类获得到模块的指针并有效地继承模块中定义的函数。事实上，当模块包含在一个类中时，此模块就成为类的代理超类。这样的模块称为 mixin，因为它的函数被混入到类中定义的方法中。mixin 提供了一种可以将模块的功能包含在需要它的任何类中的方式。当然，类仍然有一个通用超类，类继承这一超类的成员。因此，mixin 既有多继承的好处，在模块的函数不要求模块名时又不会发生命名冲突。

15.9 块和迭代器

块是由大括号或者由 do 和 end 保留字来界定的一段代码。块可以与专门编写的方法一同使用，从而可以创建很多有用的结构，包括数组和散列的简单迭代器。此结构由方法调用以及其后的块组成。本节讨论为使用块而设计的几个内置迭代器方法。

times 迭代器方法提供了一种构建简单计数循环的方式。一般情况下会向 times 提供一个数值对象，它表示重复附属块的次数。考虑如下例子：

```
>> 4.times {puts "Hey!"}
Hey!
Hey!
Hey!
Hey!
=> 4
```

在此例中，times 方法重复执行此块。这是一种不同的子程序控制方法，块显然是子程序的一种形式。

最常用的迭代器是 each，它常用来遍历数组并将块应用于每个元素。为此，允许块有参数是很方便的。块如果有参数，则参数位于块的开头处，并由竖线(||)来界定。下面这个例子使用一个块参数示范了 each 的用法。

```
>> list = [2, 4, 6, 8]
=> [2, 4, 6, 8]
>> list.each {|value| puts value}
2
4
6
8
=> [2, 4, 6, 8]
```

each 迭代器同样适用于数组字面量，如下所示：

```
>> ["Joe", "Jo", "Joanne"].each {|name| puts name}
Joe
Jo
Joanne
=> ["Joe", "Jo", "Joanne"]
```

如果对散列调用 each，必须包括两个块参数，一个表示键，一个表示值。例如，考虑下列代码：

```
>> high_temps = {"Mon"=>72, "Tue"=>84, "Wed"=>80}
=> {"Wed"=>80, "Mon"=>72, "Tue"=>84}
>> high_temps.each
     {|day, temp| puts "The high on #{day} was #{temp}"}
The high on Wed was 80
The high on Mon was 72
The high on Tue was 84
=> {"Wed"=>80, "Mon"=>72, "Tue"=>84}
```

upto 迭代器方法的用法与 times 相似，只是以参数形式给出计数器的最后那个值。例如：

```
>> 5.upto(8) {|value| puts value}
5
6
7
8
=> 5
```

step 迭代器方法以一个终值和一个步长作为参数，并根据调用它的对象的值和终值生成各个值。例如：

```
>> 0.step(6, 2) {|value| puts value}
0
2
4
6
=> 0
```

collect 迭代器方法与 each 相似，它从数组中一次获取一个元素，并将由指定块生成的值存放到一个新数组中。例如：

```
>> list = [5, 10, 15, 20]
=> [5, 10, 15, 20]
>> list.collect {|value| value = value - 5}
=> [0, 5, 10, 15]
>> list
=> [5, 10, 15, 20]
>> list.collect! {|value| value = value - 5}
```

```
=> [0, 5, 10, 15]
>> list
=> [0, 5, 10, 15]
```

从这个例子中可以看出，collect 的变异版本常比非变异版本更有用，因为非变异版本并不保存结果。

现在考虑用户自定义方法和块。在方法中必定有某条语句“调用”块，这条语句是 yield。yield 语句与方法调用相似，只是没有接收器对象，且调用是请求执行添加到方法调用之后的块，而不是对普通方法的调用。如果块有参数，则在 yield 语句中用括号来指定。块返回的值是块中计算的最后表达式的值。一个方法可以包含任意多个 yield 语句，因此会导致多次调用块。这个过程可用来实现本节前面示范过的内置迭代器。

当块用在方法调用中时，方法中的代码对调用会有部分影响，块对调用也有部分影响。这种功能分离会使对方法不同的调用产生不同的结果，不同的结果源于添加在调用之后的块。考虑以下例子：

```
>> def get_name
>>  puts "Your name:"
>>  name = gets
>>  yield(name)
>> end
=> nil
>> get_name {|name| puts "Hello, " + name}
Your name:
Freddie
Hello, Freddie
=> nil
```

最后需要说明的是，块可以作为参数传递给方法。例如，将在第 16 章示范说明的 Rails 方法 create_table 有时会将一个对象和一个块作为参数。

15.10 模式匹配

第 4 章讨论了 JavaScript 中的正则表达式。因为 JavaScript 和 Ruby 的正则表达式直接基于 Perl 的正则表达式，所以不熟悉正则表达式的读者请参阅 4.12.1 至 4.12.3 节。Ruby 的模式匹配操作与 JavaScript 中的相应操作有所不同，下面对此予以讨论。

15.10.1 模式匹配的基础知识

在 Ruby 中，模式匹配操作由匹配运算符=~和!~指定，其中=~用于肯定匹配、!~用于否定匹配。模式位于斜杠(/)之间。例如，下面的例子用右操作数模式去匹配左操作数字符串。

```
>> street = "Hammel"
=> "Hammel"
>> street =~ /mm/
=> 2
```

模式匹配表达式的计算结果是匹配的模式在字符串中的位置。

split 方法经常用在字符串处理中。它的参数是一个模式，用来确定如何将字符串对象拆分成子字符串。例如：

```
>> str = "Jake used to be a small child, but now is not."
=> "Jake used to be a small child, but now is not."
>> words = str.split(/[ .,]\s*/)
=> ["Jake", "used", "to", "be", "a", "small", "child",
"but", "now", "is", "not"]
```

该语句将 str 中的单词放入 words 数组中，并按指定的模式来分隔 str 中的单词，即单词之间由空格、句点或逗号以及其后可跟多个空白字符的形式分隔。

下面的示例程序是一个模式匹配与散列结合使用的简单例子。该程序读入几行文本，其中的单词是由空白字符以及其他常见的标点，如逗号、句点和分号等分隔开的。该程序的目的是生成输入文件中单词的使用频率表。散列是建立这样一个单词频率表的理想方式。单词可以用作键，而出现的次数可以作为散列值。split 方法可以方便地把输入文件中的每行文本分隔为单词。对于每个单词而言，程序在散列上使用 has_key?来确定该单词之前是否已经出现过。如果出现过，则将计数值加 1，否则把单词插入该散列，并将计数值设为 1。下面是该示例程序的代码：

```
# word_table.rb
# Input: Text from the keyboard. All words in the input are
#   separated by whitespace or punctuation, possibly followed
#   by whitespace, where the punctuation can be a comma, a
#   semicolon, a question mark, an exclamation point, a period,
#   or a colon.
# Output: A list of all unique words in the input, in alphabetical
#   order, along with their frequencies of occurrence

freq = Hash.new
line_words = Array.new
# Main loop to get and process lines of input text
while line = gets

  # Split the line into words
  line_words = line.chomp.split( /[ \.,;:!\?]\s*/)

  # Loop to count the words (either increment or initialize to 1)
  for word in line_words
    if freq.has_key?(word) then
      freq[word] = freq[word] + 1
    else
      freq[word] = 1
    end
  end
end
# Display the words and their frequencies
```

```
puts "\n Word \t\t Frequency \n\n"
for word in freq.keys.sort
  puts " #{word} \t\t #{freq[word]}"
end
```

注意，在该程序中有两个特殊字符“.(句点)”和“? (问号)”没有在 split 操作的模式中加反斜杠。其原因在于，这些模式中的特殊字符(元字符)在字符类中没有特殊含义。

15.10.2 存储匹配

可将一个字符串中与一个模式里某部分相匹配的部分存储在一个隐式变量中以备后用。这只需将模式中想要存储的匹配部分用括号括起来即可。与模式里第一个括号内容相匹配的子字符串存储在$1 中，第二个存储在$2 中，依此类推。例如，考虑以下代码：

```
>> str = "4 July 1776"
=> "4 July 1776"
>> str =~ /(\d+) (\w+) (\d+)/
=> 0
>> puts "#{$2} #{$1}, #{$3}"
=> July 4, 1776
```

某些情况下，如果能够引用字符串中匹配之前的部分、相匹配的部分以及匹配之后的部分将会非常方便。这三类字符串在进行匹配之后分别可以用隐式变量$`、$&、$'来引用。

15.10.3 替换

有时与某个模式相匹配的子字符串往往需要被另一个字符串所替换。Ruby 的 String 类有 4 个方法可以完成这一任务。其中最基本的替换方法是 sub，它有两个参数，一个模式和一个字符串(或值为字符串的表达式)。sub 方法用模式去匹配字符串对象。如果 sub 找到一个匹配，则用第二个参数替换匹配的子字符串。考虑下面的例子：

```
>> str = "The old car is great, but old"
=> "The old car is great, but old"
>> str.sub(/old/, "new")
=> "The new car is great, but old"
```

gsub 方法与 sub 方法相似，但它查找所有的子字符串匹配，并用第二个参数替换所有这些匹配。例如：

```
>> str = "The old car is great, but old"
=> "The old car is great, but old"
>> str.gsub(/old/, "new")
=> "The new car is great, but new"
>> str
=> "The old car is great, but old"
```

注意最后一行，gsub 并未改变调用它的字符串对象，sub 也是这样的。但 sub 和 gsub 都有变异版本，分别是 sub!和 gsub!。下面的示例说明了 gsub!的工作方式：

```
>> str = "The old car is great, but old"
=> "The old car is great, but old"
>> str.gsub!(/old/, "new")
=> "The new car is great, but new"
>> str
=> "The new car is great, but new"
```

修饰符 i 告诉模式匹配器忽略字母大小写，也可以通过将它放在模式右端来与替换方法一起使用，如下面的代码所示：

```
>> str = "Is it Rose, rose, or ROSE?"
=> "Is it Rose, rose, or ROSE?"
>> str.gsub(/rose/i, "rose")
=> "Is it rose, rose, or rose?"
```

15.11　本章小结

Ruby 是一种纯面向对象的解释性脚本语言。它的流行也许主要是因为可以在 Rails 框架中使用它来构建 Web 应用程序。

Ruby 有三种数据类型：标量、数组和散列。标量类是 Float、Fixnum、Bignum 以及 String。Ruby 的算术表达式和赋值语句与其他常用语言中的相似。Ruby 中的所有变量都是对于对象的引用。Ruby 与 C++、Java、C#不同，它没有基本类型。虽然表达式的格式与其他语言的相同，但它们在底层都是通过方法和消息传递来执行的。String 类包含大量的方法。

Ruby 包含常用的控制语句集，包括两个不同的多选择语句。Ruby 中的数组与更传统语言中的数组的不同之处在于，Ruby 中的数组能够存储任何对象，且它们的长度是动态的。Array 类提供了大量方法，包括在数组中实现栈和队列的方法。Ruby 的散列也包含很多方法。

方法可以定义在类中，但也可以定义在类的外部，后者更像是函数。星号形参提供了支持可变数量参数的一种方式。在 Ruby 中随时可以添加或删除方法和变量，从这一意义上来说，Ruby 中的对象是动态的。通过调用 public、private 和 protected 方法可以实施访问控制。Ruby 中有一种隐含方式可以提供获取方法(getter)和设置方法(setter)。

Ruby 独一无二的特性是它的代码块和迭代器。each 和 find 迭代器常用来处理数组。Ruby 的模式匹配操作使用与 JavaScript 相同的正则表达式。

15.12　复习题

1. Ruby 最常见的用途之一是什么？
2. Ruby 的两个整数类是什么？
3. Bignum 对象的长度有什么限制？
4. 在 Ruby 中 10.是一个合法的 Float 常量吗？
5. 两种字符串字面量之间有什么区别？
6. 如何把变量的值嵌入到一个字符串字面量中？

7. C 和 Java 中有哪些数值运算符是 Ruby 中所没有的？
8. Ruby 的交互式解释器的名称是什么？
9. String 类的 replace 方法的功能是什么？
10. downcase 和 downcase!方法有什么区别？
11. 如何引用由字符串 str 的第二个和第三个字符所组成的子字符串？
12. <=>运算符完成什么操作？
13. puts 和 print 方法的区别是什么？
14. 如何把一个 String 值转换为一个 Float 值？
15. 一个变量的什么值被认为是 true？
16. JavaScript 的 if 语句与 Ruby 的 if 语句在语法上有什么区别？
17. 可采用哪两种方式来创建 Array 对象？
18. 描述 for-in 语句的功能。
19. 描述数组的连接运算符的工作原理。
20. include?方法的功能是什么？
21. 散列字面量的格式是什么？
22. 方法头需要括号吗？
23. 什么是星号参数？
24. 实例变量名的格式是什么？
25. Ruby 有什么特性？
26. 为什么说 Ruby 的类是动态的？
27. 何时检测是否违反了方法的访问控制？
28. 在类中包含模块有什么作用？
29. 块是如何界定的？
30. 解释 each 方法的功能。

15.13 练习题

按下列要求编写、测试并调试(如有必要)相应的 Ruby 程序。

1. 输入：从键盘输入三个数字 a、b 和 c，每个各占一行。

   输出：表达式 10ab－((c－1)/17.44)的值。
2. 输入：从键盘输入一个数字列表。

   输出：列表中次小的数以及它在列表中所处的位置，其中第一个数字的位置是 1。
3. 输入：从键盘输入三个名字，每个各占一行。

   输出：在不使用数组的情况下，将三个名字按字母顺序输出。
4. 输入：从键盘输入包含文本行的列表。

   输出：多于 10 个字符(不包括换行符)少于 20 个字符(不包括换行符)且包含字符串 ed 的每个输入行。

5. 输入：从键盘输入一个数字列表。

   输出：两个数字列表，其中一个列表包含大于 0 的数，另一个列表包含小于 0 的数 (忽略 0)。在输出这两组数字之前，必须先创建两个包含待输出数字的数组。

6. 输入：从键盘输入一个数字列表。

   输出：输入数字的中值。

第 16 章

Rails 简 介

如第 15 章所述，本书对 Ruby 的主要兴趣在于它用于 Web 软件开发框架 Rails。本章介绍 Rails，它是一个复杂的系统，具有很多功能。因为本书只用一章的篇幅来介绍 Rails，因此只能简要介绍一些最基本的特性和最直观的应用。本章首先概括介绍 Rails。剩余的部分通过几个示例应用程序来讨论 Rails，先从最简单的应用程序 Hello World 开始，然后修改该应用程序生成简单的动态内容。之后开发一个访问数据库的简单应用程序，由于 Rails 被设计为用于增量式应用程序开发方法，因此在本示例中运用了此方法。其第 1 个版本完全由 Rails 生成，它构建一个数据库，但只提供基本的数据库维护操作。第 2 个版本为用户添加数据库搜索操作。最后一个版本包括了开发人员编写的布局和样式表。

16.1 Rails 概述

Rails[1]是针对基于 Web 的应用程序(特别是针对访问数据库的应用程序)的一个软件开发框架。框架是一个系统，在此系统中框架会提供很多在一定程度上符合标准的软件部件，因此应用程序开发人员不需要再编写它们。这些部件常常是骨架类、方法或标记文档，但也可以是完整的实用方法。Rails 是由 David Heinemeier Hansson 于本世纪初开发的，并于 2004 年 7 月公开发布。此后，它很快得到了广泛的关注和应用。

Rails 是一个庞大而复杂的系统——有本关于 Rails 的书多达 851 页[2]！因此，根据需要，本章只简要介绍一下该系统的一些最基本功能。

同 Tapestry 和 Struts 等其他 Web 开发框架一样，Rails 也是基于应用程序的模型-视图-控制器(Model-View-Controller，MVC)体系结构。MVC 体系结构的有关内容请参见第 11 章。

图 16-1 显示了一个使用数据库的 Rails 应用程序中请求和响应的组件与动作。

---

1 Rails 的全名是 Ruby on Rails，但常将其简称为 Rails。

2 *The Rails Way*，Obie Fernandez，Addison-Wesley，2008。

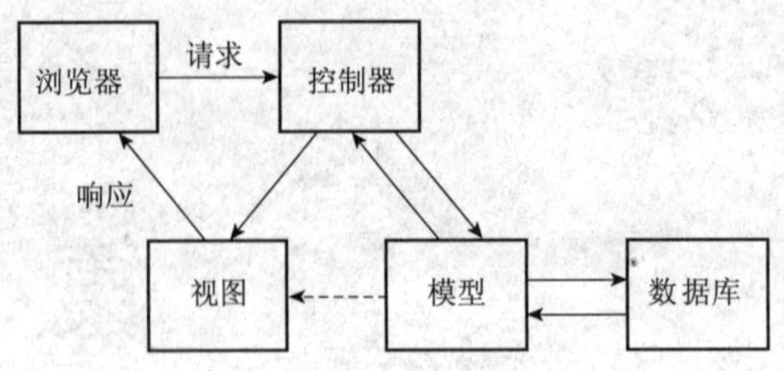

图 16-1 Rails 应用程序中的请求和响应

Rails 应用程序的视图部分生成用户界面。用户可通过视图文档来使用模型中的数据以及处理结果。有些视图文档还为管理员提供了添加、修改或删除数据的界面。视图文档是标记文档，其中可以嵌入 Ruby 代码，在文档被发送到浏览器之前会在服务器上解释这些代码，这与请求 PHP 文档时的情形非常相似。

Rails 应用程序的控制器部分实现为一个或多个 Ruby 类，控制器部分用来控制数据模型、用户以及视图之间的交互。控制器接收用户输入，与模型交互，并将数据视图和处理结果再返回给用户。开发人员必须设计和构建应用程序需要的动作，它们是作为控制器类中的方法来实现的。

Rails 应用程序的模型部分维护应用程序的状态，说明此状态是内部状态且只在执行期间是活动的，还是此状态是永久性的外部数据库。开发人员必须设计和构建应用程序域的模型。设计此模型时常常需要包含一个数据库，用来存储此模型的数据。例如，如果应用程序是一个在线书店，那么此模型可能包括书的库存以及能够通过书店订购的所有书的目录，当然模型还可能包括其他一些内容。此模型也包含对要输入到数据库中的数据的约束。

那么，Rails 应用程序开发人员能用 Rails 完成哪些工作呢？实际上，Rails 能做的工作很多。它提供骨架控制器类，也隐式地将控制器的方法与相应的视图文档连接起来。此外，Rails 还为工作数据库提供基本接口，以及数据库本身的空版本。Rails 最重要的作用之一是收集模型、视图和控制器的隐式连接约定。例如，控制器可获取用户表单数据，并将数据存放在实例变量中，这些变量可隐式地用于视图文档中的 Ruby 代码。Rails 也提供部分视图文档(称为布局)和一种包含文档样式表的简单方式。另外，Rails 提供一个简单的开发和测试环境，包括 Web 服务器。Rails 是免费的。

当客户浏览器连接到 Rails 驱动的 Web 站点时，Rails 应用程序提供响应。因为 Rails 使用 MVC 体系结构，所以构建一个 Rails 应用程序需要设计和构建 MVC 系统的三个组成部分。Rails 在构建应用程序时提供了大量帮助，这可以从本章示例应用程序中看到。

有两个基本原则可用来指导 Rails 开发。在学习和使用 Rails 时了解它们会很有用。第一个原则的首字母缩写是 DRY，即 Do not Repeat Yourself(自己不要重复)。在 Rails 中，DRY 表示每个信息元素只在系统中出现一次。这样可最小化系统所需的内存。另外，对系统的改变是高度局域化的，这样就很容易修改，而且不易出错。第二个原则是 convention over configuration(约定高于配置)。运用 JSP 的 Web 应用程序要求用详尽而复杂的 XML 配置文件指定其结构。在 Rails 中，应用程序的结构由 MVC 体系结构规定。不同部分之间的连接通过约定来建立和维护，而不是在配置文档中指定。例如，数据库表的名称和关联的控制器类通过约定密切相关。

Rails 是名为 Agile Development(敏捷开发)[3]的软件开发范式的产物。这个范式的一部分与开发团队成员之间以及开发团队与客户之间的交互相关。但是，其有一部分注重于工作软件的快速开发，而不是详尽文档以及软件的创建。敏捷开发是增量式开发，坚持创建 Rails 时所使用的原则有助于实现这种开发方法。

Rails 不同于本书讨论的其他框架，如 Flash、NetBeans 和 Visual Studio，因为它不使用图形用户界面(GUI)。Rails 是一个面向命令行的系统。发出命令的方法是在类似 DOS 和 UNIX 的命令窗口中的提示符下输入命令，而不是单击 GUI 上的图标。

Rails 的一些新特性通过本章后面的一些示例来介绍，其中最有趣的特性是 Rails 为新数据库应用程序提供的基本数据库操作，以及通过迁移来管理数据库的版本控制。

本章讨论和使用 Rails 3.1.1。

16.2　文档请求

在能够使用 Rails 之前，必须下载该系统并在计算机上进行安装。Ruby 1.8.7 或更高版本中包含了 Rails 和 Ruby 的包管理器 RubyGems。如果已经下载并安装了 Ruby，下一步是下载 SQLite 3，本章将使用该数据库管理系统，其下载地址为 http://www.sqlite.org。下载的文件中包含两个文件，一个是命令行 shell，另一个是 SQLite 库。对于 Windows 用户，在解压这两个文件后，将得到的文件移到所选择的目录下。然后使用以下命令安装 SQLite 3 和 Rails：

```
gem install sqlite3
gem install rails
```

Linux 和 Mac OS X 系统上的下载和安装操作与在 Windows 系统上类似。

16.2.1　静态文档 Hello World

本节介绍如何在 Rails 中构建一个 Hello World 应用程序。完成这样一个练习的目的是要说明最简单的 Rails 应用程序的目录结构，展示必须创建哪些文件以及它们必须驻留在哪个目录结构下。

在我的 Windows 系统上，Rails 安装在目录 C:\Ruby192\bin 下。用户通常会为他们的 Rails 应用程序增加一个子目录，本章的示例应用程序创建了一个名为 examples 的子目录。

接着移至 examples 目录并用以下命令新建一个名为 greet 的 Rails 应用程序：

```
>rails new greet
```

Rails 的响应是创建大量文件和目录。其中最有趣的是新目录 app。app 目录有 4 个子

3　参见 http://agilemanifesto.org。

目录，即 models、views、controllers 以及 helpers，前三个子目录直接与 Rails 应用程序的 MVC 体系结构相对应，helpers 子目录包含由 Rails 提供的可以帮助构造应用程序的方法。支持应用程序的大部分用户代码驻留在 models、views 或 controllers 中或者它们的子目录中。

Rails 提供的脚本 generate 用来创建应用程序的控制器部分。此脚本在 controllers 目录中创建一个包含类的文件，并在 views 目录下创建一个将存储视图文档的子目录。我们这个简单的应用程序向 generate 传递三个参数，第一个参数是 controller，指出我们想要构建控制器类。第二个参数是为这个控制器选择的名称。第三个参数是控制器类中的一个方法的名称，我们称该方法称为动作方法(action method)。该名称也将是视图标记文件(常称为模板)的名称。如果控制器有多个动作方法，它们也将作为 generate 脚本的参数。Rails 工作方式的一个重要部分是关注名称的使用。可举的第一个例子是控制器名称。此名称也是控制器类的文件名的一部分以及控制器类名称的一部分。此外，它将是 views 目录的子目录的名称以及应用程序的 URL 的一部分。本例在 greet 目录下给出如下命令来创建控制器：

```
>rails generate controller say hello
```

使用这个命令我们为应用程序控制器选择了名称 say，为其动作方法选择了名称 hello。执行此命令产生的响应指明了已被创建的文件以及所执行的实用程序。

generate 控制器命令在 controller 目录中创建了一个名为 say_controller.rb 的文件，该文件中包含 SayController 类。一开始的 rails 命令创建的 application.rb 文件也存储在 controller 目录中，该文件包含 ApplicationController 类。SayController 类是 ApplicationController 类的子类。作为父类，ApplicationController 提供了应用程序的控制器类 SayController 的默认行为。应用程序中还可能有其他控制器以及对应的控制器类。这样的类也是 ApplicationController 的子类。下面列出 say_controller.rb 的清单：

```
class SayController < ApplicationController
  def hello
  end
end
```

注意，控制器文件名和控制器类名中都出现了 say，这是另一个 Rails 中使用约定的例子。

SayController 类除了空方法 hello 从 ApplicationController 继承的东西外，它是一个空类。需要注意的是，SayController 至少间接地产生对请求的响应。hello 方法除指定将描述响应的文档外[4]，实际上并不需要做任何事情。存在这个方法仅是为了根据它的名称指定响应文档。因此，它只是一个空的方法定义，其名称与 views 的 say 子目录中的响应文档的名称相同。

Web 站点(或应用程序)在来自浏览器的请求的 URL 中指定。Rails 应用程序也是这样。当 Rails 接收到请求的 URL 时，它将其映射到一个特定的控制器名称和动作方法。在比较简单的情形下，映射很简单——紧跟主机名的第一个域解释为控制器名，第二个域解释为

4 动作方法本身可为应用程序生成输出，但之后我们就无法演示视图文档了。

动作方法的名称。不需要指定应用程序的名称，因为正如将看到的，每个应用程序由其自己的服务器来提供服务。

在本示例中，主机将是驻留应用程序的计算机。该服务器的默认端口(由 Rails 选择)是 3000，因此主机名为 localhost:3000。对于 greet 示例来说，请求 URL 如下所示：

```
http://localhost:3000/say/hello
```

有关基本文档为什么称为 say 的原因现在应该一目了然了。

Rails 会为我们构建一个视图文档，此视图文档常称为模板。它包含的内容并不多：

```
<h1> say#hello</h1>
<p>Find me in app/views/say/hello.html.erb</p>
```

下面是 greet 应用程序的动作方法 hello 的模板文件：

```
<!DOCTYPE html>
<!-- hello.html.erb - the template for the greet application
     -->
<html lang = "en">
  <head>
    <title> greet </title>
    <meta charset = "utf-8" />
  </head>
  <body>
    <h1> Hello from Rails! </h1>
  </body>
</html>
```

此文件的扩展名是.html.erb，因为此文件存储一个 HTML 文档，但它也可包含嵌入式 Ruby 代码，在将模板返回到请求的浏览器之前，Ruby 代码由名为 ERb(Embedded Ruby 的缩写)的 Ruby 解释器来解释。

本应用程序所用的模板文件驻留在 greet 目录的 app 子目录的 views 子目录的 say 子目录中。

examples 目录结构如图 16-2 所示。

在测试应用程序前，必须启动 Rails Web 服务器。从 script 目录用 server 脚本可以启动服务器。在 Rails 中，默认服务器是 WEBrick，但也可以使用运行在你的系统上的另一个服务器。为了强制使用 WEBrick，可将其名称放到 server 命令之后来启动服务器，该命令在应用程序提示符中给出，例如：

```
>rails server webrick
```

注意，服务器由特定应用程序(在本例中是 greet)的目录中的一个命令所启动。这就意味着其他应用程序不能由此服务器提供服务。

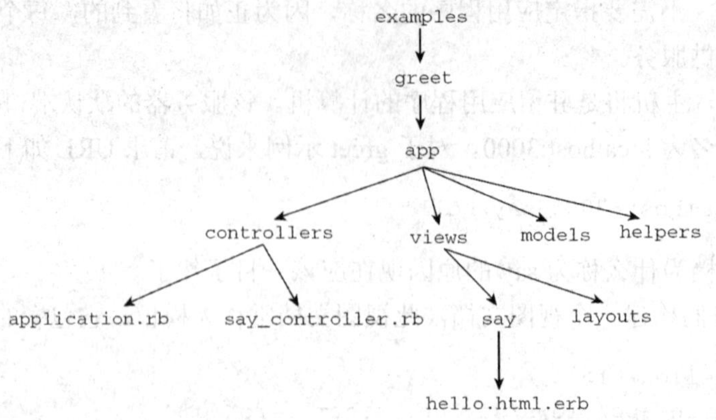

图 16-2 greet 应用程序的目录结构

图 16-3 展示了当浏览器定位到 greet 应用程序时，此应用程序的输出。

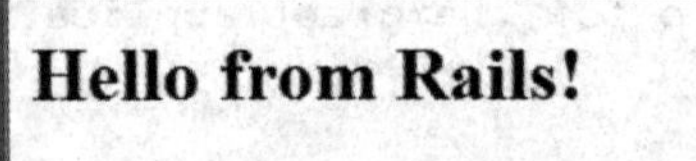

图 16-3 greet 的响应

下面总结 Rails 如何对静态文档请求作出响应：首先从 URL 提取控制器的名称(跟在主机名之后)。接下来创建控制器类的实例，可以在 app/controllers 子目录中找到控制器类，在本例中，控制器类是 SayController。然后从 URL 提取动作名，在本例中是 hello。然后调用该方法，在本例中，调用该方法没有产生什么效果。接下来，Rails 在 app/views 目录中与控制器名称相同的子目录中搜索与动作方法名称相同的模板。然后将模板文件交给 ERb，以便解释嵌入在模板中的任何 Ruby 代码。在 hello.html.erb 的例子中，没有嵌入的 Ruby 代码，因此这个步骤没有影响。最后，模板文件返回到请求它的浏览器并显示出来。图 16-4 展示了响应简单请求的 Rails 活动。

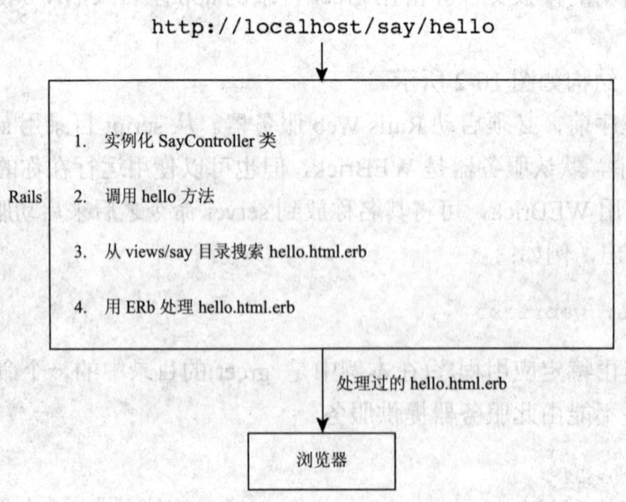

图 16-4 针对简单请求的 Rails 动作

控制器类的默认方法是 index。如果请求 URL http://localhost:3000/say/，则 Rails 搜索 index 方法，在此例中它不存在。结果是显示这样的消息：Unknown action – no action responded to index。

16.2.2　动态文档

在 Rails 中，可以通过将 Ruby 代码嵌入到模板文件中来构造动态文档。这种方法与已讨论的其他方法相似，尤其是 PHP、ASP.NET 和 JSP。

为了举例说明动态文档，我们对 greet 应用程序进行修改，使其显示服务器上的当前日期和时间，包括从午夜开始的秒数(同时包含某种计算)。这一应用程序将说明嵌入在模板文件中的 Ruby 代码如何访问在控制器的动作方法中创建并赋值的实例变量。

将 Ruby 代码嵌入在模板文件中的方法是将它们放置在<%和%>标记之间。例如，可将下面的代码插入到模板中：

```
<% 3.times do %>
  I LOVE YOU MORE! <br />
<% end %>
```

如果 Ruby 代码生成一个结果，且此结果要被插入到模板文档中，需要将一个等号(=)附加到<%标记之后。例如：

```
<p> The number of seconds in a day is: <%= 60 * 60 * 24 %>
</p>
```

被 ERb 解释后，这段代码产生的结果为：

```
<p> The number of seconds in a day is: 86400 </p>
```

调用 Ruby 的 Time.now 方法可以获得日期。此方法以字符串形式返回当前是星期几、几月、几日、几时、时区[5]以及哪年。因此，可以使用如下代码将日期放入响应模板中：

```
<p> It is now <%= Time.now %> </p>
```

由 Time.now 返回的值可以用 Time 类的方法来解析。例如，hour 方法返回的是几时、min 方法返回的是几分、sec 方法返回的是几秒。这些方法可用来计算从午夜起的秒数。将这些时间合起来可生成如下的模板代码：

```
It is now <%= t = Time.now %> <br />
Number of seconds since midnight:
<%= t.hour * 3600 + t.min * 60 + t.sec %>
```

将计算时间的 Ruby 代码放在控制器中更好一些，因为这样可将程序代码与标记分开。修改后的 SayController 类如下所示：

5　时区表示为世界标准时间(Coordinated Universal Time，UTC)的小时数。对于山区夏令时，这是－0600，表示比 UTC 晚 6 小时。

```
class SayController < ApplicationController
  def hello
    @t = Time.now
    @tsec = @t.hour * 3600 + @t.min * 60 + @t.sec
  end
end
```

响应模板现在需要能够访问 SayController 类中的实例变量。Rails 可以轻松地实现这一点，因为控制器类中的所有实例变量对模板都是可见的。显示时间和自午夜起的秒数的模板代码如下所示：

```
It is now <%= @t %> <br />
Number of seconds since midnight: <%= @tsec %>
```

图 16-5 展示了修改后的 greet 应用程序的输出结果。

Hello from Rails

It is now 2011-10-19 21:00:22 -0600
Number of seconds since midnight: 75622

图 16-5 修改后的 greet 应用程序的输出结果

16.3 使用数据库的 Rails 应用程序

本节列举示例应用程序来介绍如何构造使用数据库的 Rails 应用程序。该示例数据库使用第 13 章的 cars 数据库的一部分——即主表。实现的操作很简单：向用户呈现一个欢迎文档，此文档列出了数据库中的汽车数量。同时也显示一个表单，此表单允许用户指定其感兴趣的起始年份和终止年份以及特定的车体风格。系统从数据库中搜索符合给定限制条件的条目，并显示给用户。

Rails 的一个很有意义的特性是它提供了将面向对象软件与关系数据库联系起来的方法。每个关系数据库表都被隐式地映射到一个类。例如，如果数据库有一个名为 employees 的表，则使用 employees 的 Rails 应用程序将有一个名为 Employee 的类。注意，类名是表名的单数形式，并且首字母大写。employees 表的行对应于 Employee 类的对象。Employee 类有一些方法可以获取或设置各种状态变量，这些变量在 Ruby 中是类对象的特性。总之，Rails 将表映射为类，将行映射为对象，将列映射为对象的字段。而且，Employee 类有执行数据表级操作的方法，例如查找具有某一特性值的对象。映射的关键特性在于它的隐含性：在 Ruby 中表示数据库的类、对象、方法和特性都是由 Rails 自动构建的。

此例使用以下命令在 examples 目录中新建一个名为 cars 的应用程序：

```
>rails new cars
```

16.3.1 构建基本应用程序

需要用一些命令强制 Rails 构建一个基本的、完整的使用数据库的 Web 应用程序。本节首先通过让 Rails 完成这项工作来开始构建应用程序。

接着，下列命令用于创建模型、必需的数据库迁移文件[6]、数据库的表以及应用程序的维护控制器和测试支持文件。

```
>rails generate scaffold corvette
      body_style:string miles:float year:integer
```

这条命令将模型命名为 corvette。数据库的单个表 corvettes[7]由命令指定为有三列，分别是 body_style(字符串型)、miles(浮点型)以及 year(整型)。Rails 也支持 decimal、binary 和 boolean 等数据类型，以及与时间和日期相关的 4 种类型。

Rails 的创新成果之一是数据库版本控制问题的处理方法。前面提到过，Rails 支持敏捷软件开发，这种方式是以增量方式来构建应用程序的。初始系统是按照敏捷开发方式来构建、测试并呈现给客户的。然后由客户来评估和使用系统，并提出各种修改需求，而软件最终会实现这些需求。要用物理代码文件管理此过程，可采用版本控制系统。版本控制支持系统的演化过程，主要是前向演化，但偶尔也支持反向回退。由于应用程序是增量式构建的，因此应用程序所用的数据库也会发生相应的演化。例如，有时会添加新的数据类型，有时会删除某一特定类型的数据。遗憾的是，数据库系统没有集成版本控制。我们需要的是这样一种方法：它能使数据库以一种与软件演化相关联的方式来演化。

Rails 就提供了这样一种方法，它使用一系列迁移程序，每个程序对应数据库的一组更改，从而对数据库进行演化。每个迁移都是 Ruby 源程序，指定如何添加或删除某类数据，以及如何撤消迁移中指定的更改。因此，迁移程序可用来正向修订数据库为后来的版本，也可以反向回退数据库为以前的某个版本。

下面所示是在 20111016030420_create_corvettes.rb[8]文件中定义的迁移类，该文件驻留在 cars/db/migrate 目录中：

```
class CreateCorvettes < ActiveRecord::Migration
  def change
    create_table :corvettes do |t|
      t.string :body_style
      t.float :miles
      t.integer :year
      t.timestamps
    end
  end
end
```

6 本节稍后讨论迁移文件。

7 按照约定，表名总是模型名的复数形式。

8 这个文件名的第一部分是一个时间戳。

change 方法用于将表更新为下一版本。要创建数据库表的初始版本，可在 change 方法中包括表描述。要提供表列，调用以数据类型命名的对象方法 t，传递符号形式的列名作为参数。例如，t.float :miles 调用 t 对象的 float 方法，传递符号形式的列名 miles 作为参数[9]。这些调用出现在 change 中 create_table do 复合构造的主体中。在此示例中，迁移的 change 方法创建名为 corvettes 的表。

大部分数据库应用程序所需的一些操作用于对表记录作基本维护，即创建、读取、更新以及删除(Create、Read、Update、Delete，CRUD)。这些操作由 Rails 为表自动生成，方法是在生成表的命令中包括 scaffold。这些操作提供了 scaffolding(支架)来使表得到维护直到构建了更合适的操作(当然前提是如果需要的话)。在大部分商业应用程序中，几乎所有 scaffolding 都会在应用程序部署前被替换。但在开发人员编写任何代码前提供这些操作是极其有用的。这样可让开发人员非常快速地得到一个使用数据库的基本应用程序。

以下命令将实际创建数据库：

```
>rake db:migrate
```

这个导致 20111016030420_create_corvettes.rb 中的 CreateCorvettes 类的 change 方法执行的命令生成下列响应。

```
(in C:/Ruby192/bin/examples/cars)
== CreateCorvettes: migrating ==========================
-- create_table(:corvettes)
   -> 0.0020s
== CreateCorvettes: migrated (0.0020s) =================
```

可以惊奇地看到，现在有了一个带有数据库连接的可以工作的应用程序，但数据库是空的。事实上，我们尚未编写任何代码！要查看显示结果，可通过浏览器访问 http://localhost:3000/corvettes。结果如图 16-6 所示。

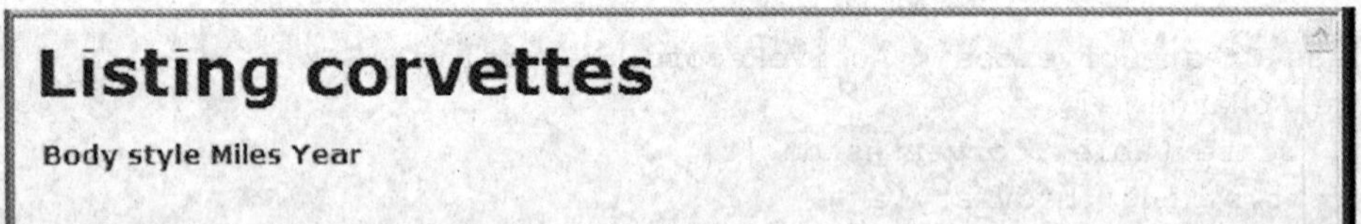

Listing corvettes

Body style Miles Year

New corvette

图 16-6 初始 cars 应用程序的显示结果

如果包含数据，这个文档将提供数据库列表。它还提供一个 New corvette 链接，可将用户带至另一文档，以便向 corvettes 表中输入行，如图 16-7 所示。

9 t.type_name 实际上是 t.column :type_name 的简写形式，因此 column 是被调用的方法，而名为数据类型的方法并不存在。

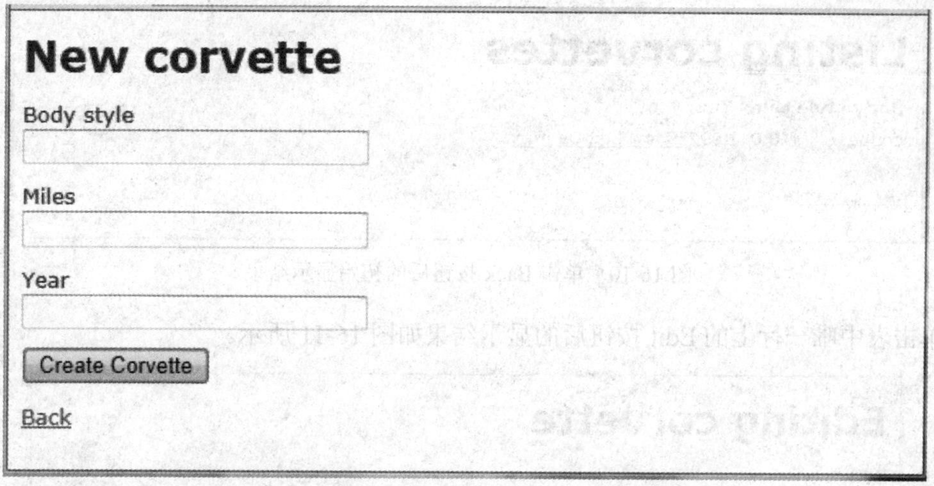

图 16-7　用于向 corvettes 表中输入行的文档的显示结果

图 16-8 显示了输入一行数据后的文档的显示结果。

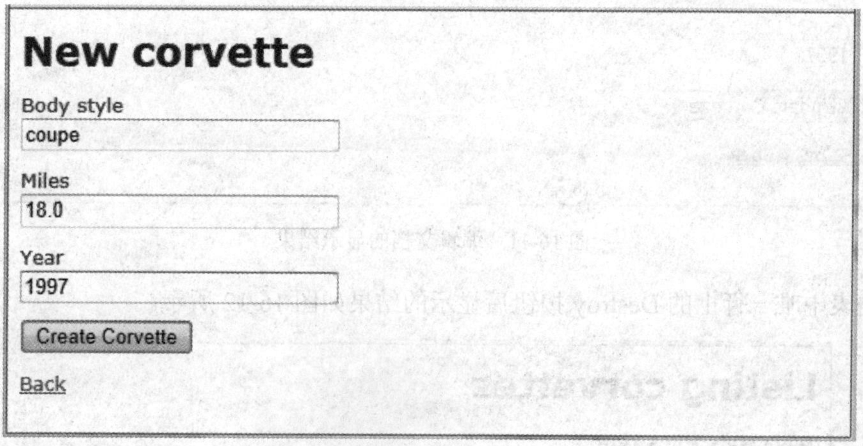

图 16-8　输入一行数据后的显示结果

图 16-9 显示了单击 Create Corvette 按钮后的结果。

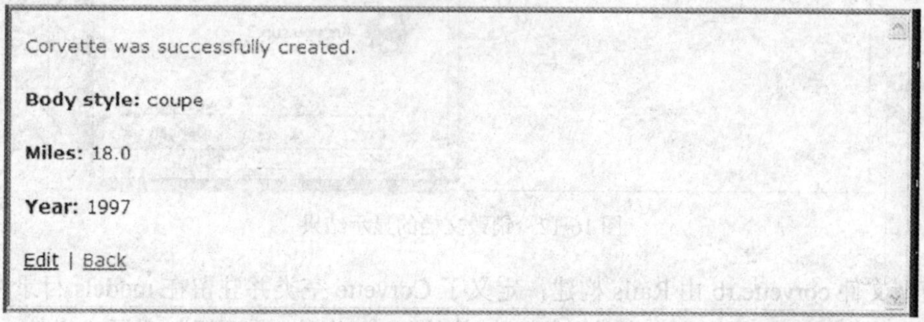

图 16-9　单击 Create Corvette 按钮后的结果

图 16-10 显示了单击 Back 按钮后的初始显示结果。

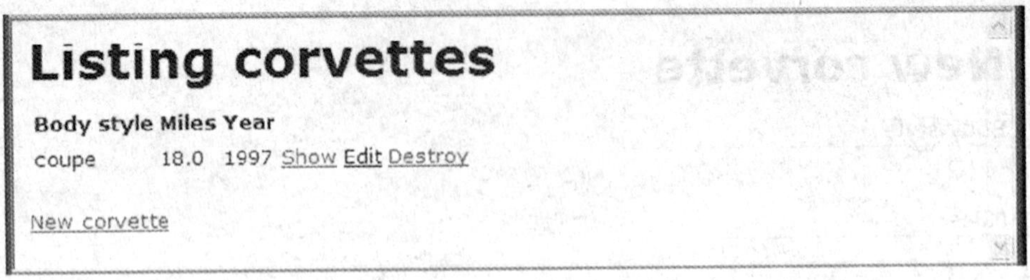

Listing corvettes
Body style Miles Year
coupe 18.0 1997 Show Edit Destroy
New corvette

图 16-10　单击 Back 按钮后的初始显示结果

单击表中唯一行上的 Edit 按钮后的显示结果如图 16-11 所示。

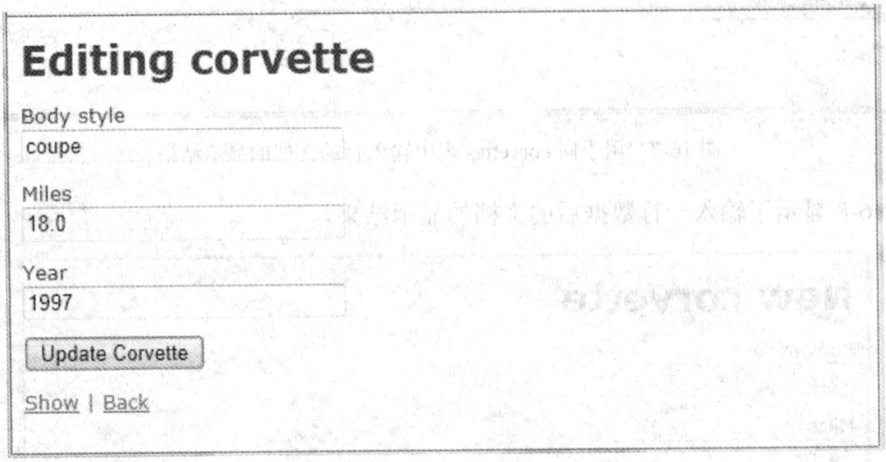

Editing corvette
Body style
coupe
Miles
18.0
Year
1997
Update Corvette
Show | Back

图 16-11　编辑文档的显示结果

单击表中唯一行上的 Destroy 按钮后显示的结果如图 16-12 所示。

Listing corvettes
Body style Miles Year
coupe 18.0 1997 Show Edit Destroy
New Corvette
Message from webpage
Are you sure?
OK
Cancel

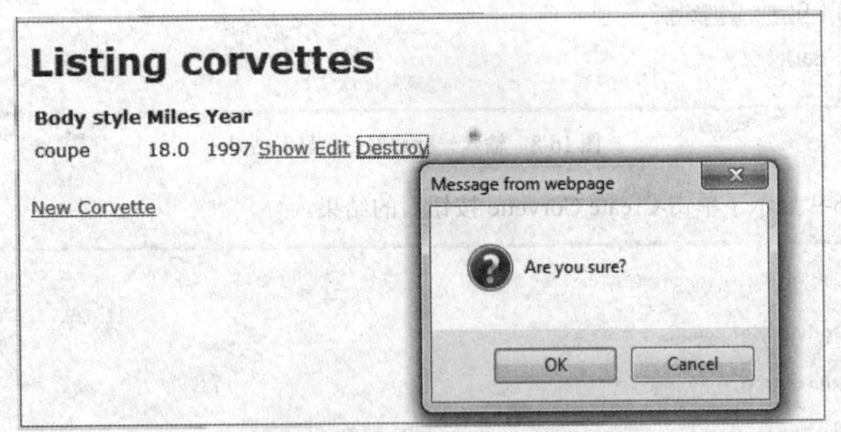

图 16-12　销毁文档的显示结果

模型文件 corvette.rb 由 Rails 构建，定义了 Corvette 空类并驻留在 models 目录中。

经常要对输入到数据库表中的数据添加某种验证。为此，需要添加对预定义的 validates 方法的调用。一个最基本的验证操作是验证表单值是否存在，此时可使用表列的符号名作为参数来调用 validates。它的最后一个参数是:presence=>true。当在表中添加一行时，

validates 确保所有列都有值。如果有任意一列无值，就会发出错误消息。对于该示例而言，调用代码如下所示：

```
validates :body_style, :miles, :year, :presence => true
```

对数据库的另一个有用的验证可以确保不会输入无效年份。为此，在调用 validates 方法时，可以使用 numericality 参数，它可以确保字段值是一个数，并对此数施加特定的约束。此方法的第一个参数是要验证的字段。第二个参数是 numericality，其值可以是一个散列字面量。该散列字面量可以包含具有如下名称的元素：greater_than、greater_than_or_equal_to、less_than、less_than_or_equal_to 和 equal_to。例如：

```
validates :year, numericality => {:greater_than => 1952,
      :less_than_or_equal_to => Time.now.year}
```

对这些验证方法的调用将放在示例模型文件的 Corvette 类中。

应用程序的完整模型类是文件 car/app/models/corvette.rb，如下所示：

```
class Corvette < ActiveRecord::Base
   validates :body_style, :miles, :year, :presence => true
   validates :year, numericality => {:greater_than => 1952,
      :less_than_or_equal_to => Time.now.year}
end
```

根据约定，按创建应用程序的命令中给定的名称 Corvette 将控制器类命名为 Corvette Controller。名为 corvettes_controller.rb 的控制器文件存储在 controllers 目录中并且它定义 Corvettes Controller 类。这个类为数据库表定义了支持方法：index 用于创建表行的列表；show 用于创建表行的数据；new 用于创建新的行对象；edit 用于处理行的编辑；create 用于处理新行的创建；update 用于处理对 Create 按钮的响应；delete 用于处理行的删除。

在 views 目录中有 4 个文档。其中的 index.html.erb 文档如下所示：

```
<h1>Listing corvettes</h1>

<table>
  <tr>
    <th>Body style</th>
    <th>Miles</th>
    <th>Year</th>
    <th></th>
    <th></th>
    <th></th>
  </tr>

<% @corvettes.each do |corvette| %>
  <tr>
    <td><%= corvette.body_style %></td>
    <td><%= corvette.miles %></td>
```

```
    <td><%= corvette.year %></td>
    <td><%= link_to 'Show', corvette %></td>
    <td><%= link_to 'Edit', edit_corvette_path(corvette) %></td>
    <td><%= link_to 'Destroy', corvette, confirm:
          'Are you sure?', method: :delete %></td>
  </tr>
<% end %>
</table>

<br />

<%= link_to 'New corvette', new_corvette_path %>
```

这个文档只是部分标记文档——事实上，它只是完整 HTML 文档的主体元素的内容。那其余部分在哪里？答案是 Rails 用一种方法在单独文档中提供其他文档部分。这个文档的公共部分被分解出来并在文档显示时再进行合并。公共部分的文档称为布局。布局是应用 DRY 原则的一个例子：如果两个或多个文档有公共部分，不要重复它。所有与 corvettes 控制器相关的模板文档只作为主体元素的内容出现，而公共部分——这里指除主体元素的内容外的所有内容——都在 cars/app/views/layout 目录的 application.html.erb 文档中。这里，布局文档由 Rails 通过 scaffold 提供。不过，这样的文档也可由开发人员提供。布局文档由 Rails 隐式合并到模板文档中。当要将模板文档发送到浏览器准备显示时，Rails 首先从布局目录中查找布局文档。如果找到布局文档，就将布局文档与模板文档合并，并将结果发送给浏览器。16.3.4 节将讨论用户定义的布局。

Rails 为 CorvetteController 构建的布局文档 application.html.erb 如下所示：

```
<!DOCTYPE html>
<html>
<head>
  <title>Cars</title>
  <%= stylesheet_link_tag "application" %>
  <%= javascript_include_tag "application" %>
  <%= csrf_meta_tags %>
</head>
<body>
<%= yield %>

</body>
</html>
```

对 yield 的调用告诉 Rails 模板文件在布局中的位置。对 stylesheet_link_tag 的调用指定对布局文档使用的样式表。这里，样式表 application.css 由 scaffold 提供。Javascript_include_tag 方法指定了要包含的 JavaScript 库，它们存储在 public/javascripts 中。对 csrf_meta_tags

的第三次调用创建了两个 meta 元素，它们通过定义一个身份认证令牌来阻止 CSRF 攻击[10]。

new 和 edit 操作的文档使用相同的表单，该表单没有包含在操作中，而是被放到了单独的文档_form.html.erb 中。这个新文档 new.html.erb 如下所示：

```
<h1> New corvette </h1>

<%= render 'form' %>

    <%= link_to 'Back', corvettes_path %>
```

表单文档_form.html.erb 如下所示：

```
<%= form_for(@corvette) do |f| %>
  <% if @corvette.errors.any? %>
    <div id="error_explanation">
      <h2><%= pluralize(@corvette.errors.count, "error") %>
        prohibited this corvette from being saved:</h2>

      <ul>
      <% @corvette.errors.full_messages.each do |msg| %>
        <li><%= msg %></li>
      <% end %>
      </ul>
    </div>
  <% end %>
  <div class="field">
    <%= f.label :body_style %><br />
    <%= f.text_field :body_style %>
  </div>
  <div class="field">
    <%= f.label :miles %><br />
    <%= f.text_field :miles %>
  </div>
  <div class="field">
    <%= f.label :year %><br />
    <%= f.number_field :year %>
  </div>
  <div class="actions">
    <%= f.submit %>
  </div>
<% end %>
```

此文档调用了 FormHelper 模块中定义的几个辅助方法：form_for、label、text_field、number_field 和 submit，它们的作用如同其名称，一目了然。当提交此文档中定义的表单时，

10　CSRF 是 cross-site request forgery (跨站点伪造请求)的缩写。CSRF 攻击强制用户在他们已经通过身份认证的应用程序上执行他们不期望发生的动作(这些动作由入侵者设计)。

输入字段中的值被收集到 params 对象中，并传递给控制器[11]。

show.html.erb 文档如下所示：

```
<p id = "notice"> <%= notice %> </p>
<p>
  <b>Body style:</b>
  <%= @corvette.body_style %>
</p>
<p>
  <b>Miles:</b>
  <%= @corvette.miles %>
</p>
<p>
  <b>Year:</b>
  <%= @corvette.year %>
</p>

<%= link_to 'Edit', edit_corvette_path(@corvette) %> |
<%= link_to 'Back', corvettes_path %>
```

嵌入的 Ruby 代码，如@corvette.body_style，从相应的文本框中取出输入。

最后，edit.html.erb 文档如下所示：

```
<h1>Editing corvette</h1>
<%= render 'form' %>
<%= link_to 'Show', @corvette %> |
<%= link_to 'Back', corvettes_path %>
```

edit.html.erb 文档类似于前面所示的 new.html.erb 文档。

16.3.2 完成应用程序

现在必须扩展该示例来提供用户服务——向用户显示一个表单，供他们指定对数据库的查询、执行这样的查询以及显示结果。

该示例需要一个新控制器(命名为 main)来实现应用程序要求的动作。可用如下命令创建该控制器：

```
>rails generate controller main welcome
```

与动作方法相关的模板将向用户提供应用程序的初始显示。前面提到过，这个显示必须包括数据库的 corvettes 表中当前的汽车数。因此，welcome 方法必须向模板提供该数量。表中的行数可以通过在表对象上调用 count 方法来确定。例如，用 Corvette.count 可以得到 corvettes 表中的行数。将对 Corvette.count 的调用放在 welcome 动作方法中，并将返回的值存储在实例变量@num_cars 中。得到的控制器如下所示：

11 有关在控制器中使用 params 对象的内容请参见 16.3.2 节。

```
# main_controller.rb - for the cars application
class MainController < ApplicationController

# welcome method - fetches values for the
# initial view
  def welcome
    @num_cars = Corvette.count
  end
end
```

每个模型类(进而每个数据库表)都支持 where 方法，此方法从表中搜索满足给定条件的行。使用 where 的最简单方式是向它传递某列的特殊值。如以下语句所示：

```
mycar = Corvette.where(:body_style => "convertible")
```

如果找不到这样的行，应用程序将抛出 RecordNotFound 异常。

在调用 where 时，可在其后加上一个句点，后跟一个修饰符 first、last 或者 all。默认情况下使用 first。因此，上面的调用将找出第一个 body_style 为 convertible 的行。

还可以指定多个条件，如下所示：

```
sixty_five_conv = Corvette.where([:year = 1965,
                                  :body_style = 'convertible']).all
```

只有在条件都是字面量时，才可以采用这种格式来调用 where。很多情况下，条件至少有一部分会由用户输入组成，通常是表单数据。例如，year 条件值可能在@year 实例变量中。要处理这种情形，Rails 使用 where 值的一种不同格式。这种格式是：where 的参数值放在一个数组字面量中，问号代替用户输入值，条件后面跟一个逗号以及保存此值的变量。上面示例的新格式如下所示：

```
my_year_conv = Corvette.where(
    ["year = ? and body_style = 'convertible'", @year]).all
```

现在可以开发 welcome 模板，该模板存储在 views 目录的 welcome.html.erb 文件中。此文档必须给出初始信息，然后显示一个表单，用户可以填写并提交该表单，以便了解待售汽车的信息。welcome 文档使用 main 控制器的 welcome 方法产生的值@num_cars。welcome.html.erb 文件如下所示：

```
<!-- welcome.html.erb - initial view for the cars application
    -->
<!-- The initial information -->
<p>
  <h1> Aidan's Used Car Lot </h1>
  <h2> Welcome to our home document </h2>
  We currently have <%= @num_cars %> used Corvettes listed <br />
  To request information on available cars, please fill out <br />
  the following form and submit it
</p>
<!-- The form to collect input from the user about their interests
```

```
    -->
  <form action = "result" method = "post" >
    From year: <input type = "text" size = "4" name = "year1" />
    To year: <input type = "text" size = "4" name = "year2" />
    Body style: <input type = "text" size = "12" name = "body" />
    <br />
    <input type = "submit" value = "Submit request" /> <br />
    <input type = "reset" value = "Reset form" /> <br />
  </form>
```

注意，welcome.html.erb 中表单元素的 action 特性被设置为 result，它将成为 main 控制器中的动作方法。同时注意采用的是 post 方法，这在 Rails 中是必需的。

与 scaffold 生成的模板文档一样，此模板缺少第一和最后一部分。本节开发的另一个模板 result 也是这样。将在 16.3.4 节中用布局文档添加这些模板的其他部分。

图 16-13 展示了 welcome 模板的显示结果[12]。

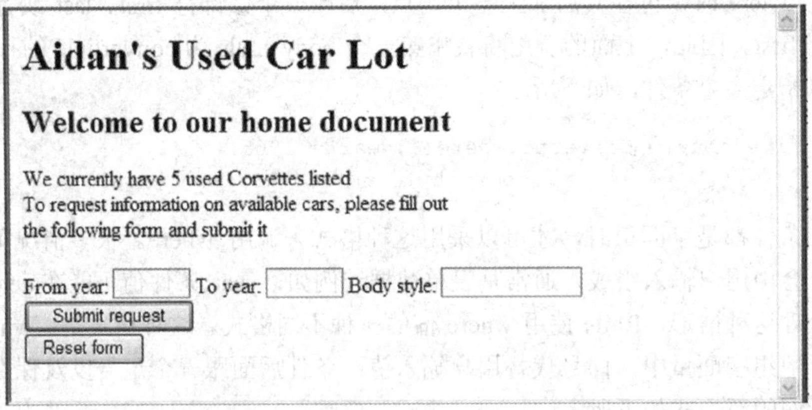

图 16-13 welcome.html.erb 的显示结果

应用程序构造中的下一步是在 MainController 类中构建动作方法，以便在表单提交时处理表单数据。在初始模板文件 welcome.html.erb 中，这个方法在表单标签的 action 特性中命名为 result。result 方法有两个任务，第一个任务就是获取表单数据。该数据用来向客户显示信息，也用来计算结果。控制器类通过 Rails 定义的对象 params 获得表单数据。params 是一个类似于散列的对象，包含所有表单数据(以及其他一些数据)。之所以说 params 像散列，是因为它是一个可用 Ruby 符号或实际键来索引的散列(只能用键来编写散列对象的索引)。通常，Rails 约定用符号来编写 params 索引。例如，要获取名为 phone 的表单元素的值，可使用以下语句[13]：

```
@phone = params[:phone]
```

12 我们暗中又向 corvettes 表中插入了 4 行。

13 如果单词 params 与它后面的左方括号之间有空格，Rails 将生成错误消息“wrong number of arguments (1 for 0)”，此消息可能难以理解。

你应该还记得，所有表单数据都是字符串形式。但有些值是整型数量，因此必须用 String 的 to_i 方法将它们转换成整型。获取表单数据的语句形式如下所示：

```
@num_pizzas = params[:num_pizzas].to_i
```

注意，实例变量的名称与表单元素的名称一样。这里，值是数量，被转换成整型。

下列所示是完整的 MainController 类：

```
# main_controller.rb - for the cars application
class MainController < ApplicationController

# welcome method - fetches values for the initial view
  def welcome
    @num_cars = Corvette.count
  end

# result method - fetches values for the result view
  def result
    @year1 = params[:year1].to_i
    @year2 = params[:year2].to_i
    @body = params[:body]
    @selected_cars = Corvette.where(
                    ["year >= ? and year <= ? and body_style = ?",
                    @year1, @year2, @body]).all
  end
end
```

开发应用程序的最后一步是设计 result 模板，此模板存储在 result.html.erb 文件中。为了提供令人满意的外观，有必要将特定汽车的相关信息放在表格中。在此，可使用 each 迭代器遍历控制器中的 result 方法提供的@selected_cars 数组中的所有汽车。

完整的 result.html.erb 模板文档如下所示：

```
<!-- result.html.erb - the result of the user request for
                      information about cars
     -->
    <p>

<!-- Display the constraints that the user asked for -->
       Cars from <%= @year1 %> to <%= @year2 %>
         with the <%= @body %> body style
    </p>

<!-- Display the results of the request in a table -->
    <table border = "border">
      <tr>
      <th> Body Style </th>
      <th> Miles </th>
      <th> Year </th>
    </tr>
```

```
  <!-- Put the cars in @selected_cars in the table -->
     <% @selected_cars.each do |car| %>
       <tr>
         <td> <%= car.body_style %> </td>
         <td> <%= car.miles %> </td>
         <td> <%= car.year %> </td>
       </tr>
     <% end %> <!-- end of do loop -->
   </table>
```

最后演示一下 cars 应用程序的用法。图 16-14 展示了用户填充内容之后的 welcome 模板的显示结果[14]。

Aidan's Used Car Lot

Welcome to our home document

We currently have 5 used Corvettes listed
To request information on available cars, please fill out
the following form and submit it

From year: 1995 To year: 1996 Body style: hatchback
Submit request
Reset form

图 16-14　cars 应用程序中填充内容后的 welcome 模板

图 16-15 展示了在图 16-14 中的 welcome 表单提交之后的 result 模板。

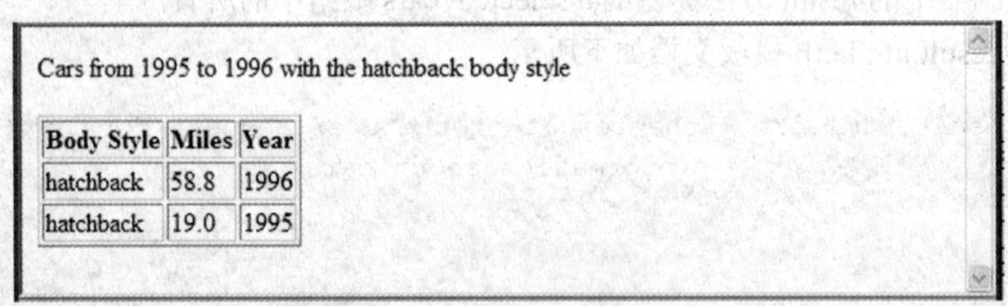

Cars from 1995 to 1996 with the hatchback body style

Body Style	Miles	Year
hatchback	58.8	1996
hatchback	19.0	1995

图 16-15　cars 应用程序的 result 模板

16.3.3　修改数据库

Rails 所实现的敏捷软件开发的过程就是一个快速创建应用程序的最简单初始版本并呈现给客户的过程。这可让客户在开发过程的早期阶段查看和评估设计，并与设计者进行交互。在许多情况下，客户需要某种特定功能，但当此功能真正呈现在他们面前时，他们

14　我们使用 Rails 3.1 的一个早期版本来测试此应用程序。必须在 config/routes.rb 文件中添加下面一行代码来避免出现路由错误：post "main/result"。

又改变了主意。增量式开发以及与客户的不断交互是敏捷软件开发的特征。

用于应用程序的数据库的设计在开发过程中，常会因为开发人员或客户的需求而改变。因此，Rails 提供了一些用于修改数据库内容的有效工具。16.3.1 节展示并讨论了初始迁移文件。它是由 Rails 创建的，用来响应在构建 cars 应用程序的初始版本的命令中提供的信息。我们知道，此文件名为 20111016030420_create_corvettes.rb，它构建了 corvettes 表的初始版本。

在开发和使用应用程序的过程中，数据库可能会以各种方式改变。另外，经常发生数据库必须反向改变的情况，也就是撤消一些更改。Rails 通过迁移类支持数据库在正反两个方向改变。要改变数据库，必须生成一个新的迁移类。

为了演示对数据库的更改，现在为 cars 应用程序的数据库的 corvettes 表新建一个迁移类。在 corvettes 表中包括进一个州列来表明哪个州有车待售，这会很有用。现在更改数据库，同时对 main 控制器及其视图模板做必要的修改。

用脚本创建一个新的迁移。对本示例而言，命令如下所示：

```
>rails generate migration AddStateToCorvette
        state:string
```

migration 参数告诉 generate 构建一个迁移类。下一参数指定迁移类的名称，此名称由我们来命名。最后一个参数提供要在表中添加的列名称和数据类型。Rails 对此命令的响应如下所示：

```
invoke active_record
create db/migrate/20111017205052_add_state_to_corvette.rb
```

第二行告诉用户 20111017205052_add_state_to_corvette.rb 文件已创建，且有类名 AddStateToCorvette。

所创建的迁移文件 20111017205052_add_state_to_ corvette.rb 如下所示：

```
class AddStateToCorvette < ActiveRecord::Migration
  def change
    add_column :corvettes, :state, :string
  end
end
```

现在，应用程序目录中给定的 rake 命令可用于更新数据库：

```
>rake db:migrate
```

Rails 对此命令的响应如下所示：

```
(in C:\Ruby192\bin\examples\cars)
== AddStateToCorvette: migrating ========================
-- add_column(:corvettes, :state, :string)
   -> 0.0010s
== AddStateToCorvette: migrated (0.0010s) ===============
```

现在必须为已经修改的表修改模板文档，考虑新添加列的情况。这是一项相对简单的任务。

在完成这些更改后，将浏览器定位到 corvettes 控制器，将生成如图 16-16 所示的结果。

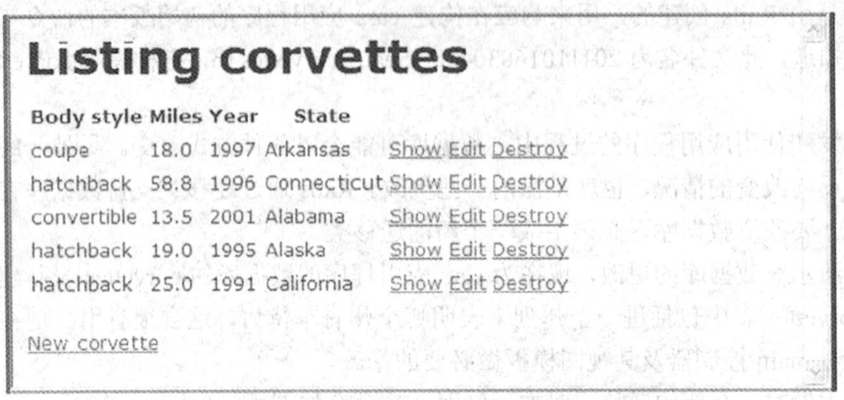

Body style	Miles	Year	State			
coupe	18.0	1997	Arkansas	Show	Edit	Destroy
hatchback	58.8	1996	Connecticut	Show	Edit	Destroy
convertible	13.5	2001	Alabama	Show	Edit	Destroy
hatchback	19.0	1995	Alaska	Show	Edit	Destroy
hatchback	25.0	1991	California	Show	Edit	Destroy

图 16-16 添加 state 列后的 cars_development 数据库

可以通过下列命令回滚由最新迁移类对数据库所做的最新更改：

```
>rake db:rollback
```

如果希望将数据库回滚到之前的迁移版本，可使用 migrate 并提供想回滚到的版本号。例如，要将数据库回滚到其最初形式，可使用下列命令：

```
>rake db:migrate VERSION=20091016120032
```

16.3.4 布局和样式表

前面提到过，cars 应用程序的 main 控制器的模板只是一部分。本节将开发布局文档来完善这些模板。

main 有两个视图模板，一个用于 welcome 动作，另一个用于 result 动作。两者可使用相同的标题信息。可以构建布局来为与这两个动作相关的模板指定标题。也可以使用布局在两者的视图文档的底部添加版权行。这个名为 main.html.erb 的新布局如下所示：

```
<!DOCTYPE html>
<!-- main.html.erb - a layout for the main controller of cars -->
<html lang = "en">
  <head>
    <title> Main </title>
    <meta charset = UTF-8 />
  </head>
  <body>
    <h1> Aidan's Used Car Lot </h1>
    <h2> Welcome to our home document </h2>
    <%= yield %>
    <hr/>
    <p> Copyright 2012, AUCL, Inc. </p>
```

```
  </body>
</html>
```

现在将标题放到了布局中，所以必须从 welcom.html.erb 文件中删除它，以防两次显示标题。

现在将一个外部样式表添加到这个布局模板中，用于演示样式表在 Rails 中的使用。样式表只设置标题和文本框标签的颜色以及主标题和标签的字体样式。名为 mainstyles.css 的样式表文件如下所示：

```
/* mainstyles.css - a style sheet for the main controller */
h1 {font-style: italic; color: blue;}
h2 {color: blue;}
.labels {font-style: italic; color: red;}
```

用于 cars 应用程序的模板文件的外部样式表保存在 cars/app/assets/stylesheets 目录中。

对布局样式表的引用放在 main 控制器的布局 main.html.erb 中。该引用是调用 stylesheet_link_tag 方法的 Ruby 代码，以字符串字面量形式传递无文件扩展名的样式表名称。对于本示例来说，以下引用放在 main.html.erb 的头部：

```
<%= stylesheet_link_tag "mainstyles" %>
```

使用 main 布局和 mainstyles 样式表的 welcome 模板的显示结果如图 16-17 所示。

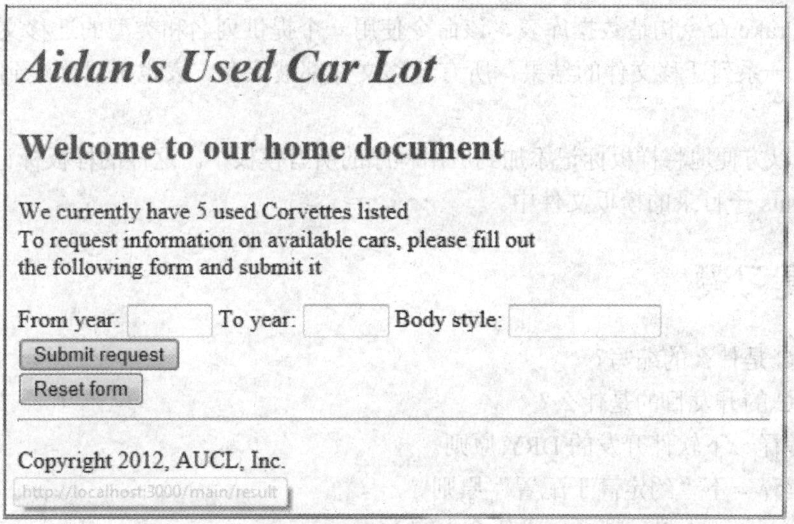

图 16-17 采用 mainstyles 样式表的 welcome 模板的显示结果

注意，该文档包含 Javascript_include_tag，以便访问 Prototype 库。

16.4 本章小结

Rails 是用于开发 Web 应用程序的 Ruby 软件开发框架。虽然它可用于所有 Web 应用程序，但它尤其适用于与关系数据库交互的 Web 应用程序。Rails 的一个特性是使用对象-关系映射将面向对象的 Ruby 与关系数据库联系起来。Rails 使用软件应用程序的模型-视图-控制器(MVC)模型。

“Hello,World” Rails 应用程序易于构建。可以通过 rails 命令来构建基本的应用程序骨架，将应用程序名作为参数。这会创建很多支持应用程序的目录和文件。控制器类可以通过运行 script/generate 脚本来生成，以参数形式提供控制器名称。然后向控制器类添加一个空的动作方法。开发此应用程序的最后一个步骤是构建视图或模板文件，其名称必须与控制器中的动作方法相同。在这种情况下，模板文件是一个简单的标记文档，其内容是 Hello,World。在 Rails 中启动 Web 服务器后，此应用程序就做好准备等待浏览器请求。

Rails 中的动态文档与用 PHP 构建的动态文档密切相关。Ruby 代码可放置在<%和%>标记之间并被嵌入到模板中。当浏览器请求时，解释 Ruby 代码，它的输出存放在模板中，然后返回给请求的浏览器。大多数情况下，数据和计算放在控制器的动作方法中，而不是模板中。动作方法中的所有实例变量在相关模板文件中都是可见的。

Rails 中的表单处理相对简单。控制器类通过类似于散列的对象可以取得表单值。动作方法将表单值提取到实例变量中。

Rails 应用程序可与数据库服务器清晰地整合在一起。控制器通过其名称为表名的单数形式且第一个字母大写的类可以访问数据库表。表的行是表类的对象。表行中的条目可以作为表对象的字段被访问。只用几个命令就可以构建一个包括单个表的数据库和基本的表维护操作的 Web 应用程序。表类的 where 方法提供了从数据库提取数据的强大功能。

可通过 rake 命令构造数据库表，该命令使用一个提供列名和类型的迁移文件。数据库通常是应用一系列迁移文件的结果，所有迁移文件都被保存。表也可以回滚到任意已有的迁移文件。

布局可以方便地将样板标记添加到应用程序的所有模板中。这样的样板标记放在 views 目录的 layouts 子目录的模板文件中。

16.5 复习题

1. MVC 是什么的缩写？
2. MVC 的开发目的是什么？
3. 试解释一下软件开发的 DRY 原则。
4. 试解释一下“约定高于配置”原则。
5. generate controller 脚本生成什么内容？
6. 必须将什么内容放在应用程序的控制器类中？
7. 模板放在哪个目录中？
8. 为什么模板文件的名称具有.html.erb 扩展名？
9. 动作方法如何获得表单控件数据？
10. 模板如何访问动作方法中定义的实例变量？
11. 数据库文件存储在哪个目录中？

12. 由 scaffold 生成的动作方法提供哪些类型的操作？
13. CRUD 是什么的缩写？
14. 真正构建数据库的 Rails 命令是什么？
15. 架构文件中描述的是什么内容？
16. 详细解释一下 validate_presence_of 的用法。
17. 讲述用于向数据库表中添加列的命令。
18. 样式表存储在哪个目录中？
19. 什么是布局？

16.6　练习题

1. 简要描述一下 MVC 应用程序。
2. 解释迁移文件如何帮助开发人员管理数据库。
3. 构建一个简单的 Rails 应用程序，将静态文档返回到请求的浏览器，这里的静态文档是你的简短自我介绍。
4. 构建一个 Rails 应用程序，接受两个整数值，计算出这两个值的乘积并返回给客户端。
5. 构建一个 Rails 应用程序，这个应用程序构造一个只有一个表的数据库。此表中列出了从事我们熟悉的某个团体性运动的著名运动员。该表必须包括运动员的姓名、年龄、所属运动队等几列。该应用程序接受用户对特定队的运动员以及年龄范围的请求，然后从数据库中返回这些人员的一个列表。
6. 修改练习 5 中的示例应用程序，添加一列来指定运动员在队中的位置。同时修改查询表单来包括这一列。

附录 A

Java 简介

本附录将向已熟悉 C++和面向对象编程的程序员简要介绍 Java。本章只涵盖了 Java 中的一小部分内容，这里着重介绍的Java特性有助于理解与本书讨论的内容类似的Java程序。在某章中阐述的主题未必在本附录中进行说明，如并发特性。

本附录首先概述 Java 的特性和能力。然后阐述 Java 的数据类型、数据结构以及控制语句。接下来介绍 Java 的类定义，包括一些定义数据和方法的细节。之后讨论 Java 接口，Java 接口提供有限的多重继承。最后描述 Java 异常处理。

A.1 Java 概述

Java 基于 C++，所以它与 C++语言关系密切。然而，为了使 Java 语言更简短，在设计 Java 时，去除了 C++语言中的某些部分。其他的 C++特性在 Java 中重新进行了设计，Java 还包含一些不属于 C++的结构。与 C++相比，Java 的特性可以用以下几个不同点进行描述：采用独有的方式支持面向对象编程、没有用户定义的重载、隐式释放堆对象、使用接口、没有指针并且只有少量的强制类型转换。

C++最初作为 C 语言的扩展，是为了对面向对象编程提供支持。因为它几乎包含了 C 语言的全部内容，所以 C++既支持面向过程编程也支持面向对象编程。Java 则不支持面向过程编程。在实际应用中，这意味着 Java 中的子程序只能够作为方法出现，并且该方法在类的定义中定义。数据定义也是如此。因此，所有数据和功能都与类相关进而与对象相关。

C++允许用户定义新操作，这些新操作由已有的运算符符号指定。例如，如果用户定义一个类支持复数，那么他可以重载+和–的定义，从而使得+和–可以用作复合对象的二进制运算符。为简单起见，Java 不允许用户定义运算符重载。

在 C++中，用户程序既可以分配又可以释放堆的存储空间。这会导致很多编程问题，包括悬摆指针。悬摆指针是一个指向内存单元的指针，这个内存单元在以前使用过，现在已被显式释放，但是将来可能重新分配使用。如果将堆空间释放交给系统而不是用户来完成，就可以避免有些问题。在 Java 中，所有的堆空间释放是隐式的，使用垃圾收集技术来回收隐式释放的堆空间。

在 C++中，用户程序可以定义一个类来扩展两个或多个不同的类，从而实现多重继承。尽管有时多重继承确实很方便，但它具有一些缺点，其中程序设计的复杂性可能使其难以理解。正因为如此，Java 不支持多重继承。取而代之的是 Java 中的接口，Java 使用接口来提供一些多重继承的功能。接口相关的内容将在 A.4 节阐述。

指针是非常危险的，特别是允许指针进行算术运算的时候。Java 不包含指针，却提供引用，C++也支持引用，但它们之间有些区别。Java 中的引用变量用来引用对象而不是内存单元。所以它们不能用作算术运算的操作数。加上没有释放堆对象的运算符，使引用比 C++中的指针要安全得多。

在 C++以及其他许多编程语言中，将任何数字类型的值赋给任何其他数字类型的变量是合法的。这需要编译器在程序中编译类型转换代码，称为强制转换。这些强制转换中有一半是收缩转换(narrowing conversion)。在收缩转换中，一般不可能在新的类型中将值转换为它的近似值。例如，在 C++中将 float 值赋给 int 变量是合法的，尽管这是一个收缩转换。例如，float 值为 1.23E15，将它转换为 int 值时，得不到它的近似值。Java 不允许赋值语句中存在收缩转换。在语法上，编写这样的赋值语句是不合法的。所以用 Java 编写的程序总体上要比用 C++编写的程序更安全。

Java 的控制语句与 C++中的几乎相同。一个不同之处在于 Java 控制语句中的控制表达式必须具有布尔值，而在 C++中控制表达式可以是布尔值，也可以是数字类型。例如，在 Java 中以下语句是非法的。

```
if (2 * count) . . .
```

从 Java 应用程序到屏幕的输出通过对象 System.out 来完成，这表示控制台窗口与应用程序关联。这个对象有两个方法：print 和 println，它们完成打印功能。其参数类型都是字符串类型，但也允许使用变量作为参数。如果非 String 变量的值出现在 System.out.print 或 System.out.println 的参数中，那么它将隐式地被转换为字符串。print 方法在屏幕上生成输出字符串，在字符串的末尾不会添加换行符。println 方法除了在最后添加换行符之外，与 print 方法相同。print 和 println 的字符串参数经常被指定为几个字符串的连接操作，其中使用+作为连接字符串的运算符。以下方法调用举例说明了 print 和 println 的使用：

```
System.out.println("Apples are good for you");
System.out.println("You should eat " + numApples +
                   " apples each week");
System.out.print("Grapes ");
System.out.println("are good, too");
```

如果 numApples 为 7，这些语句产生的输出如下：

```
Apples are good for you
You should eat 7 apples each week
Grapes are good, too
```

Java 中使用的命名约定如下：

- 类名和接口名的首字母大写。
- 变量名和方法名的首字母小写。
- 包名的所有字母均为小写。
- 常量名的所有字母均为大写，其中使用下划线作为分隔符。
- 当名称包含多个单词的时候，除了包名和常量名，所有嵌入单词的首字母均为大写。
- 除了常量名，所有嵌入的单词除了首字母大写之外，其余字母均为小写。

Java 没有取地址运算符(在 C++中为&)和反引用运算符(在 C++中为一元*)，也没有返回类型或对象大小的运算符(在 C++中为 sizeof)。

A.2 数据类型和结构

C++和 Java 中有两种类型的数据值：基本类型和对象。这是一种折中的设计方案，因为虽然基本类型值提供了高效的算术运算，但它以语言对象模型的复杂化为代价。基本类型值的算术运算可以非常快捷地完成，但当操作数为对象时花费的时间较多。

C++有 3 种不同的对象变量：值为在栈中分配对象的变量、引用在堆中分配对象的指针以及引用在堆中分配对象的引用。在 Java 中，只能通过一种方法引用对象，即通过引用变量。之所以能够进行这种简化，是因为所有对象都是在堆中分配的，且在 Java 中没有指针变量。

Java 的基本类型有 int、float、double、char 及 boolean。在基本类型值上的操作与在其他程序设计语言中的操作类似。每种基本类型都有对应的包装器类，如果把基本类型值当成对象对待比较方便，那么可以使用包装器类[1]。Java 的包装器类的名称除了首字母为大写之外，与它关联的基本类型的名称一样。例如，double 的包装器类是 Double。包装器类的对象由 new 运算符和类的构造函数创建。如下所示：

```
Integer wrapsum = new Integer(sum);
```

包装器类的一种用途是提供操作基本类型值的方法。例如，float 值可以通过创建对象并在对象上使用 toString 方法转换为字符串。要将 float 值 speed 转换为 String 对象，可使用下面的代码：

```
float speedObj = new Float(speed);
String speedStr = speedObj.toString();
```

如上所述，所有对象都通过引用变量引用。引用变量与基本类型变量的定义方法相同。例如，

```
int sum;
String str1;
```

在本例中，sum 是类型为 int 的基本类型变量，而 str1 是引用变量，引用 String 对象，

1 之所以将这些类称为包装器类，是因为它们包装了基本类型值，因此看起来像一个对象。

并且其初始值为 null。

虽然可以在 Java 中创建和使用字符数组，但对字符串而言使用 String 和 StringBuffer 类更加方便。String 对象是不变的字符串。可采用两种方式创建：new 运算符或隐式地创建。如下所示：

```
String greet1 = new String("Guten Morgen");
String greet2 = "Guten Morgen";
```

这两个字符串是等价的。所有 Java 的 String 和 StringBuffer 对象的每个字符都占用 2 个字节，这是因为它们使用 Unicode 字符编码，这种编码的位宽是 16 位。

字符串连接操作使用加运算符(+)指定，该运算符能够用于 String 对象上，如下所示：

```
greet3 = greet3 + " New Year";
```

通过 String 对象可以调用大量的方法来执行在一定程度上符合标准的字符串操作，如 charAt、substring、concat 及 indexOf。必须用 String 的 equals 方法来比较两个字符串是否相等。因为字符串是对象，所以在两个字符串之间不能使用= =运算符。

如果必须对字符串进行操作，那么这个字符串不能是 String 对象(因为 String 对象不能改变)。在这种情况下，可使用 StringBuffer 对象。StringBuffer 对象使用 new 运算符创建，如下所示。

```
StringBuffer greet3 = new StringBuffer("Happy");
```

StringBuffer 类具有一个方法集合，可用于操作 StringBuffer 类的对象。其中有 append 方法、delete 方法和 insert 方法。append 方法将给定的值添加到对象的末尾；delete 方法删除对象的一个或多个字符；insert 方法将一个值插入到字符串对象中。当使用 append 方法和 insert 方法时，如果所给定的参数不是字符串，那么这个参数将隐式地转换为字符串。

在 Java 中，数组是类的对象，这个类具有某种特殊功能。与其他所有对象一样，数组对象总是通过引用变量来引用，并且总是在堆中分配。可采用下面格式的语句来创建数组对象：

```
element_type array_name[] = new element_type[length];
```

例如：

```
int[] list1 = new int[100];
float[] list2 = new float[10];
```

如果已经使用

```
int[] list3;
```

创建了一个数组的引用变量，那么可以用下面的语句创建相应数组的对象：

```
list3 = new int[200];
```

与其他相关的语言一样，Java 数组的下标范围总是从 0 开始的。与 C++不同，Java 检查数组元素的所有引用，以确保下标值在定义的数组下标范围内。因此，不可能引用不存在的数组元素或者对不存在的数组元素进行赋值。当检查到超出范围的下标时，会抛出 ArrayIndexOutOf BoundsException 异常。将在 A.5 节中阐述 Java 异常处理。

Java 不包含 struct 和 union 数据结构，但它们是 C++语言中的一部分。Java 也不具有 unsigned 类型或者 typedef 声明。

A.3　类、对象和方法

C++类定义和 Java 类定义有一些重要的区别。所有 Java 类都有父类，而在 C++中类不需要有父类。Java 中类的父类在类定义中由保留字 extends 指定。类定义的通用形式如下：

```
[modifiers] class class_name [extends parent_class] { . . . }
```

此处的方括号表示包含的内容是可选的。在类定义的起始位置可以出现 3 个不同的修饰符：public、abstract 和 final。其中 public 修饰符使得类对其他包中的类是可见的(本节稍后会介绍包)。abstract 修饰符指定该类不能被实例化。抽象类是一个用来被非抽象类扩展的类模型。final 修饰符指明不能扩展该类。

所有 Java 类的根类为 Object。如果在类定义中不指定父类，那么创建的类就是 Object 的子类。

在 C++类中定义的变量和成员函数(方法)的声明放置在 public、private 或 protected 子句中，可以通过这种方法来指定可见性。在 Java 中使用同样的保留字，不过是在单个声明上，而不是在子句上。这些访问修饰符的含义与 C++中的相同。

除访问修饰符外，变量声明还可以包含 final 修饰符，表示变量实际上是常量，这种情况下，必须初始化变量。Java 不使用 C++中的 const 保留字来指定常量。

在 Java 中，所有方法都在类中定义。Java 类方法通过在定义中包含 static 修饰符来指定。任何不包含 static 的方法都是实例方法。方法也可以包含其他几种修饰符，其中包括 abstract 和 final。abstract 修饰符指定方法不在类中定义。final 修饰符指定方法不能被重写。

C++只依靠类作为其唯一的封装结构，然而 Java 还包括类的上一级封装——包。在包中可以定义多个类，包中的类与 C++中的友元(friend)类相似。在类中定义的实体，无论是公共、受保护的还是没有访问修饰符，对包中的其他所有类都是可见的。这是对 C++中受保护的定义的扩展。在 C++中，受保护的成员只在定义它的类中和这个类的子类中可见。没有访问修饰符的实体具有包作用域，这是因为它们在整个包中都是可见的。因此 Java 很少需要显式的友元声明，事实上也不包括 C++中的友元函数或友元类。包经常包含库，并且可以按分层方式定义。Java 标准的类库定义在包这一层中。

类定义位于指定包中的文件包含包声明，如下所示：

```
package cars;
```

类中实体的外部可见性由实体上的访问修饰符控制。来自其他可见类的实体可以通过全称引用，全称首先是类所在包的包名，然后是实体所在类的类名。例如，如果有一个名为 weatherpkg 的包，这个包中包含了一个名为 WeatherData 的类，该类定义了一个公共变量 avgTemp，avgTemp 可在其他的类中引用。它的全称如下：

```
weatherpkg.WeatherData.avgTemp
```

import 语句提供了一种方法，以便简化这种导入的名称。例如，假设在程序中包含下面的语句：

```
import weatherpkg.WeatherData;
```

现在就可以直接访问变量 avgTemp 了(只使用变量名)。import 语句可使用星号来替代类名，在这种情况下，将导入包中所有的类。例如：

```
import weatherpkg.*;
```

Java 应用程序是编译后的类，它包含一个名为 main 的方法。Java 解释程序从 Java 应用程序的 main 方法开始执行。下面举例说明一种最简单的 Java 应用程序：

```
public class Trivial {
  public static void main (String[] args) {
    System.out.println("A maximally trivial Java
                        application");
  }
}
```

main 方法的修饰符总是相同的。它必须具有公共的访问性，不能被扩展。void 修饰符表示 main 不返回值。main 的唯一参数是一个字符串数组，这个数组包含来自用户的任何命令行参数。在许多情况下，不使用命令行参数。当使用这些参数时，解释程序将它们作为字符串传递给 main 方法。

在 C++中，可通过某种间接方式来定义方法：在类定义中给出协议，但方法的定义出现在其他地方。然而，在 Java 中方法的定义必须出现在与它们相关联的类中。

与 C++中相同，Java 构造函数与它们所在的类同名。C++使用析构函数方法为实例数据成员释放堆空间。因为 Java 使用隐式的堆释放，所以不需要析构函数。

在包括 C++在内的一些面向对象的程序设计语言中，方法调用可以静态(在编译时)或动态(在运行期间)绑定到方法上。在 C++中，方法调用到方法的默认绑定是静态的。只有方法定义为 virtual 时，才能动态地绑定。在 Java 中，默认为动态绑定。

使用 new 创建用户定义的类对象。与数组对象相同，访问一个对象需要使用引用变量，但可在同一个语句中创建引用变量和对象。例如：

```
MyClass myObject1;
myObject1 = new MyClass();
MyClass myObject2 = new MyClass();
```

两个引用变量 myObject1 和 myObject2 都引用了 MyClass 类的新对象。

与 C++的情况相同，Java 类中既可以有实例变量，也可以有类变量，或者两者都有。每个类的类变量只有一个版本，而定义实例变量的类的每个实例中都会包含相应的实例变量。如果实例变量和类变量在声明中没有显式地初始化，将隐式地初始化。数值变量隐式地初始化为 0，布尔变量初始化为 false，而引用变量初始化为 null。

在类的方法中，可以直接引用实例变量。在其他类中，可通过引用变量引用实例变量，引用变量指向相关的对象。例如：

```
class MyClass extends Object {
  public int sum;
  . . .
}
MyClass myObject = new MyClass();
```

在其他类中，如在导入 MyClass 的类中，或者在定义在同一个包中的其他类中，可用下面的语句引用实例变量 sum：

```
myObject.sum
```

与类方法相似，由前面带有 static 保留字的声明来指定类变量。

下面列举一个类定义的示例，该示例对我们所阐述的 Java 的某些特性进行了举例说明。这个示例使用数组实现了一个栈。

```
import java.io.*;
class Stack_class {
  private int [] stack_ref;
  private int max_len,
              top_index;
  public Stack_class() { // A constructor
    stack_ref = new int [100];
    max_len = 99;
    top_index = -1;
  }
  public void push(int number) {
    if (top_index == max_len)
      System.out.println("Error in push--stack is full");
    else stack_ref[++top_index] = number;
  }
  public void pop() {
    if (top_index == -1)
      System.out.println("Error in pop--stack is empty");
    else --top_index;
  }
  public int top() {return (stack_ref[top_index]);}
  public boolean empty() {return (top_index == -1);}
}
```

使用 Stack_class 的示例类如下：

```
public class Tst_Stack {
```

```
    public static void main(String[] args) {
      Stack_class myStack = new Stack_class();
      myStack.push(42);
      myStack.push(29);
      System.out.println("29 is: " + myStack.top());
      myStack.pop();
      System.out.println("42 is: " + myStack.top());
      myStack.pop();
      myStack.pop(); // Produces an error message
    }
  }
```

这里，必须注意栈对 Java 是一个无意义的示例，因为 Java 库中包含栈的类定义。

A.4 接口

Java 直接支持的只有单继承。但它包含与虚拟类相似的结构，称为接口。接口提供与多重继承十分相似的功能。接口定义除了只包含命名的常量和方法声明(不是定义)外，与类的定义相似。所以，接口只不过是类的规范(回顾一下，C++抽象类可以有实例变量，且除了一个方法外的所有方法都能完整地定义)。接口的典型应用是定义一个类，这个类从它的父类继承某些方法和变量，同时也实现一个接口。

applet 是一种程序，它从 Web 服务器下载之后由 Web 浏览器解释。对 applet 的调用嵌入在描述 HTML 文档的 HTML 代码中。这些 applet 都需要一定的功能，可以从预定义的类 Applet 中继承这些功能。使用 applet 来实现动画时，通常将其定义为运行在自己的控制线程中。名为 Thread 的预定义类支持这种并发性。然而，设计用来并发运行的 applet 类不能既继承 Applet，又继承 Thread。因此，Java 包含一个称为 Runnable 的预定义接口，它提供到 Thread 的某些方法的接口(但并未提供实现)。这种 applet 的头部的语法如下：

```
public class Clock extends Applet implements Runnable
```

尽管该代码看上去提供了多重继承，但在这种情况下它更加复杂。为了并发地运行 Clock 类的对象，必须创建 Thread 对象并连接到 Clock 对象。必须将控制 Clock 对象并发执行的信息发送给对应的 Thread 对象。这的确是一个不合理的并且容易引起混淆的地方。

A.5 异常处理

Java 异常处理是基于 C++的异常处理实现的，但它的设计更符合面向对象的语言范式。

A.5.1 异常类

所有 Java 异常都是 Throwable 类的派生类的对象。Java 系统包含两个由系统定义的异常类，它们是 Throwable 的子类 Error 和 Exception。Error 类以及它的派生类与 Java 解释程序抛出的错误相关联，如堆内存运行不足。这些异常从来不能由用户程序抛出，也不应该在用户程序中处理。Exception 由系统定义的两个直接派生类为 RuntimeException 和 IO-Exception。顾名思义，当输入输出操作发生错误时，抛出 IOException 异常。所有的输入输出操作都作为方法在不同的类中定义，这些类在 java.io 包中定义。

还有一个由系统定义的 RuntimeException 的派生类。在大多数情况下，当用户程序出现错误时抛出 RuntimeException 异常。例如，ArrayIndexOutOfBoundsException 定义在 java.util 中，它是一个常抛出的异常，也是 RuntimeException 的派生类。另一个常抛出的派生自 RuntimeException 的异常是 NullPointerException。

用户程序可以定义自己的异常类。Java 中的惯例是，用户定义的异常是 Exception 的子类。

A.5.2 异常处理程序

Java 的异常处理程序与 C++中的异常处理程序有相似的形式，但在 Java 中，每个 catch 的参数必须存在，且它的类必须是预定义类 Throwable 的子类。

Java 中的 try 结构的语法与 C++中的完全相同。

A.5.3 将异常绑定到处理程序

抛出异常非常简单。异常类的实例作为 throw 语句的操作数给出。例如，假设定义一个名为 MyException 的异常，代码如下：

```
class MyException extends Exception {
  public MyException() {}
  public MyException(String message) {
    super (message);
  }
}
```

该类中的第一个构造函数什么也不做。第二个构造函数将参数发送到父类(由 super 指定)的构造函数中。该异常可由以下语句抛出：

```
throw new MyException();
```

throw 语句抛出的异常的实例可以与该语句分开定义。如下所示：

```
MyException myExceptionObject = new MyException();
. . .
throw myExceptionObject;
```

如果使用带有参数的构造函数，则可由以下语句抛出新异常：

```
throw new MyException
      ("a message to specify the location of the error");
```

在 Java 中将异常绑定到处理程序比在 C++中简单。如果在 try 结构的复合语句中抛出异常，则它被绑定到紧跟在 try 子句之后的第一个处理程序(catch 函数)，try 子句的参数与抛出的对象是同一个类或者是它的祖先类。如果发现了匹配的处理程序，则 throw 绑定它并且执行。

可以处理异常，然后通过在处理程序的末尾包含没有操作数的 throw 语句将异常重新抛出。最近抛出的异常将不在最初抛出的 try 子句中处理，所以循环不是问题。当某种局部操作有用，但需要外围 try 子句或调用者进一步处理时，常会实施这种重新抛出。处理程序中的 throw 语句除了可以抛出那些将控制转交到这个处理程序的异常之外，也可以抛出某些其他的异常；一个特殊的异常可能引起抛出其他异常。

A.5.4 异常传播

当在 try 结构的处理程序序列中发现匹配的处理程序时，将执行此处理程序，然后继续执行程序中 try 结构后面的语句。如果没有发现匹配的处理程序，将查找外围 try 结构的处理程序，首先查找最里面的部分。如果在这个过程中没有找到处理程序，则将异常传播到方法的调用者。如果方法调用在 try 子句中，将在子句中处理程序的附属集合中继续查找处理程序。异常将继续传播直到找到最初的调用者，就应用程序而言，最初的调用者就是 main。如果在任何地方都没有找到匹配的处理程序，将会终止程序。许多情况下，异常处理程序包含 return 语句来终止发生异常的方法。

为保证在 try 子句中抛出的异常始终在方法中处理，可编写一个特殊的处理程序来匹配所有由 Exception 派生的异常，这可以通过简单地定义一个带有 Exception 类型参数的处理程序来完成，如下所示。

```
catch (Exception genericObject) {
. . .
}
```

因为类名总是与它自己或者某个祖先类匹配，所以 Exception 的任何派生类都与 Exception 匹配。当然，这一个异常处理程序应该总是放在处理程序序列的末尾，因为它将妨碍它所在的 try 结构中其后任何处理程序的使用。按顺序查找匹配的异常处理程序，如果找到了匹配的处理程序，查找即告结束。

在目前的阐述中，异常处理程序的对象参数不是完全无用的。在程序执行期间，Java 运行时系统存储程序中每个对象的类名。使用方法 getClass 可以得到存储类名的对象，而类名可由 getName 方法得到。所以，我们能从引发处理程序执行的 throw 语句中获得实际参数的类名。对于上面的处理程序，可通过以下语句代码完成：

```
genericObject.getClass().getName()
```

由构造函数创建的参数对象的相关信息，可以通过下面的代码获得：

```
genericObject.getMessage()
```

A.5.5 throws 子句

Java 的 throws 子句的外观和位置(在程序中)与 C++的 throw 子句相似。但 throws 子句的语义与 C++的 throw 子句完全不同。

如果在 Java 方法的 throws 子句中出现了异常的类名，则说明那个异常类或任何它的派生异常类可以由这个方法抛出。例如，当一个方法指定它能够抛出 IOException 时，这意味着它能够抛出 IOException 对象或者它的任何派生类的对象，如 EOFException。

异常类 Error 和 RuntimeException 以及它们的派生类称为非检测异常(unchecked exception)。所有其他异常称为可检测异常(checked exception)。编译器从来不关心非检测异常。然而，编译器确保所有能够由方法抛出的可检测异常在它的 throws 子句中列出或者在方法中处理。异常类 Error 和 RuntimeException 以及它们的派生类之所以是非检测异常，是因为任何方法都能够将它们抛出。

方法在其 throws 子句中不能声明比它重写的方法更多的异常，只能声明更少的异常。所以，如果方法没有 throws 子句，则重写它的任何方法都不能有 throws 子句。方法可以将任何在它的 throws 子句中列出的异常连同这些异常的派生类一起抛出。如果一个方法没有直接抛出一个特殊的异常，但调用了另一个抛出该异常的方法，那么这个异常必须在 throws 子句中列出。这是使用 readLine 方法的 buildDist 方法(A.5.6 小节中的示例)必须在方法头的 throws 子句中指定 IOException 的原因。

如果一个方法调用了另一个方法，并且这个被调用的方法在 throws 子句中列出了一个特殊的可检测异常，那么处理该异常有 3 种可选方案。第一种方案，方法可以捕获异常并处理它。第二种方案，方法能够捕获异常，并抛出在自己的 throws 子句中列出的异常。第三种方案，方法可在自己的 throws 子句中声明异常，但不处理异常。如果存在一个外围的 try 子句，那么可以将异常传播到这个外围的 try 子句；如果不存在外围的 try 子句，那么可以将异常传播到方法的调用者。

Java 没有默认的异常处理程序，且不能禁用异常。

A.5.6　示例

以下示例程序说明异常处理程序的两个简单用法。此程序通过使用一个计数器数组计算并打印输入分数的分布。分数共分为 10 类(0~9，10~19，…，90~100)。分数本身用来确定计数器数组的下标，每个下标对应于一个分数分类。非法输入分数由计数器数组中的捕捉下标错误来检测。100 分在计算分数分布中比较特殊，这是因为除了最高分分类具有 11 个分数值之外(90，91，…，100)，其他分类都具有 10 个可能的分数值(成绩为 A 比成绩为 B 和 C 具有更大的可能性，充分体现了老师的仁慈和宽大)。处理分数 100 的异常处理程序与处理非法输入数据的异常处理程序是同一个程序。以下是实现这个算法的一个 Java 类。

```
import java.io.*;
// The exception definition to deal with the end of data
class NegativeInputException extends Exception {
  public NegativeInputException() {
    System.out.println("End of input data reached");
  } //** end of constructor
} //** end of NegativeInputException class
class GradeDist {
```

```
    int newGrade,
        index,
        limit_1,
        limit_2;
    int [] freq = {0, 0, 0, 0, 0, 0, 0, 0, 0, 0};
  void buildDist() throws IOException {
  // Input: A list of integer values that represent
  //        grades, followed by a negative number
  // Output: A distribution of grades, as a percentage for
  //        each of the categories 0-9, 10-19, . . .,
  //        90-100.
    DataInputStream in = new DataInputStream(System.in);
    try {
      while (true) {
        System.out.println("Please input a grade");
        newGrade = Integer.parseInt(in.readLine());
        if (newGrade < 0)
          throw new NegativeInputException();
        index = newGrade / 10;
        try {
          freq[index]++;
        } //** end of inner try clause
        catch(ArrayIndexOutOfBoundsException) {
          if (newGrade == 100)
            freq [9]++;
          else
            System.out.println("Error - new grade: " +
                                newGrade + " is out of range");
        } //** end of catch (ArrayIndex. . .
      } //** end of while (true) . . .
    } //** end of outer try clause
    catch(NegativeInputException) {
      System.out.println ("\nLimits Frequency\n");
      for (index = 0; index < 10; index++) {
        limit_1 = 10 * index;
        limit_2 = limit_1 + 9;
        if (index ==9)
          limit_2 = 100;
        System.out.println("" + limit_1 + " - " +
          limit_2 + " " + freq [index]);
      } //** end of for (index = 0; . . .
    } //** end of catch (NegativeInputException . . .
  } //** end of method buildDist
```

在程序中也定义了输入负数的异常 NegativeInputException。当创建类的对象时，它的构造函数会显示一条消息。其处理程序产生方法的输出。ArrayIndexOutOfBoundsException 是预定义的，由解释程序抛出。在这两种情况下，处理程序在它的参数中都不包含对象名。在这两种情况下名称都没有使用的价值。注意所有处理程序都将对象作为参数，但经常没有什么用处。

A.6 本附录小结

尽管 Java 基于 C++，但它与 C++在很多方面有所不同。最基本的区别是 Java 以独有的方式支持面向对象编程，它没有用户定义的重载运算符，并且隐式地释放和回收堆对象，它具有接口，没有指针，在赋值语句中只有少量的强制类型转换。大多数不同点都源自对已知的 C++的安全问题所做的改进。

与 C++类似，Java 具有基本类型和对象。字符串可以存储在 String 或者 StringBuffer 对象中。String 对象不能改变，而 StringBuffer 对象可以改变。数组是具有特殊行为的对象。Java 中总是对数组下标进行检查，检查是否超出定义的范围。

每个 Java 类都有一个父类。Java 没有 C++中的公共和私有类派生。Java 类派生总是一样的。Java 具有附加的封装机制(类以外的封装)——包。如果一个类没有指定可见性，那么定义在类中的实体具有包作用域，包作用域使得它们对包中所有其他的类都是可见的。包中的类只有一个类可以是公共的。Java 类中的单个实体可以定义为公共、私有或者是受保护的，而不是在类定义中具有公共、私有或者是受保护的子句。类的所有方法定义在类中。Java 中除非方法定义为 final，否则方法调用都是动态地绑定到方法的。在方法定义为 final 的情况下，不能重写，且动态绑定毫无意义。

类变量和类方法被指定为静态的。在缺少保留字 static 的情况下，变量是实例变量，方法是实例方法。

接口定义类的协议，但不包含变量定义或方法定义。接口用来提供多重继承的某些优点，却没有多重继承的全部复杂性。实现接口的类提供接口方法的定义。

除了只有预定义类 Throwable 的派生类对象可以作为异常对象之外，Java 中的异常处理与 C++中的相似。Java 中的异常传播比 C++中的更简单。Java 的 throws 子句与 C++的 throw 子句相对应，但不完全一致。在 Java 中，如果异常类出现在 throws 子句中，则说明 throws 所在的方法可以抛出该类或任何派生类的异常。方法在它的 throws 子句中不能声明比它重写的方法更多的异常。如果一个方法调用了一个能够抛出特殊异常的方法，那么这个方法必须捕获并处理异常，或者捕获并抛出在其 throws 子句中声明的异常，或者在它的 throws 子句中声明异常。

附录 B

命名颜色及其十六进制值

可以通过以下网址查看颜色的实际效果：

http://www.w3schools.com/html/html_colornames.asp

名　　称	十六进制码
aliceblue	F0FBFF
antiquewhite	FAEBD7
aqua	00FFFF
aquamarine	7FFFD4
azure	F0FFFF
beige	F5F5DC
bisque	FFE4C4
black	000000
blanchedalmond	FFEBCD
blue	0000FF
blueviolet	BA2BE2
brown	A52A2A
burlywood	DEB887
cadetblue	5F9EA0
chartreuse	7FFF00
chocolate	D2691E
coral	FF7F50
cornflowerblue	6495ED

名　　称	十六进制码
cornsilk	FFF8DC
crimson	DC143C
cyan	00FFFF
darkblue	000088
darkcyan	008B8B
darkgoldenrod	B8860B
darkgray	A9A9A9
darkgrey	A9A9A9
darkgreen	006400
darkkhaki	BDB76B
darkmagenta	8B008B
darkolivegreen	556B2F
darkorange	FF8C00
darkorchid	9932CC
darkred	8B0000
darksalmon	E9967A
darkseagreen	8FBCBF
darkslateblue	483D8B

名　称	十六进制码
darkslategray	2F4F4F
darkslategrey	2F4F4F
darkturquoise	00CED1
darkviolet	9400D3
darkpink	FF1493
darkskyblue	00BFFF
dimgray	696969
dimgrey	696969
dodgerblue	1E90FF
firebrick	B22222
floralwhite	FFFAF0
forestgreen	228B22
fuchsia	FF00FF
gainsboro	DCDCDC
ghostwhite	F8F8FF
gold	FFD700
goldenrod	DAA520
gray	808080
grey	808080
green	008000
greenyellow	ADFF2F
honeydew	F0FFF0
hotpink	FF6984
indianred	CD5C5C
indigo	4G0082
ivory	FFFFFO
khaki	FDE68C
lavender	E6E6FA
lavenderblush	FFFOF5
lawngreen	7CFC00
lemonchiffon	FFFACD
lightblue	ADD8E6
lightcoral	F08080

(续表)

名　称	十六进制码
lightcyan	EOFFFF
lightgoldenrodyellow	FAFAD2
lightgray	D3D3D3
lightgrey	D3D3D3
lightgreen	90EE90
lightpink	FFB6C1
lightsalmon	FFA07A
lightseagreen	20B2AA
lightskyblue	87CEFA
lightslategray	778899
lightslategrey	778899
lightsteelblue	B0C4DE
lightyellow	FFFFE0
lime	00FF00
limegreen	32CD32
linen	FAF0E6
magenta	FF00FF
maroon	800000
mediumaquamarine	66CDAA
mediumblue	0000CD
mediumorchid	BA55D3
mediumpurple	9370D8
mediumseagreen	3CB371
mediumslateblue	7B68EE
mediumspringgreen	00FA9A
mediumturquoise	48D1CC
mediumvioletred	C71585
midnightblue	191970
mintcream	F5FFFA
mistyrose	FFE4E1
moccasin	FFE4B5
navajowhite	FFDEAD
navy	000080

名　称	十六进制码
oldlace	FDF5E6
olive	808000
olivedrab	6B8E23
orange	FFA500
orangered	FF4500
orchid	DA70D6
palegoldenrod	EEE8AA
palegreen	98FB98
paleturquoise	AFEEEE
palevioletred	D87093
papayawhip	FFEFD5
peachpuff	FFDAB9
peru	CD853F
pink	FFC0CB
plum	DDA0DD
powderblue	B0E0E6
purple	800080
red	FF0000
rosybrown	BC8F8F
royalblue	4169E1
saddlebrown	8B4513
salmon	FA8072
sandybrown	F4A460

(续表)

名　称	十六进制码
seagreen	2E8B57
seashell	FFF5EE
sienna	A0522D
silver	C0C0C0
skyblue	87CEEB
slateblue	6A5ACD
slategray	708090
slategrey	708090
snow	FFFAFA
springgreen	00FF7F
steelblue	4682B4
tan	D2B4BC
teal	008080
thistle	D8BFD8
tomato	FF6347
turquoise	40E0D0
violet	EE82EE
wheat	F5DEB3
white	FFFFFF
whitesmoke	F5F5F5
yellow	FFFF00
yellowgreen	9ACD32

PEARSON ALWAYS LEARNING

为了确保您及时有效地申请培生整体教学资源，请您务必完整填写如下表格，加盖学院的公章后传真给我们，我们将会在2-3个工作日内为您处理。

需要申请的资源(请在您需要的项目后划“√”)：

- 教师手册、PPT、题库、试卷生成器等常规教辅资源
- MyLab学科在线教学作业系统
- CourseConnect整体教学方案解决平台

请填写所需教辅的开课信息：

采用教材			□中文版 □英文版 □双语版
作　者		出版社	
版　次		ISBN	
课程时间	始于　年　月　日	学生人数	
	止于　年　月　日	学生年级	□专科 □本科1/2年级 □研究生 □本科 3/4年级

请填写您的个人信息：

学　校			
院系/专业			
姓　名		职　称	□助教 □讲师 □副教授 □教授
通信地址/邮编			
手　机		电　话	
传　真			
Official E-mail(必填) (eg:XXX@ruc.edu.cn)		E-mail (eg:XXX@163.com)	
是否愿意接受我们定期的新书讯息通知： □是 □否			

系 / 院主任：_______________(签字)

(系/院办公室章)

____年____月____日

100013　北京市东城区北三环东路36号环球贸易中心D座1208室

电话：(8610)5735 5169

传真：(8610)5825 7961

Please send this form to：**Service.CN@pearson.com**

Website: www.pearson.com